U0397417

当代
药用植物典

（第二版）

1

赵中振　肖培根　主编

世界图书出版公司
上海·西安·北京·广州

图书在版编目(CIP)数据

当代药用植物典 . 1 / 赵中振，肖培根主编 . — 2版 . — 上海：上海世界图书出版公司，2018.9
ISBN 978-7-5192-4537-5

Ⅰ . ①当… Ⅱ . ①赵… ②肖… Ⅲ . ①药用植物—词典 Ⅳ . ① S567-61

中国版本图书馆 CIP 数据核字 (2018) 第077853号

书　　名	当代药用植物典（第二版）1 Dangdai Yaoyong Zhiwudian（Di-er Ban）1
主　　编	赵中振　肖培根
责任编辑	施　维
装帧设计	香港万里机构出版有限公司
出版发行	上海世界图书出版公司
地　　址	上海市广中路88号9 — 10楼
邮　　编	200083
网　　址	http://www.wpcsh.com
经　　销	新华书店
印　　刷	上海丽佳制版印刷有限公司
开　　本	889 mm × 1194 mm　1/16
印　　张	35.75
字　　数	1200 千字
版　　次	2018年9月第1版　2018年9月第1次印刷
书　　号	ISBN 978-7-5192-4537-5/S · 14
定　　价	698.00元

主编介绍

赵中振教授，现任香港浸会大学中医药学院讲座教授，中医药学院副院长。兼任香港中医中药发展委员会委员，香港卫生署荣誉顾问，中国药典委员会委员，美国药典委员会草药专家委员会委员等职。2014年获香港特别行政区颁发的荣誉勋章。长期从事本草学、药用植物资源与中药鉴定研究，致力于中医药教育、研究及国际交流。

1982年获北京中医药大学学士学位
1985年获中国中医科学院硕士学位
1992年获东京药科大学博士学位

主编　《中国药典中药粉末显微鉴别彩色图集》
《香港中药材图鉴》（中、英文版）
《中药显微鉴别图鉴》（中、英文版）
《香港容易混淆中药》（中、英文版）
《中药材鉴定图典》（中、英、日文版）
《中药显微鉴定图典》
《百方图解》《百药图解》系列图书（中、英文版）

肖培根院士，现任中国医学科学院药用植物研究所研究员、名誉所长，国家中医药管理局中药资源利用与保护重点实验室主任。兼任北京中医药大学中药学院教授、名誉所长，香港浸会大学中医药学院客座教授等。长期从事药用植物及中药研究，致力于开创药用亲缘学的研究。

1953年获厦门大学理学学士学位
1994年被评为中国工程院院士
2002年获香港浸会大学荣誉理学博士学位

现任《中国中药杂志》主编；*Journal of Ethnopharmacology*, *Phytomedicine*, *Phytotherapy Research*等杂志编委。

主编　《中国本草图录》《新编中药志》等大型图书

编者名单

主　　编：赵中振　肖培根

副 主 编：洪雪榕　吴孟华　叶俏波　陈虎彪　严仲铠　姜志宏　董小萍　邬家林　彭　勇　徐　敏　禹志领

顾　　问：谢明村　谢志伟　徐宏喜

编 委 会：黄　冉　郭　平　胡雅妮　梁之桃　区靖彤　赵凯存　许慧玲　周　华　梁士贤　杨智钧　李　敏　卞兆祥　易　涛　张　梅　乐　巍　黄文华　刘苹回

助　　理：李会军　白丽萍　陈　君　孟　江　程轩轩　易　玲　宋　越　马　辰　袁佩茜　聂　红　夏　黎　蓝永豪　黄静雯　周芝苡　黄咏诗

植物摄影：陈虎彪　邬家林　吴光弟　赵中振　严仲铠　徐克学　区靖彤　李宁汉　云南省药物研究所　指田丰　杨　春　林余霖　张　浩　胡雅妮　李晓瑾　郑汉臣　御影雅幸　Mi-Jeong Ahn　裴卫忠　贺定翔　张　继

药材摄影：陈虎彪　陈亮俊　区靖彤　唐得荣

特别鸣谢：曾育麟　袁昌齐　洪　恂　李宁汉　周荣汉　Martha Dahlen　陈露玲　李钟文　郑会健　寇根来

前言

《当代药用植物典》自2006年面世以来，在海内外医药行业，受到从事教育、科研、开发、生产、检验、临床与贸易各界人士的普遍关注与欢迎。本书先后推出中文繁体版、中文简体版、英文版、韩文版，中文简体版于2010年获得国家新闻出版总署颁发的“中国出版政府奖”，这是中国出版领域的最高奖项。这些成绩不但是对作者与出版者工作的认可与鼓励，更说明了市场对中医药信息的渴望与需求。

在中医药的现代化进程中，信息的现代化应当先行。让中国了解世界，让世界了解中国，是本书编撰的初衷。以古今为纬，以东西为经，是本书的基本定位。本书放眼全球，既囊括了常用的中药，也介绍常用的西方植物药。

过去的10年，是中国经济迅猛发展的10年，也是中医药大踏步前进的10年。2015年，中国第一个自然科学领域的诺贝尔奖——青蒿素的发现——从中医药领域诞生。中医药在国际上使用得越来越多，从事中医药研究的人士更是与日俱增。

此次新版订正了一些疏漏，在植物基原与药材图片、化学成分、药理作用、临床应用与中药安全用药等方面，补充了10年来海内外研究的最新进展。为顺应时代，一些药用植物还增加了二维码便于读者查阅。

2018年适逢李时珍诞辰500周年。李时珍是中国伟大的医药学家，是世界级的大学者，其所著《本草纲目》于2011年被列入“世界记忆名录”。《本草纲目》被誉为“中国古代的百科全书”，对世界科学界贡献巨大。谨以新版《当代药用植物典》向李时珍致敬！

编写说明

1. 收载世界范围内常用的药用植物共计500条目，涉及原植物800余种。第一、第二册为东方篇，以东方传统医学常用药为主，如中国、日本、朝鲜半岛、印度等；第三册为西方篇，以欧美常用植物药为主，如欧洲、俄罗斯、美国、澳大利亚等；第四册为岭南篇，以岭南地区出产与常用的草药为主，也包括经此地区贸易流通的常见药用植物。

2. 以药用植物正名为条目，下设名称、概述、原植物图片、药材图片、化学成分、化学结构式、药理作用、应用、评注、参考文献等项，顺序著录。

3. 名称

(1) 以药用植物资源种的中文名与汉语拼音名作为正名，并以汉语拼音为序，右上角以小字标明各国药典收载情况，例如：CP（《中国药典》）、JP（《日本药局方》）、KHP（《韩国草药典》）、VP（《越南药典》）、IP（《印度药典》）、USP（《美国药典》）、EP（《欧洲药典》）、BP（《英国药典》）。

(2) 除中文正名之外，还收载药用植物拉丁学名、药用植物英文名、药材中文名、药材拉丁名等。

(3) 药用植物拉丁学名及中文正名，首先以《中国药典》（2015年版）原植物名为准，如《中国药典》没有收载，则参考《新编中药志》《中华本草》等有关书籍确定。民族药以《中国民族药志》收录的名称为准。国外药用植物的拉丁学名以所在国药典为准，其中文名参照《欧美植物药》及其他相关文献拟定。

(4) 药材中文名和药材拉丁名以《中国药典》为准，如《中国药典》没有收载，则参照《中华本草》拟定。

4. 概述

(1) 首先标示该药用植物种在植物分类学上的分类位置。写出科名（括号内标示科之拉丁名称）、植物名、拉丁学名及药用部位。如一种药用植物多部位可供药用，则分别叙述。

(2) 记述药用植物所在属的名称，括号内标示所在属之拉丁名称，介绍本属和本种在全球的分布区及产地。一般记述到洲和国家，特产种收录道地产区。

(3)简单介绍该药用植物最早文献出处、历史沿革。记述主产国家药用植物法定地位及药材的主要产地。

(4) 概述该药用植物的化学成分研究成果，主要介绍活性成分、指标性成分。记述主要药典控制药材质量的方法。

(5) 概述该药用植物的药理作用。

(6) 介绍该药用植物的主要功效。

5. 原植物与药材照片

(1) 使用彩色图片包括：原植物图片、药材图片及部分种植基地图片。

(2) 原植物图片或含该药用植物种图片与近缘药用植物种图片等；药材图片或含原药材图片与饮片图片等。

(3) 药材图片中的线段为实物长度参照线段，药材实际长度可以根据线段下方所示长度数值等比例换算得出。

6. 化学成分

(1) 主要收载该药用植物已经国内外期刊、专著发表的主要成分、有效成分(或国家列为药食兼用种的营养成分)、特征性成分。对可作为控制该种原植物质量的指标性成分做重点记述。标示有中英文名及部分成分的化学结构式，并用方括号标出文献序号。成分的中文名称参照《中华本草》及有关专著；没有中文名称的仅列出英文名称。蛋白质、氨基酸、多糖、微量元素等一般未列入。

(2) 化学结构式统一用 ISIS Draw 软件绘制，其下方适当位置标有英文名称。

(3) 正文中化学中文名首次出现时，其后写出英文名，并加上括号，第一个字母小写。中文名第二次出现时不再标写英文名。

(4)该药用植物的化学成分类别较多时，如生物碱类、黄酮类、苷类等，“类”下记述其单一成分时在“类”后用冒号，单一成分之间用顿号，该类成分记述结束后用分号，其他“类”依次类推，整个植物器官成分记述结束后用句号。

(5) 同一基原植物的不同部位已作为单一商品生药入药，化学成分研究内容较少者简单记述；如各部位内容较多，则分段分别记述。

7. 药理作用

(1) 介绍该药用植物种及其有效成分或提取物已发表的实验药理作用内容，依药理作用简单记述或分项逐条记述。首先记述该植物的主要药理作用，其他作用视内容多寡逐条记述。

(2) 概述实验研究所用的药物（包含药用部位、提取溶剂等）、给药途径、实验动物、作用机制等，并用方括号标出文献序号。

(3) 首次出现的药理专业术语于括号内标示英文缩略语，第二次出现时直接为中文名或英文缩略语。

8. 应用

(1) 因收集内容包括药用植物、药用化学成分来源植物、保健品基原植物和化妆品基原植物等。故本项定为"应用"，项下包括功能、主治和现代临床三部分，视不同基原种的用途给予客观记述。药用化学成分中来源植物则仅说明其用途，未分项描述。

(2) 功能和主治准确按中医理论对该药用植物种及各药用部位进行表述。主要参考文献为《中国药典》《中华本草》及其他相关专著。

(3) 现代临床部分以临床实践为准，表述该药用植物的临床适应证。

9. 评注

(1) 以该药用植物为主，用历史和未来的眼光，概括阐述该种植物研究的特点和不足，提出开发应用前景、发展方向和重点。

(2) 对属于中国国家卫生部规定的药食同源品种或香港常见毒剧药名单的药用植物种，文中予以说明。

(3) 评注中还包括该药用植物种植基地的分布情况。

(4) 对已有明显不良反应报道的药用植物，概括阐述其安全性问题与应用注意事项。

10. 参考文献

(1) 对20世纪90年代以前已佚文献，采用转引方式。

(2) 引用文献时尊重原文，对原出处中术语与人名有明显错误之处，予以更正。

总索引

当代药用植物典

（第二版）

1

艾 Ai CP, KHP

Artemisia argyi Lévl. et Vant.
Argy Wormwood

概述

菊科 (Asteraceae) 植物艾 *Artemisia argyi* Lévl. et Vant.，其干燥叶入药。中药名：艾叶。

蒿属 (*Artemisia*) 植物全世界约有 300 种，主要分布于亚洲、欧洲及北美洲的温带、寒温带及亚热带地区。中国约有 190 种，遍布各地，以西北、华北、东北及西南地区最多。本属现供药用者有约 23 种。本种除干旱和高寒地区外，在中国各地均有分布，蒙古、朝鲜半岛、俄罗斯远东地区也有。

"艾"药用之名，始载于《五十二病方》，《名医别录》开始正式记载，列为中品。历代本草中多有著录。《中国药典》（2015 年版）收载本种为中药艾叶的法定原植物来源种。现今商品艾叶的原植物除本种以外，尚有同属植物的叶作为艾叶使用或混用。主产于中国安徽、山东；以安徽明光市产量大，同时用作艾叶油之原料。

艾主要含挥发油、黄酮类和萜类成分。《中国药典》采用气相色谱法进行测定，规定艾叶药材含桉油精不得少于 0.050%，以控制药材质量。

药理研究表明，艾具有凝血止血、平喘止咳、抗菌等作用。

中医理论认为艾叶具有温经止血，散寒止痛，祛湿止痒等功效。

◆ 艾
Artemisia argyi Lévl. et Vant.

◆ 药材艾叶
Artemisiae Argyi Folium

化学成分

艾叶中主要含有挥发油，其中含量较高的成分有萜品烯-4-醇 (terpinen-4-ol)、桉油精 (1,8-cineole)、樟脑 (camphor)、龙脑 (borneol)、蒿醇 (artemisia alcohol)、芳樟醇 (linalool)、柠檬烯 (limonene)、乙酸龙脑酯 (bornyl acetate)[1-2]、石竹烯 (caryophyllene)、α-香柠檬烯 (α-bergamotene)、薄荷醇 (piperitol)[3]等；黄酮类化合物：异泽兰黄素 (eupatilin)、金合欢素 (jaceosidin)、芹菜素 (apigenin)、甲氧基木犀草素 (chrysoeriol)[4]、5-hydroxy-3',4',6,7,-tetramethoxyflavone、5,6-dihydroxy-3',4',7,-trimethoxyflavone、4',5,6,-trihydroxy-3',7-dimethoxyflavone、3',5,7,-trihydroxy-4',5',6-trimethoxyflavone、ladanein、高车前素 (hispidulin)[5]、槲皮素 (quercetin) 和柚皮素 (naringenin) 等[6]；萜类化合物：arteminolides A、B、C、D[7]、artemisolide[8]、11,13-dihydroarteglasin A[9]、moxartenolide[10]、木栓酮 (friedelin)[6]等。

◆ terpinen-4-ol

◆ eupatilin

药理作用

1. 凝血止血

生艾叶水提取物灌胃能缩短小鼠的凝血时间，醋艾叶炭、艾叶炭、煅艾叶炭水提取物灌胃均能缩短小鼠断尾的出血时间和凝血时间 [11-12]。

2. 平喘、止咳、祛痰

艾叶油及其单萜类、倍半萜类均有平喘作用，其中α-萜品烯醇作用尤强。艾叶油灌胃或者气雾吸入能延长组胺和乙酰胆碱所致豚鼠哮喘潜伏期，松弛静息豚鼠离体气管平滑肌；并能抑制枸橼酸引起的豚鼠咳嗽，促进小鼠气道酚红排泄，具有扩张支气管、镇咳和祛痰作用。其机制与抗过敏作用有关[13-14]。

3. 抗菌

试管法和滤纸扩散法结果表明，艾叶油对大肠埃希氏菌、金黄色葡萄球菌、白色念珠菌、铜绿假单胞菌、枯草芽孢杆菌等均有强烈的抑菌作用[15]。

4. 抗病毒

体外实验表明，艾叶油对呼吸道合胞病毒 (RSV) 有一定的抑制作用[16]。

5. 对心血管系统的影响

艾叶油对离体蟾蜍心脏、离体兔心脏的收缩力有抑制作用。从炮制的艾叶中分离得到的moxartenolide也能对抗高浓度K^+、去甲肾上腺素和5-羟色胺引起的离体大鼠主动脉条的收缩[10]。

6. 免疫增强功能

艾叶油小鼠灌胃能使腹腔炎性渗出白细胞吞噬率明显增加；艾灸能增强小鼠单核巨噬细胞的吞噬功能，提高机体的免疫力[17]。

7. 抗疲劳

艾叶油经口给药数日，能明显延长小鼠负重游泳时间，降低运动时血清尿素氮水平，抑制运动后血乳酸升高并促进其消除，减少肝糖原消耗量，显示出抗疲劳作用[18]。

8. 抗肿瘤

艾叶水煎液、甲醇提取物及其柱层析分离物对小鼠白血病细胞系 L1210、H9(ATCC HTB176) 癌细胞和J744A.1细胞均具有细胞毒性[19-22]。其中所含的黄酮类化合物异泽兰黄素、金合欢素、芹菜素、甲氧基木犀草素可直接使诱变剂 Trp-P-2 失活或抑制其代谢活化[4]；金合欢素还可抑制乳头瘤病毒 E6 和 E7 蛋白（E6 和 E7 蛋白可以引起宿主向恶性转化成为肿瘤细胞）的功能[23]。萜类化合物 arteminolides A、B、C、D 可抑制法尼基转移酶 (farnesyl-transferase) 的活性[7]。

9. 其他

生艾叶及其各种炮制品水提取物灌胃可显著抑制二甲苯所致的小鼠耳郭肿胀，显示出抗炎作用[12]。醋艾叶炭水提取物灌胃对热板和醋酸所致的小鼠疼痛有明显的镇痛作用[11]。艾叶油混悬液十二指肠注射给药可显著增加正常大鼠的胆汁流量。艾叶煎剂还有兴奋未孕家兔离体子宫的作用。

应用

本品为中医临床用药。功能：温经止血，散寒止痛，祛湿止痒。主治：吐血，衄血，崩漏，月经过多，胎漏下血，少腹冷痛，经寒不调，宫冷不孕；外用治疗皮肤瘙痒。

现代临床还用于肝炎、肝硬化、慢性气管炎等病的治疗。

评注

药用植物图像数据库

艾叶是一种常用中药，但现今商品艾叶的原植物除本种以外，尚有同属多种植物的叶作为艾叶使用或混用。马王堆出土的帛书《五十二病方》中记载了艾熏和艾灸疗法。艾叶在中国民间的应用极为广泛，民间更有“端午插艾”，或以艾叶包粽子的习俗。艾之原植物从不生虫，这也使古人赋予艾“神圣不可侵犯”，甚至能“祛虫辟邪”的观念[24]。

艾叶以往多用于灸剂，由于它集化学成分、穴位针灸、物理热疗于一体，应用广泛。除传统灸剂外，目前还研制出各种复方及微型灸剂、胶囊剂、片剂、油剂、β-环糊精包含物、浴剂、滴丸剂等剂型，广泛用于临床，并向保健、美容等方面扩展[25]。

参考文献

[1] 潘炯光，徐植灵，吉力．艾叶挥发油的化学研究 [J]．中国中药杂志，1992，17(12)：741-744.

[2] 刘国声．艾叶挥发油成分的研究 [J]. 中草药，1990，21(9)：8-9.

[3] 姚发业，邱琴，刘廷礼，等．艾叶挥发油的化学成分 [J]. 分析测试学报，2001，20(3)：42-45.

[4] NAKASUGI T, NAKASHIMA M, KOMAI K. Antimutagens in Gaiyou (*Artemisia argyi* Levl. et Vant.) [J]. Journal of Agricultural and Food Chemistry, 2000, 48(8): 3256-3266.

[5] SEO J M, KANG H M, SON K H, et al. Antitumor activity of flavones isolated from *Artemisia argyi*[J]. Planta Medica, 2003, 69(3): 218-222.

[6] TAN R X, JIA Z J. Eudesmanolides and other constituents from *Artemisia argyi*[J]. Planta Medica, 1992, 58(4): 370-372.

[7] LEE S H, KIM H K, SEO J M, et al. Arteminolides B, C, and D, new inhibitors of farnesyl protein transferase from *Artemisia argyi*[J]. Journal of Organic Chemistry, 2002, 67(22): 7670-7675.

[8] KIM J H, KIM H K, JEON S B, et al. New sesquiterpene-monoterpene lactone, artemisolide, isolated from *Artemisia argyi*[J]. Tetrahedron Letters, 2002, 43(35): 6205-6208.

[9] YUSUPOV M I, ZAKIROV S K, SHAM'YANOV I D, et al. 11,13-Dihydroarteglasin A, a new guaianolide from *Artemisia argyi*[J]. Khimiya Prirodnykh Soedinenii, 1990, 4: 555-556.

[10] YOSHIKAWA M, SHIMADA H, MATSUDA H, et al. Bioactive constituents of Chinese natural medicines. Ⅰ. New sesquiterpene ketones with vasorelaxant effect from Chinese moxa, the processed leaves of *Artemisia argyi* Lévl. et Vant.: moxartenone and moxartenolide[J]. Chemical & Pharmaceutical Bulletin, 1996, 44(9): 1656-1662.

[11] 瞿燕，秦旭华，潘晓丽．艾叶和醋艾叶炭止血、镇痛作用比较研究 [J]. 中药药理与临床，2005，21(4)：46-47.

[12] 杨长江，田继义，张传平，等．艾叶不同炮制品对实验性炎症及出血、凝血时间的影响 [J]. 陕西中医学院学报，2004，27(4)：63-64.

[13] 谢强敏，卞如濂，杨秋火，等．艾叶油的呼吸系统药理作用Ⅰ，支气管扩张、镇咳和祛痰作用 [J]. 中国现代应用药学杂志，1999，16(4)：16-19.

[14] 谢强敏，唐法娣，王砚，等．艾叶油的呼吸系统药理作用Ⅱ，抗过敏作用 [J]. 中国现代应用药学杂志，1999，16(5)：3-6.

[15] 吴士筠，洪宗国，刘峰成．艾露抑菌作用研究 [J]. 中南民族大学学报（自然科学版），2002，21(4)：17-18.

[16] 韩轶，戴璨，汤璐瑛．艾叶挥发油抗病毒作用的初步研究 [J]. 氨基酸和生物资源，2005，27(2)：14-16.

[17] 梅全喜．艾叶的药理作用研究概况 [J]. 中草药，1996，27(5)：311-314.

[18] 蒋涵，侯安继，项志学，等．蕲艾挥发油的抗疲劳作用研究 [J]. 武汉大学学报（医学版），2005，26(3)：373-374，390.

[19] JUNG D Y, PARK S W. Cytotoxicity of water fration of *Artemisia argyi* against L1210 cells and antioxidant enzyme activities[J]. Yakhak Hoechi, 2002, 46(1): 39-46.

[20] KIM K H, JUNG D Y, MIN T J, et al. Cytotoxicity of *Artemisia argyi* extract against H9 (ATCC HTB 176) cell and antioxidant enzyme activities[J]. Yakhak Hoechi, 1999, 43(5): 598-605.

[21] JUNG D Y, HA H K, KIM A N, et al. Cytotoxicity of SD-994, a methanolic extract of *Artemisia argyi*, against L1210 cells with concomitant induction of antioxidant enzymes[J]. Yakhak Hoechi, 2000, 44(3): 213-223.

[22] LEE T E, PARK S W, MIN T J. Antiproliferative effect of *Artemisia argyi* extract against J774A.1 cells and subcellular auperoxide dismutase (SOD) activity changes[J]. Journal of Biochemistry and Molecular Biology, 1999, 32(6): 585-593.

[23] LEE H G, YU K A, OH W K, et al. Inhibitory effect of jaceosidin isolated from *Artemisia argyi* on the function of E6 and E7 oncoproteins of HPV 16[J]. Journal of Ethnopharmacology, 2005, 98(3): 339-343.

[24] 郑汉臣，魏道智，黄宝康，等．艾叶的民俗应用与现代研究 [J]. 中国医学生物技术应用杂志，2003，(2)：35-39.

[25] 李慧．艾叶的药理研究进展及开发应用 [J]. 基层中药杂志，2002，16(3)：51-53.

八角莲 Bajiaolian

Dysosma versipellis (Hance) M. Cheng ex Ying
Common Dysosma

概述

小檗科 (Berberidaceae) 植物八角莲 *Dysosma versipellis* (Hance) M. Cheng ex Ying，其干燥根和根茎入药。中药名：八角莲。

鬼臼属 (*Podophyllum*/ *Dysosma*) 植物为中国特有属，约有 7 种，分布于中国亚热带常绿阔叶林带的范围内，其中八角莲是中国三级保护植物。本属现供药用者约有 5 种。本种主要分布于华中、华东和华南等地区。

八角莲以“鬼臼”药用之名，始载于《神农本草经》，列为下品。中国古代作中药鬼臼入药者系本种和同属植物六角莲 *D. pleiantha* (Hance) Woods。本种主产于湖北、四川。

八角莲属植物主要活性成分为木脂素类化合物 [1]。近代研究表明，八角莲属植物中普遍存在具有活性的鬼臼毒素类成分。文献常以鬼臼毒素作为评价药材质量的指标性成分 [2]。

药理研究表明，八角莲在抗病毒、杀虫和心血管疾病方面具有一定的作用。

中医理论认为八角莲具有化痰散结，祛瘀止痛，清热解毒等功效。

◆ 八角莲
Dysosma versipellis (Hance) M. Cheng ex Ying

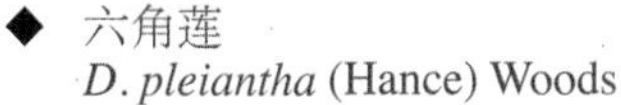

◆ 六角莲
D. pleiantha (Hance) Woods

◆ 药材八角莲
Dysosmatis Versipellis Rhizoma et Radix

化学成分

八角莲的根茎含木脂素类成分：鬼臼毒素 (podophyllotoxin)[2]、山荷叶素 (diphyllin)、鬼臼苦素 (picropodophyllin)[3]；黄酮类成分：山柰酚 (kaempferol)、槲皮素(quercetin)、山柰酚-3-*O*-*β*-*D*-吡喃葡萄糖苷 (kaempferol-3-*O*-*β*-*D*-glucopyranoside)、槲皮素-3-*O*-*β*-*D*-呋喃葡萄糖苷 (quercetin-3-*O*-*β*-*D*-glucofuranoside)[3]。

◆ podophyllotoxin

◆ diphyllin

药理作用

1. 抗病毒、杀虫

八角莲水溶性成分山柰酚和苦鬼臼毒素体外对柯萨奇B组病毒 ($CB_{1\text{-}6}$) 和 I 型单纯疱疹病毒(HSV-I) 具有显著抑制作用，槲皮素-3-*O*-*β*-*D*-呋喃葡萄糖苷对HSV-I有抑制作用[3]；八角莲的水溶性提取物体外也对HSV-I具有较好的抑制作用[4]。

2. 对心血管系统的影响

从八角莲中提取的结晶性成分对离体蛙心有兴奋作用，对兔耳血管有扩张作用，但对蛙后肢血管、家兔小肠及肾血管有轻度收缩作用[5]。

3. 对平滑肌的影响

从八角莲中提取的结晶性成分对兔离体小肠平滑肌有抑制作用，对兔和豚鼠离体子宫则有兴奋作用。

应用

本品为中医临床常用药。功能：清热解毒，化痰散结，祛瘀止痛。主治：1. 咳嗽，咽喉肿痛；2. 瘰疬，瘿瘤，痈肿，疔疮，毒蛇咬伤；3. 痹证，跌打损伤。

现代临床还用于治疗咽喉肿痛、扁桃体炎、淋巴结炎、腮腺炎、乙型脑炎[6-8]、流行性出血热[9]、带状疱疹、单纯性疱疹、胃痛、恶性肿瘤如乳腺癌的治疗。

评注

本种是当前中国药用八角莲商品中的主流品种，主要靠野生供应。中医传统经验认为孕妇和体虚者不宜服用本品。该属植物普遍含有鬼臼毒素，而鬼臼毒素已被证明具有抗癌作用，但毒性太大，临床不宜直接使用。鬼臼毒素是合成抗癌新药重要的前体化合物，八角莲作为重要的资源植物，应加强人工栽培、资源保护与开发利用研究。

同属植物六角莲 *Dysosma pleiantha* (Hance) Woods 也作为中药八角莲的原植物来源种。六角莲与八角莲具有类似的药理作用，其化学成分也大致相同，主要含木脂素类化合物。

八角莲所含的鬼臼毒素对菜青虫具有拒食活性，对淡色库蚊的生长发育也有明显抑制作用，可探讨开发为植物杀虫剂的可能性[10]。

参考文献

[1] 姚莉韵，王丽平，黄文红 . 八角莲属药材及南方山荷叶中氨基酸与多种元素分析 [J]. 中药材，1998，21(7)：351-354.

[2] 俞培忠，姚莉韵，王丽平 .HPLC 法测定 4 种八角莲中鬼臼毒素的含量 [J]. 上海医科大学学报，1998，25(6)：452-453.

[3] 姚莉韵，王丽平 . 八角莲水溶性有效成分的分离与抗病毒活性的测定 [J]. 上海第二医科大学学报，1999，19(3)：234-237.

[4] 张敏，施大文 . 八角莲类中药抗单纯疱疹病毒作用的初步研究 [J]. 中药材，1995，18(6)：306-307.

[5] 应春燕，钟成 . 八角莲中毒机理探讨 [J]. 广东药学，1997，(3)：33，43.

[6] 冯乃华，柴树荣 . 八角莲中毒致死亡 1 例 [J]. 临床荟萃，2003，18(4)：226-227.

[7] 陆志檬，戴祥章，王耆煌，等 . 八角莲治疗乙型脑炎的动物实验 [J]. 上海第二医科大学学报，1992，12(4)：308-311.

[8] 戴祥章，王耆煌，郁仁海，等 . 八角莲治疗乙型脑炎 85 例 [J]. 上海第二医科大学学报，1993，13(1)：91-92.

[9] 季青，严润民，周幼雯，等 . 八角莲注射液治疗流行性出血热 86 例疗效观察 [J]. 中国中西医结合杂志，1996，16(10)：620-621.

[10] 刘艳青，张守刚，程洁，等 . 几种鬼臼毒素类物质生物活性的研究 [J]. 毒理学杂志，2005，19(3)：275-276.

巴豆 Badou CP, JP

Croton tiglium L.
Croton

概述

大戟科 (Euphorbiaceae) 植物巴豆 *Croton tiglium* L.，其干燥成熟果实入药。中药名：巴豆。巴豆种子粉碎炮制除去部分油脂后入药，中药名：巴豆霜。

巴豆属 (*Croton*) 植物全世界约有 800 种；广布于全世界热带、亚热带地区，以热带美洲地区最为丰富。中国约有 21 种，本属现供药用者约有 5 种。本种分布于中国浙江、福建、江西、湖南、广东、海南、广西、贵州、四川、云南等省区，亚洲南部、东南亚也有分布。

"巴豆"药用之名，始载于《神农本草经》，列为下品。历代本草多有著录。《中国药典》（2015 年版）收载本种为中药巴豆的法定原植物来源种。主产于四川、云南、广西、贵州、湖北等地，以四川产量最大。此外，广东、福建、浙江等省亦产。

巴豆种仁含巴豆油，其特异成分为巴豆酸等脂肪酸的甘油酯。油中尚含巴豆树脂 (croton resin)、巴豆醇 (phorbol) 与甲酸、丁酸及巴豆油酸 (crotonic acid) 结合成的酯。种仁含巴豆毒素 (crotin)、巴豆苷 (crotonoside) 及异鸟嘌呤 (isoguanine) 等。《中国药典》采用高效液相色谱法进行测定，规定巴豆含巴豆苷不得少于 0.80%，巴豆霜含巴豆苷不得少于 0.80%；另规定巴豆含脂肪油不得少于 22%，巴豆霜含脂肪油应为 18% ～ 20%，以控制药材质量。

药理研究表明，巴豆具有泻下、抗病原微生物、抗肿瘤等作用。

中医理论认为巴豆和巴豆霜外用蚀疮，巴豆霜内服具有峻下冷积，逐水退肿，豁痰利咽等功效。

◆ 巴豆
Croton tiglium L.

◆ 药材巴豆
Crotonis Fructus

化学成分

巴豆种子含巴豆油34%～57%，蛋白质约18%。巴豆油中含巴豆油酸 (crotonic acid)、巴豆酸 (tiglic acid) 及由巴豆油酸、巴豆酸、棕榈酸、硬脂酸、油酸等有机酸组成的甘油酯、巴豆醇 (phorbol)、4-脱氧-4α-巴豆醇 (4-deoxy-4α-phorbol) 的衍生物。巴豆种仁还含有毒性球蛋白巴豆毒素Ⅰ、Ⅱ (crotins Ⅰ, Ⅱ)、另含辅致癌剂C-3 (cocarcinogen C-3)[1]、巴豆苷 (crotonoside)、异鸟嘌呤 (isoguanine)[2]等。

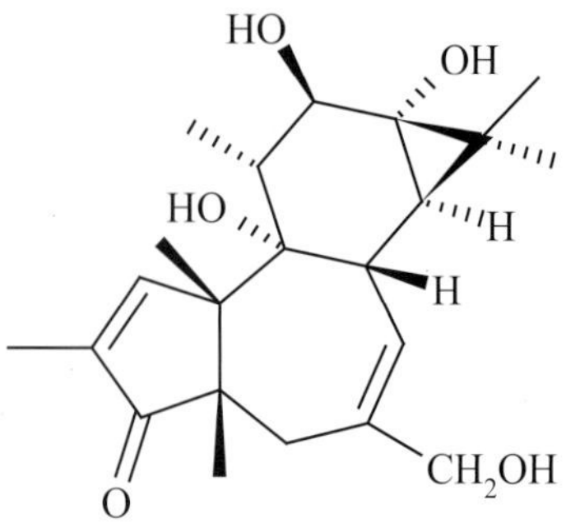

◆ phorbol

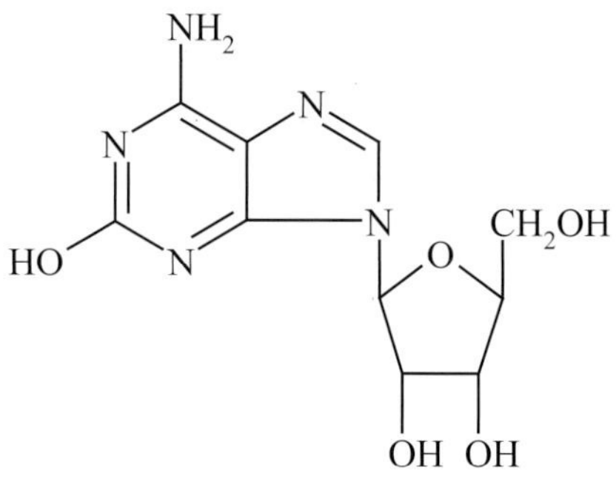

◆ crotonoside

药理作用

1. 致泻

巴豆醇提取物可改变大鼠肠道上皮细胞的 Na^+、Cl^- 离子转运而致泻[3]；巴豆霜灌胃可明显增强小鼠胃肠推进运动，促进肠套叠的还纳；低浓度巴豆霜可显著增加离体兔回肠收缩幅度[4]；巴豆油灌胃可诱导小鼠小肠组织中的蛋白质表达差异[5]，诱发狗胃肠肌电活动改变和呕吐[6]；巴豆油酸灌胃可引起动物肠蠕动增加，肠黏膜充血、肠坏疽。

2. 抗菌

巴豆油体外对金黄色葡萄球菌、流感杆菌、白喉棒杆菌、铜绿假单胞菌、人结核分枝杆菌 $H_{37}RV$[7] 等有抑菌作用，对耐利福平 (RFP)、异烟肼 (INH) 双重耐药菌株也有杀灭作用[8]。

3. 对肿瘤的影响

巴豆提取物对小鼠肉瘤S_{180}、小鼠宫颈癌U_{14}、艾氏腹水癌有明显的抑制作用；巴豆生物碱能降低碱性磷酸酶 (ALP) 和乳酸脱氢酶 (LDH) 活性，诱导细胞分化[9]；大鼠移植性皮肤癌癌内注射巴豆油乳剂能引起瘤体退化，推迟皮肤癌的发展；巴豆总生物碱给腹水性肝癌小鼠灌胃，可使癌细胞质膜刀豆球蛋白A (Con A) 受体侧向扩散速度明显增加，胞浆基质结构改变[10]。巴豆油有弱致癌性，并能增强某些致癌物质的致癌作用。巴豆油中的12-*O*-十四烷酰巴豆醇-13-醋酸酯 (12-*O*-tetradecanoylphorbol-13-acetate, TPA) 为促癌主要活性成分。小鼠口服巴豆油30周后可引起前胃部乳头状瘤及癌；巴豆油可使致癌物甲基胆蒽致小鼠胃肿瘤发生率由15%增至55%，使阈下浓度甲基胆蒽引起小鼠皮肤乳头瘤发生率达70%；7,12-二甲基苯蒽 (7,12-dimethylbenz[a]anthracene) 诱导小鼠皮肤癌同时给予巴豆油及巴豆提取物，12～380天后40%～60%发生恶化[11]；人巨细胞病毒 (HCMV) AD169株接种诱发宫颈癌小鼠宫颈给予巴豆油有促癌作用[12]；巴豆油腹腔注射可致大鼠肝α_1抑制因子3 (α_1-I_3) RNA水平下降，诱导癌基因ODC和*c-fos* RNA增加[13]；巴豆提取物体外可诱导细胞增殖加快，异倍体DNA含量增加，促使细胞发生恶性转化，使正常人肠上皮细胞生长推迟或死亡[14]。

4. 致炎和免疫抑制

巴豆油外涂可致小鼠耳郭急性水肿[15]，涂于大鼠皮肤可引起局部组胺释放；巴豆霜及其制剂显著抑制小鼠腹腔巨噬细胞的吞噬活性[16]。

5. 抗病毒

巴豆种子中的大戟醇二酯显著抑制 I 型人类免疫缺陷病毒 (HIV-1) 和 HIV-1 诱导的 MT-4 细胞病理学改变，增强蛋白激酶 C 活性[17-18]；TPA 等可诱导淋巴干细胞产生人类疱疹病毒第四型 (EBV) 早期壳体抗原[19]；巴豆油皮下注射可使流行性乙型脑炎病毒感染小鼠死亡率降低，生存时间延长。

6. 其他

巴豆水剂耳静脉给药能增加胆瘘兔的胆汁和胰液的分泌；巴豆浸出液可灭杀钉螺，以仁最强，内壳次之，外壳无效。

应用

本品为中医临床用药。功能：峻下冷积，逐水退肿，豁痰利咽，蚀疮。主治：寒积便秘，乳食停滞，腹水鼓胀，二便不通，喉风，喉痹；外治痈肿脓成不溃，疥癣恶疮，疣痣。

现代临床还用于肠梗阻、白喉、鹅口疮、乳癖、急性阑尾炎等病的治疗。

评注

药用植物图像数据库

生巴豆被列入香港地区常见毒剧中药 31 种名单。中医理论中，巴豆与牵牛子为配伍禁忌的“十九畏”之一；一般不能配合使用。现代研究也证明，巴豆与牵牛子合用较单用巴豆霜对小鼠的泻下作用、降低免疫作用增加，抗炎作用减弱，对理化刺激的反应降低，对胃黏膜损伤增加，巴豆霜单用能缩短小鼠凝血时间，体重减轻但未见死亡，与牵牛子合用后凝血时间有延长趋势，体重减轻并出现死亡[20]。

巴豆除成熟种子作药用外，其他部分亦可药用。巴豆壳功能温中消积，解毒杀虫；主治泄泻、痢疾、腹部胀痛、瘰疬痰核等。巴豆叶功能祛风活血，解毒杀虫；主治风湿痹痛、跌打肿痛、带状疱疹等。巴豆树根功能：温中散寒，祛风止痛；主治胃痛、寒湿痹痛、牙痛、外伤肿痛、痈疽疔疮等。

巴豆既有抗癌活性，也有促癌活性，根据现有的研究资料，其抗癌的主要活性成分为生物碱类，促癌的活性成分为二萜酯类，而二萜酯类又是巴豆泻下作用的主要有效成分；此外，巴豆还含有毒性蛋白。巴豆的活性和毒性成分及其机制值得深入研究。

参考文献

[1] ARROYO E R, HOLCOMB J. Structural studies of an active principle from *Croton tiglium*[J]. Journal of Medicinal Chemistry, 1965, 8(5): 672-675.

[2] KIM J H, LEE S J, HAN Y B, et al. Isolation of isoguanosine from *Croton tiglium* and its antitumor activity[J]. Archives of Pharmacal Research, 1994, 17(2): 115-118.

[3] TSAI J C, TSAI S L, CHANG W C. Effect of ethanol extracts of three Chinese medicinal plants with laxative properties on ion transport of the rat intestinal epithelia[J]. Biological & Pharmaceutical Bulletin, 2004, 27(2): 162-165.

[4] 孙颂三，赵燕洁，周佩卿，等 . 巴豆霜对泻下和免疫功能的影响 [J]. 中草药，1993，24(5)：251-252，259.

[5] 王新，张宗友，时永金，等.巴豆提取物诱导小鼠小肠组织中蛋白质差异表达的初步研究 [J]. 胃肠病学和肝病学杂志，2000，9(2)：103-106.

[6] 许继德，樊雪萍，张经济，等.巴豆油所致的呕吐过程中狗胃肠道电活动的改变 [J]. 现代中西医结合杂志，2003，12(6)：577-578.

[7] 赵中夫，刘明社，武延隽，等.巴豆油体外抗结核分枝杆菌作用实验研究 [J]. 长治医学院学报，2004，18(1)：1-3.

[8] 赵中夫，刘明社，武延隽.巴豆油抗多重耐药结核分枝杆菌作用实验研究 [J]. 长治医学院学报，2004，18(4)：241-243.

[9] 赵凤鸣，许冬青，王明艳，等.巴豆生物碱对人胃癌细胞SGC-7901 的诱导分化作用研究 [J]. 中医药学刊，2005，23(1)：134，184.

[10] 刘秀德，隋在云.巴豆总生物碱对癌细胞质膜流动性及胞浆基质结构的影响 [J]. 山东中医学院学报，1995，19(3)：192-194.

[11] VAN DUUREN B L, LANGSETH L, SIVAK A, et al. Tumor-enhancing principles of *Croton tiglium*. Ⅱ. A comparative study[J]. Cancer Research, 1966, 26(8): 1729-1733.

[12] 鲁德银，左丹，郭淑芳，等.巴豆油对人巨细胞病毒诱发小鼠宫颈癌的促进作用 [J]. 湖北医科大学学报，1997，18(1)：1-4.

[13] 赵玫，赵清正，张春燕，等.致癌剂 DEN、促癌剂巴豆油对大鼠肝 α_1 抑制因子 3 基因表达的影响 [J]. 生物化学杂志，1992，8(6)：730-734.

[14] 兰梅，王新，吴汉平，等.巴豆提取物对人肠上皮细胞生物学特性的影响 [J]. 世界华人消化杂志，2001，9(4)：396-400.

[15] 张静修，王毅.生、熟巴豆对比实验 [J]. 中药材，1992，15(9)：29-30.

[16] 柯岩，赵文明.疗毒丸对小鼠巨噬细胞活性抑制作用的观察 [J]. 首都医学院学报，1993，14(1)：16-18.

[17] EL-MEKKAWY S, MESELHY M R, NAKAMURA N, et al. 12-*O*-acetylphorbol-13-decanoate potently inhibits cytopathic effects of human immunodeficiency virus type 1 (HIV-1), without activation of protein kinase C[J]. Chemical & Pharmaceutical Bulletin, 1999, 47(9): 1346-1347.

[18] EL-MEKKAWY S, MESELHY M R, NAKAMURA N, et al. Anti-HIV-1 phorbol esters from the seeds of Croton tiglium[J]. Phytochemistry, 2000, 53(4): 457-464.

[19] ITO Y, KAWANISHI M, HARAYAMA T, et al. Combined effect of the extracts from *Croton tiglium*, *Euphorbia lathyris* or *Euphorbia tirucalli* and *n*-butyrate on Epstein-Barr virus expression in human lymphoblastoid P3HR-1 and Raji cells[J]. Cancer Letters, 1981, 12(3): 175-180.

[20] 肖庆慈，曾昌银，毛小平，等.巴豆牵牛子配伍的研究 [J]. 云南中医学院学报，1998，21(2)：1-5，13.

菝葜 Baqia CP, KHP

Smilax china L.
Chinaroot Greenbrier

概述

百合科 (Liliaceae) 植物菝葜 *Smilax china* L.，其干燥根茎入药。中药名：菝葜。

菝葜属 (*Smilax*) 植物全世界约有 300 种，主要分布于全球热带地区。中国产约 60 种，大多数分布于长江以南各省区。本属现供药用者约有 18 种。本种分布于中国山东、江苏、浙江、福建、台湾、江西、安徽、四川、云南等省，缅甸、越南、泰国、菲律宾也有分布。

"菝葜"药用之名，始载于《名医别录》。历代本草多有著录，古今药用品种基本一致。《中国药典》（2015 年版）收载本种为中药菝葜的法定原植物来源种。药材主产于中国浙江、江苏、广西等地。

菝葜属植物主要含皂苷、黄酮类成分。薯蓣皂苷元构成的各类皂苷是菝葜的主要活性成分。《中国药典》以性状、显微和薄层色谱鉴别来控制菝葜药材的质量。

药理研究表明，菝葜具有抗炎、抗菌、抗肿瘤等作用。

中医理论认为菝葜具有利湿去浊，祛风除痹，解毒散瘀等功效。

◆ 菝葜
Smilax china L.

◆ 菝葜
S. china L.

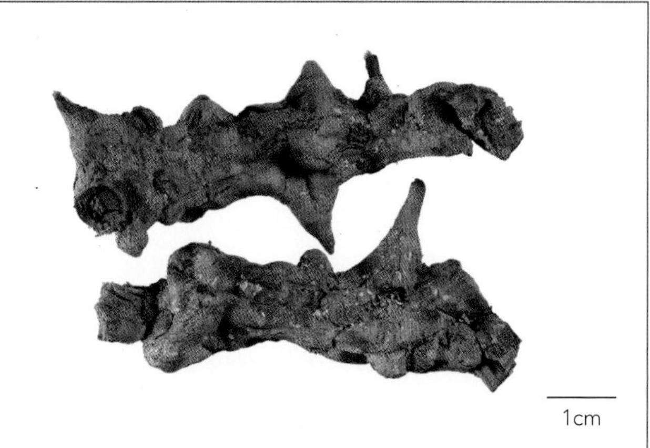

◆ 药材菝葜
Smilacis Chinae Rhizoma

化学成分

菝葜根茎和根含甾体皂苷及其苷元：菝葜皂苷A、B、C (smilax saponins A～C)、薯蓣皂苷元 (diosgenin)、薯蓣皂苷 (dioscin)、薯蓣皂苷的原皂苷元A (prosapogenin A)、纤细薯蓣皂苷 (gracillin)、甲基原纤细薯蓣皂苷 (methylprotogracillin)、异娜草皂苷元-3-*O*-*α*-*L*-吡喃鼠李糖-(1→2)-*O*-[*α*-*L*-吡喃鼠李糖-(1→4)]-*β*-*D*-吡喃葡萄糖苷 {isonarthogenin-3-*O*-*α*-*L*-rhamnopyransoyl-(1→2)-*O*-[*α*-*L*-rhamnopyranosyl-(1→4)]-*β*-*D*-glucopyranoside}[1-3]等；黄酮苷类成分：二氢山柰酚-3-*O*-*α*-*L*-鼠李糖苷 (dihydrokaempferol-3-*O*-*α*-*L*-rhamnopyranoside)、槲皮素-4'-*O*-*β*-*D*-葡萄糖苷 (quercetin-4'-*O*-*β*-*D*-glucoside)、二氢山柰酚-5-*O*-*β*-*D*-葡萄糖 (dihydrokaempferol-5-*O*-*β*-*D*-glucoside)[4-6]等。

◆ smilax saponin B

药理作用

1. 抗炎

菝葜水煎液灌胃能显著抑制角叉菜胶所致大鼠足趾肿胀和皮下注射琼脂形成的肉芽肿增生[7]；菝葜水煎液及不同提取物灌胃给药能明显抑制佐剂性关节炎小鼠继发性足肿胀，减轻胸腺和脾脏重量，减少 CD_4^+ T 细胞，增加 CD_8^+ T 细胞，降低 CD_4/CD_8 比值[8-9]。

2. 抗肿瘤

菝葜醇提取物体内对小鼠肉瘤细胞 S_{180}、宫颈癌细胞 U_{14} 有一定抑制作用[10]。

3. 抗菌

菝葜甲醇、乙酸乙酯、丁醇提取物对巨大芽孢杆菌、枯草芽孢杆菌及发根农杆菌显示出较强的抑制作用，氯仿和乙酸乙酯提取物对根癌农杆菌亦具有明显的抑制活性；菝葜乙醇提取物对金黄色葡萄球菌、苏云金芽孢杆菌、大肠埃希氏菌和枯草芽孢杆菌也有抑制作用[11-12]。

4. 降血糖

菝葜煎剂灌胃能显著对抗肾上腺素和葡萄糖引起的小鼠血糖升高，降低四氧嘧啶糖尿病小鼠的血糖浓度，增加肝糖元含量[13]。

5. 抗血小板聚集

菝葜水煎液灌胃能显著延长小鼠部分活化凝血酶原时间 (APTT)，正丁醇萃取物灌胃能显著降低血中纤维蛋白原 (FIB) 浓度；菝葜水煎液和正丁醇萃取物体外对血小板聚集功能有一定的抑制作用[14]。

6. 其他

菝葜提取物及所含甾体皂苷具有抗诱变、抗氧化及清除自由基等作用[15-17]。

应用

本品为中医临床常用药。功能：利湿去浊，祛风除痹，解毒散瘀。主治：小便淋浊，带下量多，风湿痹痛，疔疮痈肿。

现代临床还用于扁桃腺炎、消化不良、泌尿道感染、湿疹、银屑病等病的治疗。

评注

药用植物图像数据库

菝葜属植物所含化学成分以甾体皂苷类为主，是甾体皂苷（元）的一个重要资源。此外也含有不少黄酮类及其他一些成分，具有多种生物活性。

菝葜属植物在中医临床上多用于疑难杂症的治疗，如对一些无名肿痛、湿疹、瘙痒等有独特疗效，并在临床上已经得到证实；而对其疗效的物质基础及作用机制的研究尚不够深入。鉴于其广泛而独特的药理活性及临床应用，菝葜属植物有较大的研究开发空间。

参考文献

[1] KAWASAKI T, NISHIOKA I, TSUKAMOTO T, et al. Saponins of *Smilax china* rhizome[J]. Yakugaku Zasshi, 1966, 86(8): 673-677.

[2] KIM S W, CHUNG K C, SON K H, et al. Steroidal saponins from the rhizomes of *Smilax china*[J]. Saengyak Hakhoechi, 1989, 20(2): 76-82.

[3] SASHIDA Y, KUBO S, MIMAKI Y, et al. Steroidal saponins from *Smilax riparia* and *S. china*[J]. Phytochemistry, 1992, 31(7): 2439-2443.

[4] 阮汉利，张勇慧，赵薇，等．金刚藤化学成分研究 [J]. 天然产物研究与开发，2002，14(1)：35-36，41.

[5] 冯锋，柳文媛，陈优生，等．菝葜中黄酮和芪类成分的研究 [J]. 中国药科大学学报，2003，34(2)：119-121.

[6] 阮金兰，邹健，蔡亚玲．菝葜化学成分研究 [J]. 中药材，2005，28(1)：24-26.

[7] 陈东生，吕永宁，王杰．菝葜的抗炎作用 [J]. 中国医院药学杂志，2000，20(9)：544-545.

[8] 吕永宁，陈东生，邓俊刚，等．菝葜对小鼠佐剂性关节炎作用的研究 [J]. 中药材，2003，26(5)：344-346.

[9] 吕永宁，陈东生，熊先智，等．菝葜不同提取物对小鼠佐剂性关节炎的作用 [J]. 中国医院药学杂志，2004，24(9)：517-519.

[10] 杜德极，石小枫，冉长清，等．复方菝葜抗炎、抗肿瘤及毒性研究 [J]. 中成药，1989，11(12)：29-31.

[11] SONG J H, KWON H D, LEE W K, et al. Antimicrobial activity and composition of extract from *Smilax china* root[J]. Han'guk Sikp'um Yongyang Kwahak Hoechi, 1998, 27(4): 574-584.

[12] 刘世旺，游必纲，徐艳霞．菝葜乙醇提取物的抑菌作用 [J]. 资源开发与市场，2004，20(5)：328-329.

[13] 马世平，卫敏，郭健，等．菝葜对小鼠血糖和肝糖元的影响 [J]. 中国现代应用药学杂志，1998，15(5)：5-7.

[14] 吕永宁，陈东生，付磊，等．菝葜三种提取物活血化瘀药理作用研究 [J]. 中国药科大学学报，2001，32(6)：448-450.

[15] LEE H, LIN J Y. Antimutagenic activity of extracts from anticancer drugs in Chinese medicine[J]. Mutation Research, 1988, 204(2): 229-234.

[16] KIM S W, SON K H, CHUNG K C. Mutagenic effect of steroidal saponins from *Smilax china* rhizomes[J]. Yakhak Hoechi, 1989, 33(5): 285-289.

[17] LEE S E, JU E M, KIM J H. Free radical scavenging and antioxidant enzyme fortifying activities of extracts from *Smilax china* root[J]. Experimental & Molecular Medicine, 2001, 33(4): 263-268.

白花前胡 Baihuaqianhu CP, KHP

Peucedanum praeruptorum Dunn
Whiteflower Hogfennel

概述

伞形科 (Apiaceae) 植物白花前胡 *Peucedanum praeruptorum* Dunn，其干燥根入药。中药名：前胡。

前胡属 (*Peucedanum*) 植物全世界约有120种，广布全球各地。中国约有30多种，本属现供药用者约有7种。本种分布于中国大部分省区。

“前胡”药用之名，始载于《名医别录》，列为中品。历代本草多有著录。《本草经集注》《本草图经》《本草纲目》的记述及附图，均指白花前胡；而《本草图经》所载的“滁州当归”的“花浅紫色”等记述，系指与紫花前胡 *Peucedanum decursivum* (Miq.) Maxim.。《中国药典》（2015年版）收载本种为中药前胡的法定原植物来源种。主产于中国浙江、湖南、江西、湖北、广西、四川、安徽、福建等省区。

白花前胡主要成分为香豆素、挥发油等。《中国药典》采用高效液相色谱法进行测定，规定前胡含白花前胡甲素不得少于0.90%，含白花前胡乙素不得少于0.24%，以控制药材质量。

现代药理研究指出，白花前胡具有祛痰、解痉、抗菌、抗心律失常、抗血小板聚集等作用。

中医理论认为前胡具有降气化痰，散风清热等功效。

◆ 白花前胡
Peucedanum praeruptorum Dunn

◆ 紫花前胡
Peucedanum decursivun (Miq.) Franch. et Sav.

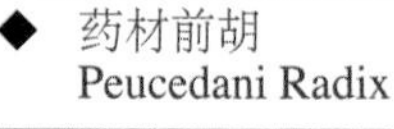

◆ 药材前胡
Peucedani Radix

◆ 药材紫花前胡
Peucedani Decursivi Radix

化学成分

白花前胡的根主要含角型二氢吡喃类型的香豆素成分：白花前胡甲素 [praeruptorin A]、白花前胡乙素 [praeruptorin B][1]、右旋白花前胡素 Ib [Pd-Ib, 3'(*R*)-angeloyloxy-4'-keto-3',4'-dihydroseselin]、右旋白花前胡素Ⅲ [Pd-Ⅲ, 3'(*S*)-angeloyloxy-4'(*S*)-isovaleryloxy-3'4'-dihydroseselin][2-3]、白花前胡香豆素 Ⅰ、Ⅱ、Ⅲ (peucedanocoumarins Ⅰ～Ⅲ)[4]、前胡香豆素A、B、C、D、E、F、G、H、I (qianhucoumarins A～I)[5-10]，8-甲氧基补骨脂素 (8-methoxypsoralen)[5]等。新近从中还分得两个新的香豆素成分，即3'(*R*)-异丁酰氧基-4'(*R*)-乙酰氧基-3',4'-二氢邪蒿素 [3'(*R*)-isobutyryloxy-4'(*R*)-acetoxy-3',4'-dihydroseselin][11]和3'(*R*)-氧-乙酰基-4'(*S*)-氧-当归酰凯尔内酯 [(3'*R*)-*O*-acetyl-(4'*S*)-*O*-angeloylkhellactone][12]。

此外，还含有挥发油，其主要成分为香木兰烯 (aromadendrene)、β-榄香烯 (β-elemene)[13]等。

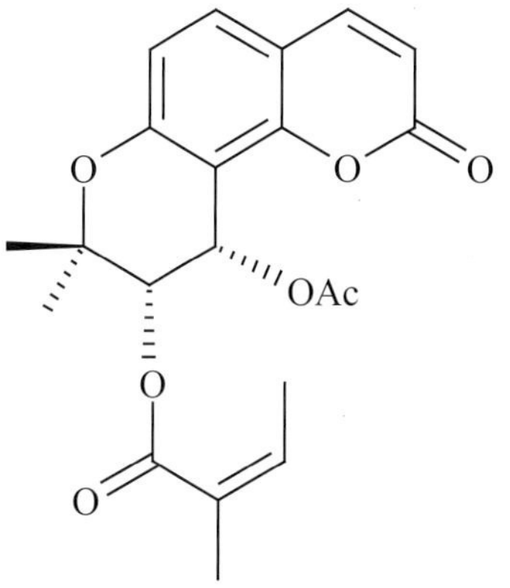

◆ (+)-praeruptorin A

药理作用

1. 祛痰

白花前胡水煎液灌胃能显著增加小鼠呼吸道酚红排出量和大鼠排痰量 [14]。

2. 对心肺血管的影响

(1) 扩血管　白花前胡水煎剂和石油醚提取物以及所含白花前胡甲素、白花前胡香豆素Ⅱ、8-甲氧基补骨脂素等成分可抑制去甲肾上腺素或氯化钾引起的离体兔肺动脉血管平滑肌收缩，有扩张血管作用[15-16]。白花前胡提取物口服能降低人缺氧性肺动脉高血压[17]。

(2) 抗心肌缺血　白花前胡乙醇提取物可增加麻醉猫冠脉血流量，降低心肌耗氧量和外周血管阻力 [18]。白花前胡甲素剂量依赖性地使豚鼠单一心室肌细胞钙电流 (I_{Ca}) 的峰值变小，对钙通道有阻滞作用 [19]。

(3) 改善心脏功能　白花前胡香豆素 A、B、C、D 灌胃可预防和逆转肾型高血压大鼠左室肥厚，减少心肌细胞内钙的含量，增加 ATP 酶活性 [20]；改善肾血管性高血压大鼠心脏舒张功能，提高心肌顺应性，降低心肌胶原含量 [21]。

(4) 抗心律失常　静注白花前胡水醇提取物对氯化钡诱发的大鼠心律失常以及结扎大鼠左冠状动脉引起的室性心律失常均有明显的预防和治疗作用 [22]。

3. 抗血小板聚集

白花前胡甲素、白花前胡乙素等香豆素类成分能显著抑制血小板活化因子 (PAF) 所致血小板聚集 [23]。

4. 解痉

白花前胡石油醚提取物对乙酰胆碱和氯化钾所致离体家兔气管平滑肌收缩有明显抑制作用，且能使乙酰胆碱收缩气管平滑肌的量效曲线右移，降低最大反应，其作用呈剂量依赖性。作用机制可能与抑制钙离子内流有关 [24]。

5. 抗菌

体外实验表明白花前胡挥发油对金黄色葡萄球菌、大肠埃希氏菌、伤寒沙门氏菌和弗氏志贺氏菌有一定的抑制或杀灭能力 [13, 25]。

6. 其他

白花前胡香豆素具有抗肿瘤、抑制黑色素生成等作用 [26-27]。

应用

本品为中医临床用药。功能：降气化痰，散风清热。主治：痰热喘满，咯痰黄稠，风热咳嗽痰多。

现代临床还用于气管炎、心律失常、感冒、细菌性痢疾、慢性肠炎等病的治疗。

评注

紫花前胡 *Angelica decursiva* (Miq.) Franch. et Sav. 的干燥根在民间也作中药前胡入药。紫花前胡主产于中国江西、安徽、浙江、湖南等省区。据调查，在商品前胡药材中，仅次于白花前胡。

紫花前胡根主要含线型二氢吡喃型香豆素及其苷：紫花前胡素 Pd-C-Ⅰ、Pd-C-Ⅱ、Pd-C-Ⅲ、Pd-C-Ⅳ、Pd-C-Ⅴ、紫花前胡次素 (decursidin)、紫花前胡素Ⅰ (AD-Ⅰ) 紫花前胡素D、F (decursin D、F)，紫花前胡苷元 (nodakenetin)、紫花前胡苷 (nodakenin)，紫花前胡种苷 Ⅰ、Ⅱ、Ⅲ、Ⅳ、Ⅴ、Ⅵ (decurosides Ⅰ～Ⅵ) 等。还含有挥发油，其主要成分为α-蒎烯 (α-pinene) 等。茎叶中含有欧前胡素 (imperatorin)、石防风素 (deltoin)、哥伦比亚内酯 (columbianadin)[28-35]等。

紫花前胡的系统分类应归属于前胡属 (*Peucedanum*) 还是当归属 (*Angelica*) 历来存在争论，多数研究认为紫花前胡应归入当归属。《植物名实图考》称之为“土当归”。紫花前胡长期作为前胡药用，究其原因，可能是因为紫花前胡具有与白花前胡相似的宣散风热、降气化痰的功效，亦具有祛痰、解痉、抗炎、抗过敏、抗菌、抗血小板聚集[36-38] 等药理作用。

白花前胡是中国前胡药材的法定品种，资源丰富，商品覆盖面广。中国浙江、云南等省已建立规范化生产基地。

白花前胡所含香豆素类成分有较强的心血管药理活性，在研究和开发防治心血管疾病、肺动脉高血压、治疗白血病新药方面具有广阔前景[39]。白花前胡茎叶所含化学成分和根的成分比较相似，其中有效成分白花前胡甲素等含量比根中高[40]，有望进一步扩大药用植物资源。

参考文献

[1] 陈政雄，黄宝山，畲其龙，等. 中药白花前胡化学成分的研究——四种新香豆素的结构 [J]. 药学学报，1979，14(8)：486-496.

[2] 叶锦生，张涵庆，袁昌齐. 中药白花前胡根中香豆素白花前胡素 (E) 的分离鉴定 [J]. 药学学报，1982，17(6)：431-434.

[3] OKUYAMA T, SHIBATA S. Studies on coumarins of a Chinese drug “Qian-Hu” [J]. Planta Medica, 1981, 42(1): 89-96.

[4] TAKATA M, SHIBATA S, OKUYAMA T. Studies on coumarins of a Chinese drug Qian-Hu; Part X. Structures of angular pyranocoumarins of Bai-Hua Qian-Hu, the root of *Peucedanum praeruptorum*[J]. Planta Medica, 1990, 56(3): 307-311.

[5] 孔令义，裴月湖，李铣，等. 前胡香豆素 A 的分离和结构鉴定 [J]. 药学通报，1993，28(6)：432-436.

[6] 孔令义，裴月湖，李铣，等. 前胡香豆素 B 和前胡香豆素 C 的分离和鉴定 [J]. 药学学报，1993，28(10)：772-776.

[7] 孔令义，李铣，裴月湖，等. 白花前胡中前胡香豆素 D 和前胡香豆素 E 的分离和鉴定 [J]. 药学学报，1994，29(1)：49-54.

[8] KONG L Y, PEI Y H, LI X, et al. New compounds from *Peucedanum praeruptorum*[J]. Chinese Chemical Letters, 1993, 4(1): 37-38.

[9] KONG L Y, LI Y, MIN Z D, et al. Coumarins from *Peucedanum praeruptorum*[J]. Phytochemistry, 1996, 41(5): 1423-1426.

[10] KONG L Y, MIN Z D, LI Y, et al. Qianhucoumarin I from *Peucedanum praeruptorum*[J]. Phytochemistry, 1996, 42(6): 1689-1691.

[11] KONG L Y, LI Y, NIWA M. A new pyranocoumarin from *Peucedanum praeruptorum*[J]. Heterocycles, 2003, 60(8):

1915-1919.

[12] LOU H X, SUN L R, YU W T, et al. Absolute configuration determination of angular dihydrocoumarins from *Peucedanum praeruptorum*[J]. Journal of Asian Natural Products Research, 2004, 6(3): 177-184.

[13] 孔令义，侯柏玲，王素贤，等.白花前胡挥发油成分的研究[J].沈阳药学院学报，1994，11(3)：201-203.

[14] 刘元，韦焕英，姚树汉，等.中药前胡类祛痰药理作用比较[J].湖南中医药导报，1997，3(1)：40-42.

[15] 魏敏杰，张新华，赵乃才.前胡对兔离体肺动脉的作用[J].中草药，1994，25(3)：137-139.

[16] ZHAO N C, JIN W B, ZHANG X H, et al. Relaxant effects of pyranocoumarin compounds isolated from a Chinese medical plant, Bai-Hua Qian-Hu, on isolated rabbit tracheas and pulmonary arteries[J]. Biological & Pharmaceutical Bulletin, 1999, 22(9): 984-987.

[17] 王秋月，李尔然，赵桂喜，等.白花前胡提取物对慢性阻塞性肺疾病继发性肺动脉高压的影响[J].中国医科大学学报，1998，27(6)：588-590，594.

[18] 常天辉，陈磊，姜明燕，等.白花前胡对麻醉开胸猫急性心肌梗塞的影响[J].中国医科大学学报，2000，29(2)：84-87.

[19] 李金鸣，常天辉，孙晓东，等.白花前胡甲素对豚鼠心肌细胞钙电流的影响[J].中国药理学报，1994，15(6)：525-527.

[20] 饶曼人，孙兰，张晓文.前胡香豆素对肾型高血压大鼠左室肥厚及心肌胞内钙、Na^+、K^+-ATP 酶和 Ca^{2+}、Mg^{2+}-ATP 酶活性的影响[J].药学学报，2002，37(6)：401-404.

[21] 饶曼人，孙兰，张晓文.前胡香豆素组分对心脏肥厚大鼠心脏血流动力学、心肌顺应性及胶原含量的影响[J].中国药理学与毒理学杂志，2002，16(4)：265-269.

[22] 王玉萍，常天辉，于艳凤，等.中药白花前胡防治心律失常作用的实验研究Ⅱ[J].中国医科大学学报，1991，20(6)：420-422.

[23] AIDA Y, KASAMA T, TAKEUCHI N, et al. The antagonistic effects of khellactones on platelet-activating factor, histamine, and leukotriene D_4[J]. Chemical & Pharmaceutical Bulletin, 1995, 43(5): 859-867.

[24] 金鑫，章新华，赵乃才.白花前胡石油醚提取物对家兔离体气管平滑肌的作用[J].中国中药杂志，1994，19(6)：365-367.

[25] 陈炳华，王明兹，刘剑秋.闽产前胡根挥发油的化学成分及其抑菌活性[J].热带亚热带植物学报，2002，10(4)：366-370.

[26] MIZUNO A, OKADA Y, NISHINO H, et al. Studies on the antitumor-promoting activity of naturally occurring substances. Ⅷ. Inhibitory effect of coumarins isolated from Bai-Hua Qian-Hu on two stage carcinogenesis[J]. Wakan Iyakugaku Zasshi, 1994, 11(3): 220-224.

[27] KIM C T, KIM W C, JIN M H, et al. Inhibitors of melanogenesis from the roots of *Peucedanum praeruptorum*[J]. Saengyak Hakhoechi, 2002, 33(4): 395-398.

[28] SAKAKIBARA I, OKUYAMA T, SHIBATA S. Studies on coumarins of a Chinese drug "Qian-Hu". Ⅲ. Coumarins from "Zi-Hua Qian-Hu" [J]. Planta Medica, 1982, 44(4): 199-203.

[29] SAKAKIBARA I, OKUYAMA T, SHIBATA S. Studies on coumarins of a Chinese drug "Qian Hu", Ⅳ. Coumarins from "Zi Hua Qian Hu" (supplement) [J]. Planta Medica, 1984, 50(2): 117-120.

[30] 姚念环，孔令义.紫花前胡化学成分的研究[J].药学学报，2001，36(5)：351-355.

[31] ASAHARA T, SAKAKIBARA I, OKUYAMA T, et al. Studies on coumarins of a Chinese drug "Qian Hu". Ⅴ. Coumarin-glycosides from "Zi Hua Qian Hu" [J]. Planta Medica, 1984, 50(6): 488-492.

[32] MATANO Y, OKUYAMA T, SHIBATA S, et al. Studies on coumarins of a Chinese drug "Qian-Hu"; Ⅶ. Structures of new coumarin glycosides of Zi-Hua Qian-Hu and effect of coumarin glycosides on human platelet aggregation[J]. Planta Medica, 1986, 2: 135-138.

[33] YAO N H, KONG L Y, NIWA M. Two new compounds from *Peucedanum decursivum*[J]. Journal of Asian Natural Products Research, 2001, 3(1): 1-7.

[34] 张斐，陈波，姚守拙.GC-MS 研究紫花前胡挥发油的化学成分[J].中草药，2003，34(10)：883-884.

[35] 许剑锋，孔令义.紫花前胡茎叶化学成分的研究[J].中国中药杂志，2001，26(3)：178-180.

[36] SUZUKI T, KOBAYASHI Y, UCHIDA M K, et al. Calcium antagonist-like actions of coumarins isolated from "Qian Hu" on anaphylactic mediator release from mast cell induced by concanavalin A[J]. Journal of Pharmacobio-Dynamics, 1985, 8(4): 257-263.

[37] 张艺，贾敏如，孟宪丽，等.中药紫花前胡抗血小板活化因子(PAF)作用的研究[J].成都中医药大学学报，1997，20(1)：39-40.

[38] OKUYAMA T, KAWASAKI C, SHIBATA S, et al. Effect of oriental plant drugs on platelet aggregation. Ⅱ. Effect of Qian-Hu coumarins on human platelet aggregation[J]. Planta Medica, 1986, 2: 132-134.

[39] ZHANG J X, FONG W F, WU J Y C, et al. Pyranocoumarins isolated from *Peucedanum praeruptorum* as differentiation inducers in human leukemic HL-60 cells[J]. Planta Medica, 2003, 69(3): 223-229.

[40] 李意，孔令义.RP-HPLC 法研究前胡茎叶中的有效成分及其含量[J].中草药， 1995，26(1)：11-12.

白及 Baiji CP, KHP

Bletilla striata (Thunb.) Reichb. f.
Chinese Ground Orchid

概述

兰科 (Orchidaceae) 植物白及 *Bletilla striata* (Thunb.) Reichb. f.，其干燥块茎入药。中药名：白及。

白及属 (*Bletilla*) 植物全世界约有 6 种，分布于亚洲的缅甸北部经中国至日本。中国产有 4 种，本属现供药用者约 4 种。本种分布于中国陕西、甘肃、江苏、安徽、浙江、江西、福建、湖北、湖南、广东、广西、四川和贵州，朝鲜半岛和日本也有分布。

“白及”药用之名，始载于《神农本草经》，列为下品。历代本草多有著录，古今药用品种一致。《中国药典》（2015 年版）收载本种为中药白及的法定原植物来源种。主产于中国贵州、四川、湖北、湖南、安徽、河南、浙江、陕西。

白及的主要化学成分为芪类和菲类化合物。《中国药典》以性状、显微和薄层色谱鉴别来控制白及药材的质量。

药理研究表明，白及具有止血、保护黏膜、抗菌、抗氧化和抗肿瘤等作用。

中医理论认为白及具有收敛止血，消肿生肌等功效。

◆ 白及
Bletilla striata (Thunb.) Reichb. f.

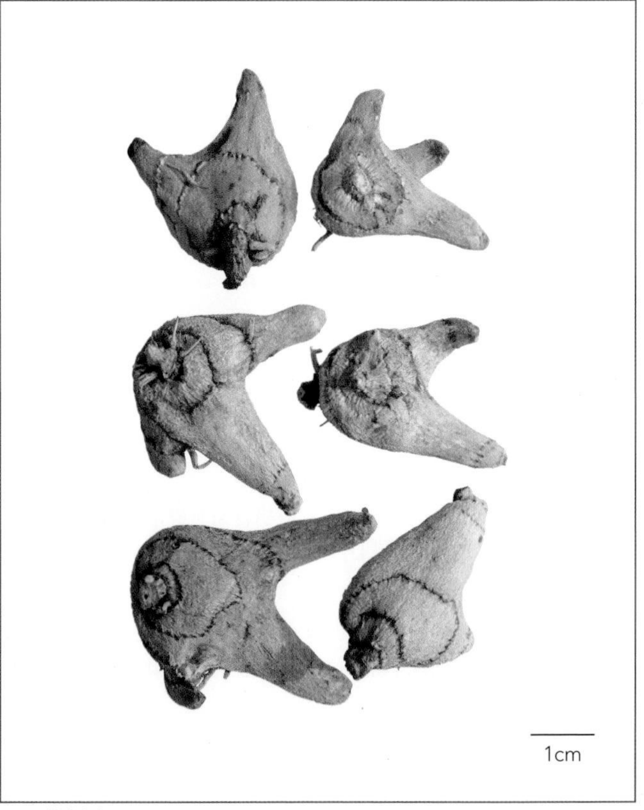

◆ 药材白及
Bletillae Rhizoma

化学成分

白及块茎含有芪类化合物：山药素Ⅲ (batatasin Ⅲ)、3'-*O*-甲基山药素 (3'-*O*-methylbatatasin Ⅲ)[1]、3',3,5-三甲氧基联苄 (3',3,5-trimethoxybibenzyl)、3,5-二甲氧基联苄 (3,5-dimethoxybibenzyl)[2-3]、2,6-双(对羟苄基)-3',5-二甲氧基-3-羟基联苄 [2,6-bis(p-hydroxybenzyl)3',5-dimethoxy-3-hydroxy bibenzyl][4]、3'-羟基-5-甲氧基联苄-3-*O*-*β*-*D*-吡喃葡萄糖苷 (3'-hydroxy-5-methoxybibenzyl-3-*O*-*β*-*D*-glucopyranoside)[5]、5-羟基-4-(对羟基苄基)-3',3-二甲氧基联苯 [5-hydroxy-4-(p-hydroxybenzyl)-3',3-dimethoxybibenzyl] [6]；还含有菲类化合物：白及联菲A、B、C (blestriarenes A～C)[1]、白及联菲醇A、B、C (blestrianols A～C)[7]；白及双菲醚A、B、C、D (blestrins A～D)[8-9]；白及苄醚A、B、C (bletilols A～C)[10]； 2,7-二羟基-4-甲氧基菲-2-*O*-葡萄糖苷 (2,7-dihydroxy-4-methoxyphenanthrene-2-*O*-glucoside)[11]、2,4,7-三甲氧基菲 (2,4,7-trimethoxyphenanthrene)[2]、4,7-二羟基-2-甲氧基-9,10-二氢菲 (4,7-dihydroxy-2-methoxy-9,10-dihydrophenanthrene)、3,7-二羟基-2,4-二甲氧基菲 (3,7-dihydroxy-2,4-dimethoxy phenanthrene)[3]；白及菲螺内酯 (blespirol)[12]。此外大黄素甲醚 (physcion)、环巴拉甾醇 (cyclobalanol)[13]、丁香树脂酚 (syringaresinol)和咖啡酸 (caffeic acid)等[14]。

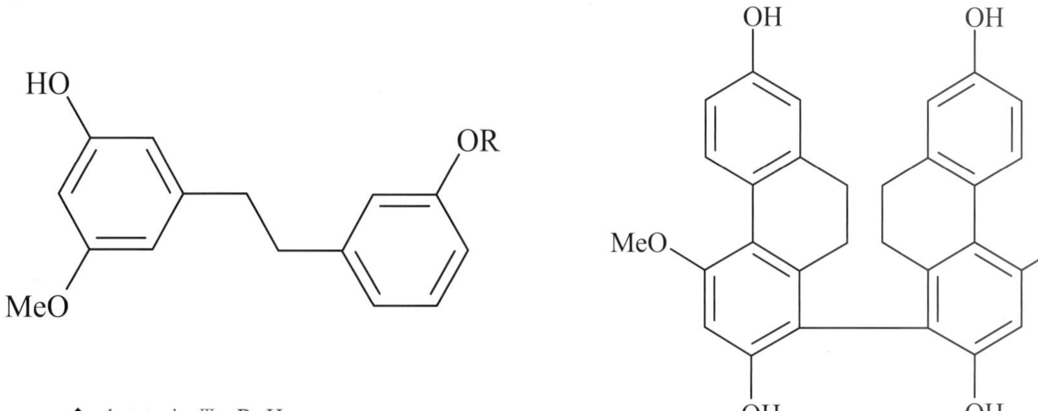

HO OR MeO OH OH MeO OMe OH OH

◆ batatasin Ⅲ : R=H
3'-*O*-methylbatatasin Ⅲ : R=CH_3

◆ blestriarene A

药理作用

1. 止血

白及甘露聚糖对狗实验性肝损伤有止血作用，能显著缩短止血时间，减少出血量 [15]。白及液注入蛙下腔静脉后，可使末梢血管内红细胞凝集形成人工血栓，从而有修补血管壁损伤的作用，且对较大血管内血流的流通没有阻塞作用 [16]。将犬肝叶或脾大部分切除，兔大腿肌肉做横行切断，再以白及水浸出物覆盖创面，可自行黏着，出血立即停止；白及的止血作用与其所含胶状成分有关 [16]。白及正丁醇提取部位和水溶性部位可显著提高二磷酸腺苷 (ADP) 诱导的血小板最大聚集率，提示白及止血作用与促进血小板聚集有关 [17]。

2. 保护胃黏膜

白及煎剂灌胃可明显减轻由盐酸、无水乙醇、幽门结扎和乙酸所致的大鼠胃黏膜损伤 [18-19]。

3. 抗菌

白及对革兰阳性菌和人结核分枝杆菌有抑制作用 [16]。白及水浸剂对奥杜盎小芽孢癣菌也有抑制作用 [16]。体外实验证明，白及所含的苄类成分对革兰阳性菌金黄色葡萄球菌、枯草芽孢杆菌、蜡状芽孢杆菌和加得那诺卡菌有抑制作用。白及联菲 A、B、C 对革兰阳性菌金黄色葡萄球菌以及变异链球菌有抑制作用。

4. 抗氧化

白及中性多糖在体外能显著清除羟自由基，抑制H_2O_2诱导的红细胞溶血；灌胃对*D*-半乳糖所致小鼠体重减轻和超氧化物歧化酶 (SOD) 活性下降也有显著抑制作用[20]。

5. 抗肿瘤

白及提取物可抑制肿瘤血管内皮生长因子与其受体的结合，从而抑制肿瘤血管生成[21]。白及作为肝动脉栓塞剂，结合化疗药和肝动脉结扎术能显著抑制肝细胞癌的生长[22]。

6. 其他

白及还能促进角质形成细胞游走，这种作用可能对治疗皮肤创伤，促进早期愈合有重要影响[23]。白及多糖在体外有促进内皮细胞生长的作用[24]。

应用

本品为中医临床用药。功能：收敛止血，消肿生肌。主治：咯血，吐血，外伤出血，疮疡肿毒，皮肤皲裂。

现代临床还应用于肺结核咳血、上消化道出血、胃及十二指肠溃疡或内脏出血、外伤出血及扭挫伤等病的治疗。

评注

药用植物图像数据库

白及甘露聚糖又名白及胶，除有显著止血作用外，它还可为阿拉伯胶和黄芪胶的代用品，用作制剂工业中的赋形剂、黏合剂和乳化剂，还可作为医用超声波耦合剂和羟甲淀粉，用途广泛[25]。

由于白及种子萌发时，需要与相适应的真菌共生，且萌发率极低，自然繁殖困难，所以白及的野生资源已相当稀少，现被中国列为珍稀濒危植物。目前白及已有少量的人工栽培，包括有性繁殖和无性繁殖。

参考文献

[1] YAMAKI M, BAI L, INOUE K, et al. Biphenanthrenes from *Bletilla striata*[J]. Phytochemistry, 1989, 28(12): 3503-3505.

[2] YAMAKI M, KATO T, BAI L, et al. Nonpolar constituents from *Bletilla striata*. Part 5. Methylated stilbenoids from *Bletilla striata*[J]. Phytochemistry, 1991, 30(8): 2759-2760.

[3] 韩广轩，王立新，张卫东，等.中药白及的化学成分研究 (I) [J]. 第二军医大学学报，2002，23(4)：443-445.

[4] TAKAGI S, YAMAKI M, INOUE K. Antimicrobial agents from *Bletilla striata*[J]. Phytochemistry, 1983, 22(4): 1011-1015.

[5] 韩广轩，王立新，张卫东，等.中药白及化学成分研究 (Ⅱ) [J]. 第二军医大学学报，2002，23(9)：1029-1031.

[6] 韩广轩，王立新，顾正兵，等.中药白及中一新的联苄化合物 [J]. 药学学报，2002，37(3)：194-195.

[7] BAI L, KATO T, INOUE K, et al. Nonpolar constituents from *Bletilla striata*. Part 6. Blestrianol A, B and C, biphenanthrenes from *Bletilla striata*[J]. Phytochemistry, 1991, 30(8): 2733-2735.

[8] BAI L, YAMAKI M, INOUE K, et al. Blestrin A and B, bis(dihydrophenanthrene) ethers from *Bletilla striata*[J]. Phytochemistry, 1990, 29(4): 1259-1260.

[9] YAMAKI M, BAI L, KATO T, et al. Bisphenanthrene ethers from *Bletilla striata*[J]. Part 7. Phytochemistry, 1992, 31(11): 3985-3987.

[10] YAMAKI M, BAI L, KATO T, et al. Constituents of *Bletilla striata*. Part 8. Three dihydrophenanthropyrans from *Bletilla striata*[J]. Phytochemistry, 1993, 32(2): 427-430.

[11] YAMAKI M, KATO T, BAI L, et al. Constituents of *Bletilla*

striata. 9. Phenanthrene glucosides from *Bletilla striata*[J]. Phytochemistry, 1993, 34(2): 535-537.

[12] YAMAKI M, BAI L, KATO T, et al. Blespirol, a phenanthrene with a spirolactone ring from *Bletilla striata*[J]. Phytochemistry, 1993, 33(6): 1497-1498.

[13] 王立新，韩广轩，舒莹，等.中药白及化学成分的研究[J].中国中药杂志，2001，26(10)：690-692.

[14] 韩广轩，王立新，王麦莉，等.中药白及化学成分的研究[J].药学实践杂志，2001，19(6)：360-361.

[15] 悦随士，田河林，李丽鸣，等.白及甘露聚糖对狗实验性肝损伤的止血作用[J].中华医学杂志，1995，75(10)：632-633.

[16] 王本祥.现代中药药理学[M].天津：天津科学技术出版社，1999：802-807.

[17] 陆波，徐亚敏，张汉明，等.白及不同提取部位对家兔血小板聚集的影响[J].解放军药学学报，2005，21(5)：330-332.

[18] 耿志国，郑世玲，王遵琼.白及对盐酸引起的大鼠胃粘膜损伤的保护作用[J].中草药，1990，31(2)：24-25.

[19] 刘海鹏，陈向涛，汪惠丽.党参、白及、制大黄及其配伍抗大鼠实验性胃溃疡作用[J].中国临床药理学与治疗学杂志，1997，2(2)：92-94.

[20] 芮海云，吴国荣，陈景耀，等.白及中性多糖抗氧化作用的实验研究[J].南京师大学报（自然科学版），2003，26(4)：94-98.

[21] 冯敢生，李欣，郑传胜，等.中药白及提取物抑制肿瘤血管生成机制的实验研究[J].中华医学杂志，2003，83(5)：412-416.

[22] 钱骏，郑传胜，吴汉平，等.白及应用于大鼠实验性肝细胞癌介入治疗的研究[J].中国医院药学杂志，2005，25(5)：391-394.

[23] 陈德利，施伟民，徐倩，等.中药白及促进角质形成细胞的游走[J].中华皮肤科杂志，1999，32(3)：161-162.

[24] 孙剑涛，王春明，张峻峰.白及多糖对人脐静脉内皮细胞粘附生长的影响[J].中药材，2005，28(11)：1006-1007.

[25] 曹建国.白及胶研究概况[J].江西中医学院学报，1996，8(2)：44-45.

◆ 白及种植基地

白芥 Baijie CP

Sinapis alba L.
White Mustard

概述

十字花科 (Brassicaceae) 植物白芥 *Sinapis alba* L.，其干燥成熟种子入药。中药名：芥子，习称“白芥子”。

白芥属 (*Sinapis*) 植物全世界约有 10 种，主产于地中海地区。中国有 1 栽培种，供药用。本种在中国辽宁、山西、山东、安徽、四川、云南等省有引种。

“白芥”药用之名，始载于《新修本草》。《中国药典》（2015 年版）收载本种为中药芥子的法定原植物来源种之一。在中国山西、山东、安徽、新疆、四川、云南等省区有栽培。

白芥子主要含有硫苷类化合物。《中国药典》采用高效液相色谱法进行测定，规定芥子药材含芥子碱以芥子碱硫氰酸盐计，不得少于 0.50%，以控制药材质量。

药理研究表明，白芥的种子有抑菌、刺激皮肤等作用，对循环系统、消化分泌系统也有一定作用。

中医理论认为芥子具有温肺豁痰利气，散结通络止痛等功效。

◆ 白芥
Sinapis alba L.

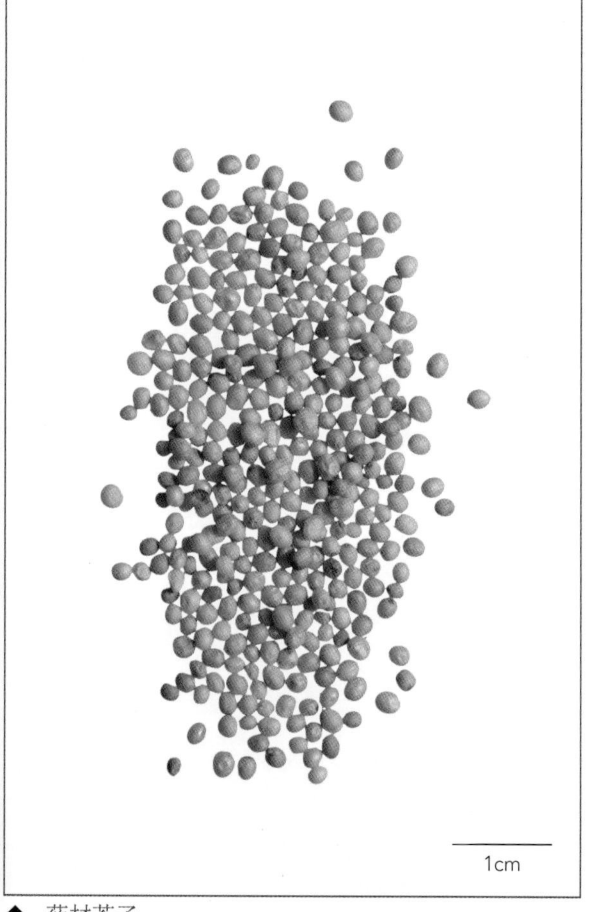

◆ 药材芥子
Sinapis Semen

化学成分

白芥的种子中的主要成分为硫苷类化合物：白芥子苷 (sinalbin)。还含有脂肪酸，已鉴别出的主要有亚油酸 (linoleic acid)、油酸 (oleic acid)、芥子酸 (erucic acid)、棕榈酸 (palmitic acid)、棕榈油酸 (palmitoleic acid)[1-3]等。另外还含有芥子酶 (myrosin)、芥子碱 (sinapine)。又含4-羟基苯甲酰胆碱 (4-hydroxybenzoylcholine)[4]、4-羟基苯甲胺 (4-hydroxy benzylamine)。此外，国外学者还鉴定出地上部分挥发油中的麝香草酚 (thymol)、柠檬烯 (limonene)、异麝香草酚 (carvacrol)、蒎烯 (α-pinene)、紫罗兰酮 (ionone)、没药烯 (β-bisabolene)[5]。植物茎叶中主要含有白芥子苷、芥子酶、芥子碱。

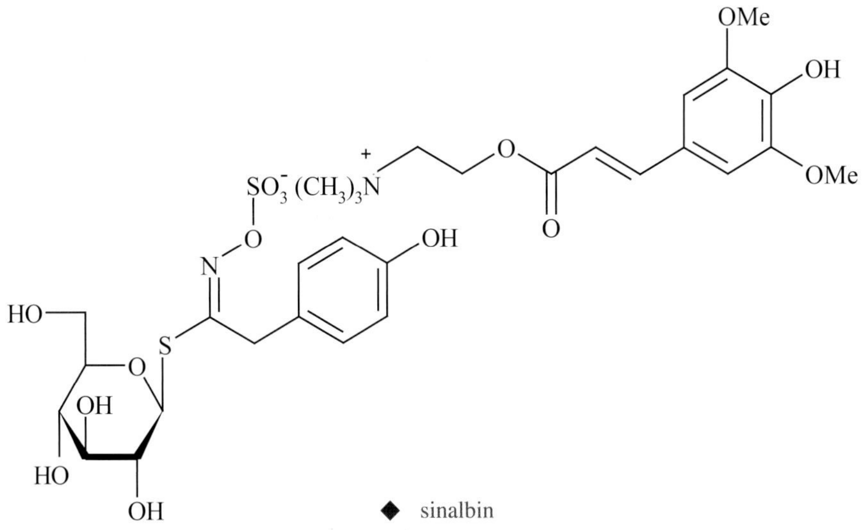

◆ sinalbin

药理作用

1. 镇咳、祛痰、平喘

白芥子苷水解产物刺激胃黏膜，反射性引起支气管分泌增加，产生祛痰作用[6]。白芥子水提取物有祛痰作用，炒白芥子醇提取物有镇静作用，炒白芥子石油醚提取物有平喘作用[7]。

2. 抗真菌

白芥子水浸液在试管中对许兰氏黄癣、堇色毛癣菌等真菌有不同程度的抑制作用[6]。

3. 辐射保护

芥子碱能够修复由辐射引起的致死突变，还能有效清除活性氧自由基，显著促进辐射后小鼠外周血中血小板水平的恢复；脉冲辐射方法研究发现芥子酸可以快速清除二氧化氮 (NO_2^-)[8]。

4. 抗雄性激素

白芥子醇提取物具有显著的抗雄激素活性，能显著抑制小鼠由外源激素引起的前列腺增生[9-11]。

5. 皮肤刺激

白芥子苷遇水和芥子酶可水解为硫代异氰酸对羟苄酯，对皮肤有刺激作用，可引起皮肤发红、充血、甚至起泡[6]。白芥子与麻黄碱合用可以促进麻黄碱的透皮吸收作用[12]。

6. 其他

动物长期喂饲白芥属植物可使甲状腺肿大。

应用

本品为中医临床用药。功能：温肺豁痰利气，散结通络止痛。主治：寒痰咳嗽，胸胁胀痛，痰滞经络，关节麻木、疼痛，痰湿流注，阴疽肿毒。

现代临床还用于支气管炎、哮喘、流行性腮腺炎、面神经麻痹、冠心病、甲状腺功能亢进、腰痛、心律失常、肺结核、囊虫病等病的治疗。

评注

中药芥子按照《中国药典》的收载，来源有两种，分别是白芥 *Sinapis alba* L.、芥 *Brassica juncea* (L.) Czern. et Coss. 的种子，前者为华北、东北的主流品种，习称“白芥子”；后者习称“黄芥子”，在华东地区作为商品芥子的主流品种使用。两者植物基原不同，相互之间化学成分、药理作用的对比研究有待深入。黄芥子是中国卫生部规定的药食同源品种之一。

近些年来，对十字花科的植物研究较多。现代临床拓宽了传统中药白芥在内、外、妇各科的应用 [13]。还有研究认为白芥子中的钙溶性蛋白 (calcium-soluble protein) 可以用于开发富钙高蛋白饮品 [14]。因此，加快对白芥中各类成分的提取工艺、药理、毒理以及制剂学的研究，将有广阔的空间。

参考文献

[1] 陈振德，庄志铨，许重远 . 白芥子油含量及其脂肪酸测定 [J]. 广东药学院学报，2001，17(2)：113.

[2] 吴国欣，欧敏锐，林跃鑫，等 . 白芥子脂肪酸成分的研究 [J]. 海峡药学，2002，14(3)：37-40.

[3] 史丽颖，吴海歌，姚子昂，等 . 白芥子中脂肪酸成分的分析 [J]. 大连大学学报，2003，24(4)：98-101.

[4] LIU L F, LIU T, LI G X, et al. Isolation and determination of *p*-hydroxybenzoylcholine in traditional Chinese medicine Semen Sinapis Albae[J]. Analytical and Bioanalytical Chemistry, 2003, 376(6)：854-858.

[5] SEFIDKON F, NADERI N A, BAGAII P, et al. Essential oil composition of the aerial parts of *Sinapis alba* L.[J]. Journal of Essential Oil-Bearing Plants, 2002, 5(2): 90-92.

[6] 王本祥 . 现代中药药理学 [M]. 天津：天津科学技术出版社，1997：964-966.

[7] 张学梅，刘凡亮，梁文波，等 . 白芥子提取物的镇咳、祛痰及平喘作用研究 [J]. 中草药，2003，34(7)：635-637.

[8] 欧敏锐，吴国欣，林跃鑫 . 中药白芥子研究概述 [J]. 海峡药学，2001，13(2)：8-11.

[9] 吴国欣，林跃鑫，欧敏锐，等 . 芥子碱的抗雄激素作用 [J]. 中国医药学报，2003，18(3)：142-144.

[10] 吴国欣，林跃鑫，欧敏锐，等 . 白芥子提取物抑制前列腺增生的实验研究（Ⅰ）[J]. 中国中药杂志，2002，27(10)：766-768.

[11] 吴国欣，林跃鑫，欧敏锐，等 . 白芥子提取物抑制前列腺增生的实验研究（Ⅱ）[J]. 中国中药杂志，2003，28(7)：643-646.

[12] 马云淑，罗艳梅，潘琦 . 麻黄透皮吸收与白芥子促透皮作用的实验研究 [J]. 中国医药学报，2002，17(1)：59-60.

[13] 杨家荣 . 漫谈白芥子的现代临床应用 [J]. 天津中医学院学报，2002，21(2)：47-48.

[14] ALUKO R E, REANEY M, MCINTOSH T, et al. Characterization of a calcium-soluble protein fraction from yellow mustard (*Sinapis alba*) seed meal with potential application as an additive to calcium-rich drinks[J]. Journal of Agricultural and Food Chemistry, 2004, 52(19): 6030-6034.

白蔹 Bailian [CP, KHP]

Ampelopsis japonica (Thunb.) Makino
Japanese Ampelopsis

概述

葡萄科 (Vitaceae) 植物白蔹 *Ampelopsis japonica* (Thunb.) Makino，其干燥块根入药。中药名：白蔹。

蛇葡萄属 (*Ampelopsis*) 植物全世界约有 30 种，分布于亚洲、北美洲和中美洲。中国有 17 种，本属现供药用者约有 13 种。本种分布于中国东北、华北、华东、中南及西南地区，日本也有分布。

"白蔹"之药用名，始载于《神农本草经》，列为下品。历代本草多有著录，古今药用品种一致。《中国药典》（2015 年版）收载本种为中药白蔹的法定原植物来源种。主产于中国河南、湖北、江西、安徽；此外，江苏、浙江、四川、广西等地亦产。

白蔹主要含蒽醌、有机酸、鞣质等成分。其中大黄素甲醚、大黄酚、延胡索酸、没食子酸是抗菌和抗真菌作用的有效成分 [1]。《中国药典》以性状、显微和薄层色谱鉴别来控制白蔹药材的质量。

药理研究表明，白蔹具有抗菌、抗肿瘤等作用。

中医理论认为白蔹有清热解毒，消痈散结，敛疮生肌等功效。

◆ 白蔹
Ampelopsis japonica (Thunb.) Makino

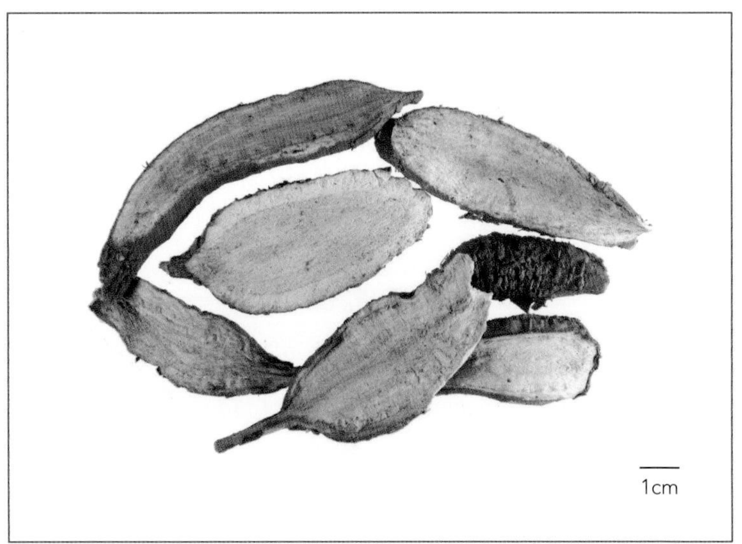

◆ 药材白蔹
Ampelopsis Radix

化学成分

白蔹块根含鞣质类成分：没食子酸 (gallic acid)、(+)-儿茶素 [(+)-catechin]、(-)-表儿茶素 [(-)-epicatechin]、(+)-没食子儿茶酸 [(+)-gallocatechin]；蒽醌类成分：大黄素甲醚 (physcion)、大黄酚 (chrysophanol)、大黄素 (emodin)；有机酸类成分：原儿茶酸 (protocatechuic acid)、龙胆酸 (gentistic acid)、延胡索酸 (fumaric acid)；黄酮类成分：槲皮素 (quercetin)；三萜和三萜皂苷类成分：羽扇豆醇 (lupeol)、木鳖子苷 I (momordin I)；二苯乙烯类成分：白藜芦醇 (resveratrol)；木脂素类成分：schizandriside；甾醇类成分：*β*-谷甾醇 (*β*-sitosterol)、豆甾醇 (stigmasterol)[1-6]。

白蔹叶含没食子酸、1,2,6-三-*O*-没食子酰基-*β*-*D*-吡喃葡萄糖苷 (1,2,6-tri-*O*-galloyl-*β*-*D*-glucopyranoside)、1,2,3,6-四-*O*-没食子酰基-*b*-*D*-吡喃葡萄糖苷 (1,2,3,6-tetra-*O*-galloyl-*β*-*D*-glucopyranoside)、1,2,4,6-四-*O*-没食子酰基-*β*-*D*-吡喃葡萄糖苷 (1,2,4,6-tetra-*O*-galloyl-*β*-*D*-glucopyranoside)、1,2,3,4,6-五-*O*-没食子酰基-*β*-*D*-吡喃葡萄糖苷 (1,2,3,4,6-penta-*O*-galloyl-*β*-*D*-glucopyranoside)、槲皮素-3-*O*-*α*-*L*-鼠李糖苷 (quercetin-3-*O*-*α*-*L*-rhamnoside)[7-8]等。

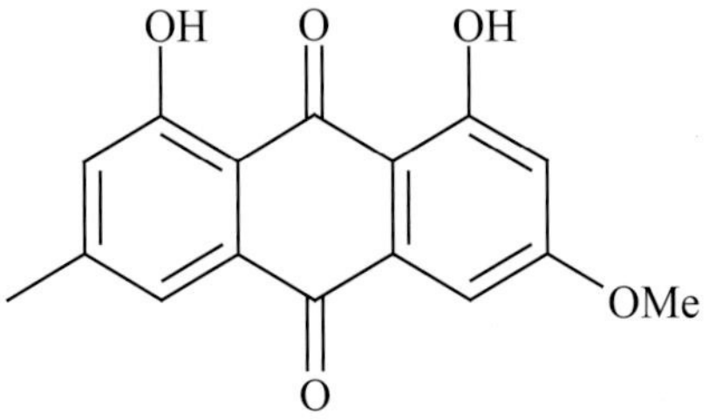

OH O OH
OMe
O

◆ physcion

HOOC H
C = C
H COOH

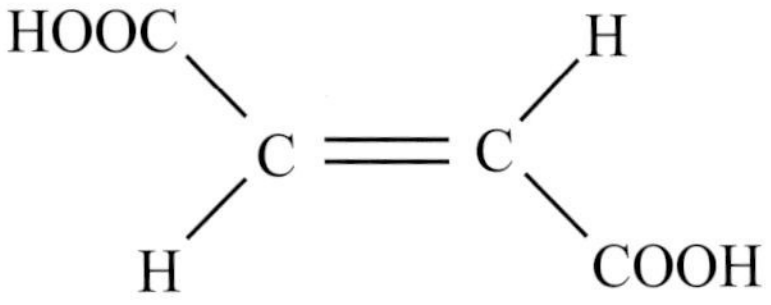

◆ fumaric acid

药理作用

1. 抗菌

体外试验表明，白蔹生品、炒制品与炒焦品煎剂对金黄色葡萄球菌、铜绿假单胞菌、弗氏痢疾志贺氏菌和大肠埃希氏菌均有一定的抗菌作用，以炮制品作用更强，其中又以炒焦品作用最好[9]。

2. 抗肿瘤

体外实验表明白蔹提取物能抑制人宫颈癌 JTC-26 细胞；白蔹中的木鳖子苷Ⅰ能诱导人前髓细胞性白血病 HL-60 细胞的凋亡[6]。

3. 增强免疫

白蔹醇提取物灌胃对小鼠外周血淋巴细胞 α- 醋酸萘酯酶 (ANAE) 阳性率、脾淋巴细胞增殖能力和巨噬细胞吞噬功能均有促进作用[10]。

应用

本品为中医临床用药。功能：清热解毒，消痈散结，敛疮生肌。主治：痈疽发背，疔疮，瘰疬，烧烫伤。

现代临床还用于外科炎症、皮肤炎、急慢性细菌痢疾、上消化道出血、淋巴结炎等病的治疗。

评注

对白蔹的化学成分和药理作用的研究尚待深入。近年有研究发现，白蔹提取物对皮肤有美白作用，已作为美容护肤品添加剂使用，在化妆品工业中有很好的开发前景[11]。

药用植物图像数据库

参考文献

[1] 赫军，羡冀，宋莹莹，等 . 白蔹的化学成分 [J]. 沈阳药科大学学报，2008，25(8)：636-638.

[2] KIM I H, UMEZAWA M, KAWAHARA N, et al.The constituents of the roots of *Ampelopsis japonica*[J]. Journal of Natural Medicines, 2007, 61(2): 224-225.

[3] 邹济高，金蓉鸾，何宏贤 . 白蔹化学成分研究 [J]. 中药材，2000，23(2)：91-93.

[4] 何宏贤，谢丽华，金蓉鸾 . 白蔹化学成分的初步研究 [J]. 中草药，1994, 25(11)：568.

[5] 郭丽冰，卢雁，陈水平 . 白蔹化学成分的初步研究 [J]. 广东药学院学报，1996，12(3)：145-147.

[6] KIM J H, JU E M, LEE D K, et al. Induction of apoptosis by momordin Ⅰ in promyelocytic leukemia (HL-60) cells[J]. Anticancer Research, 2002, 22(3): 1885-1889.

[7] 俞文胜，陈新民，杨磊，等 . 白蔹单宁化学成分的研究 [J]. 天然产物研究与开发，1995，7(1)：15-18.

[8] 俞文胜，陈新民，杨磊 . 白蔹多酚类化学成分的研究（Ⅱ）[J]. 中药材，1995，18(6)：297-301.

[9] 闵凡印，周一鸿，宋学立，等 . 白蔹炒制前后的体外抗菌作用 [J]. 中国中药杂志，1995，20(12)：728-729.

[10] 俞琦，蔡琨，田维毅 . 白蔹醇提物免疫活性的初步研究 [J]. 贵阳中医学院学报，2005，27(2)：20-21.

[11] 李洪娟，张蕾，王术光 . 白蔹的药理作用及临床应用 [J]. 食品与药品，2007，9(10)：91-93.

白茅 Baimao CP, JP

Imperata cylindrica Beauv. var. *major* (Nees) C. E. Hubb.
Lalang Grass

概述

禾本科 (Poaceae) 植物白茅 *Imperata cylindrica* Beauv. var. *major* (Nees) C. E. Hubb.，其干燥根茎入药。中药名：白茅根。

白茅属 (*Imperata*) 植物全世界约有 10 种，分布于热带和亚热带地区。中国产约有 4 种，本属现供药用者仅 1 种。本种分布于中国东北、华北、华东、中南、西南及陕西、甘肃等地；朝鲜半岛，日本也有分布。

白茅根以“茅根”药用之名，始载于《神农本草经》，列为中品。历代本草多有著录。《中国药典》（2015 年版）收载本种为中药白茅根的法定原植物来源种。中国大部分地区均产，以华北地区产量较多。

白茅的化学成分以三萜类化合物为主，另外还含有内酯成分[1]。近代研究指出：白茅中存在的具活性的 α-联苯双酯可能是该植物抗肝炎的有效成分[2]。《中国药典》以性状、显微和薄层色谱鉴别来控制白茅根药材的质量。

白茅根具有止血、抗炎、利尿等作用。

中医理论认为白茅根具有凉血止血，清热利尿等功效。

◆ 白茅
Imperata cylindrica Beauv. var. *major* (Nees) C. E. Hubb.

◆ 药材白茅根
Imperatae Rhizoma

化学成分

白茅的根茎含三萜类化合物：芦竹素 (arundoin)、白茅素 (cylindrin)、异乔木萜醇 (isoarborinol)[3]、羊齿烯醇 (fernenol)、西米杜鹃醇 (simiarenol)[4]、乔木萜醇 (arborinol)、乔木萜醇甲醚 (arborinol methyl ether)、乔木萜酮 (arborinone) 和木栓酮 (friedelin)[5]等。含内酯类成分：白头翁素 (anemonin)、薏苡素 (coixol)[1]。近年来又分得 cylindrene[6]、白茅素S (imperanene S)[7]、cylindols A、B[8]、graminones A、B[9]、α-联苯双酯 (α-diphenyldicarboxylate)[2] 和多糖类物质[10]。

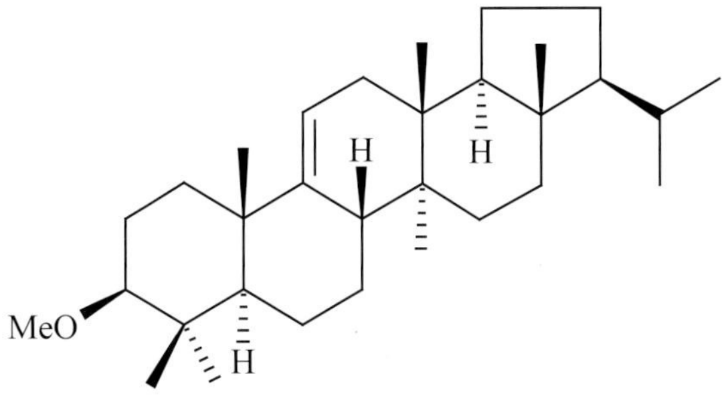

◆ cylindrin

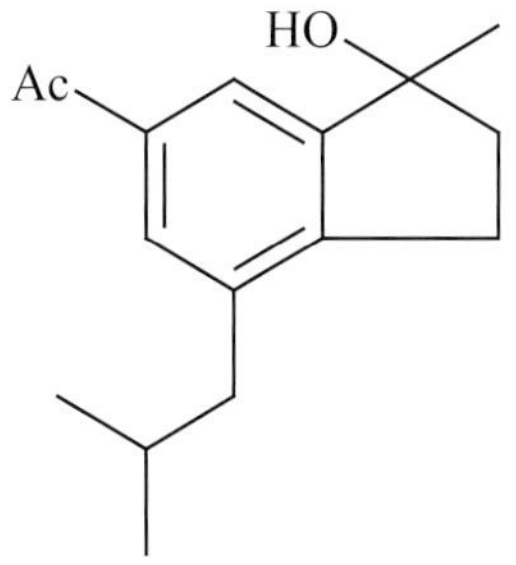

◆ cylindrene

药理作用

1. 对血液系统的作用

白茅根茎的生、炭品水煎液灌胃能明显缩短断尾小鼠的出血时间、凝血时间和血浆复钙时间，提高大鼠体外血小板的最大凝集率，其作用机制与影响内源性凝血因子及抑制纤溶过程有关，炭品的作用明显优于生品[11]。白茅素 S 可抑制血小板凝聚[7]，可能是白茅活血作用的有效成分。

2. 利尿

白茅根茎水煎液给小鼠灌胃显示有利尿作用，此作用可能与白茅根含丰富的钾盐有关[12]。

3. 抗肝炎

白茅根煎剂连续多日服用对乙型肝炎患者提高乙型肝炎表面抗原阳性的转阴率有一定的效果[13]。其所含的 α-联苯双酯具有明显的降低血清谷丙转氨酶活性，可能是白茅根治疗肝炎的有效成分[2]。

4. 抗炎、镇痛

白茅根煎剂灌胃给药可以抑制小鼠醋酸引起的扭体反应，还可以抑制醋酸所致的毛细血管通透性增加，具有抗炎镇痛的作用[12]。

5. 增强免疫

白茅根水煎液灌胃能显著提高小鼠腹腔巨噬细胞的吞噬功能，明显增加吞噬率、吞噬指数和辅助性T细胞 (T_H) 数目，并促进白介素 2 (IL-2) 的产生，有增强机体非特异性免疫作用[14]。多糖为活性成分之一[10]。

6. 其他

白茅根茎所含的cylindrene和graminone B具有血管舒张作用[6, 9]；cylindol A可抑制5-脂肪氧化酶，显示出抗氧化作用[8]。

应用

本品为中医临床用药。功能：凉血止血，清热利尿。主治：血热吐血，衄血，尿血，热病烦渴，湿热黄疸，水肿尿少，热淋涩痛。

现代临床还用于急性肾炎、尿路感染、糖尿病等病的治疗。

评注

白茅在中国部分地区用新鲜根茎入药，鲜白茅根是中国卫生部规定的药食同源品种之一，可用于治疗急性肾炎、急性黄疸肝炎，有显著疗效。

鲜茅根止血、利尿作用在古代文献中就有记载，如《医学衷中参西录》中记载："白茅根必用鲜者，其效方著，春前秋后剖用味甘，至生苗盛茂时，味即不甘，用之亦有效验，远胜干者"。因此可利用鲜茅根榨取鲜汁，加工制成鲜茅根口服液，效果较好。

参考文献

[1] 王明雷，王素贤，孙启时 . 白茅根化学及药理研究进展 [J]. 沈阳药科大学学报，1997，14(1)：67-69，78.

[2] 王明雷，王素贤，孙启时，等 . 白茅根化学成分的研究 [J]. 中国药物化学杂志，1996，6(3)：192-194，209.

[3] OHMOTO T, NISHIMOTO K, ITO M, et al. Triterpene methyl ethers from rhizome of *Imperate cylindrica* var. *media*[J]. Chemical & Pharmaceutical Bulletin, 1965, 13(2): 224-226.

[4] NISHIMOTO K, ITO M, NATORI S, et al. Structures of arundoin, cylindrin and fernenol. Triterpenoids of fernane and arborane groups of *Imperata cylindrica* var. *koenigii*[J]. Tetrahedron, 1968, 24(2): 735-752.

[5] OHMOTO T, NATORI S. Triterpene methyl ethers from gramineae plant: lupeol methyl ether, 12-oxoarundoin, and arborinol methyl ether[J]. Journal of the Chemical Communications, 1969, 11: 601.

[6] MATSUNAGA K, SHIBUYA M, OHIZUMI Y. Cylindrene, a novel sesquiterpenoid from *Imperata cylindrica* with inhibitory activity on contractions of vascular smooth muscle[J]. Journal of Natural Products, 1994, 57(8): 1183-1184.

[7] MATSUNAGA K, SHIBUYA M, OHIZUMI Y. Imperanene, a novel phenolic compound with platelet aggregation inhibitory activity from *Imperata cylindrica*[J]. Journal of Natural Products, 1995, 58(1): 138-139.

[8] MATSUNAGA K, IKEDA M, SHIBUYA M, et al. Cylindol A, a novel biphenyl ether with 5-lipoxygenase inhibitory activity, and a related compound from *Imperata cylindrica*[J]. Journal of Natural Products, 1994, 57(9): 1290-1293.

[9] MATSUNAGA K, SHIBUYA M, OHIZUMI Y. Graminone B, a novel lignan with vasodilative activity from *Imperata cylindrica*[J]. Journal of Natural Products, 1994, 57(12): 1734-1736.

[10] PINILLA V, LUU B. Isolation and partial characterization of immunostimulating polysaccharides from *Imperata cylindrica*[J]. Planta Medica, 1999, 65(6): 549-552.

[11] 宋劲诗，陈康 . 白茅根炒炭后的止血作用研究 [J]. 中山大学学报论丛，2000，20(5)：45-48.

[12] 于庆海，杨丽君，孙启时，等 . 白茅根药理研究 [J]. 中药材，1995，18(2)：88-90.

[13] 魏中海 . 白茅根煎剂治疗乙型肝炎表面抗原阳性的临床疗效观察 [J]. 中医药研究，1992，(4)：30-31.

[14] 吕世静，黄槐莲 . 白茅根对 IL-2 和 T 细胞亚群变化的调节作用 [J]. 中国中药杂志，1996，21(8)：488-489.

白头翁 Baitouweng[CP]

Pulsatilla chinensis (Bge.) Regel
Chinese Pulsatilla

概述

毛茛科 (Ranunculaceae) 植物白头翁 *Pulsatilla chinensis* (Bge.) Regel，其干燥根入药。中药名：白头翁。

白头翁属 (*Pulsatilla*) 植物全世界约有 43 种，主要分布于欧洲和亚洲，多数种分布于亚洲东部。中国约有 11 种，本属现供药用者约有 6 种。本种分布于中国东北、华北、陕西、甘肃、河南、山东、湖北、江苏、安徽、四川等省区；朝鲜半岛、俄罗斯远东地区也有分布。

“白头翁”药用之名，始载于《神农本草经》，列为下品。历代本草多有著录，品种有异。《中国药典》（2015 年版）收载本种为中药白头翁的法定原植物来源种。主产于中国黑龙江、吉林、辽宁、河北、山东、山西、陕西、江苏、河南、安徽等省区。

白头翁主要活性成分为三萜皂苷类，此外还含有木脂素等成分[1]。原白头翁素及白头翁素为抗菌作用的有效成分。《中国药典》采用高效液相色谱法进行测定，规定白头翁药材含白头翁皂苷 B_4 不得少于 4.6%，以控制药材质量。

药理研究表明，白头翁具有抗阿米巴原虫、抗菌、抗肿瘤等作用。

中医理论认为白头翁有清热解毒，凉血止痢等功效。

◆ 白头翁
Pulsatilla chinensis (Bge.) Regel

◆ 白头翁
P. chinensis (Bge.) Regel

◆ 药材白头翁
Pulsatillae Radix

化学成分

白头翁根含三萜皂苷约9%，已分离鉴定出19种成分，分别属于羽扇豆烷型和齐墩果烷型[1]，其中有：白头翁苷 C、D、E[2-3] (pulsatillosides C～E)、白头翁皂苷A_3、B_4 (anemosides A_3, B_4)、白头翁皂苷B (pulchinenoside B)[4]、chinensiosides A、B、常春藤皂苷 C (hederasaponin C)[5]、3-*O*-*α*-*L*-吡喃鼠李糖-(1→2)-*α*-*L*-吡喃阿拉伯糖-3*β*, 23-二羟基-$\triangle^{20(29)}$-羽扇豆烯-28-酸 [3-O-*α*-*L*- rhamnopyranosyl-(1→2)-*α*-*L*-arabinopyranosyl-3*β*,23-dihydroxylup-20(29)-en-28-oic acid][6]等；还含三萜类化合物，如：23-羟基白桦酸 (23-hydroxybetulinic acid)、白头翁酸 (pulsatillic acid)[7]；又含木脂素：(+)-松香素 [(+)-pinoresinol] 和 *β*-足叶草脂素 (*β*-peltatin)[8]等。还含有2*β*,3*β*,14*α*,20,22*R*,25-六羟基胆甾-7-烯-6-酮 (2*β*,3*β*,14*a*,20,22R,25-hexahydroxy-cholest-7-en-6-one)[9]、白头翁素 (anemonin)[10]等。

全草含原白头翁素 (protoanemonin)等成分。

HO　COOH　CH_2OH

◆ 23-hydroxybetulinic acid

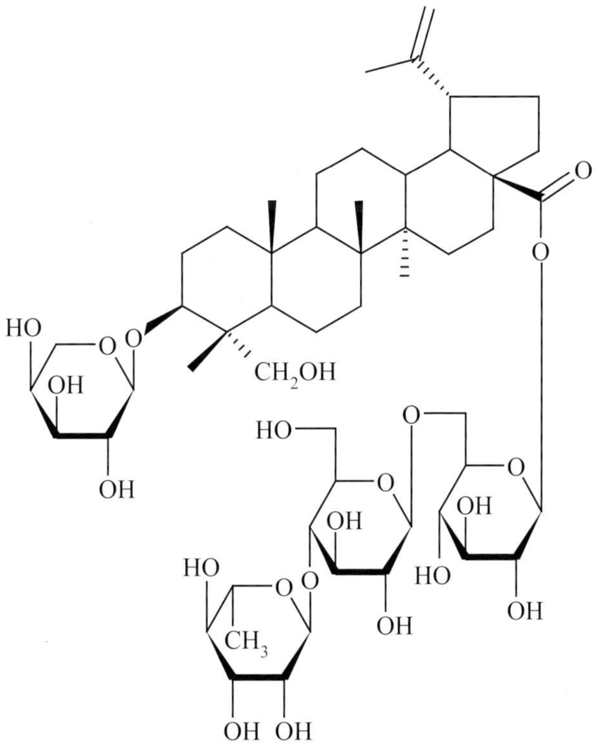

◆ pulchinenoside B

药理作用

1. 抗炎

白头翁醇提取物对葡聚糖硫酸钠 (DSS) 诱导的大鼠结肠炎模型有抗炎作用[11]。体外实验表明，白头翁醇提取液能明显抑制脂多糖 (LPS) 刺激肝枯否氏细胞 (KC) 分泌肿瘤坏死因子 (TNF)、白介素 1 (IL-1) 和白介素 6 (IL-6)，从而发挥抗炎作用[12]。白头翁素体外可抑制大鼠肠微血管上皮细胞释放一氧化氮、内皮缩血管肽 1 (ET-1) 和细胞间黏附分子 1 (ICAM-1)，此机制与抗肠炎作用有关[10]。

2. 抗菌

白头翁水煎液体外对金黄色葡萄球菌、白色葡萄球菌、铜绿假单胞菌、炭疽芽孢杆菌、伤寒沙门氏菌、甲型溶血性链球菌、乙型溶血性链球菌有明显的抑菌作用[13]。

3. 抗阿米巴原虫

大鼠灌服白头翁煎剂或皂苷，能显著抑制体内阿米巴原虫的生长。

4. 抗肿瘤

白头翁的三萜酸成分23-羟基桦木酸体外对 B_{16} 黑色素瘤细胞有明显的分化诱导作用，可强烈抑制其增殖[14-15]，腹腔注射对小鼠 HepA 肝癌实体瘤有显著抑制作用[16]。白头翁皂苷体外能抑制人肝癌细胞7721和人宫颈癌细胞HeLa的生长[17]。白头翁酸在体外有抗P388、Lewis肺癌和人大细胞肺癌的作用[7]。白头翁注射液（水提醇沉液）腹腔注射能明显抑制小鼠移植性肉瘤S_{180}及艾氏腹水瘤的生长，延长荷瘤小鼠存活时间，降低脾指数，升高胸腺指数，提高荷瘤小鼠的免疫能力[18]。白头翁水煎剂灌胃对小鼠肉瘤S_{180}、HepA肝癌、Lewis肺癌肿瘤也有抑制作用[19]。

5. 增强免疫

白头翁糖蛋白体外能显著增强小鼠腹腔巨噬细胞吞噬中性红细胞的能力，诱生巨噬细胞产生一氧化氮，提高巨噬细胞分泌 IL-1 的能力，具有免疫增强作用 [20]。

6. 抗氧化

白头翁水提取物体外对 H_2O_2 有较强的清除作用，具有抗氧化活性 [21]。

7. 其他

白头翁还有杀精 [22]、抗滴虫 [23]、降血糖 [9]、强心 [24] 等作用。

应用

本品为中医临床用药。功能：清热解毒，凉血止痢。主治：热毒血痢，阴痒带下。

现代临床还用于阿米巴痢疾、细菌性痢疾、肺炎、颈淋巴结核、疮疖脓肿、慢性结肠炎 [25]、急性肾盂肾炎 [26]、尿路感染、滴虫性阴道炎、癌症、消化性溃疡等病的治疗。

评注

药用植物图像数据库

同属植物细叶白头翁 *Pulsatilla turczaninovii* Kryl. et Serg. 的乙醇总提取物 (PTE) 和三萜皂苷对高脂血症小鼠和大鼠血清中总胆固醇和三酰甘油有显著降低作用；PTE 对正常小鼠、肾上腺素诱导的高血糖小鼠、葡萄糖负荷后高血糖小鼠及四氧嘧啶性糖尿病小鼠的血糖有显著的降低作用。

香港地区白头翁的混淆品为石竹科植物白鼓钉 *Polycarpaea corymbosa* (L.) Lam. 的全草，中药名为声色草，有“广白头翁”之称。白头翁与声色草来源相去甚远，应严格区分。同属不同种白头翁的对比研究有待深入。

参考文献

[1] 钟长斌，李祥 . 白头翁的化学成分及药理作用研究述要 [J]. 中医药学刊，2003，21(8)：1338-1339，1365.

[2] YE W C, HE A M, ZHAO S X, et al. Pulsatilloside C from the roots of *Pulsatilla chinensis*[J]. Journal of Natural Products, 1998, 61(5): 658-659.

[3] YE W C, ZHANG Q W, HSIAO W W L, et al. New lupane glycosides from *Pulsatilla chinensis*[J]. Planta Medica, 2002, 68(2): 183-186.

[4] 吴振洁，丁林生，赵守训 . 中药白头翁的甙类成分 [J]. 中国药科大学学报，1991，22(5)：265-269.

[5] GLEBKO L I, KRASOVSKAJ N P, STRIGINA L I, et al. Triterpene glycosides from *Pulsatilla chinensis*[J]. Russian Chemical Bulletin, 2002, 51(10): 1945-1950.

[6] 叶文才，赵守训，刘静涵 . 中药白头翁化学成分的研究 (I) [J]. 中国药科大学学报，1990，21(5)：264-266.

[7] YE W C, JI N N, ZHAO S X, et al. Triterpenoids from *Pulsatilla chinensis*[J]. Phytochemistry, 1996, 42(3): 799-802.

[8] MIMAKI Y, KURODA M, ASANO T, et al. Triterpene saponins and lignans from the roots of *Pulsatilla chinensis* and their cytotoxic activity against HL-60 cells[J]. Journal of Natural Products, 1999, 62(9): 1279-1283.

[9] KIM H J, KIM H T, BAE C I, et al. Studies on the hypoglycemic constituents of Pulsatillae Radix. Ⅰ[J]. Yakhak Hoechi, 1997, 41(6): 709-713.

[10] DUAN H Q, ZHANG Y D, XU J Q, et al. Effect of anemonin on NO, ET-1 and ICAM-1 production in rat intestinal microvascular endothelial cells[J]. Journal of Ethnopharmacology, 2006, 104(3): 362-366.

[11] 张文远，韩盛玺，杨红 . 白头翁醇提物对葡聚糖硫酸钠诱导大鼠结肠炎的抗炎作用机制研究 [J]. 中华消化杂志，2004，24(9)：568-570.

[12] 杨昆，李培凡，萧向茜 . 白头翁体外对 TNF、IL-1、IL-6 产生的影响 [J]. 天津医科大学学报，2004，10(1)：59-61.

[13] 曹景花，李玉兰，邱世翠，等.白头翁的体外抑菌作用研究[J].时珍国医国药，2003，14(9)：528.

[14] 叶银英，何道伟，叶文才，等.23-羟基桦木酸体外和体内抗黑色素瘤作用的研究[J].中国肿瘤临床与康复，2000，7(1)：5-7.

[15] 叶银英，何道伟，叶文才，等.23-羟基桦木酸对B_{16}细胞系的诱导分化作用[J].中国生化药物杂志，2001，22(4)：163-166.

[16] 冯丹，钟长斌.白头翁中活性成分对荷瘤小鼠肿瘤的抑制作用[J].中国医院药学杂志，2003，23(9)：532-533.

[17] 钟邱，倪琼珠.白头翁中皂苷成分对肿瘤细胞的抑制作用[J].中药材，2004，27(8)：604-605.

[18] 蔡鹰，陆瑜，梁秉文，等.白头翁体内抗肿瘤作用的实验研究[J].中草药，1999，30(12)：929-931.

[19] 庄贤韩，耿宝琴，雍定国.白头翁抗肿瘤作用实验研究[J].实用肿瘤杂志，1999，14(2)：94-96.

[20] 戴玲，王华，陈彦.白头翁糖蛋白对小鼠腹腔巨噬细胞免疫的增强作用[J].中国生化药物杂志，2000，21(5)：230-232.

[21] 龙盛京，罗佩卓，覃日昌.17种清热中药抗活性氧作用的研究[J].中草药，1999，30(1)：40-43.

[22] 慕慧，杜俊杰.白头翁皂甙体外杀精效果研究[J].西北药学杂志，1996，11(3)：119-120.

[23] 郭永和，刘永春，秦剑.11种中药体外灭阴道毛滴虫[J].时珍国医国药，2000，11(4)：297-298.

[24] 王本祥.现代中药药理学[M].天津：天津科学技术出版社，1997：752-755.

[25] 李诗国，刘景山，杨艳.白头翁汤剂保留灌肠治疗慢性结肠炎75例[J].中华中西医杂志，2003，4(1)：82.

[26] 刘金芝，柴润芳.加味白头翁汤为主治疗急性肾盂肾炎32例[J].陕西中医，2003，24(4)：308-309.

白薇 Baiwei CP, KHP

Cynanchum atratum Bge.
Blackend Swallowwort

概述

萝藦科 (Asclepiadaceae) 植物白薇 *Cynanchum atratum* Bge.，其干燥根和根茎入药。中药名：白薇。

鹅绒藤属 (*Cynanchum*) 植物全世界约 200 种，分布于非洲东部、地中海地区及欧亚大陆的热带、亚热带及温带地区。中国产 53 种 12 变种，本属现供药用者约有 25 种。本种分布于中国东北、华北、华东及西南等地；朝鲜半岛、日本也有分布。

"白薇"药用之名，始载于《神农本草经》，列为中品。历代本草多有著录，古今药用品种一致。《中国药典》（2015 年版）收载本种为中药白薇的法定原植物来源种之一。主产于中国安徽、河北、辽宁、吉林及黑龙江等地。

白薇主要成分为 C_{21} 甾体苷类化合物。《中国药典》以性状、显微和薄层色谱鉴别来控制白薇药材的质量。

药理研究表明，白薇水提取物中糖和水溶性皂苷均具有退热、抗炎作用。

中医理论认为白薇有清热凉血，利尿通淋，解毒疗疮等功效。

◆ 白薇
Cynanchum atratum Bge.

◆ 药材白薇
Cynanchi Atrati Radix et Rhizoma

化学成分

白薇根主要含C_{21}甾体苷类化合物，如直立白薇苷A、B、C、D、E、F[1-2] (cynatratosides A～F)、芫花叶白前苷C、D、H (glaucosides C～D, H)[2-3]、cynanosides A、B、C、D、E、F、G、H、I、J[4]、新直立白薇苷A、B、C、D (atratosides A～D)[5]、atratoglaucosides A、B[6]、cynascyroside D[3]；另含C_{21}甾体苷元成分，如直立白薇苷元A、B (atratogenins A,B)[5]、芫花叶白前苷元A、C (glaucogenins A, C)[2, 6]、7-desoxyneocynapanogenin A[6]等。还含多种有机酸类成分：丁香酸 (syringic acid)、杜鹃花酸 (azelaic acid)、软木酸 (suberic acid)、琥珀酸 (succinic acid)[3]等。

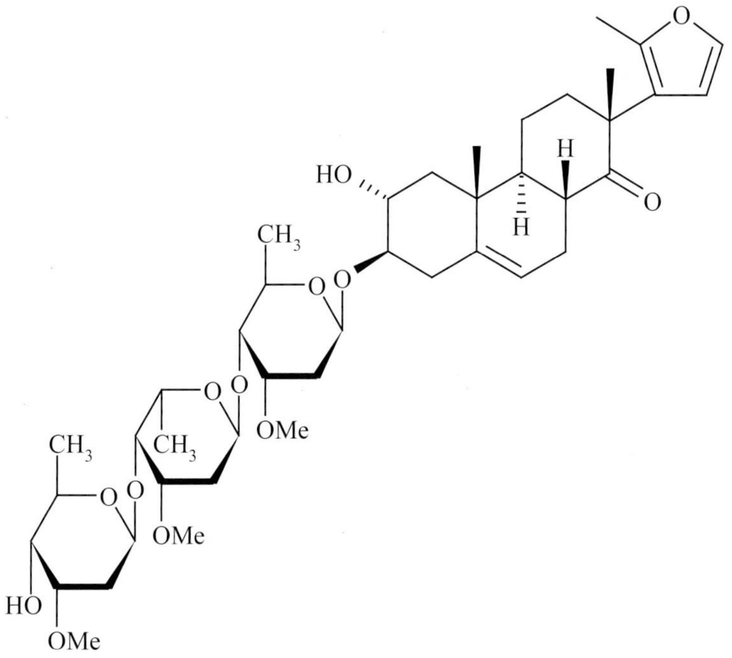

◆ atratoside A

药理作用

1. 解热

白薇水提取物腹腔注射对酵母诱发的大鼠体温升高有明显的退热作用[7]。

2. 抗炎

白薇水提取物腹腔注射对巴豆油所致的小鼠耳郭急性渗出性炎症有非常显著的抑制作用[7]。

3. 强心

白薇所含甾体苷类成分能增强心肌收缩力，使心率变慢。

4. 抗肿瘤

体外实验表明白薇所含的 atratoglaucosides A、B 等化合物对小鼠巨噬细胞样细胞 RAW 264.7 产生的肿瘤坏死因子 α (TNF-α) 和小胶质神经细胞 N9 均有抑制作用[6]。

5. 改善记忆

白薇所含的 cynatroside B 等 C_{21} 甾体苷类化合物具有抗乙酰胆碱酯酶的活性；在被动回避试验和水迷宫试验中，cynatroside B 腹腔注射还可明显改善东莨菪碱所致的小鼠记忆缺失[8]。

6. 其他

白薇水提取物灌胃对小鼠有一定的祛痰作用[9]。

应用

本品为中医临床用药。功能：清热凉血，利尿通淋，解毒疗疮。主治：温邪伤营发热，阴虚发热，骨蒸劳热，产后血虚发热，热淋，血淋，痈疽肿毒。

现代临床还用于血管抑制性晕厥、脑梗死后遗症、红斑性肢痛等病的治疗。

评注

药用植物图像数据库

《中国药典》除白薇外，还收载蔓生白薇 *Cynanchum versicolor* Bge. 作为中药白薇的法定原植物来源种。蔓生白薇与白薇具有类似的药理作用，其化学成分也大致相同，主要含 C_{21} 甾体苷类化合物。与白薇相比，蔓生白薇不含直立白薇苷和新直立白薇苷等，另含蔓生白薇苷 A、B、C、D、E (cynanversicosides A ～ E)、白薇新苷 (neocynaversicoside) 和细叶白前苷 (thevetoside) 等[10-12]。有药理研究表明：白薇水提取物有一定的祛痰作用，但无镇咳与平喘作用；而蔓生白薇水提取物有一定的平喘作用，但无镇咳和祛痰作用[9]。

近年研究发现，白薇主要成分 C_{21} 甾体苷类化合物在改善记忆缺陷方面有一定的活性，可供治疗阿尔茨海默病的药物筛选参考。

参考文献

[1] ZHANG Z X, ZHOU J, HAYASHI K, et al. Studies on the constituents of Asclepiadaceae plants. LⅧ . The structures of five glycosides, cynatratosides -A, -B, -C, -D and -E, from the Chinese drug "pai-wei", *Cynanchum atratum* Bunge[J]. Chemical & Pharmaceutical Bulletin, 1985, 33(4): 1507-1514.

[2] ZHANG Z X, ZHOU J, HAYASHI K, et al. Studies on the constituents of Asclepiadaceae plants. LⅪ. The structure of cynatratosides-F from the Chinese drug "Pai-wei", dried root of *Cynanchum atratum* Bunge[J]. Chemical & Pharmaceutical Bulletin, 1985, 33(10): 4188-4192.

[3] LEE K Y, SUNG H, KIM Y C. New acetylcholinesterase-inhibitory pregnane glycosides of *Cynanchum atratum* roots[J]. Helvetica Chimica Acta, 2003, 86(2): 474-483.

[4] BAI H, LI W, KOIKE K, et al. Cynanosides A-J, ten novel pregnane glycosides of *Cynanchum atratum*[J]. Tetrahedron, 2005, 61(24): 5797-5811.

[5] ZHANG Z X, ZHOU J, HAYASHI K, et al. Studies on the constituents of Asclepiadaceae plants. Part 68. Atratosides A, B, C and D, steroid glycosides from the root of *Cynanchum atratum*[J]. Phytochemistry, 1988, 27(9): 2935-2941.

[6] DAY S H, WANG J P, WON S J, et al. Bioactive constituents of the roots of *Cynanchum atratum*[J]. Journal of Natural Products, 2001, 64(5): 608-611.

[7] 薛宝云，梁爱华，杨庆，等 . 直立白薇退热抗炎作用 [J]. 中国中药杂志，1995，20(12)：751-752.

[8] LEE K Y, YOON J S, KIM E S, et al. Anti-acetylcholinesterase and anti-amnesic activities of a pregnane glycosides, cynatroside B, from *Cynanchum atratum*[J]. Planta Medica, 2005, 71(1): 7-11.

[9] 梁爱华，薛宝云，杨庆，等 . 白前与白薇的部分药理作用比较研究 [J]. 中国中药杂志，1996，21(10)：622-625.

[10] QIU S X, ZHANG Z X, YONG L, et al. Two new glycosides from the roots of *Cynanchum versicolor*[J]. Planta Medica, 1991, 57(5): 454-456.

[11] QIU S X, ZHANG Z X, ZHOU J. Steroidal glycosides from the root of *Cynanchum versicolor*[J]. Phytochemistry, 1989, 28(11): 3175-3178.

[12] 邱声祥，张壮鑫，周俊 . 蔓生白薇中白薇新苷的分离和结构鉴定 [J]. 药学学报，1990，25(6)：473-476.

白鲜 Baixian CP, KHP

Dictamnus dasycarpus Turcz.
Densefruit Pittany

概述

芸香科 (Rutaceae) 植物白鲜 *Dictamnus dasycarpus* Turcz.，其干燥根皮入药。中药名：白鲜皮。

白鲜属 (*Dictamnus*) 植物全世界约 5 种，主要分布于欧亚大陆。中国产 1 种，供药用。分布于东北至东南地区。

“白鲜”药用之名，始载于《神农本草经》，列为中品。历代本草多有著录，均系本种。《中国药典》（2015 年版）收载本种为中药白鲜皮的法定原植物来源种。主产于中国辽宁、河北及山东等省。此外，江苏、山西、吉林、黑龙江、内蒙古等省区也产。

白鲜皮中主要含有生物碱、黄酮类成分。《中国药典》采用高效液相色谱法进行测定，规定白鲜皮药材含梣酮不得少于 0.030%，黄柏酮不得少于 0.15%，以控制药材质量。

药理研究表明，白鲜的根皮具有抗菌、抗炎、止血、抑制细胞免疫及体液免疫等作用。

中医理论认为白鲜皮具有清热燥湿，祛风解毒等功效。

◆ 白鲜
Dictamnus dasycarpus Turcz.

1cm

◆ 药材白鲜皮
Dictamni Cortex

化学成分

白鲜根皮中含有生物碱类成分：白鲜碱 (dictamnine)、γ-崖椒碱 (γ-fagarine)[1]、前茵芋碱 (preskimmianine)、茵芋碱 (skimmianine)、白鲜明碱 (dasycarpamine)、胡芦巴碱 (trigonelline)、*O*-乙基降白鲜碱 (*O*-ethylnordictamnine)、*O*-乙基降-γ-崖椒碱 (*O*-ethylnor-γ-fagarine)、*O*-乙基降茵芋碱 (*O*-ethylnorskimmianine)、异斑沸林草碱 (isomaculosidine)；柠檬苦素类成分：吴茱萸苦素 (rutaevin)、黄柏酮 (obakunone)、柠檬苦素 (limonin)[2]、柠檬苦素地噢酚 (limonin disophenol)[3]；甾醇类成分：娠烯醇酮 (pregnenolone)、油菜甾醇 (campesterol)；倍半萜糖苷成分：白鲜苷 A、B、D、F、G、H、I、J、K、L、M (dictamnosides A, B, D, F～M)[4-5]；黄酮类成分：汉黄芩素 (wogonin)[3]；还含有白鲜醇 (dictamnol)、梣酮 (fraxinellone)、6β-羟基梣酮 (6β-hydroxyfraxinellone)[6]、fraxinellonine、kihadinin B、dasycarine[3]及苷类成分：白鲜明苷 A、B (dasycarpusides A, B)、1-*O*-α-吡喃鼠李糖基-(1"→6')-β-吡喃葡萄糖苷 [1-*O*-α-rhamnopyranosyl-(1"→6')-β-glucopyranoside]、2-甲氧基-4-乙酰基苯酚-1-*O*-α-吡喃鼠李糖基-(1"→6')-β-吡喃葡萄糖苷 [2-methoxy-4-acetylphenol-1-*O*-α-rhamnopyranosyl-(1"→6')-β-glucopyranoside]、2-甲氧基-4-(8-羟乙基-苯酚-1-*O*-α-吡喃鼠李糖基-(1"→6')-β-吡喃葡萄糖苷 [2-methoxy-4-(8-hydroxyethyl)-phenol-1-*O*-α-rhamnopyranosyl-(1"→6')- β-glucopyranoside][7]等。

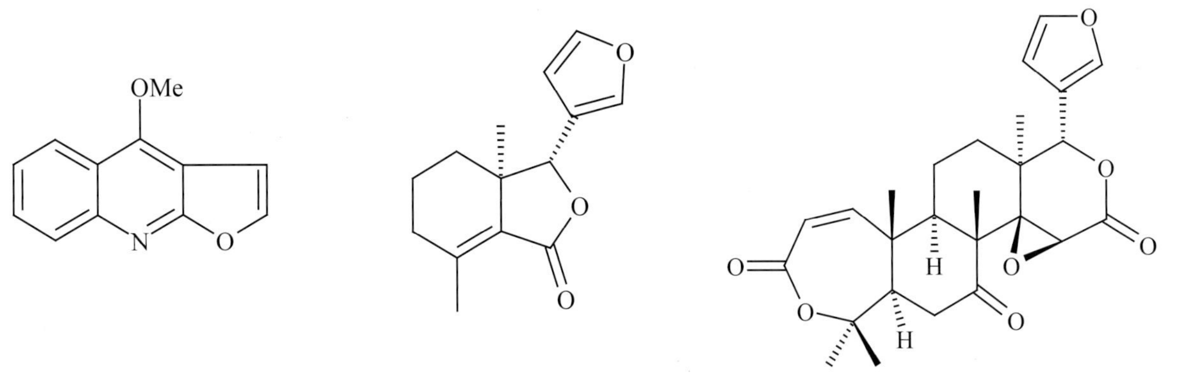

◆ dictamnine ◆ fraxinellone ◆ obakunone

药理作用

1. 抗菌

白鲜皮水煎液体外对淋球菌有轻微抑制作用 [8]。白鲜碱体外对啤酒酵母突变型 *Saccharomyces cerevisiae* GL_7 及威克海姆原藻 *Prototheca wickerhamii* 有抗真菌作用，可直接或间接影响真菌细胞遗传物质的正常合成，使之不能完成正常细胞周期，抑制真菌生长甚至导致死亡 [9]；白鲜皮水浸液体外对堇色毛癣菌、同心性毛癣菌、许兰氏黄癣菌等多种皮肤真菌亦有不同程度抑制作用。白鲜皮热水提取物口服，对感染华支睾吸虫病的家兔有抑制吸虫产卵的作用 [10]，对虫体形态则无明显影响 [11]。

2. 抗炎

白鲜皮水提取物、醇提取物及酸提取物灌胃，可抑制二甲苯所致小鼠耳郭肿胀、滤纸片所致小鼠肉芽肿以及角叉菜胶所致大鼠足趾肿胀 [12]；白鲜皮水提取物口服，亦可抑制蛋清所致小鼠足趾炎症 [13]。

3. 调节免疫

白鲜皮水提取物口服，对半抗原 2,4,6- 三硝基氯苯 (picryl chloride) 所致小鼠接触性皮炎迟发型超敏反应 (PC-DTH) 及颗粒抗原羊红细胞 (SRBC) 所致小鼠足趾迟发型超敏反应 (SRBC-DTH)，在抗原攻击后给药有明显抑制作用；对小鼠抗 SRBC 抗体产生细胞 (PFC) 数和血清溶血素水平亦有明显抑制作用，而对脾重无影响，显示其对细胞免疫和体液免疫均有抑制作用 [13]。白鲜皮粗多糖灌胃，对小鼠环磷酰胺所致外周血白细胞减少具有明显保护作用，亦可使环磷酰胺作用下的脾脏重量增加 [14]。

4. 保肝

白鲜皮粗多糖灌胃，可使CCl_4所致肝损伤小鼠血清谷丙转氨酶 (sGPT) 活性显著降低，肝糖元含量显著升高，戊巴比妥钠睡眠时间显著缩短[15]；白鲜皮水提取物体外亦可抑制2,4,6-三硝基氯苯所致迟发型超敏反应小鼠肝损伤时肝非实质细胞中浸润的T淋巴细胞的功能，从而改善细胞免疫性肝损伤[16]。

5. 止血

白鲜皮醇提取物灌胃，能明显降低小鼠断尾后的出血时间和出血量，缩短凝血时间，并明显降低小鼠腹腔毛细血管通透性 [17]。

6. 对消化系统的影响

白鲜皮乙醇提取物灌胃，对小鼠番泻叶性腹泻、水浸应激性溃疡、盐酸性溃疡及吲哚美辛－乙醇性溃疡均有明显抑制作用，对小鼠蓖麻油性腹泻有较弱抑制作用，可明显增加大鼠胆汁流量 [18]。

7. 抗肿瘤

白鲜明苷 A 体外对人肺腺癌细胞 A549 有细胞毒作用；从白鲜皮中分得的酚苷类成分对 T 细胞的增殖亦有抑制作用 [5, 7]；黄柏酮体外可增强长春新碱 (vincristine) 等抗癌药物对白血病细胞 L1210 等的细胞毒作用 [19]。

8. 其他

白鲜皮提取物还具有松弛血管 [20]，刺激黑色素细胞增殖 [21]，兴奋离体蛙心，增强心肌张力，收缩子宫平滑肌等作用。

应用

本品为中医临床用药。功能：清热燥湿，祛风解毒。主治：湿热疮毒，黄水淋漓，湿疹，风疹，疥癣疮癞，风湿热痹，黄疸尿赤。

现代临床还用于皮肤溃疡、荨麻疹、湿疹、皮肤瘙痒症、急慢性肝炎、风湿性关节炎等病的治疗；外用可治淋巴结炎、外伤出血、疥癣等病的治疗。

评注

药用植物图像数据库

研究发现，白鲜皮水提取物可刺激黑色素细胞的增殖[21]，且在紫外光照射下，白鲜碱能与DNA双螺旋结构中的嘧啶碱形成加成物，此性质与白癜风和牛皮癣治疗药物8-甲氧补骨脂素相似，因此值得探讨从白鲜皮中开发出白癜风和牛皮癣的治疗药物。另外，白鲜中有效成分栲酮对大鼠有抗生育、抗受精作用，也可作为研制避孕药物的线索。

白鲜皮不仅具有广泛的药用价值，还可用于天然防腐剂 [22]、美容增白剂 [23]、杀虫剂 [24-25]。此外，白鲜可作为园林观赏植物 [26]。

参考文献

[1] KANAMORI H, SAKAMOTO I, MIZUTA M. Further study on mutagenic furoquinoline alkaloids of Dictamni Radicis Cortex: isolation of skimmianine and high-performance liquid chromatographic analysis[J]. Chemical & Pharmaceutical Bulletin, 1986, 34(4): 1826-1829.

[2] 王兆全，许凤鸣，安诗友 . 白鲜皮的化学成分研究 [J]. 中国中药杂志，1992，17(9)：551-552.

[3] 杜程芳，杨欣欣，屠鹏飞 . 白鲜皮的化学成分研究 [J]. 中国中药杂志，2005，30(21)：1663-1666.

[4] ZHAO W M, WANG S C, QIN G W, et al. Dictamnosides F and G-Two novel sesquiterpene diglycosides with α-configuration glucose units from *Dictamnus dasycarpus*[J]. Indian Journal of Chemistry, Section B: Organic Chemistry Including Medicinal Chemistry, 2001, 40B(8): 748-750.

[5] CHANG J, XUAN L J, XU Y M, et al. Seven new sesquiterpene glycosides from the root bark of *Dictamnus dasycarpus*[J]. Journal of Natural Products, 2001, 64(7): 935-938.

[6] ZHAO W M, WOLFENDER J L, HOSTETTMANN K, et al. Antifungal alkaloids and limonoid derivatives from *Dictamnus dasycarpus*[J]. Phytochemistry, 1997, 47(1): 7-11.

[7] CHANG J, XUAN L J, XU Y M, et al. Cytotoxic terpenoid and immunosuppressive phenolic glycosides from the root bark of *Dictamnus dasycarpus*[J]. Planta Medica, 2002, 68(5): 425-429.

[8] 盛丽，高农，张晓非 .19 味中药对淋球菌流行株的敏感性研究 [J]. 中国中医药信息杂志，2003，10(4)：48-49.

[9] 王理达，果德安，袁兰，等 .3 种抗真菌生药活性成分对两种真菌细胞遗传物质的影响 [J]. 药学学报，2000，35(11)：860-863.

[10] RHEE J K, BAEK B K, AHN B Z. Alternations of *Clonorchis sinensis* EPG by administration of herbs in rabbits[J]. American Journal of Chinese Medicine, 1985, 13(1-4): 65-9.

[11] RHEE J K, BAEK B K, AHN B Z. Structural investingation on the effects of the herbs on *Clonorchis sinensis* in rabbits[J]. American Journal of Chinese Medicine, 1985, 13(1-4): 119-125.

[12] 谭家莉，谢艳华，匡威 . 白鲜皮抗炎作用的实验研究 [J]. 中国新医药，2004，3(8)：35-36.

[13] 王蓉，徐强，徐丽华，等.白鲜皮的免疫药理学研究Ⅰ.对细胞免疫及体液免疫的影响[J].中国药科大学学报，1992，23(4)：234-238.

[14] 李岩，曲绍春，刘杰，等 . 白鲜皮粗多糖升白细胞作用的初步研究 [J]. 长春中医学院学报，1995，11(3)：48.

[15] 高普军，张大旭，朴去峰，等 . 白鲜皮粗多糖保肝作用的研究 [J]. 长春中医学院学报，1995，11(47)：60-61.

[16] 陆朝华，曹劲松，凡华，等 . 白鲜皮水提物改善迟发型变态反应性肝损伤的作用机理 [J]. 中国药科大学学报，1999，30(3)：212-215.

[17] 睢大员，于晓凤，吕忠智，等 . 白鲜皮止血作用的药理研究 [J]. 白求恩医科大学学报，1996，22(6)：608.

[18] 朱自平，张明发，沈雅琴，等 . 生甘草和白鲜皮对消化系统的药理实验研究 [J]. 中国中西医结合脾胃杂志，1998，6(2)：95-97.

[19] JUNG H, SOK D E, KIM Y, et al. Potentiating effect of obacunone from *Dictamnus dasycarpus* on cytotoxicity of microtuble inhibitors, vincristine, vinblastine and taxol[J]. Planta Medica, 2000, 66(1): 74-76.

[20] YU S M, KO F N, SU M J, et al. Vasorelaxing effect in rat thoracic aorta caused by fraxinellone and dictamine isolated from the Chinese herb *Dictamnus dasycarpus* Turcz: comparison with cromakalim and Ca^{2+} channel blockers[J]. Naunyn-Schmiedeberg's Archives of Pharmacology, 1992, 345(3): 349-355.

[21] LIN Z X, HOULT J R S, RAMAN A. Sulphorhodamine B assay for measuring proliferation of a pigmented melanocyte cell line and its application to the evaluation of crude drugs used in the treatment of vitiligo[J]. Journal of Ethnopharmacology, 1999, 66(2): 141-150.

[22] 樊宪伟，张霞，王绍明 . 白鲜属植物的化学成分及药理活性研究概况 [J]. 特产研究，2003，25(3)：50-52.

[23] 尚靖，敖秉臣，刘文丽，等 . 七种增白中药在体外对酪氨酸酶的影响 [J]. 中国药学杂志，1995，30(11)：653-655.

[24] 巩忠福，王建华 . 19 种植物提取物的杀螨活性观察 [J]. 中国兽药杂志，2002，36(1)：6-8.

[25] LIU Z L, XU Y J, WU J, et al. Feeding deterrents from *Dictamnus dasycarpus* Turcz against two stored-product insects[J]. Journal of Agricultural and Food Chemistry, 2002, 50(6): 1447-1450.

[26] 周繇 . 长白山野生花卉资源及园林应用（五）[J]. 园林，2002，(9)：35.

白芷 Baizhi CP, JP, VP

Angelica dahurica (Fisch. ex Hoffm.) Benth. et Hook. f.
Dahurian Angelica

概述

伞形科 (Apiaceae) 植物白芷 *Angelica dahurica* (Fisch. ex Hoffm.) Benth. et Hook. f.，其干燥根入药。中药名：白芷。

当归属 (*Angelica*) 植物全世界约有 80 种，分布于北温带地区和新西兰。中国有 26 种 5 变种 1 变型，本属现供药用者约有 16 种。本种主要栽培于中国河北、河南，其他北方各省常有栽培。

“白芷”药用之名，始载于《神农本草经》，列为中品。历代本草多有著录。《中国药典》（2015 年版）收载本种为中药白芷的法定原植物来源种之一。主产于中国河南（禹县、长葛、商丘）以及河北（安国）等地，商品名有“禹白芷”与“祁白芷”之称。

白芷主要含香豆素及挥发油类成分，也含有微量元素等。香豆素类化合物是白芷的主要活性成分。《中国药典》采用高效液相色谱法进行测定，规定白芷药材含欧前胡素不得少于 0.080%，以控制药材质量。

药理研究表明，白芷具有解热、镇痛、抗炎、扩张及收缩血管、光敏、促进脂肪分解、抑制脂肪合成、解痉、抗微生物等作用。

中医理论认为白芷具有解表散寒，祛风止痛，宣通鼻窍，燥湿止带，消肿排脓等功效。

◆ 白芷
Angelica dahurica (Fisch. ex Hoffm.) Benth. et Hook. f.

◆ 杭白芷
Angelica dahurica (Fisch. ex Hoffm.) Benth. et Hook. f. var. *formosana* (Boiss.) Shan et Yuan

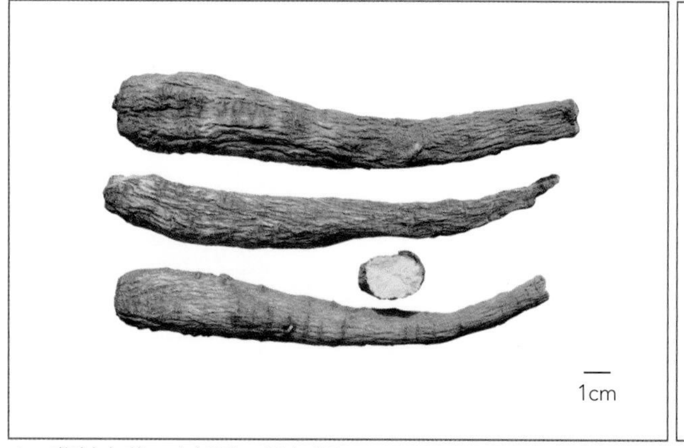

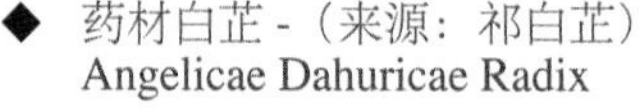

◆ 药材白芷 -（来源：祁白芷）
Angelicae Dahuricae Radix

◆ 药材白芷 -（来源：杭白芷）
Angelicae Dahuricae Radix

化学成分

白芷根含有香豆素类成分：欧前胡素 (imperatorin)、异欧前胡素(isoimperatorin)、氧化前胡素(oxypeucedanin)、水合氧化前胡素(oxypeucedanin hydrate)[1]、珊瑚菜素 (phellopterin)、白当归素 (byakangelicin) 、叔-*O*-甲基白当归素 (tert-*O*-methylbyakangelicin)[2]等；香豆素葡萄糖苷类：紫花前胡苷 (nodakenin)、3'-羟基印度榅桲苷 (3'-hydroxymarmesinin)、白当归素-叔-*O*-*β*-*D*-吡喃葡萄糖苷 (tert-*O*-*β*-*D*-glucopyranosyl byakangelicin)、白当归素-仲-*O*-*β*-*D*-吡喃葡萄糖苷 (sec-*O*-*β*-*D*-glucopyranosyl byakangelicin)、东莨菪苷 (scopolin)[3]、茵芋苷(skimmin)、花椒毒酚-8-*O*-*β*-*D*-吡喃葡萄糖苷 (8-*O*-*β*-*D*-glucopyranosyl xanthotoxol)、独活醇-叔-*O*-*β*-*D*-吡喃葡萄糖苷 (tert-*O*-*β*-*D*-glucopyranosyl heraclenol[4]等；挥发油：榄香烯 (elemene)、8-壬烯酸 (8-nonenoic acid)等。

新近从白芷根中还分得白芷素A、B、C、D、E、F、G (dahuribirins A～G)[5]、oxyepucedanin hydrate acetonide[6]等香豆素类成分及聚炔类化合物法卡林二醇 (falcarindiol)[7]。

OCH_3 … HO … OH

◆ byakangelicin

OCH_3

◆ phellopterin

药理作用

1. 解热、抗炎、镇痛

白芷水煎剂灌胃对背部皮下注射蛋白胨所致发热的家兔有明显解热作用，对二甲苯所致小鼠耳郭肿胀有明显抑制作用，可抑制醋酸所致小鼠扭体反应，并使痛阈值明显提高[8]。白芷超临界提取物（主要含欧前胡素和异欧前胡素）的乳剂鼻黏膜给药，能较快透过血脑屏障，进入大鼠的脑组织，为鼻腔给药治疗偏头痛提供了一定的依据[9]。

2. 对心血管及血液系统的影响

白芷香豆素类成分白当归素可扩张冠状血管，异欧前胡素可降低离体蛙心收缩力。体外实验表明，白芷醇提醚溶性成分具有血管扩张作用，而水溶性成分有血管收缩作用。白芷水溶性成分灌胃能缩短小鼠凝血时间[10]。

3. 对皮肤的作用

白芷中所含呋喃香豆素类化合物有光敏作用，可用于光化学疗法治疗银屑病。光敏活性以欧前胡素最强，花椒毒酚、异欧前胡素、珊瑚菜素次之。白芷的乙醇提取物能显著增加体外培养的黑素细胞的黏附和迁移，从而对白癜风产生治疗作用[11]。白芷水煎剂对体外培养的小鼠触须毛囊有明显的促生长作用[12]。

4. 对平滑肌的影响

白芷醚溶和水溶性成分均能抑制离体家兔小肠的自发性运动和拮抗氯化钡所致强直性收缩；醚溶性成分还能拮抗毒扁豆碱 (physostigmine) 和甲基新斯的明 (methyl prostigmin) 所致肠肌强直性收缩[10]。

5. 抗肿瘤

白芷可明显抑制毒激素-L诱导的恶病质样表现，从中分离得到的欧前胡素对毒激素-L诱导的脂肪分解有显著抑制作用[13]。白芷及其所含欧前胡素和异欧前胡素体外可强烈抑制肿瘤促进剂12-*O*-十四碳酰基佛波醇-13-乙酸酯 (TPA) 的活性[14]。

6. 其他

白芷还能兴奋中枢神经系统[15]。白芷所含欧前胡素和白当归素有明显的保肝作用[16]。白芷已烷及醚提取物对肝药物代谢酶有抑制作用，但从中分离出的珊瑚菜素和白当归素对肝药酶却有抑制和诱导双向作用[2]。从白芷中分得的白当归素及叔-*O*-甲基白当归素能抑制醛糖还原酶，对大鼠白内障有抑制作用[17]。

应用

本品为中医临床用药。功能：解表散寒，祛风止痛，宣通鼻窍，燥湿止带，消肿排脓。主治：感冒头痛，眉棱骨痛，鼻塞流涕，鼻鼽，鼻渊，牙痛，带下，疮疡肿痛。

现代临床还用于消化性溃疡、阑尾炎、月经不调、痛经、盆腔炎、关节囊积水、睾丸鞘膜积液、肝硬化腹水、白内障、烧烫伤、痤疮、黄褐斑、银屑病、白癜风、脱发等病的治疗。还被应用于化妆品和香味剂等方面[19-20]。

评注

白芷是中国卫生部规定的药食同源品种之一。同属植物杭白芷 *Angelica dahurica* (Fisch. ex Hoffm.) Benth. et Hook. f. var. *formosana* (Boiss.) Shan et Yuan 亦为《中国药典》（2015 年版）收载的中药白芷法定原植物来源种。主产于中国四川、浙江等省区。其化学成分与白芷大致相同[18-20]。

以白芷为原植物的白芷药材如主产地为中国河南禹县、长葛、商丘者在药材商品市场称为“禹白芷”，主产于河北安国者称为“祁白芷”。以杭白芷为原植物的白芷药材，如主产地为中国四川者在药材商品市场称为“川白芷”，主产于浙江者称为“杭白芷”。目前，四川遂宁已经建立了白芷的规范化种植基地。

白芷也是很好的香料和调味辅料植物资源。历代本草均记载白芷能“润颜色”“去面皯疵瘢”等。现代研究表明，白芷确具有防晒、防紫外线及抑制酪氨酸酶的作用[17]。也有文献报道白芷具有皮肤光毒性，因此还需在这方面做深入的药理研究，以利于白芷资源的深度开发和利用。

参考文献

[1] 张如意，张建华，王洋，等.白芷化学成分的分离与鉴定[J].北京医学院学报，1985，17(2)：103-104.

[2] SHIN K H, KIM O N, WOO W S. Effect of the constituents of Angelicae Dahuricae Radix on hepatic drug-metabolizing enzyme activity[J]. Saengyak Hakhoechi, 1988, 19(1): 19-27.

[3] KIM S H, KANG S S, KIM C M. Coumarin glycosides from the roots of *Angelica dahurica*[J]. Archives of Pharmacal Research, 1992, 15(1): 73-77.

[4] KWON Y S, KIM C M. Coumarin glycosides from the roots of *Angelica dahurica*[J]. Saengyak Hakhoechi, 1992, 23(4): 221-224.

[5] WANG N H, YOSHIZAKI K, BABA K. Seven new bifuranocoumarins, dahuribirin A-G, from Japanese Bai Zhi[J]. Chemical & Pharmaceutical Bulletin, 2001, 49(9): 1085-1088.

[6] THANH P N, JIN W Y, SONG G Y, et al. Cytotoxic coumarins from the root of *Angelica dahurica*[J]. Archives of Pharmacal Research, 2004, 27(12): 1211-1215.

[7] LECHNER D, STAVRI M, OLUWATUYI M, et al. The anti-staphylococcal activity of *Angelica dahurica* (Bai Zhi) [J]. Phytochemistry, 2004, 65(3): 331-335.

[8] 李宏宇，戴跃进，张海波，等.不同商品白芷的药理研究[J].中国中药杂志，1991，16(9)：560-562.

[9] 龚志南，徐莲英，宋经中，等.中药白芷乳剂大鼠鼻腔给药的体内研究[J].中国临床药学杂志，2001，10(6)：370-373.

[10] 凤良元，鄢顺琴，杨瑞琴，等.五种不同产地白芷药理作用的比较研究[J].安徽中医学院学报，1990，9(2)：56-59.

[11] 马慧群，冯捷，张宪旗，等.补骨脂、白芷对黑素细胞迁移和黏附影响的比较[J].现代中西医结合杂志，2005，14(7)：850-851.

[12] 范卫新，朱文元.55种中药对小鼠触须毛囊体外培养生物学特性的研究[J].临床皮肤科杂志，2001，30(2)：81-84.

[13] 吴耕书，张荔彦.五加皮、茜草、白芷对毒激素-L诱导的恶病质样表现抑制作用的实验研究[J].中国中医药科技，1997，4(1)：13-15.

[14] OKUYAMA T, TAKATA M, NISHINO H, et al. Studies on the antitumor-promoting activity of naturally occurring substances. Ⅱ. Inhibition of tumor-promoter-enhanced phospholipid metabolism by umbelliferous materials[J]. Chemical & Pharmaceutical Bulletin, 1990, 38(4):1084-1086.

[15] 王本祥.现代中药药理学[M].天津：天津科学技术出版社，1997：77-81

[16] OH H, LEE H S, KIM T, et al. Furocoumarins from *Angelica dahurica* with hepatoprotective activity on tacrine-induced cytotoxicity in $HepG_2$ cells[J]. Planta Medica, 2002, 68(5): 463-464.

[17] 王梦月，贾敏如，马逾英.白芷开发现状与前景[J].中国中医药信息杂志，2002，9(8)：77-78.

[18] 张涵庆，袁昌齐，陈桂英，等.杭白芷根化学成分的研究[J].药学通报，1980，15(9)：386-388.

[19] 周继铭，余朝菁，杭宜卿.白芷的研究Ⅴ.化学成分的研究[J].中草药，1987，18(6)：242-246.

[20] 张强，李章万.杭白芷挥发油成分的GC-MS分析[J].中药材，1997，20(1)：28-30.

白术 Baizhu CP, VP

Atractylodes macrocephala Koidz.
Large-headed Atractylodes

概述

菊科 (Asteraceae) 植物白术 *Atractylodes macrocephala* Koidz.，其干燥根茎入药。中药名：白术。

苍术属 (*Atractylodes*) 植物全世界约有 7 种，主要分布于亚洲东部地区。中国约有 5 种，本属现供药用者约有 4 种。白术野生种已少见，现中国各地多有栽培。

"术"之药用名，始载于《神农本草经》，列为上品，但无白术、苍术之分。梁代陶弘景按其形态、药材性状，将术分为白、赤两种，此两种与现今白术、苍术相吻合，但功用未分开。至《本草衍义》才明确将白术、苍术加以区分。金人张元素对白术、苍术的功能主治加以论述，并沿袭至今。中国从古至今作中药白术入药者均为本种。《中国药典》（2015 年版）收载本种为中药白术的法定原植物来源种。白术野生种已少见，现中国各地多有栽培。主产于中国浙江、安徽、湖南一带，其中以浙江栽培数量较大。

苍术属植物的地下部分含有以倍半萜为主的挥发油成分。白术中所含的芹烷二烯酮为白术区别于苍术属其他药用植物的特征性成分。《中国药典》以性状、显微和薄层色谱鉴别来控制白术药材的质量。

药理研究表明，白术具有利尿、双向调节胃肠系统功能、抗炎、抗肿瘤等作用。

中医理论认为白术具有健脾益气，燥湿利水，止汗，安胎等功效。

◆ 白术
Atractylodes macrocephala Koidz.

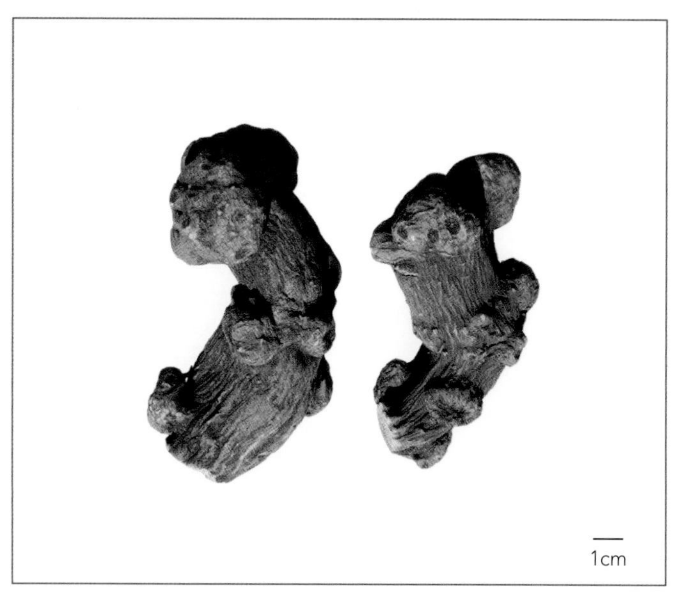

◆ 药材白术
Atractylodis Macrocephalae Rhizoma

化学成分

白术根茎主含挥发油，主要成分为α-及β-葎草烯 (α-, β-humulenes)、α-姜黄烯 (α-curcumene)、β-榄香油醇 (β-elemol)、苍术酮 (atractylone)、3β-乙酰氧基苍术酮 (3β-acetoxyatractylone)、芹二烯酮 [selina-4(14),7(11)-dien-8-one]、苍术醇(hinesol)[1]。近年又在挥发油中分离到 1,7,7-三甲基双环[2.2.1]庚-5-烯-2-醇 (1,7,7-trimethyl-dicyclo[2.2.1]hept-5-ene-2-ol)、2,3,5,5,8,8-六甲基-环辛-1,3,6-三烯 (2,3,5,5,8,8-hexamethyl-cycloocta-1,3,6-triene)等[2]。另含倍半萜内酯化合物白术内酯 Ⅰ、Ⅱ、Ⅲ、Ⅳ (atractylenolides Ⅰ～Ⅳ)[3]、atractylenolactam[4]、beishulenolide A、peroxiatractylenolide Ⅲ[5]等和一种类型较为罕见的完全对称的双倍半萜化合物双表白术内酯(biepiasterolide)[6]。还含有白术多糖 AMP-1等[7]。

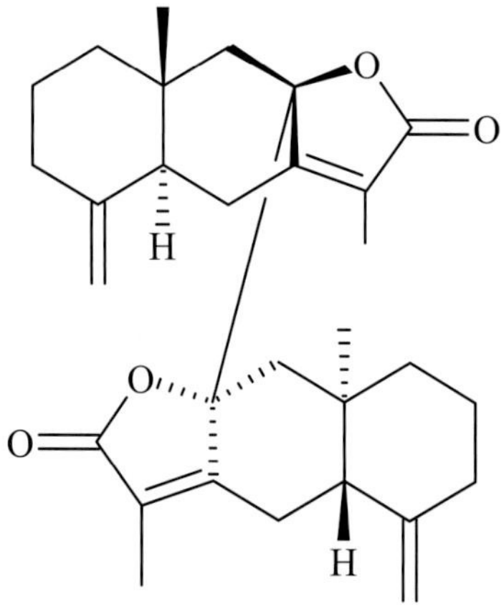

◆ biepiasterolide

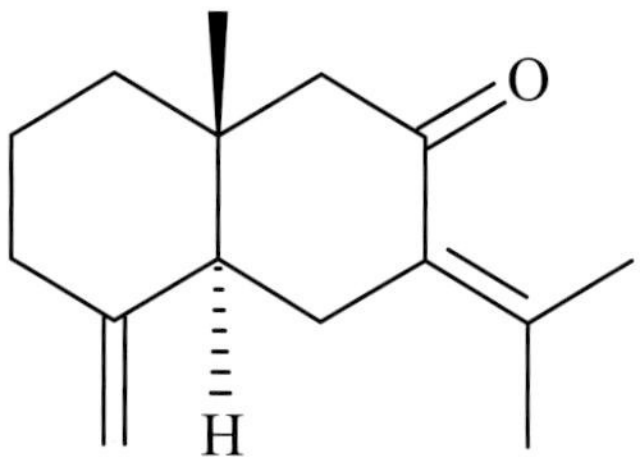

◆ selina-4(14),7(11)-dien-8-one

药理作用

1. 对消化系统的作用

白术对胃肠系统有双向调节作用，白术煎剂灌胃能明显促进小鼠胃排空及小肠的推进功能[8]，但白术丙酮提取物能抑制大鼠胃排空，对小鼠小肠输送功能有促进作用[9]；白术乙酸乙酯提取物能促进胆汁分泌；白术挥发油、丙酮提取物和有效成分苍术酮能抑制大鼠应激性胃溃疡。

2. 利尿

白术水煎剂和流浸膏给大鼠、兔、犬等灌服或静脉注射，均有明显且持久的利尿作用，并能促进钠的排出。它不影响神经垂体后叶激素的抗利尿作用，而是通过减少电解质的再吸收和氨的排出，提高 pH 值产生利尿作用。

3. 抗肿瘤

白术挥发油灌胃对小鼠移植性肿瘤肝癌 H_{22} 及肉瘤 S_{180} 有显著抑制作用[10]；白术水煎液灌胃亦对小鼠移植性 S_{180} 肉瘤有抑制作用，可能是通过调控肿瘤凋亡，抑制基因 *bcl-2* 的表达而实现抑瘤作用[11]。白术甲醇提取物还能诱导人淋巴瘤细胞 Jurkat T、白血病细胞 U937 和 HL-60 凋亡[12]。白术能降低瘤细胞的增殖率，减低瘤组织的侵袭性，提高机体抗肿瘤反应能力，并对瘤细胞有细胞毒作用[13]。其中所含的白术内酯 I 可显著降低细胞因子白介素 (IL-1)、肿瘤坏死因子 α (TNF-α) 以及尿中蛋白水解诱导因子 (PIF) 的水平[14]。此外，白术多糖 AMP-1 也具有抗肿瘤活性[7]。

4. 解痉

白术挥发油中倍半萜内酯能明显降低大鼠离体子宫收缩及离体回肠自发运动，使收缩力降低，能抑制乙酰胆碱 (Ach)、组胺、$CaCl_2$、新斯的明 (neostigmine) 所致大鼠离体回肠痉挛，其作用机制与胆碱受体及 Ca^{2+} 的抑制有关[15-16]。

5. 抗衰老、抗氧化

白术水煎剂灌服多日可明显增强老龄大鼠心肌 Na^+, K^+-ATP 酶的活性，其机制可能与血清总抗氧化能力 (TAA) 的提高有关[17]。白术水煎剂和白术多糖灌胃能显著提高小鼠脑和肝的超氧化物歧化酶 (SOD) 活力，降低脑及肝中丙二醛 (MDA) 和脑中脂褐素 (LPF) 的含量，提示白术多糖是白术抗氧化作用的主要成分[18]。

6. 调节腹膜孔开放

以扫描电镜和计算机图像处理观察结果表明，白术水煎液腹腔注射能显著扩张小鼠腹膜孔，并使腹膜孔开放数目增加，平均分布密度明显增高，这可能是白术消除腹水的机制[19-20]。

7. 其他

白术还有增强机体免疫功能[21]、降血糖、降血脂[22]、抗炎[23]、抗白色念珠菌[24]等作用。

应用

本品为中医临床用药。功能：健脾益气，燥湿利水，止汗，安胎。主治：脾虚食少，腹胀泄泻，痰饮眩悸，水肿，自汗，胎动不安。

现代临床还用于肠易激综合征、妊娠呕吐、风湿性关节炎等病的治疗。

评注

中国古今作中药白术用的原植物均为本种。但日本和朝鲜半岛历来将其本土生长的关苍术 *Atractylodes japonica* Koidz. ex Kitam. 的根茎作白术药用。白术与关苍术植物形态相近，主要化学成分及药理作用也较为接近，关苍术资源在中国较为丰富，因此，可将其作为药用白术的一个新资源加以开发。

药用植物图像数据库

参考文献

[1] 张强，李章万. 白术挥发油成分的分析 [J]. 华西药学杂志，1997，12(2)：119-120.

[2] 邱琴，崔兆杰，刘廷礼，等. 白术挥发油化学成分的 GC-MS 研究 [J]. 中草药，2002，33 (11)：980-981，1001.

[3] 黄宝山，孙建枢，陈仲良. 白术内酯Ⅳ的分离鉴定 [J]. 植物学报，1992，34(8)：614-617.

[4] CHEN Z L, CAO W Y, ZHOU G X, et al. A sesquiterpene lactam from *Artractylodes macrocephala*[J]. *Phytochemistry*, 1997, 45(4): 765-767.

[5] ZHANG Q F, LUO S D, WANG H Y. Two new sesquiterpenes from *Atractylodes macrocephala*[J]. Chinese Chemical Letters, 1998, 9(12): 1097-1100.

[6] 王保德，余亦华，滕宁宁，等. 双表白术内酯的结构鉴定 [J]. 化学学报，1999，57(9)：1022-1025.

[7] SHAN J J, KE W, DENG J E, et al. Structural elucidation and antitumor activity of polysaccharide AMP-1 from *Atractylodes macrocephala* K[J]. Chinese Journal of Chemistry, 2003, 21(1): 87-90.

[8] 李岩，孙思予，周卓. 白术对小鼠胃排空及小肠推进功能影响的实验研究 [J]. 辽宁医学杂志，1996，10(4)：186.

[9] 李育浩，梁颂名，山原条二，等. 白术对胃肠功能的影响 [J]. 中药材，1991，14(9)：38-40.

[10] 王翕，刘玉瑛，史天良，等. 白术挥发油抗实体瘤的作用研究 [J]. 中国药物与临床，2002，2(4)：239-240.

[11] 郑广娟. 白术对小鼠 S_{180} 肉瘤的抑瘤作用及肿瘤凋亡相关基因 bcl-2 表达的影响 [J]. 生物医学工程研究，2003，22(3)：48-50.

[12] HUANG H L, CHEN C C, YEH C Y, et al. Reactive oxygen species mediation of Baizhu-induced apoptosis in human leukemia cells[J]. Journal of Ethnopharmacology, 2005, 97(1): 21-29.

[13] 刘思贞，邵玉芹，祝希娴. 白术药理研究新进展 [J]. 时珍国医国药，1999，10(8)：634-635.

[14] 刘昳，叶峰，邱根全，等. 白术内酯 I 对肿瘤恶病质患者细胞因子和肿瘤代谢因子的影响 [J]. 第一军医大学学报，2005，25(10)：1308-1311.

[15] 张奕强，许实波，林永成，等. 三种白术倍半萜烯内酯拮抗大鼠离体子宫收缩 [J]. 中国药理学报，2000, 21(1): 91-96.

[16] 张弈强，许实波，林永成. 白术内酯系列物的胃肠抑制作用 [J]. 中药材，1999，22 (12)：636-640.

[17] 欧芹，江旭东，王桂杰，等. 白术水煎剂灌服对老龄大鼠心肌 Na^+, K^+-ATPase 和血清 TAA 的影响 [J]. 黑龙江医药科学，2001，24(2)：1，3.

[18] 徐丽珊，金晓玲，邵邻相. 白术及白术多糖对小鼠学习记忆和抗氧化作用的影响 [J]. 科技通报，2003，19(6)：513-515.

[19] 李继承，吕志连，石元和，等. 腹膜孔的药物调节和计算器图像处理 [J]. 中国医学科学院学报，1996，18(3)：219-223.

[20] 吕志连，李继承，石元和，等. 白术党参黄芪对小鼠腹膜孔调控作用的实验观察 [J]. 中医杂志，1996，37(9)：560-561.

[21] 彭新国，邱世翠，李彩玉，等. 白术对小鼠免疫功能影响的实验研究 [J]. 时珍国医国药，2001，12(5)：396-397.

[22] 许长照，张瑜瑶. 祁白术治疗脾虚证小鼠对消化器官组化和超威结构的影响 [J]. 中国中西医结合消化杂志，2001，9(5)：268-271.

[23] PRIETO J M, RECIO M C, GINER R M, et al. Influence of traditional Chinese anti-inflammatory medicinal plants on leukocyte and platelet functions[J]. Journal of Pharmacy and Pharmacology, 2003, 55(9): 1275-1282.

[24] 焦新生，刘朝奇，韩莉，等. 黄芪和白术对感染白色念珠菌的荷瘤鼠作用的实验研究 [J]. 上海免疫学杂志，1995，15(5)：313.

百合 Baihe CP

Lilium brownii F. E. Brown var. *viridulum* Baker
Lily

概述

百合科 (Liliaceae) 植物百合 *Lilium brownii* F. E. Brown var. *viridulu*m Baker，其干燥肉质鳞叶入药。中药名：百合。

百合属 (*Lilium*) 植物全世界约有 80 种，分布于北温带。中国有 39 种，本属现供药用者约有 9 种。百合分布于中国河北、山西、河南、陕西、湖北、湖南、江西、安徽、浙江等省区。

“百合”药用之名，始载于《神农本草经》，列为中品。历代本草均有著录。古代药用的百合来源于本种和百合属多种植物，与现今的商品百合相近。《中国药典》（2015 年版）收载本种为中药百合的法定原植物来源种之一。主产于中国河北、河南、安徽、江西、浙江、湖北、湖南、陕西等地。

百合主要含甾体皂苷、生物碱、酚类化合物等成分。《中国药典》以性状和薄层色谱鉴别来控制百合药材的质量。

药理研究表明，百合具有止咳祛痰、镇静催眠、抗疲劳、耐缺氧、延缓衰老、抗氧化、抗肿瘤、增强免疫功能、降血糖等作用。

中医理论认为百合具有养阴润肺，清心安神等功效。

◆ 百合
Lilium brownii F. E. Brown var. *viridulu*m Baker

◆ 药材百合鲜品
Lilii Bulbus Recens

◆ 药材百合干品
Lilii Bulbus

◆ 卷丹
L. lancifolium Thunb.

◆ 细叶百合
L. pumilum DC.

◆ brownioside

化学成分

百合鳞叶含甾体皂苷：百合苷 (brownioside)[1]、去酰基百合苷(deacylbrownioside)、26-*O*-*β*-*D*-吡喃葡萄糖基-奴阿替皂苷元-3-*O*-*α*-*L*-吡喃鼠李糖基-(1→2)-*β*-*D*-吡喃葡萄糖苷 (26-*O*-*β*-*D*-glucopyranosylnuatigenin-3-*O*-*α*-*L*- rhamnopyranosyl-(1→2)-*β*-*D*-glucopyranoside)、26-*O*-*β*-*D*-吡喃葡萄糖基-奴阿替皂苷元-3-*O*-*α*-*L*-吡喃鼠李糖基-(1→2)-*O*-[*β*-*D*-吡喃葡萄糖-(1→4)]-*β*-*D*-吡喃葡萄糖苷 (26-*O*-*β*-*D*-glucopyranosylnuatigenin-3-*O*-*α*-*L*-rhamnopyranosyl-(1→2)-*O*-[*β*-*D*-glucopyranosyl-(1→4)]-*β*-*D*-glucopyranoside)、27-*O*-(3-hydroxy-3-methylglutaroyl) isonarthogenin-3-*O*-*α*-rhamnopyranosyl-(1→2)-*O*-[*β*-*D*-glucopyranosyl-(1→4)]-*β*-*D*-glucopyranoside[2]、26-*O*-*β*-*D*-glucopyranosyl 3*β*,26-dihydroxy cholestan-16,22-dioxo 3-*O*-*α*-*L*-rhamnopyranosyl-(1→2)-*β*-*D*- glucopyranoside[3]、26-*O*-*β*-*D*-吡喃葡萄糖-3*β*,26-二羟基-5-胆甾烯-16,22-二氧-3-*O*-*α*-*L*-吡喃鼠李糖-(1→2)-*β*-*D*-吡喃葡萄糖苷 (26-*O*-*β*-*D*-glucopyranosyl- 3*β*,26-dihydroxy-5-cholesten-16,22-dioxo-3-*O*-*α*-*L*-rhamnopyranosyl-(1→2)-*β*-*D*- glucopyranoside)、26-*O*-*β*-*D*-吡喃葡萄糖- 3*β*,26-二羟基胆甾烷-16,22-二氧-3-*O*-*α*-*L*-吡喃鼠李糖-(1→2)-*β*-*D*-吡喃葡萄糖苷 (26-*O*-*β*-*D*-glucopyranosyl-3*β*,26-dihydroxy cholestan-16,22-dioxo-3-*O*-*α*-*L*-rhamnopyranosyl-(1→2)-*β*-*D*-glucopyranoside)[4]等；生物碱：β_1-澳洲茄边碱 (β_1-solamargine)、澳洲茄胺-3-*O*-*α*-*L*-吡喃鼠李糖基-(1→2)-*O*-[*β*-*D*-吡喃葡萄糖-(1→4)]-*β*-*D*-吡喃葡萄糖苷(solasodine-3-*O*-*α*-*L*-rhamnopyranosyl-(1→2)-*O*-[*β*-*D*-glucopyranosyl-(1→4)]-*β*-*D*-glucopyranoside)[2]、秋水仙碱 (colchicine)[5]；酚性成分：岷江百合苷A、B、D (regalosides A,B,D)、1-*O*-feruloyl-2-*O*-*p*-coumaroylglycerol [1]。

药理作用

1. 止咳、祛痰

百合水提取液灌胃可明显延长小鼠 SO_2 引咳潜伏期，减少 2 分钟内咳嗽次数，对氨水引起的小鼠咳嗽也有止咳作用；蜜炙后，止咳效果更好 [6-7]。百合水提取液灌胃能显著增加小鼠气管酚红的排泌量 [6]。

2. 镇静催眠

百合水提取液灌胃能显著延长戊巴比妥钠引起的小鼠睡眠时间，显著提高其阈下剂量的睡眠率 [6]。

3. 抗疲劳、耐缺氧

百合水提取液灌胃能显著延长肾上腺皮质激素所致“阴虚”、烟熏所致“肺气虚”模型小鼠的游泳时间和甲状腺素所致“甲亢阴虚”模型小鼠的常压耐缺氧存活时间 [6]；还能显著延长亚硝酸钠中毒小鼠的存活时间 [8]。

4. 对免疫功能的影响

百合多糖灌胃能显著提高环磷酰胺所致免疫低下小鼠腹腔巨噬细胞的吞噬百分率和吞噬指数，促进溶血素及溶血空斑形成，促进淋巴细胞转化 [9]。

5. 延缓衰老、抗氧化

百合甲醇提取物能显著抑制大鼠脑匀浆中单胺氧化酶-B (MAO-B) 的活性[10]。甲醇提取液体外对羟自由基有较好的清除作用[11]；百合多糖能显著抑制H_2O_2诱导的人血红细胞氧化溶血[12]。百合多糖灌胃能显著提高*D*-半乳糖所致衰老小鼠血中超氧化物歧化酶 (SOD)、过氧化氢酶 (CAT)、谷胱甘肽过氧化物酶 (GSH-Px) 活性，显著降低血浆、脑匀浆和肝匀浆中过氧化脂质 (LPO) 水平[13]。

6. 降血糖

百合多糖灌胃能显著降低四氧嘧啶 (alloxan) 导致的糖尿病小鼠的血糖水平 [14]。

7. 抗肿瘤

服用百合多糖能显著抑制小鼠移植性黑色素瘤 B_{16} 和 Lewis 肺癌 [15]。

8. 其他

百合水提取液灌胃能显著抑制二硝基氯苯 (DNCB) 导致的小鼠迟发型超敏反应[6]；百合所含蛋白质有抗真菌和促有丝分裂作用，并能抑制 HIV-1 反转录酶的活性[16]。

应用

本品为中医临床用药。功能：养阴润肺，清心安神。主治：阴虚燥咳，劳嗽咳血，虚烦惊悸，失眠多梦，精神恍惚。

现代临床还用于肺脓疡、肺结核、支气管扩张咯血、神经衰弱、更年期综合征等病的治疗。

评注

《中国植物志》和《中国药典》采用 *Lilium brownii* F. E. Brown var. *viridulu*m Baker 作为百合原植物学名，也有文献仍然采用 *L. brownii* F. E. Brown var. *colchesteri* Wilson ex Elwes 作为其学名。

同属植物卷丹 *L. lancifolium* Thunb. 和细叶百合 *L. pumilum* DC. 也为《中国药典》收载的中药百合的法定药用来源种。卷丹和细叶百合与百合具有类似的药理作用，其化学成分也大致相同。此外，百合的花、种子亦供药用，分别称为“百合花”和“百合子”。

百合在中国的药用、食用和观赏的历史十分悠久，是中国卫生部审批通过的首批药食两用品种；其在食用、药用和观赏等方面均具有广泛的开发前景。目前已在湖南省湘西等地建立了百合规范化种植基地，为充分利用百合资源提供了保障。

参考文献

[1] MIMAKI Y, SASHIDA Y. Steroidal saponins from the bulbs of *Lilium brownii*[J]. Phytochemistry, 1990, 29(7): 2267-2271.

[2] MIMAKI Y, SASHIDA Y. Steroidal saponins and alkaloids from the bulbs of *Lilium brownii* var. *colchesteri*[J]. Chemical & Pharmaceutical Bulletin, 1990, 38(11): 3055-3059.

[3] 侯秀云，陈发奎，吴立军 . 百合中新的甾体皂苷的结构鉴定 [J]. 中国药物化学杂志，1998，8(1)：49，53.

[4] 侯秀云，陈发奎 . 百合化学成分的分离和结构鉴定 [J]. 药学学报，1998，33(12)：923-926.

[5] 李新社，王志兴 . 溶剂提取和超临界流体萃取百合中的秋水仙碱 [J]. 中南大学学报（自然科学版），2004，35(2)：244-248.

[6] 李卫民，孟宪纾，俞腾飞，等 . 百合的药理作用研究 [J]. 中药材，1990，13(6)：31-35.

[7] 康重阳，刘昌林，邓三平，等 . 百合炮制后对小鼠止咳作用的影响 [J]. 中国中药杂志，1999，24(2)：88-89.

[8] 邵晓慧，卢连华，许东升，等 . 两种百合耐缺氧作用的比较研究 [J]. 山东中医药大学学报，2000，24(5)：387-388.

[9] 苗明三，杨林莎 . 百合多糖免疫兴奋作用 [J]. 中药药理与临床，2003，19(1)：15-16.

[10] LIN R D, HOU W C, YEN K Y, et al. Inhibition of monoamine oxidase B (MAO-B) by Chinese herbal medicines[J]. Phytomedicine, 2003, 10(8): 650-656.

[11] 何纯莲，陈腊生，任凤莲 . 药用百合提取液对羟自由基清除作用的研究 [J]. 理化检验（化学分册），2005，41(8)：558-560.

[12] 滕利荣，孟庆繁，刘培源，等 . 酶法提取百合多糖及其体外抗氧化活性 [J]. 吉林大学学报（理学版），2003，41(4)：538-542.

[13] 苗明三 . 百合多糖抗氧化作用研究 [J]. 中药药理与临床，2001，17(2)：12-13.

[14] 刘成梅，付桂明，涂宗财，等 . 百合多糖降血糖功能研究 [J]. 食品科学，2002，23(6)：113-114.

[15] 赵国华，李志孝，陈宗道 . 百合多糖的化学结构及抗肿瘤活性 [J]. 食品与生物技术，2002，21(1)：62-66.

[16] WANG H X, NG T B. Isolation of lilin, a novel arginine- and glutamate-rich protein with potent antifungal and mitogenic activities from lily bulbs[J]. Life Sciences, 2002, 70(9): 1075-1084.

半边莲 Banbianlian CP

Lobelia chinensis Lour.
Chinese Lobelia

概述

桔梗科 (Campanulaceae) 植物半边莲 *Lobelia chinensis* Lour.，其干燥全草入药。中药名：半边莲。

半边莲属 (*Lobelia*) 植物全世界约 350 种，分布于热带、亚热带地区，特别是非洲和美洲。中国约有 19 种，本属现供药用者约有 13 种 [1]。本种分布于中国长江中、下游及以南各省区；印度以东的亚洲各国也有分布。

“半边莲”药用之名，始载于《滇南本草》；《本草纲目》《植物名实图考》的记述及附图也指本种。《中国药典》（2015 年版）收载本种为中药半边莲的法定原植物来源种。主产于中国华东、华南、西南、中南各省区，以安徽产量较大。

半边莲属植物主要含生物碱成分。半边莲类生物碱是该属的特征性成分。《中国药典》以性状、显微和薄层色谱鉴别来控制半边莲药材的质量。

药理研究表明，半边莲具有利尿、呼吸兴奋、抗动脉粥样硬化、利胆、解蛇毒、抑制α-葡萄糖苷酶等作用。

中医理论认为半边莲具有清热解毒，利尿消肿等功效。

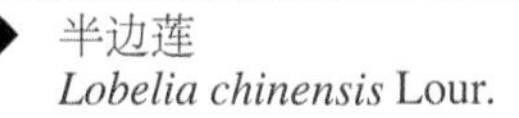

◆ 半边莲
Lobelia chinensis Lour.

◆ 药材半边莲
Lobeliae Chinensis Herba

化学成分

半边莲全草含生物碱类成分：半边莲碱（又名山梗菜碱、洛贝林，lobeline）、去氢半边莲碱 (lobelanine)、异氢化半边莲碱 (isolobelanine)、氧化半边莲碱 (lobelanidine)、radicamines A、B[2-3]等；有机酸类成分：对羟基苯甲酸 (*p*-hydroxybenzoic acid)、延胡索酸 (fumaric acid)、琥珀酸 (succinic acid)。

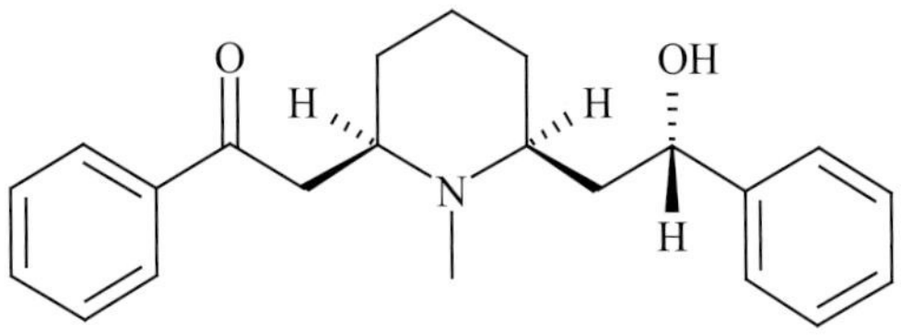

◆ lobeline

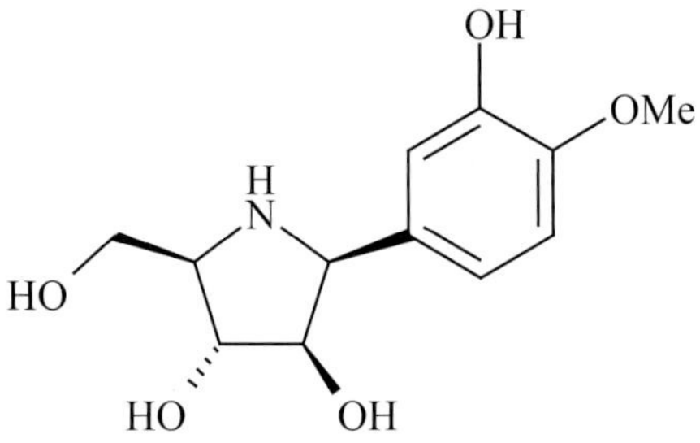

◆ radicamine A

药理作用

1. 利尿

半边莲浸剂或半边莲总碱麻醉犬静脉注射、大鼠灌胃，正常人口服半边莲制剂，均有显著持久的利尿作用。

2. 兴奋呼吸

半边莲煎剂和其生物碱制剂静脉注射，对麻醉犬有剂量依赖的呼吸兴奋作用，剂量过大可引起呼吸麻痹而死亡。半边莲碱通过刺激颈动脉体和主动脉体的化学感受器，反射性地兴奋延髓呼吸中枢 [4]。

3. 降血压、抗动脉粥样硬化

半边莲浸剂静脉注射，对麻醉犬有显著而持久的降血压作用。半边莲生物碱灌胃能显著减少高血脂大鼠动脉内皮细胞内皮素 (ET) 的合成和释放，明显提高血浆内皮型一氧化氮合酶 (ecNOS) 的活性，通过拮抗 ET 的作用减轻内皮损伤 [5]。半边莲生物碱体外能逆转内皮素 -1 (ET-1) 引起的血管内皮细胞 (ECV304) 释放纤溶酶原激活物抑制物 -1 (PAI-1) 增加，保护血管内皮细胞；也能浓度依赖性地抑制 ET-1 诱导的人脐动脉平滑肌细胞 (VSMC) 的增殖活性，其机制与降低 VSMC 内 Ca^{2+} 含量有关 [6-7]。

4. 利胆

半边莲生药制成的注射剂犬静脉注射，能显著增加胆汁流量；半边莲煎剂口服能明显降低胆石症患者的胆汁黏滞系数。半边莲对金黄色葡萄球菌、大肠埃希氏菌均有抑制作用，对胆道感染是较好的抑菌药物 [8]。

5. 解蛇毒

半边莲煎剂或从中分离得到的对羟基苯甲酸钠、延胡索酸钠、琥珀酸钠分别于注射蛇毒前半小时口服或同时皮下注射，对注射最小致死量眼镜蛇毒小鼠的保护率为 59.1% ～ 93.1%。

6. 其他

半边莲所含的生物碱 radicamines A、B是α-葡萄糖苷酶 (α-glucosidase) 抑制剂[2-3]；半边莲可通过促进HeLa细胞内储藏钙的释放和细胞外钙离子的内流，显著提高细胞内游离钙的浓度[9]。

应用

本品为中医临床用药。功能：清热解毒，利尿消肿。主治：痈肿疔疮，蛇虫咬伤，鼓胀水肿，湿热黄疸，湿疹湿疮。

现代临床还用于治疗新生儿肺炎、急性呼吸道感染、急性肾小球肾炎、外感高热、小儿高热等病的治疗。

评注

半边莲属植物资源丰富，可供药用的种类较多，除半边莲为常用中药外，其余仅限于民间或局部地区使用，资源未能得到充分利用。半边莲属植物含有特殊的半边莲类生物碱，有中枢兴奋等作用，具有很大的开发利用价值。

药用植物图像数据库

◆ 半边莲种植基地

参考文献

[1] 张铁军，许志强 . 中国半边莲属药用植物地理分布及资源利用 [J]. 中药材，1991，14(11)：18-20.

[2] SHIBANO M, TSUKAMOTO D, MASUDA A, et al. Two new pyrrolidine alkaloids, radicamines A and B, as inhibitors of α-glucosidase from *Lobelia chinensis* Lour[J]. Chemical & Pharmaceutical Bulletin, 2001, 49(10): 1362-1365.

[3] SHIBANO M, TSUKAMOTO D, KUSANO G. Polyhydroxylated alkaloids with lipophilic moieties as glycosidase inhibitors from higher plants[J]. Heterocycles, 2002, 57(8): 1539-1553.

[4] 杨宝峰 . 药理学 [M]. 北京：人民卫生出版社，2003：134.

[5] 陈融，李莉，任冬梅，等 . 蚤休总皂苷与半边莲生物碱对内皮素及内皮型一氧化氮合酶表达的对比研究 [J]. 山东大学学报（医学版），2005，43(1)：41-43，47.

[6] 范秀珍，王婧婧，任冬梅，等 . 半边莲生物碱对内皮素诱导损伤的人血管内皮细胞纤溶系统的影响 [J]. 山东大学学报（医学版），2005，43(10)：898-901.

[7] 王婧婧，范秀珍，刘尚明，等 . 半边莲生物碱抑制内皮素-1诱导的人脐动脉平滑肌细胞增殖 [J]. 中国病理生理杂志，2006，22(1)：26-30.

[8] 刘恕，刘浔阳，汤辉焕，等 . 半边莲利胆作用的实验研究与临床观察 [J]. 中国现代医学杂志，1995，5(3)：1-2，9.

[9] 高永琳，高冬，林德馨，等 . 半边莲对 HeLa 细胞钙信号系统的影响 [J]. 福建中医学院学报，2002，12(3)：23-26.

半夏 Banxia CP, JP

Pinellia ternata (Thunb.) Breit.
Ternate Pinellia

概述

天南星科 (Araceae) 植物半夏 *Pinellia ternata* (Thunb.) Breit.，其干燥块茎入药。中药名：半夏。

半夏属 (*Pinellia*) 植物全世界 10 余种，主产于亚洲东部。中国产约有 11 种，分布于中国大部分地区 [1-2]。本属现供药用者约 5 种 [1]。

“半夏”药用之名，始载于《五十二病方》，《神农本草经》中列为下品。历代本草多有著录。《中国药典》（2015 年版）收载本种为中药半夏的法定原植物来源种。主产于中国四川、湖北、河南、贵州、安徽等地，湖南、江苏、浙江、江西、云南、山东等地也产。

半夏属植物主要含有挥发油、生物碱、鞣质、长链脂肪酸及酯类、脑苷类、凝集素等 [1]。但半夏中有效成分及刺激性成分目前尚不明确。《中国药典》采用电位滴定法进行测定，规定半夏药材含总酸以琥珀酸计，不得少于 0.25%，以控制药材质量。

药理研究表明，半夏具有镇咳、镇吐、祛痰、抗肿瘤等作用。

中医理论认为半夏属多种植物具有燥湿化痰，降逆止呕，消痞散结等功效。

◆ 半夏
Pinellia ternata (Thunb.) Breit.

◆ 药材半夏
Pinelliae Rhizoma

化学成分

半夏块茎含有挥发油，内含3-乙酰氨基-5-甲基异恶唑(3-acetylamino-5-methylisooxazole)、丁基乙烯基醚 (butyl-ethylene ether)、3-甲基二十烷(3-methyleicosane)、十六碳烯二酸 (hexadecylendioic acid)，还有茴香脑 (anethole)、苯甲醛 (benzaldehyde)、1,5-戊二醇 (1,5-pentadiol)、2-甲基吡嗪 (2-methylpyrazine)、柠檬醛 (citral)、1-辛烯 (1-octene)、β-榄香烯 (β-elemene) 和戊醛肟 (pentaldehyde oxime) 等60多种成分[3]；生物碱类主要有左旋麻黄碱 (ephedrine)[4]、胆碱 (choline)[5]。半夏中含有大量的不饱和脂肪酸，其中有药用价值的亚油酸占37.096%[6]。又含酸性多糖pinellian PA[7]、葡聚糖pinellian G[8]、脑苷脂类化合物pinelloside[9]、pinellic acid[10]等。近年对半夏蛋白的研究也较多，认为其可为半夏块茎定量分析的一个指标性成分[11]。

药理作用

1. 镇咳

生半夏、姜半夏和清半夏的煎剂灌胃，能明显抑制电刺激猫喉上神经或胸腔注入碘液所致的咳嗽。半夏生品和炮制品粉末混悬液、生半夏水煎液和乙醇提取液灌胃，均能减少小鼠氨熏所致的咳嗽次数，提取液还可延长咳嗽的潜伏期，以水煎液效果更为显著[12-13]。

2. 镇吐

姜半夏醇提取物、水提取物、水煎液以及半夏生物碱灌服，均能抑制阿扑吗啡、顺铂、硫酸铜等引起的水貂呕吐，其活性成分为生物碱类成分[14-15]；半夏生品和炮制品粉末混悬液对灌服硫酸铜的家鸽也有镇吐作用[12]，其机制与中枢抑制有关。

3. 对胃肠道的影响

清半夏水煎醇沉液肌内注射能抑制大鼠胃液分泌和胃蛋白酶活性，降低胃液总酸度和游离酸，对急性黏膜损伤有保护和促进修复作用[16]；清半夏乙醇提取液灌胃，对小鼠水浸应激性溃疡、盐酸性溃疡以及吲哚美辛－乙醇性溃疡均有较强的抑制作用[17]。生半夏粉末混悬液灌胃对小鼠胃肠运动有明显的促进作用，对大鼠胃液中前列腺素 E_2 (PGE_2) 的分泌有显著的抑制作用，对胃黏膜损伤较大；姜矾半夏、姜煮半夏可减缓胃肠运动[18]。

4. 抗肿瘤

体外实验表明，半夏及其各炮制品中总生物碱对慢性髓性白血病细胞 K_{562} 有抑制作用[19]，生半夏醇提取物对人结肠癌细胞 HT-29、直肠癌细胞 HRT-18 和肝癌细胞 $HepG_2$ 的生长均有抑制作用；生半夏醇提取物灌胃还能延长肉瘤细胞所致腹水模型小鼠的生存时间，并能抑制荷瘤小鼠瘤体生长[20]。

5. 抗早孕

小鼠皮下注射半夏蛋白 24 小时后，血浆黄体酮水平下降，子宫内膜变薄，出现蜕膜反应，胚胎停止发育并死亡[21]。亦有实验证明子宫内膜、腺管上皮细胞以及胚胎外胚盘锥体上某些部分细胞团和半夏蛋白有专一性的结合，这些部位很可能就是半夏蛋白的抗早孕作用部位。

6. 其他

体外试验证明清半夏醇提取物具有抑制血小板聚集的作用[22]，但半夏蛋白 6KDP 有凝血作用[23]。清半夏醇提取物灌胃对小鼠热痛刺激和醋酸致痛有明显的镇痛作用[17]，半夏中的脑苷脂类成分有抗菌活性[9]，半夏水煎液还可以阻止或推迟大鼠高脂血症的形成，并对高脂血症有一定的治疗作用[24]。

应用

本品为中医临床用药。功能：燥湿化痰，降逆止呕，消痞散结。主治：湿痰寒痰，咳喘痰多，痰饮眩悸，风痰眩晕，痰厥头痛，呕吐反胃，胸脘痞闷，梅核气；外治痈肿痰核。

现代临床还用于支气管炎、冠心病、室上性心动过速、耳源性眩晕、肿瘤等病的治疗。

评注

药用植物图像数据库

生半夏被列入香港常见毒剧中药 31 种名单，用药剂量过大、内服或误用，均可致中毒。

《中国药典》规定半夏的炮制品有清半夏、姜半夏与法半夏。半夏的毒性与炮制、制剂有密切关系。生半夏混悬液小鼠灌胃的 LD_{50} 为 (43±1.3)g/kg。半夏浸膏小鼠腹腔注射 LD_{50} 为生药 325mg/kg。生半夏经煎煮制成的汤剂，以及用白矾炮制的制半夏混悬剂、汤剂对小鼠均未表现急性毒性。连续灌胃 21 天的亚急性毒性实验，制半夏用最高量 (9.0g/kg) 对体重增长无影响，亦未出现死亡[21]。

半夏是中医临床常用药。目前野生半夏资源越来越少，因此发展半夏的栽培技术十分重要。

◆ 半夏种植基地

参考文献

[1] 蔡世珍，邹忠梅，徐丽珍，等．半夏属药用植物的研究进展 [J]. 国外医学（中医中药分册），2004，26(1)：17-24.

[2] 孙红祥．浙江省天南星族药用植物块茎的蛋白质电泳分析 [J]. 中草药，2002，33(6)：548-551.

[3] 王锐，倪京满，马蓉．中药半夏挥发油成分的研究 [J]. 中国药学杂志，1995，30(8)：457-459.

[4] OSHIO H, TSUKUI M, MATSUOKA T. Isolation of l-ephedrine from "Pinelliae Tuber" [J]. Chemical & Pharmaceutical Bulletin, 1978, 26(7): 2096-2097.

[5] OZEKI S. Constituents of *Pinellia ternate*. Ⅱ. Sterol and bases of *Pinellia ternate*[J]. Yakugaku Zasshi, 1961, 91: 1706-1708.

[6] 张科卫，吴皓，武露凌．半夏药材中脂肪酸成分的研究 [J]. 南京中医药大学学报（自然科学版），2002，18(5)：291-292.

[7] GONDA R, TOMODA M, SHIMIZU N, et al. Characterization of an acidic polysaccharide with immunological activities from the tuber of *Pinellia ternata*[J]. Biological & Pharmaceutical Bulletin, 1994, 17(12): 1549-1553.

[8] TOMODA M, GONDA R, OHARA N, et al. A glucan having reticuloendothelial system-potentiating and anti-complementary activities from the tuber of *Pinellia ternata*[J]. Biological & Pharmaceutical Bulletin, 1994, 17(6): 859-861.

[9] CHEN J H, CUI G Y, LIU J Y, et al. Pinelloside, an antimicrobial cerebroside from *Pinellia ternata*[J]. Phytochemistry, 2003, 64(4): 903-906.

[10] NAGAI T, KIYOHARA H, MUNAKATA K, et al. Pinellic acid from the tuber of *Pinellia ternata* Breitenbach as an effective oral adjuvant for nasal influenza vaccine[J]. International Immunopharmacology, 2002, 2(8): 1183-1193.

[11] 许腊英，夏荃，刘先琼，等．半夏化学成分及饮片的现代研究进展 [J]. 时珍国医国药，2004，15(7)：441-443.

[12] 汤玉妹，周学优．半夏炮制前后的药效比较 [J]. 中成药，1994，16(9)：21-22.

[13] 白权，李敏，贾敏如，等．不同产地半夏祛痰镇咳作用比较 [J]. 中国药理学通报，2004，20(9)：1059-1062.

[14] 赵永娟，吉中强，张向农，等．生半夏、姜半夏对水貂呕吐作用的影响研究 [J]. 中国中药杂志，2005，30(4)：277-279.

[15] 王蕾，赵永娟，张媛媛，等．半夏生物碱含量测定及止呕研究 [J]. 中国药理学通报，2005，21(7)：864-867.

[16] 刘守义，尤春来，王义明．半夏抗溃疡作用机理的实验研究 [J]. 辽宁中医杂志，1992，19(10)：42-45.

[17] 沈雅琴，张明发，朱自平，等．半夏的镇痛、抗溃疡和抗血栓形成作用 [J]. 中国生化药物杂志，1998，19(3)：141-143.

[18] 吴皓，蔡宝昌，荣根新，等．半夏姜制对动物胃肠道功能的影响 [J]. 中国中药杂志，1994，19(9)：535-537.

[19] 陆跃鸣，吴皓，王耿．半夏各炮制品总生物碱对慢性髓性白血病细胞 (K562) 的生长抑制作用 [J]. 南京中医药大学学报，1995，11(2)：84-85.

[20] 郑国灿．半夏提取液的抗肿瘤性研究 [J]. 四川中医，2004，22(9)：9-11.

[21] 王本祥．现代中药药理学 [M]. 天津：天津科学技术出版社，1997：941-945.

[22] 张小丽，谢人明，冯英菊．四种中药对血小板聚集性的影响 [J]. 西北药学杂志，2000，15(6)：260-261.

[23] KURATA K, TAI T, YANG Y, et al. Quantitative analysis of anti-emetic principle in the tubers of *Pinellia ternata* by enzyme immunoassay[J]. Planta Medica, 1998, 64(7): 645-648.

[24] 洪行球，沃兴德，何一中，等．半夏降血脂作用研究 [J]. 浙江中医学院学报，1995，19(2)：28-29.

半枝莲 Banzhilian [CP]

Scutellaria barbata D. Don
Barbed Skullcap

概述

唇形科 (Lamiaceae) 植物半枝莲 *Scutellaria barbata* D. Don，其干燥全草入药。中药名：半枝莲。

黄芩属 (*Scutellaria*) 植物全世界有 300 余种，遍及世界，仅热带非洲少见。中国约有 100 种。本属现供药用者约有 20 余种。本种于中国河北、山东、山西及南方各省均有分布；东南亚各国、日本及朝鲜半岛也有分布。

“半枝莲”药用之名，始载于《外科正宗》，用于治疗蛇咬伤。中国古代作半枝莲药用者并非本种。《中国药典》（2015 年版）收载本种为中药半枝莲的法定原植物来源种。主产于中国华北、中南、华东、华南、西南地区。

半枝莲主要成分为黄酮类、二萜类及生物碱。《中国药典》采用紫外－可见分光光度法进行测定，规定半枝莲药材含总黄酮以野黄芩苷计，不得少于 1.5%；采用高效液相色谱法进行测定，规定半枝莲药材含野黄芩苷不得少于 0.20%，以控制药材质量。

药理研究表明，半枝莲具有抗肿瘤、解热、抗菌、抗氧化、保肝、调节免疫功能等作用。

中医理论认为半枝莲具有清热解毒，化瘀利尿等功效。

◆ 半枝莲
Scutellaria barbata D. Don

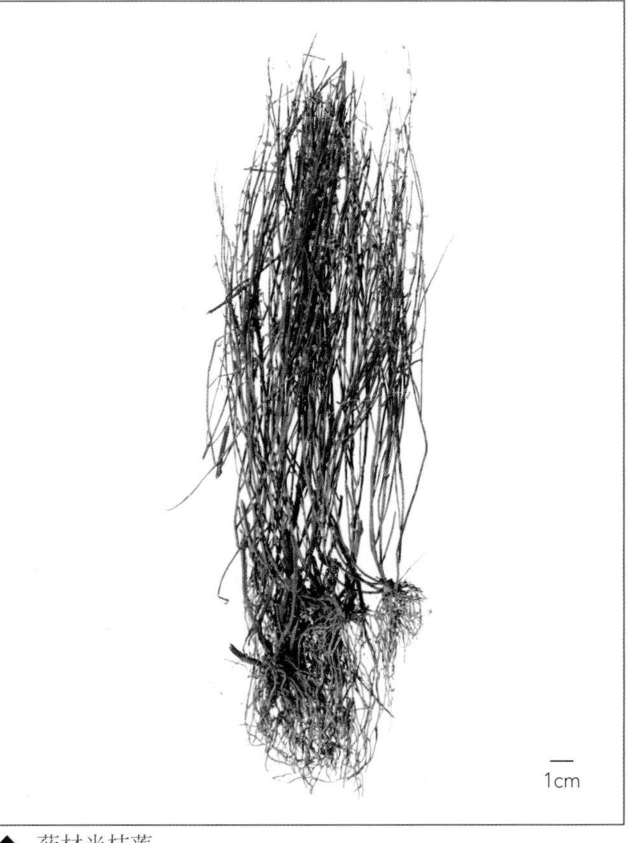

◆ 药材半枝莲
Scutellariae Barbatae Herba

化学成分

半枝莲全草含黄酮类成分：红花素 (carthamidin)、异红花素 (isocarthamidin)、野黄芩苷 (scutellarin)[1]、芹菜素 (apigenin)、黄芩素 (baicalein)、黄芩黄酮 Ⅰ (skullcapflavone)、2',5,6-三羟基-7,8-二甲氧基黄酮 (2',5,6-trihydroxy-7,8-dimethoxyflavone)[2]、4'-羟基汉黄芩素 (4'- hydroxywogonin)[3]、木犀草素 (luteolin)、高车前素 (hispidulin)、芹菜素-7-*O*-葡萄糖醛酸乙酯 (ethyl-7-*O*-apigenin-glucuronate)、芹菜素-7-*O*-*β*-葡萄糖苷 (apigenin-7-*O*-*β*-glucoside)、芹菜素-7-*O*-新陈皮糖苷 (apigenin-7-*O*-neohesperidoside)[4]、圣草素 (eriodictyol)、半枝莲种素 (rivularin)、红花素-7-*O*-葡萄糖苷酸 (carthamidin-7-*O*-glucuronide)[5]等；二萜类成分：scutellones A、B、C、D、E、F、G、H、I[6-11]、scuterivulactones A、B、C_1、C_2[12]、D[13]；二萜类生物碱：半枝莲碱 A (scutebarbatine A)[14]；三萜酸类成分：野黄芩酸 (scutellaric acid)[15]；此外，还含有半枝莲多糖 (S-BP)[16]、橙花菌素酰胺乙酸酯 (aurantiamide acetate)[17]等。

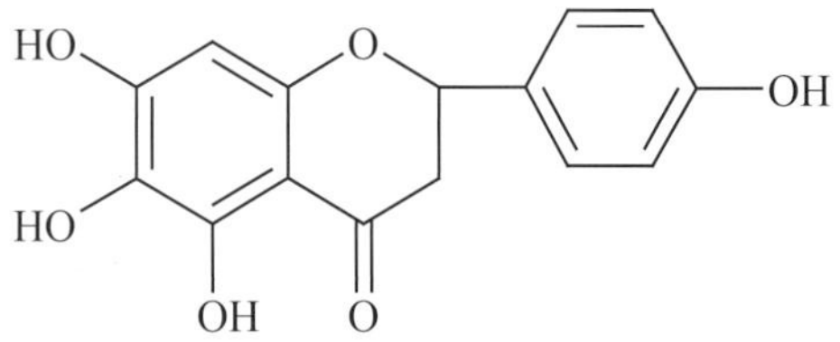

◆ carthamidin

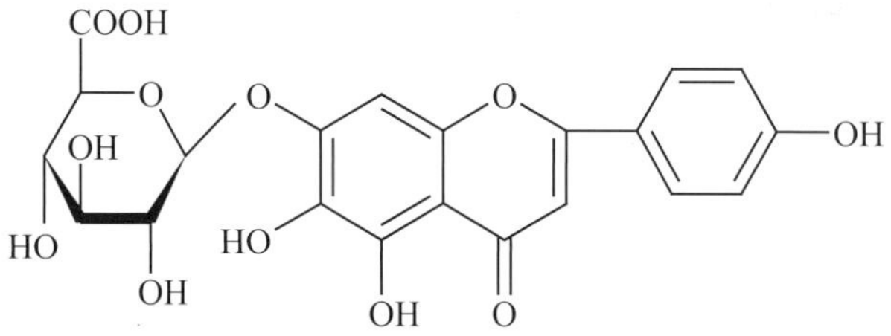

◆ scutellarin

药理作用

1. 抗肿瘤

体外实验表明，半枝莲水提取液对人平滑肌瘤细胞[18]、乙醇提取液对人肺癌细胞 A_{549}[19] 和人慢性髓性白血病 (CML) 细胞 K_{562}[20]、二氯甲烷提取液对白血病细胞 U937[21]、甲醇提取物对人结肠癌细胞[22] 有致细胞凋亡作用和抑制细胞增殖作用。半枝莲抑制人平滑肌瘤细胞增殖的作用与诱导 α- 平滑肌肌动蛋白 (α-SMA)、钙结合蛋白 h1 和 p27 有关[23]，其活性成分为芹菜素与木犀草素等黄酮类化合物[24]。半枝莲水煎液或乙醇提取物灌胃对小鼠移植性肿瘤肉瘤 S_{180} 和肝腹水癌 H_{22} 具有显著的抑制作用，其机制与提高机体的免疫功能有关[25-26]。此外，半枝莲水提取液体外还能通过阻断内皮细胞迁移、下调宫颈癌 HeLa 细胞血管内皮细胞生长因子 (VEGF) 蛋白的表达，促进细胞内储藏钙的释放和胞外钙离子内流，提高细胞内游离钙浓度，有效抑制肿瘤血管生成，诱导宫颈癌细胞凋亡[27-28]。

2. 免疫调节功能

半枝莲多糖在体外可促进刀豆球蛋白 A (ConA) 诱导的小鼠脾细胞淋巴细胞转化，皮下注射可明显提高小鼠外周血淋巴细胞中酯酶阳性细胞的百分率，促进二硝基氯苯 (DNCB) 诱导的迟发型变态反应，但大剂量可抑制小鼠胸腺指数[29]。

3. 保肝

半枝莲提取物灌胃对小鼠四氯化碳 (CCl_4) 所致的肝损伤有明显的保护作用[30]。

4. 解热

半枝莲水煎液灌胃对皮下注射干酵母混悬液引起发热大鼠有明显的解热作用，对正常体温大鼠无影响[31]。

5. 抗菌

半枝莲挥发油和丙酮提取液对金黄色葡萄球菌及耐甲氧西林金黄色葡萄球菌等革兰氏阳性菌有一定的抑菌作用[32-33]。

6. 其他

半枝莲总黄酮体外对自由基引起的细胞膜脂质过氧化损伤有保护作用[34]。半枝莲多糖具有抗衰老作用[35]。

应用

本品为中医临床用药。功能：清热解毒，化瘀利尿。主治：疔疮肿毒，咽喉肿痛，跌扑伤痛，水肿，黄疸，蛇虫咬伤。

现代临床还用于慢性肾炎水肿、肝炎及早期肺癌、肝癌、直肠癌、鼻咽癌等多种癌症的治疗。

评注

药用植物图像数据库

半枝莲为民间草药，多用于治疗痈疽疔毒、蛇咬伤及癌症，有不少民间验方，如在江苏民间以全草煎水服可代益母草治疗妇女病，全草泡水洗可用于夏天治疗痱子。

半枝莲在癌症治疗方面疗效显著。但在民间称为“半枝莲”的草药品种甚多，主要有同属植物韩信草 *Scutellaria indica* L.、同科植物荔枝草 *Saliva plebeia* R. Br. 等。以半枝莲与韩信草、荔枝草作抑制小鼠肝腹水癌 H_{22} 比较，只有半枝莲有抑制肝腹水癌 H_{22} 生长的作用，而韩信草、荔枝草基本没有作用。因此用作抗肿瘤配方及制剂原料时必须用正品半枝莲。

参考文献

[1] 向仁德，郑今芳，姚志成. 半枝莲化学成分的研究 [J]. 中草药，1982，13(8)：345-348.

[2] TOMIMORI T, MIYAICHI Y, IMOTO Y, et al. Studies on the constituents of *Scutellaria* species. Ⅴ. On the flavonoid constituents of “Ban Zhi Lian”, the whole herb of *Scutellaria rivularis* Wall (1)[J]. Shoyakugaku Zasshi, 1984, 38(3): 249-252.

[3] 许凤鸣，王兆全，李有文. 半枝莲化学成分的研究 Ⅱ [J]. 中国现代应用药学，1997，14(6)：8-9.

[4] 王文蜀，周亚伟，叶蕴华，等. 半枝莲中黄酮类化学成分研究 [J]. 中国中药杂志，2004，29(10)：957-959.

[5] TOMIMORI T, IMOTO Y, MIYAICHI Y. Studies on the constituents of Scutellaria species. XIII. On the flavonoid constituents of the root of *Scutellaria rivularis* Wall[J]. Chemical & Pharmaceutical Bulletin, 1990, 38(12): 3488-3490.

[6] LIN Y L, KUO Y H, LEE G H, et al. Scutellone A. A novel diterpene from *Scutellaria rivularis*[J]. Journal of Chemical Research, Synopses, 1987, 10: 320-321.

[7] LIN Y L, KUO Y H. Scutellone B, a novel diterpene from *Scutellaria rivularis*[J]. Chemistry Express, 1988, 3(1): 37-40.

[8] LIN Y L, KUO Y H. Scutellone C and F, two new neoclerodane type diterpenoids from *Scutellaria rivularis*[J]. Heterocycles, 1988, 27(3): 779-783.

[9] LIN Y L, KUO Y H, CHENG M C, et al. Structures of scutellones D and E determined from X-ray diffraction, spectral and chemical evidence. Neoclerodane-type diterpenoids from *Scutellaria rivularis* Wall.[J]. Chemical & Pharmaceutical Bulletin, 1988, 36(7): 2642-2646.

[10] KUO Y H, LIN Y L. Scutellone G, a new diterpene from *Scutellaria rivularis*[J]. Chemistry Express, 1988, 3(6): 343-346.

[11] LIN Y L, KUO Y H. Four new neoclerodane-type diterpenoids, scutellones B, G, H, and I, from aerial parts of *Scutellaria rivularis*[J]. Chemical & Pharmaceutical Bulletin, 1989, 37(3): 582-585.

[12] KIKUCHI T, TSUBONO K, KADOTA S, et al. Structures of scuterivulactone C_1 and C_2 by two-dimensional NMR

spectroscopy. New clerodane-type diterpenoids from *Scutellaria rivularis* Wall.[J]. Chemistry Letters, 1987, 5: 987-990.

[13] KIZU H, IMOTO Y, TOMIMORI T, et al. Structure of scuterivulactone D determined by two-dimensional NMR spectroscopy. A new diterpenoid from a Chinese crude drug "ban zhi lian" (*Scutellaria rivularis* Wall.) [J]. Chemical & Pharmaceutical Bulletin, 1987, 35(4): 1656-1659.

[14] 陶曙红，吴凤锷．半枝莲化学成分的研究 [J]. 时珍国医国药，2005，16(7)：620-621.

[15] KUO Y H, LIN Y L, LEE S M. Scutellaric acid, a new triterpene from *Scutellaria rivularis*[J]. Chemical & Pharmaceutical Bulletin, 1988, 36(9): 3619-3622.

[16] 许益民，郭立伟，陈建伟．半枝莲多糖的分离、纯化及其理化性质 [J]. 天然产物研究与开发，1992，4(1)：1-5.

[17] LIN Y L. Aurantiamide from the aerial parts of *Scutellaria rivularis*[J]. Planta Medica, 1987, 53(5): 507-508.

[18] LEE T K, LEE Y J, KIM D I, et al. Pharmacological activity in growth inhibition and apoptosis of cultured human leiomyomal cells of tropical plant *Scutellaria barbata* D. Don (Lamiaceae) [J]. Environmental Toxicology and Pharmacology, 2006, 21(1): 70-79.

[19] YIN X, ZHOU J, JIE C, et al. Anticancer activity and mechanism of *Scutellaria barbata* extract on human lung cancer cell line A549[J]. Life Sciences, 2004, 75(18): 2233-2244.

[20] 谢珞琨，邓涛，张秋萍，等．半枝莲提取物诱导白血病 K562 细胞凋亡 [J]. 武汉大学学报（医学版），2004，25(2)：115-117.

[21] CHA Y Y, LEE E O, LEE H J, et al. Methylene chloride fraction of *Scutellaria barbata* induces apoptosis in human U937 leukemia cells via the mitochondrial signaling pathway[J]. Clinica Chimica Acta, 2004, 348(1-2): 41-48.

[22] GOH D, LEE Y H, ONG E S. Inhibitory effects of a chemically standardized extract from *Scutellaria barbata* in human colon cancer cell lines, LoVo[J]. Journal of Agricultural and Food Chemistry, 2005, 53(21): 8197-8204.

[23] LEE T K, LEE D K, KIM D I, et al. Inhibitory effects of *Scutellaria barbata* D. Don on human uterine leiomyomal smooth muscle cell proliferation through cell cycle analysis[J]. International Immunopharmacology, 2004, 4(3): 447-454.

[24] KIM D I, LEE T K, LIM I S, et al. Regulation of IGF-I production and proliferation of human leiomyomal smooth muscle cells by *Scutellaria barbata* D. Don *in vitro*: isolation of flavonoids of apigenin and luteolin as acting compounds[J]. Toxicology and Applied Pharmacology, 2005, 205(3): 213-224.

[25] 王洪琦，崔娜娟，胡玲，等．清热解毒和补益中药对小鼠腹水肝癌 H_{22} 细胞的作用及免疫学机制比较 [J]. 广州中医药大学学报，2006，23(2)：156-159.

[26] 王刚，董玫，刘秀书，等．半枝莲醇提物抗肿瘤活性的研究 [J]. 现代中西医结合杂志，2004，13(9)：1141-1142.

[27] 张妮娜，卜平，朱海杭，等．半枝莲抑制肿瘤血管生成的作用及其机制研究 [J]. 癌症，2005，24(12)：1459-1463.

[28] 高冬，高永琳，白平．半枝莲对宫颈癌细胞钙信号系统的影响 [J]. 中药材，2003，26(10)：730-733.

[29] 陆平成，许益民．半枝莲多糖对细胞免疫的调节作用 [J]. 南京中医学院学报，1989，(2)：32-33，39.

[30] 于恒超，杨晓亮，刘芳娥，等．半枝莲提取物对 CCl_4 致小鼠肝损伤的保护作用 [J]. 第四军医大学学报，2005，26(10)：892-893.

[31] 佟继铭，陈光晖，高巍，等．半枝莲的解热作用实验研究 [J]. 中国民族民间医药，1999，38(3)：166-167.

[32] YU J, LEI J, YU H, et al. Chemical composition and antimicrobial activity of the essential oil of *Scutellaria barbata*[J]. Phytochemistry, 2004, 65(7): 881-884.

[33] 杨蓓芬，李钧敏，邵红．半枝莲的次生代谢产物含量测定与体外抑菌活性的研究 [J]. 四川中医，2005，23(11)：35-36.

[34] 余建清，柳惠斌，廖志雄，等．半枝莲总黄酮对红细胞膜脂质过氧化损伤的保护作用 [J]. 中国药师，2005，8(11)：897-899.

[35] 王转子，支德娟，关红梅．半枝莲多糖和白花蛇舌草多糖抗衰老作用的研究 [J]. 中兽医医药杂志，1999，(4)：5-7.

北乌头 Beiwutou[CP]

Aconitum kusnezoffii Reichb.
Kusnezoff Monkshood

概述

毛茛科 (Ranunculaceae) 植物北乌头 *Aconitum kusnezoffii* Reichb.，其干燥块根入药，中药名：草乌；其干燥块根的炮制加工品入药，中药名：制草乌；蒙医习用。

乌头属 (*Aconitum*) 植物全世界约有 350 种，分布于北半球温带，主要分布于亚洲，其次为欧洲、北美洲。中国约有 167 种，本属现供药用者约有 36 种。本种分布于中国黑龙江、吉林、辽宁、内蒙古、河北、山西等省区；俄罗斯西伯利亚、朝鲜半岛也有分布。

草乌以“乌头”药用之名，始载于《神农本草经》，列为下品。历代本草所记载的草乌主要为乌头 *Aconitum carmichaeli* Debx. 的野生品和北乌头等当今的乌头属植物。《中国药典》（2015 年版）收载本种为中药草乌的法定原植物来源种。主产于中国黑龙江、吉林、辽宁、河北、山西、内蒙古等省区。

北乌头主要含二萜生物碱类化合物。乌头属植物中普遍存在具有活性的乌头碱等二萜类生物碱成分，为该属的特征性成分。《中国药典》采用高效液相色谱法进行测定，规定草乌药材所含双酯型生物碱以乌头碱、次乌头碱及新乌头碱的总量计，为 0.10% ～ 0.50%，以控制药材质量；制草乌药材所含双酯型生物碱以乌头碱、次乌头碱及新乌头碱的总量计，不得过 0.040%，以控制药材毒性，单酯型生物碱以苯甲酰乌头原碱、苯甲酰次乌头原碱及苯甲酰新乌头原碱的总量计，为 0.020% ～ 0.070%，以控制药材质量。

药理研究表明，北乌头具有镇痛、抗炎等作用。

中医理论认为草乌具有祛风除湿，温经止痛等功效。

◆ 北乌头
Aconitum kusnezoffii Reichb.

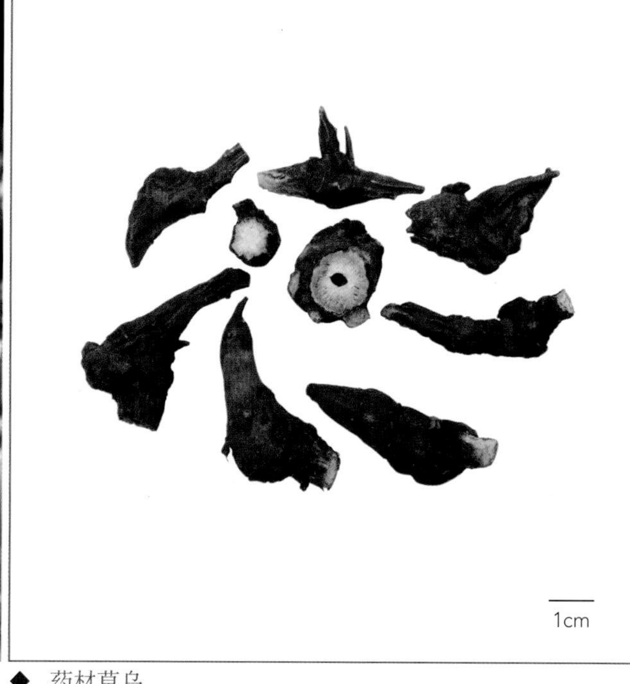

◆ 药材草乌
Aconiti Kusnezoffii Radix

化学成分

北乌头的块根含有二萜类生物碱：乌头碱 (aconitine)、中乌头碱 (mesaconitine)、次乌头碱 (hypaconitine)、脱氧乌头碱 (deoxyaconitine)、北乌碱 (beiwutine)[1-2]、尼奥宁 (neoline)、华北乌头碱 (songorine)、异它拉乌头定 (isotalatisidine)、它拉乌头定 (talatisidine)、10-羟基尼奥宁 (10-hydroxyneoline)[3]、6-表展花乌头宁 (6-epichasmanine)[4]、14-苯甲酰乌头原碱 (14-benzoylaconine) 、 14-苯甲酰中乌头原碱 (14-benzoylmesaconine)、15α-羟基尼奥宁 (15α-hydroxyneoline)、查斯曼宁 (chasmanine)、塔拉撒敏 (talatizamine)、弗斯生 (foresticine)、牛扁碱 (lycoctonine)、氨茴酰牛扁碱 (anthranoyllycoctonine)[5]、北草乌碱A、B (beiwusines A, B)、绣线菊新碱H (spiramine H) [6]、beiwudine[7]、acsonine[8]等；多糖：草乌多糖主要由鼠李糖、木糖、甘露糖、葡萄糖、半乳糖、阿拉伯糖等组成[9]。

地上部分含裸翠雀亭 (denudatine)、拉帕宁 (lepenine)[2]、北乌碱、beiwucine、8-乙氧基-14-苯甲酰中乌头原碱 (8-*O*-ethyl-14-benzoylmesaconine)[10]等。

北乌头花含次乌头碱、中乌头碱、北乌碱、拉帕宁、3-乙酰乌头碱(3-acetylaconitine)、3-乙酰中乌头碱 (3-acetylmesaconitine)、3-acetylaconifine、脱氧乌头碱[11-12]等。

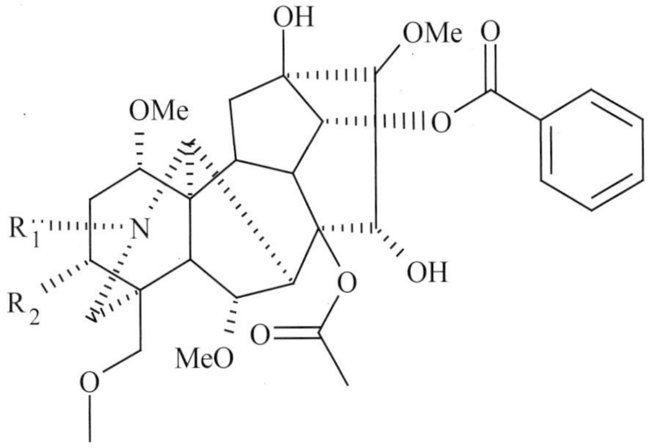

◆ aconitine: $R_1=C_2H_5$, $R_2=OH$
mesaconitine: $R_1=CH_3$, $R_2=OH$
hypaconitine: $R_1=CH_3$, $R_2=H$

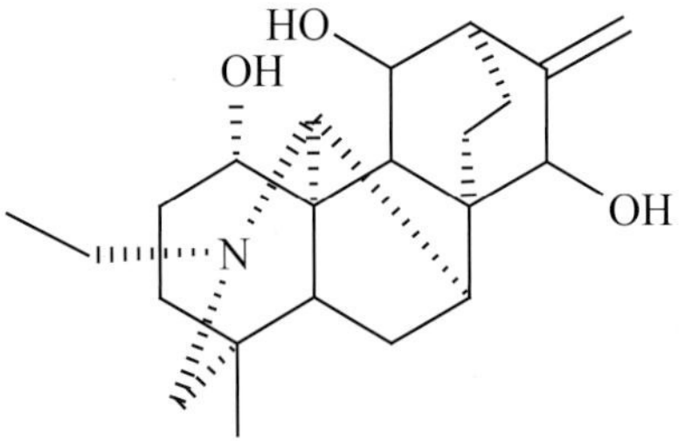

◆ lepenine

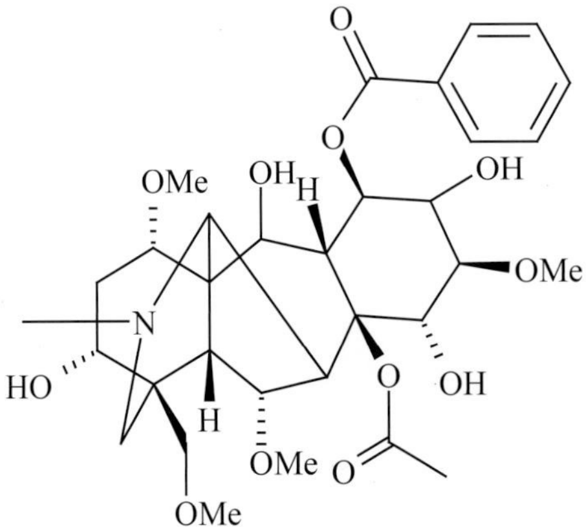

◆ beiwutine

药理作用

1. 抗炎

北乌头煎剂可促进蛋清所致的大鼠足趾水肿消退。口服北乌头可抑制由巴豆油引起的鼠耳肿胀和腹腔毛细血管通透性增强。

2. 镇痛

小鼠热板法和醋酸扭体反应以及尾部加压实验证明，草乌生药制剂和草乌（野生品）子根均有镇痛作用，可使痛阈值提高，主要镇痛有效成分为乌头碱等二萜类生物碱。北乌头注射液腹腔注射可使小鼠热痛阈提高 2 倍以上。用甘草、黑豆炮制后毒性降低，但镇痛效力不受影响。

3. 局部麻醉

乌头碱可刺激皮肤黏膜的感觉神经末梢，产生瘙痒，灼热，麻痹感觉后呈局部麻醉作用。

4. 对心血管系统的影响

家兔实验表明，北乌头总碱能增强肾上腺素对心肌的作用，对抗氯化钙所致的 T 波倒置和垂体后叶素引起的初期 S-T 段上升及继发的 S-T 段下降。乌头碱体外能显著阻断大鼠心肌细胞 L 型钙通道的活动，使其开放时间缩短，关闭时间延长，开放概率下降。乌头碱可导致心律失常、血管扩张及神经系统兴奋性改变，这可能与乌头碱的钙通道阻滞作用有关 [13]。

5. 抗肿瘤

草乌酸水提取物、酸浸醇沉物等腹腔注射，对小鼠肝癌有明显的抑制作用，其抗癌活性成分为毒性的酯型生物碱 [14-15]。

应用

本品为中医临床用药。功能：祛风除湿，温经止痛。主治：风寒湿痹，关节疼痛，心腹冷痛，寒疝作痛。并用于麻醉止痛。

现代临床还用于风湿性关节炎、头痛、牙痛、中风、外科疮疡等病的治疗及手术麻醉。

评注

药用植物图像数据库

生草乌被列入香港常见毒剧中药 31 种名单。中国北方销用的草乌主要为北乌头、乌头，有些地区为疏毛圆锥乌头 *Aconitum paniculigerum* Nakai var. *wulingense* (Nakai) W. T. Wang、光梗鸭绿乌头 *A. jaluense* Kom var. *glabrescens* Nakai、多根乌头 *A. karakolicum* Rapaics 等多种，它们主要含乌头碱；而南方有些省区所用的草乌除 *A. carmichaeli* Debx. 外，还用大乌头类（块根长且大）或藤乌头（地上缠绕茎），它们系属于蔓乌头系及显柱乌头系的多种植物，其块根主要含滇乌碱 (yunnanaconitine)。滇乌碱与乌头碱均为二萜类生物碱，但前者毒性更大，使用上应适当加以区别。

参考文献

[1] 王永高，朱元龙，朱任宏．中国乌头之研究XIII：北草乌中的生物碱 [J]. 药学学报，1980，15(9)：526-531.

[2] UHRIN D, PROKSA B, ZHAMIANSAN J. Lepenine and denudatine: new alkaloids from *Aconitum kusnezoffii*[J]. Planta Medica, 1991, 57(4): 390-391.

[3] MIL'GROM E G, SULTANKHODZHAEV M N, CHANG C H. Qualitative mass-spectrometric analysis of total diterpene alkaloids from roots of *Aconitum kusnezoffii*[J]. Khimiya Prirodnykh Soedinenii, 1996, 1: 89-92.

[4] LI Z B, WANG F P. Structure of 6-epichasmanine[J]. Chinese Chemical Letters, 1996, 7(5): 443-444.

[5] 李正邦，吕光华，陈东林，等．草乌中生物碱的化学研究 [J]. 天然产物研究与开发，1997，9(1)：9-14.

[6] LI Z B, WANG F P. Two new diterpenoid alkaloids, beiwusines A and B, from *Aconitum kusnezoffii*[J]. Journal of Asian Natural Products Research, 1998, 1(2): 87-92.

[7] WANG F P, LI Z B, CHE C T. Beiwudine, a norditerpenoid alkaloid from *Aconitum kusnezoffii*[J]. Journal of Natural Products. 1998, 61(12): 1555-1556.

[8] ZINUROVA E G, KHAKIMOVA T V, SPIRIKHIN L V, et al. A new norditerpenoid alkaloid acsonine from the roots of *Aconitum kusnezoffii* Reichb.[J]. Russian Chemical Bulletin, 2001, 50(2): 311-312.

[9] 孙玉军，陈彦，吴佳静，等．草乌多糖的分离纯化和组成性质研究 [J]. 中国药学杂志，2000，35(11)：731-733.

[10] 于海兰，贾世山．蒙药草乌叶中的一个新二萜生物碱 Beiwucine[J]. 药学学报，2000，35(3)：232-234.

[11] 任玉琳，黄兆宏，贾世山．蒙药草乌花中的三酯型二萜生物碱的分离和鉴定 [J]. 药学学报，1999，34(11)：873-876.

[12] 王勇，刘志强，宋凤瑞，等．草乌花及其煎煮液中二萜生物碱的电喷雾串联质谱研究 [J]. 药学学报，2003，38(4)：290-293.

[13] 陈龙，马骋，蔡宝昌，等．乌头碱对大鼠心肌细胞钙通道阻滞作用的单通道分析 [J]. 药学学报，1995，30(3)：168-171.

[14] 郭爱华．草乌提取液抗肝癌实验研究 [J]. 山西职工医学院学报，2000，10(2)：4-5.

[15] 黄园，侯世祥，谢瑞犀，等．草乌抗肝癌靶向制剂有效部位的浸出、纯化与确证 [J]. 中国中药杂志，1997，22(11)：667-671.

北细辛 Beixixin CP, JP

Asarum heterotropoides Fr. Schmidt var. *mandshuricum* (Maxim.) Kitag.
Manchurian Wild Ginger

概述

马兜铃科 (Aristolochiaceae) 植物北细辛 *Asarum heterotropoides* Fr. Schmidt var. *mandshuricum* (Maxim.) Kitag.，其干燥根和根茎入药。中药名：细辛。

细辛属 (*Asarum*) 植物全世界约有 90 种，主产于亚洲东部和南部，少数种分布于亚洲北部、欧洲和北美洲。中国产约 30 种，分布南北各地，长江以南各省最多。本属现供药用者约有 22 种。本变种分布于中国黑龙江、吉林、辽宁。

“细辛”药用之名，始载于《神农本草经》，列为上品。历代本草多有著录。《中国药典》（2015 年版）收载本变种为中药细辛的法定原植物来源种之一。北细辛是东北地区的道地药材，主产于中国黑龙江、吉林、辽宁等省东部山区。

细辛的主要活性成分为挥发油，尚有木脂素类、黄酮类等成分。《中国药典》采用挥发油测定法进行测定，规定细辛药材含挥发油不得少于 2.0%（mL/g）；采用高效液相色谱法进行测定，细辛药材含马兜铃酸 I 不得过 0.001%，以控制药材毒性；含细辛脂素不得少于 0.050%，以控制药材质量。

药理研究表明，北细辛具有抗炎、解热、镇痛、抗惊厥、免疫抑制、局部麻醉、抗组胺、抗变态反应和松弛平滑肌等作用。

中医理论认为细辛具有解表散寒，祛风止痛，通窍，温肺化饮等功效。

◆ 北细辛
Asarum heterotropoides Fr. Schmidt var. *mandshuricum* (Maxim.) Kitag.

◆ 药材细辛
Asari Radix et Rhizoma

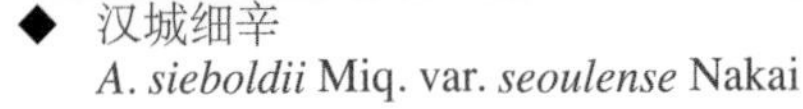

◆ 汉城细辛
A. sieboldii Miq. var. *seoulense* Nakai

◆ 华细辛
A. sieboldii Miq.

化学成分

北细辛全草（干品）含挥发油约2.5%，挥发油类成分主要有：甲基丁香酚 (methyl eugenol)、优藏茴香酮 (eucarvone)、黄樟醚 (safrole)、桉油精 (1,8-cineole)、细辛酮 (asaryl ketone)、细辛醚 (asaricin)[1]、樟烯 (camphene)[2]、α-蒎烯 (α-pinene)、β-蒎烯 (β-pinene)、3-皆烯 (3-carene)、*N*-异丁基十二碳四烯酰胺 (*N*-isobutyldodecatetraenamide)、肉豆蔻醚 (myristicin)[3]等；木脂素类成分：*L*-芝麻脂素 (*L*-sesamin)、*L*-细辛脂素 (*L*-asarinin)[4]等；黄酮类成分：山柰酚-3-葡萄糖苷 (kaempferol-3-glucoside)、山柰酚-3-芸香糖苷 (kaempferol-3-rutinoside)、山柰酚-3-龙胆二糖苷 (kaempferol-3-gentiobioside)[5]等。其中有效成分有甲基丁香油酚、3-皆烯、桉油精、优藏茴香酮等；特征成分为*N*-异丁基十二碳四烯酰胺；毒性成分为黄樟醚、肉豆蔻醚等[3]。

OMe
OMe

◆ methyl eugenol

O
O

◆ safrole

药理作用

1. 抗惊厥、镇痛

北细辛挥发油给小鼠腹腔注射对戊四氮引起的惊厥及电刺激引起的惊厥有明显的镇静作用，可显著延长惊厥潜伏期和死亡时间；北细辛挥发油灌胃可明显减少小鼠醋酸所致的扭体次数，有较强的镇痛作用，其机制与甲基丁香酚的中枢抑制作用有关[6]。

2. 解热

北细辛挥发油灌胃能降低正常小鼠的体温；北细辛挥发油皮下注射对酵母混悬液所致的大鼠发热模型有显著的解热作用，且持续时间较长[6]。

3. 抗炎

北细辛挥发油腹腔注射有明显抗炎作用，能显著抑制角叉菜胶、前列腺素 E_2 (PGE_2)、组胺引起的大鼠足趾肿胀以及酵母、甲醛引起的大鼠踝关节肿胀，对巴豆油引起的小鼠耳郭肿胀和抗大鼠兔血清引起的大鼠皮肤浮肿等也有对抗作用[7-8]；此外，还能抑制大鼠棉球肉芽组织增生[9]。

4. 抑菌

北细辛超临界 CO_2 萃取物在体外对枯草芽孢杆菌、金黄色葡萄球菌、大肠埃希氏菌、沙门氏菌、蜡状芽孢杆菌、酵母菌、青霉菌等均有较强的抑制作用[10]。

5. 对心血管系统的作用

北细辛挥发油能明显增加豚鼠离体心脏的冠脉流量[8]；还能抑制去甲肾上腺素引起的兔离体主动脉平滑肌条收缩[11]。

6. 镇咳祛痰

甲基丁香油酚腹腔注射对氨水导致的小鼠咳嗽有明显的镇咳作用；甲基丁香油酚还能明显增加气管分泌量，显示有稀释痰液作用[12]。

7. 松弛平滑肌

北细辛挥发油能松弛组胺、乙酰胆碱引起的离体气管痉挛；松弛组胺、乙酰胆碱和氯化钡引起的离体豚鼠回肠痉挛[8]。

8. 其他

细辛脂素有抗肿瘤作用[13]；体外抗病毒试验表明，细辛的水提取物对人乳头瘤病毒有破坏作用[14]。北细辛木脂素灌胃对大鼠心脏移植急性排斥反应有对抗作用，并与抗排斥药环胞素 A (CsA) 具有良好的协同作用[15]。

应用

本品为中医临床用药。功能：解表散寒，祛风止痛，通窍，温肺化饮。主治：风寒感冒，头痛，牙痛，鼻塞流涕，鼻鼽，鼻渊，风湿痹痛，痰饮喘咳。

现代临床还用于慢性支气管炎、风湿性关节炎、心绞痛、阳痿等病的治疗，也用于局部麻醉。

评注

《中国药典》除北细辛外，还收载汉城细辛 *Asarum sieboldii* Miq. var. *seoulense* Nakai 和华细辛 *A. sieboldii* Miq. 作为中药细辛的法定原植物来源种。汉城细辛、华细辛与北细辛具有类似的药理作用，其化学成分也大致相同，主要含挥发油类成分。与北细辛相比，汉城细辛（干品）的挥发油含量较低，为 1.0% 左右，而华细辛（干品）的挥发油含量则与北细辛接近，为 2.6%。

细辛中的马兜铃酸含量，以地上部分最高，根部最低。此外，水煎煮提取的马兜铃酸含量较有机溶剂提取为少，其中细辛根在复方煎煮后，未检出马兜铃酸，因此香港卫生署公布细辛只可使用根部。

中国东北地区为北细辛的道地产区，目前已经在吉林省通化县和黑龙江省七台河市分别建立了种植基地。

参考文献

[1] 黄顺旺．北细辛中不含马兜铃酸的薄层色谱法鉴别 [J]. 安徽医药，2003，7(4)：299-300.

[2] 田珍，董善年，王宝荣，等．国产细辛属植物中挥发油的成分鉴定 -Ⅰ．辽细辛的挥发油 [J]. 北京大学学报（医学版），1981，13(3)：179-182.

[3] 张峰，王龙星，罗茜，等．气相色谱－质谱分析北细辛根和根茎中的挥发性成分 [J]. 色谱，2002，20(5)：467-470.

[4] 蔡少青，王禾，陈世忠，等．北细辛非挥发性化学成分的研究 [J]. 北京医科大学学报，1996，28(3)：228-230.

[5] 王栋，夏晓晖．北细辛地上部分化学成分的研究 [J]. 中草药，1998，29(2)：83-84.

[6] 孙建宁，徐秋苹，王风仁，等．三种细辛属植物挥发油对中枢神经系统的作用 [J]. 中国药学杂志，1991，26(8)：470-472.

[7] 曲淑岩，毋英杰．细辛油的抗炎作用．药学学报，1982，17(1)：12-14.

[8] 胡月娟，周弘，王家国，等．细辛挥发油的解痉抗炎作用 [J]. 中国药理学通报，1986，2(1)：41-43.

[9] 钱立群，钱大玮，谢伟，等．细辛挥发油对实验性炎症大鼠血清、肝脏中锌、铜含量的影响 [J]. 中草药，1996，27(5)：290-293.

[10] 张妙玲，唐裕芳，叶进富，等．细辛超临界 CO_2 萃取物抑菌活性研究 [J]. 四川食品与发酵，2004，40(1)：36-38.

[11] HU Y J, XU J, WONGSAWATKUL O. The preliminary study of certain pharmacological effects of Xi Xin oil[J]. Journal of Chinese Pharmaceutical Sciences, 1993, 2(2): 156-158.

[12] 周慧秋，于滨，乔婉红，等．甲基丁香酚药理作用研究 [J]. 中医药学报，2000，(2)：79-80.

[13] TAKASAKI M, KONOSHIMA T, YASUDA I, et al. Inhibitory effects of shouseiryu-to on two-stage carcinogenesis. Ⅱ. Anti-tumor-promoting activities of lignans from *Asiasarum heterotropoides* var. *mandshuricum*[J]. Biological & Pharmaceutical Bulletin, 1997, 20(7): 776-780.

[14] 邓远辉，冯怡，孙静，等．细辛抗人乳头瘤病毒的作用研究 [J]. 中药材，2004，27(9)：665-667.

[15] 牟翠鸣，陈述，董志超．细辛木脂素抗心脏移植急性排斥反应的实验观察 [J]. 黑龙江医药，2004，17(5)：347-348.

北枳椇 Beizhiju[KHP]

Hovenia dulcis Thunb.
Japanese Raisin Tree

概述

鼠李科 (Rhamnaceae) 植物北枳椇 *Hovenia dulcis* Thunb.，其干燥成熟种子入药。中药名：枳椇子。

枳椇属 (*Hovenia*) 植物全世界约有 3 种 2 变种。中国也分布有 3 种 2 变种，本属现供药用者有 3 种。本种分布于中国河北、山东、山西、河南、陕西、甘肃、四川、湖北、安徽、江苏、江西等省区；朝鲜半岛、日本也有。

"枳椇子"药用之名，始载于《新修本草》。主产于中国陕西、湖北、江苏、安徽和福建等省区。

北枳椇主要活性成分为三萜皂苷类化合物，尚有黄酮类成分。

药理研究表明，北枳椇具有解酒、抗肝损害、抗脂质过氧化和降血糖等作用。

中医理论认为枳椇子具有止渴除烦，清湿热，解酒毒等功效。

◆ 北枳椇
Hovenia dulcis Thunb.

◆ 药材枳椇子
Hoveniae Dulcis Semen

化学成分

北枳椇种子部分含三萜皂苷类化合物：北枳椇皂苷A_1、A_2、B_1、B_2 (hovenidulciosides A_1, A_2, B_1, B_2)、北拐枣皂苷Ⅲ (hoduloside Ⅲ)、拐枣皂苷G (hovenoside G)[1-2]；又含黄酮类成分：双氢山柰酚 (dihydrokaempferol)、槲皮素 (quercetin)、(+)-3,3',5',5,7-五羟基双氢黄酮 [(+)-3,3',5',5,7- pentahydroflavanone]、(+)-双氢杨梅黄素 [(+)-dihydromyricetin]、(+)-蛇葡萄素 [(+)-ampelopsin]、落叶黄素 (laricetrin)、杨梅素 (myricetin)、枳椇黄酮Ⅰ、Ⅱ、Ⅲ (hovenitins Ⅰ～Ⅲ)[3-4]；还含生物碱类成分：黑麦草碱 (perlolyrine)[5]。

树叶部分含皂苷类化合物：北拐枣皂苷Ⅰ、Ⅱ、Ⅲ、Ⅳ、Ⅴ (hoduloside Ⅰ～Ⅴ)、拐枣皂苷 Ⅰ (hovenoside Ⅰ)、酸枣皂苷 (jujuboside B)、北拐枣皂苷C_2、E、H (saponins C_2, E, H)、北枳椇内酯 (hovenolactone)[6-7]。

皮根含皂苷类化合物：拐枣皂苷G、D、I (hovenosides G, D, I)[8]。

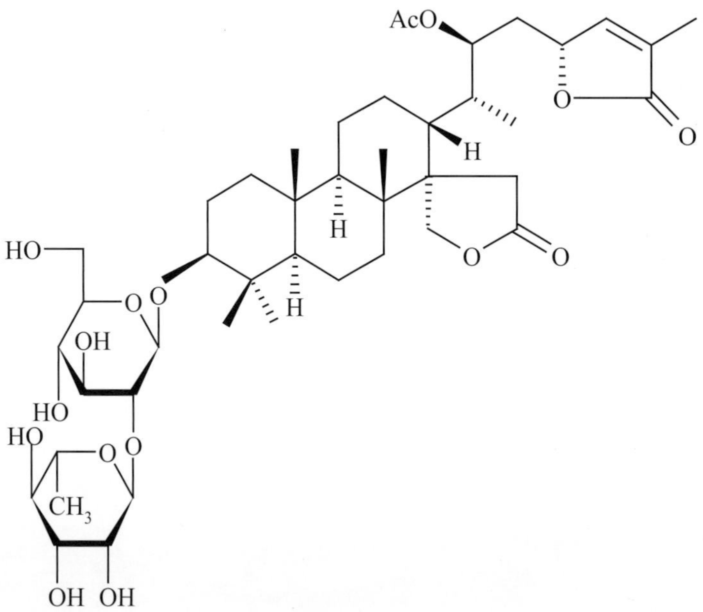

◆ hovenidulcioside A_1

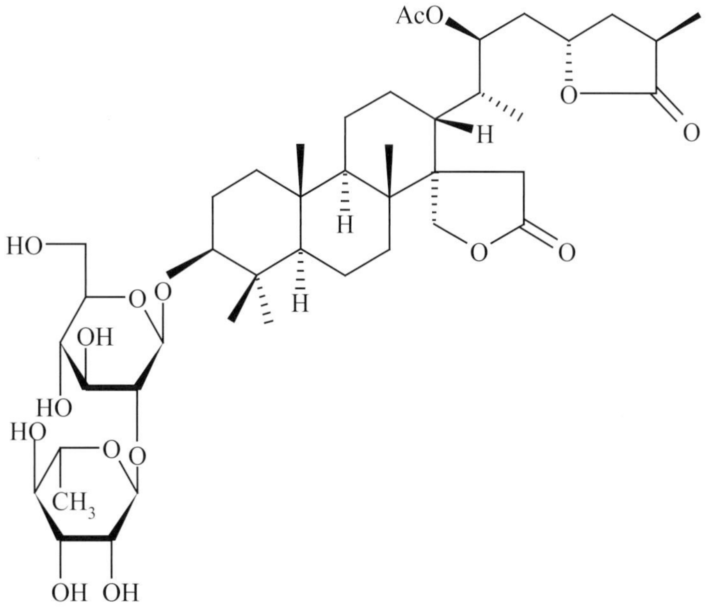

hovenidulcioside B_1

药理作用

1. 解酒、保肝

枳椇子具有解酒的功效，酒前服用比酒后服用效果更佳[9]。可显著降低血中乙醇浓度和乙醇代谢排出量，缩短乙醇诱导的小鼠睡眠时间，降低丙二醛 (MDA)含量，并能提高谷胱甘肽过氧化物酶 (GSH-Px) 活力[10-11]。枳椇子生物碱组分为能明显拮抗乙醇所致肝损伤的有效部位，黄酮可能为其辅助组分[12]。枳椇黄酮和蛇葡萄素还能抑制乙醇诱导的肌松作用[13]。枳椇子水提取液对四氯化碳所致小鼠肝损伤具有保护作用，能明显降低四氯化碳所致的谷丙转氨酶 (ALT)、天冬氨酸转氨酶 (AST)、乳酸脱苯氢酶 (LDH) 的异常升高，并使胆固醇 (CH)、三酰甘油 (TG) 有所降低；对四氯化碳诱导的体外培养肝细胞的AST上升有抑制作用[14]。枳椇子甲醇提取物对*D*-氨基半乳糖/脂多糖诱导的实验性肝损伤也有保护作用[15]。

2. 抗氧化

枳椇子匀浆灌胃时能显著降低小鼠血清、肝脏、肾脏和脑组织中的 MDA 含量，并呈明显量效关系，在高剂量下，血清、肝脏、肾脏和脑组织中的 MDA 比对照组小鼠分别降低 34%、70%、9.2% 和 26%。此外，还能升高小鼠肝脏、肾脏和脑组织中超氧化物歧化酶 (SOD) 活性 [16]。

3. 降血糖

枳椇子水提取液给四氧嘧啶所致糖尿病小鼠灌胃，能显著降低血糖含量，中、低剂量还能显著升高小鼠肝糖原含量 [17]。

4. 抗肿瘤

枳椇子水提取物在体外显示细胞毒作用，体内实验有抑瘤作用。枳椇子水提取物对体外培养的人肝癌细胞 Bel-7402 的生长有显著抑制作用，半数抑制质量浓度 (ID_{50}) 为 14.0mg/mL；体内灌胃给予枳椇子水提取物，对小鼠肝癌有抑制作用 [18]。

5. 适应原样作用

枳椇子水提取液给小鼠灌胃，结果显示枳椇子水提取液能显著提高小鼠的耐寒 (-5℃) 和耐热机能 (50℃)，并延长小鼠游泳和爬杆时间 [19]。

6. 降血压

静脉注射枳椇水提取液、枳椇正丁醇提取物水溶液均可降低正常麻醉猫的平均动脉血压，并呈现量效关系，且枳椇正丁醇提取物水溶液的效力较强。静脉注射引起的降血压持续时间短暂。而枳椇乙酸乙酯提取物水溶液对动脉压无影响 [20]。

7. 其他

枳椇子乙醇提取物水溶液还能显著抑制大鼠食欲，减轻体重 [21]。枳椇皂苷能明显抑制小鼠应激性胃溃疡。此外，枳椇子还有利尿和抗突变的作用。

应用

本品为中医临床用药。功能：止渴除烦，清湿热，解酒毒。主治：醉酒，烦渴，呕吐，二便不利。

现代临床还用于酒精性脂肪肝、化学性肝损伤等病的治疗。

评注

枳椇子是中国卫生部规定的药食同源品种之一。北枳椇为庭园绿化用材和药用树种，花序柄结果时肉质，可生食或酿酒，种子供药用。由于其种子具高效促乙醇分解、抗肝中毒、抗肿瘤和增强体能活性，除入成药外，还可作为保健食品和饮料等。

同属植物枳椇 *Hovenia acerba* Lindl. 和毛果枳椇 *H. trichocarpa* Chun et Tsiang 的种子在中国亦为枳椇子的来源品种。绒毛枳椇 *H. dulcis* Thunb. var. *tomentella* Makino 和朝鲜北枳椇 *H. dulcis* Thunb. var. *koreana* Nakai 分别原产于日本和朝鲜半岛，现代研究发现两种植物均有相似化学成分和药理作用 [22]。

北枳椇和绒毛枳椇的新鲜叶中均含北拐枣皂苷，此皂苷可选择性抑制人体甜味敏觉，可作为甜味调节剂，用作生理学工具研究味觉 [6, 23]。

参考文献

[1] YOSHIKAWA M, MURAKAMI T, UEDA T, et al. Bioactive saponins and glycosides. Ⅳ. Four methyl-migrated 16,17-seco-dammarane triterpene glycosides from Chinese natural medicine, Hoveniae Semen Seu Fructus, the seeds and fruit of *Hovenia dulcis* Thunb.: absolute stereostructures and inhibitory activity on histamine release of hovenidulciosides A_1, A_2, B_1, and B_2[J]. Chemical & Pharmaceutical Bulletin, 1996, 44(9): 1736-1743.

[2] KAWAI K, AKIYAMA T, OGIHARA Y, et al. Chemical studies on the Oriental plant drugs. XXXVIII. New sapogenin in the saponins of *Zizyphus jujuba*, *Hovenia dulcis*, and *Bacopa monniera*[J]. Phytochemistry, 1974, 13(12): 2829-2832.

[3] 丁林生，梁侨丽，腾艳芬．枳椇子黄酮类成分研究 [J]. 药学学报，1997，32(8)：600-602.

[4] YOSHIKAWA M, MURAKAMI T, UEDA T, et al. Bioactive constituents of Chinese natural medicines. Ⅲ. Absolute stereostructures of new dihydroflavonols, hovenitins Ⅰ, Ⅱ, and Ⅲ, isolated from Hoveniae Semen Seu Fructus, the seed and fruit of *Hovenia dulcis* Thunb. (Rhamnaceae): inhibitory effect on alcohol-induced muscular relaxation and hepatoprotective activity[J]. Yakugaku Zasshi, 1997, 117(2): 108-118.

[5] 金宝渊，朴万基，朴政一．枳椇子生物碱成分的研究 [J]. 中草药，1994，25(3)：161.

[6] YOSHIKAWA K, TUMURA S, YAMADA K, et al. Antisweet

natural products. Ⅶ. Hodulosides Ⅰ, Ⅱ, Ⅲ, Ⅳ, and Ⅴ from the leaves of *Hovenia dulcis* Thunb[J]. *Chemical & Pharmaceutical Bulletin*, 1992, 40(9): 2287-2291.

[7] KOBAYASHI Y, TAKEDA T, OGIHARA Y, et al. Novel dammarane triterpenoid glycosides from the leaves of *Hovenia dulcis*. X-ray crystal structure of hovenolactone monohydrate[J]. Journal of the Chemical Society, Perkin Transactions 1: Organic and Bio-Organic Chemistry, 1982, 12: 2795-2799.

[8] INOUE O, TAKEDA T, OGIHARA Y. Carbohydrate structures of three new saponins from the root bark of *Hovenia dulcis* (Rhamnaceae) [J]. Journal of the Chemical Society, Perkin Transactions 1: Organic and Bio-Organic Chemistry, 1978, 11: 1289-1293.

[9] 尹秋霞，陈英剑，孙晓明，等．葛根、枳椇子对大鼠血中乙醇浓度变化的影响 [J]. 山东中医药大学学报，2003，27(4)：310-311.

[10] 嵇扬，陆红，杨平．枳椇子酒与枳椇子水提取液解酒毒作用比较研究 [J]. 时珍国医国药，2001，12(6)：481-483.

[11] 王平．拐枣果浸渍液对机体乙醇代谢的影响 [J]. 中南林学院学报，1997，17(3)：65-67.

[12] 张洪，叶丽萍，张如洪，等．枳椇子有效部位的初步研究 [J]. 广东药学院学报，2003，19(2)：111，115.

[13] MURAKAMI N, UEDA T, YOSHIKAWA M, et al. Histamine release inhibitory and alcohol induced muscle relaxation inhibitory constituents from Hoveniae Semen Seu Fructus. Absolute structure of methyl-migrated 16,17-seco-dammarane triterpene glycosides, hovenidulciosides[J]. Tennen Yuki Kagobutsu Toronkai Koen Yoshishu, 1995, 37: 397-402.

[14] 嵇扬，陆红．枳椇子水提取液对四氯化碳致小鼠肝损伤的保护作用 [J]. 时珍国医国药，2002，13(6)：327-328.

[15] HASE K, OHSUGI M, XIONG Q, et al. Hepatoprotective effect of *Hovenia dulcis* Thunb. on experimental liver injuries induced by carbon tetrachloride or *D*-galactosamine/lipopolysaccharide[J]. Biological & Pharmaceutical Bulletin, 1997, 20(4): 381-385.

[16] 王艳林，韩钰，钱京萍．枳椇子抗脂质过氧化作用的实验研究 [J]. 中草药，1994，25(6)：306-307，316.

[17] 嵇扬，陈善，张葵荣，等．枳椇水提取液对四氧嘧啶糖尿病小鼠血糖和肝糖原含量的影响 [J]. 中药材，2002，25(3)：190-191.

[18] 嵇扬．枳椇子水提取物细胞毒作用与抑瘤功效的研究 [J]. 中医药学刊，2003，21(4)：538，543.

[19] 嵇扬，王文俊，孙芳．枳椇子水提取液对小鼠综合体能的影响 [J]. 中医药学报，2003，31(3)：22-23.

[20] 嵇扬，姜春来，张癸荣．枳椇子对血压影响的实验研究 [J]. 中医药学刊，2003，21(8)：1258-1259.

[21] 嵇扬，王文俊，狄亚敏，等．枳椇对大鼠食欲抑制作用的实验研究 [J]. 解放军药学学报，2003，19(2)：114-116.

[22] 陈蕙芳．朝鲜北枳椇的保肝作用 [J]. 国外药讯，2003，(4)：38.

[23] YOSHIKAWA K, NAGAI Y, YOSHIDA M, et al. Antisweet natural products. Ⅷ. Structures of hodulosides Ⅵ - Ⅹ from *Hovenia dulcis* Thunb. var. *tomentella* Makino[J]. Chemical & Pharmaceutical Bulletin, 1993, 41(10): 1722-1725.

蓖麻 Bima BP, CP, EP, IP, KHP, USP

Ricinus communis L.
Castor Bean

概述

大戟科 (Euphorbiaceae) 植物蓖麻 *Ricinus communis* L.，其干燥成熟种子入药，中药名：蓖麻子。精制的种子油入药，称：蓖麻油。

蓖麻属 (*Ricinus*) 仅 1 种，原产于非洲，全球热带和温带地区广为栽培。

蓖麻子以"萆麻子"药用之名，始载于《雷公炮炙论》。历代本草多有著录。《中国药典》（2015 年版）收载本种为中药蓖麻子的法定原植物来源种。

蓖麻主要活性成分为有毒蛋白质、生物碱、油脂等。《中国药典》（2015 年版）采用高效液相色谱法进行测定，规定蓖麻子药材含蓖麻碱不得过 0.32%，以控制药材质量。

药理研究表明，蓖麻具有抗肿瘤、致泻等作用。

中医理论认为蓖麻子具有泻下通滞，消肿拔毒等功效。

◆ 蓖麻
Ricinus communis L.

◆ 蓖麻
R. communis L.

◆ 药材蓖麻子
Ricini Semen

化学成分

蓖麻的种子含蛋白质18%～26%、脂肪油 64%～71%、碳水化合物2.0%、酚性物质 (phenolic substance) 2.5%。活性成分蓖麻毒蛋白 (ricin)：包括蓖麻毒蛋白D、酸性蓖麻毒蛋白 (acidic ricin)、碱性蓖麻毒蛋白 (basic ricin)、蓖麻毒蛋白E及蓖麻毒蛋白T等；此外，还含有蓖麻碱 (ricinine, 0.087%～0.15%)。蓖麻脂肪油的组成绝大部分为三酰甘油 (三酯甘油，triglyceride) 及甘油酯 (glycerol ester)。甘油酯的脂肪酸中蓖麻油酸 (ricinoleic acid) 约占84%～91%。种子还含凝集素 (agglutinin) 和脂肪酶 (lipase)。

种皮含羽扇豆醇和30-去甲羽扇豆-3β-醇-20-酮 (30-norlupan-3β-ol-20-one) 等三萜类成分。

OMe, CN, O, N, CH_3

◆ ricinine

药理作用

1. 致泻

蓖麻油为刺激性油类泻药，经小肠时受脂肪水解酶的作用，水解释放有刺激性的蓖麻油酸，引起肠蠕动增加而致泻。

2. 抗肿瘤

蓖麻毒蛋白 (ricin) 能够启动肝癌细胞 SMCC-7721 核转录因子 NF-κB 的表达 [1]，诱导肝癌细胞生成诱导型一氧化氮合酶 (iNOS)[2]；蓖麻毒蛋白或蓖麻毒蛋白碘油乳剂注射裸鼠原位肝癌瘤体，可使肿瘤生长受到显著抑制，肿瘤组织发生坏死，甲胎蛋白降低，且骨髓抑制毒性较低 [3]。蓖麻蛋白的 3-(2- 吡啶二硫基)N- 羟基丙酸琥珀酰亚胺酯 (SPDP) 包封物体外对胃癌细胞 SGC-7901、人宫颈癌细胞 HeLa、小鼠乳腺癌细胞 EMT_6 有较强杀伤性，体内对 S_{180} 实体癌抑制率为 54.5%[4-5]；蓖麻毒蛋白体外实验浓度为 10^{-3}μmol/L 时即可引起 HeLa 细胞凋亡 [6]；蓖麻凝集素能够增强乐铂 (lobaplatin，环丁烷乳酸盐二甲胺合铂) 对人非小细胞肺癌细胞增殖的抑制作用 [7]。蓖麻毒蛋白能诱导人单核白血病细胞 U_{937} 产生白介素 6 (IL-6) 和 IL-8[8]。

3. 免疫抑制

蓖麻毒蛋白体外质量浓度为 10^{-3} ～ 10^{-4}μg/ml 时可增强脂多糖诱导人外周血单核细胞 (PMBC) 产生白介素 1 (IL-1)，浓度大于 10^{-3}μg/ml 时，可抑制 PMBC 的有丝分裂及 IL-1 产生 [9]；3-(2- 吡啶二硫基) 丙酰化蓖麻毒素 (RT-PDP) 可诱导淋巴细胞增殖，并与植物凝集素 (PHA) 有协同作用，还能增强腹腔巨噬细胞吞噬功能 [10]；对 BALB/c 小鼠经绵羊红细胞 (SRBC) 免疫后产生的初次体液免疫功能有明显抑制作用 [11]；静脉注射对猴 E– 玫瑰花环形成率有抑制作用。

4. 抗人类免疫缺陷病毒

蓖麻毒蛋白活性亚单位与重组细胞表面分子 (rCD_4) 的结合物对人类免疫缺陷病毒 (HIV) 感染的 H_9 细胞有特异性杀伤作用，其去糖基的 A 链与人类对 HIV 蛋白 gp41 和 p24 单克隆抗体的结合物体外对感染 HIV 的人类 T 细胞具细胞毒作用。

5. 抗生育

蓖麻根 50% 乙醇提取物能可逆性地引起大鼠精子减少、形态改变、活力降低、繁殖力降低 [12]。女性一次性口服蓖麻种子脂溶性成分 2.3 ～ 2.5g，避孕可持续 12 个月，血压及月经周期不受影响，胆红素总量、结合胆红素、血清总蛋白、白蛋白、转氨酶、碱性磷酸酶、血清胆固醇、三酰甘油、总磷脂和尿素、肌酐、电解质等肝、肾功能指针均在正常范围 [13]。

应用

本品为中医临床用药。

蓖麻子

功能：泻下通滞，消肿拔毒。主治：大便燥结，痈疽肿毒，喉痹，瘰疬。

现代临床还用于胃下垂、子宫脱垂、脱肛病的治疗。

蓖麻油

功能：滑肠，润肤。主治：1. 肠内积滞，腹胀，便秘；2. 疥癞癣疮，烫伤。

评注

蓖麻叶亦可药用，主要功能为祛风除湿，拔毒消肿。蓖麻根也可药用，主要功能为祛风解痉，活血消肿。

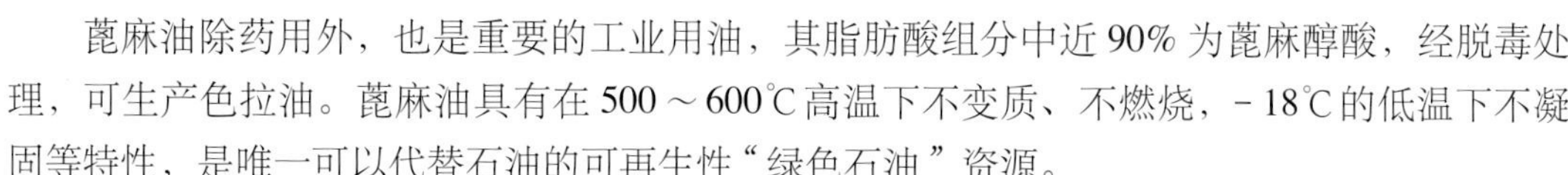

蓖麻油除药用外，也是重要的工业用油，其脂肪酸组分中近 90% 为蓖麻醇酸，经脱毒处理，可生产色拉油。蓖麻油具有在 500 ~ 600℃高温下不变质、不燃烧，- 18℃的低温下不凝固等特性，是唯一可以代替石油的可再生性“绿色石油”资源。

蓖麻一身是宝，可综合利用。蓖麻叶可饲养蓖麻蚕，收获茧皮、蚕蛹和蚕砂。蓖麻茧皮制成的蚕丝性能与桑蚕丝、柞蚕丝相似，具有弹性好、吸湿性优、可纺性佳等优点；蓖麻蚕蛹含蛋白质 16%、脂肪 6%，可作蛋白饲料或提取氨基酸、蛹油，蛹渣可作蛹酱；蓖麻蚕可作肥料或提取叶绿素。蓖麻秆可制作绳索、造纸、加工中密度板等，亦可用于生产活性炭。蓖麻饼粕富含蛋白质，脱毒后是优质的高蛋白饲料。

参考文献

[1] 董巨莹，药立波，彭宣宪．蓖麻毒素对肝癌细胞核转录因子 NF-κB 的激活作用 [J]. 癌症，2000，19(12)：1109-1111.

[2] 董巨莹，彭宣宪．蓖麻毒素诱导肝癌细胞生成一氧化氮合酶—免疫组织化学研究 [J]. 中国组织化学与细胞化学杂志，2001，10(1)：64-66.

[3] 龚承友，初曙光，陈陵标．蓖麻蛋白对裸鼠肝癌体内注射的疗效及骨髓抑制的研究 [J]. 介入放射学杂志，1997，6(4)：219-222.

[4] 李霖，邹柏英，王文学，等．蓖麻毒素修饰物脂质体的研制及其抗肿瘤作用 [J]. 癌症，1997，16(6)：414-416.

[5] 李霖，王文学，邹柏英．蓖麻毒素修饰物的制备和细胞毒作用 [J]. 第四军医大学学报，1996，17(3)：178-180.

[6] 刘洪英，甘永华，彭双清．蓖麻毒素引起 HeLa 细胞凋亡和细胞周期 G_2/M 期阻滞 [J]. 中国公共卫生，2001，17(6)：517-518.

[7] 徐艳岩，肖军军，刘丹丹．蓖麻凝集素协同乐铂杀伤非小细胞肺癌细胞的实验研究 [J]. 滨州医学院学报，2001，21(5)：417-418.

[8] 董巨莹，张小光，赵英，等．蓖麻毒素诱导 U937 细胞分泌 IL-6 和 IL-8 的作用 [J]. 中国免疫学杂志，2000，16(8)：404-406.

[9] KRAKAUER T. Immuno-enhancing effects of ricin[J]. Immunopharmacology and Immunotoxicology, 1991, 13(3): 357-366.

[10] 李霖，邹伯英，王文学．蓖麻毒素修饰物对小鼠脾淋巴细胞增殖及巨噬细胞吞噬功能的影响 [J]. 中国免疫学杂志，1997，13(5)：275-276.

[11] 王文学，邹伯英，肖庚柄，等．蓖麻毒素对小鼠初次体液免疫应答的影响 [J]. 第四军医大学学报，1992，13(2)：129-130.

[12] SANDHYAKUMARY K, BOBBY R G, INDIRA M. Antifertility effects of *Ricinus communis* (Linn) on rats[J]. Phytotherapy Research, 2003, 17(5): 508-511.

[13] ISICHEI C O, DAS S C, OGUNKEYE O O, et al. Preliminary clinical investigation of the contraceptive efficacy and chemical pathological effects of RICOM-1013-J of *Ricinus communis* var. *minor* on women volunteers[J]. Phytotherapy Research, 2000, 14(1): 40-42.

蝙蝠葛 Bianfuge [CP]

Menispermum dauricum DC.
Asiatic Moonseed

概述

防己科 (Menispermaceae) 植物蝙蝠葛 *Menispermum dauricum* DC.，其干燥根茎入药。中药名：北豆根。

蝙蝠葛属 (*Menispermum*) 植物全世界约有 3 或 4 种，分布于北美、亚洲东北和东部。中国产 1 或 2 种，均可供药用。本种主要分布于中国东北部、北部和东部。

“蝙蝠葛”来自日本，未见于中国历代本草。“北豆根”药用之名，始见于《中国药典》（1977 年版），有“北方用的山豆根”之意，与南方所产的山豆根相区别。《中国药典》（2015 年版）收载本种为中药北豆根的法定原植物来源种。主产于中国东北、华北和陕西等地。

蝙蝠葛主要含生物碱类化合物，蝙蝠葛碱是主要的有效成分和质量评价指标。《中国药典》采用高效液相色谱法进行测定，规定北豆根药材含蝙蝠葛苏林碱和蝙蝠葛碱的总量不得少于 0.60%，以控制药材质量。

药理研究表明，蝙蝠葛具有抗肿瘤、抗心律失常、保护脑损伤、降血压等作用。

中医理论认为北豆根具有清热解毒，祛风止痛等功效。

◆ 蝙蝠葛
Menispermum dauricum DC.

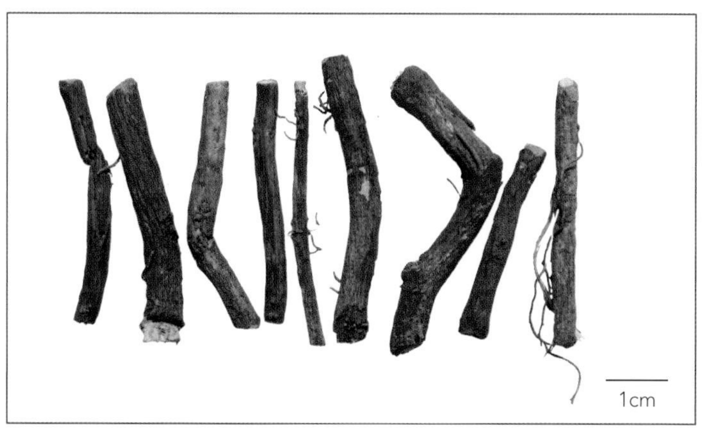

◆ 药材北豆根
Menispermi Rhizoma

化学成分

蝙蝠葛的根茎含生物碱类：蝙蝠葛碱 (dauricine)[1]、齐兰西夫林碱 (cheilanthifoline)、光千金藤定碱 (stepholidine)、光千金藤碱 (stepharine)[2]、2,3-二氢蝙蝠葛芬碱 (2,3-dihydromenisporphine)[3]、6-去甲山豆根碱 (daurinoline)[4]、木兰花碱 (magnoflorine)、青藤碱 (sinomenine)、蝙蝠葛任碱 (menisperine)、尖防己碱 (acutumine)、*N*-去甲尖防己碱 (acutumidine)[5]、6',6-二去甲山豆根碱 (dauricoline)[6]、蝙蝠葛辛 (bianfugecine)、蝙蝠葛定 (bianfugedine)、蝙蝠葛宁 (bianfugenine)[7]、蝙蝠葛新林碱 (dauriciline)[8]、*N*-去甲基蝙蝠葛碱 (*N*-desmethyldauricine)[9]、dauricoside、7'-去甲山豆根碱 (daurisoline)、双甲氧基蝙蝠辛 (7',7-di-demethyl-dauriporphine)、蝙蝠葛波芬碱 (menisporphine)、6-*O*-去甲蝙蝠葛波芬碱 (6-*O*-demethylmenisporphine)[10]、蝙蝠葛新诺林碱 (dauricinoline)、蝙蝠葛诺林碱 (daurinoline)[11]、蝙蝠葛新苛林碱 (dauricicoline)[12]、去甲白蓬叶灵 (northalifoline)、白蓬叶灵 (thalifoline)、紫堇定 (corydaldine)、*N*-去甲基紫堇定 (N-methylcorydaldine)、doryphornine[13]、daurioxoisoporphines A、B、C、D[14]、硝基酪氨酰去羟尖防己碱 (nitrotyrasacutuminine)[15]、脱氯-*N*-去甲尖防己碱 (dechloroacutumidine)、1-表脱氯-*N*-去甲尖防己碱 (1-epidechloroacutumine)[16]、7-羟基-6-甲氧基-1(2H)-异喹诺酮 [7-hydroxy-6-methoxy-1(2H)-isoquinolinone]、6,7-二甲氧基-*N*-甲基-3,4-二氧代- 1(2H)- 异喹诺酮 [6,7-dimethoxy-*N*-methyl-3,4-dioxo-1(2H)-isoquinolinone]、1-(4-羟基苯甲酰基)-7-羟基-6-甲氧基异喹诺酮 [1-(4-hydroxyl benzoyl)-7- hydroxy-6-methoxy-isoquinoline]、6-羟基-5-甲氧基-*N*-甲基邻苯二甲酰亚胺 (6-hydroxy-5-methoxy-N-methylphthalimide)[17]等；此外还含7-羟基-3,6-二甲氧基-1,4-菲醌 (7-hydroxy-3,6-dimethoxy-1,4-phenanthraquinone) [18]。

茎叶含有门尼斯葛林碱 (menisdaurin)[19]和异槲皮素苷 (isoquercitrin)[20]。

◆ dauricine

药理作用

1. 抗肿瘤

蝙蝠葛碱体外对早幼粒细胞白血病细胞 HL-60 和白血病细胞 K_{562} 增长有很强的抑制作用 [21]。蝙蝠葛碱在体外还可以改善药物的耐药性，通过增加阿霉素在细胞内的积聚而减低抗三尖杉酯碱 HL-60 细胞对阿霉素的抗性 [22]，明显增强长春新碱诱导人乳腺癌 MCF-7 多药耐药细胞的凋亡作用 [23]，还可逆转白血病细胞株 K_{562}/ADM 的多药耐药性 [24]。

2. 对心血管系统的影响

(1) 抗心律失常　北豆根总生物碱静脉注射对实验动物氯化钡、乌头碱、哇巴因、氯仿或冠脉结扎再灌注所致的心律失常有保护作用 [25]，蝙蝠葛碱静脉注射对家兔氯化铯所致的心律失常有保护作用 [26]，蝙蝠葛碱对离体豚鼠乳头肌奎尼丁诱发的早后去极化心律失常也有保护作用 [27]。蝙蝠葛碱静脉注射可降低家兔心脏单相动作电位幅度，延长单相动作电位时程和有效不应期 [28]；可有效抑制快速心房起博引起家兔心房肌钙离子含量升高，显著减轻心房肌间隙连接蛋白40的降解，对快速起搏导致的心肌细胞损伤有拮抗作用 [29-30]。蝙蝠葛碱可抑制豚鼠离体心脏电刺激或缺血心肌及缺氧心脏的去甲肾上腺素释放 [31-33]；蝙蝠葛碱体外还可明显抑制心肌细胞钠离子内流及钾离子外流的作用 [34]，阻断豚鼠心室肌细胞 L 型钙电流 [35]。

(2) 保护心肌　蝙蝠葛酚性碱对离体大鼠顿抑心肌有保护作用 [36]，灌胃给药对大鼠实验性心肌缺血和犬结扎冠脉造成的急性心肌梗死也有保护作用 [37-38]。

(3) 降血脂　蝙蝠葛酚性碱可抑制体外脂质过氧化和清除自由基，能调节高脂模型动物血脂水平 [39]。

(4) 其他　蝙蝠葛酚性碱给家兔灌胃还具有抗血栓形成和抗血小板聚集的作用，其机制与增加血管壁前列环素 (PGI_2) 含量及提高血浆一氧化氮 (NO) 的浓度有关 [40]。蝙蝠葛碱灌胃可抑制大鼠损伤内皮所致平滑肌的增殖，并防止血管再狭窄，其机制与调节细胞周期调控因子 p27的表达有关 [41]。

3. 保护脑损伤

7'-去甲山豆根碱体外对缺氧、缺糖、咖啡因、一氧化氮神经毒性、*N*-甲基-*D*-精氨酸 (NMDA) 神经毒性和谷氨酸所致脑细胞损伤具有明显保护作用[42-43]；7'-去甲山豆根碱静脉注射能明显降低缺氧小鼠的耗氧速度、急性脑缺血小鼠的死亡率以及局灶性脑缺血大鼠梗死范围[44]，其作用机制研究表明，7'-去甲山豆根碱可阻断NMDA引起的细胞钙升高而拮抗神经毒性[45]，抑制电压依赖性钙信道开放引起的细胞外钙内流和咖啡因引起的内钙释放[46]，还可抑制谷氨酸刺激一氧化氮的合成[47]。蝙蝠葛碱灌胃对大鼠局灶性脑缺血和线粒体氧化损伤具有保护作用[48-49]；蝙蝠葛酚性碱腹腔注射能抑制小鼠缺血再灌注后脑组织损伤，使凋亡细胞减少[50]；颈外静脉给药可减轻家兔脂质过氧化所造成的损伤，提高超氧化物歧化酶 (SOD) 活性，对脑缺血具有一定的保护作用[51]。

4. 其他

蝙蝠葛碱还具有抗氧化 [52]、降血压、抗炎、镇痛和抗菌 [12] 等作用。

应用

本品为中医临床用药。功能：清热解毒，祛风止痛。主治：咽喉肿痛，热毒泻痢，风湿痹痛。

现代临床还用于咽喉炎、扁桃体炎和慢性支气管炎、心动过速、钩端螺旋体病及早期肺癌、喉癌、膀胱癌、慢性迁延性肝炎等病的治疗。

评注

中药山豆根（习称广豆根）与蝙蝠葛的根茎经常混淆。“山豆根”是豆科植物越南槐 *Sophora tonkinensis* Gapnep. 的根和根茎，被列入香港常见毒剧中药 31 种名单，应注意鉴别。

蝙蝠葛在中国分布广泛，但不同产地的蝙蝠葛药材所含生物碱在质和量两方面均有显著差异。东北产蝙蝠葛中主要成分为蝙蝠葛碱及7'-去甲山豆根碱，其中7'-去甲山豆根碱的含量大于蝙蝠葛碱，湖北产蝙蝠葛中主要生物碱为蝙蝠葛碱，不含或极少含7'-去甲山豆根碱[53]。因此在开发和应用本种时应注意产地。

近年研究发现北豆根总碱对多种类型的心律失常有保护作用，具有开发广谱抗心律失常药物的前景。此外，蝙蝠葛所含的生物碱类成分在其他心血管疾病也具有很好的作用，应关注开发研究蝙蝠葛有效部位和有效成分。

参考文献

[1] TOMITA M, OKAMOTO Y. Alkaloids of menispermaceous plants. CCⅧ. Alkaloids of *Menispermum dauricum*. (Suppl. 3) [J]. Dauricine. Yakugaku Zasshi, 1964, 84(10): 1030-1031.

[2] OKAMOTO Y, TANAKA S, KITAYAMA K, et al. Alkaloids of menispermaceous plants. CCLXI. Alkaloids of *Menispermum dauricum*. 8[J]. Yakugaku Zasshi, 1971, 91(6): 684-687.

[3] KUNITOMO J I, KAEDE S, SATOH M. The structure of 2,3-dihydromenisporphine and the synthesis of dauriporphine, oxoisoaporphine alkaloids from *Menispermum dauricum* DC.[J]. Chemical & Pharmaceutical Bulletin, 1985, 33(7): 2778-2782.

[4] TOMITA M, OKAMOTO Y. Alkaloids of menispermaceous plants. CCⅠX. Alkaloids of *Menispermum dauricum*. 4. The structure of a new tertiary phenolic biscoclaurine type alkaloid “daurinoline” [J]. Yakugaku Zasshi, 1965, 85(5): 456-459.

[5] TOMITA M, OKAMOTO Y, NAGAI Y, et al. Alkaloids of Menispermaceous plants. CCLⅧ. Alkaloids of *Menispermum dauricum*. Basic components of Siberian *Menispermum dahuricum* (*Lunosemyannik daurskii*) [J]. Yakugaku Zasshi, 1970, 90(9): 1182-1186.

[6] TOMITA M, OKAMOTO Y, NAGAI Y, et al. Alkaloids of Menispermaceous plants. CCLⅦ. Alkaloids of *Menispermum daurium*. Structure of a new tertiary phenolic biscoclaurine type alkaloid “Dauricoline” [J]. Yakugaku Zasshi, 1970, 90(9): 1178-1181.

[7] 侯翠英，薛红．蝙蝠葛化学成分的研究 [J]. 药学学报，1985，20(2)：112-117.

[8] 潘锡平，陈业文，李学军，等．蝙蝠葛中的新生物碱 - 蝙蝠葛新林碱 [J]. 药学学报，1991，26(5)：387-390.

[9] 潘锡平．蝙蝠葛中的新生物碱 -*N*- 去甲基蝙蝠葛碱 [J]. 药学学报，1992，27(10)：788-791.

[10] HU S M, XU S X, YAO X S, et al. Dauricoside, a new glycosidal alkaloid having an inhibitory activity against blood-platelet aggregation[J]. Chemical & Pharmaceutical Bulletin, 1993, 41(10): 1866-1868.

[11] 潘锡平，胡崇家，曾繁典，等．咸宁产蝙蝠葛生物碱成分的分离与鉴定 [J]. 中药材，1998，21(9)：456-458.

[12] 潘锡平，胡崇家，曾繁典．蝙蝠葛中一新双苄基异喹啉生物碱 [J]. 中国药物化学杂志，1999，9(2)：123-124.

[13] 张晓琦，叶文才，赵守训．蝙蝠葛中异喹啉酮的分离与鉴定 [J]. 中国药科大学学报，2001，32(2)：96-97.

[14] YU B W, MENG L H, CHEN J Y, et al. Cytotoxic oxoisoaporphine alkaloids from *Menispermum dauricum*[J]. Journal of Natural Products, 2001, 64(7): 968-970.

[15] YU B W, CHEN J Y, ZHOU T X, et al. Nitrotyrasacutuminine from *Menispermum dauricum*[J]. Natural Product Letters, 2002, 16(3): 155-159.

[16] YU B W, CHEN J Y, WANG Y P, et al. Alkaloids from *Menispermum dauricum*[J]. Phytochemistry, 2002, 61(4): 439-442.

[17] ZHANG X Q, YE W C, ZHAO S X, et al. Isoquinoline and isoindole alkaloids from *Menispermum dauricum*[J]. Phytochemistry, 2004, 65(7): 929-932.

[18] ZHANG Z J, ZHANG X Q, YE W C, et al. A new 1,4-phenanthraquinone from *Menispermum dauricum*[J]. Natural Product Research, 2004, 18(4): 301-304.

[19] TAKAHASHI K, MATSUZAWA S, TAKANI M. Studies on the constituents of medicinal plants. XX. The constituents of the vines of *Menispermum dauricum* DC.[J]. Chemical & Pharmaceutical Bulletin, 1978, 26(6): 1677-1681.

[20] 孔阳，马养民，余博，等．蝙蝠葛茎叶抗菌活性成分的研究 [J]. 西北农林科技大学学报（自然科学版），2005，33(4)：151-153.

[21] 崔燎，潘毅生．粉防已碱和蝙蝠葛碱对人白血病细胞株 HL-60 和 K_{562} 的生长抑制作用 [J]. 中国药理学通报，

1995，11(6)：478-481.

[22] 何琪杨，孟凡宏，张鸿卿．粉防己碱和蝙蝠葛碱减低抗三尖杉酯碱的人白血病 HL60 细胞对阿霉素的抗性 [J]. 中国药理学报，1996，17(2)：179-181.

[23] 叶祖光，王金华，孙爱续，等．粉防己碱、甲基莲心碱和蝙蝠葛碱增强长春新碱诱导人乳腺癌 MCF-7 多药耐药细胞凋亡 [J]. 药学学报，2001，36(2)：96-99.

[24] 李建华，秦凤绮，杨佩满．蝙蝠葛碱逆转 K_{562}/ADM 细胞多耐药性的研究 [J]. 大连医科大学学报，2002，24(2)：94-96.

[25] 刘秀华，韩福林．北豆根总碱注射液抗实验性心律失常作用 [J]. 黑龙江医药，2000，13(3)：160-162.

[26] 夏敬生，屠洪，李真，等．蝙蝠葛碱抑制氯化铯诱发家兔在体心脏早后除极及心律失常 [J]. 中国药理学报，1999，20(6)：513-516.

[27] 郭东林，夏敬生，顾世芬，等．蝙蝠葛碱对奎尼丁诱发的豚鼠乳头肌早后去极化及触发活动的作用 [J]. 中国药理学与毒理学杂志，1998，12(4)：253-255.

[28] 夏敬生，李真，董建文，等．蝙蝠葛碱对在体家兔左心室单相动作电位和有效不应期的影响 [J]. 中国药理学报，2002，23(4)：371-375.

[29] 张家明，李大强，冯义柏，等．蝙蝠葛碱对家兔急性房颤连接蛋白 40 重构的影响及其机制 [J]. 中国药理学通报，2004，20(6)：656-659.

[30] 张家明，李大强，冯义柏，等．蝙蝠葛碱减轻家兔快速心房起博间隙连接蛋白 40 降解 [J]. 中国病理生理杂志，2004，20(4)：666-667，678.

[31] 张彦周，冯义柏，黄恺，等．蝙蝠葛碱对心肌去甲肾上腺素出胞释放的影响 [J]. 中国药理学通报，1998，14(1)：45-47.

[32] 郝铁来，曹剑英，张辉，等．蝙蝠葛碱抗缺血 / 再灌注性室颤及其机制 [J]. 中国医院药学杂志，2002，22(3)：142-143.

[33] 张彦周，冯义柏，黄恺，等．蝙蝠葛碱对豚鼠缺氧心脏释放去甲肾上腺素量的影响 [J]. 中国药理学与毒理学杂志，1999，13(2)：123-126.

[34] 管思明，LYNCH C. 蝙蝠葛碱对心肌电生理和肌浆网 Ca^{2+}-ATP 酶的效应及其与汉防已甲素比较研究 [J]. 中华心律失常学杂志，1999，3(4)：286-289.

[35] 郭东林，周兆年，曾繁典，等．蝙蝠葛碱对豚鼠心室肌细胞 L 型钙电流阻断作用 [J]. 中国药理学报，1997，18(5)：419-421.

[36] 李英茜，龚培力．蝙蝠葛酚性碱对离体大鼠心肌顿抑的保护作用 [J]. 药学学报，2001，36(12)：894-897.

[37] 苏云明，李永强，周媛．蝙蝠葛酚性碱对实验性心肌缺血保护作用的研究 [J]. 中国药师，2002，5(6)：326-328.

[38] 李英茜，杨晓燕，杨光海，等．蝙蝠葛酚性碱对犬冠状动脉结扎形成心肌梗死的保护作用 [J]. 中国新药杂志，2003，12(7)：531-533.

[39] 刘长丽，曾繁典．蝙蝠葛酚性碱抗氧化和降脂作用的实验研究 [J]. 中国临床药理学与治疗学，2005，10(3)：343-347.

[40] 孔祥英，龚培力．蝙蝠葛酚性碱对血栓形成和血小板聚集的影响 [J]. 药学学报，2005，40(10)：916-919.

[41] 汝玲，徐戎．蝙蝠葛碱对大鼠血管内皮损伤后平滑肌细胞增殖的抑制作用 [J]. 华西药学杂志，2005，20(6)：471-473.

[42] 王霆，朱兴族，刘国卿，等．蝙蝠葛苏林碱对缺血性损伤细胞的保护作用 [J]. 中国药科大学学报，1998，29(1)：52-56.

[43] 刘景根，李瑞，刘国卿，等．(−)-S·R-蝙蝠葛苏林碱对谷氨酸引起的大鼠大脑皮质神经元损伤的保护作用[J].药学学报，1998，33(3)：171-174.

[44] 刘景根，皋聪，李瑞，等．蝙蝠葛苏林碱对小鼠和大鼠脑缺血的保护作用 [J]. 中国药理学通报，1998，14(1)：18-21.

[45] 王霆，刘国卿，朱兴族，等．蝙蝠葛苏林碱抑制 NMDA 引起的细胞游离钙升高而减少神经毒性 [J]. 中国药学杂志，1999，34(11)：739-742.

[46] 何玲，刘国卿，王金晞，等．蝙蝠葛苏林碱对 PC12 细胞内游离钙浓度的影响 [J]. 中国药理学通报，1997，13(5)：416-419.

[47] 刘景根，李瑞，刘国卿．l-S·R-蝙蝠葛苏林碱通过减少一氧化氮的产生保护培养的海马神经元对抗谷氨酸神经毒性[J].中国药理学报，1999，20(1)：21-26.

[48] 李艳红，黄向江，卢浩浩，等．蝙蝠葛碱对大鼠局灶性脑缺血及线粒体氧化损伤的保护作用 [J]. 华中科技大学学报（医学版），2005，34(3)：270-273.

[49] 杨晓燕，周斌，蔡嘉宾，等．蝙蝠葛碱对大鼠局灶性脑缺血再灌注损伤的治疗作用 [J]. 中国药理学通报，2005，21(9)：1112-1115.

[50] 吕青，曲玲，王芳，等．蝙蝠葛酚性碱对小鼠脑缺血－再灌注脑组织 Bax 和 Bcl-2 蛋白表达的影响 [J]. 中草药，2004，35(2)：185-187.

[51] 王芳，赵刚，吕青，等．蝙蝠葛酚性碱对家兔心脑缺血－再灌注损伤保护作用的研究 [J]. 中国危重病急救医学，2005，17(3)：154-156.

[52] 何丽娅，李立中，吴基良，等．蝙蝠葛碱的抗氧化实验研究 [J]. 中草药，1997，28(8)：479-481.

[53] 陈淑娟，肖宙，潘锡平，等．RP-HPLC 法对不同产地蝙蝠葛几种主要生物碱的测定 [J]. 药物分析杂志，1999，19(2)：79-81.

扁豆 Biandou CP, JP, KHP

Dolichos lablab L.
Hyacinth Bean

概述

豆科 (Fabaceae) 植物扁豆 *Dolichos lablab* L.，其干燥种子入药。中药名：白扁豆。

扁豆属 (*Lablab*) 植物全世界约有 1 种 3 亚种，原产印度。现供药用者仅有 1 种。全国各地均有栽培。

扁豆以"藊豆"药用之名，始载于《名医别录》，列为中品。历代本草多有著录。《中国药典》（2015 年版）收载本种为中药白扁豆的法定原植物来源种。主产于中国大部分地区。

扁豆主要含三萜皂苷、蛋白质等。《中国药典》以性状、显微和薄层色谱鉴别来控制白扁豆药材的质量。

药理研究表明，扁豆的种子具有抗菌、抗肿瘤、增强免疫等作用。

中医理论认为白扁豆具有健脾化湿，和中消暑等功效。

◆ 扁豆
Dolichos lablab L.

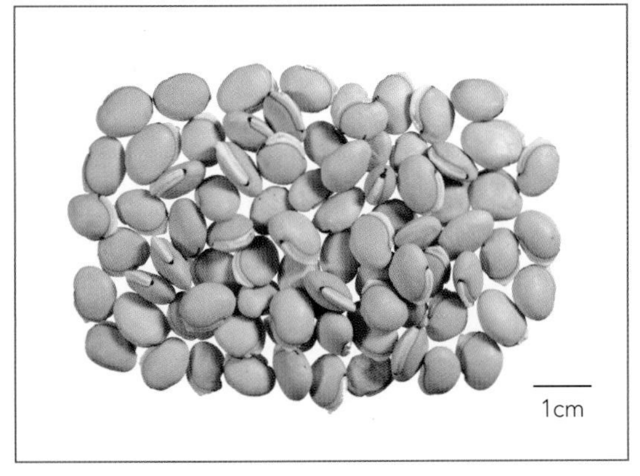

◆ 药材白扁豆
Lablab Semen Album

化学成分

扁豆种子含蛋白质、油脂[1]和三萜皂苷：3-*O*-[*α*-*L*-rhamnopyranosyl-(1→2)-*β*-*D*-galactopyranosyl-(1→2)-*β*-*D*-glucuronopyranosyl(1→)]-22-*O*-[2,3-dihydro-2,5-dihydroxy-6-methyl-4H-pyran-4-one(2'→)]-3*β*,22*β*,24-trihydroxyolean-12-en-28-al[2]、lablabosides A、B、C、D、E、F[3]；此外，还含植物凝集素 (phytohemagglutinin)[4]、葫芦巴碱 (trigonelline)、3-*O*-*β*-*D*-吡喃葡萄糖基赤霉素A (3-*O*-*β*-*D*-glucopyranosyl gibberellin A)。

扁豆的花含木犀草素 (luteolin)、大波斯菊苷 (cosmosiin)、木犀草素-4'-*O*-葡萄糖苷 (luteolin-4'-*O*-*β*-*D*-glucopyranoside)、木犀草素-7-*O*-葡萄糖苷(luteolin-7-*O*-*β*-*D*-glucopyranoside)、野漆树苷 (rhoifolin) 等黄酮类化合物[5]。

药理作用

1. 抗菌

平板纸片法实验表明，扁豆水煎剂对痢疾志贺氏菌有抑制作用。

2. 抗肿瘤

^{125}I 小扁豆凝集素 (^{125}I-LCA) 对荷移植性人肝细胞癌裸鼠有靶向定位和治疗作用，能明显抑制移植癌细胞生长及令肿瘤坏死和消退 [6]。

3. 增强免疫

扁豆对体外E-玫瑰花环反应形成率达47.50%（正常为38.50%），对T淋巴细胞有促进作用，对体外淋巴转换率未见作用。但也有报道称扁豆不仅能提高淋转率，还能提高白介素 (IL-2) 的水平[7]。

4. 降血脂

扁豆中的膳食纤维成分能显著地降低血清和肝脏中的低密度脂蛋白－胆固醇，提高高密度脂蛋白－胆固醇的水平 [8]。

5. 红细胞凝集作用

扁豆有红细胞凝集作用，可用于人体血型检测 [4]。扁豆含凝集素 A 和 B。凝集素 A 不溶于水，如混于食物中饲养大鼠，可抑制其生长，甚至引起肝脏区域性坏死，加热后则毒性大为减弱。

6. 抗胰蛋白酶

扁豆凝集素 B 有抗胰蛋白酶活性的作用 [9]。

7. 其他

由于扁豆凝集素在体外悬浮培养中能延长造血干细胞原始活性，可以用于基因疗法中的干细胞移植[10]。

应用

本品为中医临床用药。功能：健脾化湿，和中消暑。主治：脾胃虚弱，食欲不振，大便溏泻，白带过多，暑湿吐泻，胸闷腹胀。炒白扁豆用于脾虚泄泻，白带过多。

现代临床还用于药物、食物及乙醇等引起的吐泻腹痛、慢性肾炎、贫血、口腔炎等病的治疗。

评注

药用植物图像数据库

扁豆花为常用食品和中药，功能解暑化湿，和中健脾，主治夏伤暑湿，发热，泄泻，痢疾，赤白带下，跌打伤肿。扁豆衣为扁豆的干燥种皮，功能健脾化湿，主治脾虚有湿，暑湿吐泻，脚气浮肿。扁豆叶功能消暑利湿，解毒消肿，主治暑湿吐泻，疮疖肿毒，蛇虫咬伤。扁豆藤功能化湿和中，主治暑湿吐泻不止。扁豆根功能消暑，化湿，止血，主治暑湿泄泻，痢疾，淋浊，带下，便血。

白扁豆和白扁豆花被列入中国卫生部规定的药食同源品种名单。扁豆种子有白色、黑色、红褐色等数种，入药主要用白扁豆；黑色者（鹊豆）不供药用；红褐色者在广西民间称“红雪豆”，用作清肝、消炎药，治眼生翳膜。

参考文献

[1] EL SIDDIG O O A, EL TINAY A H, ABD ALLA A W H, et al. Proximate composition, minerals, tannins, *in vitro* protein digestibility and effect of cooking on protein fractions of hyacinth bean (*Dolichos lablab*) [J]. Journal of Food Science and Technology, 2002, 39(2): 111-115.

[2] YOSHIKI Y, KIM J H, OKUBO K, et al. A saponin conjugated with 2,3-dihydro-2,5-dihydroxy-6-methyl-4H-pyran-4-one from *Dolichos lablab*[J]. Phytochemistry, 1995, 38(1): 229-231.

[3] KOMATSU H, MURAKAMI T, MATSUDA H, et al. Medicinal foodstuffs. XIII. Saponin constituents with adjuvant activity from hyacinth bean, the seeds of *Dolichos lablab* L.: Structures of lablabosides D, E, and F[J]. Heterocycles, 1998, 48(4): 703-710.

[4] MACKERLE S. Phytohemagglutinins in legal-medical practice[J]. Acta Universitatis Palackianae Olomucensis, Facultatis Medicae, 1965, 38: 199-228.

[5] 梁侨丽，丁林生．扁豆花化学成分研究 [J]. 中国药科大学学报，1996，27(4)：206-207.

[6] 张世民，吴孟超，陈汉，等．^{125}I 小扁豆凝集素对裸鼠移植性人肝癌靶向定位和治疗的研究 [J]. 中华实验外科杂志，1992，9(2)：69-70.

[7] FAVERO J, MIQUEL F, DORNAND J, et al. Determination of mitogenic properties and lymphocyte target sites of *Dolichos lablab* lectin (DLA): comparative study with concanavalin A and galactose oxidase cell surface receptors[J]. Cellular Immunology, 1988, 112(2): 302-314.

[8] CHAU C F, CHEUNG P C K. Effects of the physico-chemical properties of three legume fibers on cholesterol absorption in hamsters[J]. Nutrition Research, 1999, 19(2): 257-265.

[9] FURUSAWA Y, KUROSAWA Y, CHUMAN I. Purification and properties of trypsin inhibitor from Hakuhenzu bean (*Dolichos lablab*) [J]. Agricultural and Biological Chemistry, 1974, 38(6): 1157-1164.

[10] COLUCCI G, MOORE J G, FELDMAN M, et al. cDNA cloning of FRIL, a lectin from *Dolichos lablab*, that preserves hematopoietic progenitors in suspension culture[J]. Proceedings of the National Academy of Sciences of the United States of America, 1999, 96(2): 646-650.

滨蒿 Binhao CP

Artemisia scoparia Waldst. et Kit.
Virgate Wormwood

概述

菊科 (Asteraceae) 植物滨蒿 *Artemisia scoparia* Waldst. et Kit.，其干燥地上部分入药。中药名：茵陈。春季采收的习称“绵茵陈”，秋季采割的称“花茵陈”。

蒿属 (*Artemisia*) 植物全世界约有 300 种，主要分布于亚洲、欧洲及北美洲的温带、寒温带及亚热带地区。中国约有 190 种，遍布各地，以西北、华北、东北及西南地区最多。本属现供药用者有约 23 种。本种广泛分布于中国各地。朝鲜半岛、日本、伊朗、土耳其、阿富汗、巴基斯坦、印度和俄罗斯也有。

滨蒿以“茵陈”药用之名，始载于《神农本草经》，列为上品。历代本草多有著录。中国自古以来作药用者皆为本种与茵陈蒿 *Artemisia capillaris* Thunb.。《中国药典》（2015 年版）收载本种为中药茵陈的法定原植物来源种之一。主产于中国陕西、河北、山西等地。陕西产者称西茵陈，质量最佳。

滨蒿的有效成分主要是挥发油、香豆素、黄酮、色原酮类化合物等。其中多种成分具有保肝利胆活性。《中国药典》采用高效液相色谱法进行测定，规定绵茵陈药材含绿原酸不得少于 0.50%；花茵陈药材含滨蒿内酯不得少于 0.20%，以控制药材质量。

药理研究表明，滨蒿具有利胆保肝、消炎、镇痛、利尿、降血压作用。

中医理论认为茵陈具清热利湿，利胆退黄等功效。

◆ 滨蒿
Artemisia scoparia Waldst. et Kit.

◆ 药材茵陈
Artemisiae Scopariae Herba

◆ 茵陈蒿
A. capillaris Thunb.

化学成分

滨蒿全草含挥发油，花期含量最高，其成分主要有：α-蒎烯 (α-pinene)、β-蒎烯 (β-pinene)、樟脑烯 (camphor)、丁醛 (butyraldehyde)、糠醛 (furfuraldehyde)、茵陈二炔 (capillene)、茵陈二炔酮(capillin)、α-姜黄烯 (α-curcumene)、丁香油酚 (eugenol)、1,8-桉油素 (1,8-cineole)、β-丁香烯 (β-caryophyllene)等[1-3]。

花蕾及地上部分含香豆素类成分：滨蒿内酯 (scoparone)、茵陈素 (capillarin)[4]、7-甲基马栗皮素 (7-methylesculetin)、东莨菪素 (scopoletin)[5]、7-甲氧基香豆素 (7-methoxycoumarine)、isosabandin[6]、sabandins A、B[7]；黄酮类化合物：7-甲基香橙素 (7-methylaromadendrin)、鼠李柠檬素 (rhamnocitrin)、泽兰黄酮 (eupalitin)、蓟黄素 (cirsimaritin)、泽兰素 (eupatolitin)[5]、3'-甲氧基蓟黄素 (cirsilineol)、茵陈黄酮 (arcapillin)、线蓟素 (cirsiliol)[8]、金丝桃苷 (hyperin)、胡麻素 (pedalitin)[9]、华良姜素 (kumatakenin)[10]、芦丁 (rutin)[11]等；色原酮类化合物：6-去甲基茵陈色原酮 (6-methylcapillarisin)[10]及茵陈色原酮 (capillarisin)[12]。此外，还含对羟基苯乙酮 (*p*-hydroxyacetophenone)[13]。

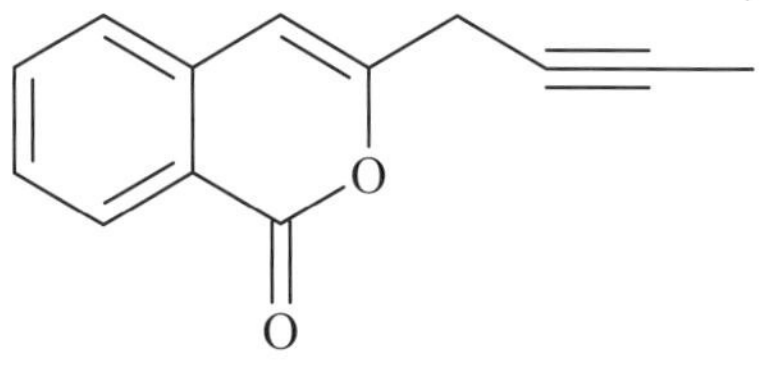

◆ capillarin 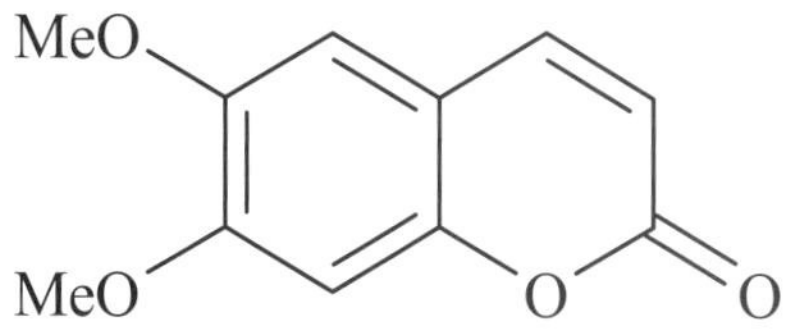　　　　◆ scoparone

药理作用

1. 利胆

滨蒿所含的对羟基苯乙酮十二指肠内注射可明显增加正常大鼠的胆汁分泌，促进硝硫氰胺所致肝损伤大鼠胆汁分泌，并使胆汁中的固形物和胆酸含量增多。对羟基苯乙酮灌胃还能降低大鼠的血清黄疸指数和胆红素[13]。

2. 保肝

芦丁口服给药，能显著降低对乙酰氨基酚所致肝损伤小鼠的死亡率，预防对乙酰氨基酚和四氯化碳 (CCl_4) 引起的大鼠血清中转氨酶水平升高；对 CCl_4 所致肝损伤小鼠的戊巴比妥睡眠时间延长，芦丁也有抑制作用[11]。滨蒿甲醇水溶液提取物也能显著抑制对乙酰氨基酚引起的大鼠血清中谷丙转氨酶和谷草转氨酶水平升高[14]。

3. 抗肿瘤

茵陈色原酮在体外对 L-929 和 KB 细胞具有较强的细胞毒活性，在体内能明显抑制肉瘤 Meth A 的生长。它和蓟黄素在体外还有显著抑制子宫颈癌细胞 HeLa 和艾氏腹水癌 (Ehrlich) 细胞增殖的作用[15]。

4. 对心血管系统的影响

滨蒿含有类似钙离子通道阻滞剂的成分，大鼠静脉注射滨蒿 80% 甲醇提取物，可产生降血压和减慢心率作用[16]。滨蒿内酯在体外具有舒张血管、抗增殖以及清除自由基等活性；滨蒿内酯对糖尿病合并高脂血症家兔给药，能显著减轻动脉粥样硬化，降低血浆中胆固醇的含量，减少大动脉表面斑块覆盖率和内膜的厚度[17]。

5. 对气管平滑肌的影响

滨蒿内酯可直接舒张豚鼠离体气管平滑肌，雾化给药能有效拮抗氯乙酰胆碱 (Ach) 和磷酸组胺 (His) 混合液对豚鼠的引喘作用[18-19]。滨蒿内酯松弛豚鼠气管平滑肌的主要作用机制是抑制细胞内钙浓度水平[20]。

6. 驱虫

滨蒿挥发油肠内注射可有效地杀灭小鼠体内的软膜壳绦虫、肠贾第虫、鼠管状线虫、鼠鞭虫等寄生虫[21]。

7. 其他

体外实验表明，滨蒿挥发油对口腔中多种细菌均有抑制作用[3]；滨蒿内酯能抑制脂多糖激活的人脐静脉上皮细胞凝血激酶的表达[22]。

应用

本品为中医临床用药。功能：清热利湿，利胆退黄。主治：黄疸尿少，湿温暑湿，湿疮瘙痒。

现代临床还用于多种肝胆疾病如肝胆结石、急慢性肝胆炎症、溶血性黄疸、高脂血症等病的治疗。

评注

《中国药典》除滨蒿外，还收载茵陈蒿 *Artemisia capillaris* Thunb. 为中药茵陈的法定原植物来源种。茵陈蒿和滨蒿中均含有利胆成分滨蒿内酯。不同季节采收的茵陈蒿和滨蒿的利胆作用也很相似。两者的挥发油组成成分基本相似，故此它们并列为茵陈的两个主流品种是可行的。历史上一直认为茵陈的质量与它的采收季节有很大关系。民谚有云：“三月茵陈，四月蒿，五月当柴烧”。

鉴于茵陈蒿和滨蒿的花前期、花蕾期和开花期植物的水煎剂具有良好的利胆作用，应重视其开发研究。考虑到中医用药经验和习惯以及幼苗本身含有利胆成分，可参照本草记载允许茵陈有两个采收季节，但是绵茵陈的采收时应以 5 ～ 6 月为宜，茵陈蒿则以立秋（8 月中下旬）为宜。

参考文献

[1] DAKSHINAMURTI K. Chemical constituents of the oil of *Artemisia scoparia*[J]. Indian Pharmacist, 1953, 8: 257-260.

[2] KONOVALOVA O A, KABANOV V S, RYBALKO K S, et al. The composition of essential oil of *Artemisia scoparia* Waldst. et Kit[J]. Rastitel'nye Resursy, 1989, 25(3): 404-410.

[3] CHA J D, JEONG M R, JEONG S I, et al. Chemical composition and antimicrobial activity of the essential oils of *Artemisia scoparia* and *A. capillaris*[J]. Planta Medica, 2005, 71(2): 186-190.

[4] CUBUKCU B, MERICLI A H, GUNER N, et al. Constituents of Turkish *Artemisia scoparia*[J]. Fitoterapia, 1990, 61(4): 377-378.

[5] CHANDRASEKHARAN I, KHAN H A, GHANIM A. Flavonoids from *Artemisia scoparia*[J]. Planta Medica, 1981, 43(3): 310-311.

[6] 谢韬，梁敬钰，刘净，等 . 滨蒿化学成分的研究 [J]. 中国药科大学学报，2004，35(3)：401-403.

[7] ALI M S, JAHANGIR M, SALEEM M. Structural distinction between sabandins A and B from *Artemisia scoparia* Waldst[J]. Natural Product Research, 2003, 17(1): 1-4.

[8] 张启伟，张永欣，张颖，等 . 滨蒿化学成分的研究 [J]. 中国中药杂志，2002，27(3)：202-204.

[9] 林生，肖永庆，张启伟，等 . 滨蒿化学成分的研究（Ⅱ）[J]. 中国中药杂志，2004，29(2)：152-154.

[10] 林生，肖永庆，张启伟，等 . 滨蒿化学成分的研究（Ⅲ）[J]. 中国中药杂志，2004，29(5)：429-431.

[11] JANBAZ K H, SAEED S A, GILANI A H. Protective effect of rutin on paracetamol- and CCl_4-induced hepatotoxicity in rodents[J]. Fitoterapia, 2002, 73(7-8): 557-563.

[12] 孙秀燕，邢山闽，李明慧，等 . 用液相色谱 - 质谱联用法测定滨蒿中的茵陈色原酮 [J]. 沈阳药科大学学报，2000，17(2)：110-113.

[13] LIU C X, YE G Z. Choleretic activity of p-hydroxyacetophenone isolated from *Artemisia scoparia* Waldst. et Kit. in the rat[J]. Phytotherapy Research, 1991, 5(4): 182-184.

[14] GILANI A U H, JANBAZ K H. Protective effect of *Artemisia scoparia* extract against acetaminophen-induced hepatotoxicity[J]. General Pharmacology, 1993, 24(6): 1455-1458.

[15] 蒋洁云，徐强，王蓉，等.茵陈抗肿瘤活性成分的研究[J].中国药科大学学报，1992，23(5)：283-286.

[16] GILANI A H, JANBAZ K H, LATEEF A, et al. Ca^{++} channel blocking activity of *Artemisia scoparia* extract[J]. Phytotherapy Research, 1994, 8(3): 161-165.

[17] CHEN Y L, HUANG H C, WENG Y I, et al. Morphological evidence for the antiatherogenic effect of scoparone in hyperlipidemic diabetic rabbits[J]. Cardiovascular Research, 1994, 28(11): 1679-1685.

[18] 刘洪瑞，朱喆，李智，等.滨蒿内酯对豚鼠哮喘模型平喘作用的研究[J].中国医科大学学报，2000，29(5)：333-334.

[19] 赵明沂，朱喆，李智，等.滨蒿内酯对豚鼠离体气管平滑肌作用的研究[J].中国医科大学学报，2000，29(5)：335-337.

[20] 刘洪瑞，李智，王晓红，等.滨蒿内酯对豚鼠气管平滑肌细胞细胞内钙离子浓度的影响[J].中国医科大学学报，2002，31(4)：249-251.

[21] CHABANOV R E, ALESKEROVA A N, DZHANAKHMEDOVA S N, et al. Experimental estimation of antiparasitic activities of essential oils from some Artemisia (Asteraceae) species of Azerbaijan Flora[J]. Rastitel'nye Resursy, 2004, 40(4): 94-98.

[22] LEE Y M, HSIAO G, CHANG J W, et al. Scoparone inhibits tissue factor expression in lipopolysaccharide-activated human umbilical vein endothelial cells[J]. Journal of Biomedical Science, 2003, 10(5): 518-525.

◆ 茵陈种植基地

薄荷 Bohe CP

Mentha haplocalyx Briq.
Mint

概述

唇形科 (Lamiaceae) 植物薄荷 *Mentha haplocalyx* Briq.，其干燥地上部分入药。中药名：薄荷。新鲜茎、叶经蒸馏后部分脱脑的挥发油供药用，中药名：薄荷素油（薄荷油）。

薄荷属 (*Mentha*) 植物全世界约有 30 种，主要分布于北半球温带地区。中国约有 12 种，本属现供药用者约有 8 种。本种分布于华北、华东、华中、西南、华南各省区。

“薄荷”药用之名，始载于《雷公炮炙论》。历代本草多有著录。《中国药典》（2015 年版）收载本种为中药薄荷的法定原植物来源种。主产于中国江苏、河南、安徽、江西等省，四川、云南等省也有少量生产。

薄荷主要活性成分为薄荷脑、薄荷酮等挥发油，还含有黄酮类化合物。《中国药典》采用挥发油测定法进行测定，规定薄荷药材含挥发油不得少于 0.8% (mL/g)；采用气相色谱法进行测定，规定薄荷素油中含 (−)- 薄荷酮 18% ～ 26%，含薄荷脑为 28% ～ 40%，以控制药材质量。

药理研究表明，薄荷具有镇静、镇痛、抗炎、抑菌、祛痰等作用。

中医理论认为薄荷具有疏散风热，清利头目，利咽，透疹，疏肝行气等功效。

◆ 薄荷
Mentha haplocalyx Briq.

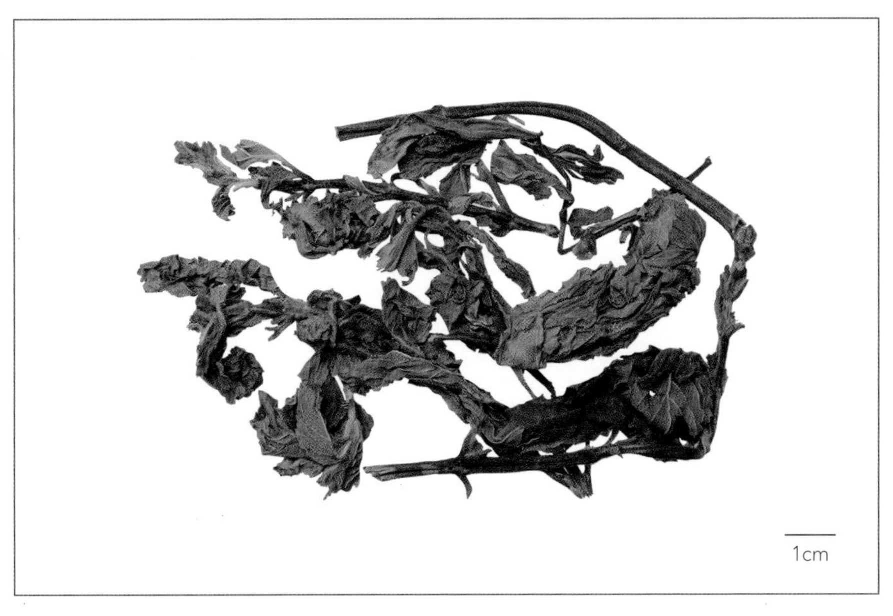

◆ 药材薄荷
Menthae Haplocalycis Herba

化学成分

薄荷鲜叶含挥发油约1% ~ 1.5%，油中主要成分为左旋薄荷脑 (*l*-menthol)，约为62%～87%，还含有左旋薄荷酮 (*l*-menthone)、异薄荷酮 (isomenthone)、胡薄荷酮 (pulegone)、乙酸薄荷酯 (menthol acetate)、*d*-8-acetoxycarvotanacetone及*α*-、*β*-蒎烯 (*α*-, *β*-pinenes)等多种单萜类[1-2]；薄荷还含异端叶灵 (isoraifolin)、木犀草素-7-葡萄糖苷 (luteolin-7-glucoside)、薄荷糖苷 (menthoside)、刺槐素(acacetin)、刺槐素-7-*O*-新橙皮糖苷 (acacetin-7-*O*-neohesperidose) 等黄酮类化合物[3-4]以及1-(3,4-二羟基苯基)-6,7-二羟基-1,2,-二氢萘-2,3-二羧酸 [1-(3,4-dihydroxyphenyl)-6,7-dihydroxy-1,2-dihydronaphthalene-2,3-dicarboxylic acid] 等多种以二羟基-1,2-二氢萘二羧酸为母核的酚酸类成分。

OH　　O　　O

◆ *l*-menthol　　◆ pulegone　　◆ *l*-menthone

药理作用

1. 镇静镇痛

口服薄荷或薄荷油，有发汗、解热和中枢兴奋作用，薄荷醇能加强戊巴比妥的中枢抑制作用；薄荷提取物皮下注射对小鼠醋酸扭体反应有抑制作用[5]。

2. 抗炎

薄荷中的齐墩果酸等三萜类成分为抗炎有效成分，薄荷乙醇提取物柱层析分离部分灌胃对角叉菜胶致大鼠足趾肿胀有抑制作用[4]。

3. 抑制病原微生物

薄荷煎剂体外能抑制单纯疱疹病毒和孤儿病毒 ($ECHO_{11}$)，对金黄色葡萄球菌、甲型溶血性链球菌、乙型溶血性链球菌、炭疽芽孢杆菌、红色毛癣菌、石膏样毛癣菌等多种病原微生物有抑制作用；薄荷油对小孢子菌、青霉菌属、曲霉菌属等真菌有抑制作用[6]。

4. 祛痰

麻醉兔吸入薄荷醇蒸汽，低剂量能促进呼吸道分泌，降低分泌物比重，加大剂量可降低黏液排出量；薄荷醇能促进呼吸道分泌，使黏液稀释，有祛痰止咳作用。

5. 对消化系统的影响

薄荷油十二指肠给药，对大鼠有利胆作用，对离体豚鼠回肠有抑制作用，并拮抗组胺和乙酰胆碱引起的回肠痉挛[7]；薄荷制剂皮下注射可降低 CCl_4 肝损伤大鼠的 ALT 并缓解肝细胞肿胀、变性，但坏死病变加重；薄荷油中的香兰油烃对保泰松致大鼠实验性胃溃疡有治疗作用。

6. 皮肤刺激

薄荷、薄荷油及薄荷脑对皮肤及黏膜有冷刺激和刺灼感，透皮后引起长时间充血，反射性引起皮肤黏膜血管收缩和深部血管扩张，产生止痛、止痒、消炎等作用。

7. 其他

薄荷脑在经皮给药系统中有显著的促渗作用，能够提高特比萘芬[8]、维生素E[9]、双氯芬酸钠[10]、5-氟尿嘧啶[11]、胰岛素[12]、长春西汀[13]等多种药物的透皮吸收，提高药物的生物利用度和治疗效果；可以通过促进吸收提高柴胡的镇痛作用[14]。薄荷油宫腔给药，对小鼠和家兔有抗着床与抗早孕作用[15-16]。薄荷油对离体蛙心有麻痹作用，血管灌流有扩张血管作用；薄荷酮能使家兔、犬呼吸兴奋，血压下降。

应用

本品为中医临床用药。功能：疏散风热，清利头目，利咽，透疹，疏肝行气。主治：风热感冒，风温初起，头痛，目赤，喉痹，口疮，风疹，麻疹，胸胁胀闷。

现代临床还用于结膜炎、鼻窦炎、肉瘤等病的治疗。

评注

薄荷不仅是常用中药，也是栽培最多的香料作物，是食品、化妆品工业的重要原料，野生薄荷在中国分布广泛，根据化学成分的差异可以分为不同的化学型[17]，各化学型之间在挥发油的主要成分和含量上有所差异。对于不同产地、不同化学成分类型薄荷药理活性的异同研究有待开展。

中国东北地区的薄荷属植物兴安薄荷 *Mentha dahurica* Fisch. ex Benth.、东北薄荷 *M. sachalinensis* (Briq.) Kudo，与薄荷的化学成分相近，在产地也作薄荷入药，可为薄荷油药用资源的开发利用提供参考。

参考文献

[1] NIKOLAEV A G. Variability of terpenoid composition in Mentha plants[M]. Zhurnal Evoliutsionnoi Biokhimii i Fiziologii, 1964: 102-108.

[2] DING D S, SUN H D. Structural elucidation of an insect repellent in the essential oil of Mentha haplocalyx Briq.[J]. Acta Botanica Sinica, 1983, 25(1): 62-66.

[3] PULATOVA T P. Phenolic compounds of some species of mint[J]. Uzbekskii Biologicheskii Zhurnal, 1973, 17(6): 17-19.

[4] 张继东，王庆琪．薄荷残渣中化学成分及抗炎作用 [J]. 山东医药工业，2000，19(3)：34-35.

[5] 横田正实．从中药学的角度来研究中药 [J]. 国外医学（中医中药分册）1990，12(2)：19-24.

[6] 胡丽芬．薄荷抗真菌作用初步研究 [J]. 消毒与灭菌，1989，6(1)：10-12.

[7] 陈光亮，姚道云，汪远金，等．薄荷油药理作用和急性毒性的研究 [J]. 中药药理与临床，2001，17(1)：10-12.

[8] 冯小龙，王晖，朱慧明．氮酮和薄荷醇对特比萘芬体外经皮渗透性的影响 [J]. 中国新医药，2003，2(6)：27-28.

[9] 陈雅，何凤慈，刘华．薄荷脑对维生素 E 乳膏透皮吸收的影响 [J]. 中国医院药学杂志，2004，24(1)：56-57.

[10] 许卫铭，王晖，郑丽燕．薄荷醇及其二组分系统对双氯芬酸钠的促透作用 [J]. 中国医院药学杂志，2002，22(3)：160-161.

[11] 王晖，许卫铭.薄荷醇及其二组分系统对5-氟尿嘧啶经皮渗透和贮库效应的影响[J].中国临床药理学于治疗学，2003，8(4)：422-424.

[12] 王晖，许卫铭．薄荷醇预处理对胰岛素鼻腔给药药理生物利用度的影响 [J]. 中国药理学通报，2002，18(1)：64-66.

[13] 李华，林建阳，李嘉煜，等．薄荷脑和冰片对长春西汀的促渗作用 [J]. 中国新药杂志，2003，12(1)：34-36.

[14] 王晖，许卫铭，王宗锐．薄荷醇对柴胡镇痛作用的影响 [J]. 中医药研究，1996，(2)：38-39.

[15] 吕怡芳，王秋晶，杨世杰．薄荷油对小白鼠终止妊娠作用的初步观察 [J]. 白求恩医科大学学报，1989，15(5)：455-458.

[16] 杨世杰，吕怡芳，王秋晶，等．薄荷油终止家兔早期妊娠及其机理的初探 [J]. 中草药，1991，22(10)：454-457.

[17] 俞桂新，周荣汉．国产野生薄荷挥发油化学组分变异及其化学型 [J]. 植物资源与环境，1998，7(3)：13-18.

◆ 薄荷种植基地

补骨脂 Buguzhi CP, IP, KHP

Psoralea corylifolia L.
Malaytea Scurfpea

概述

豆科 (Fabaceae) 植物补骨脂 *Psoralea corylifolia* L.，其干燥果实入药。中药名：补骨脂。

补骨脂属 (*Psoralea*) 植物全世界约有 120 种，主要产于非洲南部、南北美洲和澳大利亚，少数产于亚洲和温带欧洲。中国有 1 种，且供药用。本种分布于中国云南、四川、河南。印度、斯里兰卡、缅甸也有分布。

“补骨脂”之名，始载于《雷公炮炙论》。《中国药典》（2015 年版）收载本种为中药补骨脂的法定原植物来源种。主产于中国四川、云南等省区。

补骨脂含香豆精类、黄酮类等。《中国药典》采用高效液相色谱法进行测定，规定补骨脂药材含补骨脂素和异补骨脂素的总量不得少于 0.70%，以控制药材质量。

药理研究表明，补骨脂具有抗肿瘤、抗氧化、抗前列腺增生等作用。

中医理论认为补骨脂具有温肾助阳，纳气平喘，温脾止泻，消风祛斑等功效。

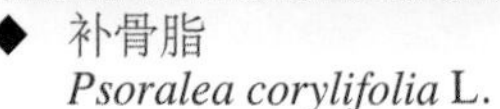

◆ 补骨脂
Psoralea corylifolia L.

◆ 药材补骨脂
Psoraleae Fructus

化学成分

补骨脂果实含香豆素类：补骨脂素 (psoralen)、异补骨脂素（isopsoralen，即白芷素angelicin）、8-甲氧基补骨脂素 (8-methoxy-psoralen)、补骨脂定 (psoralidin)、补骨脂呋喃香豆精 (bakuchicin)、补骨脂定-2’,3’-环氧化物二乙酸盐 (psoralidin-2’,3’-oxide diacetate)[1-5]。黄酮类：补骨脂异黄酮醇 (psoralenol)、新补骨脂异黄酮 (neobavaisoflavone)、补骨脂双氢黄酮甲醚 (bavachinin)、补骨脂色烯查耳酮 (bavachromene)、补骨脂查耳酮 (bavachalcone)、异补骨脂查耳酮 (isobavachalcone)补骨脂色酚酮 (bavachromanol)、大豆黄酮 (daidzein)、6-hydroxy-6”, 6”-dimethylpyrano-(2”,3”: 4’,3’)-isoflavone、补骨脂二氢黄酮（bavachin，即补骨脂甲素 corylifolin）、异补骨脂二氢黄酮（isobavachin，即补骨脂乙素）[6-11]。单萜酚类：补骨脂酚 (bakuchiol)[1]。苯并呋喃类：补骨脂苯并呋喃酚 (corylifonol)、异补骨脂苯并呋喃酚(isocorylifonol)[12]。

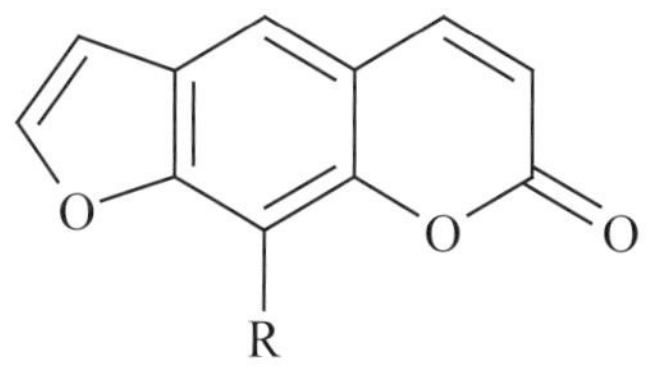

◆ psoralen: R=H
8-methoxy-psoralen: R=OCH_3

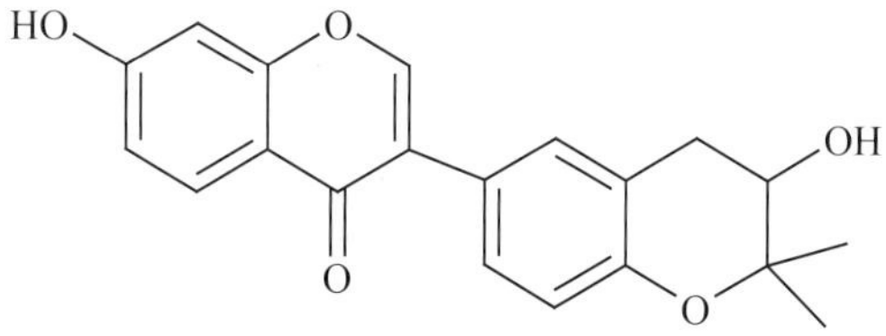

◆ psoralenol

药理作用

1. 抗骨吸收

补骨脂高浓度 0.10mmol/L 能抑制体外培养大耳白兔的破骨细胞在骨片上形成的吸收陷窝的增加和扩张。低浓度 0.00005mol/L 对破骨细胞作用不显著[13]。

2. 雌激素样作用

补骨脂粉给成年正常和切除卵巢的雌鼠服用，可增加阴道上皮细胞角化，促未成熟雌鼠发育，有雌激素样作用。

3. 抗肿瘤

补骨脂中的补骨脂素和异补骨脂素对人胃癌细胞BGC-823的生长有显著抑制作用，半数抑制质量浓度 (IC_{50}) 分别为5.82mg/mL和148.8mg/mL[14]。补骨脂素及其同类物8-甲氧基补骨脂素对涎腺黏液表皮样癌、乳腺癌EMT_6、小鼠肉瘤、艾氏腹水癌及宫颈鳞癌HeLa均有抑制作用[15-18]。

4. 平喘

补骨脂总香豆素对氨水所致豚鼠过敏性哮喘和组胺性哮喘的潜伏期均有明显的延长作用，还能显著降低动物死亡率[19]。

5. 酪氨酸酶激活作用

补骨脂乙醇提取物对酪氨酸酶有明显的激活作用，为治疗白癜风的作用机制之一[20]。

6. 抗前列腺增生

补骨脂提取物灌胃，能使丙酸睾酮诱导的前列腺增生模型大鼠的前列腺体积缩小，前列腺重量减轻，组织学增生程度减轻[21]。

7. 抗氧化

补骨脂提取物对猪油有显著的抗氧化作用，其主要抗氧化成分为补骨脂定，其对猪油的抗氧化性能明显强于合成抗氧化剂 BHA[22]。

8. 净化血液

补骨脂素采用光化学法可灭活血液中的病原微生物，还可去除单一血液成分如血浆、血小板中的白细胞和细胞因子，避免输血反应的发生[23]。

9. 通便

补骨脂能显著增加小鼠肠蠕动和缩短通便时间，促进排便[24]。

10. 其他

补骨脂还有抗衰老、抗着床、升白细胞和舒张血管等作用。

应用

本品为中医临床用药。功能：温肾助阳，纳气平喘，温脾止泻，消风祛斑。主治：肾阳不足，阳痿遗精，遗尿尿频，腰膝冷痛，肾虚作喘，五更泄泻；外用治白癜风，斑秃。

现代临床还用于非功能性子宫出血、白细胞减少症、银屑病、白癜风、汗斑、外阴白斑、秃发和遗尿等病的治疗。

评注

药用植物图像数据库

药理研究发现，口服或外用补骨脂素光敏剂后配合长波紫外线（或阳光）照射，可以用来治疗白癜风、银屑病和湿疹等皮肤病。

补骨脂有激素样作用，可作为天然雌激素，用于卵巢切除后或各种原因造成的雌激素水平低下而引起的疾病。可以探索用作中草药添加剂，取代非天然添加剂，在家禽养殖业中使用，促进动物生长。

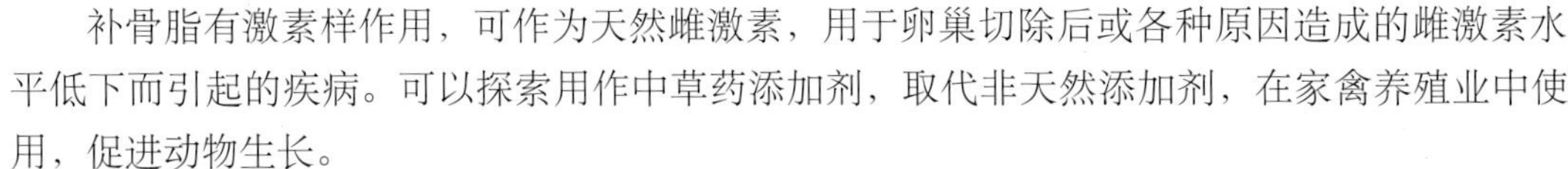

参考文献

[1] CHO H, JUN J Y, SONG E K, et al. Bakuchiol: a hepatoprotective compound of *Psoralea corylifolia* on tacrine-induced cytotoxicity in $HepG_2$ cells[J]. Planta Medica, 2001, 67(8): 750-751.

[2] MAR W, JE K H, SEO E K. Cytotoxic constituents of *Psoralea corylifolia*[J]. Archives of Pharmacal Research, 2001, 24(3): 211-213.

[3] GUPTA B K, GUPTA G K, DHAR K L, et al. Psoralidin oxide, a coumestan from the seeds of *Psoralea corylifolia*[J]. Phytochemistry, 1980, 19(10): 2232-2233.

[4] 彭国平，吴盘华，李红阳，等.补骨脂化学成分的研究[J]. 中药材，1996，19(11)：563-565.

[5] SUN N J, WOO S H, CASSADY J M, et al. DNA polymerase and topoisomerase Ⅱ inhibitors from *Psoralea corylifolia*[J]. Journal of Natural Products, 1998, 61(3): 362-366.

[6] HARAGUCHI H, INOUE J, TAMURA Y, et al. Antioxidative components of *Psoralea corylifolia* (Leguminosae) [J]. Phytotherapy Research, 2002, 16(6): 539-544.

[7] BAJWA B S, KHANNA P L, SESHADRI T R. Components of different parts of seeds (fruits) of *Psoralea corylifolia*[J]. Indian Journal of Chemistry, 1974, 12(1): 15-19.

[8] TSAI W J, HSIN W C, CHEN C C. Antiplatelet flavonoids from seeds of *Psoralea corylifolia*[J]. Journal of Natural Products, 1996 , 59(7): 671-672.

[9] AGARWAL D, SAH P, GARG S P. A new isoflavone from the seeds of *Psoralea corylifolia* Linn.[J]. Oriental Journal of Chemistry, 2000, 16(3): 541-544.

[10] SURI J L, GUPTA G K, DHAR K L, et al. Bavachromanol: a new chalcone from the seeds of *Psoralea corylifolia*[J]. Phytochemistry, 1980, 19(2): 336-337.

[11] GUPTA B K, GUPTA G K, DHAR K L, et al. A C-formylated chalcone from *Psoralea corylifolia*[J]. Phytochemistry, 1980, 19(9): 2034-2035.

[12] LIN Y L, KUO Y H. Two new benzofuran derivatives, corylifonol and isocorylifonol from the seeds of *Psoralea corylifolia*[J]. Heterocycles, 1992, 34(8): 1555-1564.

[13] 张润荃，史凤芹，庞淑珍，等.补骨脂对分离破骨细胞作用研究 [J]. 现代口腔医学杂志，1995，9(3)：136-138.

[14] 郭江宁，吴侯，翁新楚，等.补骨脂中活性成分的提取分离与抗癌实验研究 [J]. 中药材，2003，26(3)：185-187.

[15] 胡云，吴军正，陈建元.补骨脂素类药物对宫颈鳞癌 HeLa 细胞恶性表型的影响 [J]. 中国中医药科技，1999，6(3)：157-158.

[16] 吴少华，张仲海，赵建斌.补骨脂素体内外抗癌活性的实验研究 [J]. 中国中药杂志，1998，23(5)：303-305.

[17] 吴军正，司徒镇强，陈建元，等.补骨脂素和8-甲氧基补骨脂素对涎腺粘液表皮样癌高转移细胞表型的影响[J].第四军医大学学报，2000，21(8)：911-914.

[18] 吴军正，司徒镇强，王为，等.补骨脂素对粘液表皮样癌的抑制作用 [J]. 实用口腔医学杂志，1990，6(4)：322-324.

[19] 邓时贵，李爱群，欧润妹，等.补骨脂总香豆素的平喘作用 [J]. 中国现代应用药学杂志，2001，18(6)：439-440.

[20] 徐建国，尚靖.补骨脂对酪氨酸酶的激活作用 [J]. 中草药，1991，22(4)：168-169.

[21] 董能本，詹炳炎，夏焱森，等.补骨脂素抗良性前列腺增生的研究 [J]. 中华实验外科杂志，2003，20(2)：109-110.

[22] 魏安池，周瑞宝.补骨脂抗氧化性能及其有效成分的研究 [J]. 中国油脂，2000，25(1)：53-54.

[23] 饶林，王全立.补骨脂素光化学法在血液消毒方面的研究进展 [J]. 中国消毒学杂志，2003，20(2)：147-150.

[24] 金爱华，焦捷军，陶沁，等.补骨脂通便作用的研究 [J]. 浙江省医学科学院学报，1997，29：32-33.

苍耳 Cang'er [CP]

Xanthium sibiricum Patr.
Siberian Cocklebur

概述

菊科 (Asteraceae) 植物苍耳 *Xanthium sibiricum* Patr.，其干燥成熟带总苞的果实入药，中药名：苍耳子。

苍耳属 (*Xanthium*) 植物全世界约有 25 种，分布于美洲的北部和中部、欧洲、亚洲及非洲北部。中国产 3 种 1 变种。本属现供药用者约有 11 种，中国仅本种及蒙古苍耳 *Xanthium mongolicum* Kitag. 2 种入药 [1]。

苍耳最早以"枲耳"药用之名，载于《神农本草经》，列为中品。《千金方·食治》最先使用了"苍耳""苍耳子"一名，并沿用至今。历代本草多有著录。《中国药典》（2015 年版）收载本种为中药苍耳子的法定原植物来源种。苍耳分布范围极广，中国各地均产，多为野生。

苍耳主要含倍半萜内酯成分 [1]。《中国药典》采用高效液相色谱法进行测定，规定苍耳子药材含羧基苍术苷不得过 0.35%，含绿原酸不得少于 0.25%，以控制药材质量。

药理研究表明，苍耳的果实局部用药能明显改善局部组织微循环、具抗变态反应作用，且对金黄色葡萄球菌有抑制作用。

中医理论认为苍耳子具有散风寒，通鼻窍，祛风湿等功效。

◆ 苍耳
Xanthium sibiricum Patr.

◆ 药材苍耳子
Xanthii Fructus

化学成分

苍耳的果实含挥发油成分，含量较高的有2,6,10,14-四甲基十六烷 (2,6,10,14,-tertamethyl-hexadecane)、二十烷醇 (eicosanol) 等[2]。还含有蒽醌类成分：大黄酚 (chrysophanol)、大黄素 (emodin)、芦荟大黄素 (aloe-emodin)[3]；倍半萜苷类成分：苍术苷 (atractyloside)。

苍耳地上部分含有挥发油，分离得α-乙基-呋喃 (α-ethyl-furan)、β-侧柏烯 (β-thujene)、月桂烯 (myrcene)、β-松油二环烯 (β-pinene)、*d*-柠檬烯(*d*-limonene)、莰烯 (camphene)、β-石竹烯 (β-caryophyllene)、β-广藿香

烯(β-patchoulene)[4]等；另含倍半萜内酯：苍耳宁 (xanthinin)、xanthinosin[5]、8-epi-xanthatin、8-epi-xanthatin epoxide[6]、11α,13-dihydroxanthatin、4β,5β-epoxyxanthatin-1α,4α-endoperoxide、1β,4β,4α,5α-diepoxyxanth-11(13)-en-12-oic acid[7]。苍耳茎中还分离得到羽扇豆醇十六酸酯 (lupeol palmitate)、麦角甾醇过氧化物 (ergosterol peroxide)、东莨菪内酯苷 (scopolin)、二十七酸 (heptacosanoic acid) 等[8]。苍耳根中分离得二十七碳醇 (heptacosanol)、3,4-二羟基肉桂酸 (3,4-dihydroxycinammic acid) 等。

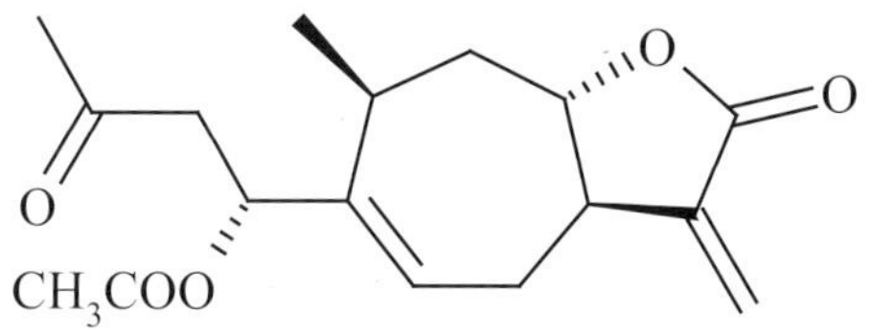

O
O
O
CH_3COO

◆ xanthinin

药理作用

1. 抗菌、抗病毒

苍耳煎剂对多种细菌、真菌有抑制作用。体外实验表明，苍耳子醇提取液在不同浓度时，可抑制 I 型单纯性疱疹病毒的生长[9]；苍耳茎叶煎剂对铜绿假单胞菌有较强的抑制作用[10]；从苍耳叶中分离得到的倍半萜内酯类成分苍耳宁，具显著的抗金黄色葡萄球菌群特性，包括耐甲氧西林金葡菌 (MRSA)[11]；苍耳根醇提取物低浓度时对白色念珠菌有抑菌作用，高浓度时有杀灭作用[12]。

2. 对免疫功能的影响

苍耳子水煎剂灌胃能显著抑制 DNP-BSA 致敏小鼠的 IgE 产生，延迟和减轻卵蛋白致敏豚鼠的 I 型超敏反应[13]。苍耳子还能降低白细胞介质 2 (IL-2) 活性和 IL-2 受体数量，能明显降低细胞内组胺的释放，此为苍耳子能用来治疗过敏性疾病的机制之一[14]。

3. 对呼吸系统的影响

苍耳子提取物具有明显的抗氧化、清除自由基能力，对呼吸系统有不同程度的影响。苍耳果实水煎液灌胃对小鼠有镇咳作用[15]。

4. 降血糖

从苍耳子水浸液中提取的苷类物质 AA_2 是一种有降血糖作用的毒性成分，腹腔注射能显著降低正常大鼠血糖；AA_2 还能对抗肾上腺素的升血糖作用，可能与其显著降低肝糖原水平有关[15]。

5. 对心血管系统的影响

苍耳子煎剂对离体蛙心和豚鼠心脏有抑制作用，能使心率减慢、心收缩力减弱。AA_2 对大鼠有轻度降血压作用，并能增强血管通透性。苍耳叶浸剂能抑制蛙心的兴奋传导，导致心脏阻滞；并能扩张离体兔耳血管；在蛙后肢灌流中，引起血管先扩张后收缩。叶的酊剂对猫静注可引起短暂的血压下降，并抑制脊髓反射的兴奋性[16]。

6. 对血液系统的影响

苍耳子中的 AA_2 能使大鼠外周血中白细胞下降很多，停药后又恢复，可能是白细胞的暂时性重新分布。苍耳子甲醇提取物能迅速恢复禁食所致兔胆固醇和三酰甘油的降低，也可使磷脂含量有一定程度回升。

7. 其他

苍耳果实水提取物可显著抑制色氨酸热解物 -1 (Trp-P-1) 的诱变性[17] 苍耳子还有抗炎、镇痛等作用[15]。

应用

本品为中医临床用药。功能：散风寒，通鼻窍，祛风湿。主治：风寒头痛，鼻塞流涕，鼻鼽，鼻渊，风疹瘙痒，湿痹拘挛。

现代临床还用于变应性鼻炎、慢性单纯性鼻炎、肥大性鼻炎、慢性鼻窦炎、湿疹、风湿性关节炎等病的治疗。

评注

药用植物图像数据库

同属植物蒙古苍耳 *Xanthium mongolicum* Kitag. 主产于黑龙江、辽宁、内蒙古及河北，生于干旱山坡或砂质荒地。所含成分与苍耳也较相似。从商品苍耳子的原植物看，中国北方大部分地区多使用苍耳及其变种，而南方如江西、福建、安徽、江苏等地区也有将蒙古苍耳带总苞的果实作苍耳子使用。

《中国药典》注明苍耳子有小毒，具体致毒物目前还不十分明确。有文献认为苍耳毒性成分为果实中所含的苍耳苷，种仁中所含的毒蛋白及全草中所含的氢醌。又有研究表明苍耳子油及苍耳子蛋白毒性很小，从苍耳子脱脂水浸剂中分离出的一种叫 AA_2 的苷类物质是主要的毒性成分[18]。苍耳的茎、叶及幼苗含有对神经及肌肉有毒的物质，新鲜叶比干叶毒性大，嫩叶比老叶毒性大。

经验认为每次服用苍耳子 30g 可致中毒。

苍耳子脂肪油含量占果实干重的 9.2% ～ 11%，其中不饱和脂肪酸占脂肪油的 93%。且药理研究证明：苍耳子脂肪油无毒。因此，苍耳子作为一种新型的油料作物，具有广阔的开发前景。

参考文献

[1] 韩婷，秦路平，郑汉臣，等 . 苍耳及其同属药用植物研究进展 [J]. 解放军药学学报，2003，19(2)：122-125.

[2] 郭亚红，李家实，潘炯光，等 . 苍耳子中挥发油的研究 [J]. 中国中药杂志，1994，19(4)：235-236.

[3] 黄文华，余竞光，孙兰，等 . 中药苍耳子化学成分的研究 [J]. 中国中药杂志，2005，30(13)：1027-1028.

[4] 张玉昆，吴寿金，张建国 . 苍耳草挥发油成分的研究 [J]. 中草药，1995，26(1)：48.

[5] MCMILLAN C, CHAVEZ P I, PLETTMAN S G, et al. Systematic implications of the sesquiterpene lactones in the strumarium morphological complex (*Xanthium strumarium*, Asteraceae) of Europe, Asia, and Africa[J]. Biochemical Systematics and Ecology, 1975, 2(3-4): 181-184.

[6] KIM Y S, KIM J S, PARK S H, et al. Two cytotoxic sesquiterpene lactones from the leaves of *Xanthium strumarium* and their *in vitro* inhibitory activity on farnesyltransferase[J]. Planta Medica, 2003, 69(4): 375-377.

[7] MAHMOUD A A. Xanthanolides and xanthane epoxide derivatives from *Xanthium strumarium*[J]. Planta Medica, 1998, 64(8): 724-727.

[8] 张晓琦，戚进，叶文才，等 . 苍耳茎化学成分的研究 [J]. 中国药科大学学报，2004，35(5)：404-405.

[9] 姜克元，黎维勇，王岚 . 苍耳子提取液抗病毒作用的研究 [J]. 时珍国药研究，1997，8(3)：217.

[10] 付明，刘胜贵，伍贤进 . 灰白毛莓、苍耳的抑菌作用研究 [J]. 华中师范大学学报（自然科学版），2005，39(2)：245-248.

[11] SATO Y, OKETANI H, YAMADA T, et al. A xanthanolide with potent antibacterial activity against methicillin-resistant *Staphylococcus aureus*[J]. The Journal of Pharmacy and

Pharmacology, 1997, 49(10): 1042-1044.

[12] 吴达荣，秦瑞．苍耳根醇提取物对白色念珠菌的抗菌试验 [J]. 现代医药卫生，2004，20(20)：2107-2108.

[13] 左祖英，唐恩洁，夏建平，等．防风苍耳子水煎剂对小鼠免疫功能的影响 [J]. 川北医学院学报，1997，12(3)：9-10.

[14] 王龙妹，傅惠娣，周志兰．枸杞子、白术、细辛、苍耳子对白细胞介素 -2 受体表达的影响 [J]. 中国临床药学杂志，2000，9(3)：171-173.

[15] 李红，周谋．苍耳子及复方制剂的药理作用和临床研究进展 [J]. 山西医科大学学报，2004，35(3)：313-315.

[16] 王本祥．现代中药药理学 [M]. 天津：天津科学技术出版社，1997：98-104.

[17] NIIKAWA M, WU A F, SATO T, et al. Effects of Chinese medicinal plant extracts on mutagenicity of Trp-P-1[J]. Natural Medicines, 1995, 49(3): 329-331.

[18] 张学梅，张重华．苍耳子中毒及毒性研究进展 [J]. 中西医结合学报，2003，1(1)：71-73.

◆ 苍耳种植基地

草麻黄 Caomahuang CP, JP, VP

Ephedra sinica Stapf
Ephedra

概述

麻黄科 (Ephedraceae) 植物草麻黄 *Ephedra sinica* Stapf，其干燥草质茎入药。中药名：麻黄。

麻黄属 (*Ephedra*) 植物全世界约有 40 种，广泛分布于亚洲、美洲、欧洲东南部以及非洲北部的干旱、荒漠地区。中国有 12 种 4 变种。本属现供药用者约 10 种。本种主要分布于辽宁、吉林、内蒙古、河北、陕西、山西、河南等省区。

"麻黄"药用之名，始载于《神农本草经》，列为中品。中国从古至今作中药麻黄入药者系该属多种植物。《中国药典》（2015 年版）收载本种为中药麻黄的法定原植物来源种之一。主产于中国河北、山西、新疆、内蒙古。

麻黄属植物的有效成分为生物碱、挥发油和黄酮等成分。《中国药典》采用高效液相色谱法进行测定，规定麻黄药材含盐酸麻黄碱和盐酸伪麻黄碱的总量不得少于 0.80%，以控制药材质量。

药理研究表明，草麻黄具有兴奋中枢神经、诱发出汗、抗过敏、利尿、降血压、抑制流感病毒、解热、镇静等作用。

中医理论认为麻黄具有发汗散寒，宣肺平喘，利水消肿等功效。

◆ 草麻黄
Ephedra sinica Stapf

◆ 麻黄药材
Ephedrae Herba

◆ 中麻黄
E. intermedia Schrenk et C. A. Mey.

◆ 木贼麻黄
E. equisetina Bge.

化学成分

草麻黄茎中的主要有效成分为三对立体异构体的生物碱，即：左旋麻黄碱 (*l*-ephedrine)、右旋伪麻黄碱 (*d*-pseudoephedrine)、左旋去甲基麻黄碱 (*l*-norephedrine)、右旋去甲基伪麻黄碱 (*d*-norpseudoephedrine)、左旋甲基麻黄碱 (*l*-methylephedrine) 和右旋甲基伪麻黄碱 (*d*-methylpseudoephedrine)[1]，另含有生物碱麻黄恶唑酮 (ephedroxane)[2]。挥发油是麻黄的又一主要有效成分，主要有*l*-α-松油醇 (*l*-α-terpineol)、γ-桉叶醇 (γ-eudesmol) [3]。还含有2,3,5,6-四甲基吡嗪 (2,3,5,6-tetramethylpyrazine)、α、β-萜品烯醇 (α, β-terpineols)、二氢葛缕醇 (dihydrocarveol)[4]等成分。尚含黄酮类化合物芹菜素 (apigenin)、 小麦黄素 (tricin)、山柰酚 (kaempferol)、草棉黄素 (herbacetin)、3-甲氧基草棉黄素 (3-methoxyherbacetin)、芹菜素-5-鼠李糖苷 (kaempferol-5-rhamnoside)[5] 等。

◆ *l*-ephedrine

◆ *d*-pseudoephedrine

药理作用

1. 发汗

大鼠口服麻黄碱和左旋甲基麻黄碱可促使足底发汗。

2. 镇痛、抗炎

伪麻黄碱灌胃明显减少冰醋酸所致大鼠和小鼠扭体次数，抑制二甲苯所致小鼠耳郭肿胀 [6]；伪麻黄碱腹腔注射可抑制小鼠巴豆油所致耳郭肿胀、大鼠角叉菜胶或甲醛所致足趾肿胀和大鼠棉球肉芽肿。麻黄煎剂灌胃可使生理盐水雾化吸入致哮喘豚鼠肺支气管壁及周围肺组织炎性细胞浸润减少，肺泡灌洗液中细胞数和细胞因子白介素 (IL-5) 浓度明显降低 [7]。

3. 平喘、镇咳、祛痰

离体兔肺支气管灌注麻黄碱和伪麻黄碱可引起支气管扩张，麻黄碱体外可引起离体豚鼠气管平滑肌松弛，对抗氨甲酰胆碱 (CCH) 引起的气管痉挛 [8]；麻黄挥发油腹腔注射能明显延长豚鼠的组胺气雾致喘时间。麻黄水提取物对机械刺激所致的咳嗽有明显镇咳作用。麻黄挥发油灌胃可明显提高小鼠气管排泌酚红作用。

4. 利尿

麻醉犬和家兔静脉注射右旋伪麻黄碱有显著利尿作用。

5. 中枢兴奋

麻黄碱、伪麻黄碱腹腔注射能缩短戊巴比妥钠引起的小鼠睡眠时间，大剂量时与阈下剂量戊四氮有协同作用 [9]；麻黄碱腹腔注射可使单侧中动脉闭塞 (MCAO) 大鼠横木行走运动功能改善，缺血周围区生长相关蛋白 (GAP-43) 和突触素 (SYP) 表达水平升高 [10]；水迷宫法测定表明，盐酸麻黄碱、甲基麻黄碱灌胃对正常小鼠有促进记忆作用，可显著改善东莨菪碱所致记忆障碍、亚硝酸钠所致记忆巩固障碍和乙醇所致记忆再现障碍 [11-12]。

6. 对心血管系统的影响

麻黄碱和伪麻黄碱腹腔注射能剂量依赖性地增加离体豚鼠右心房率和左心房收缩力 [13]，麻黄碱低浓度预处理可抑制去甲肾上腺素对离体大鼠和兔主动脉环的收缩作用，高浓度时则有增强作用 [14]。麻黄果多糖静脉注射可使家兔动脉血压明显下降，使用噻吗酰胺阻断 β- 受体后给药可使家兔血压迅速下降为零，动物死亡 [15]。

7. 其他

麻黄水提取物腹腔注射可使正常小鼠血糖一过性升高后持久下降 [16]。麻黄生物碱能使链脲菌素 (STZ) 致高血糖小鼠的血糖显著降低 [17]。麻黄醇提取物体外可促进脂肪细胞的脂肪合成，抑制去甲肾上腺素的促进脂肪分解作用 [18]。麻黄还可抑制流感病毒 [19-20] 和抑制淀粉酶活性 [21]。麻黄根的生物碱具有止汗作用。麻黄生物碱和非碱性成分尾静脉注射对氯化铁局灶性脑缺血大鼠具有相当的溶血栓作用 [22]，麻黄果多糖体外具有抗凝血作用 [23]。

应用

本品为中医临床常用药。功能：发汗解表，宣肺平喘，利水消肿。主治：风寒感冒，胸闷喘咳，风水浮肿。

现代临床还用于哮喘、低血压、因鼻黏膜肿胀引起的鼻塞、肥胖症及伤风、感冒、过敏性鼻炎等上呼吸道疾病等病的治疗。

评注

药用植物图像数据库

本种是当前中国药用麻黄商品中的法定主流品种，野生品产量大，商品覆盖面广，生物碱含量较高，质量较好。《中国药典》还收载了同属植物中麻黄 *Ephedra intermedia* Schrenk et C. A. Mey. 和木贼麻黄 *E. equisetina* Bge. 为中药麻黄的法定原植物来源种。不同基原的麻黄生物碱的含量不同，不同品种相差可达一倍以上。因此麻黄在使用时应注意品种和质量问题。

麻黄及其制剂曾被欧美国家广泛用作减肥药，由于效果不确切和不良反应较多，已被禁止使用 [24]。

麻黄及其制品始终处于供不应求的局面，现已被列入中国第二批《国家重点保护野生植物名录》中。应加强建立质量稳定、可控的麻黄生产基地，保证麻黄资源的可持续利用。

草麻黄、中麻黄和木贼麻黄的根及根茎也可入药，中药名：麻黄根。其固表敛汗功效与麻黄相反，使用时应多加注意。

参考文献

[1] 张建生，田珍，楼之岑．十二种国产麻黄的质量评价 [J]. 药学学报，1989，24(11)：865-871.

[2] KONNO C, TAGUCHI T, TAMADA M, et al. Ephedroxande, anti-inflammatory principle of *Ephedra* herbs[J]. Phytochemistry, 1979, 18(4): 697-698.

[3] 吉力，徐植灵，潘炯光，等．草麻黄中麻黄和木贼麻黄挥发油化学成分的 GC-MS 分析 [J]. 中国中药杂志，1997，22(8)：489-492.

[4] 孙静云．麻黄新的有效成分研究 [J]. 中草药，1983，14(8)：345-346.

[5] PUREV O, POSPISIL F, MOTL O. Flavonoids from *Ephedra sinica* Stapf[J]. Collection of Czechoslovak Chemical Communications, 1988, 53(12): 3193-3196.

[6] 戴贵东，闫林，余建强，等．伪麻黄碱镇痛、抗炎作用的研究 [J]. 陕西医学杂志，2003，32(7)：641-642.

[7] 杨礼腾，熊瑛，李国平，等．麻黄调控哮喘豚鼠气道炎症的作用 [J]. 中国呼吸与危重监护杂志，2005，4(6)：473-474.

[8] 许继德，谢强敏，陈季强，等．麻黄碱与总皂苷对豚鼠气管平滑肌松弛的协同作用 [J]. 中国药理学通报，2002，18(4)：394-396.

[9] 蒋袁絮，闫琳，余建强，等．麻黄碱、伪麻黄碱及其水杨酸衍生物对小鼠中枢神经系统作用的比较 [J]. 中草药，2004，35(11)：1274-1277.

[10] 赵晓科，肖农，周江堡，等．麻黄碱对脑缺血大鼠运动功能恢复的影响及分子机制研究 [J]. 中国康复医学杂志，2005，20(3)：172-175.

[11] 常福厚，刘素珍，王艳秋，等．甲基麻黄碱对小鼠记忆障碍的影响 [J]. 内蒙古医学院学报，1999，21(1)：28-30.

[12] 常福厚，刘素珍，辛忠，等．麻黄碱衍生物对小鼠学习记忆的影响 [J]. 内蒙古医学院学报，2000，22(4)：252-255.

[13] 戴贵东，李汉青．伪麻黄碱和麻黄碱对离体豚鼠心房作用的机理研究 [J]. 西北药学杂志，2001，16(1)：24-25.

[14] 戴贵东，郑萍，李汉青．伪麻黄碱和麻黄碱对离体兔和大鼠主动脉环的影响 [J]. 宁夏医学院学报，2001，23(5)：318-319.

[15] 邱丽颖，吕莉，王德宝，等．麻黄果多糖对家兔动脉血压的影响机制研究 [J]. 张家口医学院学报，1999，16(2)：1，5.

[16] 游龙，王耕．影响血糖升降的 65 种中药 [J]. 中国中医药信息杂志，2000，7(5)：32-33，37.

[17] XIU L M, MIURA A B, YAMAMOTO K, et al. Pancreatic islet regeneration by ephedrine in mice with streptozotocin-induced diabetes[J]. American Journal of Chinese Medicine, 2001, 29(3-4): 493-500

[18] 蒋明，高久武司，奥田拓道．麻黄胰岛素样作用的实验研究 [J]. 中国药学杂志，1997，32(12)：782.

[19] MANTANI N, ANDOH T, KAWAMATA H, et al. Inhibitory effect of Ephedrae herba, an oriental traditional medicine, on the growth of influenza A/PR/8 virus in MDCK cells[J]. Antiviral Research, 1999, 44(3): 193-200.

[20] MANTANI N, IMANISHI N, KAWAMATA H, et al. Inhibitory effect of (+)-catechin on the growth of influenza A/PR/8 virus in MDCK cells[J]. Planta Medica, 2001, 67(3): 240-243.

[21] KOBAYASHI K, SAITO Y, NAKAZAWA I, et al. Screening of crude drugs for influence on amylase activity and postprandial blood glucose in mouse plasma[J]. Biological & Pharmaceutical Bulletin, 2000, 23(10): 1250-1253.

[22] 李姿娇，杨屹，丁明玉，等．麻黄成分的分离及其中非麻黄碱部分溶栓作用的研究 [J]. 中国药学杂志，2004，39(6)：423-425.

[23] 邱丽颖，王书华，吕莉，等．麻黄果多糖的抗凝血机制研究 [J]. 张家口医学院学报，1999，16(1)：3-4.

[24] PITTLER M H, ERNST E. Dietary supplements for body-weight reduction: a systematic review[J]. American Journal of Clinical Nutrition, 2003, 79(4): 529-536.

草珊瑚 Caoshanhu[CP]

Sarcandra glabra (Thunb.) Nakai
Glabrous Sarcandra

概述

金粟兰科 (Chloranthaceae) 植物草珊瑚 *Sarcandra glabra* (Thunb.) Nakai，其干燥全株入药。中药名：肿节风。

草珊瑚属 (*Sarcandra*) 植物全世界约 3 种，主要分布于亚洲东部至印度。中国有 2 种，均可入药。本种分布于中国华东、西南及中南部分省区；朝鲜半岛、日本、马来西亚、菲律宾、越南、柬埔寨、印度、斯里兰卡也有分布。

“肿节风”药用之名，始载于《汝南圃史》。《中国药典》（2015 年版）收载本种为中药肿节风的法定原植物来源种。主产于中国浙江、江西、广西等地，以江西、浙江等地产量大，质量好。

草珊瑚主要活性成分为黄酮类、香豆素类，此外还含有内酯、挥发油等化合物[1]。近代研究指出，其所含的异秦皮啶具有显著的抗菌、抗癌作用，且含量较高，可作为指标性成分[2]。《中国药典》采用高效液相色谱法进行测定，按干燥品计算，规定肿节风含异嗪皮啶不得少于 0.020%，含迷迭香酸不得少于 0.020%，以控制药材质量。

药理研究表明，草珊瑚具有抗菌、抗病毒、抗肿瘤和增强免疫等作用[3]。

中医理论认为肿节风具有清热凉血，活血消斑，祛风通络等功效。

◆ 草珊瑚
Sarcandra glabra (Thunb.) Nakai

◆ 药材肿节风
Sarcandrae Herba

化学成分

草珊瑚的全草含有香豆素类：异秦皮啶 (isofraxidin) 和东莨菪内酯 (scoploetin)[4]；萜类：金粟兰内酯A、B、E、F、G[5-6] (chloranthalactones A,B, E～G)、草珊瑚内酯 A [(−)-istanbulin A]、金粟兰交酯 (shizukanolide)、chloranosides A、B、(−)-4β,7α-dihydroxyaromadendrane 和匙叶桉油烯醇 (spathulenol)、 橙花倍半萜醇 (nerolidol)、白桦脂酸 (betulinic acid) 等[4]；黄酮苷：落新妇苷 (astilbin) 等[4]；挥发油：芳樟醇 (linalool)、雅槛蓝烯 (eremophilene)、β-罗勒烯 (β-ocimene)、榄香烯 (elemene)[7]。

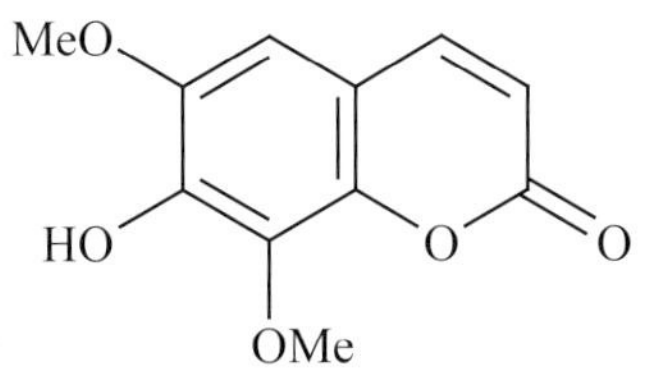

◆ isofraxidin

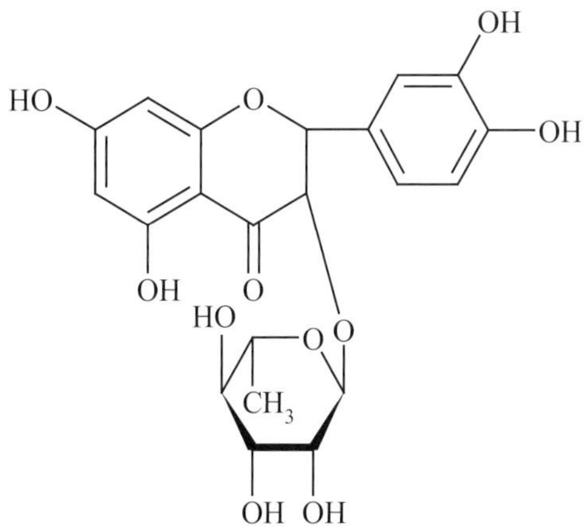

◆ astilbin

药理作用

1. 抗菌消炎

体外实验表明草珊瑚挥发油对絮状表皮癣菌和石膏样毛癣菌有一定的抑制和杀灭作用[8]。草珊瑚浸膏灌胃对巴豆油所致的小鼠耳郭炎症、角叉菜胶所致的大鼠足趾炎症以及小鼠棉球肉芽肿均有明显的抑制作用。此外体外实验表明，草珊瑚浸膏也能明显抑制细菌生长[9]。

2. 抗肿瘤

草珊瑚对 S_{180} 肉瘤的抑制率为 27%～29%，对小鼠肝癌 (HepA) 实体瘤的抑制率为 25%～36%，对艾氏腹水癌小鼠生命延长率为 22%～28%[10]。草珊瑚注射液体内、外对小鼠肝癌 Hep-A-22 均具有抗肿瘤作用，并可增加荷瘤鼠免疫器官指数及外周血白细胞数[11]。此外，给肝损伤的大鼠灌服草珊瑚浸膏，发现其具有促进肝内轻度脂肪沉积的作用[12]。

3. 其他

草珊瑚浸膏及其分离物总黄酮对细胞吞噬功能等免疫指针有促进作用[3]。草珊瑚注射液腹腔注射后，对日本血吸虫感染小鼠的抗体形成有抑制作用，并在感染早期使外周血 T 细胞百分率明显降低，随着剂量的增大，抑制作用愈趋明显[13]。

应用

本品为中医临床用药。功能：清热凉血，活血消斑，祛风通络。主治：血热发斑发疹，风湿痹痛，跌打损伤。

现代临床还用于骨折、急性阑尾炎、急性胃肠炎、细菌性痢疾、胆囊炎、口腔炎、蜂窝组织炎等病的治疗。

评注

药用植物图像数据库

草珊瑚除具有抗菌消炎的作用外，还具有抗衰老、抗肿瘤、防紫外线、防角蛋白质的流失、护肤等多重功效。草珊瑚药用保健产品的开发研制日益受到重视，草珊瑚保健茶、草珊瑚含片、草珊瑚天然全效护理牙膏、草珊瑚透明皂等系列保健产品先后问世。

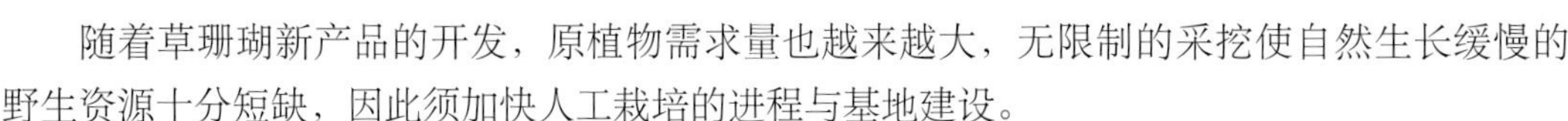

随着草珊瑚新产品的开发，原植物需求量也越来越大，无限制的采挖使自然生长缓慢的野生资源十分短缺，因此须加快人工栽培的进程与基地建设。

参考文献

[1] 涂艺声，江洪如，王碧琴．植物离体培养产生草珊瑚有效成分 [J]. 天然产物研究与开发，1995：7(1)：35-41.

[2] 夏绘晶，罗永明，曾爱华．草珊瑚根茎中异嗪皮啶的研究 [J]. 江西中医学院学报，2002，14(3)：9-10.

[3] 徐志杰．草珊瑚的研究概况 [J]. 江西中医学院学报，1994，6(1)：36-37.

[4] 王钢力，陈道峰，林瑞超．肿节风的化学成分及其制剂质量控制研究进展 [J]. 中草药，2003，34(8)：12-14.

[5] TAKEDA Y, YAMASHITA H, MATSUMOTO T, et al. Chloranthalactone F, A sesquiterpenoid from the leaves of *Chloranthus glaber*[J]. Phytochemistry, 1993, 33(3): 713-715.

[6] TSUI W Y, BROWN G D. Cycloeudesmanolides from *Sarcandra glabra*[J]. Phytochemistry, 1996, 43(4): 819-821.

[7] 黄荣清，谢平，史建栋，等．肿节风挥发油的气相色谱－质谱分析 [J]. 中成药，1998，20(1)：37-38.

[8] 李松林，乔传卓，苏中武，等．草珊瑚 3 个化学型的挥发油成分及其抗真菌活性研究 [J]. 中草药，1991，22(10)：435-437.

[9] 蒋伟哲，孙晓龙，黄仁彬，等．肿节风片的抗菌和抗炎作用研究 [J]. 广西中医学院学报，2000，17(1)：50-52.

[10] 王劲，杨锋，沈翔，等．肿节风抗肿瘤的实验研究 [J]. 浙江中医杂志，1999，34(10)：450-451.

[11] 孙文娟，李晶，兰凤英，等．肿节风注射液抗小鼠肝癌 Hep-A-22 的作用及毒性 [J]. 中成药，2003，25(4)：313-315.

[12] 金树根，李兆健．肿节风对二甲基亚硝胺中毒性肝损伤大鼠干预作用的实验研究 [J]. 上海中医药杂志，1998，(5)：43-45.

[13] 吴晓蔓，潘炳荣，周丽莹．肿节风对日本血吸虫感染小鼠免疫应答的影响及其意义 [J]. 中国实验临床免疫学杂志，1992，4(6)：41-42.

侧柏 Cebai[CP]

Platycladus orientalis (L.) Franco
Oriental Arborvitae

概述

柏科 (Cupressaceae) 植物侧柏 *Platycladus orientalis* (L.) Franco，其干燥成熟种仁入药，中药名：柏子仁；其干燥枝梢及叶入药，中药名：侧柏叶。

侧柏属 (*Platycladus*) 植物全世界仅侧柏 1 种，遍布于中国各地，朝鲜半岛也有分布。

柏子仁以“柏实”药用之名，载于《神农本草经》，列为上品；侧柏叶药用以“柏叶”之名始见于《名医别录》，收载于“柏实”项下。《中国药典》（2015 年版）收载本种为中药柏子仁和侧柏叶的法定原植物来源种。柏子仁主产于山东、河南、河北等省区，陕西、湖北、甘肃、云南也产；侧柏叶在中国大部分地区均产。

侧柏主要含黄酮和二萜类等成分。《中国药典》采用高效液相色谱法进行测定，规定侧柏叶药材含槲皮苷不得少于 0.1%，以控制药材质量。

药理研究表明，侧柏具有益智、镇静催眠、止血、抗炎、抗真菌、解痉、抗氧化等作用。

中医药理论认为柏子仁具有养心安神，润肠通便，止汗等功效；侧柏叶具有凉血止血，化痰止咳，生发乌发等功效。

◆ 侧柏
Platycladus orientalis (L.) Franco

◆ 侧柏
P. orientalis (L.) Franco

◆ 药材侧柏叶
Platycladi Cacumen

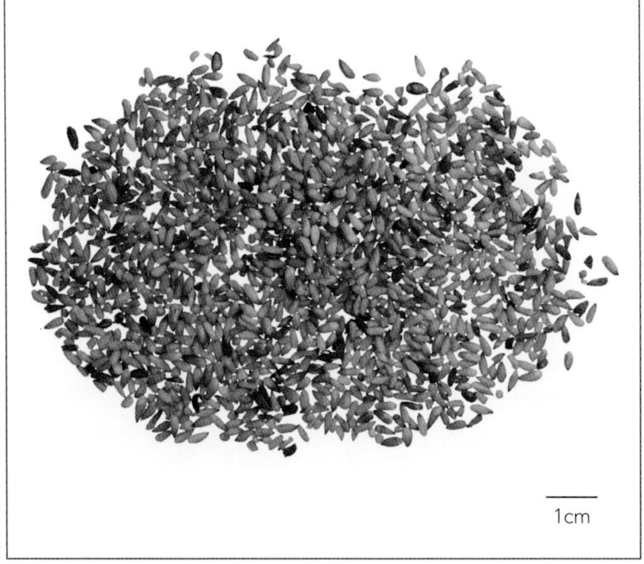

◆ 药材柏子仁
Platycladi Semen

化学成分

侧柏的枝叶含挥发油：油中主成分为雪松醇 (cedrol)、α-蒎烯 (α-pinene)、3-蒈烯 (3-carene)[1-2]等；黄酮：穗花杉双黄酮 (amentoflavone)、扁柏双黄酮(hinokiflavone)[3]、柏双黄酮 (cupressuflavone)、芹菜素 (apigenin)、槲皮苷 (quercitrin)、山柰酚-7-*O*-葡萄糖苷 (kaempferol-7-*O*-glucoside)、杨梅树皮素-3-*O*-α-*L*-鼠李糖苷 (myricetin-3-*O*-α-*L*-rhamnoside)[4]、5-羟基-7,4'-二甲氧基黄酮(5-hydroxy-7,4'-dimethoxyflavone)[5]等；二萜：海松酸 (pimaric acid)、异海松酸 (isopimaric acid)[6]、山达海松酸 (sandaracopimaric acid)、去甲基松内酯(demethylpinusolide)、isocupressic acid[7]、15-甲氧基松脂酸 (15-methoxypinusolidic acid)、内异海松-15-烯-3α,8α-二醇 (ent-isopimara-15-en-3α,8α-diol)、兰伯松脂酸 (lambertianic acid)、异海松-8(9),15-二烯-18酸 [isopimara-8(9),15-dien-18-oic acid]、异海松-7(8),15-二烯-3β,18-二醇 [isopimara-7(8),15-dien-3β,18-diol][8]、松内酯(pinusolide)、松脂酸(pinusolidic acid)、15-isopimaren-3β,8β-diol、8(9),15-isopimaradien-3β-ol、8(14),15-isopimaradien-3β,19-diol、3β,19-dihydroxy-8(9),15-isopimaradien-7-one[9]等；木脂素：脱氧鬼臼毒素 (deoxypodophyllotoxin)[10]。

果实含黄酮类成分：5-羟基-7,4'-二甲氧基黄酮 (5-hydroxy-7,4'-dimethoxyflavone)[11]；单萜：柏子仁双醇 (platydiol)[12]；二萜： 6,7-dehydrosandaracopimaric acid、platyclolactonic acid、14,15-bisnor-8(17)- labdene-16,19-dioic acid、山达海松酸、异海松酸、8,15-pimaradien-18-oic acid、松内酯、松脂酸、15-羟基松脂酸 (15-hydroxypinusolidic acid)[11-12]等。

侧柏的花粉粒含16-feruloyloxypalmitic acid、对香豆酸 (*p*-coumaric acid)、槲皮素 (quercetin)、木犀草素 (luteolin)、桐棉苷 (populnin)[13]等成分。

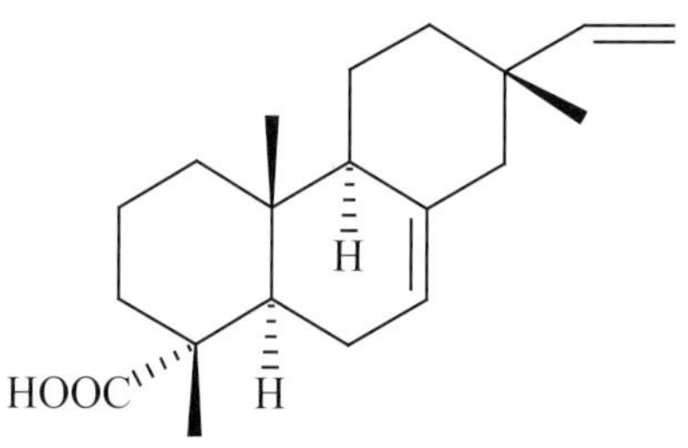

◆ isopimaric acid

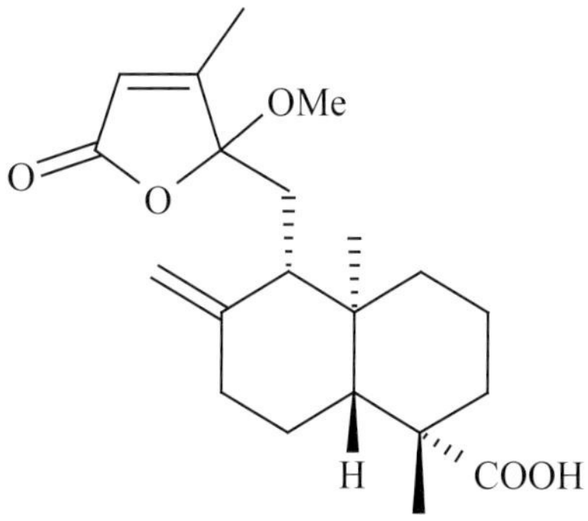

◆ platyclolactonic acid

药理作用

1. 止血

侧柏叶的炮制品（烘烤、蒸制）水煎液腹腔注射，能显著缩短小鼠尾静脉出血时间[14]。

2. 对血小板聚集的影响

侧柏叶的水提取物、侧柏叶所含的松脂酸及松内酯为血小板活化因子 (PAF) 拮抗剂；松内酯能显著抑制PAF诱导的兔血小板释放5-羟色胺 (serotonin)，并能剂量依赖地抑制PAF导致的大鼠低血压[15-16]。

3. 抗炎

侧柏叶所含的总黄酮腹腔注射能显著抑制二甲苯所致的小鼠耳郭肿胀及角叉菜胶所致的大鼠足趾肿胀，并显著降低大鼠足趾局部炎症组织中前列腺素 E_2 (PGE_2) 和一氧化氮 (NO) 的含量；抗炎机制亦可能与其抑制中性粒细胞白三烯类物质的生物合成及溶酶体酶的释放有关[17-18]。

4. 解痉

侧柏叶的乙酸乙酯提取物能抑制乙酰胆碱、氯化钾所致的豚鼠离体气管平滑肌收缩，其机制可能与影响钙离子的跨膜转运有关[19]。

5. 降血尿酸

侧柏叶的乙醇提取物及所含的黄酮类成分口服能显著降低氧嗪酸钾 (potassium oxonate) 所致高尿酸血症小鼠的血清尿酸水平; 降血尿酸作用机制与其抑制小鼠肝脏中黄嘌呤脱氢酶 (XDH)/ 黄嘌呤氧化酶 (XOD) 活性有关[20]。

6. 益智

柏子仁的乙醇提取物口服能剂量依赖地改善小鼠双侧前脑基底节损伤所致的记忆获得障碍和记忆保持紊乱[21]。柏子仁的石油醚提取物（主要含不饱和脂肪酸及其酯）对鸡胚背根神经节的生长有轻度促进作用，显示了一定的神经营养作用[22]。

7. 镇静催眠

柏子仁的乙醇提取物腹腔注射能显著延长猫的慢波睡眠时间和深睡时间[23]。

8. 其他

柏子仁脂肪油能调节血脂[24]；侧柏叶所含黄酮能抑制过氧化氢 (H_2O_2) 所致的人红细胞溶血和红细胞脂质过氧化[25]；侧柏叶的甲醇提取物体外能显著抑制念珠菌属 (*Candida*) 致病真菌[26]，对人肺癌细胞 A_{549} 和结肠癌细胞 Col 2 有显著细胞毒活性[27]。

应用

本品为中医临床用药。

侧柏叶：

功能：凉血止血，化痰止咳，生发乌发。主治：吐血，衄血，咯血，便血，崩漏下血，肺热咳嗽，血热脱发，须发早白。

现代临床还用于百日咳、带状疱疹、烧伤、腮腺炎等病的治疗。

柏子仁：

功能：养心安神，润肠通便，止汗。主治：阴血不足，虚烦失眠，心悸怔忡，肠燥便秘，阴虚盗汗。

评注

药用植物图像数据库

《中国植物志》和《中国药典》采用 *Platycladus orientalis* (L.) Franco 作为侧柏的原植物学名，亦有文献仍然使用 *Thuja orientalis* L. 或 *Biota orientalis* (L.) Endl. 作为其学名。

侧柏亦名扁柏，为常绿乔木，有很强的生长适应性，常栽培作庭园观赏和绿化造林。侧柏木材黄褐色，富树脂，材质细密，纹理斜行，耐腐蚀力强，坚实耐用，可供建筑、器具、家具、农具及文具等用材。

侧柏除侧柏叶及柏子仁药用外，其他部分亦可药用。去掉栓皮的根皮，以中药名柏根白皮入药，功能：凉血，解毒，敛疮，生发；枝条，以中药名柏枝节入药，功能：祛风除湿，解毒疗疮；树干或树枝经燃烧后分泌的树脂，以中药名柏脂入药，功能：除湿清热，解毒杀虫。

参考文献

[1] 魏刚，王淑英．侧柏叶挥发油化学成分气质联用分析 [J]. 时珍国医国药，2001，12(1)：18-19.

[2] 王鸿梅．柏枝节挥发油化学成分的测定分析 [J]. 中草药，2004，35(8)：863.

[3] PELTER A, WARREN R, HAMEED N, et al. Biflavonyl pigments from *Thuja orientalis* (Cupressaceae) [J]. Phytochemistry, 1970, 9(8): 1897-1898.

[4] KHABIR M, KHATOON F, ANSARI W H. Phenolic constituents of *Thuja orientalis*[J]. Current Science, 1985, 54(22): 1180-1181.

[5] YANG H O, SUH D Y, HAN B H. Isolation and characterization of platelet-activating factor receptor binding antagonists from *Biota orientalis*[J]. Planta Medica, 1995, 61(1): 37-40.

[6] SHARMA S, NAGAR V, MEHTA B K, et al. Diterpenoids from *Thuja orientalis* leaves[J]. Fitoterapia, 1993, 64(5): 476-477.

[7] SUNG S H, KOO K A, LIM H K, et al. Diterpenes of *Biota orientalis* leaves[J]. Saengyak Hakhoechi, 1998, 29(4): 347-352.

[8] KOO K A, SUNG S H, KIM Y C. A new neuroprotective pinusolide derivative from the leaves of *Biota orientalis*[J]. Chemical & Pharmaceutical Bulletin, 2002, 50(6): 834-836.

[9] ASILI J, LAMBERT M, ZIEGLER H L, et al. Labdanes and isopimaranes from *Platycladus orientalis* and their effects on erythrocyte membrane and on *Plasmodium falciparum* growth in the erythrocyte host cells[J]. Journal of Natural Products, 2004, 67(4): 631-637.

[10] KOSUGE T, YOKOTA M, SUGIYAMA K, et al. Studies on anticancer principles in Chinese medicines. Ⅱ. Cytotoxic principles in *Biota orientalis* (L.) Endl. and *Kaempferia galanga* L.[J]. Chemical & Pharmaceutical Bulletin, 1985, 33(12): 5565-5567.

[11] KUO Y H, CHEN W C. Chemical constituents of the pericarp of *Platycladus orientalis*[J]. Journal of the Chinese Chemical Society, 1999, 46(5): 819-824.

[12] KUO Y H, CHEN W C, LEE C K. Four new terpenes from the pericarp of *Platycladus orientalis*[J]. Chemical & Pharmaceutical Bulletin, 2000, 48(6): 766-768.

[13] OHMOTO T, YAMAGUCHI K. Constituents of pollen. XV. Constituents of *Biota orientalis* (L.) Endl. (1) [J]. Chemical & Pharmaceutical Bulletin, 1988, 36(2): 807-809.

[14] 阎凌霄，史生祥，孙文基，等．不同炮制对侧柏叶止血效果影响 [J]. 中药材，1989，12(7)：22-23.

[15] YANG H O, HAN B H. Pinusolidic acid. A platelet-activating factor inhibitor from *Biota orientalis*[J]. Planta Medica, 1998, 64(1): 73-74.

[16] KIM K A, MOON T C, LEE S W, et al. Pinusolide from the leaves of *Biota orientalis* as potent platelet activating factor antagonist[J]. Planta Medica, 1999, 65(1): 39-42.

[17] 梁统，覃燕梅，梁念慈，等．侧柏总黄酮的抗炎作用及机制 [J]. 中国药理学通报，2003，19(12)：1407-1410.

[18] 梁统，覃燕梅，丁航，等．侧柏总黄酮的抗炎作用 [J]. 沈阳药科大学学报，2004，21(4)：301-303.

[19] 唐春萍，江涛，庄晓彬．侧柏叶乙酸乙酯提取物对豚鼠离体气管平滑肌的作用 [J]. 中草药，1999，30(4)：278-279.

[20] ZHU J X, WANG Y, KONG L D, et al. Effects of *Biota orientalis* extract and its flavonoid constituents, quercetin and rutin on serum uric acid levels in oxonate-induced mice and xanthine dehydrogenase and xanthine oxidase activities in mouse liver[J]. Journal of Ethnopharmacology, 2004, 93(1): 133-140.

[21] NISHIYAMA N, CHU P J, SAITO H. Beneficial effects of biota, a traditional Chinese herbal medicine, on learning impairment induced by basal forebrain-lesion in mice[J]. Biological & Pharmaceutical Bulletin, 1995, 18(11): 1513-1517.

[22] 余正文，杨小生，范明．柏子仁促鸡胚背根神经节生长活性成分研究 [J]. 中草药，2005，36(1)：28-29.

[23] 李海生，王安林，于利人．柏子仁单方注射液对睡眠模型猫影响的实验研究 [J]. 天津中医学院学报，2000，19(3)：38-40.

[24] IKEDA I, OKA T, KOBA K, et al. 5c,11c,14c-Eicosatrienoic acid and 5c,11c,14c,17c-eicosatetraenoic acid of *Biota orientalis* seed oil affect lipid metabolism in the rat[J]. Lipids, 1992, 27(7): 500-504.

[25] 丁航，刘慧明，梁统，等．侧柏叶中黄酮类化合物对 H_2O_2 诱导的人红细胞氧化作用的影响 [J]. 实用临床医学，2003，4(3)：23-24.

[26] 张庆云，刘志芹，胡迎庆，等．侧柏叶抗真菌作用研究 (I) [J]. 中国中医药杂志，2004，2(3)：107-108.

[27] NAM K A, LEE S K. Evaluation of cytotoxic potential of natural products in cultured human cancer cells[J]. Natural Product Sciences, 2000, 6(4): 183-188.

柴胡 Chaihu CP

Bupleurum chinense DC.
Chinese Thorowax

概述

伞形科 (Apiaceae) 植物柴胡 *Bupleurum chinense* DC.，其干燥根入药。中药名：柴胡。因其多产在中国北方，故亦称北柴胡。

柴胡属 (*Bupleurum*) 植物全世界约有 100 种，主要分布在北半球的温带、亚热带地区。中国产约 40 种 20 余变种及变型，多产于西北及西南高原地区。本属现供药用者约有 20 种。本种分布于中国东北、华北、西北、华东和华中等地区。

“柴胡”药用之名始载于《神农本草经》，列为上品。历代本草均有著录。《中国药典》（2015 年版）收载本种为中药柴胡的法定原植物来源种之一。主产于中国河北、辽宁、吉林、黑龙江、河南、陕西，及朝鲜半岛。

柴胡属植物主要活性成分为三萜皂苷类化合物。《中国药典》采用高效液相色谱法进行测定，规定柴胡药材含柴胡皂苷 a 和柴胡皂苷 d 的总量不得少于 0.30%，以控制药材质量。

药理研究表明，柴胡具有解热、抗炎、镇静、镇痛、镇咳、保肝利胆和抗病毒等作用。

中医理论认为柴胡具有疏散退热，疏肝解郁，升举阳气的功效。

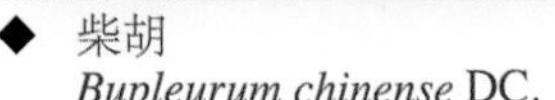

◆ 柴胡
Bupleurum chinense DC.

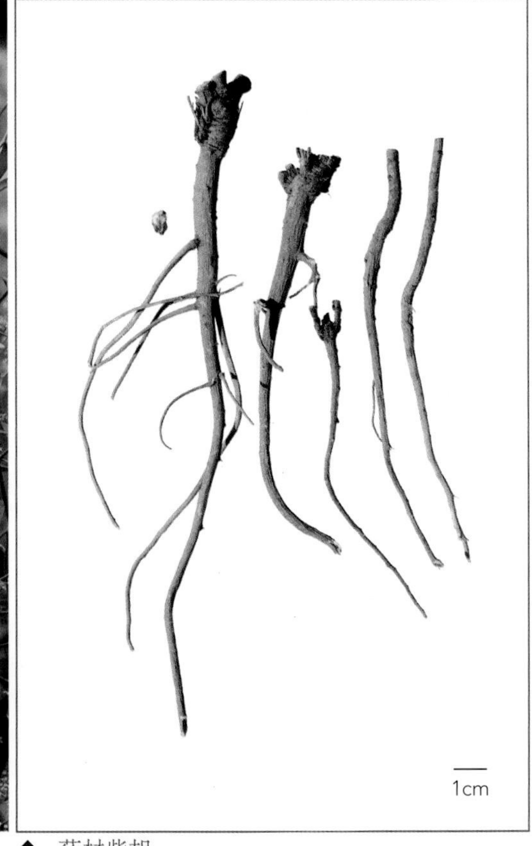

◆ 药材柴胡
Bupleuri Radix

化学成分

柴胡的根含皂苷类成分：柴胡皂苷a、b_2、b_3、c、d、f、l、q-1、t、v、v-1、v-2[1-5] (saikosaponins a, b_2, b_3, c, d, f, l, q-1, t, v, v-1, v-2)、2''-*O*-乙酰柴胡皂苷b_2 (2''-*O*-acetyl-saikosaponin b_2)、2''-*O*-乙酰柴胡皂苷a (2''-*O*-acetyl-saikosaponin a)[2]、3''-*O*-乙酰柴胡皂苷b_2 (3''-*O*-acetyl-saikosaponin b_2)、3''-*O*-乙酰柴胡皂苷d (3''-*O*-acetyl-saikosaponin d)[3]、6''-*O*-乙酰柴胡皂苷b_2 (6''-*O*-acetyl-saikosaponin b_2)、6''-*O*-乙酰柴胡皂苷d (6''-*O*-acetyl-saikosaponin d)[4]；又含挥发油：2-甲基环戊酮 (2-methylcyclopentanone)、柠檬烯 (limonene)、月桂烯 (myrcene)等[6]；还含黄酮类成分：柴胡色原酮葡萄糖苷A (saikochromoside A)[7]、柴胡色原酮酸 (saikochromic acid)、芦丁 (rutin)、槲皮素 (quercetin)、异鼠李素 (isorhamnetin)、水仙苷 (narcissin)等[8-9]；此外还含有α-菠甾醇 (α-spinasterol)、木糖醇 (xylitol) 等成分[9-10]。

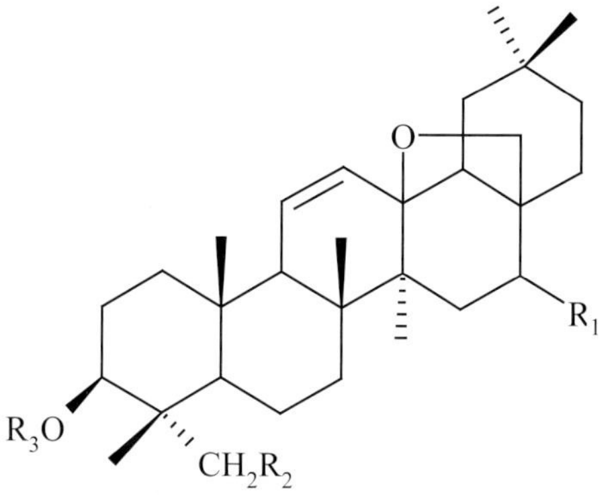

R_3O　CH_2R_2　R_1　O

◆ saikosaponin a: R_1=β-OH, R_2=OH, R_3=β-*D*-glc(1 → 3)-β-*D*-fuc-
saikosaponin c: R_1=β-OH, R_2=H, R_3=β-*D*-glc(1 → 6)-[α-L-rha-(1 → 4)]-β-*D*-glc-
saikosaponin d: R_1= α-OH, R_2=OH, R_3=β-*D*-glc(1 → 3)-β-*D*-fuc-

药理作用

1. 解热

皮下注射柴胡醇浸膏的5%水溶液对大肠埃希氏菌引起发热具有明显的解热作用；柴胡水煎剂对过期伤寒混合菌苗所致家兔发热也有明显解热作用；将柴胡根或茎叶的水煎液分别给家兔灌胃，可使肌内注射发酵牛奶致热明显下降，其中柴胡根水煎剂的降温作用更为明显；口服柴胡皂苷可使伤寒和副伤寒混合菌苗致热及正常大鼠体温下降；柴胡挥发油对于2,4-二硝基苯酚和酵母致热家兔及啤酒酵母混悬液致热大鼠具有解热作用[11]；此外柴胡皂苷元a也具有显著解热作用。

2. 抗炎

腹腔注射柴胡皂苷和柴胡挥发油对角叉菜胶所致大鼠足趾肿胀具有明显的抑制作用；柴胡皂苷 a 和 d 均具有抗渗出和抗棉球肉芽肿作用。此外，柴胡皂苷 d 具有抗肾炎作用，与促进糖皮质激素分泌有关[12-13]。

3. 镇静、镇痛

小鼠攀登实验和大鼠条件性回避反应证明口服柴胡皂苷、柴胡皂苷元 a 有明显的运动抑制和安定作用；小鼠口服总皂苷及腹腔注射皂苷元 a 可明显延长环已巴比妥钠引起的睡眠时间，后者还能拮抗甲基苯丙胺和咖啡因对小鼠的兴奋作用；小鼠压尾法、醋酸扭体法和电刺激鼠尾法均证明柴胡皂苷能使痛阈明显增高，具有镇痛作用；柴胡粗皂苷元 a 与糖浆状残余物腹腔注射均能抑制小鼠醋酸扭体反应，糖浆状残余物对压迫法所致疼痛也有明显镇痛作用。

4. 镇咳

机械刺激致咳法证明豚鼠腹腔注射柴胡总皂苷和柴胡皂苷元 a 具有镇咳作用，且柴胡皂苷元 a 的镇咳作用与剂量有关。

5. 抗病毒

柴胡皂苷 a、d 体外实验对流感病毒具有抑制作用；柴胡注射液对流行性出血热病毒具有一定的抑制作用。

6. 保肝、利胆

柴胡对伤寒菌苗、乙醇、四氯化碳、*D*-半乳糖胺等所致的肝损害具有明显的抗损伤和促进胆汁分泌的活性；柴胡皂苷及柴胡皂苷a、b_1、b_2、c、d对实验性肝损害有显著抑制作用，其中柴胡皂苷d对四氯化碳造成的慢性肝炎也具有显著效果；柴胡皂苷可促进原代培养肝细胞内DNA含量增加，并抑制细胞外基质的合成，可防治肝损伤、肝纤维化[14-15]。

7. 免疫调节功能

柴胡皂苷 d 体外能双向调节小鼠脾脏 T 淋巴细胞的功能，并促进白介素 -2 (IL-2) 的生成，上调 IL-2 受体表达[16]。柴胡皂苷能通过激活巨噬细胞和淋巴细胞功能，增强机体非特异性和特异性免疫反应而产生免疫调节作用[17]。

8. 抗肿瘤

柴胡皂苷 d 可抑制人白血病细胞 HL-60 和 K_{562} 细胞增殖，有时间和剂量依赖关系[18]，与其诱导细胞凋亡[19]和使癌基因 Bcl-2 表达下降[20-21]有关。

9. 其他

柴胡水提取物中的多酚类物质具有促进细胞有丝分裂活性的作用[22-23]。

应用

本品为中医临床用药。功能：疏散退热，疏肝解郁，升举阳气。主治：感冒发热，寒热往来，胸胁胀痛，月经不调，子宫脱垂，脱肛。

现代临床还用于病毒性肝炎、胰腺炎、流行性腮腺炎、单孢病毒性角膜炎、口疮、多形红斑、高脂血症等病的治疗。

评注

《中国药典》还收载狭叶柴胡 *Bupleurum scorzonerifolium* Willd. 作为中药柴胡的法定原植物来源种，《日本药局方》（第 15 次修订）收载柴胡来源为三岛柴胡 *B*. falcatum L.。同属植物大叶柴胡 *B*. *longiradiatum* Turcz. 具有毒性，各种柴胡所含柴胡皂苷 a、d 的量并不一致，且相差较大[24]。

药用植物图像数据库

柴胡分布虽广，但入药部位为根，其资源蕴藏量并不大，且柴胡种子发芽率低，药用资源明显不足，需加强栽培技术研究。

本草考证显示发汗解表，升举清阳，疏肝胆之气解肝郁为带根全草狭叶柴胡的功效特征[25]。在中国江苏、安徽广泛使用春季采集狭叶柴胡的带根全草，称为“春柴胡”。目前的化学研究发现根部主要含皂苷类化合物，地上部分主要含黄酮、木脂素和挥发油类成分。因此结合传统中医用途，明确狭叶柴胡的药理活性部位和药用部位十分重要。

参考文献

[1] 梁鸿，赵玉英，邱海蕴，等．北柴胡中新皂苷的结构鉴定[J]. 药学学报，1998，33(1)：37-41.

[2] 梁鸿，赵玉英，白焱晶，等．柴胡皂苷 v 的结构鉴定 [J]. 药学学报，1998，33(4)：282-285.

[3] 梁鸿，韩紫岩，赵玉英，等．新化合物柴胡皂苷 q-1 的结构鉴定 [J]. 植物学报，2001，43(2)：198-200.

[4] LIU Q X, LIANG H, ZHAO Y Y, et al. Saikosaponin v-1 from roots of *Bupleurum chinense* DC.[J]. Journal of Asian Natural Products Research, 2001, 3(2): 139-144.

[5] LIANG H, CUI Y J, ZHAO Y Y, et al. Saikosaponin v-2 from *Bupleurum chinense*[J]. Chinese Chemical Letters, 2001, 12(4): 331-332.

[6] 郭济贤，潘胜利，李颖，等．中国柴胡属 19 种植物挥发油化学成分的研究 [J]. 上海医科大学学报，1990，17(4)：278-282.

[7] LIANG H, ZHAO Y Y, ZHANG R Y. A new chromone glycoside from *Bupleurum chinense*[J]. Chinese Chemical Letters, 1998, 9(1): 69-70.

[8] 梁鸿，赵玉英，崔艳君，等．北柴胡中黄酮类化合物的分离鉴定 [J]. 北京医科大学学报，2000，32(3)：223-225.

[9] 梁鸿，白焱晶，赵玉英，等．北柴胡化学成分研究 [J]. 中国药学，1998，7(2)：98-99.

[10] 李青翠，梁鸿，赵玉英，等．北柴胡根化学成分的研究 [J]. 中国药学，1997，6(3)：165-167.

[11] 张青叶，胡聪，丛月珠．三岛柴胡与北柴胡解热作用比较 [J]. 中药材，1997，20(3)：147-149.

[12] 徐安平，崔若兰．柴胡皂苷 d 对实验性膜性肾炎疗效及作用机理研究 [J]. 肾脏病与透析肾移植杂志，1995，4(3)：215-217.

[13] 梁云，崔若兰．柴胡皂苷 d 治疗抗肾小球基膜型肾炎的实验研究 [J]. 第二军医大学学报，1999，20(7)：416-419.

[14] 陈爽，贲长恩，杨美娟，等．柴胡皂苷对 FSC 激活及合成细胞外基质的实验研究 [J]. 北京中医药大学学报，1999，22(1)：31-34.

[15] 陈爽，贲长恩，杨美娟，等．柴胡皂苷对肝细胞增殖及基质合成的实验研究 [J]. 中国中医基础医学杂志，1999，5(5)：21-25.

[16] KATO M, PU M Y, ISOBE K, et al. Characterization of the immunoregulatory action of saikosaponin-d[J]. Cell Immunology, 1994, 159(1): 15-25.

[17] 梁云，崔若兰．柴胡皂苷及其同系物抗炎和免疫功能的研究进展 [J]. 中国中西医结合杂志，1998，18(7)：446-448.

[18] 陈静波，夏薇，崔清潭．柴胡皂苷 d(SSd) 对 HL-60 细胞增殖的抑制作用 [J]. 北华大学学报（自然科学版），2001，2(6)：486-488.

[19] 步世忠，许金廉，孙继虎，等．柴胡皂苷 d 上调 HL-60 细胞糖皮质激素受体 mRNA 并诱导细胞凋亡 [J]. 中华血液学杂志，1999，20(7)：354-356.

[20] 夏薇，崔新羽，陈静波．柴胡皂苷 d(SSd) 对 K562 细胞凋亡及基因表达影响的研究 [J]. 中国现代医学杂志，2002，12(10)：21-23.

[21] 夏薇，崔新羽，崔清潭．柴胡皂苷 d(SSd) 对 K562 细胞增殖的抑制作用 [J]. 北华大学学报（自然科学版），2002，3(2)：113-115.

[22] IZUMI S, OHNO N, KAWAKITA T, et al. Wide range of molecular weight distribution of mitogenic substance(s) in the hot water extract of a Chinese herbal medicine, *Bupleurum chinense*[J]. Biological & Pharmaceutical Bulletin, 1997, 20(7) : 759-764.

[23] OHTSU S, IZUMI S, IWANAGA S, et al. Analysis of mitogenic substances in *Bupleurum chinense* by ESR spectroscopy[J]. Biological & Pharmaceutical Bulletin, 1997, 20(1): 97-100.

[24] 林东昊，茅仁刚，王智华，等.HPLC 法测定不同品种柴胡中的柴胡皂苷 a、c、d 含量 [J]. 中成药 .2002，33(5)：412-414.

[25] 马亚民，杨长江，王林凤．柴胡本草考证 [J]. 陕西中医学院学报，2001，24(2)：42-43.

常山 Changshan CP, KHP

Dichroa febrifuga Lour.
Antifebrile Dichroa

概述

虎耳草科 (Saxifragaceae) 植物常山 *Dichroa febrifuga* Lour.，其干燥根入药。中药名：常山。

常山属 (*Dichroa*) 植物全世界约有 12 种，分布于亚洲东南部的热带和亚热带地区，仅少数分布至太平洋岛屿。中国约有 6 种，本属现供药用者仅此 1 种。本种分布于中国陕西、甘肃、湖北、湖南、西藏等省区；以及印度、越南、缅甸、马来西亚、印度尼西亚、菲律宾和日本等地。

"常山"药用之名，始载于《神农本草经》，列为下品。《中国药典》（2015 年版）收载本种为中药常山的法定原植物来源种。主产于中国四川、贵州、湖南、广西、湖北等省区 [4]。

常山根主要含生物碱类。近代研究结果显示常山中的黄常山碱为抗疟的有效成分。《中国药典》以性状、显微和薄层色谱鉴别来控制常山药材的质量。

药理研究表明，常山具有抗疟、催吐、抗炎、抗肿瘤等作用。

中医理论认为常山具有涌吐痰涎，截疟等功效。

◆ 常山
Dichroa febrifuga Lour.

◆ 药材常山
Dichroae Radix

化学成分

常山根含生物碱约0.1%：常山碱甲 (*α*-dichroine, isofebrifugine)、常山碱乙 (*β*-dichroine)，又名退热碱 (febrifugine)、常山碱丙 (*r*-dichroine)、常山次碱 (dichroidine)、喹唑酮 (quinazolone)、常山素A (dichrin A)、常山素B (dichrin B)；还含伞形花内酯 (umbelliferone)和常山酮 (halofuginone)[1]。

常山叶含生物碱约0.2%，其中0.14%为常山碱 (dichroine)，有效成分含量比根高10倍，此外，叶中还含常山碱乙 (*β*-dichroine，即febrifugine)和少量三甲胺 (trimethylamine)。

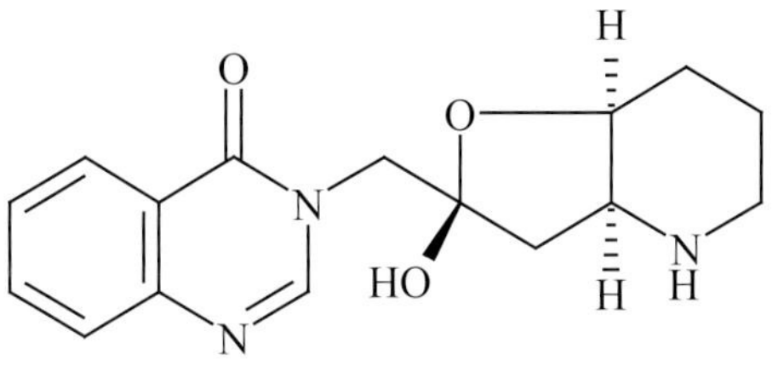

◆ *α*-dichroine

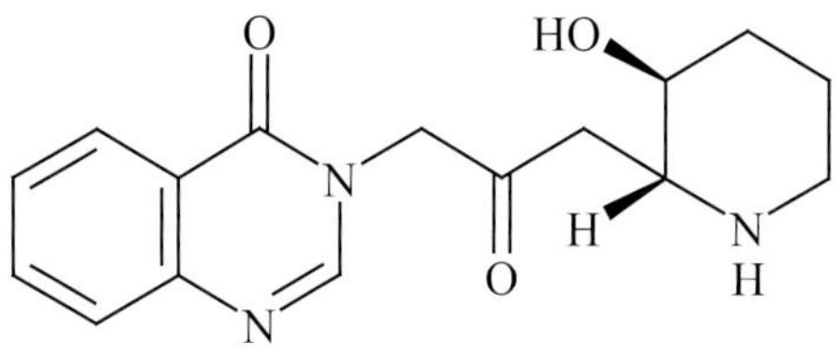

◆ *β*-dichroine

药理作用

1. 抗疟

常山的抗疟成分为常山碱甲、乙、丙，其对鸡疟的效价分别接近于奎宁的 1、100 和 150 倍；常山碱乙对鸭疟的效价约为奎宁的 100 倍。常山碱丙对金丝雀疟、猴疟也均有效。常山总提取物对培养的恶性疟原虫和动物实验性疟疾均有较好疗效。常山碱乙的代谢物和它的合成衍生物有类似的抗疟效价，但毒副作用大大减少[2]。

2. 杀灭滴虫

体外实验表明常山水煎液有明显的杀灭滴虫的作用，并且浓度越高和作用时间越长，滴虫的存活率越低[3]。

3. 对平滑肌的影响

常山总碱能抑制离体肠平滑肌的自发性收缩及乙酰胆碱引起的收缩；对非妊娠子宫、妊娠早期子宫的自发性收缩以及缩宫素诱发妊娠子宫的收缩，均呈显著舒张作用[4]。

4. 抗炎

常山水提取液对脂多糖和（或）干扰素所致的小鼠腹腔巨噬细胞产生氧化亚氮 (NO) 和肿瘤坏死因子 *α* (TNF-*α*) 有抑制作用[5]。常山水提取液对脂多糖诱发的大鼠肝脏脓毒症有抑制作用，其抗炎作用与其调控和炎症相关的蛋白质有关[6]。

5. 抗肿瘤

常山碱丙体外对大鼠和小鼠艾氏腹水癌细胞有显著抑制作用[7]。

6. 其他

常山中的常山酮可以控制伤口愈合和 I 型胶原合成，防止瘢痕形成[1]。常山还有解热、抗病毒等作用。

应用

本品为中医临床常用药。功能：涌吐痰涎，截疟。主治：痰饮停聚，胸膈痞塞，疟疾。

现代临床还用于疟疾、肝纤维化、肝炎、骨性关节炎等病的治疗。

评注

药用植物图像数据库

土常山为虎耳草科绣球属植物伞花绣球*Hydrangea umbellate* Rehd.，分布于中国长江流域，代常山使用，其中从伞花绣球根中已经分离出常山碱甲、乙、丙，并对鸡疟有显著的抗疟作用。

常山为传统中医用于治疗疟疾的药物，现代研究表明其有确切的抗疟作用，但由于常山的不良反应较大，所以一直没有大规模使用。但随着疟原虫抗药株的不断出现，常山又成为开发热点。常山除了根可药用外，其枝梢和叶（古称蜀漆），也有抗疟效力，且枝梢和叶较根易得，应进行深入研究。

参考文献

[1] 张恒术，黄崇本 . 中药黄常山中常山酮对伤口愈合和瘢痕形成的作用 [J]. 中国临床康复，2003，7(23)：3196-3197.

[2] HIRAI S, KIKUCHI H, KIM H S, et al. Metabolites of febrifugine and its synthetic analogue by mouse liver S9 and their antimalarial activity against plasmodium malaria parasite[J]. Journal of Medicinal Chemistry, 2003, 46(20): 4351-4359.

[3] 刘永春，郭永和，王冬梅，等 . 常山花椒苦参体外抗阴道毛滴虫效果观察 [J]. 济宁医学院学报，1997，20(3)：45.

[4] 赵灿熙 . 常山总碱对大白鼠肠及子宫平滑肌的影响 [J]. 海南医学，1991，2(3)：41-43.

[5] KIM Y H, KO W S, HA M S, et al. The production of nitric oxide and TNF-alpha in peritoneal macrophages is inhibited by *Dichroa febrifuga* Lour[J]. Journal of Ethnopharmacology, 2000，69(1): 35-43.

[6] CHOI B T, LEE J H, KO W S, et al. Anti-inflammatory effects of aqueous extract from *Dichroa febrifuga* root in rat liver[J]. Acta Pharmacologica Sinica, 2003, 24(2):127-132.

[7] VERMEL E M, KRUGLYAK-SYRKINA S A. Anticancer activity of the alkaloid febrifugine in animal experiments[J]. Voprosy Onkologii, 1960, 6(7): 56-61.

朝鲜当归 Chaoxiandanggui

Angelica gigas Nakai
Korean Angelica

概述

伞形科 (Apiaceae) 植物朝鲜当归 *Angelica gigas* Nakai，其干燥根入药。本品为朝鲜族用药。

当归属 (*Angelica*) 植物全世界约有 80 种，分布于北温带地区和新西兰。中国有 26 种 5 变种 1 变型，本属现供药用者约有 16 种。本种分布和主产于中国东北地区各地，朝鲜半岛、日本也有。

朝鲜当归主要含香豆素类化合物，尚有挥发油，也含有多炔和黄酮苷类成分。其所含香豆素类化合物紫花前胡素、紫花前胡醇和紫花前胡醇当归酯具有多种生理活性。

药理研究表明，朝鲜当归具有改善学习记忆、抗肿瘤、保肝、抗菌、镇静等作用。

韩医理论认为朝鲜当归有补血，活血，调经，止痛，润肠等功效。

◆ 朝鲜当归
Angelica gigas Nakai

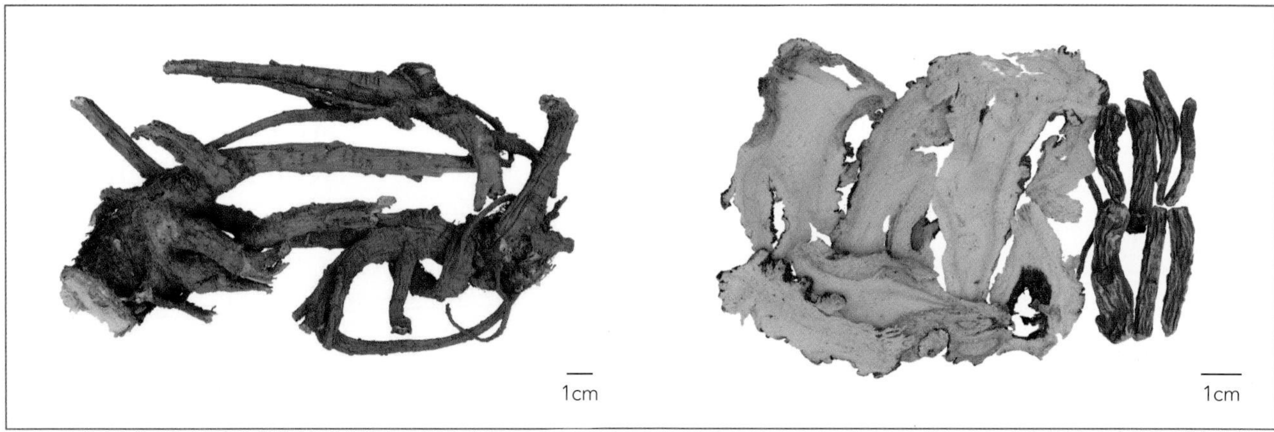

◆ 药材朝鲜当归
Angelicae Gigatis Radix

化学成分

朝鲜当归的根含香豆素及其苷类成分：紫花前胡素 (decursin)、紫花前胡醇 (decursinol)、紫花前胡醇当归酯 (decursinol angelate)、伞形花内酯 (umbelliferon)、紫花前胡苷 (nodakenin)、紫花前胡苷元 (nodakenetin)、佛手柑内酯 (bergapten)、欧前胡素 (imperatorin)、异欧前胡素 (isoimperatorin)、花椒毒素 (xanthotoxin)、滨蒿内脂 (scoparone)、二氢山芹醇当归酸酯 (columbianadin)、花椒毒酚 (xanthotoxol)、东莨菪素 (scopoletin)、peucedanone[1-5]、4″-hydroxytigloyldecursinol[6]等；黄酮苷类成分：洋芫荽苷(diosmin)[7]；多炔类成分：octadeca-1,9-dien-4,6-diyn-3,8,18-triol[8]等。

地上部分含黄酮类成分：槲皮素 (quercetin)、木犀草素 (luteolin)、山柰酚 (kaempferol)[9]；香豆素类成分：朝鲜当归醇 (gigasol)[10]等。

◆ decursin

◆ decursinol

药理作用

1. 抗记忆损伤

腹腔注射紫花前胡素能显著改善东莨菪碱诱导的小鼠健忘症，可能是通过抑制海马体的乙酰胆碱酯酶活性而发挥其体内抗健忘作用[11]；喂饲朝鲜当归乙醇提取物或紫花前胡醇能减轻β-淀粉样肽诱导的小鼠记忆损伤，提示其对早老性痴呆相关联的记忆损伤可能有预防作用[12]。

2. 保肝

紫花前胡素和紫花前胡醇当归酯可降低CCl_4中毒所致大鼠肝损伤引起的血清转氨酶升高[13]。

3. 镇静、镇痛

朝鲜当归所含紫花前胡素和紫花前胡醇能抑制预先用苯甲酸钠咖啡因处理小鼠的自主活动，紫花前胡醇的抑制作用大于紫花前胡素[14]；口服朝鲜当归甲醇提取物对小鼠各种疼痛均有镇痛作用，尤其是炎性疼痛，其作用部位在中枢[15]。

4. 抗癌

紫花前胡素、紫花前胡醇、紫花前胡醇当归酯等香豆素类成分对P388细胞系显示出明显的细胞毒活性[16]；腹腔注射紫花前胡素和紫花前胡醇当归酯能显著降低接种S_{180}肉瘤小鼠的肿瘤重量和体积，显著延长其生命周期[17]；紫花前胡素对人前列腺癌细胞DU145、PC-3、LNCaP的生长有强烈抑制作用[18]。

5. 抗氧化

紫花前胡素和紫花前胡醇当归酯可增加CCl_4中毒大鼠肝超氧化物歧化酶(SOD)、过氧化氢酶和谷胱甘肽过氧化物酶(GSH-Px)的活性[13]。

6. 其他

体外实验表明，紫花前胡素和紫花前胡醇当归酯对枯草芽孢杆菌有显著抑制作用[19]。

应用

本品为传统韩医临床用药。功能：补血，活血，调经，止痛，润肠。主治：1. 心肝血虚，面色萎黄，眩晕心悸等；2. 血虚或血虚兼有瘀滞的月经不调，痛经，经闭等证；3. 血虚或血滞兼有寒凝，以及跌打损伤，风寒湿阻的痛证；4. 痈疽疮疡；5. 血虚肠燥便秘。

现代临床还用于急性缺血性脑卒中、突发性耳聋、血栓闭塞性脉管炎、心律失常等病的治疗。

评注

朝鲜半岛以本种植物的根作为当归使用，中国吉林省延边朝鲜自治州某些地区也以本种的根代当归使用，而在日本则将本种作为独活使用。朝鲜当归、当归 *Angelica sinensis* (Oliv.) Diels 与日本当归 *Angelica acutiloba* (Sieb. et Zucc.) Kitag. 三种均作为当归入药，其化学成分有较大的差别，相互对比研究有待深入[20]。

参考文献

[1] AHN K S, SIM W S, KIM I H. Decursin: a cytotoxic agent and protein kinase C activator from the root of *Angelica gigas*[J]. Planta Medica, 1996, 62(1): 7-9.

[2] RYU K S, HONG N D, KIM N J, et al. Studies on the coumarin constituents of the root of *Angelica gigas* Nakai. Isolation of decursinol angelate and assay of decursinol angelate and decursin[J]. Saengyak Hakhoechi, 1990, 21(1): 64-68.

[3] 杨秀伟，王继彦，严仲铠，等. 四种长白山产当归属药用植物的香豆精成分研究[J]. 中药材，1994，17(4)：30-32.

[4] LEE Y Y, LEE S, JIN J L, et al. Platelet anti-aggregatory effects of coumarins from the roots of *Angelica genuflexa* and *A. gigas*[J]. Archives of Pharmacal Research, 2003, 26(9): 723-726.

[5] KANG S Y, LEE K Y, SUNG S H, et al. Coumarins isolated from *Angelica gigas* inhibit acetylcholinesterase: structure-activity relationships[J]. Journal of Natural Products, 2001, 64(5): 683-685.

[6] KANG S Y, LEE K Y, SUNG S H, et al. Four new neuroprotective dihydropyranocoumarins from *Angelica gigas*[J]. Journal of Natural Products, 2005, 68(1): 56-59.

[7] LEE S, KANG S S, SHIN K H. A flavone glycoside from *Angelica gigas* roots[J]. Natural Product Sciences, 2002, 8(4): 127-128.

[8] CHOI Y E, AHN H, RYU J H. Polyacetylenes from *Angelica gigas* and their inhibitory activity on nitric oxide synthesis in activated macrophages[J]. Biological & Pharmaceutical Bulletin, 2000, 23(7): 884-886.

[9] MOON H I, AHN K T, LEE K R, et al. Flavonoid compounds and biological activities of the aerial parts of *Angelica*

gigas[J]. Yakhak Hoechi, 2000, 44(2): 119-127.

[10] CHANG Y Z. Structure of gigasol, a new-bis-coumarin, isolated from aerial parts of *Angelica gigas*[J]. Choson Minjujuui Inmin Konghwaguk Kwahagwon Tongbo, 1991, 6: 47-51.

[11] KANG S Y, LEE K Y, PARK M J, et al. Decursin from *Angelica gigas* mitigates amnesia induced by scopolamine in mice[J]. Neurobiology of Learning and Memory, 2003, 79(1): 11-18.

[12] YAN J J, KIM D H, MOON Y S, et al. Protection against beta-amyloid peptide-induced memory impairment with long-term administration of extract of *Angelica gigas* or decursinol in mice[J]. Progress in Neuro-Psychopharmacology & Biological Psychiatry, 2004, 28(1): 25-30.

[13] LEE S, LEE Y S, JUNG S H, et al. Antioxidant activities of decursinol angelate and decursin from *Angelica gigas* roots[J]. Natural Product Sciences, 2003, 9(3): 170-173.

[14] KIM H S, PARK J S, PARK H J, et al. A study of the effects of the root components of *Angelica gigas* Nakai on voluntary activity in mice[J]. Soul Taehakkyo Saengyak Yonguso Opjukjip, 1980, 19: 65-68.

[15] CHOI S S, HAN K J, LEE H K, et al. Antinociceptive profiles of crude extract from roots of *Angelica gigas* Nakai in various pain models[J]. Biological & Pharmaceutical Bulletin, 2003, 26(9): 1283-1288.

[16] ITOKAWA H, YUN Y, MORITA H, et al. Cytotoxic coumarins from roots of *Angelica gigas* Nakai[J]. Natural Medicines, 1994, 48(4): 334-335.

[17] LEE S, LEE Y S, JUNG S H, et al. Anti-tumor activities of decursinol angelate and decursin from *Angelica gigas*[J]. Archives of Pharmacal Research, 2003, 26(9): 727-730.

[18] YIM D, SINGH R P, AGARWAL C, et al. A novel anticancer agent, decursin, induces G_1 arrest and apoptosis in human prostate carcinoma cells[J]. Cancer Research, 2005, 65(3): 1035-1044.

[19] LEE S, SHIN D S, KIM J S, et al. Antibacterial coumarins from *Angelica gigas* roots[J]. Archives of Pharmacal Research, 2003, 26(6): 449-452.

[20] 康廷国 . 朝鲜当归挥发油的 GC-MS 分析 [J]. 中药材，1990，13(3)：28-29.

车前 Cheqian[CP, JP]

Plantago asiatica L.
Plantain

概述

车前科 (Plantaginaceae) 植物车前 *Plantago asiatica* L.，其干燥种子入药，中药名：车前子；其干燥全草入药，中药名：车前草。

车前属 (*Plantago*) 植物全世界约 190 种，广布于世界温带及热带地区，向北达北极圈附近。中国约有 20 种。本属植物现供药用者约有 5 种。本种分布于中国大部分地区，朝鲜半岛、俄罗斯、日本、尼泊尔、马来西亚、印度尼西亚也有分布。

“车前子”药用之名，始载于《神农本草经》，列为上品。自《名医别录》起有叶及根入药的记载。中国从古至今作“车前子”入药者皆为本种。《中国药典》（2015 年版）收载本种为中药车前子及车前草的法定原植物来源之一。车前子主产于中国江西、河南、东北、华北、西南及华东等地区也产。车前草全国各地均产，以江西、安徽、江苏产量较多。

车前的主要成分是环烯醚萜苷类、黄酮类、苯乙醇苷类、黏多糖化合物等。《中国药典》采用高效液相色谱法进行测定，规定车前子药材含京尼平苷酸不得少于 0.50%，毛蕊花糖苷不得少于 0.40%；车前草药材含大车前苷不得少于 0.10%，以控制药材质量。

药理研究表明，车前的种子具有排石功能；车前草具有利尿、镇咳、祛痰、抗炎等作用。

中医理论认为车前子具有清热利尿通淋，渗湿止泻，明目，祛痰等功效；车前草具有清热利尿通淋，祛痰，凉血，解毒等功效。

◆ 车前
Plantago asiatica L.

◆ 药材车前草
Plantaginis Herba

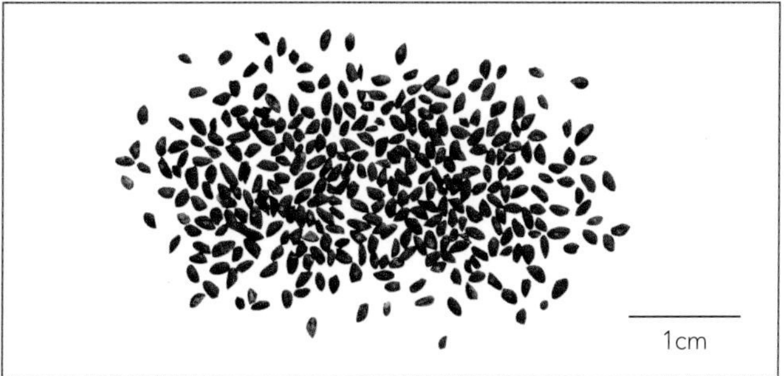

◆ 药材车前子
Plantaginis semen

◆ 大车前
P. major L.

◆ 平车前
P. depressa Willd.

化学成分

车前的主要成分为环烯醚萜苷类，如桃叶珊瑚苷 (aucubin)、梓醇 (catalpol)[1]、京尼平苷 (geniposide)、羟异栀子苷 (gardenoside)、栀子苷酸 (geniposidic acid)[2]。另有3,4-二羟基桃叶珊瑚苷 (3,4-dihydroaucubin)、6'-*O*-β-葡萄糖桃叶珊瑚苷 (6'-*O*-β-glucosylaucubin) 等[3]。

黄酮类也是车前的有效成分之一，主要有车前黄酮苷 (plantaginin)[4]、高车前苷 (homoplantaginin)[5]、车前子苷 (plantagoside)[6]、芹菜素 (apigenin)、木犀草素 (luteolin)、野黄芩素 (scutellarein)、泽兰黄酮 (nepetin)、高车前素 (hispidulin)[1]等。

全草中还分离得到苯乙醇苷类成分：车前草苷 A、B、C、D、E、F (plantainosides A ~ F)、desrhamnosyl acteoside、isoacteoside、acteoside、天人草苷 (leucosceptoside)、异角胡麻苷 (isomartynoside)、角胡麻苷 (martynoside)[7]、plantasioside[8]、大车前苷 (plantamajoside) 以及7"-羟基大车前苷 (hellicoside)[9]等。

车前的全草及种子均含有大量的黏液质，主要有车前子胶 (plantasan)[10]、车前果胶 (plantaglucide)[11]和车前多糖 A (plantago-mucilage A)[12]，属于多糖类化合物。

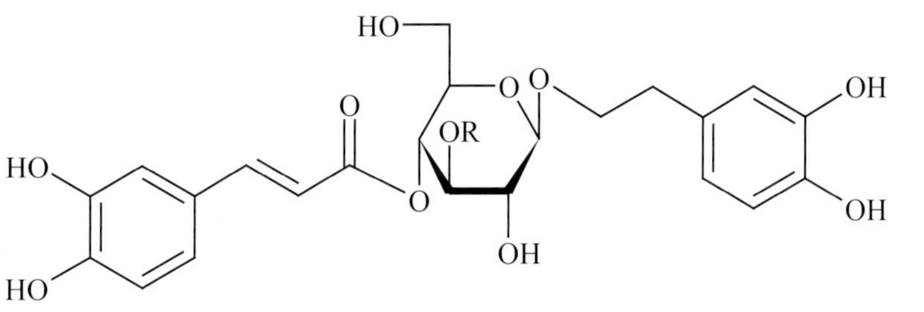

◆ acteoside: R= man
plantamajoside: R= glc

药理作用

1. 对泌尿系统的影响

车前草可使犬、家兔及人的尿量排出增多，并增加尿素、尿酸及氯化钠的排出；车前草水提醇沉液给犬静注，可显著增加尿量，并使输尿管蠕动频率增加，输尿管上段腔内压升高。车前子提取液有一定降低尿草酸浓度及尿石形成的危险性的作用，有较强的抑制肾脏草酸钙结晶沉积的作用 [13]。

2. 镇咳、平喘、祛痰

车前子苷灌胃能显著延长浓氨水气雾法诱发的小鼠咳嗽的潜伏期，减少咳嗽次数；并能显著增加大鼠的排痰量 [14-15]。车前草煎剂给小鼠灌服可以明显抑制氨水所致的咳嗽；能对抗组胺、乙酰胆碱所致的离体豚鼠气管平滑肌收缩，具平喘作用；给兔灌服后可使其气管分泌液量明显增加，发挥祛痰作用 [16]。

3. 降血脂、抗氧化

对喂饲高脂饲料大鼠给予车前子，发现车前子能明显降低大鼠心、肝组织中丙二醛 (MDA) 含量，降低大鼠血清胆固醇 (TC)、三酰甘油 (TG) 含量，升高心脏中的超氧化物歧化酶 (SOD) 活性及肝组织中过氧化氢酶 (CAT) 和谷胱甘肽过氧化物酶 (GSH-Px) 活性，并使血清一氧化氮 (NO) 含量升高，表明车前子能降低高血脂大鼠血脂水平，提高机体抗氧化能力，并免受自由基损伤 [17-20]。车前子中的栀子苷酸可能是最有效的抗氧化成分 [2]。

4. 润肠通便

车前子中提取的车前子胶可作为容积性泻药，给小鼠灌胃有润肠通便作用[21]。以车前子壳粉碎而成的谷粉给小鼠喂饲，能缩短便秘模型小鼠的首粒排黑便时间，并增加排便量[22]。

5. 抗病毒、抗肿瘤

体外实验表明，车前的热水提取物能通过调节细胞免疫而发挥抗白血病、抗肿瘤、抗病毒作用[23]。车前中的黄酮类成分对人类免疫缺陷病毒 (HIV) 反转录酶也有抑制作用[24]。

6. 免疫调节功能

车前多糖 A 灌胃能显著增强小鼠的体液免疫反应以及对绵羊红细胞 (SRBC) 的免疫反应[25]。

7. 抗菌

新鲜车前草汁液在体外对藤黄微球菌、巨大芽孢杆菌、假单孢菌、大肠埃希氏菌以及脉胞霉菌等均有一定的抑菌作用[26]。

8. 抗抑郁

车前草石油醚提取物对获得性无助模型小鼠给药后，小鼠逃跑失败的个数明显减少，表明车前草具有较好的抗抑郁作用[27]。

9. 其他

车前子水提取液在体外对大鼠实验性晶状体过氧化氢损伤引起的晶体上皮细胞 (LEC) 凋亡也有较强的抑制作用[28]。车前多糖 A 还有显著的降血糖作用[29]。车前果胶具有抗胃溃疡作用[11]。

应用

本品为中医临床用药。

车前子

功能：清热利尿通淋，渗湿止泻，明目，祛痰。主治：热淋涩痛，水肿胀满，暑湿泄泻，目赤肿痛，痰热咳嗽。

现代临床还用于泌尿道感染或结石、肾炎所致的水肿、眼结膜炎、支气管炎、高血压等病的治疗。

车前草

功能：清热利尿通淋，祛痰，凉血，解毒。主治：热淋涩痛，水肿尿少，暑湿泄泻，痰热咳嗽，吐血衄血，痈肿疮毒。

评注

药用植物图像数据库

近年来中国学者对中药材车前子、车前草进行了较为广泛的商品调查和原植物标本鉴定，证实中国目前车前子的商品药材来源于 3 种植物，即车前、大车前 *Plantago major* L. 和平车前 *P. depressa* Willd.。其中车前及大车前为主流品种，平车前较少；车前草商品则以车前为主。三种车前的化学成分较为接近，功效也基本一致。但《中国药典》中车前子、车前草的来源仍为车前和平车前，大车前尚未收载。

车前子多糖类化合物为车前子活性成分之一，具有缓泻、降低血清胆固醇、降血糖、抗溃疡等作用。因此，果胶的含量可以作为指针反映药材质量。而现行的《中国药典》及《日本药局方》将膨胀度作为评价车前子质量的重要标准。但膨胀度与果胶含量之间并不构成正比关系，因此将车前子总胶含量的测定作为质量控制的指标可能更为可靠。

国外对于车前的开发应用较多。如印度将车前子用作引产药，近年又作为避孕药载体；日本用车前全草提制蓝色植物色素；朝鲜半岛及一些欧美国家将车前提取物与其他一些成分配伍，制成用于治疗糖尿病、肥胖症、产后关节疼痛的健康食品和功能性饮料。

参考文献

[1] LEBEDEV-KOSOV V I. Flavonoids and iridoids of *Plantago major* L. and *Plantago asiatica* L.[J]. Rastitel'nye Resursy, 1980, 16(3): 403-406.

[2] TODA S, MIYASE T, ARICHI H, et al. Natural antioxidants. Ⅱ. Antioxidative components isolated from the seeds of *Plantago asiatica* Linne[J]. Chemical & Pharmaceutical Bulletin, 1985, 33(3): 1270-1273.

[3] OSHIO H, INOUYE H. Two new iridoid glucosides of *Plantago asiatica*[J]. Planta Medica, 1982, 44(4): 204-206.

[4] KOMODA Y, CHUJO H, ISHIHARA S, et al. HPLC quantitative analysis of plantaginin in Shazenso (*Plantago asiatica* L.) extracts and isolation of plantamajoside[J]. Iyo Kizai Kenkyujo Hokoku. Reports of the Institute for Medical and Dental Engineering, Tokyo Medical and Dental University, 1989, 23: 81-85.

[5] ARITOMI M. Homoplantaginin, a new flavonoid glycoside in leaves of *Plantago asiatica* Linnaeus[J]. Chemical & Pharmaceutical Bulletin, 1967, 15(4): 432-434.

[6] YAMADA H, NAGAI T, TAKEMOTO N, et al. Plantagoside, a novel alpha-mannosidase inhibitor isolated from the seeds of *Plantago asiatica*, suppresses immune response[J]. Biochemical and Biophysical Research Communications, 1989, 165(3): 1292-1298.

[7] MIYASE T, ISHINO M, AKAHORI C, et al. Phenylethanoid glycosides from *Plantago asiatica*[J]. Phytochemistry, 1991, 30(6): 2015-2018.

[8] NISHIBE S, TAMAYAMA Y, SASAHRA M, et al. A phenylethanoid glycoside from *Plantago asiatica*[J]. Phytochemistry, 1995, 38(3): 741-743.

[9] RAVN H, NISHIBE S, SASAHARA M, et al. Phenolic compounds from *Plantago asiatica*[J]. Phytochemistry, 1990, 29(11): 3627-3631.

[10] 李明红，朴桂玉，李景道. 国外对车前成分的研究概况 [J]. 延边医学院学报，1995，18(2)：133-137.

[11] VOITENKO G N, LIPKAN G N, MAKSYUTINA N P. Effect of plantaglucide from *Plantago asiatica* L. leaves on the induction of experimental gastric dystrophy[J]. Rastitel'nye Resursy, 1983, 19(1): 103-107.

[12] TOMODA M, TAKADA K, SHIMIZU N, et al. Reticuloendothelial system-potentiating and alkaline phosphatase-inducing activities of plantago-mucilage A, the main mucilage from the seed of *Plantago asiatica*, and its five modification products[J]. Chemical & Pharmaceutical Bulletin, 1991, 39(8): 2068-2071.

[13] 莫刘基，邓家泰，张金梅，等. 几种中药对输尿管结石排石机理的研究 [J]. 新中医，1985，17(6)：51.

[14] 阴月，高明哲，袁昌鲁，等. 车前子镇咳祛痰有效成分的实验研究 [J]. 辽宁中医杂志，2001，28(7)：443-444.

[15] 舒晓宏，郭桂林，崔秀云. 车前子苷镇咳、祛痰作用的实验研究 [J]. 大连医科大学学报，2001，23(4)：254-255.

[16] 贾丹兵，孙佩江，孙丽滨. 车前草的药理研究 [J]. 中草药，1990，21(1)：24-26.

[17] 王素敏，张杰，李兴琴，等. 车前子对高脂血症大鼠脂质过氧化的影响 [J]. 营养学报，2003，25(2)：212-214.

[18] 王素敏，张杰，李兴琴，等. 车前子对高脂血症大鼠机体自由基防御机能的影响 [J]. 中国老年学杂志，2003，23(8)：529-530.

[19] 王素敏，黎燕峰，代洪燕，等. 车前子调整脂代谢及其抗氧化作用 [J]. 中国临床康复，2005，9(31)：248-250.

[20] 张杰，李兴琴，王素敏，等. 车前子对高脂血症大鼠血脂水平及抗氧化作用的影响 [J]. 中国新药杂志，2005，14(3)：299-301.

[21] 张振秋，孙兆姝，李锋，等. 车前子胶对小鼠便秘的影响 [J]. 时珍国药研究，1996，7(4)：209-210.

[22] 韩春卉，李燕俊，李业鹏，等. 车前谷粉对便秘模型小鼠润肠通便作用的研究 [J]. 中国预防医学杂志，2003，4(4)：267-269.

[23] CHIANG L C, CHIANG W, CHANG M Y, et al. In vitro cytotoxic, antiviral and immunomodulatory effects of *Plantago major* and *Plantago asiatica*[J]. American Journal of Chinese Medicine, 2003, 31(2): 225-234.

[24] NISHIBE S, ONO K, NAKANE H, et al. Studies on constituents of Plantaginis herba. 9. Inhibitory effects of flavonoids from *Plantago* species on HIV reverse transcriptase activity[J]. Natural Medicines, 1997, 51(6): 547-549.

[25] KIM J H, KANG T W, AHN Y K. The effects of plantago-mucilage A from the seeds of *Plantago asiatica* on the immune responses in ICR mice[J]. Archives of Pharmacal Research, 1996, 19(2): 137-142.

[26] 俞佩芳. 三种常见药用植物抗菌作用的探讨 [J]. 华东师范大学学报（自然科学版），1994，3：89-93.

[27] XU C, LUO L, TAN R X. Antidepressant effect of three traditional Chinese medicines in the learned helplessness model[J]. Journal of Ethnopharmacology, 2004, 91(2-3): 345-349.

[28] 王勇，祁明信，黄秀榕，等. 车前子对晶状体氧化损伤所致 LEC 凋亡抑制作用的实验研究 [J]. 现代诊断与治疗，2003，14(4)：199-202.

[29] TOMODA M, SHIMIZU N, OSHIMA Y, et al. Antidiabetes drugs. Part 25. Hypoglycemic activity of twenty plant mucilages and three modified products[J]. Planta Medica, 1987, 53(1): 8-12.

◆ 大车前种植基地

赤芝 Chizhi [CP, KHP]

Ganoderma lucidum (Leyss. ex Fr.) Karst.
Glossy Ganoderma

概述

多孔菌科 (Polyporaceae) 真菌赤芝 *Ganoderma lucidum* (Leyss. ex Fr.) Karst.，其干燥子实体入药。中药名：灵芝。

灵芝属 (*Ganoderma*) 植物全世界有 200 余种，分布于温带、亚热带及热带广大地区。中国约有 76 种，本属现供药用者约有 6 种。本种在中国除西北部分地区外，各地均有分布 [1]；东南亚、非洲、欧洲、美洲也有分布。

“赤芝”药用之名，始载于《神农本草经》。历代本草多有著录。中国从古至今的芝类药材来源混杂，主要以色泽区分为“赤芝、黑芝、青芝、白芝、黄芝、紫芝”6 种。《中国药典》（2015 年版）收载本种为中药灵芝的法定原植物来源种之一。主产于中国华东、西南和吉林、河北、山西、江西、广东、广西等地，人工栽培者全中国大部分地区均产。

赤芝中的主要有效成分为三萜和多糖，其他还有核苷、甾醇等化学成分。《中国药典》采用紫外－可见分光光度法进行测定，规定灵芝药材含灵芝多糖以无水葡萄糖计，不得少于 0.90%；含三萜及甾醇以齐墩果酸计，不得少于 0.50%，以控制药材质量。

药理研究表明，赤芝具有镇静镇痛、止咳、祛痰、平喘、免疫调节和抗肿瘤等作用。

中医理论认为灵芝有补气安神，止咳平喘等功效。

◆ 赤芝
Ganoderma lucidum (Leyss. ex Fr.) Karst.

◆ 紫芝
G. sinense Zhao, Xu et Zhang

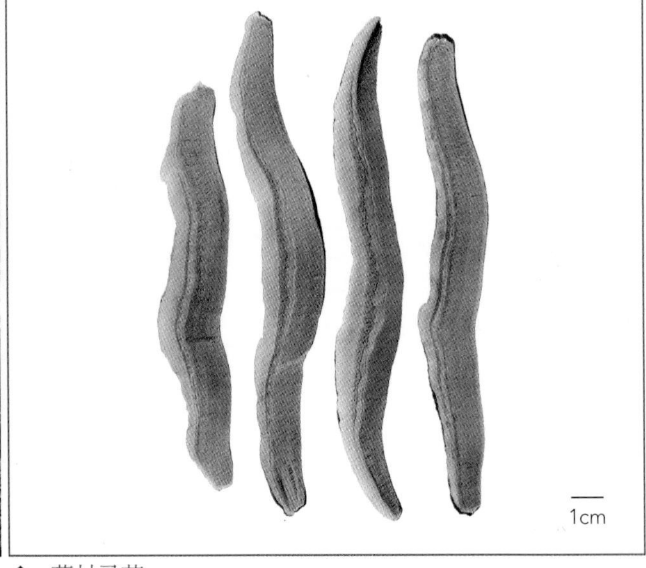

◆ 药材灵芝
Ganoderma

化学成分

赤芝的子实体中含三萜类成分：灵芝酸A、B[2]、C (C_1)[3]、C_2、D (D_1)、D_2、E、F、G、H、I、J、K[4-7]、L、M、N、O、P、Q、R、S、T[8-10]、U、V、W、X、Y、Z[11-12]、AM_1、DM、SZ、TR[13-16] [ganoderic acids A,B, C (C_1), C_2, D (D_1), D_2, E～Z, AM_1, DM, SZ, TR]、赤芝酸A、B、C、D_1、D_2、E_1、E_2、F、G、H、I、J、K、L、M、N、LM_1 (lucidenic acids A～C, D_1,D_2, E_1,E_2, F～N, LM_1)[4-6, 8-9, 17-18]、丹芝酸A、B、C、D[8] (ganolucidic acids A～D)、灵芝烯酸B (ganoderenic acid B)[13]、赤芝酮C (lucidone C)[8]、灵芝内酯 (ganolactone)、lucidenolactone、灵芝醇A、B、F (ganoderiols A,B, F)、灵芝三醇 (ganodermatriol)、灵芝萜酮三醇(ganodermanontriol)、丹芝醇A、B (lucidumols A,B) [18-22]；甾体类成分：麦角甾醇 (ergosterol)、麦角甾-7,22-二烯-3β-醇 (ergosta-7,22-dien-3β-ol)、8,9-环氧麦角甾-5,22-二烯-3β,15-二醇 (8,9-epoxyergosta-5,22-dien-3β,15-diol)、麦角甾-7,22-二烯-2β,3α,9α-三醇(ergosta-7,22-dien-2β,3α,9α-triol)、 5α-lanosta-7,9(11),24-trien-3β,26-diol[23-25]；多糖类成分：灵芝多糖A、B、C (ganoderans A～C)、灵芝多糖BN_3A、BN_3B、BN_3C、GL-A、GL-B、GL-C、GLP_{L1}、GLP_{L2}、GLP_{L3}、GLP_{L4} [26]。子实体中还含生物碱、核苷、氨基酸和多肽类成分。

赤芝孢子主要含三萜和甾体类成分[22, 27-31]。

COOH
O O
OH
O OH
H

◆ ganoderic acid A

药理作用

1. 镇静、镇痛

赤芝的乙醇提取物腹腔注射能抑制小鼠的自发活动。热水浸出物灌胃亦可减少小鼠的自发活动，并可明显增强戊巴比妥钠的镇静作用。醋酸扭体法和热板法实验证明，赤芝的热水浸出物灌胃可明显提高小鼠的痛阈，灵芝酸 A、B、G 和 H 为其镇痛有效成分 [32-33]。

2. 止咳、祛痰、平喘

赤芝的水或醇提取物腹腔注射，对氨雾法所致的咳嗽小鼠均有镇咳作用；酚红排泌实验证实，赤芝的水或醇提取物腹腔注射有明显的祛痰作用；赤芝酊剂腹腔注射，对组胺所致的豚鼠喘息有解痉作用。

3. 抗心肌缺血

对家兔失血性休克再灌注模型，灵芝多糖再灌注可显著改善心功能，抑制一氧化氮合酶 (NOS) 活性，降低血浆和心肌中一氧化氮 (NO) 浓度，使血清心肌酶、心肌丙二醛 (MDA) 含量降低，心肌超氧化物歧化酶 (SOD) 活性升高，对心肌损伤有明显的保护作用 [34-35]。

4. 保肝

赤芝甲醇提取物喂饲能抑制苯并芘所致的大鼠血清谷草转氨酶 (GOT)、丙氨酸转氨酶 (ALT) 和碱性磷脂酶 (ALP) 升高，并能提高肝脏还原型谷胱甘肽 (GSH) 水平，增强肝脏谷胱甘肽过氧化物酶 (GPx)、谷胱甘肽-S-转移酶(GST)、SOD和过氧化氢酶 (CAT)的活性 [36]。对四氯化碳、氨基半乳糖胺和卡介苗合并脂多糖所致的3种肝损伤小鼠模型，赤芝的三萜类成分灌胃可明显降低小鼠的血清丙氨酸转氨酶和肝脏三酰甘油 (TG) 含量，不同程度地减轻动物的肝损伤[37]。赤芝提取物灌胃，能明显减轻四氯化碳诱导的大鼠肝纤维化[38]。

5. 抗肿瘤

灵芝多糖 GLP_{L1} 和 GLP_{L3} 体外对人鼻咽癌 KB 细胞的增殖有明显的抑制作用，GLP_{L3} 对人胃癌 BGC 和人结肠癌 Caco 细胞的增殖亦有一定的抑制作用 [26]；灵芝酸体外能诱导转移型肺癌细胞株的凋亡 [39]；赤芝酸体外能抑制十四酸佛波酯乙酸盐 (PMA) 诱导的人肝癌 $HepG_2$ 细胞的侵入 [40]；此外，赤芝所含的固醇类成分体外亦有抗肿瘤活性 [24]。赤芝提取物的三萜醇部位或灵芝醇 F 腹腔注射，能显著抑制接种 Lewis 肺癌小鼠肿瘤的生长 [41]。

6. 免疫调节

灵芝多糖能增强正常小鼠的细胞免疫和非特异性免疫，亦能拮抗免疫抑制剂、抗肿瘤药、应激和衰老所致的免疫功能低下。灵芝多糖 GLB_7 口服能提高小鼠 B 细胞产生特异性抗体的能力 [42]。

7. 抗衰老

赤芝粉喂服能明显增强老龄小鼠的血清 SOD 的活性，降低老龄小鼠血清中过氧化脂质的含量，还能延长果蝇寿命 [43]。赤芝水煎剂灌胃能促进血虚小鼠的自发活动，明显提高血虚小鼠脑和肝中的 SOD 活性，明显降低脑、肝、心、脾、肌的 MDA 和脂褐素 (LPF) 含量，有显著的抗衰老作用 [44]。

8. 其他

赤芝及其有效成分还有抗炎 [45]、抗 I 型人类免疫缺陷病毒 (HIV-1)[20] 和抗疲劳 [32] 等作用。

应用

本品为中医临床用药。功能：补气安神，止咳平喘。主治：心神不宁，失眠心悸，肺虚咳喘，虚劳短气，不思饮食。

现代临床还用于肿瘤、肝炎、冠心病、神经衰弱、老年虚弱、慢性气管炎、高脂血症、多发性肌炎等病的治疗。

评注

《中国药典》除赤芝外，还收载紫芝 *Ganoderma sinense* Zhao, Xu et Zhang 作为中药灵芝的法定原植物来源种。紫芝与赤芝具有类似的药理作用，其化学成分也大致相同，主要含三萜、固醇及多糖类化合物，但某些成分的含量与赤芝亦有区别，例如紫芝中灵芝酸 B 含量甚微，而在赤芝中则含量较高[46-47]。紫芝野生及栽培均较赤芝数量少。

目前，全世界对灵芝孢子的研究较多。灵芝孢子的孢壁由几丁质和葡聚糖构成，其质地坚韧而且耐酸碱。故孢子进入肠胃后有效成分难于被人体吸收利用。要发挥灵芝孢子的功效，必须使灵芝孢子破壁，使有效成分易于提取或被人体吸收。目前主要的破壁方法有机械破壁、生物酶破壁和微米纳级粒子处理技术破壁。其中微米纳级粒子处理技术的破壁率最高。

参考文献

[1] 中国科学院中国孢子植物志编辑委员会 . 中国真菌志 [M]. 第十八卷 . 北京：科学出版社，2000：17-18.

[2] KUBOTA T, ASAKA Y, MIURA I, et al. Structures of ganoderic acid A and B, two new lanostane type bitter triterpenes from *Ganoderma lucidum* (Fr.) Karst[J]. Helvetica Chimica Acta, 1982, 65(2): 611-619.

[3] HIROTANI M, FURUYA T, SHIRO M. Studies on the metabolites of higher fungi. Part 4. A ganoderic acid derivative, a highly oxygenated lanostane-type triterpenoid from *Ganoderma lucidum*[J]. Phytochemistry, 1985, 24(9): 2055-2061.

[4] KIKUCHI T, KANOMI S, KADOTA S, et al. Constituents of the fungus *Ganoderma lucidum* (Fr.) Karst. I. Structures of ganoderic acids C_2, E, I, and K, lucidenic acid F and related compounds[J]. Chemical & Pharmaceutical Bulletin, 1986, 34(9): 3695-3712.

[5] KIKUCHI T, MATSUDA S, KADOTA S, et al. Ganoderic acid D, E, F, and H and lucidenic acid D, E, and F, new triterpenoids from *Ganoderma lucidum*[J]. Chemical & Pharmaceutical Bulletin, 1985, 33(6): 2624-2647.

[6] KIKUCHI T, KANOMI S, MURAI Y, et al. Constituents of the fungus *Ganoderma lucidum* (Fr.) Karst. Ⅱ. Structures of ganoderic acids F, G, and H, lucidenic acids D_2 and E_2, and related compounds[J]. Chemical & Pharmaceutical Bulletin, 1986, 34(10): 4018-4029.

[7] NISHITOBA T, SATO H, SAKAMURA S. New terpenoids, ganoderic acid J and ganolucidic acid C, from the fungus *Ganoderma lucidum*[J]. Agricultural and Biological Chemistry, 1985, 49(12):3637-3638.

[8] NISHITOBA T, SATO H, SAKAMURA S. New terpenoids, ganolucidic acid D, ganoderic acid L, lucidone C and lucidenic acid G, from the fungus *Ganoderma lucidum*[J]. Agricultural and Biological Chemistry, 1986, 50(3):809-811.

[9] NISHITOBA T, SATO H, SAKAMURA S. Triterpenoids from the fungus *Ganoderma lucidum*[J]. Phytochemistry, 1987, 26(6):1777-1784.

[10] HIROTANI M, ASAKA I, INO C, et al. Studies on the metabolites of higher fungi. Part 7. Ganoderic acid derivatives and ergosta-4,7,22-triene-3,6-dione from *Ganoderma lucidum*[J]. Phytochemistry, 1987, 26(10):2797-2803.

[11] TOTH J O, LUU B B, JEAN P, et al. Chemistry and biochemistry of oriental drugs. Part Ⅸ. Cytotoxic triterpenes from *Ganoderma lucidum* (Polyporaceae): structures of ganoderic acids U-Z[J]. Journal of Chemical Research, Synopses, 1983, 12: 299.

[12] TOTH J O, LUU B, OURISSON G. Ganoderic acid T and Z: cytotoxic triterpenes from *Ganoderma lucidum* (Polyporaceae)[J]. Tetrahedron Letters, 1983, 24(10): 1081-1084.

[13] YANG M, WANG X M, GUAN S H, et al. Analysis of triterpenoids in *Ganoderma lucidum* using liquid chromatography coupled with electrospray ionization mass spectrometry[J]. Journal of the American Society for Mass Spectrometry, 2007, 18(5):927-939.

[14] 王芳生，蔡辉，杨峻山，等 . 赤芝子实体中灵芝酸类成分的研究 [J]. 药学学报，1997，32(6)：447-450.

[15] LI C J, YIN J H, GUO F J, et al. Ganoderic acid Sz, a new lanostanoid from the mushroom *Ganoderma lucidum*[J]. Natural Product Research, 2005, 19(5):461-465.

[16] LIU J, SHIMIZU K, KONDO R. Ganoderic acid TR, a new lanostanoid with 5α-reductase inhibitory activity from the fruiting body of *Ganoderma lucidum*[J]. Natural Product Communications, 2006, 1(5):345-350.

[17] 罗俊，林志彬 . 赤芝子实体新三萜化合物的结构鉴定 [J]. 药学学报，2001，36(8)：595-598.

[18] WU T S, SHI L S, KUO S C. Cytotoxicity of *Ganoderma lucidum* triterpenes[J]. Journal of Natural Products, 2001, 64(8): 1121-1122.

[19] 王芳生，蔡辉，杨峻山，等.赤芝子实体中三萜化学成分的研究[J].药学学报，1996，31(3)：200-204.

[20] EL-MEKKAWY S, MESELHY M R, NAKAMURA N, et al. Anti-HIV-1 and anti-HIV-1-protease substances from *Ganoderma lucidum*[J]. Phytochemistry, 1998, 49(6): 1651-1657.

[21] LIU J, KURASHIKI K, SHIMIZU K, et al. Structure-activity relationship for inhibition of 5α-reductase by triterpenoids isolated from *Ganoderma lucidum*[J]. Bioorganic & Medicinal Chemistry, 2006, 14(24):8654-8660.

[22] GAO J J, NAKAMURA N, MIN B S, et al. Quantitative determination of bitter principles in specimens of *Ganoderma lucidum* using high-performance liquid chromatography and its application to the evaluation of ganoderma products[J]. Chemical & Pharmaceutical Bulletin, 2004, 52(6):688-695.

[23] CHIANG H C, CHU S C. Studies on the constituents of *Ganoderma lucidum*[J]. Journal of the Chinese Chemical Society, 1991, 38(1): 71-76.

[24] LIN C N, TOME W P, WON S J. Novel cytotoxic principles of Formosan *Ganoderma lucidum*[J]. Journal of Natural Products, 1991, 54(4): 998-1002.

[25] 罗俊，林志彬.波谱和X-衍射分析鉴定赤芝子实体三萜类化合物的结构[J].中草药，2002，33(3)：197-200.

[26] 赵世华，姚文兵，庞秀炳，等.灵芝多糖分离鉴定及抗肿瘤活性的研究[J].中国生化药物杂志，2003，24(4)：173-176.

[27] 陈若芸，于德泉.用二维核磁黄振技术研究赤芝孢子内酯A和B的结构[J].药学学报，1991，26(6)：430-436.

[28] 陈若芸，于德泉.赤芝孢子粉三萜化学成分研究[J].中国药学（英文版），1993，2(2)：91-96.

[29] MIN B S, NAKAMURA N, MIYASHIRO H, et al. Triterpenes from the spores of *Ganoderma lucidum* and their inhibitory activity against HIV-1 protease[J]. Chemical & Pharmaceutical Bulletin, 1998, 46(10): 1607-1612.

[30] CHEN R Y, YU D Q. Studies on the triterpenoid constituents of the spores of *Ganoderma lucidum* (Curt.: Fr.) P. Karst. (Aphyllophoromycetideae) [J]. International Journal of Medicinal Mushrooms, 1999, 1(2): 147-152.

[31] MIN B S, GAO J J, NAKAMURA N, et al. Triterpenes from the spores of *Ganoderma lucidum* and their cytotoxicity against Meth-A and LLC tumor cells[J]. Chemical & Pharmaceutical Bulletin, 2000, 48(7): 1026-1033.

[32] 林春，方向，缪永生，等.灵芝对小鼠的镇痛、镇静及其对耐力的作用[J].中成药，1992，14(7)：31-32.

[33] KOYAMA K, IMAIZUMI T, AKIBA M, et al. Antinociceptive components of *Ganoderma lucidum*[J]. Planta Medica, 1997, 63(3): 224-227.

[34] 杨红梅，王黎，陈洁，等.失血性休克复苏时心肌损伤和一氧化氮的变化及灵芝多糖的干预作用[J].中国中西医结合急救杂志，2003，10(5)：304-306.

[35] 杨红梅，王黎，陈洁，等.失血性休克再灌注心肌损伤机制及灵芝多糖的预防作用[J].河南职工医学院学报，2003，15(3)：8-10.

[36] LAKSHMI B, AJITH T A, JOSE N, et al. Antimutagenic activity of methanolic extract of *Ganoderma lucidum* and its effect on hepatic damage caused by benzo[a]pyrene[J]. Journal of Ethnopharmacology, 2006, 107(2):297-303.

[37] 王明宇，刘强，车庆明，等.灵芝三萜类化合物对3种小鼠肝损伤模型的影响[J].药学学报，2000，35(5)：326-329.

[38] LIN W C, LIN W L. Ameliorative effect of *Ganoderma lucidum* on carbon tetrachloride-induced liver fibrosis in rats[J]. World Journal of Gastroenterology, 2006, 12(2): 265-270.

[39] TANG W, LIU J W, ZHAO W M, et al. Ganoderic acid T from *Ganoderma lucidum* mycelia induces mitochondria mediated apoptosis in lung cancer cells[J]. Life Sciences, 2006, 80(3):205-211.

[40] WENG C J, CHAU C F, HSIEH Y S, et al. Lucidenic acid inhibits PMA-induced invasion of human hepatoma cells through inactivating MAPK/ERK signal transduction pathway and reducing binding activities of NF-κB and AP-1[J]. Carcinogenesis, 2008, 29(1):147-156.

[41] GAO J J, HIRAKAWA A, MIN B S, et al. *In vivo* antitumor effects of bitter principles from the antlered form of fruiting bodies of *Ganoderma lucidum*[J]. Journal of Natural Medicines, 2006, 60(1):42-48.

[42] 江振友，林晨，刘小澄，等.灵芝多糖对小鼠体液免疫功能的影响[J].暨南大学学报（医学版），2003，24(2)：51-53.

[43] 邵华强，卢连华.灵芝抗衰老作用的实验研究[J].山东中医药大学学报，2002，26(5)：385-386.

[44] 巩菊芳，邵邻相，金雷.灵芝促学习记忆及抗衰老作用实验研究[J].时珍国医国药，2003，14(10)：F003-F004.

[45] KO H H, HUNG C F, WANG J P, et al. Antiinflammatory triterpenoids and steroids from *Ganoderma lucidum* and *G. tsugae*[J]. Phytochemistry, 2008, 69(1): 234-239.

[46] 丁平，蔡红军，刘艳平，等.栽培赤芝与紫芝化学成分的比较[J].中药材，1999，22(9)：433-435.

[47] 丁平，徐鸿华，徐新华.紫芝与赤芝挥发性成分的研究[J].中草药，1998，29(9)：585-586.

重齿毛当归 Chongchimaodanggui CP

Angelica pubescens Maxim. f. *biserrata* Shan et Yuan
Doubleteeth Angelica

概述

伞形科 (Apiaceae) 植物重齿毛当归 *Angelica pubescens* Maxim. f. *biserrata* Shan et Yuan，其干燥根入药。中药名：独活。

当归属 (*Angelica*) 植物全世界约有 80 种，分布于北温带地区和新西兰。中国有 26 种 5 变种 1 变型，本属现供药用者约有 16 种。本种分布于中国安徽、浙江、江西、湖北、四川等地。四川、湖北及陕西等地的高山地区已有栽培。

“独活”药用之名，始载于《神农本草经》，列为上品。《中国药典》（2015 年版）收载本种为中药独活的法定原植物来源种。主产于中国四川、湖北、陕西、浙江等地。以四川产量大，质量也优。

本种植物主要含香豆素、挥发油等成分。香豆素类成分为其主要活性成分。《中国药典》采用高效液相色谱法进行测定，规定独活药材含蛇床子素不得少于 0.50%，含二氢欧山芹醇当归酸酯不得少于 0.080%，以控制药材质量。

药理研究表明，重齿毛当归具有抗炎、镇痛、镇静、抗血栓、抗心律失常等作用。

中医理论认为独活具有祛风除湿，通痹止痛等功效。

◆ 重齿毛当归
Angelica pubescens Maxim. f. *biserrata* Shan et Yuan

◆ 药材独活
Angelicae Pubescentis Radix

化学成分

重齿毛当归的根主要含香豆素类化合物：蛇床子素 (osthole)、佛手柑内酯 (bergapten)、当归醇 (当归醇A, angelol, angelol A)、当归醇B、C、D、E、F、G、H、J (angelols B～H, J)[1-3]、angelin[4]、二氢山芹醇 (columbianetin)、二氢山芹醇乙酸酯 (columbianetin acetate)、二氢山芹醇当归酸酯 (columbianadin)、二氢山芹醇丙酸酯 (columbianetin propionate)、二氢山芹醇葡萄糖苷 (columbianetin-β-*D*-glucopyranoside)、异欧前胡素 (isoimperatorin)、花椒毒素 (xanthotoxin)[5-6]、伞形花内酯 (umbelliferone)、紫花前胡苷 (nodakenin)、水合氧化前胡素 (oxypeucedaninhydrate)、angelitriol、angelidiol[3,7-8]；多炔类成分：发卡二醇 (falcarindiol)[6]等。

此外，还含有挥发油，其中含量较高的有佛术烯 (eremophilene)、百里香酚 (thymol)、α-柏木烯 (α-cedrene)、葎草烯 (humulene)、对甲基苯酚 (*p*-cresol)、β-柏木烯 (β-cedrene)[9]等。也有报道其中α-蒎烯 (α-pinene)含量最高[10]。

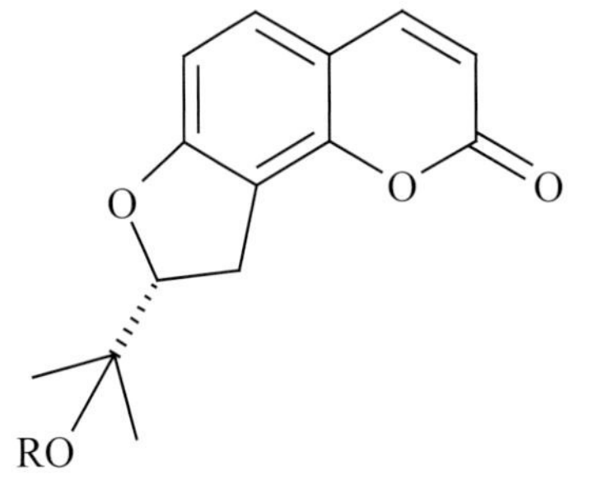

RO

◆ columbianetin: R=H
columbianetin acetate: R=$COCH_3$

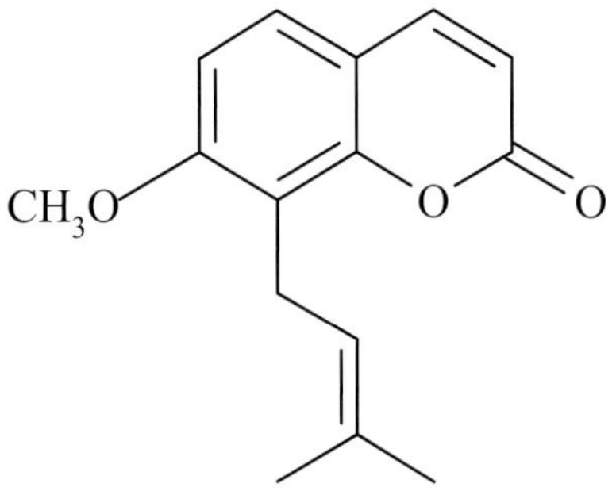

CH_3O

◆ osthole

药理作用

1. 抗炎、镇痛

重齿毛当归甲醇、氯仿及乙酸乙酯提取物能显著降低醋酸和热板所致疼痛；亦能降低甲醛和角叉菜胶造成的肿胀；从重齿毛当归中分离得到的二氢山芹醇当归酸酯及乙酸酯、佛手柑内酯、伞形花内酯等显示出明显的抗炎、镇痛活性[11-12]。

2. 对血液系统的影响

重齿毛当归醇提取物对二磷酸腺苷 (ADP) 体外诱导的大鼠血小板聚集、动静脉旁路血栓形成及 Chandler 法体外血栓形成均有抑制作用，其活性成分为蛇床子素、二氢山芹醇、二氢山芹醇乙酸酯等。醇提取物还可延长小鼠尾出血时间[5]。

3. 对心血管系统的影响

重齿毛当归对离体蛙心有抑制作用；重齿毛当归粗制剂给予麻醉犬或猫静注，有降血压作用；煎剂在蛙腿灌注时，有收缩血管作用；水提取部分有抗心律失常作用，其有效成分为γ-氨基丁酸。

4. 解痉

重齿毛当归挥发油能抑制乙酰胆碱所致离体豚鼠回肠痉挛性收缩；花椒毒素、佛手柑内酯等成分对兔回肠具有明显的解痉作用。

5. 其他

重齿毛当归所含佛手柑内酯、花椒毒素有抗肿瘤、光敏感等作用。蛇床子素等成分体外试验对脂氧化酶和环氧合酶有抑制作用[13]。

应用

本品为中医临床用药。功能：祛风湿，止痹痛，解表。主治：风寒湿痹，腰膝疼痛，少阴伏风头痛，风寒挟湿头痛。

现代临床还用于牙痛、风湿性关节炎、类风湿性关节炎、腰腿痛、小儿麻痹症、梅尼埃病等病的治疗。

评注

中国古代本草记载存在独活、羌活 *Notopterygium incisum* Ting ex H. T. Chang 不分的现象，中药独活入药者除来源于当归属的多种植物外，还有独活属 (*Heracleum*) 及五加科 (Araliaceae) 的植物。

重齿毛当归是中药用独活商品的法定品种，中国在道地产区已建有规范化生产基地。

独活治疗关节炎及镇痛等方面疗效显著，有深入研究及开发价值。

参考文献

[1] HATA K, KOZAWA M. Constitution of angelol, a new coumarin isolated from the root of *Angelica pubescens*[J]. Tetrahedron Letters, 1965, 50: 4557-4562.

[2] BABA K, MATSUYAMA Y, KOZAWA M. Studies on coumarins from the root of *Angelica pubescens* Maxim. Ⅳ. Structures of angelol-type prenylcoumarins[J]. Chemical & Pharmaceutical Bulletin, 1982, 30(6): 2025-2035.

[3] LIU J H, XU S X, YAO X S, et al. Two new 6-alkylcoumarins from *Angelica pubescens biserrata*[J]. Planta Medica, 1995, 61(5): 482-484.

[4] KOZAWA M, BABA K, MATSUYAMA Y, et al. Studies on coumarins from the root of *Angelica pubescens* Maxim. Ⅲ. Structures of various coumarins including angelin, a new prenylcoumarin[J]. Chemical & Pharmaceutical Bulletin, 1980, 28(6): 1782-1787.

[5] 李荣芷，何云清，乔明，等. 中药独活活性成分香豆素及其苷的化学研究 [J]. 药学学报，1989，24(7)：546-551.

[6] LIU J H, ZSCHOCKE S, BAUER R. A polyacetylenic acetate and a coumarin from *Angelica pubescens* f. *biserrata*[J]. Phytochemistry, 1998, 49(1): 211-213

[7] 柳江华，谭严，陈玉萍，等. 重齿毛当归化学成分的研究 [J]，中草药，1994，25(6)：288-291.

[8] 柳江华，徐绥绪，孟志云，等. 重齿毛当归中香豆素的进一步分离 [J]. 中国药学，1997，6(4)：221-224.

[9] 周成明，姚川，孙海林. 独活挥发油化学成分的研究 [J]. 中药材，1990，13(8)：29-32.

[10] 邱琴，刘廷礼，崔兆杰，等. 独活挥发油化学成分的气相色谱－质谱法测定 [J]. 分析测试学报，2000，19(2)：58-60.

[11] CHEN Y F, TSAI H Y, WU T S. Anti-inflammatory and analgesic activities from roots of *Angelica pubescens*[J]. Planta Medica. 1995, 61(1): 2-8.

[12] WU T S, YEH J H, LIOU M J, et al. Antiinflammatory and analgesic principles from the roots of *Angelica pubescens*[J]. Chinese Pharmaceutical Journal (Taipei), 1994, 46(1): 45-52.

[13] LIU J H, ZSCHOCKE S, REININGER E, et al. Inhibitory effects of *Angelica pubescens* f. *biserrata* on 5-lipoxygenase and cyclooxygenase[J]. Planta Medica, 1998, 64(6): 525-529.

川贝母 Chuanbeimu CP, KHP

Fritillaria cirrhosa D. Don
Tendril-Leaved Fritillary

概述

百合科 (Liliaceae) 植物川贝母 *Fritillaria cirrhosa* D. Don 的干燥鳞茎。中药名：川贝母。

贝母属 (*Fritillaria*) 植物全世界约有 60 种，主要分布于北半球温带地区，特别是地中海区域、北美洲、亚洲中部。中国约有 20 种 2 变种，本属现供药用者约有 10 种。本种是中药川贝母的主要商品来源之一，分布于四川、青海、云南、西藏等省区，尼泊尔也有[1]。

“贝母”药用之名，始载于《神农本草经》，列为中品。历代本草专著多有著录，明《滇南本草》首次出现“川贝母”之名。《中国药典》（2015 年版）收载本种为中药川贝母的法定原植物来源种之一。本品主产于中国西藏、四川、青海等地。

川贝母主要活性成分为甾体生物碱类化合物。《中国药典》采用紫外－可见分光光度法进行测定，规定川贝母药材含总生物碱以西贝母碱计，不得少于 0.050%，以控制药材质量。

药理研究表明，川贝母具有镇咳、化痰、平喘、抑菌等作用。

中医理论认为川贝母具有清热润肺，化痰止咳，散结消痈等功效。

◆ 川贝母
Fritillaria cirrhosa D. Don

◆ 暗紫贝母
F. unibracteata Hsiao et K. C. Hsia

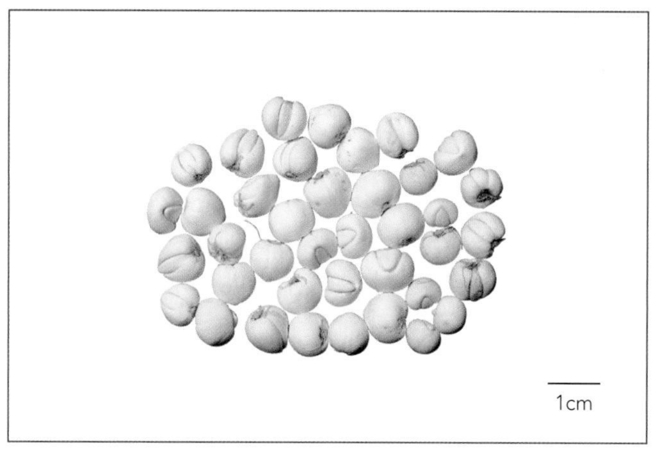

◆ 药材川贝母
Fritillariae Cirrhosae Bulbus

化学成分

川贝母的鳞茎含西贝素 (imperialine, sipeimine)[2]、川贝碱 (fritimine)、鄂贝啶碱 (ebeiedine)、去氢鄂贝啶碱 (ebeiedinone)、ebeienine、hupehenine、异浙贝甲素 (isoverticine)、贝母甲素 (verticine)、贝母乙素 (verticinone)[2-3]、(22*R*,25*S*)-solanidane-3β-ol等甾体生物碱[4]。川贝母植株的其他部位含有与鳞茎相似的生物碱成分[5]。

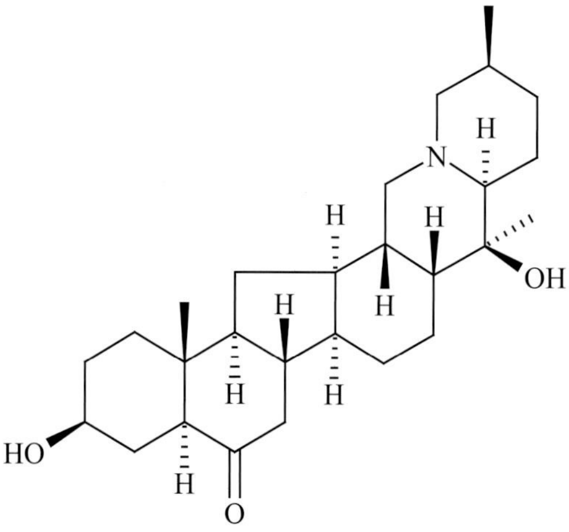

◆ imperialine

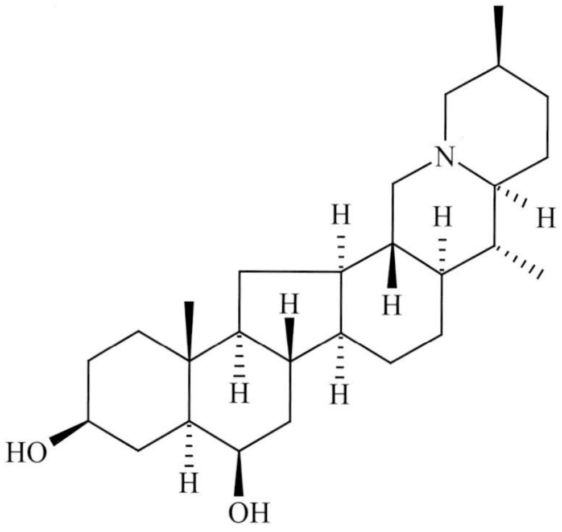

◆ ebeiedine

药理作用

1. 镇咳祛痰

川贝母总生物碱灌胃，对氨水引咳小鼠有显著镇咳作用，猫腹腔注射川贝醇提取物，对电刺激喉上神经引起的咳嗽有显著镇咳作用；川贝母总皂苷灌胃能显著增加小鼠呼吸道酚红排出量，有祛痰作用 [6]。

2. 对平滑肌的影响

贝母甲素、贝母乙素、西贝素等生物碱对平滑肌有扩张作用，能够抑制卡巴胆碱引起的离体豚鼠气管条收缩[7]和离体兔小肠收缩；西贝碱对离体豚鼠回肠、兔十二指肠、大鼠子宫、在体犬小肠有剂量依赖性松弛作用。川贝母碱体外可引起豚鼠子宫收缩。

3. 对心血管系统的影响

川贝母碱猫静脉注射可使血压持续下降，伴有短暂呼吸抑制；麻醉犬静脉注射西贝碱可使外周血管扩张，血压下降，而心电图无变化；贝母生物碱可显著对抗甲氧胺引起的离体家兔主动脉血管收缩。贝母生物碱可剂量依赖性地增加离体豚鼠、大鼠的左心房心肌收缩力，其作用可逆，对离体豚鼠右心房有负性频率作用[8]。

4. 抑菌

川贝醇提取物（相当于生药 2g/mL）体外在 1:100 ～ 1:10000 浓度时对金黄色葡萄球菌、大肠埃希氏菌有抑制作用；水提取物能抑制星形奴卡氏菌生长。

5. 其他

兔静脉注射川贝母碱可使血糖升高。

应用

本品为中医临床用药。功能：清热润肺，化痰止咳，散结消痈。主治：肺热燥咳，干咳少痰，阴虚劳嗽，痰中带血，瘰疬，乳痈，肺痈。

现代临床还用于慢性支气管炎、百日咳等病的治疗。

评注

药用植物图像数据库

川贝母有多种来源，除川贝母 *Fritillaria cirrhosa* D. Don 外，同属的暗紫贝母 *F. unibracteata* Hsiao et K. C. Hsia、甘肃贝母 *F. przewalskii* Maxim. ex Batal.、梭砂贝母 *F. delavayi* Franch.、太白贝母 *F. taipaiensis* P. Y. Li 或瓦布贝母 *F. unibracteata* Hsiao et K. C. Hsia var. *wabuensis* (S. Y. Tang et S. C. Yue) Z. D. Liu, S. Wang et S. C. Chen 等多种植物的鳞茎作为药材川贝母的来源。《中国药典》还记载了作为平贝母入药的平贝母 *F. ussuriensis* Maxim.、作为伊贝母入药的新疆贝母 *F. walujewii* Regel 和伊犁贝母 *F. pallidiflora* Schrenk 等种。贝母属植物均含有瑟文类异甾体生物碱，具有镇咳化痰功效[3]。

乌头、附子反贝母是中药配伍“十八反”禁忌之一。实验研究证实，附子大剂量使用可提高正常大鼠心律，增强心肌收缩力，附子配贝母后增加心肌收缩力的程度降低，附子对戊巴比妥钠导致大鼠心力衰竭的代偿作用在配贝母后减弱，附子与贝母配伍，可减弱附子的药理活性[9]。

《中国植物志》中记载了 20 余种贝母属植物，此属植物常被栽培供药用，造成较多人为的基因交流，其鳞茎和花形态变异也较大，20 世纪 80 年代以后一些学者发表了数十个贝母属种、变种等级别的新分类群，仅与川贝母近缘的就有 36 个[1]，这些类群多数为特化的变异个体，现已被归并[1]。目前，四川已建立了川贝母种植科技示范区。

参考文献

[1] 罗毅波，陈心启．中国横断山区及其邻近地区贝母属的研究(一)——川贝母及其近缘种的初步研究 [J]. 植物分类学报，1996，34(3)：304-312.

[2] 李松林，李萍，林鸽，等．药用贝母中几种活性异甾体生物碱的分布 [J]. 药学学报，1999，34(11)：842-847.

[3] LI S L, LI P, LIN G, et al. Simultaneous determination of seven major isosteroidal alkaloids in bulbs of *Fritillaria* by gas chromatography[J]. Journal of Chromatography, A. 2000, 873(2): 221-228.

[4] 严忠红，陆阳，丁维功，等．卷叶贝母化学成分研究 [J]. 上海第二医科大学学报，1999，19(6)：487-489，507.

[5] 钟凤林，陈和荣．川贝母不同部位化学成分的提取分离及其含量的比较分析 [J]. 中国中药杂志，1994，19(12)：713-715.

[6] 李萍，季晖，徐国钧，等．贝母类中药的镇咳祛痰作用研究 [J]. 中国药科大学学报，1993，24(6)：360-362.

[7] 周颖，季暉，李萍，等．五种贝母甾体生物碱对豚鼠离体气管条 M 受体的拮抗作用 [J]. 中国药科大学学报，2003，34(1)：58-60.

[8] 冯秀玲，董丽霞，陈晓松，等．四种贝母生物碱对离体心肌、血管及神经生理效应的影响 [J]. 中药药理与临床，1999，15(2)：11-13.

[9] 肖志杰，黄华，曾春华，等．附子配贝母对大鼠心功能的影响 [J]. 江西中医学院学报，2005，17(2)：50-51.

川赤芍 Chuanchishao CP

Paeonia veitchii Lynch
Veitch Peony

概述

毛茛科 (Ranunculaceae) 植物川赤芍 *Paeonia veitchii* Lynch，其干燥根入药。中药名：赤芍。

芍药属 (*Paeonia*) 植物全世界约有 35 种，分布于欧、亚大陆温带地区。中国约有 11 种，现均供药用。本种分布于西藏、四川、青海、甘肃及陕西。

“赤芍”药用之名，始载于《本草经集注》。《中国药典》（2015 年版）收载本种为中药赤芍的法定原植物来源种之一。主产于中国四川等省区。

川赤芍主要活性成分为单萜苷类化合物。《中国药典》采用高效液相色谱法进行测定，规定赤芍药材含芍药苷不得少于 1.8%，以控制药材质量。

药理研究指出，赤芍具有抗血栓形成、抗血小板聚集、降血脂和抗动脉硬化等作用。

中医理论认为赤芍具有清热凉血，散瘀止痛等功效。

◆ 川赤芍
Paeonia veitchii Lynch

◆ 药材赤芍
Paeoniae Radix Rubra

◆ 药材赤芍
Paeoniae Radix Rubra

化学成分

川赤芍干燥根含有芍药苷 (paeoniflorin)、氧化芍药苷 (oxypaeoniflorin)、苯甲酰芍药苷 (benzoylpaeoniflorin)[1]、acetoxypaeoniflorin[2] 等单萜苷类化合物；还含儿茶精 (catechin)、没食子酸 (gallic acid)[1]、棕榈酸 (palmitic acid)[3]等。

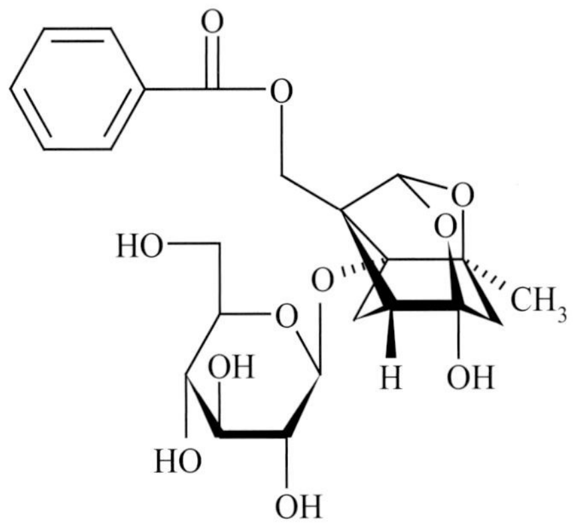

◆ paeoniflorin

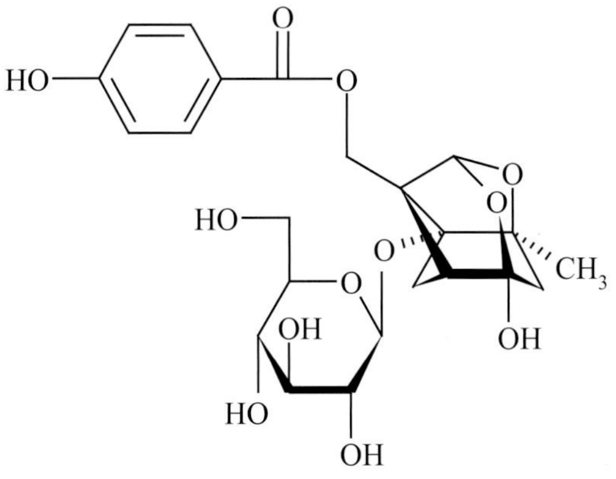

◆ oxypaeoniflorin

药理作用

1. 对血液系统的影响

赤芍总苷灌胃可以列入对心血管系统的影响；降低大鼠血清黏度和血浆黏度；抑制二磷酸腺苷 (ADP) 诱导的大鼠和家兔血小板聚集，延长凝血酶原时间 (PT) 和活化部分凝血活酶时间 (KPTT)[4]。赤芍提取液能显著抑制内源、外源凝血系统和凝血酶，启动纤溶酶原和抑制尿激酶对纤溶酶原的启动作用 [5]。

2. 对心脏的影响

赤芍注射液、赤芍苷、*d*-儿茶精均能扩张冠状血管，增加犬、大鼠、小鼠、豚鼠的冠脉流量，改善神经垂体素诱发的心肌缺血及电刺所致的心脏纤颤。赤芍总苷灌胃可显著缩短尾静注ADP-Na诱导的小鼠肺栓塞呼吸喘促时间，延长电刺激所致大鼠颈总动脉血栓形成时间[6]。

3. 对肺组织的影响

静注赤芍注射液对油酸引起的犬急性肺损伤有保护作用，能显著降低肺循环阻力及肺动脉血压，改善心功能和肺、血液氧合功能 [7]。

4. 抗动脉粥样硬化

赤芍能抗兔实验性动脉粥样硬化，其机制与抑制脂质过氧化物 (LPO) 产生，改善脂蛋白组分比值，调节血栓素 - 前列环素 (TXA_2-PGI_2) 平衡，减少 Ca^{2+} 沉积于动脉壁有关 [8]。

5. 抗缺血性损伤

赤芍总苷对双侧颈总动脉不完全结扎再灌注造成的小鼠脑缺血有明显保护作用，能改善缺血引起的学习记忆障碍；减少脑组织脂质过氧化产物丙二醛 (MDA) 和一氧化氮 (NO) 含量，提高超氧化物歧化酶 (SOD) 水平，抑制脑组织中乳酸脱氢酶 (LDH) 的降低 [9]。采用组织培养法，以肾上腺嗜铬瘤克隆化细胞株 PC12 细胞为材料，发现赤芍总苷对缺糖、缺氧、自由基、咖啡因、一氧化氮 (NO) 及谷氨酸引起的细胞毒性均具明显保护作用，可显著提高 PC12 细胞的存活数，降低胞浆释放的 LDH 水平；其作用机制主要是抑制损伤后期出现 NO 毒性损伤及胞内钙超载等 [10]。

6. 对烫伤机体的作用

赤芍提取物抑制烫伤大鼠早期心肌功能的改变；改善肠系膜微循环紊乱，对抗细动脉收缩，减少细静脉内白细胞贴壁，推迟并减少微循环内红细胞的聚集[11-12]。

7. 护肝

赤芍注射液对*D*-半乳糖胺所致的大鼠肝损伤有保护作用，能刺激大鼠血浆纤维联结蛋白水平的升高，提高网状内皮系统的吞噬功能和调理素活性，防止肝脏的免疫损伤，促进肝细胞再生[13]。赤芍煎剂对CCl_4所致大鼠肝纤维化有抑制作用，能显著降低肝组织透明质酸 (HA) 和肝组织羟脯酸 (HYP)含量，显示其不仅能抑制胶原增生，还可抑制基质增生[14]。

8. 抗病原微生物

赤芍煎液对葡萄球菌、溶血性链球菌、肺炎链球菌、痢疾志贺氏菌、伤寒沙门氏菌、副伤寒沙门氏菌等均有一定抑制作用。赤芍提取物对Ⅱ型单疱疹病毒 (HSV-Ⅱ) 有直接杀伤作用[15]。

9. 促进学习记忆

小鼠试验表明，对东莨菪碱所致记忆获得障碍，环己酰亚胺所致记忆巩固障碍，乙醇所致记忆再现障碍模型及戊巴比妥钠所致空间分辨障碍，赤芍总苷均有改善作用[16]。

10. 其他

赤芍还有抗衰老[17]、抗肿瘤、抗炎、镇痛、镇静及解痉等作用。

应用

本品为中医临床用药。功能：清热凉血，散瘀止痛。主治：热入营血，温毒发斑，吐血衄血，目赤肿痛，肝郁胁痛，经闭痛经，癥瘕腹痛，跌扑损伤，痈肿疮疡。

现代临床还用于病毒性肝炎、肝硬化、冠心病、急性脑血栓形成、肺心病、急性乳腺炎、面肌痉挛等病的治疗。

评注

《中国药典》收载的赤芍的另一来源种为芍药 *Paeonia lactiflora* Pall. 的干燥根，但作赤芍用者均为野生芍药，主要生长于内蒙古和东北等地。

川赤芍以野生资源为主，主要生长于四川西部高原。以上植物的野生资源保护值得关注。

药用植物图像数据库

参考文献

[1] 阮金兰，赵钟祥，曾庆忠，等．赤芍化学成分和药理作用的研究进展 [J]. 中国药理学通报，2003，19(9)：965-970.

[2] WU S H, LUO X D, MA Y B, et al. A new monoterpene glycoside from *Paeonia veitchii*[J]. Chinese Chemical Letters, 2002, 13(5): 430-431.

[3] 陈海生，廖时萱，洪志军．川赤芍化学成分的研究 [J]. 中国药学杂志，1993，28(3)：137-138.

[4] 刘超，王静，杨军．赤芍总甙活血化瘀作用的研究 [J]. 中药材，2000，23(9)：557-560.

[5] 王玉琴，马立昱．赤芍对血液凝固－纤溶系统酶活性的影响 [J]. 中西医结合杂志，1990，10(2):101-102.

[6] 徐红梅，刘青云，戴敏，等．赤芍总甙抗血栓作用研究 [J]. 安徽中医学院学报，2000，19(1)：46-47.

[7] 黄志勇，刘先义，余金甫，等．赤芍治疗呼吸窘迫综合征的实验观察 [J]. 中华麻醉学杂志，1996，16(6)：276-277.

[8] 张永珍，阎西艴，张延荣，等.赤芍和硝苯啶对慢性高脂血症兔血浆TXB_2和6-酮-$PGF_{1}\alpha$的影响[J].中西医结合杂志，1990，10(11)：669-671.

[9] 杨军，王静，冯平安，等 . 赤芍总甙对小鼠脑缺血再灌注损伤的保护作用 [J]. 中药材，2000，23(2)：95-97.

[10] 何素冰，何丽娜，杨军，等 . 赤芍总苷对 PC12 细胞缺血性损伤的保护作用 [J]. 华西药学杂志，2000，15(6)：409-412.

[11] 楚正绪，谭建权，张亚霏 . 赤芍提取物对烫伤大鼠早期心肌力学的影响 [J]. 中成药，1989，11(7)；23-25.

[12] 楚正绪，谭建权，张亚霏 . 赤芍提取物对烫伤大鼠肠系膜微循环的影响 [J]. 中华整形烧伤外科杂志，1990，6(2)：128-130.

[13] 戚心广，稻垣丰 . 丹参、赤芍对实验性肝损伤肝细胞保护作用的机理研究 [J]. 中西医结合杂志，1991，11(2)：102-104.

[14] 段伟力，胡英男，高静涛，等 . 赤芍，栀子对实验性肝纤维化的防治作用 [J]. 中国中西医结合脾胃杂志，1994，2(2)：27-29.

[15] 刘妮，林艳芳，朱宇同 . 赤芍提取物的抗疱疹病毒Ⅱ型作用 [J]. 广州中医药大学学报，1999，16(4)：308-310.

[16] 杨军，王静，张继训，等 . 赤芍总苷对小鼠学习记忆能力的改善作用 [J]. 中国药理学通报，2000，16(1)：46-49.

[17] 杨军，王静，张继训，等.赤芍总苷对*D*-半乳糖衰老小鼠学习记忆及代谢产物的影响[J].中国药理学通报，2001，17(6)：697-700.

川楝 Chuanlian CP

Melia toosendan Sieb. et Zucc.
Szechwan Chinaberry

概述

楝科 (Meliaceae) 植物川楝 *Melia toosendan* Sieb. et Zucc.，其干燥成熟果实入药，中药名：川楝子；其干燥树皮和根皮入药，中药名：苦楝皮。

楝属 (*Melia*) 植物全世界约 3 种，分布于东半球热带及亚热带地区。中国有 2 种，均可供药用。本种分布于中国甘肃、湖北、四川、贵州、云南等省区，其他各地有栽培。日本、中南半岛也有分布。

川楝以"楝实"药用之名，始载于《神农本草经》，列为下品。历代本草多有著录。《中国药典》（2015 年版）收载本种为中药川楝子及苦楝皮的法定原植物来源种。主产于中国四川、云南、贵州等省区，以四川产量最大，质量优。此外，湖北、甘肃、湖南等地也产。

川楝主要含四环三萜类化合物。楝属植物中普遍存在有具活性的四环三萜类化合物川楝素，是该属植物的主要有效成分。《中国药典》采用高效液相色谱法进行测定，规定川楝子药材含川楝素应为 0.060% ～ 0.20%，以控制药材质量。

药理研究表明，川楝的果实、树皮和根皮具有驱虫、阻断神经肌肉接头间的传递功能、抗菌等作用。

中医理论认为川楝子具有疏肝泄热，行气止痛，杀虫等功效。

◆ 川楝
Melia toosendan Sieb. et Zucc.

◆ 药材川楝子
Toosendan Fructus

◆ 药材苦楝皮
Meliae Cortex

化学成分

川楝果实含有三萜类化合物：川楝素 (toosendanin)[1]、异川楝素(isotoosendanin)[2]、苦楝酮 (melianone)、脂苦楝醇 (lipomelianol)[3]、21-*O*-乙酰川楝子三醇(21-*O*-acetyltoosendantriol)[4]、21-*O*-甲基川楝戊醇(21-*O*-methyltoosendanpentol)[5]、toosendanal、12-*O*-methylvolkensin、meliatoxin B_1、trichillin H[6]等；苯丙三醇苷类成分：川楝苷A、B (meliadanosides A, B)[7]。

叶含有川楝紫罗酮苷A、B (melia-ionosides A,B)[8]。川楝子苷(toosendanoside)[9]、川楝子甾醇A、B (toosendansterols A, B)、黑麦草内酯 (loliolide)[10]等。

树皮和根皮中含有川楝素 (toosendanin)、异川楝素 (isotoosendanin)[11]、azedarachin B[12]、neoazedarachin A、B、D[13]等。

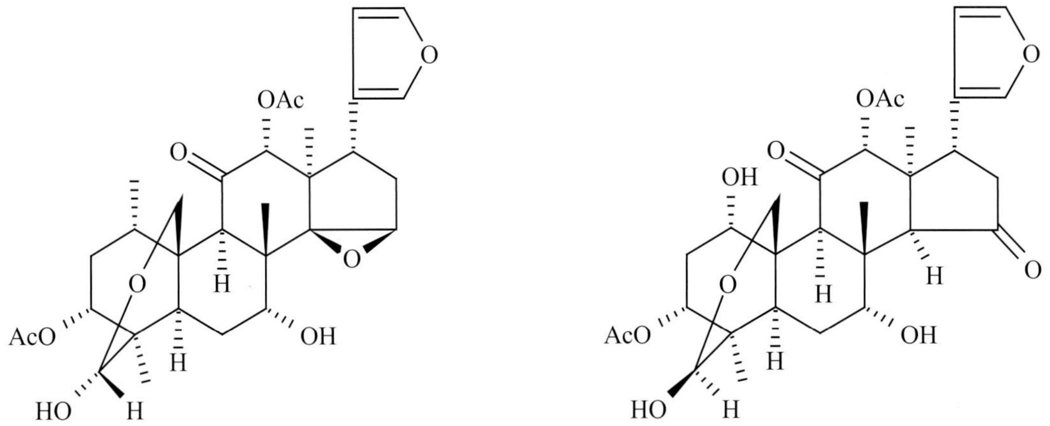

◆ toosendanin

◆ isotoosendanin

药理作用

1. 驱虫

体外实验表明川楝素对猪蛔、蚯蚓与水蛭有杀虫作用，川楝素为驱蛔有效成分 [14]。

2. 阻断神经肌肉接头间的传递功能

川楝素能不可逆地抑制神经肌肉标本对间接刺激的收缩反应。电镜观察表明，川楝素对亚显微结构的影响主要表现为神经末梢中的突触裂隙宽度增加和突触小泡显著减少 [14]。

3. 抗肉毒效应

川楝素可使注射数个致死量肉毒梭菌毒素的小鼠、猴存活下来。用离体神经肌肉接头标本研究发现，预先用川楝素孵育后，标本对肉毒的耐受力大大提高；动物经一次注射川楝素数天后取出的神经肌肉接头标本，一直保持着对肉毒高耐受性 [15]。

4. 抑制呼吸中枢

川楝素给大鼠静脉注射或肌内注射以及延脑呼吸中枢注射，均能引起呼吸衰竭 [14]。

5. 抗炎、镇痛

小鼠醋酸扭体实验、小鼠热板法实验和巴豆油致小鼠耳郭肿胀实验表明，川楝子各炮制品的水煎液灌胃均具有抗炎镇痛作用，其中以盐制川楝子作用最强[16]。

6. 抗生育

川楝子油体外在20秒内可使精子丧失活力，而川楝子油－环己酮复合物对精子的影响随其浓度增加而增强，且作用为不可逆[17]。大鼠附睾注射川楝子油可影响睾丸生精能力，激活睾丸间质细胞使其功能增强，产生局部免疫性不育，但不影响雄性大鼠的睾酮分泌及性功能[18]。

7. 其他

川楝子对人体宫颈癌JTC-26有明显抑制作用。川楝子煎剂口服能使胆囊收缩，奥狄氏括约肌松弛，促进胆汁排泄。

应用

本品为中医临床用药。功能：疏肝泄热，行气止痛，杀虫。主治：肝郁化火，胸胁、脘腹胀痛，疝气疼痛，虫积腹痛。

现代临床还用于胃病、胆病、乳腺病、睾丸鞘膜积液、头癣等病的治疗。

评注

川楝子为传统中药，主要用于理气止痛和杀虫，现代实验研究及临床应用证明本品有一定毒性，使用时需注意[19]。

药用植物图像数据库

川楝所含有效成分川楝素具有显著杀虫活性，作为一种植物杀虫剂越来越受到人们的重视[20]。开发此类植物成分的杀虫剂可望减少化学杀虫剂造成的环境污染，人畜中毒，破坏生态平衡等问题。

近年有研究表明，川楝子油有抗大鼠生育活性和体外杀精子作用[17-18]，可望将其开发为一种杀精子剂。

参考文献

[1] 钟炽昌，谢晶曦，陈淑凤，等．川楝素的结构 [J]. 化学学报，1975，33(1)：35-47.

[2] 谢晶曦，袁阿兴．异川楝素的化学结构及其活性 [J]. 药学通报，1984，19(6)：49.

[3] NAKANISHI T, INADA A, LAVIE D. A new tirucallane-type triterpenoid derivative, lipomelianol from fruits of *Melia toosendan* Sieb. et Zucc.[J]. Chemical & Pharmaceutical Bulletin, 1986, 34(1): 100-104.

[4] NAKANISHI T, INADA A, NISHI M, et al. The structure of a new natural apotirucallane-type triterpene and the stereochemistry of the related terpenes. X-ray and carbon-13 NMR spectral analyses[J]. Chemistry Letters, 1986, 1: 69-72.

[5] INADA A, KONISHI M, NAKANISHI T. Phytochemical studies on meliaceous plants. V. Structure of a new apotirucallane-type triterpene, 21-*O*-methyltoosendanpentol from fruits of *Melia toosendan* Sieb. et Zucc.[J]. Heterocycles, 1989, 28(1): 383-387.

[6] TADA K, TAKIDO M, KITANAKA S. Limonoids from fruit of *Melia toosendan* and their cytotoxic activity[J]. Phytochemistry, 1999, 51(6): 787-791.

[7] 昌军，宣利江，徐亚明．川楝子中两个新的苯丙三醇苷 [J]. 植物学报，1999，41(11)：1245-1248.

[8] NAKANISHI T, KONISHI M, MURATA H, et al. Phytochemical studies on meliaceous plants. Ⅶ. The structures of two new ionone glucosides from *Melia toosendan* Sieb. et Zucc. and a novel type of selective biooxidation by a kind of protease[J]. Chemical & Pharmaceutical Bulletin, 1991, 39(10): 2529-2533.

[9] NAKANISHI T, KOBAYASHI M, MURATA H, et al. Phytochemical studies on Meliaceous plants. Ⅳ. Structure

of a new pregnane glycoside, toosendanoside, from leaves of *Melia toosendan* Sieb. et Zucc.[J]. Chemical & Pharmaceutical Bulletin, 1988, 36(10): 4148-4152.

[10] INADA A, KOBAYASHI M, NAKANISHI T. Phytochemical studies on meliaceous plants. Ⅲ. Structures of two new pregnane steroids, toosendansterols A and B, from leaves of *Melia toosendan* Sieb. et Zucc.[J]. Chemical & Pharmaceutical Bulletin, 1988, 36(2): 609-612.

[11] 谢晶曦，袁阿兴 . 驱蛔药川楝皮及苦楝皮中异川楝素的分子结构 [J]. 药学学报，1985，20(3)：188-192.

[12] ZHOU J B, MINAMI Y, YAGI F, et al. Antifeeding limonoids from *Melia toosendan*[J]. Heterocycles, 1997, 45(9): 1781-1786.

[13] ZHOU J B, TADERA K, MINAMI Y, et al. New limonoids from *Melia toosendan*[J]. Bioscience, Biotechnology, and Biochemistry, 1998, 62(3) : 496-500.

[14] 王本祥 . 现代中药药理学 [M]. 天津：天津科学技术出版社，1997：651-653.

[15] 施玉梁 . 有效抗肉毒化合物川楝素及其抗毒机制的研究 [J]. 中国药理学会通讯，2002，19(1)：18-19.

[16] 纪青华，陆兔林 . 川楝子不同炮制品镇痛抗炎作用研究 [J]. 中成药，1999，21(4)：181-183.

[17] 贾瑞鹏，周性明，陈甸英 . 川楝子油体外杀精子研究 [J]. 南京铁道医学院学报，1995，14(4)：207-208.

[18] 贾瑞鹏，周性明，陈甸英 . 川楝子油对雄性大鼠的抗生育作用 [J]. 南京铁道医学院学报，1996，15(1)：1-3.

[19] 路志强 . 川楝子的性味功能与现代临床应用 [J]. 内蒙古中医药，1997，(1)：45-46.

[20] 李小平，吕小军 . 川楝果实提取物对棉铃虫杀虫活性初探 [J]. 淮北煤师院学报，2003，24(4)：35-38.

川木香 Chuanmuxiang CP

Vladimiria souliei (Franch.) Ling
Common Vladimiria

概述

菊科 (Asteraceae) 植物川木香 *Vladimiria souliei* (Franch.) Ling，其干燥根入药。中药名：川木香。

川木香属 (*Vladimiria*) 全世界约 12 种，分布于中国西南地区，少数种见于缅甸。本属现供药用者约有 5 种。本种分布于中国四川西部和西藏东部。

川木香的药用历史较越西木香（包括“理木香”）为久。《中国药典》（2015 年版）收载本种为中药川木香的法定原植物来源种之一。主产于四川西部和西藏等地。

川木香的化学成分主要为内酯类及挥发油类化合物。《中国药典》采用高效液相色谱法进行测定，规定川木香药材含木香烃内酯和去氢木香内酯的总量不得少于 3.2%，以控制药材质量。

药理研究表明，川木香具有促进肠蠕动、增加肠管紧张性等作用。

中医理论认为川木香有行气止痛等功效。

◆ 川木香
Vladimiria souliei (Franch.) Ling

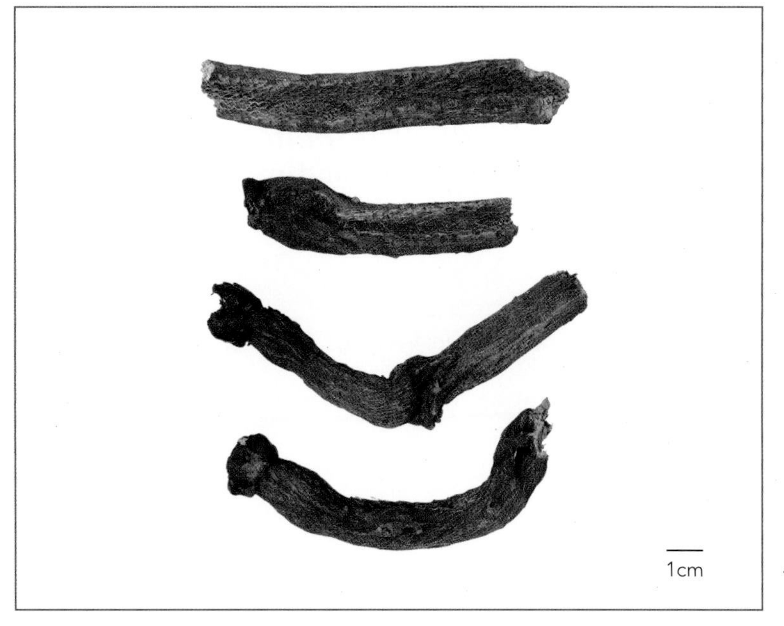

◆ 药材川木香
Vladimiriae Radix

化学成分

川木香的根含多种内酯类化合物，其中木香内酯类有：木香烯内酯 (costunolide)[1]、川木香内酯 (mokkolactone)、去氢木香内酯 (dehydrocostuslactone)[2]、木香内酯B (costuslactone B)[3]。此外，还含有川木香醇A、B、C、D、E、F (vladinols A～F)[4]等成分。

根中含挥发油约0.30%，油中主要成分为去氢木香内酯、二氢去氢木香内酯，还含长叶烯 (longifolene)、香附子烯 (cyperene)、α-姜黄烯 (α-curcumene)、菖蒲二烯 (acoradiene)等[5]。

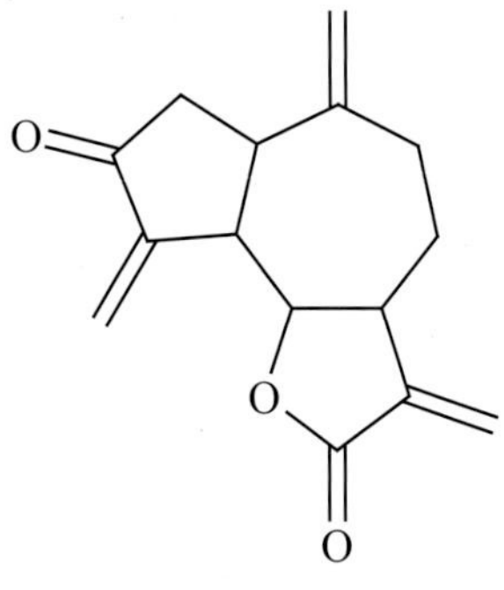

◆ dehydrocostuslactone

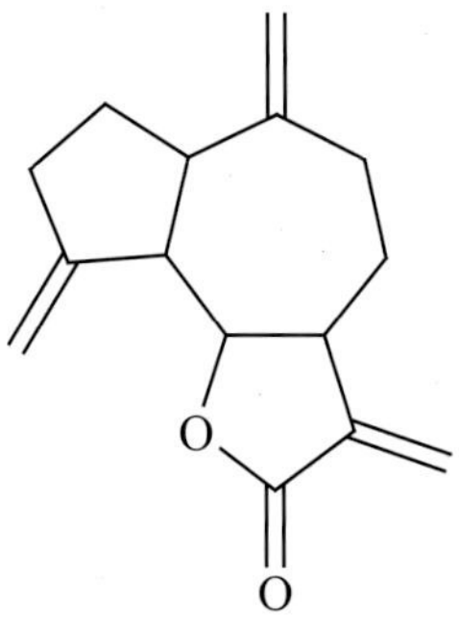

◆ dihydrodehydrocostuslactone

药理作用

1. 增加肠管紧张性

豚鼠离体回肠实验表明，川木香乙醇提取液给药后肠管紧张性随即增大，而后逐渐消失。

2. 促进肠蠕动

川木香药液给小鼠灌胃有明显促进肠蠕动的作用。

3. 促进胃液分泌

木香烯内酯灌胃可抑制已口服乙醇大鼠的胃排空，增加胃液分泌，从而抑制血液中乙醇含量的增加[6]。

4. 抗肿瘤

木香烯内酯对人多种癌细胞有细胞毒活性，体外实验表明，木香烯内酯可抑制人乳腺癌细胞MCF-7和MDA-MB-231细胞的生长，主要通过降低端区酶的活性介导[7]。川木香内酯在体外可激活半胱天冬酶-3，引起线粒体膜电位消失，从而导致人早幼粒白血病细胞HL-60 的凋亡[8]。

5. 免疫活性

去氢木香内酯对细胞毒 T 淋巴细胞 (CTL) 的杀伤功能和细胞间黏附因子 -1 (ICAM-1) 的诱导作用有显著抑制作用[9]。

6. 抗真菌

木香烯内酯和去氢木香内酯具有抗刺孢小克银汉霉菌的活性[10]。

应用

本品为中医临床用药。功能：行气止痛。主治：胸胁、脘腹胀痛，肠鸣腹泻，里急后重。

现代临床还用于消化不良、胃肠炎、慢性肝炎等病的治疗。

评注

药用植物图像数据库

《中国药典》也收载川木香变种灰毛川木香 *Vladimiria souliei* (Franch.) Ling var. *cinerea* Ling 作为川木香药材的法定来源种之一。研究发现，川木香和灰毛川木香间界限不明显，在显微鉴别、理化分析中均未见明显区别，故认为不应将灰毛川木香定为川木香的变种。

国内外对川木香的药理研究很少，从初步的药理研究结果来看，木香、川木香、灰毛川木香对肠肌均有一定的兴奋作用，而其他木香在同等条件下无此作用。在目前木香紧缺的情况下，川木香和灰毛川木香资源丰富，历来史上亦有作木香使用的习惯，可以进一步开发利用。如对川木香的药理作用作进一步的研究，将对川木香的合理应用提供更全面的学术研究数据。

参考文献

[1] 王永兵，许华，王强 .RP-HPLC 法测定川木香中木香烃内酯和去氢木香内酯的含量 [J]. 西北药学杂志，2000，15(6)：250-251.

[2] TAN R X, JAKUPOVIC J, BOHLMANN F, et al. Sesquiterpene lactones from *Vladimiria souliei*[J]. Phytochemistry, 1990, 29(4): 1209-1212.

[3] WANG Q G, ZHOU B F, ZHAI J J. Costuslactone B[J]. Acta Crystallographica, Section C: Crystal Structure Communications, 2000, C56(3): 369-370.

[4] TAN R X, JAKUPOVIC J, JIA Z J. Aromatic constituents from *Vladimiria souliei*[J]. Planta Medica, 1990, 56(5): 475-477.

[5] 李兆琳，薛敦渊，王明奎，等 . 川木香挥发油化学成分的研究 [J]. 兰州大学学报（自然科学版），1991，27(4)：94-97.

[6] HISASHI M, HIROSHI S, KIYOFUMI N, et al. Inhibitory mechanism of costunolide, a sesquiterpene lactone isolated from *Laurus nobilis*, on blood-ethanol elevation in rats: involvement of inhibition of gastric emptying and increase in gastric juice secretion[J]. Alcohol & Alcoholism, 2002, 37(2): 121-127.

[7] CHOI S H, IM E, KANG H K, et al. Inhibitory effects of costunolide on the telomerase activity in human breast carcinoma cells[J]. Cancer Letters, 2005, 227(2): 153-162.

[8] YUN Y G, OH H, OH G S, et al. *In vitro* cytotoxicity of Mokko lactone in human leukemia HL-60 cells: induction of apoptotic cell death by mitochondrial membrane potential collapse[J]. Immunopharmacology and Immunotoxicology, 2004, 26(3): 343-353.

[9] YUUYA S, HAGIWARA H, SUZUKI T, et al. Guaianolides as immunomodulators. Synthesis and biological activities of dehydrocostus lactone, mokko lactone, eremanthin, and their derivatives[J]. Journal of Natural Products, 1999, 62(1): 22-30.

[10] ALEJANDRO F B, ENRIQUE O J, MÍRIAMÁ, et al. New sources and antifungal activity of sesquiterpene lactones[J]. Fitoterapia, 2000, 71(1): 60-64.

川牛膝 Chuanniuxi CP

Cyathula officinalis Kuan
Medicinal Cyathula

概述

苋科 (Amaranthaceae) 植物川牛膝 *Cyathula officinalis* Kuan，其干燥根入药。中药名：川牛膝。

杯苋属 (*Cyathula*) 植物全世界约有 27 种，分布于亚洲、大洋洲、非洲及美洲。中国产约有 4 种。本属现供药用者约有 3 种。本种分布于中国四川、云南、贵州等地。

“川牛膝”药用之名，始见于《滇南本草》。川牛膝分布和用药均以中国西南地区为最多。《中国药典》（2015 年版）收载本种为川牛膝的法定原植物来源种。川牛膝以主产四川天全而县得名，故又名：天全牛膝。

川牛膝主要活性成分为甾酮类化合物，尚有多糖等。《中国药典》采用高效液相色谱法进行测定，规定川牛膝药材含杯苋甾酮不得少于 0.030%，以控制药材质量。

药理研究表明，川牛膝具有抗肿瘤、抗炎、增强免疫功能等作用。

中医理论认为川牛膝具有逐瘀通经，通利关节，利尿通淋等功效。

◆ 川牛膝
Cyathula officinalis Kuan

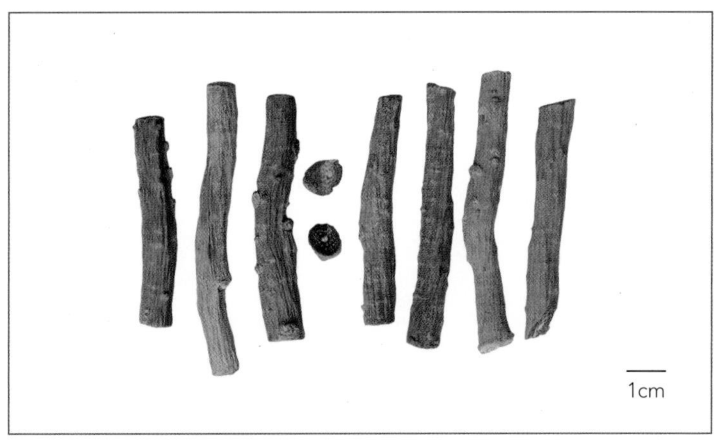

◆ 药材川牛膝
Cyathulae Radix

化学成分

川牛膝根含甾酮类成分：杯苋甾酮 (cyasterone)、异杯苋甾酮(isocyasterone)、头花杯苋甾酮 (capitasterone)[1-3]、苋菜甾酮A、B (amarasterones A,B)、前杯苋甾酮 (precyasterone)、羟基杯苋甾酮 (sengosterone)[4-6]、后甾酮(post-sterone)、表杯苋甾酮 (epicyasterone)[7-8]等；多糖类成分：川牛膝多糖RCP、果聚糖CoPS3[9-10]等。

从川牛膝根中分得两种杯苋甾酮的立体异构体28-表-杯苋甾酮(28-epi-cyasterone)及25-表-28-表-杯苋甾酮(25-epi-28-epi-cyasterone)[11]；还分得2,3-isopropylidene cyasterone、24-hydroxycyasterone 及2,3-isopropylidene isocyasterone[12] 等化合物。

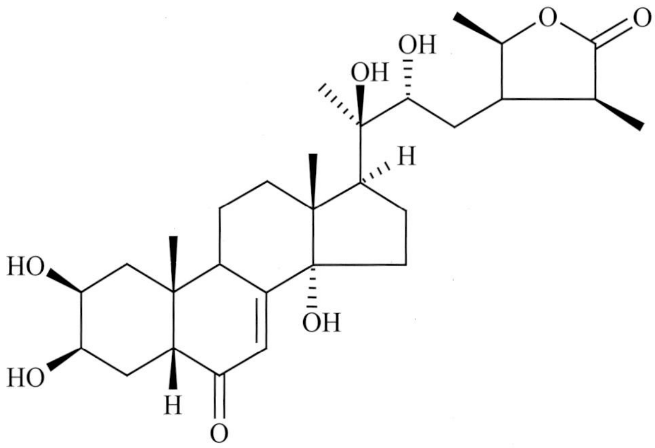

◆ cyasterone

药理作用

1. 抗炎、镇痛

川牛膝水煎液灌胃能明显减轻二甲苯所致小鼠耳郭肿胀；水煎液灌胃或皮下注射均能显著抑制角叉菜胶所致的小鼠足趾肿胀；水煎液灌胃能显著抑制大鼠蛋清性足趾肿胀，减少小鼠醋酸扭体次数。

2. 对血液流变学的影响

川牛膝水煎液灌胃能显著降低血瘀大鼠的血浆黏度，增强红细胞变形能力，改善由肾上腺素引起的小鼠肠系膜微循环障碍[13]。

3. 增强免疫功能

川牛膝多糖灌胃能增强小鼠网状内皮系统 (RES) 吞噬功能及溶血空斑形成细胞 (PFC) 反应能力，提高小鼠 C_3b 受体花环率，降低 IC 花环率，提高自然杀伤细胞 (NK) 杀伤活性[14-15]。

4. 抗肿瘤

川牛膝多糖灌胃能抑制小鼠 S_{180} 腹水型肉瘤及肝癌 H_{22} 细胞的增长，对环磷酰胺所致正常或荷瘤小鼠白细胞减少有显著回升作用[16-17]。

5. 抗病毒

川牛膝多糖硫酸酯体外能强烈抑制Ⅱ型单纯疱疹病毒引起的细胞病变[18]。

6. 抗生育

小鼠灌胃川牛膝的苯、醋酸乙酯和乙醇提取物均产生抗生育、抗着床作用，其中苯提取物的作用最强[19]。

7. 其他

川牛膝水煎液灌胃能促进小鼠血清、肝、肾组织中蛋白质和 RNA 的合成，水煎液能抑制离体大鼠子宫收缩；川牛膝水提取物能强烈抑制 Trp-P-1 所致细胞诱变[20]。

应用

本品为中医临床用药。功能：逐瘀通经，通利关节，利尿通淋。主治：经闭癥瘕，胞衣不下，跌扑损伤，风湿痹痛，足痿筋挛，尿血血淋。

现代临床还用于牙龈肿痛、小儿麻痹后遗症等病的治疗。

评注

牛膝和川牛膝原植物分属于苋科 (Amaranthaceae) 牛膝属 (*Achyranthes*) 和杯苋属 (*Cyathula*)，两者的化学成分有显著的差异。中医药理论认为两者功效基本相同，但牛膝偏于补肝肾，强筋骨，川牛膝偏于活血化瘀。目前学术界对此评价存在相当分歧，有待今后对两者功效的异同进行全面系统的对比研究。四川目前已建立了川牛膝的规范化种植基地。

药用植物图像数据库

参考文献

[1] HIKINO H, HIKINO Y, NOMOTO K, et al. Steroids. Ⅰ. Cyasterone, an insect metamorphosing substance from *Cyathula capitata*: structure[J]. Tetrahedron, 1968, 24(13): 4895-4906.

[2] HIKINO H, NORMOTO K, TAKEMOTO T. Steroids. Ⅻ. Isocyasterone, an insect metamorphosing substance from *Cyathula capitata*[J]. Phytochemistry, 1971, 10(12): 3173-3178.

[3] TAKEMOTO T, NOMOTO K, HIKINO Y, et al. Structure of capitasterone, a novel C29 insect-molting substance from *Cyathula capitata*[J]. Tetrahedron Letters, 1968, 47: 4929-4932.

[4] TAKEMOTO T, NOMOTO K, HIKINO H. Structure of amarasterone A and B, novel C29 insect-molting substances from *Cyathula capitata*[J]. Tetrahedron Letters, 1968, 48: 4953-4956.

[5] HIKINO H, NOMOTO K, INO R, et al. Structure of precyasterone, a novel C29 insect-moulting substance from *Cyathula capitata*[J]. Chemical & Pharmaceutical Bulletin, 1970, 18(5): 1078-1080.

[6] HIKINO H, NOMOTO K, TAKEMOTO T. Steroids. Ⅸ. Sengosterone, an insect metamorphosing substance from *Cyathula capitata*: structure[J]. Tetrahedron 1970, 26(3): 887-898.

[7] HIKINO H, NOMOTO K, TAKEMOTO T. Poststerone, a metabolite of insect metamorphosing substances from *Cyathula capitata*[J]. Steroids, 1970, 16(4): 393-400.

[8] HIKINO H, NOMOTO K, TAKEMOTO T. Structure of isocyasterone and epicyasterone, novel C29 insect-moulting substances from *Cyathula capitata*[J]. Chemical & Pharmaceutical Bulletin, 1971, 19(2): 433-435.

[9] 刘颖华，何开泽，张军峰，等 . 川牛膝多糖的分离、纯化及单糖组成 [J]. 应用与环境生物学报，2003，9(2)：141-145.

[10] CHEN X M, TIAN G Y. Structural elucidation and antitumor activity of a fructan from *Cyathula officinalis* Kuan[J]. *Carbohydrate Research*, 2003, 338(11): 1235-1241.

[11] OKUZUMI K, HARA N, UEKUSA H, et al. Structure elucidation of cyasterone stereoisomers isolated from *Cyathula officinalis*[J]. Organic & Biomolecular Chemistry, 2005, 3(7): 1227-1232.

[12] ZHOU R, LI B G, ZHANG G L. Chemical study on *Cyathula officinalis* Kuan[J]. Journal of Asian Natural Products Research, 2005, 7(3): 245-252.

[13] 陈红，石圣洪 . 中药川、怀牛膝对小鼠微循环及大鼠血液流变学的影响 [J]. 中国微循环，1998，2(3)：182-184.

[14] 李祖伦，石圣洪，陈红，等 . 川牛膝多糖的免疫活性研究 [J]. 中药材，1998，21(2)：90-92.

[15] 李祖伦，石圣洪，陈红，等 . 川牛膝多糖促红细胞免疫功能研究 [J]. 中药药理与临床，1999，15(4)：26-27.

[16] 陈红，刘友平 . 川牛膝多糖抗肿瘤作用初探 [J]. 成都中医药大学学报，2001，24(1)：49-50.

[17] 宋军，杨金蓉，李祖伦，等 . 川牛膝多糖对小鼠肝癌细胞 H_{22} 抑制作用研究 [J]. 中药药理与临床，2001，17(3)：19.

[18] 刘颖华，何开泽，杨敏，等 . 川牛膝多糖硫酸酯的体外抗单纯疱疹病毒 2 型活性 [J]. 应用与环境生物学报，2004，10(1)：46-50.

[19] 李干五，葛玲，李生正，等 . 川牛膝提取物抗生育作用的实验研究 [J]．西安医科大学学报，1990，11(1)：27-29.

[20] NIIKAWA M, WU A F, SATO T, et al. Effects of Chinese medicinal plant extracts on mutagenicity of Trp-P-1[J]. Natural Medicines, 1995, 49(3): 329-331.

川芎 Chuanxiong[CP]

Ligusticum chuanxiong Hort.
Chuanxiong

概述

伞形科 (Apiaceae) 植物川芎 *Ligusticum chuanxiong* Hort.，其干燥根茎入药。中药名：川芎。

藁本属 (*Ligusticum*) 植物全世界约 60 种，分布于北半球。中国约有 30 种。本属现供药用者约有 10 种。川芎为栽培，未见野生，主要栽培地区为中国四川，江西、湖北、陕西、贵州等地也有部分种植。

川芎以"芎藭"药用之名，始载于《神农本草经》，列为上品。古今药用品种一致。《中国药典》(2015 年版) 收载本种为中药川芎的法定原植物来源种。主产于中国四川，产量大，质量优。此外，湖北、湖南、江西、贵州，陕西、云南、甘肃也有，但产量少。

川芎主要含有挥发油及苯酞类成分。《中国药典》采用高效液相色谱法进行测定，规定川芎药材含阿魏酸不得少于 0.10%，以控制药材质量。

药理研究表明，川芎具有抗心肌缺血、抗血栓、扩张血管、抗胃溃疡、镇静、镇痛、抗肿瘤等作用。

中医理论认为川芎具有活血行气，祛风止痛等功效。

◆ 川芎
Ligusticum chuanxiong Hort.

◆ 药材川芎
Chuanxiong Rhizoma

◆ 东芎
Cnidium officinale Makino

◆ 药材东芎
Cnidii Rhizoma

化学成分

川芎的根茎含苯酞衍生物：藁本内酯 (ligustilide)、丁基苯酞 (butylphthalide)、3-亚丁基苯酞 (3-butylidenephthalide)、3-亚丁基-7-羟基苯酞(3-butylidene-7-hydroxyphthalide)、新川芎内酯 (neocnidilide)[1-2]、洋川芎内酯A、B、C、D、E、F、G、H、I、J、K、L、M、N、O、P、Q、R、S (senkyunolides A～S)[3-7]、顺、顺-二藁本内酯 [(*Z*,*Z*')-diligustilide][8]、川芎萘呋内酯 (wallichilide)[2]等；酚酸类成分：阿魏酸 (ferulic acid)、原儿茶酸 (protocatechuic acid)、咖啡酸 (caffeic acid)等[9]。

根茎亦含挥发油，主要成分为：藁本内酯 (ligustilide)、洋川芎内酯 (senkyunolide)、柠檬烯 (limonene)[10]等。

新近从川芎根茎中还分得4,7-二羟基-3-丁基苯酞 (4,7-dihydroxy-3- butylphthalide)[9]及川芎三萜 (xiongterpene) 等化合物[1]。

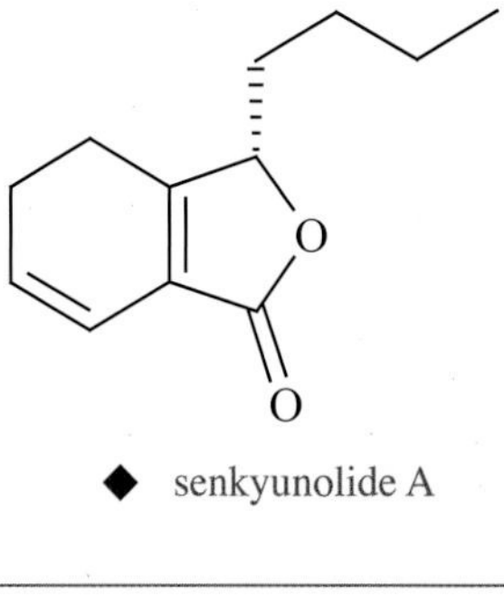

◆ senkyunolide A

药理作用

1. 抗心肌缺血

川芎嗪腹腔注射对异丙肾上腺素所致大鼠心肌缺血损伤具有保护作用，该作用可能与提高心肌线粒体 Ca^{2+}-ATP 酶、Ca^{2+},Mg^{2+}-ATP 酶活力及调控 *bcl-2* 基因的表达有关 [11]。川芎嗪预处理的大鼠心脏对缺血再灌注损伤有明显的保护作用 [12]。

2. 抗脑缺血

川芎苯酞（主要含藁本内酯）灌胃能明显改善大脑中动脉栓塞所致脑缺血大鼠的行为障碍，减少脑缺血区梗死面积，抑制大鼠体内血栓的形成和 ADP 诱导的大鼠血小板聚集，改善大鼠血液流变性 [13]；川芎嗪腹腔注射能减少大鼠栓塞形成，保护神经元，减少脑水肿，显著保护脑缺血性损伤 [14]。

3. 扩张血管

川芎嗪体外可剂量依赖性地激活猪冠状动脉平滑肌钙激活钾通道，抑制血管收缩 [15]。

4. 抗血栓

川芎水提取液灌胃能显著抑制小鼠体内血栓形成；川芎嗪静脉滴注能明显抑制犬皮腔内血管成形术 (PTA) 后局部血栓形成，加速已形成血栓的溶解 [16-17]。川芎水提取液体外可显著抑制二磷酸腺苷 (ADP) 所致大鼠血小板聚集 [16]；川芎嗪体外对剪切所致的大鼠血小板聚集亦具显著抑制作用 [18]。

5. 镇静、镇痛

川芎水煎剂灌胃能抑制大鼠的自发活动，对小鼠的作用更为明显；能延长戊巴比妥钠引起的小鼠睡眠时间，对抗咖啡因引起的兴奋 [19]。

6. 抗胃溃疡

川芎嗪腹腔注射可明显抑制大鼠水浸应激性胃溃疡的发生，促进胃液分泌量的增高，明显抑制胃运动，对应激导致的 (NOS) 活力和 (NO) 含量的降低亦具抑制作用 [20]。

7. 抗肿瘤

川芎嗪腹腔注射可抑制小鼠 Lewis 肺癌移植瘤的生长和转移，其作用机制与抑制血管内皮生长因子 (VEGF) 的表达和抑制血管生成有关 [21]。

8. 抗脂质过氧化、清除自由基

川芎提取物及川芎嗪体外对过氧化氢和花生四烯酸所致血管内皮细胞损伤和凋亡具有保护作用，可能与其抗脂质过氧化作用有关 [22-23]；川芎水提取物和川芎嗪及其衍生物对羟自由基有明显清除作用 [24-25]。

9. 其他

川芎嗪腹腔注射能减轻慢性哮喘大鼠气道壁平滑肌层的增厚并抑制转化生长因子 TGF-β_1 表达，有利于减轻气道重建等肺部损害 [26]。

应用

本品为中医临床用药。功能：活血行气，祛风止痛。主治：胸痹心痛，胸胁刺痛，跌扑肿痛，月经不调，经闭痛经，癥瘕腹痛，头痛，风湿痹痛。

现代临床还用于心血管疾病（心绞痛、缺血性卒中等）、脑血管疾病（脑血栓、脑栓塞、脑动脉硬化等）、呼吸系统疾病（肺动脉高压、成人呼吸窘迫综合征、支气管哮喘、肺气肿、肺纤维化等）、肾脏疾病（肾小球肾炎、肾衰竭等）等病的治疗 [27]。

评注

川芎为一常用中药，现代广泛用于心脑血管疾病的治疗。随着研究的深入和临床经验的积累，川芎的应用范围不断扩大，在治疗呼吸系统疾病及肾脏疾病等方面取得了许多新的进展。

在提取分离川芎的化学成分时得到的川芎嗪 (chuanxiongzine)，现多为人工合成，其化学本质为四甲基吡嗪 (tetramethylpyrazine)，在治疗心脑血管、呼吸系统、肾小球疾病及抗肿瘤转移等方面临床应用广泛，效果显著，而且货源广阔，价格低廉，临床应用剂量安全范围宽，无明显的不良反应，具有广泛的开发应用前景。

东芎 *Cnidium officinale* Makino 又名东川芎、日本川芎、洋川芎、延边川芎，为《日本药局方》（第 15 次修订）收载的川芎法定原植物来源种，该种与中国川芎在临床上等同入药。两者之间的植物药亲缘关系、化学、药理的对比研究有待深入。

参考文献

[1] 肖永庆，李丽，游小琳，等. 川芎化学成分研究 [J]. 中国中药杂志，2002，27(7)：519-521.

[2] WANG P S, GAO X L, WANG Y X, et al. Phthalides from the rhizome of *Ligusticum wallichii*[J]. Phytochemistry, 1984, 23(9): 2033-2038.

[3] NAITO T, KATSUHARA T, NIITSU K, et al. Two phthalides from *Ligusticum chuangxiong*[J]. Phytochemistry, 1992, 31(2): 639-642.

[4] KOBAYASHI M, MITSUHASHI H. Studies on the constituents of Umbelliferae plants. XVII. Structures of three new ligustilide derivatives from *Ligusticum wallichii*[J]. Chemical & Pharmaceutical Bulletin, 1987, 35(12): 4789-4792.

[5] NAITO T, KATSUHARA T, NIITSU K, et al. Phthalide dimers from *Ligusticum chuanxiong* Hort[J]. Heterocycles, 1991, 32(12): 2433-2442.

[6] NAITO T, NIITSU K, IKEYA Y, et al. A phthalide and 2-farnesyl-6-methyl benzoquinone from *Ligusticum chuanxiong*[J]. Phytochemistry, 1992, 31(5): 1787-1789.

[7] NAITO T, IKEYA Y, OKADA M, et al. Two phthalides from *Ligusticum chuanxiong*[J]. Phytochemistry, 1996, 41(1): 233-236.

[8] KAOUADJI M, REUTENAUER H, CHULIA A J, et al. (*Z,Z*)-Diligustilide, a new dimeric phthalide isolated from *Ligusticum wallichii* Franch[J]. Tetrahedron Letters, 1983, 24(43): 4677-4678.

[9] 王文祥，顾明，蒋小岗，等. 川芎化学成分研究 [J]. 中草药，2002，33(1)：4-5.

[10] 李慧，王一涛. 不同方法提取川芎挥发油的比较分析 [J]. 中国中药杂志，2003，28(4)：379-380.

[11] 黎玉，万福生，万义福. 川芎嗪对大鼠心肌缺血损伤的拮抗作用 [J]. 中成药，2003，25(8)：646-648.

[12] 文飞，冯义柏，田莉，等. 川芎嗪预处理对大鼠心肌缺血再灌注损伤的保护 [J]. 中华实用中西医杂志，2005，18(8)：1099-1101.

[13] 田京伟，傅风华，蒋王林，等. 川芎苯酞对大鼠局部脑缺血的保护作用及机理探讨 [J]. 中国中药杂志，2005，30(6)：466-468.

[14] LIAO S L, KAO T K, CHEN W Y, et al. Tetramethylpyrazine reduces ischemic brain injury in rats[J]. Neuroscience Letters, 2004, 372(1-2): 40-45.

[15] 叶云，杨艳，冯碧敏，等. 川芎提取液动物血药浓度测定及其对钙激活钾通道作用初探 [J]. 中国药房，2005，16(1)：19-22.

[16] 周大兴，陆红，赵育芳. 不同川芎对血小板聚集、血栓形成影响的对比研究 [J]. 中药药理与临床，2002，18(3)：16-17.

[17] 梁俊生，贺能树，吴胜勇，等. 川芎嗪对犬肾动脉成形术局部血栓形成影响的实验研究 [J]. 放射学实践，2003，18(10)：757-759.

[18] LI M, ZHAO C, WONG R N S, et al. Inhibition of shear-induced platelet aggregation in rat by tetramethylpyrazine and salvianolic acid B[J]. Clinical Hemorheology and Microcirculation, 2004, 31(2): 97-103.

[19] 侯家玉. 中药药理学 [M]. 北京：中国中医药出版社，2002：148.

[20] 万军利，王昌留，崔胜忠. 川芎嗪对大鼠浸水应激性胃溃疡的影响 [J]. 中草药，2000，31(2)：115-117.

[21] 陈刚，徐晓玉，严鹏科，等. 川芎嗪和丹参对小鼠 Lewis 肺癌生长的抑制作用与抑制血管生成的关系 [J]. 中草药，

2004，35(3)：296-299.

[22] HOU Y Z, ZHAO G R, YANG J, et al. Protective effect of *Ligusticum chuanxiong* and *Angelica sinensis* on endothelial cell damage induced by hydrogen peroxide[J]. Life Sciences, 2004, 75(14) : 1775-1786.

[23] 王韵，周新，汪炳华，等. 川芎嗪对花生四烯酸诱导血管内皮细胞凋亡的保护作用 [J]. 中草药，2004，35(2)：177-180.

[24] LI H, WANG Q J. Evaluation of free hydroxyl radical scavenging activities of some Chinese herbs by capillary zone electrophoresis with amperometric detection[J]. Analytical and Bioanalytical Chemistry, 2004, 378(7): 1801-1805.

[25] 边晓丽，陈学敏，刘艳霞，等. 川芎嗪及其衍生物对羟自由基的清除作用 [J]. 中国医院药学杂志，2003，23(11)：678-679.

[26] 王文建，杨莉，李海浪，等. 川芎嗪对哮喘大鼠气道壁平滑肌增殖及 TGF-b_1 表达的影响 [J]. 东南大学学报（医学版），2003，22(6)：387-390.

[27] 孙海英. 川芎临床应用的新进展 [J]. 延安大学学报（自然科学版），2002，21(3)：72-74.

川续断 Chuanxuduan CP, KHP

Dipsacus asper Wall. ex Henry
Asper-like Teasel

概述

川续断科 (Dipsacaceae) 植物川续断 *Dipsacus asper* Wall. ex Henry，其干燥根入药。中药名：续断。

川续断属 (*Dipsacus*) 植物全世界约有 20 种，主要分布于欧洲、北非和亚洲。中国有 9 种 1 变种，其中 2 种为栽培种。川续断属植物的根、叶大多可入药。川续断主要分布于中国江西、湖北、湖南、广西、四川、云南、贵州、西藏等地。

"续断"药用之名，始载于《神农本草经》，列为上品。《植物名实图考》的记述和附图，即指本种。《中国药典》（2015 年版）收载本种为中药续断的法定原植物来源种。主产于中国湖北、四川、贵州，云南、湖南、江西等省也产。

川续断属植物的化学成分主要有三萜皂苷、环烯醚萜苷等。《中国药典》采用高效液相色谱法进行测定，规定续断药材含川续断皂苷Ⅵ不得少于 2.0%，以控制药材质量。

药理研究表明，川续断具有止血、促进骨损伤愈合、降低子宫收缩等作用。

中医理论认为川续断具有补肝肾，强筋骨，续折伤，止崩漏等功效。

◆ 川续断
Dipsacus asper Wall. ex Henry

◆ 药材续断
Dipsaci Radix

化学成分

川续断根中含有三萜皂苷，主要为齐墩果烷型[1]，如川续断皂苷F和H_1 (asperosaponins F, H_1)[2]、续断皂苷B、C (dipsacus saponins B,C)[3]等；还含环烯醚萜苷类成分：林生续断苷Ⅲ (sylvestroside Ⅲ)[4]、loganic acid-6'-*O*-*β*-*D*-glucoside[5]、当药苷 (sweroside)、马钱子苷 (loganin) 和茶茱萸苷 (cantleyoside)[6]等；挥发油，油中含量较高的有丙酸乙酯 (ethyl propionate)、4-甲基苯酚 (4-methyl phenol)、3-乙基-5-甲基苯酚 (3-ethyl-5-methyl-phenol)、2,4,6-三丁基苯酚 (2,4,6-tri-butyl-phenol)、carvotanaceton[7]等。此外还含有3,5-di-*O*-caffeoyl quinic acid等[8]。

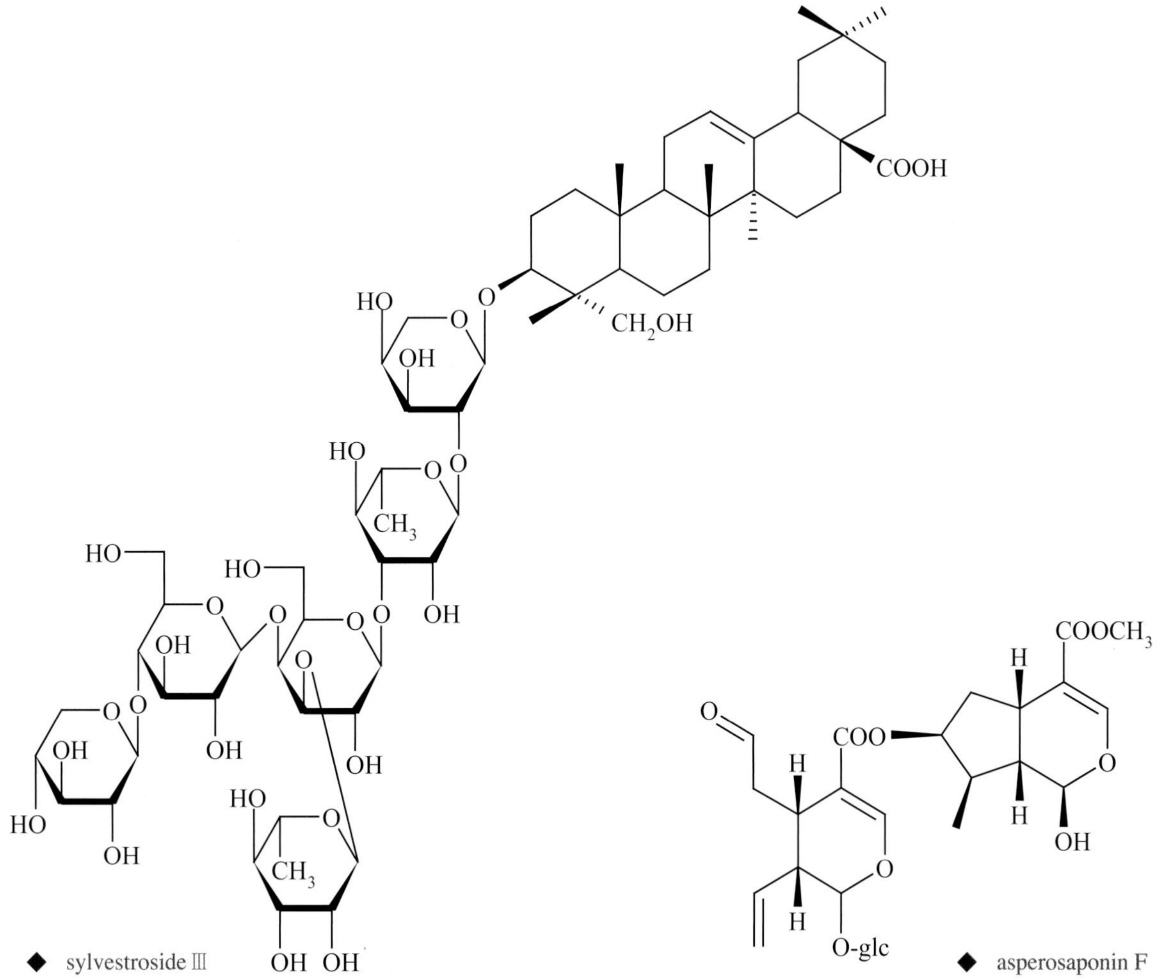

◆ sylvestroside Ⅲ

◆ asperosaponin F

药理作用

1. 促进骨损伤愈合

川续断水煎液及其总皂苷粗提取物灌胃给药均能明显促进大鼠骨损伤愈合；川续断总皂苷是该作用的活性组分[9]。体外实验表明，川续断水煎液能有效促进大鼠成骨细胞的分化、增殖，防止成骨细胞凋亡，从而起到促进骨折愈合、防止骨质疏松的作用[10]。

2. 抗阿尔茨海默病

川续断总提取物给铝诱导的阿尔茨海默病大鼠灌胃，对淀粉样前体蛋白 (β-APP) 在神经元的过度表达有明显的抑制作用[11]。

3. 抗衰老

川续断水煎液使家蚕的幼虫期、蛹期、成虫期生存时限延长，身长、体重增加缓慢，食桑量减少，有抗衰老作用[12]。

4. 对免疫系统的影响

川续断水煎液灌胃能提高小鼠耐缺氧能力，延长小鼠负重游泳持续时间，促进小鼠巨噬细胞吞噬功能[13]。川续断水提醇沉所得的多糖 (DAP-1) 具有免疫调节作用，显示出抗补体活性，还能促进淋巴细胞的有丝分裂[14]。

5. 对生殖系统的影响

川续断浸膏、总生物碱及挥发油都可显著抑制小鼠未孕或妊娠离体子宫的收缩；浸膏与挥发油能显著抑制妊娠小鼠离体子宫的自发收缩频率；总生物碱及挥发油能显著抑制妊娠大鼠离体子宫的收缩幅度[15]。总生物碱十二指肠给药还能显著抑制妊娠大鼠在体子宫平滑肌的自发收缩活动，对摘除卵巢后导致的流产有对抗作用[16]。

6. 抗炎

川续断 70% 乙醇提取物灌胃给药能显著抑制大鼠蛋清性足趾肿胀、二甲苯所致小鼠耳郭肿胀、醋酸所致小鼠腹腔毛细血管通透性增加以及纸片所致肉芽组织增生，其作用机制可能与抑制变态反应和抗过氧化有关[17]。

7. 其他

川续断或其炮制品还有止血、镇痛、消血肿、杀灭阴道毛滴虫等作用[18]。

应用

本品为中医临床常用药。功能：补肝肾，强筋骨，续折伤，止崩漏。主治：肝肾不足，腰膝酸软，风湿痹痛，跌扑损伤，筋伤骨折，崩漏，胎漏。酒续断多用于风湿痹痛，跌扑损伤，筋伤骨折。盐续断多用于腰膝酸软。

现代临床还用于习惯性流产、非功能性子宫出血、类风湿性关节炎等病的治疗。

评注

历代本草记载的续断品种较混乱。唐、宋所用的“土续断”，为唇形科糙苏 *Phlomis umbrosa* Turcz.，应用历史较久，但是疗效不及川续断，现今仅限为地区用药。

药用植物图像数据库

参考文献

[1] 王岩，周莉玲，李锐.川续断的研究进展[J].时珍国医国药，2002，13(4)：233-234.

[2] 魏峰，楼之岑，刘一民，等.用核磁共振新技术测定川续断皂苷F和H_1两个新皂苷的结构及光谱规律研究[J].药学学报，1994，29(7)：511-518.

[3] JUNG K Y, DO J C, SON K H. Triterpene glycosides from the roots of *Dipsacus asper*[J]. Journal of Natural Products, 1993, 56(11): 1912-1916.

[4] 魏峰，楼之岑.川续断中林生续断苷Ⅲ的结构研究[J].中草药，1996，27(5)：265-266.

[5] TOMITA H, MOURI Y. An iridoid glucoside from *dipsacus asperoides*[J]. Phytochemistry, 1996, 42(1): 239-240.

[6] ISAO K, AKIKO T, MIHO N, et al. Acylated triterpene glycoside from roots of *Dipsacus asper*[J]. Phytochemistry, 1990, 29(1): 338-339.

[7] 吴知行，周胜辉，杨尚军.川续断中挥发油的分析[J].中国药科大学学报，1994，25(4)：202-204.

[8] KWON Y S, KIM K O, LEE J H, et al. Chemical constituents of *Dipsacus asper* (Ⅱ) [J]. Saengyak Hakhoechi, 2003, 34(2): 128-131.

[9] 纪顺心，吴雪琴，李崇芳.中药续断对大鼠实验性骨损伤愈合作用的观察[J].中草药，1997，28(2)：98-99.

[10] 程志安，吴燕峰，黄智清，等.续断对成骨细胞增殖、分化、凋亡和细胞周期的影响[J].中医正骨，2004，16(12)：1-3.

[11] 钱亦华，胡海涛，杨杰，等.川续断对Alzheimer病模型大鼠海马内淀粉样前体蛋白表达的影响[J].中国神经科学杂志，1999，15(2)：134-138.

[12] 雷志群.续断等中药抗衰老作用的实验研究[J].浙江中医学院学报，1997，21(2)：39.

[13] 石扣兰，李丽芬，李月英，等.川续断对小鼠免疫功能的影响[J].中药药理与临床，1998，14(1)：36-37.

[14] ZHANG Y, KIYOHARA H, MATSUMOTO T, et al. Fractionation and chemical properties of immunomodulating polysaccharides from roots of *Dipsacus asperoides*[J]. Planta Medica, 1997, 63(5): 393-399.

[15] 龚晓健，吴知行，陈真，等.川续断对离体子宫的作用[J].中国药科大学学报，1995，26(2)：115-119.

[16] 龚晓健，季晖，王青，等.川续断总生物碱对妊娠大鼠子宫的抗致痉及抗流产作用[J].中国药科大学学报，1997，29(6)：459-461.

[17] 王一涛，王家葵，杨奎，等.续断的药理学研究[J].中药药理与临床，1996，3：20-23.

[18] 辛继兰，赵雅娟.续断及其炮制品的药效学研究[J].中医药学报，2002，30(4)：16-17.

垂盆草 Chuipencao CP

Sedum sarmentosum Bge.
Stringy Stonecrop

概述

景天科 (Crassulaceae) 植物垂盆草 *Sedum sarmentosum* Bge.，其新鲜或干燥全草入药。中药名：垂盆草。

景天属 (*Sedum*) 植物全世界约有 470 种，主要分布于北半球，部分分布在南半球的非洲和拉丁美洲。中国约有 124 种，本属现供药用者达 46 种。本种分布于中国东北、华北、华东及华中各省区；朝鲜半岛、日本也有分布。

垂盆草的最早记录可能为清《本草纲目拾遗》所载的鼠牙半支。《中国药典》（2015 年版）收载本种为中药垂盆草的法定原植物来源种。主产于中国江苏、浙江、安徽等省区。

垂盆草的主要活性成分为垂盆草苷等氰苷类化合物，尚有生物碱类和黄酮类成分。《中国药典》采用高效液相色谱法进行测定，规定垂盆草药材含槲皮素、山柰素和异鼠李素的总量不得少于 0.10%，以控制药材质量。

药理研究报告表明，本品具有保肝、抑制免疫及抗菌等作用。

中医理论认为垂盆草具有利湿退黄，清热解毒等功效。

◆ 垂盆草
Sedum sarmentosum Bge.

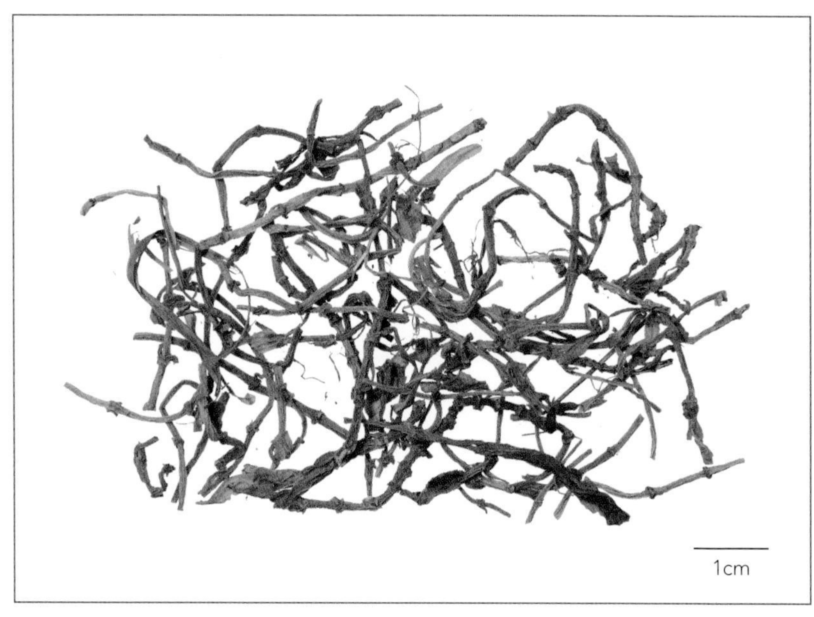

◆ 药材垂盆草
Sedi Herba

化学成分

垂盆草全草含氰苷类成分：垂盆草苷 (sarmentosin) [1]；生物碱类成分：消旋甲基异石榴碱 (*dl*-methylisopelletierine)、二氢异石榴碱 (dihydroisopelletierine)、*N*-甲基-2β-羟丙基哌啶 (*N*-methyl-2β-hydroxy-propyl-piperidine)、3-甲酰基1,4-二羟基二氢吡喃(3-formyl-1,4-dihydroxy-dihydro-pyran)、甲基石榴碱 (*N*-methylpelletierine)、*N*-methylallosedridine。甾醇类成分：3β,6β-豆甾-4-烯-3,6-二醇 (3β,6β-stigmast-4-en-3,6-diol) 和垂盆草甾醇 (sarmentosterol) [2]。黄酮类成分：苜蓿素 (tricin)、苜蓿苷 (tricin-7-glucoside)、木犀草素(luteolin)、甘草苷 (liquiritin)、异鼠李素-3,7-二葡萄糖苷 (isorhamnetin-3,7-diglucoside) [3-4]。此外，还有δ-amyrin、3-epi-δ-amyrin、sarmentolin[5]、双十八烷基硫醚 (dioctadecyl sulfide) [4]、景天庚糖 (sedoheptulose)。

◆ sarmentosin

药理作用

1. 保肝

垂盆草的水提取物及正丁醇提取物灌胃能显著降低小鼠谷丙转氨酶 (ALT)和谷草转氨酶 (AST) 水平，并对肝损伤有明显保护作用[6]。对大鼠亚急性肝损伤也有显著保护作用，可降低γ-球蛋白，减轻肝脏纤维化程度[7]。对自然感染的乙型肝炎鸭 (DHBV) 的实验表明，改善肝细胞损伤是垂盆草降酶的主要原理[7]。

2. 免疫抑制作用

对大鼠及小鼠的细胞免疫，大剂量的垂盆草苷均有显著的抑制作用，对体液免疫也有抑制效果[7]。

3. 其他

垂盆草能防止卵巢切除大鼠骨骼中的胶原减少[8]。垂盆草还有抗脂质过氧化和抗菌等作用。

应用

本品为中医临床用药。功能：利湿退黄，清热解毒。主治：湿热黄疸，小便不利，痈肿疮疡。

现代临床还用于急慢性肝炎、尿路感染、带状疱疹、湿疹等病的治疗。

评注

药用植物图像数据库

垂盆草为目前临床用于治疗急慢性肝炎的常用药物，垂盆草苷被认为是降低血清谷丙转氨酶的有效成分。此外，垂盆草中含有丰富的氨基酸，其中谷氨酸、蛋氨酸、异亮氨酸、亮氨酸、苯丙氨酸、赖氨酸、组氨酸、丙氨酸含量较高[9]。无机元素测定结果显示，垂盆草中锌、硒、铜、锗、锰等微量元素含量要比日常蔬菜、水果类食物高 3 ～ 10 倍，对垂盆草的成分和药理作用之间的关系有待进一步研究[9]。

◆ 垂盆草种植基地

有研究指出垂盆草有一定的诱集钉螺作用，成螺和幼螺都喜食垂盆草，在血吸虫流行地区，垂盆草有相当的开发利用价值[10]。

参考文献

[1] 方圣鼎，严修泉，李静芳，等 . 垂盆草化学成分的研究 [J]. 化学学报，1982，40(3): 273-280.

[2] 何爱民，郝红艳，王明时，等 . 垂盆草中的甾醇化合物 [J]. 中国药科大学学报，1997，28(5)：271-274.

[3] 何爱民，王明时 . 垂盆草中的黄酮类成分 [J]. 中草药，1997，28(9)：517-522.

[4] 魏太明，阎玉凝，关昕璐，等 . 垂盆草的化学成分研究（Ⅰ）[J]. 北京中医药大学学报，2003，26(4)：59-61.

[5] HE A M, WANG M S, HAO H Y, et al. Hepatoprotective triterpenes from *Sedum sarmentosum*[J]. Phytochemistry, 1998, 49(8): 2607-2610.

[6] 潘金火，何满堂，罗兰，等 . 垂盆草不同提取部位保肝降酶试验 [J]. 时珍国医国药，2001，12(10)：888-890.

[7] 王本祥 . 现代中药药理学 [M]. 天津：天津科学技术出版社，1997：282-284.

[8] KIM W H, PARK Y J, PARK M R, et al. Estrogenic effects of *Sedum sarmentosum* Bunge in ovariectomized rats[J]. Journal of Nutritional Science and Vitaminology, 2004, 50(2): 100-105.

[9] 潘金火，何满堂 . 中药垂盆草中氨基酸和无机元素的定量分析 [J]. 中国药业，2002，11(4)：48.

[10] 徐国余，肖荣炜 . 垂盆草诱螺作用的初步观察 [J]. 中国寄生虫学与寄生虫病杂志，1989，7(3)：207-209.

刺儿菜 Ci'ercai CP

Cirsium setosum (Willd.) MB.
Setose Thistle

概述

菊科 (Asteraceae) 植物刺儿菜 *Cirsium setosum* (Willd.) MB.，其干燥地上部分入药。中药名：小蓟。

蓟属 (*Cirsium*) 植物全世界有 250 ~ 300 种，广布于欧、亚、北非和中美大陆。中国产约 50 种，本属现供药用者约有 11 种。本种分布于中国东北、华北、西北、华东、西南及中南部分地区。欧洲东部、中部、俄罗斯东部、西西伯利亚及远东、蒙古国、朝鲜半岛、日本也有分布。

“小蓟”药用之名，始载于《名医别录》，与“大蓟”同条，列为中品。历代本草多有著录[1]。《中国药典》（2015 年版）收载本种为中药小蓟的法定原植物来源种。主产于中国大部分地区。

小蓟的主要活性成分为黄酮类、有机酸等。《中国药典》采用高效液相色谱法进行测定，规定小蓟药材含蒙花苷不得少于 0.70%，以控制药材质量。

药理研究表明，小蓟具有止血、抗菌作用。

中医理论认为小蓟凉血止血，散瘀解毒消痈等功效。

◆ 刺儿菜
Cirsium setosum (Willd.) MB.

◆ 药材小蓟
Cirsii Herba

化学成分

刺儿菜的叶含黄酮类化合物：刺槐素 (acacetin)[2]、蒙花苷 (linarin)[3]。地上部分含黄酮类化合物：金丝桃苷(hyperin)、异山柰素 (isokaempferide)、quercetin-3-*O*-*β*-*D*-glucopyranoside[4]、芹菜素 (apigenin)、黄芪苷 (astragalin)[5]、芦丁 (rutin)[6]；甾醇类化合物：*Ψ*-乙酰蒲公英甾醇 (*Ψ*-taraxasterol acetate)、蒲公英甾醇 (taraxasterol)、*β*-谷甾醇 (*β*-sitosterol) 和豆甾醇 (stigmasterol) 等[7]；有机酸类化合物原儿茶酸 (protocatechuic acid)、绿原酸 (chlorogenic acid)、咖啡酸 (caffeic acid)[8]；此外，还含 2-(3,4-dihydroxyphenyl)-ethyl-*β*-*D*-glucopyranoside、丁香苷 (syringin)[7]、酪胺 (tyramine)等以及生物碱和皂苷[9]。

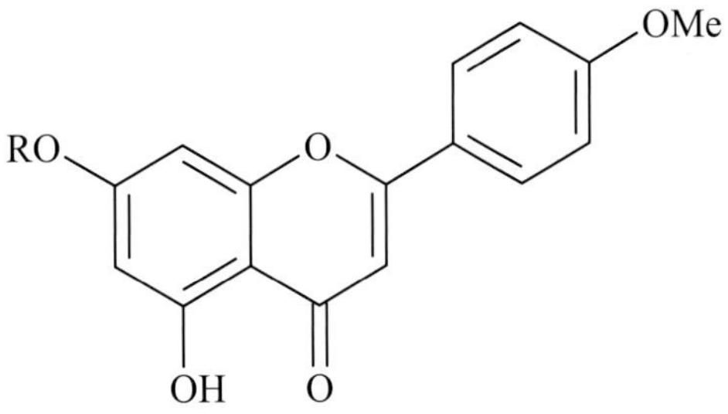

◆ linarin: R=rha-glc-
acacetin: R=H

药理作用

1. 止血

刺儿菜水煎液灌胃能缩短小鼠凝血时间，明显促进血液凝固，其止血有效成分是绿原酸及咖啡酸。其机制为通过收缩局部血管，抑制纤溶而发挥其止血作用[8, 10]。

2. 对心血管系统的作用

刺儿菜中的有效成分酪胺对大鼠有显著升血压作用。全草煎剂或乙醇提取物对离体兔心、豚鼠心房肌有增强收缩力和收缩频率的作用，对兔耳血管和大鼠下肢灌流有显著的收缩作用[9, 11]。

3. 抗菌

刺儿菜水煎剂在试管内对溶血性链球菌、肺炎链球菌、白喉棒杆菌及铜绿假单胞菌有一定抑制作用，乙醇浸剂对人结核分枝杆菌也有抑制作用[9]。

4. 其他

刺儿菜还有镇静、促进免疫等作用。

应用

本品为中医临床用药。功能：凉血止血，散瘀解毒消痈。主治与大蓟同，常配伍同用。然本品兼有利尿之功，以治尿血，血淋尤宜。但其散瘀消痈之功则略逊于大蓟。

现代临床还用于产后子宫收缩不全、高血压等病的治疗。

评注

关于小蓟的原植物分类，学术界稍存争论。早期曾有学者将小蓟归入刺儿菜属(*Cephalanoplos*)，并分为两个种，即刺儿菜 *Cephalanoplos segetum* (Bge.) Kitam.（又称小刺儿菜）和刻叶刺儿菜 *Cephalanoplos setosum* (MB.) Kitam.（又称大刺儿菜）。《中国药典》（1985年版）也采用了上述分类方法。但也有学者发表文章认为刺儿菜应合并入蓟属 (*Cirsium*)，刺儿菜与刻叶刺儿菜是一种植物，学名为 *Cirsium setosum* (Willd.) MB.，异名为 *Cirsium segetum* Bge.。1990 年以后的各版《中国药典》均采用了这种分类方法。近年来，更多的文献报道认为 *Cirsium setosum* (Willd.) MB. 与 *Cirsium segetum* Bge. 在形态[12]、过氧化物同工酶酶谱[13]、染色体核型[14]和叶中黄酮类化合物层析谱[15]上均存在较大差异，支持将两者作为独立的品种来对待。

小蓟是中国卫生部规定的药食同源品种之一。

参考文献

[1] 金延明，李胜华，楼之岑 . 大蓟与小蓟品种的本草考证 [J]. 中药材，1995，18(3)：152-154.

[2] RENDYUK T D, KRIVUT B A, GLYZIN V I. Spectrophotometric method for determining acacetin in the leaves of *Cirsium setosum* (Willd.) [J]. Farmatsiya, 1978, 27(2): 68.

[3] RENDYUK T D, GLYZIN V I, SHRETER A I. Phytochemical study of *Cirsium setosum* (Wild.) [J]. Acta Pharmaceutica Jugoslavica, 1977, 27(3): 135-138.

[4] SYRCHINA A I, KOSTYRO Y A, USHAKOV I A, et al. Flavonoids of *Cirsium setosum* (Willd). Bess[J]. Rastitel'nye Resursy, 1999, 35(4): 38-40.

[5] SYRCHINA A I, SEMENOV A A, ZINCHENKO S V. Investigation of chemical composition of *Cirsium setosum* (Willd) Bess[J]. Rastitel'nye Resursy, 1998, 34(2): 47-49.

[6] 胡建平，刘翔 . 大蓟与小蓟化学成分的鉴别 [J]. 中药研究与信息，2003，11(5)：36-38.

[7] 顾玉成，屠呦呦 . 小蓟化学成分研究 [J]. 中国中药杂志，1992，17(9)：547-548.

[8] 陈毓，丁安伟，杨星昊，等 . 小蓟化学成分、药理作用及临床应用研究述要 [J]. 中医药学刊，2005，23(4)：614-615.

[9] 李郁，王国栋 . 大、小蓟的比较区别 [J]. 新疆中医药，2003，21(4)：44-45.

[10] 王淑英 . 黑木耳和小蓟止血作用的比较 [J]. 中华临床医药，2002，3(5)：85.

[11] 魏彦，邱乃英，欧阳青 . 大蓟、小蓟的鉴别与临床应用 [J]. 北京中医杂志，2002，21(5)：296-297.

[12] 孙稚颖，李法曾 . 刺儿菜复合体的形态学研究 [J]. 植物研究，1999，19(2)：143-147.

[13] 鄢本厚，尹祖棠 . 蓟属二种植物过氧化物同工酶的酶谱式样及其分类学意义 [J]. 西北植物学报，1995，15(3)：184-188.

[14] 鄢本厚，尹祖棠 . 蓟属两种植物的染色体研究 [J]. 广西植物，1995，15(2)：172-175.

[15] 鄢本厚，尹祖棠 . 大刺儿菜和小刺儿菜的植物化学分类学研究 [J]. 广西植物，1995，15(4)：325-326.

刺五加 Ciwujia CP, JP

Acanthopanax senticosus (Rupr. et Maxim.) Harms
Manyprickle Acanthopanax

概述

五加科 (Araliaceae) 植物刺五加 *Acanthopanax senticosus* (Rupr. et Maxim.) Harms，其干燥根和根茎或茎入药。中药名：刺五加。

五加属 (*Acanthopanax*) 植物全世界约有 35 种，分布于亚洲。中国约有 26 种。本属现供药用者约 22 种。本种主要分布于中国黑龙江、吉林、辽宁以及河北、山西等地。朝鲜半岛、日本和俄罗斯远东地区也有分布。

《神农本草经》只记载有五加皮。历代本草对五加皮原植物形态的描述，应是指五加科五加属的多种植物，也可能包括刺五加 *Acanthopanax senticosus* (Rupr. et Maxim.) Harms 在内。近代亦有以刺五加根皮代作五加皮药用的记载。《中国药典》（2015 年版）收载本种为中药材刺五加的法定原植物来源种。主产地为中国辽宁、吉林、黑龙江、河北、陕西等。

刺五加的根、根茎及茎的主要活性成分是苯丙素苷类、多糖、黄酮等。《中国药典》采用高效液相色谱法进行测定，规定刺五加药材含紫丁香苷不得少于 0.050%，以控制药材质量。

药理研究表明，刺五加有镇静、保护脑缺血、抗肿瘤、增强免疫和延缓衰老等作用。

中医理论认为刺五加具有益气健脾，补肾安神等功效。

◆ 刺五加
Acanthopanax senticosus (Rupr. et Maxim.) Harms

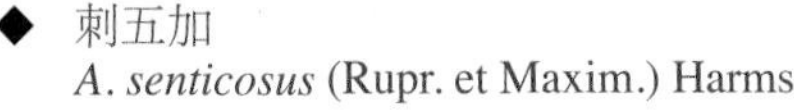
◆ 刺五加
A. senticosus (Rupr. et Maxim.) Harms

◆ 药材刺五加
Acanthopanacis Senticosi Radix et Rhizoma seu Caulis

化学成分

刺五加根、根茎或茎主要含多种苷类化合物：刺五加苷 A、B、B_1、C、D、E、F、G (eleutherosides A, B, B_1, C～G)[1-3]等；多糖类化合物：刺五加多糖PES-A和PES-B (Acanthopanax senticosus polysaccharides A,B)、刺五加多糖 AS Ⅱ、AS Ⅲ[4]；还含有刺五加酮 (ciwujiatone)、异秦皮素 (isofraxidin)[5]、新刺五加酚 (neociwujiaphenol)、阿魏酸庶糖苷 (feruloyl sucrose)[6]、白桦脂酸 (betulinic acid)、苦杏仁苷 (amygdalin)、芝麻素 (sesamin)、鹅掌楸苷 (liriodendrin)[7]、反式-4,4'-二羟基-3,3'-二甲氧基均二苯乙烯 (*trans*-4,4'-dihydroxy-3,3'-dimethoxystilbene)、原报春花素 A (protoprimulagenin A) 糖苷[8]、绿原酸 (chlorogenic acid)[9]、香草酸 (vanillic acid)、丁香酸 (syringic acid)、对羟基苯乙醇 (tyrosol)、异香草醛 (isovanillin)[10]等。

刺五加叶中还含有三萜皂苷类化合物：刺五加叶苷A、B、C、D、E、F (senticosides A～F)[11]、五加苷 I、K～M[12]、ciwujianosides A_1、A_2、A_3、A_4、B、C_1、C_2、C_3、C_4、D_1、D_2、D_3、E[13-14]；黄酮类化合物：槲皮苷 (quercitrin)、金丝桃苷 (hyperin)、槲皮素 (quercetin)、芦丁 (rutin)[15]。

◆ eleutheroside B

药理作用

1. 对中枢神经系统的影响

刺五加醇水提取物腹腔注射可明显减少小鼠自主活动、延长惊厥的潜伏期和睡眠时间，有明显的镇静作用；还可降低老年大鼠纹状体、中脑、延髓单氨氧化酶 B (MAO-B) 的活性，升高下丘脑 MAO-A 的活性。刺五加花果挥发油乳剂、醇提取物或水提取物腹腔注射均可显著延长小鼠戊巴比妥钠的睡眠时间。

2. 对心脑血管系统的影响

(1) 对心脏和脑的作用　刺五加叶总皂苷舌下静脉注射对大鼠心肌缺血再灌注损伤具有明显保护作用，可明显缩小其心肌梗死范围 (MIS)，降低血清磷酸肌酸激酶 (CK)、乳酸脱氢酶 (LDH) 活性及脂质过氧化物 (LPO) 含量，提高超氧化物歧化酶 (SOD) 及谷胱甘肽过氧化物酶 (GSH-Px) 活性，能使血浆内皮素 (ET)、血管紧张素 Ⅱ (Ang Ⅱ)、血栓素 A_2(TXA_2) 水平明显下降，前列环素 (PGI_2) 水平及 PGI_2/TXA_2 比值明显增高，亦可使心肌梗死及非梗死区心肌游离脂肪酸 (FFA) 含量明显降低[16]；刺五加叶总皂苷腹腔注射还能有效抑制急性心肌梗死大鼠的心室重构[17]，并对大鼠离体工作心脏具有负性肌力作用[18]。刺五加叶总皂苷静脉注射可使氯化钡诱发的大鼠心律失常迅速转复窦性心律，显著增加豚鼠对哇巴因的耐量，对大量氯化钙引起大鼠室颤致死也有较好的保护作用[19]。刺五加提取液尾静脉注射对小鼠全脑缺血及对大鼠不完全脑缺血有保护作用，能显著延长小鼠张口喘气时间；并能显著抑制大鼠脑含水量、脑指数及乳酸脱氢酶的增加[20]。刺五加叶总皂苷在体外还能提高神经元缺血性损伤模型神经元存活率、降低 LDH 释放量及一氧化氮 (NO) 含量，对缺血性神经元凋亡有保护作用[21]。

(2) 对血流变的作用　刺五加注射液静脉滴注能明显抑制犬蛛网膜下腔出血 (SAH) 后内皮素水平的升高；还能降低 SAH 后脑血管痉挛 (CVS) 犬血及脑脊液中降钙素基因相关肽 (CGRP) 的含量[22]。刺五加叶总皂苷腹腔注射对实验性脑缺血大鼠血液流变学及血小板功能的异常变化有明显的改善作用，能明显降低其全血黏度、血浆黏度、血浆纤维蛋白原浓度、血沉、红细胞比容、红细胞聚集指数、红细胞刚性指数及抑制血小板黏附、聚集功能[23]。

(3) 降血脂　刺五加叶总皂苷腹腔注射能明显降低实验性高脂血症大鼠血清中三酰甘油、总胆固醇 (TC)、低密度脂蛋白 - 胆固醇 (LDL-C)、TXA_2、血清过氧化脂质 (LPO) 含量，并能明显提高高密度脂蛋白 - 胆固醇 (HDL-C)、PGI_2 及 SOD 活性，亦能使 TC/HDL-C 及 LDL-C/HDL-C 比值明显降低，PGI_2/TXA_2 比值明显升高，肝脏脂肪沉积明显减轻[24]。

3. 免疫调节功能

刺五加多糖 (ASPS) 腹腔注射能增强环磷酰胺所致免疫抑制小鼠脾脏和肠系膜淋巴结的细胞数目、脾脏白髓总体积和淋巴结皮质总体积，具有增强免疫功能的作用[25]。对于强迫游泳所致的应激性免疫功能抑制小鼠，刺五加提取物口服给药能使 T 淋巴细胞和 B 淋巴细胞的协同作用、杀伤细胞的活性以及非特异性免疫细胞的功能发生变化[26]。ASPS 小鼠腹腔注射能特异地增强小鼠的细胞免疫功能及对绵羊红细胞的体液免疫反应性[27]。ASPS 能有效促进免疫重建小鼠 B 淋巴细胞的功能，ASPS 腹腔注射可明显增强异基因骨髓移植小鼠脾细胞对刀豆蛋白 A (ConA) 和细菌脂多糖 (LPS) 的增殖反应；明显增强胸腺不依赖抗原 TNP-Ba（三硝基苯－布氏杆菌）的溶血空斑试验 (PFC) 反应[28]。刺五加注射液给小鼠尾静脉注射，可使其网状内皮系统的吞噬功能增强，免疫器官重量指数也有增加趋势[29]。刺五加多糖提取液耳后缘静脉注射给药，对环磷酰胺诱导的家兔白细胞数目减少均有抑制作用[30]。ASPS 及刺五加苷 B、D 和 E 还是理想的干扰素促诱生剂[31]。

4. 适应原样作用

刺五加根提取物口服给药可抑制豚鼠皮肤中脂质过氧化物的生成，防止胶原蛋白流失，促进外周血液循环，还具有抗疲劳作用[32]。刺五加中所含的金丝桃苷、氯原酸以及 *dl-α-* 生育酚可抑制大鼠肝微粒体中脂质过氧化物的生成[33]。刺五加总苷灌胃给药在增强肌体运动耐力，抵抗疲劳产生和加速疲劳消除等方面具有显著作用，能显著延长小鼠负重游泳时间，提高小鼠运动耐力；显著提高游泳后小鼠血清乳酸脱氢酶活力以及小鼠体内肌糖原和肝糖原的储备量；显著降低小鼠全血中乳酸和血清中尿素氮的含量 [34]。刺五加苷及总黄酮有抗缺氧、抗高低温、抗辐射、抗应激反应和抗化学及生物性毒害等作用 [35]。

5. 对内分泌系统的影响

刺五加能调节内分泌功能紊乱，阻止促皮质激素引起的大鼠肾上腺素增生，减少由可的松引起的肾上腺皮质萎缩。刺五加叶总皂苷给小鼠或大鼠腹腔注射对葡萄糖、四氧嘧啶及肾上腺素所致的高血糖均有明显抑制作用 [36]；灌胃给药可促进 2 型糖尿病大鼠胰岛素分泌，并使其空腹及口服葡萄糖后胰高血糖素样肽 -1 (Glp-1) 分泌升高、血糖水平降低 [37-38]。刺五加注射液腹腔注射能使健康成年雄性小鼠睾丸重量增加、曲细精管直径及生精细胞的层数及精子的数量增加 [39]。刺五加水及饱和正丁醇提取物在体外能显著改善人精子的运动功能，刺激精子活力 [40]。

6. 调节物质代谢

刺五加提取物皮下注射，能使静息状态大鼠肌肉中乳酸和丙酮酸含量提高，肝中糖原含量减少。刺五加茎皮水提取物口服，能明显抑制雄性大鼠因长时间游泳引起的肝糖原下降 [41]。刺五加苷能使游泳大鼠或脑局部缺血大鼠蛋白质和 DNA 合成增加、脂肪代谢提高。此外，刺五加提取物肌内注射还使牛的无机盐代谢趋向正常。

7. 抗肿瘤

刺五加茎皮水提取物在体外能抑制人胃癌细胞 KATO Ⅲ 的生长，并诱导其凋亡 [42]。ASPS 抑制体外培养的小鼠肉瘤细胞 S_{180}、人白血病细胞 K_{562} 增殖，并使 S_{180} 细胞膜磷脂及花生四烯酸含量减少，同时抑制膜磷脂酰肌醇转换 [43-44]。ASPS 灌胃给药可诱导移植瘤小鼠 S_{180} 肉瘤细胞凋亡，其机制可能与促进 *bax* 基因的表达有关 [45]。刺五加叶皂苷在体外还能抑制肝癌细胞 SMMC-7721 的增殖，并诱导其凋亡 [46]。刺五加注射液给小鼠腹腔注射能诱生内源性肿瘤坏死因子 (TNF)，诱生白介素 -2 (IL-2)，增强自然杀伤细胞的活性；抑制肿瘤生长，减少瘤、肺组织和血浆中尿激酶型纤溶酶原激活剂 (UPA) 与 1 型纤溶酶原激活剂抑制物 (PAI-1) 活性，干预实验性小鼠肺癌侵袭的转移过程 [47-48]。

8. 其他

刺五加中的异秦皮素有抗炎作用 [49]；刺五加注射液有改善实验动物骨性关节炎关节功能的作用 [50]；刺五加醇浸液或水煎剂对白色葡萄球菌均有抑制作用；此外，刺五加还有止咳祛痰、抗过敏 [51] 等作用。

应用

本品为中医临床用药。功能：益气健脾，补肾安神。主治：脾肺气虚，体虚乏力，食欲不振，肺肾两虚，久咳虚喘，肾虚腰膝酸痛，心脾不足，失眠多梦。

现代临床还用于风湿性关节炎、高血压、低血压、冠心病、心绞痛、高脂血症、糖尿病、慢性支气管炎、神经衰弱等病的治疗。

评注

刺五加及其制剂在国内外除了作为临床药物使用外，还开发出多种功能性食品和保健品。如刺五加果汁奶、刺五加豆奶保健食品、饲料添加剂、“西伯利亚人参”“Sure2Endure 抗氧化及维生素、微量元素复合剂”等。此外，刺五加的嫩叶亦可直接作为优质山野菜食用，具有清香美味的口感，经常食用能壮筋骨、活血去瘀、安神益气。

刺五加为中国珍稀濒危三级保护物种，有濒临灭绝的危险。为实现永续利用，开展组织培养技术，繁殖苗木，建立苗木基地安排人工栽培，是保护刺五加的关键 [52]。

参考文献

[1] OVODOV Y S, FROLOVA G M, NEFEDOVA M Y, et al. Glycosides of *Eleutherococcus senticosus*. Ⅱ. The structure of eleutherosides A, B_1, C, and D[J]. Khimiya Prirodnykh Soedinenii, 1967, 3(1): 63-64.

[2] OVDOV Y S, FROLOVA G M, DZIZENKO A K, et al. Structure and properties of eleutheroside B, glycoside of *Eleutherococcus senticosus*[J]. Seriya Khimicheskaya, 1969, 6: 1370-1372.

[3] LAPCHIK V F, OVODOV Y S. Localization of eleutherosides in the stem and root tissues of *Eleutherococcus senticosus*[J]. Rastitel'nye Resursy, 1970, 6(2): 228-229.

[4] 佟丽，李吉来 . 刺五加多糖研究进展 [J]. 天然产物研究与开发，1997，11(1)：87-92.

[5] 吴立军，郑健，姜宝虹，等 . 刺五加茎叶化学成分 [J]. 药学学报，1999，34(4)：294-296.

[6] 吴立军，阮丽军，郑健，等 . 刺五加茎叶化学成分研究 [J]. 药学学报，1999，34(11)：839-841.

[7] 赵余庆，杨松松，柳江华，等 . 刺五加化学成分的研究 [J]. 中国中药杂志，1993，18(7)：428-429.

[8] SEGIER-KUJAWA E, KALOGA M. Triterpenoid saponins of *Eleutherococcus senticosus*[J]. Journal of Natural Products, 1991, 54(4): 1044-1048.

[9] AOYAGI M, HATAKEYAMA Y, ANETAI M. Determination of some constituents in *Acanthopanax senticosus* Harms (Part Ⅴ). Drying method and chemical evaluation of stems[J]. Hokkaidoritsu Eisei Kenkyushoho, 2000, 50: 91-93.

[10] 苑艳光，王录全，吴立军，等 . 刺五加茎的化学成分 [J]. 沈阳药科大学学报，2002，19(5)：325-327.

[11] SUPRUNOV N I. Glycosides of *Eleutherococcus senticosus* leaves[J]. Khimiya Prirodnykh Soedinenii, 1970, 6(4): 486.

[12] FROLOVA G M. OVODOV Y S. Triterpenoid glycosides of *Eleutherococcus senticosus* leaves. Ⅱ. Structure of eleutherosides I, K, L, and M[J]. Khimiya Prirodnykh Soedinenii, 1971, 5: 618-622.

[13] SHAO C J, KASAI R J, XU J D, et al. Saponins from leaves of *Acanthopanax senticosus* Harms., Ciwujia. Ⅱ. Structures of Ciwujianosides A_1, A_2, A_3, A_4, and D_3[J]. Chemical & Pharmaceutical Bulletin, 1989, 37(1): 42-45.

[14] SHAO C J, KASAI R J, XU J D, et al. Saponins from leaves of *Acanthopanax senticosus* Harms., Ciwujia: structures of ciwujianosides B, C_1, C_2, C_3, C_4, D_1, D_2 and E[J]. Chemical & Pharmaceutical Bulletin, 1988, 36(2): 601-608.

[15] CHEN M L, SONG F R, GUO M Q, et al. Analysis of flavonoid constituents from leaves of *Acanthopanax senticosus* Harms by electrospray tandem mass spectrometry[J]. Rapid Communications in Mass Spectrometry, 2002, 16(4): 264-271.

[16] 睢大员，曲绍春，于小风，等 . 刺五加叶皂苷对大鼠心肌缺血再灌注损伤的保护作用 [J]. 中国中药杂志，2004，29(1)：71-74.

[17] 刘冷，睢大员，曲绍春，等 . 刺五加叶皂苷对急性心肌梗塞大鼠心室重构的作用 [J]. 吉林大学学报（医学版），2004，30(1)：66-70.

[18] 曹霞，高宇飞，李红，等 . 人参、西洋参及刺五加皂苷对离体工作心脏作用的对比研究 [J]. 白求恩医科大学学报，2001，27(3)：246-248.

[19] 睢大员，吕忠智，于晓风 . 刺五加叶皂苷的抗实验性心律失常作用 [J]. 中草药，1997，28(2)：99-101.

[20] 封国峥，王春华，魏晶 . 注射用刺五加对脑缺血的保护作用 [J]. 沈阳药科大学学报，2003，20(1)：38-40.

[21] 陈应柱，顾永健，吴小梅 . 刺五加皂苷对缺血性脑损伤的保护作用 [J]. 中国急救医学，2004，24(8)：583-584.

[22] 周春奎，冯加纯，吴军，等 . 刺五加对实验性蛛网膜下腔出血后脑血管痉挛及内皮素和降钙素基因相关肽的影响 [J]. 中国神经精神疾病杂志，2000，26(4)：206-208.

[23] 姜红玉，睢大员，于晓风，等 . 刺五加叶皂苷对实验性脑缺血大鼠血液流变学及血小板功能的影响 [J]. 吉林大学学报（医学版），2004，30(3)：384-386.

[24] 睢大员，韩丛成，于晓风，等 . 刺五加叶皂苷对高脂血症大鼠血脂代谢的影响及其抗氧化作用 [J]. 吉林大学学报（医学版），2004，30(1)：56-59.

[25] 袁学千，王淑梅，高权国 . 刺五加多糖增强小鼠免疫功能的实验研究 [J]. 中医药学报，2004，32(4)：48-49.

[26] SADYKOV S B, SATBAEVA R Z, GANEFEL'D T N. Effect of *Eleutherococcus senticosus* extract on the T-system immune response during stress[J]. Zdravookhranenie Kazakhstana, 1987, 11: 52-55.

[27] 许士凯 . 刺五加多糖 (ASPS) 对小鼠免疫功能的影响 [J]. 中成药，1990，12(3)：25-26.

[28] 谢蜀生，秦凤华，张文仁，等 . 刺五加多糖对异基因骨髓移植小鼠免疫功能重建的影响 [J]. 北京医科大学学报，1989，21(4)：289-291.

[29] 崔毅 . 刺五加注射液对实验动物免疫功能及免疫器官的影响 [J]. 中国医药研究，2004，2(3)：45-46.

[30] 宫汝淳 . 刺五加对家兔白细胞的影响 [J]. 通化师范学院学报 .2004，25(4)：65-66.

[31] 杨吉成，刘静山，盛伟华 . 多糖类及刺五加苷类的干扰素促诱生效应 [J]. 中草药 .1990，21(1)：27-28.

[32] MIZOGUCHI T, KATO Y, KUBOTA H, et al. Physiological effects of ezo ukogi (*Acanthopanax senticosus* Harms) root extract in experimental animals[J]. Nippon Eiyo, Shokuryo Gakkaishi, 2004, 57(6): 257-263.

[33] TAKAHASHI T, SATO T, GOTO T, et al. Inhibitory effects of constituents of *Acanthopanax senticosus* on lipid peroxidation in rat liver microsomes[J]. Hokkaidoritsu Eisei Kenkyushoho, 1989, 39: 94-97.

[34] 曲中原，齐典，朱慧瑜，等. 刺五加总苷抗疲劳实验研究 [J]. 中国现代实用医学杂志，2004，3(19-20)：22-25.

[35] 陈月，王宝贵，张桂英，等. 刺五加皂苷的抗辐射损伤作用 [J]. 吉林大学学报（医学版），2005，31(3)：423-425.

[36] 睢大员，吕忠智，李淑惠，等. 刺五加叶皂苷降血糖作用 [J]. 中国中药杂志，1994，19(11)：683-685.

[37] 李艳君，欧叶涛，李晓涛，等. 刺五加叶皂苷对 Ⅱ 型糖尿病大鼠 GLP-1 和血糖分泌的影响 [J]. 解剖科学进展，2003，9(3)：238-239.

[38] 扈清云，李艳君，王景涛，等. 刺五加叶皂苷对 Ⅱ 型糖尿病大鼠胰岛素分泌影响的形态学研究 [J]. 黑龙江医药科学，2003，26(6)：21-22.

[39] 黄秀兰，吴燕红，周宜君. 刺五加对小鼠睾丸作用的初步研究 [J]. 中央民族大学学报（自然科学版），2003，l2(1)：37-39.

[40] 尹春萍，刘璐，黄坡，等. 刺五加提取物体外对精子运动参数的影响 [J]. 中国男科学杂志，2003，17(6)：381-383.

[41] TAKEDA H. Effects of *Acanthopanax senticosus* Harms stem bark extract, and its main components, on exhaustion time, liver and skeletal muscle glycogen levels, and serum indices in swimming-exercised rats[J]. Toho Igakkai Zasshi, 1990, 37(3): 323-333.

[42] HIBASAMI H, FUJIKAWA T, TAKEDA H, et al. Induction of apoptosis by *Acanthopanax senticosus* Harms and its component, sesamin in human stomach cancer KATO Ⅲ cells[J]. Oncology Reports, 2000, 7(6): 1213-1216.

[43] 佟丽，黄添友，梁谋，等. 刺五加多糖抗肿瘤作用与机理的实验研究 [J]. 中国药理学通报，1994，10(2)：105-109.

[44] 佟丽，黄添友，吴波，等. 植物多糖抗肿瘤作用与机理研究 Ⅲ、茯苓多糖 (PPS) 和刺五加多糖 (ASPS) 对 S_{180} 细胞膜脂肪酸组成的影响 [J]. 天然产物研究与开发，1995，7(1)：5-9.

[45] 陈忠林，蔡宇. 刺五加多糖诱导 S_{180} 肉瘤细胞凋亡和 *bax* 基因表达的影响 [J]. 中华实用中西医杂志，2005，18(15)：578-579.

[46] 吕冬霞，杜爱林，吕学诜，等. 刺五加皂苷对肝癌 SMMC-7721 细胞凋亡的影响 [J]. 中国老年学杂志，2005，25(7)：822-823.

[47] 黄德彬，冉瑞智，余昭芬. 刺五加注射液对小鼠肿瘤坏死因子的诱生作用 [J]. 湖北民族学院学报（医学版），2004，21(1)：29-31.

[48] 张敬一，许顺江，史文海，等. 刺五加在小鼠实验性肺癌侵袭转移过程中作用的探讨 [J]. 中华临床医学实践杂志，2004，3(3)：229-233.

[49] YAMAZAKI T, TOKIWA T, SHIMOSAKA S, et al. Anti-inflammatory effects of a major component of *Acanthopanax senticosus* Harms, isofraxidin[J]. Seibutsu Butsuri Kagaku, 2004, 48(2): 55-58.

[50] 罗国良，王芳，郭大双，等. 刺五加注射液关节灌注对模型兔膝骨性关节炎的治疗作用 [J]. 中医药通报，2005，4(3)：58-61.

[51] YI J M, HONG S H, KIM J H, et al. Effect of *Acanthopanax senticosus* stem on mast cell-dependent anaphylaxis[J]. Journal of Ethnopharmacology, 2002, 79(3): 347-352.

[52] 贝丽霞，陈祥梅，赵海红. 药用植物刺五加组织培养关键技术的研究 [J]. 中国农学通报，2005，21(6)：91-93，159.

大戟 Daji[CP, KHP]

Euphorbia pekinensis Rupr.
Spurge

概述

大戟科 (Euphorbiaceae) 植物大戟 *Euphorbia pekinensis* Rupr.，其干燥根入药。中药名：京大戟。

大戟属 (*Euphorbia*) 植物全世界约 2000 种，全球广布。中国产约有 80 种，南北均产。本属现供药用者约 30 种。本种分布于中国东部各省区；朝鲜半岛、日本也有分布。

“大戟”药用之名，始载于《神农本草经》，列为下品。历代本草多有著录。《中国药典》（2015 年版）收载本种为中药大戟的法定原植物来源种。主产于中国江苏等地。

大戟主要含二萜、黄酮类和可水解鞣质等成分。《中国药典》采用高效液相色谱法进行测定，规定京大戟药材含大戟二烯醇不得少于 0.60%，以控制药材质量。

药理研究表明，大戟具有调节肌体平滑肌、利尿、扩张血管等作用，对皮肤有刺激性。

中医理论认为大戟具有泻水逐饮，消肿散结等功效。

◆ 大戟
Euphorbia pekinensis Rupr.

◆ 药材京大戟
Euphorbiae Pekinensis Radix

化学成分

大戟根含二萜类成分：大戟二烯醇 (Euphol)、euphpekinensin[1]，黄酮类成分槲皮素 (quercetin)[2]；香豆素类成分伞形花内酯 (7-hydroxycoumarin)。另含3-甲氧基-4-羟基反式苯丙烯酸正十八醇酯 (octadecanyl-3-methoxy-4-hydroxy benzeneacrylate)、2',2-二甲氧基-3',3-二羟基-5',5-*O*-6',6-联苯二甲酸酐 (2',2-dimethoxy-3',3-dihydroxy-5',5-*O*-6',6-biphenylformic anhydride)、*d*-松脂素 (*d*-pinoresinol)、3,4-二甲氧基苯甲酸 (3,4-dimethoxybenzoic acid)、3,4-二羟基苯甲酸(3,4-dihydroxybenzoic acid)[2]。

大戟的地上部分含没食子酸 (gallic acid)、3-*O*-没食子酰-(−)-莽草酸 [3-*O*-galloyl-(−)- shikimic acid]、corilagin、老鹳草素 (geraniin)、槲皮素-3-*O*-(2″-*O*-没食子酰)-*β*-*D*-葡萄糖苷 [quercetin-3-*O*-(2″-*O*-galloyl)-*β*-*D*-glucoside]、山柰酚-3-*O*-(2″-*O*-没食子酰)-*β*-*D*-葡萄糖苷 [kaempferol-3-*O*-(2″-*O*-galloyl)-*β*-*D*-glucoside]、(−)-奎宁酸 [(−)-quinic acid]、(−)-莽草酸 [(−)-shikimic acid]、鞣花酸 (ellagic acid)、山柰酚 (kaempferol)、槲皮素 (quercetin)、槲皮苷 (quercitrin)、芦丁 (rutin)、槲皮素-3-*O*-(2″-*O*-没食子酰)-*β*-*D*-芸香糖苷[quercetin-3-*O*-(2″-*O*-galloyl) -*β*-*D*-rutinoside] 和1,3,4,6-四-*O*-没食子酰基-*β*-*D*-葡萄糖 (1,3,4,6-tetra-*O*-galloyl -*β*-*D*-glucose)[3]。

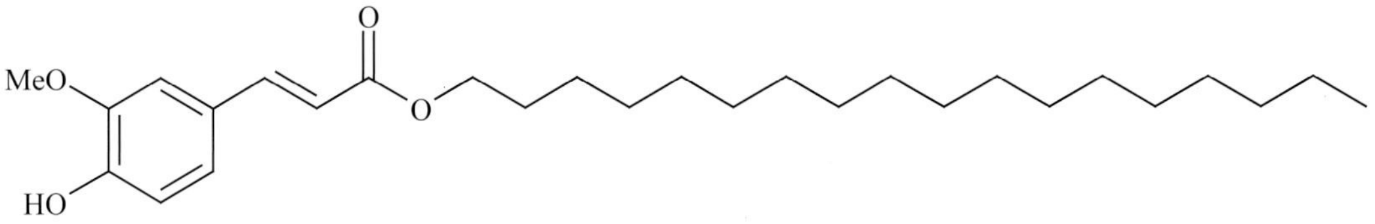

◆ octadecanyl-3-methoxy-4-hydroxybenzeneacrylate

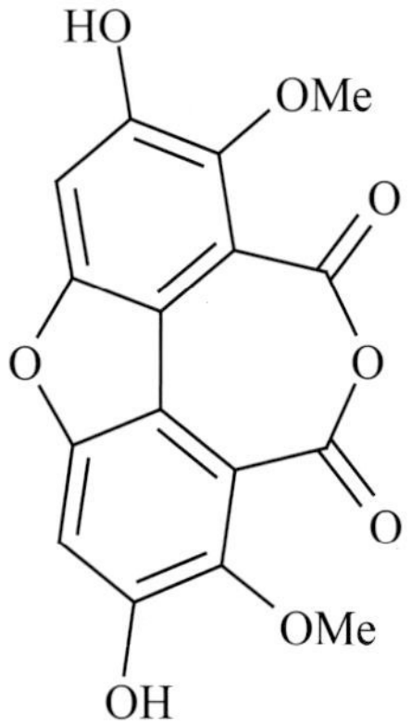

◆ 2',2-dimethoxy-3',3-dihydroxy-5',
5- O-6',6-biphenylformic anhydride

药理作用

1. 利尿

大戟根醇提取物可引起狗的肾容积明显减少，实验性腹水大鼠灌服大戟煎剂或醇浸液，有明显利尿效应。大戟煎剂对硫酸庆大霉素诱发的大鼠急性肾功能不全有利尿作用，对肾小球滤过率和肾小管再吸收有不利影响[4]。

2. 致泻

大戟生品和制品的煎剂对动物离体回肠有兴奋作用，能使平滑肌张力提高，肠蠕动增加而产生泻下作用，大戟乙醇及热水提取物均可使实验动物泻下[4]。

3. 降血压

大戟提取液对末梢血管有扩张作用，并能对抗肾上腺素的升血压作用。

4. 镇痛

大戟煎剂灌胃对电刺激小鼠有镇痛作用[4]。

5. 抗炎

大戟石油醚提取液给小鼠或大鼠灌胃，可减轻角叉菜胶引起的足趾水肿，腹腔注射时效果更强；对佐剂或甲醛引起的关节炎有明显的抗炎活性；口服可使角叉菜胶诱导大鼠胸膜炎的渗出液减少、白细胞数目增加；还可抑制乙酸诱导的血管通透性增加，抑制佐剂诱导炎症的继发感染及损伤，减少趋化因子，抑制细胞游走[4]。

6. 抗肿瘤

大戟中的二萜类成分具有细胞毒活性[1]；大戟注射液可使 L_{615} 白血病小鼠生存期延长，并阻断癌细胞 S 期的 DNA 合成[5]。

7. 其他

醇提取物可兴奋离体妊娠子宫，煎剂对离体蛙心脏高浓度时有抑制作用[4]。大戟鲜叶汁对金黄色葡萄球菌和铜绿假单胞菌有抑制作用[4]；大戟中的黄酮苷有抗 I 型人类免疫缺陷病毒 (HIV-1) 活性[6]。

应用

本品为中医临床用药。功能：泻水逐饮，消肿散结。主治：水肿胀满，胸腹积水，痰饮积聚，气逆咳喘，二便不利，痈肿疮毒，瘰疬痰核。

现代临床还用于慢性咽喉炎、淋巴结核、肝硬化腹水、肾炎水肿、结核性胸膜炎、淋巴结核、百日咳、狂躁型精神分裂症、急性乳腺炎、骨质增生、流行性腮腺炎等[4]病的治疗。

评注

中药“十八反”配伍禁忌中规定大戟与甘草不可同用。研究表明大戟与甘草配伍后可使小鼠 LD_{50} 降低，毒性增加[4]，并可使谷丙转氨酶 (SGPT) 升高[7]；若将大戟与甘草分别浸出然后混合注射，毒性虽减，但仍比单用大。大戟与甘草同用，可使大鼠丙氨酸转氨酶 (ALT)、肌酸磷酸激酶 (CPK)、乳酸脱氢酶 (LDH) 和羟丁基脱氢酶 (γ-HBDH)、总蛋白水平比使用单味药时显著提高，对心脏、肝脏的毒性增加[8]。

不同剂量大戟与甘草配伍时，部分剂量下对小鼠无明显毒性，另一些剂量下小鼠体重降低甚至死亡，因而又有大戟与甘草配伍反与不反在于两者用量的观点。甘草用量大于大戟时，镇痛作用增强；两药合用时对离体蛙心和离体家兔小肠的抑制作用增强，利尿和泄下作用减弱[4]。

传统理论中大戟反甘草的用药禁忌确有科学合理的因素，但也并非绝对，还有待作更深入的研究。

参考文献

[1] KONG L Y, LI Y, WU X L, et al. Cytoxic diterpenoids from *Euphorbia pekinensis*[J]. Planta Medica, 2002, 68(3): 249-252.

[2] 孔令义，闵知大 . 大戟根化学成分的研究 [J]. 药学学报，1996，31(7)：524-529.

[3] HWANG E I, AHN B T, LEE H B, et al. Inhibitory activity for chitin synthase Ⅱ from Saccharomyces cerevisiae by tannins and related compounds[J]. Planta Medica, 2001, 67(6): 501-504.

[4] 杜贵友，方文贤 . 有毒中药现代研究与合理应用 [M]. 北京：人民卫生出版社，2003：641-645.

[5] 尚溪瀛，文成英，刘丽波 . 大戟注射液对 L615 白血病小

鼠体内药物实验及 DNA 含量的检测 [J]. 中医药学报，2000，(2)：76.

[6] AHN M J, KIM C Y, LEE J S, et al. Inhibition of HIV-1 integrase by galloyl glucoses from Terminalia chebula and flavonol glycoside gallates from *Euphorbia pekinensis*[J]. Planta Medica, 2002, 68(5): 457-459.

[7] 杨致礼，王佑之，吴成林，等."十八反"中海藻、大戟、甘遂和芫花反甘草组的毒性试验 [J]. 中国中药杂志，1989，14(2)：48-50.

[8] HUANG W Q, LUO Y. Influence of Licorice root and Peking Euphorbia root in combination on function and pathological morphology of heart, liver and kidney in rats[J]. Chinese Journal of Clinical Rehabilitation, 2004, 8(30): 6804-6805.

大麻 Dama CP, IP, JP, KHP

Cannabis sativa L.
Hemp

概述

桑科 (Moraceae) 植物大麻 *Cannabis sativa* L.，其干燥成熟果实入药。中药名：火麻仁。

大麻属 (*Cannabis*) 植物全世界仅有 1 种，原产于印度及中东地区。现已广布世界温带和热带地区，普遍栽培。本种广布于中国东北、华北、华东、中南等地。

“火麻仁”药用之名，始载于《神农本草经》，列为上品。历代本草多有著录。《中国药典》（2015 年版）收载本种为中药火麻仁的法定原植物来源种。中国各地均产。

大麻的活性成分主要为大麻素类化合物，此外还含挥发油类。其中大麻酚是其主要生理活性成分之一，具有镇静、止痛、安眠及一定的麻醉作用，有欣快感及容易上瘾。国际上以四氢大麻酚 (THC) 、大麻酚 (CBN) 和大麻二酚 (CBD) 之比值作为划分毒品型大麻和纤维型大麻的依据 [1] 。《中国药典》以性状、显微及薄层色谱鉴别来控制火麻仁药材的质量。

药理研究表明，大麻的活性成分具有抗肿瘤、治疗青光眼、镇静、止痛、抗痉挛、止吐等作用 [2]。

中医理论认为火麻仁具有润肠通便等功效。

◆ 大麻
Cannabis sativa L.

◆ 药材火麻仁
Cannabis Fructus

化学成分

大麻含大麻素类成分：Δ^9-四氢大麻酚 (Δ^9-tetrahydrocannabinol)、大麻酚 (cannabinal)、大麻二酚 (cannabidid)[3]、大麻萜酚 (cannabigerol)、次大麻二酚 (cannabidivarin)[2]、次大麻酚 (cannabivarin)、大麻环酚 (cannabicyclol)[1]等。挥发油类成分：β-丁香烯 (β-caryophyllene)、α-芹子烯 (α-selinene)、β-檀香烯 (β-santalene)、γ-松油烯 (γ-terpinene) 等成分[2]；酰胺类成分：果实中含有大麻酰胺甲[4]、乙、丙、丁[5]、戊、己、庚[6] (cannabisins A～G)、克罗酰胺 (grossamide)、*N*-反式咖啡酰酪胺 (*N-trans*-caffeoyltyramine)、*N*-反式阿魏酰酪胺 (*N-trans*-feruloyltyramine)[4]等。

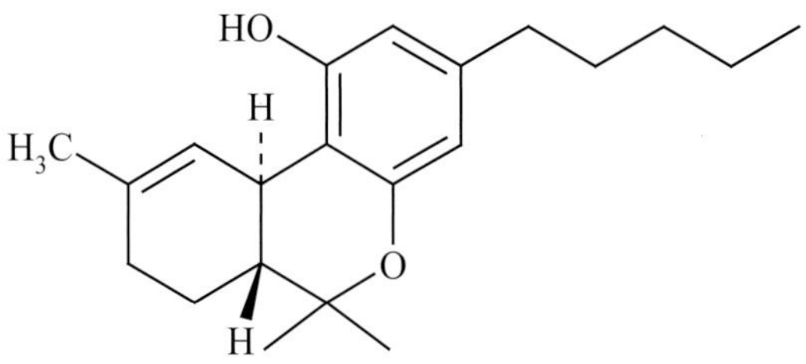

◆ Δ^9-tetrahydrocannabinol

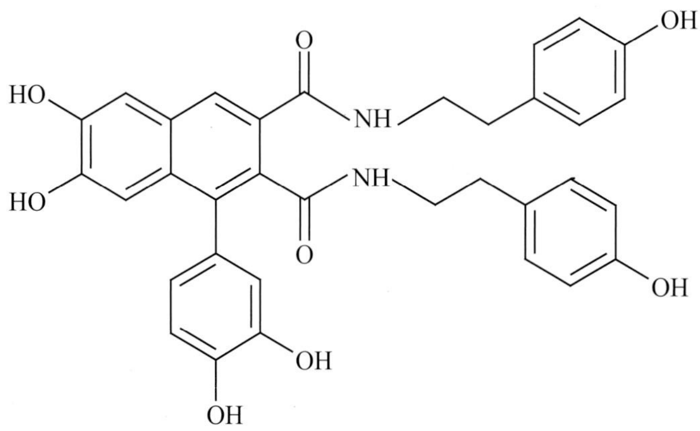

◆ cannabisin A

药理作用

1. 镇痛

静脉注射四氢大麻酚在大鼠、小鼠的甩尾法或热板法上都显示镇痛作用，并使吸入或静脉全麻药增效[7]。研究表明，全身性使用大麻在各种疼痛动物模型中具有抗伤害性刺激和抗痛觉过敏的作用，并且在外周、脊髓、大脑水平均具有镇痛作用[8]。

2. 行为效应

腹腔注射四氢大麻酚使大鼠和小鼠出现自发运动先增加、后减少的现象；显著改变恒河猴条件性逃避反射，抑制大鼠穿梭箱的回避反应[9]；口服四氢大麻酚可降低黑猩猩和恒河猴对时间、距离和刺激的鉴别能力[8]。

3. 神经药理效应

给兔静脉注射四氢大麻酚，在引起活动增多和不安的同时，伴随脑电图的变化，皮层神经元和中脑组织的兴奋性增加；给麻醉狗静脉注射四氢大麻酚，能抑制电刺激舌神经的向心端引起的舌颚反射[9]。

4. 对心血管系统的影响

实验证明对麻醉后的动物，四氢大麻酚在心率恒定情况下能减少静脉回流，从而减少心脏血的输出量，有降血压和减慢心率的作用；对不麻醉的动物和人，四氢大麻酚缺乏降血压作用[9]。

5. 抗惊厥

四氢大麻酚有保护大鼠和小鼠电休克时惊厥作用，降低小鼠听源性惊厥的敏感性，对抗电刺激大鼠杏仁核诱发的惊厥[3]。

6. 抗肿瘤

患晚期肺癌的大鼠在连续注射四氢大麻酚后有 1/3 癌肿体积缩小，平均存活期比其他对照鼠延长。此外，体外试验表明，人乳癌细胞对四氢大麻酚也十分敏感[10]。

7. 对免疫系统的影响

大麻主要影响继发性免疫，通过抑制免疫细胞功能和改变细胞因子产生而降低机体抗感染能力，感染军团菌的小鼠静脉注射四氢大麻酚后死亡率明显升高[11]。

应用

本品为中医临床用药。功能：润肠通便。主治：血虚津亏，肠燥便秘。

现代临床还用于治疗尿道炎、习惯性便秘、神经系统疾病[12]，抗帕金森病和运动疾病，以及用于止吐、刺激食欲[13]等。

评注

药用植物图像数据库

火麻仁是中国卫生部规定的药食同源品种之一。在欧洲民间大麻常用作止痛剂，欧洲人还用于治疗哮喘、青光眼和癫痫等症[14]。2002 年 10 月英国葛兰素威康公司指出大麻制品可以缓解多发硬化症、脊髓损伤等患者的难治性疼痛，还可以改善他们的睡眠问题[15]。另外大麻中的四氢大麻酚具有抑瘤作用，有望成为一种新型抗肿瘤药物。

大麻是一种古老的栽培植物，有重要的农用及药用价值，其茎用来作为造纸原料，果实富含油脂而用来榨油。

大麻中含有大麻脂、大麻酚等成分具有麻醉作用，可作用于中枢神经，引起情绪突变及妄想狂型精神症状，经常使用可成瘾，对身体有严重的危害。大麻是国际主要查禁毒品之一，因此在使用时要多加注意。

参考文献

[1] 何洪源，王聪慧，郭继森，等 . GC/MS 分析新疆大麻烟中的大麻类物质 [J]. 分析试验室，2003，22(3)：34-37.

[2] 张凤英，何萍雯 . GC 和 GC/MS 对新疆不同产地大麻成分的分析研究 [J]. 质谱学报，1992，13(3)：1-6.

[3] 王琪 . 大麻的药理及其临床应用 [J]. 疼痛，2001，9(3)：125-126.

[4] SAKAKIBARA I, KATSUHARA T, IKEYA Y, et al. Cannabisin A, an arylnaphthalene lignanamide from fruits of *Cannabis sativa*[J]. Phytochemistry, 1991, 30(9): 3013-3016.

[5] SAKAKIBARA I, IKEYA Y, HAYASHI K, et al. Three phenyldihydronaphthalene lignanamides from fruits of *Cannabis sativa*[J]. Phytochemistry, 1992, 31(9): 3219-3223.

[6] SAKAKIBARA I, IKEYA Y, HAYASHI K, et al. Three acyclic bis-phenylpropane lignanamides from fruits of *Cannabis sativa*[J]. Phytochemistry, 1995, 38(4): 1003-1007.

[7] 黄显奋，严泓渠，姜建伟，等 .Δ^9- 四氢大麻酚加强电针镇痛的实验研究 [J]. 上海医科大学学报，1992，19(1)：13-16.

[8] 毛应启梁，吴根诚 . 大麻的疼痛调制作用及其机制 [J]. 国外医学（生理、病理科学与临床分册），2003，23(1)：79-81.

[9] 张开镐 . 大麻的药理学效应 [J]. 中国临床药理学杂志，1990，6(2)：111-114.

[10] 徐铮奎 . 大麻药理作用研究与临床应用新进展 [J]. 中国医药情报，2004，10(2)：31-32.

[11] 严明山，连慕兰，黄晋生 . 大麻和大麻受体与免疫应答 [J]. 生理科学进展，2000，31(3)：261-264.

[12] CONSROE P. Brain cannabinoid systems as targets for the therapy of neurological disorders[J]. Neurobiology of Disease, 1998, 5: 534-551.

[13] WHITFIELD L. Stimulating your appetite[J]. Positively Aware: The Monthly Journal of the Test Positive Aware Network, 1998, 9(2): 27.

[14] 徐铮奎 . 大麻作为药用植物为期不远 [J]. 中国制药信息，1999，15(4)：25.

[15] 希雨 . 英 GW 公司大麻药品临床试验新进展 [J]. 国外医药：植物药分册，2003，18(1)：40.

◆ 大麻种植基地

丹参 Danshen CP, VP

Salvia miltiorrhiza Bge.
Danshen

概述

唇形科 (Lamiaceae) 植物丹参 *Salvia miltiorrhiza* Bge.，其干燥根和根茎入药。中药名：丹参。

鼠尾草属 (*Salvia*) 植物全世界约有700种，分布于热带或温带。中国约有78种，本属现供药用者约有26种。本种分布于中国河北、山西、陕西、山东、河南、江苏、浙江、安徽、江西及湖南，日本也有分布。

“丹参”药用之名，始载于《神农本草经》，列为上品。历代本草多有著录，古今药用品种一致。《中国药典》（2015年版）收载本种为中药丹参的法定原植物来源种。丹参目前栽培品、野生品均有，主产于四川、山西、河北、江苏、安徽。

丹参主要有效成分可分为两类，即脂溶性的二萜醌类和水溶性的酚酸类。《中国药典》采用高效液相色谱法进行测定，规定丹参药材含丹参酮 $Ⅱ_A$、隐丹参酮和丹参酮Ⅰ的总量不得少于0.25%，丹酚酸B不得少于3.0%，以控制药材质量。

药理研究表明，丹参具有改善微循环、保护组织、抑制血小板凝聚、抗氧化等作用。

中医理论认为丹参具有活血祛瘀，通经止痛，清心除烦，凉血消痈等功效。

◆ 丹参
Salvia miltiorrhiza Bge.

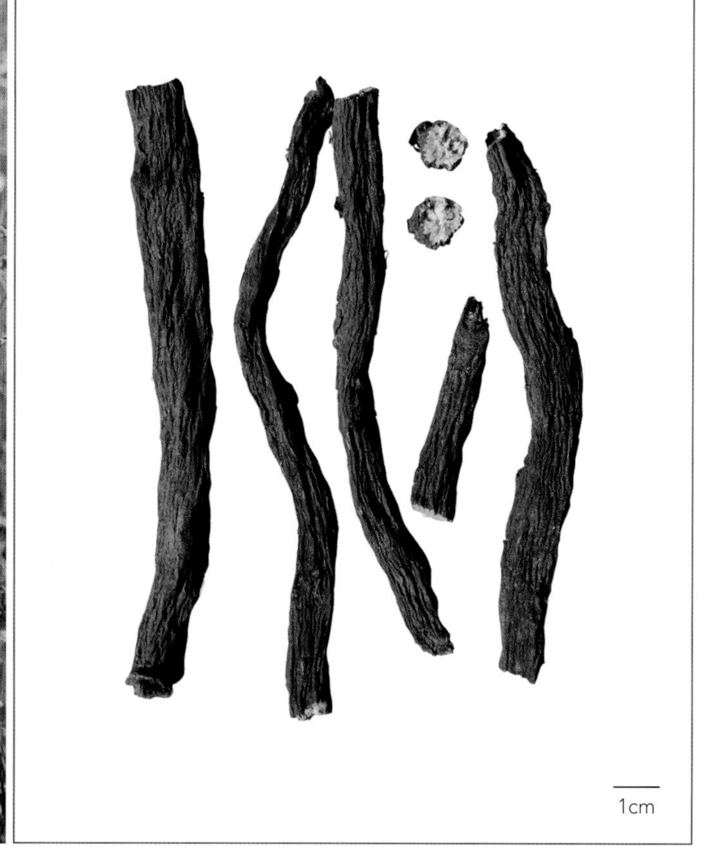

◆ 药材丹参
Salviae Miltiorrhizae Radix et Rhizoma

化学成分

丹参的根含二萜醌类成分：丹参酮Ⅰ、Ⅱ$_A$、Ⅱ$_B$、Ⅴ、Ⅵ (tanshinones Ⅰ, Ⅱ$_A$, Ⅱ$_B$, Ⅴ, Ⅵ)、隐丹参酮 (cryptotanshinone)[1]、异丹参酮 Ⅰ、Ⅱ、Ⅱ$_B$ (isotanshinones Ⅰ, Ⅱ, Ⅱ$_B$)、异隐丹参酮Ⅰ、Ⅱ、Ⅲ (isocryptotanshinones Ⅰ～Ⅲ)[2-3]、羟基丹参酮Ⅱ$_A$ (hydroxytanshinone Ⅱ$_A$)、丹参酸甲酯 (methyltanshinonate)、二氢丹参酮Ⅰ (dihydrotanshinone Ⅰ)、丹参新醌A、B、C、D (danshenxinkuns A～D)[1]及新隐丹参酮Ⅱ(neocryptotanshinone Ⅱ)[4] 等；酚酸类成分：丹酚酸A、B、C、D、E、F、G (salvianolic acids A～G)[5-8]、迷迭香酸 (rosmarinic acid)、紫草酸 (lithospermic acid)[9]、原儿茶醛 (protocatechualdehyde)、咖啡酸 (caffeic acid)、丹参素 (danshensu) 和异阿魏酸 (isoferulic acid)[10]等。

此外，还含有salviamiltamide[11]、oleoyl neocryptotanshinone、oleoyl danshenxinkun A[12]等。

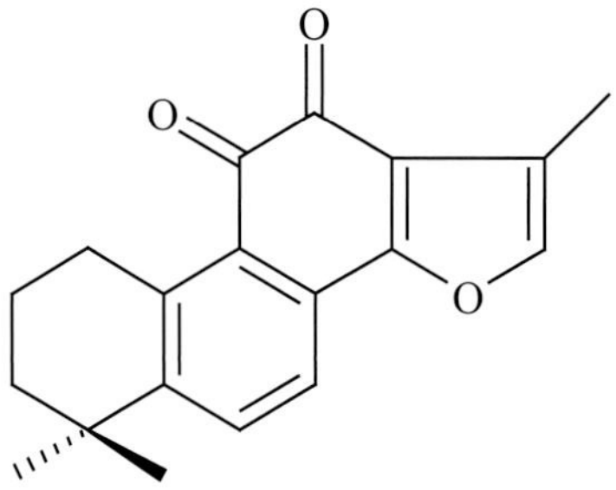

◆ tanshinone Ⅱ$_A$

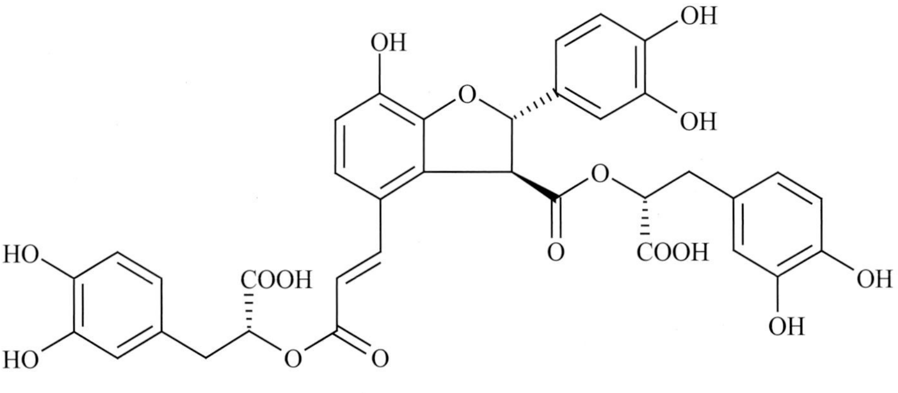

◆ salvianolic acid B

药理作用

1. 改善心脑血管

(1) 抗动脉粥样硬化　丹参酮Ⅱ$_A$呈剂量依赖性抑制碱性纤维母细胞生长因子诱导的人血管平滑肌细胞DNA的合成；对结扎造成颈总动脉狭窄、平滑肌细胞增殖的小鼠，丹参酮Ⅱ$_A$治疗组结扎侧动脉内膜厚度、中膜厚度降低。体内外试验结果显示丹参酮对动脉粥样硬化、慢性高血压等以平滑肌异常增殖为主要病理变化的疾病有积极的防治作用[13]。

(2) 保护心肌　丹参酮Ⅵ能显著降低大鼠心脏纤维原细胞胶原质的合成[14]；丹参酮Ⅱ$_A$磺酸钠对血管紧缩素Ⅱ所致大鼠心肌细胞肥大有抑制作用[15]。丹酚酸A可降低离体大鼠心肌缺血再灌注引起的室颤发生率，减少乳

酸脱氢酶 (LDH) 从胞体中的漏出，降低缺血心肌组织中脂质过氧化产物丙二醛 (MDA) 的含量[16]。

(3) 改善脑组织功能　丹参酮 II_A、II_B 对小鼠脑缺血引起的脑细胞损伤具有明显抑制作用[17]；丹参总丹酚酸可增强缺血再灌注小鼠脑组织中超氧化物歧化酶 (SOD) 的活性，降低丙二醛含量，增加谷胱甘肽过氧化物酶 GSH 的含量[18]。

2. 抑制血小板聚集

乙酰丹酚酸体外能显著抑制二磷酸腺苷 (ADP)、胶原和凝血酶诱导的大鼠和兔血小板聚集，体内对多种诱导剂所致血小板聚集也有明显抑制作用；在抑制血小板聚集的同时，对胶原诱导的血小板 5- 羟色胺 (5-HT) 释放呈显著抑制作用[19]。

3. 抗肿瘤

丹参酮 II_A和丹参酮 I 体外可诱导人白血病细胞株HL60和K_{562}凋亡，该作用可能与丹参酮促进细胞色素C释放和激活细胞凋亡蛋白酶3 (caspase-3) 有关[20]。丹参酮 I 体外可促进细胞色素C释放，诱导大鼠肝星状细胞凋亡[21]。丹参酮I体外可抑制人肝癌细胞HepG2 生长，诱导细胞凋亡；体内对荷瘤裸鼠肿瘤生长呈显著抑制作用[22]。丹酚酸A能抑制肿瘤细胞核苷转运，可增强5-氟尿嘧啶等药物的抗肿瘤作用，有可能用于肿瘤联合化疗[23]。

4. 抗肝损伤

丹酚酸 A 和丹参酮 II_A 对 $CC1_4$ 所致大鼠肝细胞天冬氨酸转氨酶 (AST)、丙氨酸转氨酶 (ALT)、乳酸脱氢酶 (LDH) 等活力升高及丙二醛、一氧化碳的产生有显著抑制作用，并提高 SOD 活力[24-25]。

5. 抗氧化

丹酚酸 A 可有效抑制铜离子 (Cu^{2+}) 诱导的人血清低密度脂蛋白 (LDL) 氧化，该作用可能与其清除自由基及螯合铜离子的能力有关[26]。

6. 其他

隐丹参酮及二氢丹参酮 I 对多种革兰阳性菌有抑制作用[27]；丹参酮 I 能显著抑制角叉菜胶所致小鼠足趾肿胀和佐剂性关节炎[28]；紫草酸 B (lithospermate B) 对大鼠糖尿病性肾损伤的发展有明显抑制作用[29]。

应用

本品为中医临床用药。功能：活血祛瘀，通经止痛，清心除烦，凉血消痈。主治：胸痹心痛，脘腹胁痛，癥瘕积聚，热痹疼痛，心烦不眠，月经不调，痛经经闭，疮疡肿痛。

现代临床还用于心血管疾病如缺血性卒中、动脉粥样硬化、病毒性心肌炎、慢性肝炎、肝硬化、支气管哮喘、慢性肺心病等病的治疗。

评注

药用植物图像数据库

丹参为一应用历史悠久的传统药物，具有多方面的生理活性。丹参所含化学成分分为脂溶性和水溶性成分两大类。脂溶性成分以丹参酮为代表，具有扩张血管、改善微循环、抗菌、免疫调节及抗氧化等作用。水溶性成分以丹酚酸为代表，其抗氧化、抗凝血和细胞保护作用特别突出。

丹参临床应用广泛，所开发的制剂包括注射剂、口服制剂等 20 余种，在治疗心血管系统疾病、皮肤病、肝肾疾病等方面取得良好效果，市场需求量较大。栽培是保障丹参稳定供应的有效途径。现四川、陕西等地建有规范化丹参种植基地。

参考文献

[1] 房其年，张佩玲，余宗沛．丹参的抗菌成分 [J]. 化学学报，1976，34(3)：197-209.

[2] KAKISAWA H, HAYASHI T, YAMAZAKI T. Structures of isotanshinones[J]. Tetrahedron Letters, 1969, 5: 301-304.

[3] LEE A R, WU W L, CHANG W L, et al. Isolation and bioactivity of new tanshinones[J]. Journal of Natural Products, 1987, 50(2): 157-160.

[4] LIN H C, CHANG W L. Diterpenoids from *Salvia miltiorrhiza*[J]. Phytochemistry, 2000, 53(8): 951-953.

[5] LI L N, TAN R, CHEN W M. Salvianolic acid A, a new depside from roots of *Salvia miltiorrhiza*[J]. Planta Medica, 1984, 50(3): 227-228.

[6] AI C B, LI L N. Stereostructure of salvianolic acid B and isolation of salvianolic acid C from *Salvia miltiorrhiza*[J]. Journal of Natural Products, 1988, 51(1): 145-149.

[7] AI C B, LI L N. Salvianolic acids D and E: two new depsides from *Salvia miltiorrhiza*[J]. Planta Medica, 1992, 58(2): 197-199.

[8] AI C B, LI L N. Salvianolic acid G, a caffeic acid dimer with a novel tetracyclic skeleton[J]. Chinese Chemical Letters, 1991, 2(1): 17-18.

[9] KOHDA H, TAKEDA O, TANAKA S, et al. Isolation of inhibitors of adenylate cyclase from Dan-shen, the root of *Salvia miltiorrhiza*[J]. Chemical & Pharmaceutical Bulletin, 1989, 37(5): 1287-1290.

[10] 李静，何丽一，宋万志．丹参中水溶性酚酸类成分的薄层扫描测定法 [J]. 药学学报，1993，28(7)：543-547.

[11] CHOI J S, KANG H S, JUNG H A, et al. A new cyclic phenyllactamide from *Salvia miltiorrhiza*[J]. Fitoterapia, 2001, 72(1): 30-34.

[12] LIN H C, DING H Y, CHANG W L. Two new fatty diterpenoids from *Salvia miltiorhiza*[J]. Journal of Natural Products, 2001, 64(5): 648-650.

[13] 李欣，张蓉，林治荣，等．丹参酮抑制血管平滑肌异常增殖的实验研究 [J]. 中国药理通讯，2003，20(1)：35.

[14] MAKI T, KAWAHARA Y, TANONAKA K, et al. Effects of tanshinone Ⅵ on the hypertrophy of cardiac myocytes and fibrosis of cardiac fibroblasts of neonatal rats[J]. Planta Medica, 2002, 68(12): 1103-1107.

[15] TAKAHASHI K, OUYANG X, KOMATSU K, et al. Sodium tanshinone Ⅱ$_A$ sulfonate derived from Danshen (*Salvia miltiorrhiza*) attenuates hypertrophy induced by angiotensin Ⅱ in cultured neonatal rat cardiac cells[J]. Biochemical Pharmacology, 2002, 64(4): 745-750.

[16] 杜冠华，裘月，张均田．丹酚酸 A 对大鼠心肌缺血再灌注性损伤的保护作用 [J]. 药学学报，1995，30(10)：731-735.

[17] LAM B Y H, LO A C Y, SUN X, et al. Neuroprotective effects of tanshinones in transient focal cerebral ischemia in mice[J]. Phytomedicine, 2003, 10(4): 286-291.

[18] 任德成，杜冠华，张均田．总丹酚酸对脑缺血再灌注损伤的保护作用 [J]. 中国药理学通报，2002，18(2)：219-221.

[19] 吁文贵，徐理纳．乙酰丹酚酸 A 对血小板功能的影响 [J]. 药学学报，1994，29(6)：412-416.

[20] SUNG H J, CHOI S M, YOON Y, et al. Tanshinone Ⅱ$_A$, an ingredient of *Salvia miltiorrhiza* Bunge, induces apoptosis in human leukemia cell lines through the activation of caspase-3[J]. Experimental and Molecular Medicine, 1999, 31(4), 174-178.

[21] KIM J Y, KIM K M, NAN J X, et al. Induction of apoptosis by tanshinone Ⅰ *via* cytochrome c release in activated hepatic stellate cells[J]. Pharmacology & Toxicology, 2003, 92(4): 195-200.

[22] 郑国灿，李智英．丹参酮Ⅰ抗肿瘤作用及作用机制的实验研究 [J]. 实用肿瘤杂志，2005，20(1)：33-35.

[23] 张胜华，粟俭，甄永苏．丹酚酸 A 抑制核苷转运并增强化疗药物的抗肿瘤作用 [J]. 药学学报，2004，39(7)：496-499.

[24] LIU P, HU Y, LIU C, et al. Effects of salviainolic acid A (SA-A) on liver injury: SA-A action on hepatic peroxidation[J]. Liver, 2001, 21(6): 384-390.

[25] 刘永忠，王晓东，刘永刚．丹参酮Ⅱ$_A$对四氯化碳损伤原代培养大鼠肝细胞的影响 [J]. 中药材，2003，26(6)：415-417.

[26] 刘颖琳，刘耕陶．丹酚酸 A 体外对人血清低密度脂蛋白氧化修饰的抑制作用 [J]. 药学学报，2002，37(2)：81-85.

[27] LEE D S, LEE S H, NOH J G, et al. Antibacterial activities of cryptotanshinone and dihydrotanshinone Ⅰ from a medicinal herb, *Salvia miltiorrhiza* Bunge[J]. Bioscience, Biotechnology, and Biochemistry, 1999, 63(12): 2236-2239.

[28] KIM S Y, MOON T C, CHANG H W, et al. Effects of tanshinone Ⅰ isolated from *Salvia miltiorrhiza* Bunge on arachidonic acid metabolism and *in vivo* inflammatory responses[J]. Phytotherapy Research, 2002, 16(7): 616-620.

[29] LEE G T, HA H, JUNG M, et al. Delayed treatment with lithospermate B attenuates experimental diabetic renal injury[J]. Journal of the American Society of Nephrology, 2003, 14(3): 709-720.

淡竹叶 Danzhuye CP,KHP

Lophatherum gracile Brongn.
Lophatherum

概述

禾本科 (Poaceae) 植物淡竹叶 *Lophatherum gracile* Brongn.，其干燥茎叶入药。中药名：淡竹叶。

淡竹叶属 (*Lophatherum*) 植物全世界有 2 种，分布于东南亚和东亚。中国 2 种均有分布，且均供药用。本种主要分布于长江流域以南和西南等地区，印度、斯里兰卡、缅甸、马来西亚、印度尼西亚、新几内亚及日本也有分布。

"淡竹叶"药用之名，始见于《名医别录》，但该书所记载的淡竹叶为禾本科竹亚科的木本植物。本种为现代使用的禾本科禾亚科的多年生草本淡竹叶，始载于《本草纲目》[1-2]。《中国药典》（2015 年版）收载本种为中药淡竹叶的法定原植物来源种。主产于中国浙江、安徽、湖南、四川、湖北、广东、江西等地，以浙江产量大、质量优，称为"杭竹叶"。

淡竹叶主要含有三萜和黄酮等成分。《中国药典》以性状和显微鉴别来控制淡竹叶药材的质量。

药理研究表明，淡竹叶具有解热、抗菌、利尿等作用。

中医理论认为淡竹叶具有清热除烦，利尿等功效。

◆ 淡竹叶
Lophatherum gracile Brongn.

◆ 药材淡竹叶
Lophatheri Herba

化学成分

淡竹叶的茎叶含三萜：芦竹素 (arundoin)、白茅素 (cylindrin)、无羁萜 (friedelin)、蒲公英赛醇 (taraxerol)；黄酮：苜蓿素 (4',5,7-trihydroxy-3',5'-dimethoxy flavone)、苜蓿素-7-*O*-*β*-*D*-葡萄糖苷 (4',5-dihydroxy-3',5'-dimethoxy-7-*O*-*β*-*D*-glucosyloxyflavone)[3]、牡荆苷 (vitexin)[4]；尚含3,5-二甲氧基-4-羟基苯甲醛 (4-hydroxy-3,5-dimethoxy benzaldehyde)、反式对羟基桂皮酸 (*trans*-*p*-hydroxycinnamic acid)、香草酸 (vanillic acid)[3-4]等成分。

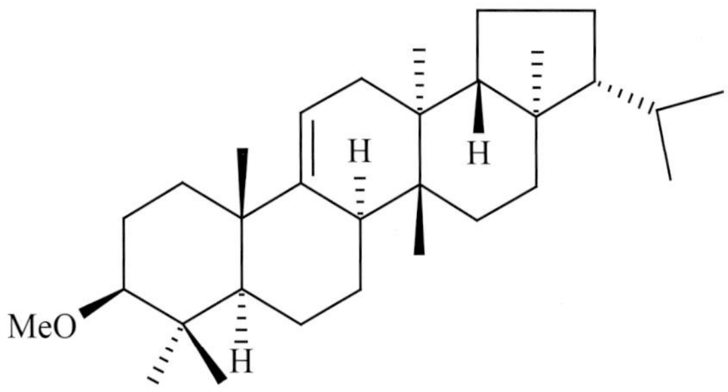

◆ arundoin

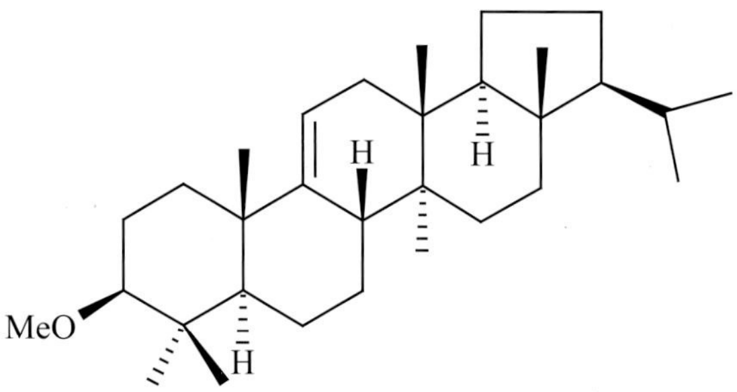

◆ cylindrin

药理作用

1. 解热

淡竹叶水煎剂对大肠埃希氏菌皮下注射所致的兔、猫、大鼠发热有解热作用。淡竹叶水浸膏给注射酵母混悬液所致发热的大鼠灌胃，有解热作用。

2. 利尿

淡竹叶有一定的利尿作用，可明显增加尿液中氯化物的含量。

3. 抑菌

淡竹叶水煎剂体外对溶血性链球菌和金黄色葡萄球菌均有抑制作用，最小抑制浓度为 1:10。

4. 其他

淡竹叶对小鼠移植性肿瘤 S_{180} 有抑制作用，抑制率为 43.1% ～ 45.56%。

应用

本品为中医临床用药。功能：清热泻火，除烦止渴，利尿通淋。主治：热病烦渴，小便短赤涩痛，口舌生疮。

现代临床还用于病毒性心肌炎、白塞综合征、小儿口疮、感冒、肺结核、衄血、尿路感染等病的治疗。

评注

淡竹叶是中国卫生部于 1998 年颁布的第三批既是食品又是药品的天然植物之一，目前已经用于天然清凉保健饮料的制造 [5]。

药用植物图像数据库

竹叶为禾本科常绿乔木或灌木状淡竹 *Phyllostachys nigra* (Lodd.) Munro var. *henonis* (Mitf.) Stapf ex Rendler 的叶。目前在临床上淡竹叶已完全取代了竹叶。

参考文献

[1] 陆维承 . 竹叶和淡竹叶考辨 [J]. 中医药学刊，2005，23(12)：2268-2269.

[2] 龚祝南，王峥涛，徐珞珊，等 . 淡竹叶与竹叶的原植物研究与商品鉴定 [J]. 中国野生植物资源，1998，17(1)：17-19.

[3] 陈泉，吴立军，王军，等 . 中药淡竹叶的化学成分研究 [J]. 沈阳药科大学学报，2002，19(1)：23-24，30.

[4] 陈泉，吴立军，阮丽军 . 中药淡竹叶的化学成分研究（Ⅱ）[J]. 沈阳药科大学学报，2002，19(4)：257-259.

[5] 卢益中 . 淡竹叶天然保健饮料的研制 [J]. 食品工业科技，1998，(4)：48-49.

当归 Danggui CP

Angelica sinensis (Oliv.) Diels
Chinese Angelica

概述

伞形科 (Apiaceae) 植物当归 *Angelica sinensis* (Oliv.) Diels，其干燥根入药。中药名：当归。

当归属 (*Angelica*) 植物全世界约有 80 种，分布于北温带地区和新西兰。中国有 26 种 5 变种 1 变型，本属现供药用者约有 16 种。本种栽培于中国甘肃、四川、云南、湖北、陕西、贵州等地。

“当归”药用之名，始载于《神农本草经》，列为中品。《中国药典》（2015 年版）收载本种为中药当归的法定原植物来源种。主产于中国甘肃、四川、云南等省区。

当归主要含挥发油和有机酸类成分。《中国药典》采用高效液相色谱法进行测定，规定当归药材含阿魏酸不得少于 0.05%，以控制药材质量。

药理研究表明，当归具有降低血小板聚集、抗血栓、抗心律失常、扩张冠脉、降血脂、促进血红蛋白及红细胞的生成、抗炎镇痛、双向调节子宫平滑肌等作用。

中医理论认为当归具有补血活血，调经止痛，润肠通便等功效。

◆ 当归
Angelica sinensis (Oliv.) Diels

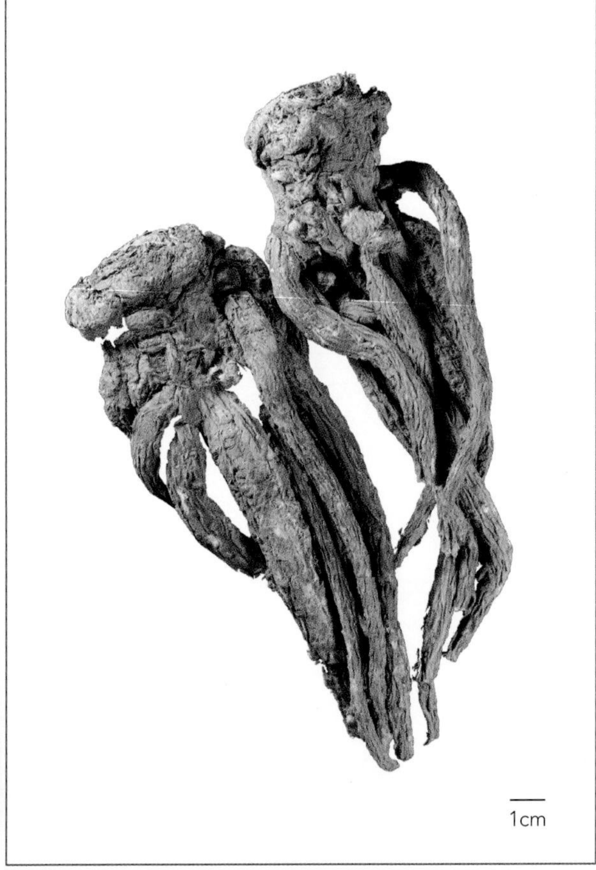

◆ 药材当归
Angelicae Sinensis Radix

化学成分

当归的根主要含挥发油，其酚性油主要含香荆芥酚 (carvacrol)，还含苯酚 (phenol)、邻甲苯酚 (*o*-cresol)、对甲苯酚 (*p*-cresol)、愈创木酚 (guaiacol)等；中性油中主要含藁本内酯 (ligustilide)，还含α-蒎烯 (α-pinene)、月桂烯 (myrcene)、β-罗勒烯 (β-ocimene)、别罗勒烯 (alloocimene)、正丁基苯酞 (*n*-butylphthalide)、亚丁基苯酞 (*n*-butylidenephthalide)、当归酮 (angelic ketone)等；酸性油中含樟脑酸 (camphoric acid)、茴香酸 (anisic acid)、壬二酸 (azelaic acid)、癸二酸 (sebacic acid)、肉豆蔻酸 (myristic acid)、邻苯二甲酸酐 (phthalicanhydride)等成分。还含有机酸类成分：阿魏酸 (ferulic acid)、丁二酸 (succinic acid)、烟酸 (nicotinic acid)、香草酸 (vanillic acid)、棕榈酸 (palmitic acid)等。

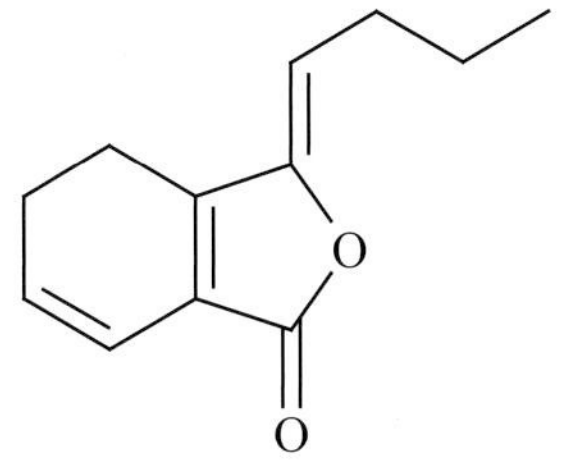

◆ ligustilide

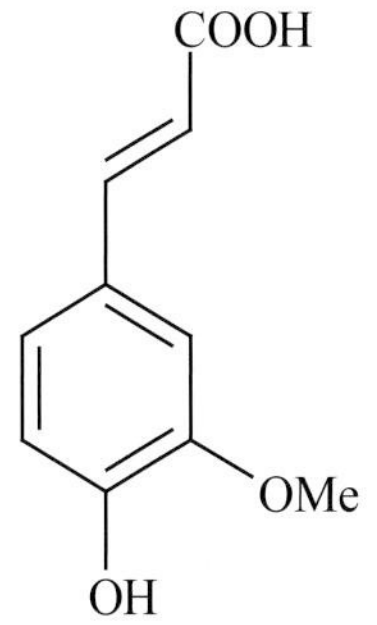

◆ ferulic acid

药理作用

1. 对血液及造血系统的影响

当归或阿魏酸静脉注射或口服对大鼠二磷酸腺苷 (ADP) 和胶原蛋白诱发的血小板聚集有明显抑制作用；当归及阿魏酸钠有明显的抗血栓作用，可使血栓干重量显著减少，血栓增加速度减慢 [1]；当归多糖 (AP) 能显著延长小鼠（腹腔注射）和家兔（耳缘静脉注射）的凝血时间、缩短出血时间，显著延长凝血酶时间 (TT) 和活化部分凝血活酶时间 (APTT)，而对凝血酶原时间 (PT) 影响较小，体外能显著升高血小板聚集率，显示其具有抗凝血和止血的双向性调节作用 [2]；AP 皮下注射对多功能造血干细胞 (CFU-S) 和造血祖细胞的增殖和分化有显著的促进作用，并能促进造血干细胞向粒单系血细胞分化，从而促进血红蛋白及红细胞的生成 [3-6]；AP 体外能明显促进人多向性造血祖细胞 (CFU-Mix) 的增殖 [7]。

2. 对心血管系统的影响

当归煎剂及所含挥发油可抑制离体蟾蜍心脏的收缩幅度及频率；当归浸膏能显著扩张离体豚鼠冠脉，增加冠脉血流量；当归醇提取物及阿魏酸可对抗心律失常；阿魏酸能拮抗肾上腺素等收缩离体主动脉条作用；口服当归粉可降低血脂，对抗实验性动脉粥样硬化。

3. 抗炎、镇痛

当归水煎液及阿魏酸对多种致炎剂引起的急、慢性炎症均有显著的抑制作用。摘除大鼠双侧肾上腺后其抗炎作用仍然存在；并能降低大鼠炎症组织前列腺素 E_2 (PGE_2) 的释放量，降低豚鼠补体旁路溶血活性 [8-9]。腹腔注射当归水提醇沉液浸膏及阿魏酸钠均能减少醋酸所致小鼠扭体反应次数 [10]。

4. 对平滑肌的影响

藁本内酯对豚鼠离体支气管有松弛作用；对致痉剂乙酰胆碱、组胺以及氯化钡所致的支气管平滑肌痉挛收缩有明显的解痉作用[11]；当归挥发油对离体大鼠子宫平滑肌有“双向调节”作用，小剂量时略有兴奋作用，大剂量时有明显抑制作用。较大剂量时能浓度依赖性抑制缩宫素引起的子宫兴奋作用，也能明显抑制高钾引起的子宫收缩[12]。

5. 对免疫系统的影响

当归水提醇沉物体外能单独或协同刀豆蛋白 A/ 细菌脂多糖 (ConA/LPS) 发挥促进小鼠脾脏及胸腺 T、B 淋巴细胞增殖的作用，对抗氢化泼尼松 (HP) 对 ConA 诱导的脾脏及胸腺 T 淋巴细胞的增殖反应的抑制作用[13]。AP 腹腔注射能对抗氢化可的松引起的小鼠脾萎缩，但对胸腺影响不大；能显著增加氢化可的松免疫抑制小鼠的碳粒廓清率，但对小鼠血清溶血素 IgG 和 IgM 的生成有较强的抑制作用；AP 体外还能显著增强小鼠脾细胞和腹腔巨噬细胞的增殖。显示了 AP 增强非特异性免疫同时抑制体液免疫的双向免疫调节功能[14]。

6. 增强记忆

阿魏酸可改善药物诱变大鼠学习记忆障碍，其作用机制与促进乙酰胆碱神经系统及脑血流量有关[15]。

7. 其他

当归注射液腹腔注射对辐射损伤后的小鼠肝、肾组织和功能具有显著的保护作用[16-17]。

应用

本品为中医临床用药。功能：补血活血，调经止痛，润肠通便。主治：血虚萎黄，眩晕心悸，月经不调，经闭痛经，虚寒腹痛，风湿痹痛，跌扑损伤，痈疽疮疡，肠燥便秘。

现代临床还用于急性缺血性脑卒中、突发性耳聋、血栓闭塞性脉管炎、心律失常等病的治疗。

评注

药用植物图像数据库

当归的果实、叶、根等部位含芳香性精油，具芳香、防腐作用，可用作食品、饲料和腌制品的调味剂；亦可用作化妆品、香皂、牙膏、洁口剂的香精及调和香精成分；在欧洲还曾广泛应用于制糖业、酿酒业。如进一步开展综合利用研究，提高其附加值，可为当归产品走向更广阔的市场创造条件。

当归临床应用广泛，使用量大。中国药用当归商品主要为栽培品，覆盖面广，质量较好。现甘肃已建立当归的规范化种植基地。

参考文献

[1] 张翠兰，文德鉴 . 当归对血液及造血系统药理作用研究进展 [J]. 湖北民族学院学报（医学版），2002，19(4)：34-35，38.

[2] 杨铁虹，贾敏，梅其炳，等 . 当归多糖对凝血和血小板聚集的影响 [J]. 中药材， 2002，25(5)：344-345.

[3] 王亚平，祝彼得 . 当归多糖对小鼠粒单系血细胞发生的影响 [J]. 解剖学杂志，1993，16(2)：125-129.

[4] 王亚平，祝彼得 . 当归多糖对小鼠红系细胞增殖的影响 [J]. 中华血液学杂志，1993，14(12)：650-651.

[5] 王亚平，黄晓芹，祝彼得，等.当归多糖诱导L-细胞产生造血生长因子的实验研究[J].解剖学报，1996，27(1)：69-74.

[6] 王亚平，祝彼得 . 当归多糖对造血祖细胞增殖调控机理的研究 [J]. 中华医学杂志，1996，76(5)：363-366.

[7] 姜蓉，吴宏，王亚平 . 当归多糖 (APS) 对造血生长因子受体表达调控的试验研究 [J]. 解剖科学进展，2004，(10)：55.

[8] 胡慧娟，杭秉茜，王鹏书 . 当归的抗炎作用 [J]. 中国中药杂志，1991，16(11)：684-686.

[9] 胡慧娟，杭秉茜，王朋书．阿魏酸的抗炎作用 [J]. 中国药科大学学报，1990，21(5)：279-282.

[10] 杨瑜，查仲玲，朱蕙，等．当归提取物的镇痛作用 [J]. 医药导报，2002，21(8)：481-482.

[11] 章辰芳，孔繁智．当归对呼吸系统作用的研究概况 [J]. 中草药，1999，30(4)：311-313.

[12] 肖军花，周健，丁丽丽，等．当归挥发油对子宫的双向作用及其活性部位筛选 [J]. 华中科技大学学报（医学版），2003，32(6)：589-592，596.

[13] 夏雪雁，彭仁琇．当归醇沉物对体外小鼠脾、胸腺淋巴细胞增殖的影响 [J]. 中草药，1999，30(2)：112-115.

[14] 杨铁虹，贾敏，梅其炳．当归多糖对小鼠免疫功能的调节作用 [J]. 中成药，2005，27(5)：563-565.

[15] HSIEH M T, TSAI F H, LIN Y C, et al. Effects of ferulic acid on the impairment of inhibitory avoidance performance in rats[J]. Planta Medica, 2002, 68(8): 754-756.

[16] 袁新初，张端莲，周干毅，等．当归注射液对辐射损伤后肝组织中超氧化物歧化酶活性的影响 [J]. 解剖学研究，2003，25(2)：114-116.

[17] 邓成国，杨虹，张端莲，等．当归注射液对辐射损伤后肾组织中超氧化物歧化酶活性的定量分析 [J]. 数理医药学杂志，2004，17(1)：18-19.

◆ 当归种植基地

党参 Dangshen CP, KHP

Codonopsis pilosula (Franch.) Nannf.
Pilose Asiabell

概述

桔梗科 (Campanulaceae) 植物党参 *Codonopsis pilosula* (Franch.) Nannf.，其干燥根入药。中药名：党参。

党参属 (*Codonopsis*) 植物全世界约 40 种，分布于亚洲东部和中部。中国产约 39 种，主产于西南部地区。本属绝大多数种的根可供药用。本种分布于中国西藏、四川、云南、甘肃、陕西、宁夏、青海、河南、山西、河北、内蒙古、黑龙江、辽宁、吉林等省区；朝鲜半岛、蒙古和俄罗斯远东地区也有分布。除野生外，还有大量栽培。

“党参”药用之名，始载于《本草从新》。最初是指山西上党所产的五加科人参 *Panax ginseng* C. A. Mey.，由于过度采收和环境破坏，上党的人参逐渐减少以至消亡，其他形态类似人参的植物逐渐被充作“上党人参”。清代医家认识到这种药材的功效与人参不同，遂以党参名之。目前作为中药党参入药者系党参属多种植物。《中国药典》（2015 年版）收载本种为中药党参的法定原植物来源种之一。党参根据产地被分为东党、潞党和西党。东党为野生品，主产于中国黑龙江、吉林、辽宁等省。潞党为栽培品，主产于中国山西、河南、内蒙古、河北等省区。西党主产中国甘肃、四川等省。

党参属植物主要活性成分为糖类和苷类成分。《中国药典》以性状、显微和薄层色谱鉴别来控制党参药材的质量。

药理研究表明，党参具有促进造血机能、调节胃肠收缩、抗溃疡、增强机体免疫等作用。

中医理论认为党参具有健脾益肺，养血生津等功效。

◆ 党参
Codonopsis pilosula (Franch.) Nannf.

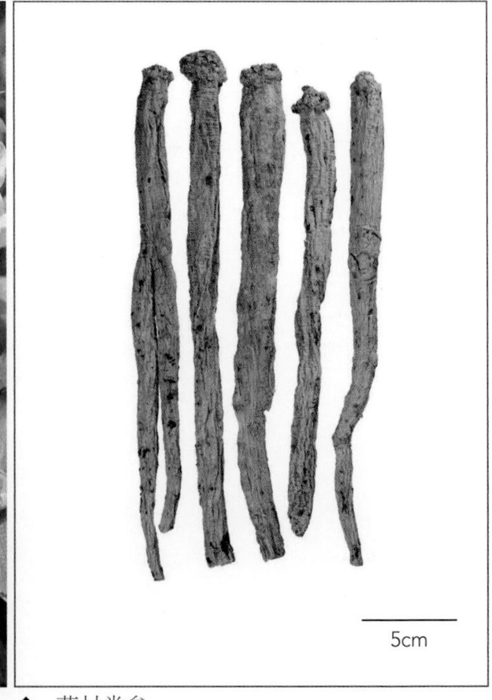

◆ 药材党参
Codonopsis Radix

化学成分

党参的根含大量糖类成分，主要有果糖、菊糖以及4种杂多糖CP Ⅰ、Ⅱ、Ⅲ、Ⅳ；含挥发油，油中主要成分为脂肪烃类，少数为单萜或倍半萜[1]，如党参内酯 (codonolactone)[2]、白术内酯Ⅱ、Ⅲ (atractylenolides Ⅱ,Ⅲ)[3]、8*β*-hydroxyasterolid[4]。另含苷类成分党参苷Ⅰ (tangshenoside Ⅰ)[5]、丁香苷 (syringin)、正己基-*β*-*D*-吡喃葡萄糖苷 (*n*-hexyl-*β*-*D*-glucopyranoside)[3]；甾醇类成分：*δ*-菠甾醇 (*δ*-spinasterol)、Δ^7-豆甾烯醇 (Δ^7-stigmastenol) 及其葡萄糖苷；三萜类成分：蒲公英萜醇 (taraxerol)、乙酰蒲公英萜醇 (taraxeryl acetate)[6]；香豆素类成分：白芷内酯 (angelicin)、补骨脂内酯 (psoralen)[7]；聚多炔类成分：tetradeca-4*E*,12*E*-diene-8,10-diyne-1,6,7-triol 6-*O*-*β*-*D*-glucoside 和 tetradeca-4*E*, 12*E*-diene-8,10-diyne-1,6,7,-triol[8]、党参炔苷 (lobetyolin)[9]；有机酸类成分：党参酸 (codopiloic acid)[2]、香草酸 (vanillic acid)、2-呋喃羧酸 (2-furancarboxylic acid)[3]。

此外，尚含有丁香醛 (syringaldehyde)、5-羟基-2-吡啶甲醇 (pyridinemethanol)[3]、黑麦草碱 (perlolyrine)[4]、5-羟甲基糠醛 (5-hydroxymethyl-2-furaldehyde)、bis-(2-ethylhexyl) phthalate[10]、党参碱 (codonopsine)[7]等。

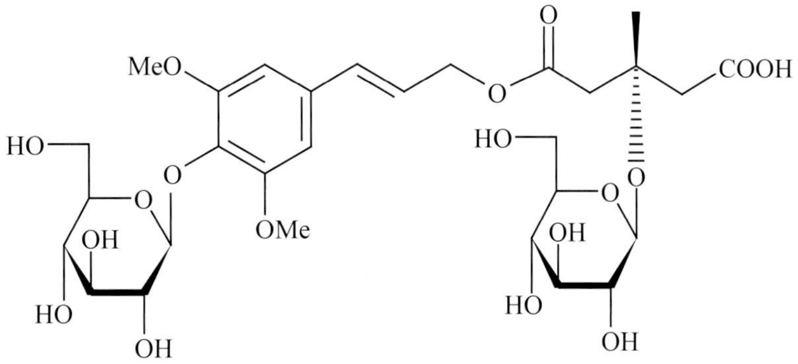

◆ tangshenoside Ⅰ

药理作用

1. 对消化系统的影响

(1) 增加肌张力　党参水煎液可增加大鼠离体胃底纵行肌张力，增大胃体、胃窦环行肌收缩波平均振幅及幽门环行肌运动指数，对离体肌条呈兴奋作用[11]。

(2) 调节胃肠运动　党参水煎醇沉液灌胃，具有调整大鼠胃电节律紊乱和抑制胃运动亢进作用。党参正丁醇提取物还能推迟应激引起的大鼠胃排空加速[12]。党参水煎液可明显加快在体小鼠小肠的推进运动，并可对抗阿托品和去甲肾上腺素对肠推进的抑制作用，表明党参有促进肠动力的作用[13]。

(3) 抗胃溃疡　党参提取物对小鼠、大鼠、兔等多种动物模型的应激性、醋酸型、氢氧化钠型、幽门结扎及消炎痛型胃溃疡均有明显的治疗作用[14]。

(4) 保护受伤肠道　党参水煎液灌胃能显著提高严重烫伤豚鼠血中胃泌素 (GAS) 和胃动素 (MTL) 浓度，减少肿瘤坏死因子 (TNF) 的分泌，调整烧、烫伤后紊乱的胃肠功能，防治肠源性感染[15]。

2. 增强机体免疫

体外实验表明，党参水提取液能明显增强鼠J774巨噬细胞的吞噬活性[16]；党参多糖灌胃能提高2,4-二硝基氟苯 (DNFB) 诱发环磷酰胺 (Cy) 所致免疫抑制小鼠的迟发型超敏反应 (DTH)，还能提高免疫抑制小鼠血清溶血素抗体生成水平，对体液免疫有较强的促进作用[17]。

3. 对血液和造血系统的影响

(1) 加强造血功能　党参多糖灌胃能显著升高溶血性血虚模型小鼠外周血血红蛋白 (Hb) 含量，促进^{60}Co-γ 射线照射后小鼠脾结节生成，从而促进脾脏代偿性造血功能[17]。

(2) 降血脂　党参总皂苷灌胃能显著降低高脂血症大鼠血清总胆固醇 (TC) 、三酰甘油(TG)、低密度脂蛋白胆固醇 (LDL-C) 含量，升高一氧化氮 (NO) 和高密度脂蛋白胆固醇 (HDL-C) 含量，并使HDL-C/ TC比值升高[18]。

4. 对心脑血管系统的作用

(1) 抗心脑缺血　党参水提取物腹腔注射能减轻垂体后叶素 (Pit) 所致实验性心肌缺血大鼠心电图T波抬高，并减慢心率，对心肌缺血有明显的保护作用[19]。党参浸膏灌胃可显著提高大鼠缺血再灌注后脑组织中 ATP 的含量，增加Na^+, K^+-ATP酶的活性，减轻脑组织的损伤程度，达到脑保护作用[20]。

(2) 降血压　党参水煎液可抑制去甲肾上腺素 (NE) 引起的内皮完整的离体主动脉肌条预收缩作用，其舒张离体血管肌条的作用可能是通过内皮细胞释放NO而产生的[21]。

5. 对中枢神经系统的影响

(1) 镇静催眠　党参水提取物腹腔注射，能显著延长戊巴比妥和乙醚引起的睡眠时间[22]。

(2) 改善记忆　党参水提取物腹腔注射能明显改善东莨菪碱所致的小鼠学习记忆障碍[22]，党参水煎剂灌胃可对抗苯异丙基腺苷 (PIA) 妨碍小鼠学习记忆行为的作用[23]。

6. 保肝

党参乙醇提取物灌胃对四氯化碳所致的小鼠肝损伤有良好的保护作用 [24]。

应用

本品为中医临床用药。功能：健脾益肺，养血生津。主治：脾肺气虚，食少倦怠，咳嗽虚喘，气血不足，面色萎黄，心悸气短，津伤口渴，内热消渴。

现代临床还用于贫血、白血病和血小板减少、原发性再生障碍性贫血、地中海贫血、神经官能症等病的治疗。

评注

《中国药典》还收载同属植物素花党参 *Codonopsis pilosula* Nannf. var. *modesta* (Nannf.) L. T. Shen 及川党参 *C. tangshen* Oliv. 作为中药党参的法定原植物来源种。由于药用党参的来源多，分布区域广，药材商品规格多，质量各异。使用时应特别注意产地和质量问题。商品中以山西潞党、甘肃纹党、四川晶党、陕西凤党最著名，为道地药材。山西省陵川县目前已建立了党参的规范化种植基地。

药用植物图像数据库

参考文献

[1] 谭龙泉，李瑜，贾忠建．党参挥发油成分的研究 [J]. 兰州大学学报（自然科学版），1991，27(1)：45-49.

[2] 王惠康，何侃，毛泉明．党参的化学成分研究 II [J]. 党参内酯及党参酸的分离和结构测定．中草药，1991，22(5)：195-197.

[3] WANG Z T, XU G J, HATTORI M, et al. Constituents of the roots of *Codonopsis pilosula*[J]. Shoyakugaku Zasshi, 1988, 42(4): 339-342.

[4] LIU T, LIANG W Z, TU G S. Separation and determination of 8β-hydroxyasterolid and perlolyrine in *Codonopsis pilosula* by reversed-phase high-performance liquid chromatography[J]. Journal of Chromatography, 1989, 477(2): 458-462.

[5] 韩桂茹，贺秀芬，杨建红，等 . 党参化学成分的研究 [J]. 中国中药杂志，1990，15(2)：41-42.

[6] WONG M P, CHIANG T C, CHANG H M. Chemical studies on Dangshen, the root of *Codonopsis pilosula*[J]. Planta Medica, 1983, 49(1): 60.

[7] 朱恩圆，贺庆，王峥涛，等 . 党参化学成分研究 [J]. 中国药科大学学报，2001，32(2)：94-95.

[8] NOERR H, WAGNER H. New constituents from *Codonopsis pilosula*[J]. Planta Medica, 1994, 60(5): 494-495.

[9] 贺庆，朱恩圆，王峥涛，等 . 党参中党参炔苷 HPLC 分析 [J]. 中国药学杂志，2005，40(1)：56-58.

[10] TRINH T T, TRAN V S, WESSJOHANN L. Chemical constituents of the roots of *Codonopsis pilosula*[J]. Tap Chi Hoa Hoc, 2003, 41(4): 119-123.

[11] 李伟，郑天珍，张英福，等 . 党参、枳实对大鼠胃肌条收缩运动的影响 [J]. 中国中医基础医学杂志，2001，7(10)：31-33.

[12] 侯家玉，姜泽伟，何正正，等 . 党参对应激型胃溃疡大鼠胃电、胃运动和胃排空的影响 [J]. 中西医结合杂志，1989，9(1)：31-32.

[13] 郑天珍，李伟，张英福，等 . 党参对动物小肠推进运动的实验研究 [J]. 甘肃中医学院学报，2001，18(1)：19-20.

[14] WANG Z T, DU Q, XU G J, et al. Investigations on the protective action of *Codonopsis pilosula* (Dangshen) extract on experimentally-induced gastric ulcer in rats[J]. General Pharmacology, 1997, 28(3): 469-473.

[15] 王少根，徐慧芹，陈侠英 . 党参对严重烫伤豚鼠肠道的保护作用 [J]. 中国中西医结合急救杂志，2005，12(3)：144-145.

[16] 贾泰元，BHS Lau. 党参对鼠 J744 巨噬细胞吞噬活性的增强效应 [J]. 时珍国医国药，2000，11(9)：769-770.

[17] 张晓君，祝晨蔯，胡黎，等 . 党参多糖对小鼠免疫和造血功能的影响 [J]. 中药新药与临床药理，2003，14(3)：174-176.

[18] 聂松柳，徐先祥，夏伦祝 . 党参总皂苷对实验性高脂血大鼠血脂和 NO 含量的影响 [J]. 安徽中医学院学报，2002，21(4)：40-42.

[19] 张晓丹，佟欣，刘琳，等 . 党参、黄芪对实验性心肌缺血大鼠心电图影响的比较 [J]. 中草药，2003，34(11)：1018-1020.

[20] 陈健，胡长林 . 党参对大鼠脑缺血再灌注损伤的保护作用 [J]. 中国老年学杂志，2003，23(5)：298-300.

[21] 李丹明，李红芳，李伟，等 . 党参和丹参对兔离体主动脉平滑肌运动的影响 [J]. 甘肃中医学院学报，2000，17(2)：15-17.

[22] 张晓丹，刘琳，佟欣 . 党参、黄芪对中枢神经系统作用的比较研究 [J]. 中草药，2003，34(9)：822-823.

[23] 姚娴，王丽娟，刘干中 . 党参对苯异丙基腺苷所致小鼠学习记忆障碍的影响 [J]. 中药药理与临床，2001，17(1)：16-17.

[24] 崔兴日，南极星，吕慧子，等 . 党参提取物对急性肝损伤小鼠肝脏的保护作用 [J]. 延边大学医学学报，2004，27(4)：262-264.

地肤 Difu CP, KHP

Kochia scoparia (L.) Schrad.
Belvedere

概述

藜科 (Chenopodiaceae) 植物地肤 *Kochia scoparia* (L.) Schrad.，其干燥成熟果实入药。中药名：地肤子。

地肤属 (*Kochia*) 植物全世界约 35 种，分布于非洲、中欧、亚洲温带地区以及美洲的北部和西部地区。中国约有 7 种，仅 1 种可供药用。地肤在中国各地均有分布，欧洲及亚洲其他地区也产。

"地肤子"药用之名，始载于《神农本草经》，列为上品。历代本草均有著录，古今药用品种一致。《中国药典》（2015 年版）收载本种为中药地肤子的法定原植物来源种。主产于中国江苏、山东、河南、河北等省区。

地肤主要含三萜皂苷类成分。地肤子所含的皂苷类为其主要的活性成分。《中国药典》采用高效液相色谱法进行测定，规定地肤子药材含地肤子皂苷 Ic 不得少于 1.8%，以控制药材质量。

药理研究表明，地肤具有抗病原微生物、抗炎、抗过敏、降血糖和抗胃黏膜损伤等作用。

中医理论认为地肤子具有清热利湿，祛风止痒等功效。

◆ 地肤
Kochia scoparia (L.) Schrad.

◆ 药材地肤子
Kochiae Fructus

化学成分

地肤的果实含挥发油：油中主成分为高级脂肪酸酯[1]；三萜皂苷类：地肤子皂苷Ⅰb (momordin Ⅰb)[2]、地肤子皂苷Ⅰc (momordin Ⅰc)、地肤子皂苷Ⅱc (momordin Ⅱc)、地肤子皂苷A、B、C (kochiosides A～C)[3-5]、2'-*O*-*β*-*D*-glucopyranosylmomordin Ⅰc、2'-*O*-*β*-*D*-glucopyranosylmomordin Ⅱc[6]、kochianosides Ⅰ、Ⅱ、Ⅲ、Ⅳ[7]、scoparianosides A、B、C[8]、齐墩果酸-28-*O*-*β*-*D*-吡喃葡萄糖酯苷 (28-*O*-*β*-*D*-glucopyranosyl oleanolic acid)、齐墩果酸3-*O*-*β*-*D*-吡喃葡萄糖醛酸甲酯苷 (3-*O*-*β*-*D*-[6-*O*-methyl-glucuronopyranosyl] oleanolic acid)、豆甾醇-3-*O*-*β*-*D*-吡喃葡糖苷 (stigmasterol-3-*O*-*β*-*D*-glycopyranoside)[9]等；还含24-ethyllathosterol等甾醇类成分[10]。

地上部分含生物碱：哈尔明碱 (harmine)、harmane[11]等。

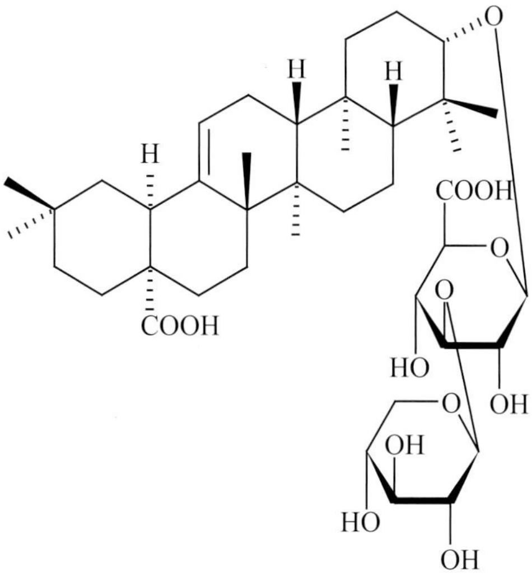

H H H COOH O O HO OH O OH HO OH COOH

◆ momordin Ⅰc

药理作用

1. 抗病原微生物

超临界 CO_2 萃取的地肤子油体外能抑制金黄色葡萄球菌、表皮葡萄球菌、石膏样毛癣菌、红色毛癣菌、羊毛小孢子菌等常见致病菌；超临界 CO_2 萃取的地肤子油体外对阴道滴虫亦有较好的抑制作用，其抑制阴道滴虫生长的最低药物质量浓度为 0.32 ～ 1.28mg/mL[12-13]。地肤子乙醚提取物体外能显著抑制角膜致病真菌串珠镰孢菌的生长，其最小抑菌质量浓度 (MIC) 为 2.5mg/mL[14]。

2. 抗炎

地肤子甲醇提取物能显著抑制弗氏完全佐剂 (Freund's complete adjuvant, FCA) 所致的大鼠佐剂性关节炎，乙醇提取物亦有抗炎作用；主要抗炎活性成分为地肤子皂苷 Ⅰc 及其苷元齐墩果酸[2, 15]。抗炎作用的机制与地肤子甲醇提取物显著抑制脂多糖 (LPS) 诱导的肿瘤坏死因子 α (TNF-α)、前列腺素 E_2 (PGE_2)、一氧化氮 (NO) 等炎性递质的释放有关[16]。

3. 抗过敏

地肤子水提取物能显著抑制腹腔巨噬系统的吞噬功能[17]，乙醇提取物口服能显著抑制化合物 48/80 诱导的小鼠搔抓反应，显著抑制大鼠Ⅰ、Ⅲ、Ⅳ型变态反应[18-20]；醇提取物或总皂苷灌胃能显著抑制绵羊红细胞 (SRBC)

诱导的小鼠迟发型足趾肿胀及氯化苦 (PC) 诱导的小鼠耳郭接触性皮炎；其抑制速发型及迟发型变态反应的活性成分为地肤子皂苷类[21]。

4. 降血糖

地肤子甲醇提取物、地肤子皂苷 Ic 能显著抑制灌胃葡萄糖导致的大鼠血糖升高[8]，正丁醇提取物、总苷、地肤子皂苷 Ic 灌胃能显著抑制小鼠胃排空，正丁醇提取物、总苷灌胃能显著降低四氧嘧啶 (alloxan) 所致高血糖小鼠的血糖水平，正丁醇提取物能浓度依赖性地减少大鼠小肠对葡萄糖的吸收[22-24]。

5. 对胃肠的影响

地肤子皂苷 Ic 口服能显著抑制酒精所致的大鼠胃黏膜损害[25]。地肤子醇提取物灌胃能显著抑制小鼠胃排空，其作用机制与中枢神经系统、儿茶酚胺、内源性前列腺素及胆碱能神经系统有关[26]；地肤子正丁醇提取物灌胃，可改善多种因素所致的小肠运动障碍[27]。

应用

本品为中医临床用药。功能：清热利湿，祛风止痒。主治：小便涩痛，阴痒带下，风疹，湿疹，皮肤瘙痒。

现代临床还用于急性肾炎、泌尿系结石、急性乳腺炎、湿疹、荨麻疹等病的治疗。

评注

药用植物图像数据库

地肤在中国各地普遍分布，但不同产地和不同采收期的地肤子药材中地肤子皂苷 Ic 和总皂苷含量有一定的差异，用药时应考虑产地和采收期与药材质量的关系[28-29]。此外，地肤的嫩茎叶也供药用，称为“地肤苗”。

地肤子临床可用于治疗足癣、银屑病、湿疹等皮肤真菌感染。药理实验研究也表明地肤子对多种真菌有抑制作用。目前临床上抗真菌抗生素和抗真菌化学药物较少，而且毒副作用较大，利用地肤开发抗真菌药具有一定的前景。

地肤子的主要活性成分地肤子皂苷 Ic、Ⅱc 等皂苷类化合物在结构上与人参皂苷 R_0 相接近，其活性值得进一步探索。

参考文献

[1] 文晔，王志学，许春泉 . 地肤子挥发油成分的研究 [J]. 中药材，1992，15(2)：29-31.

[2] CHOI J W, LEE K T, JUNG H J, et al. Anti-rheumatoid arthritis effect of the *Kochia scoparia* fruits and activity comparison of momordin Ⅰc, its prosapogenin and sapogenin[J]. Archives of Pharmacal Research, 2002, 25(3): 336-342.

[3] 文晔，陈英杰，李嘉和，等 . 地肤子中皂苷的研究 [J]. 中药材，1993，16(5)：28-30.

[4] 文晔，陈英杰，王志学，等 . 地肤子化学成分的研究 [J]. 中草药，1993，24(1)：5-7.

[5] 文晔，陈英杰，李嘉和，等 . 地肤子中的新三萜皂苷 [J]. 中药材，1993，16(8)：34-36.

[6] WEN Y, CHEN Y J, CUI Z P, et al. Triterpenoid glycosides from the fruits of *Kochia scoparia*[J]. Planta Medica, 1995, 61(5): 450-452.

[7] YOSHIKAWA M, DAI Y, SHIMADA H, et al. Studies on Kochiae Fructus. Ⅱ. On the saponin constituents from the fruit of Chinese *Kochia scoparia* (Chenopodiaceae): chemical structures of kochianosides Ⅰ, Ⅱ, Ⅲ, and Ⅳ[J]. Chemical & Pharmaceutical Bulletin. 1997, 45(6): 1052-1055.

[8] YOSHIKAWA M, SHIMADA H, MORIKAWA T, et al. Medicinal foodstuffs. Ⅶ. On the saponin constituents with glucose and alcohol absorption-inhibitory activity from a food garnish “Tonburi”, the fruit of Japanese *Kochia scoparia*

(L.) Schrad.: structures of scoparianosides A, B, and C[J]. Chemical & Pharmaceutical Bulletin, 1997, 45(8): 1300-1305.

[9] 汪豪，范春林，王蓓，等.中药地肤子的三萜和皂苷成分研究[J].中国天然药物，2003，1(3)：134-136.

[10] NARUMI Y, INOUE M, TANAKA T, et al. Sterols in *Kochia scoparia* fruit[J]. Journal of Oleo Science, 2001, 50(11): 913-916.

[11] DROST-KARBOWSKA K, KOWALEWSKI Z, PHILLIPSON J D. Isolation of harmane and harmine from *Kochia scoparia*[J]. Lloydia, 1978, 41(3): 289-290.

[12] 林秀仙，李菁.超临界萃取地肤子油的抑菌作用研究[J].中药材，2004，27(8)：603-604.

[13] 林秀仙，李菁，张淑华，等.地肤子超临界 CO_2 萃取物抗阴道滴虫药效学研究[J].中药材，2005，28(1)：44-45.

[14] 刘翠青，王桂荣，刘艳军.中药地肤子乙醚提取物抗角膜真菌作用研究[J].中华实用中西医杂志，2005，18(5)：658.

[15] MATSUDA H, DAI Y, IDO Y, et al. Studies on Kochiae Fructus Ⅲ. Antinociceptive and antiinflammatory effects of 70% ethanol extract and its component, momordin Ⅰc from dried fruits of *Kochia scoparia* L.[J]. Biological & Pharmaceutical Bulletin, 1997, 20(10): 1086-1091.

[16] SHIN K M, KIM Y H, PARK W S, et al. Inhibition of methanol extract from the fruits of *Kochia scoparia* on lipopolysaccharide-induced nitric oxide, prostagladin E_2, and tumor necrosis factor-production from murine macrophage RAW 264.7 cells[J]. Biological & Pharmaceutical Bulletin, 2004, 27(4): 538-543.

[17] 戴岳，黄罗生，冯国雄，等.地肤子对单核巨噬系统及迟发型超敏反应的抑制作用[J].中国药科大学学报，1994，25(1)：44-48.

[18] KUBO M, MATSUDA H, DAI Y, et al. Kochiae Fructus. Ⅰ. Antipruritogenic effect of 70% ethanol extract from Kochiae Fructus and its active component[J]. Yakugaku Zasshi, 1997, 117(4):193-201.

[19] MATSUDA H, DAI Y, IDO Y, et al. Studies on kochiae fructus. Ⅴ. Antipruritic effects of oleanolic acid glycosides and the structure-requirement[J]. Biological & Pharmaceutical Bulletin, 1998, 21(11): 1231-1233.

[20] MATSUDA H, DAI Y, IDO Y, et al. Studies on Kochiae Fructus Ⅳ. Antiallergic effects of 70% ethanol extract and its component, momordin Ic from dried fruits of *Kochia scoparia* L.[J]. Biological & Pharmaceutical Bulletin, 1997, 20(11): 1165-1170.

[21] 戴岳，夏玉凤，陈海标，等.地肤子 70% 醇提取物抑制速发型及迟发型变态反应[J].中国现代应用药学杂志，2001，18(1)：8-10.

[22] MATSUDA H, LI Y, YAMAHARA J, et al. Inhibition of gastric emptying by triterpene saponin, momordin Ⅰc, in mice: roles of blood glucose, capsaicin-sensitive sensory nerves, and central nervous system[J]. Journal of Pharmacology and Experimental Therapeutics, 1999, 289(2): 729-734.

[23] 戴岳，刘学英.地肤子总苷降糖作用的研究[J].中国野生植物资源，2002，21(5)：36-38.

[24] 戴岳，夏玉凤，林已茏.地肤子正丁醇部分降糖机制的研究[J].中药药理与临床，2003，19(5)：21-24.

[25] MATSUDA H, LI Y, YOSHIKAWA M. Roles of capsaicin-sensitive sensory nerves, endogenous nitric oxide, sulfhydryls, and prostaglandins in gastroprotection by momordin Ⅰc, an oleanolic acid oligoglycoside, on ethanol-induced gastric mucosal lesions in rats[J]. Life Sciences, 1999, 65(2): 27-32.

[26] 夏玉凤，戴岳，杨丽.地肤子对小鼠胃排空的抑制作用[J].中国天然药物，2003，1(4)：233-236.

[27] 戴岳，夏玉凤，杨丽.地肤子正丁醇部分对小鼠小肠运动的影响[J].中药药理与临床，2004，20(5)：18-20.

[28] 夏玉凤，王强，戴岳，等.不同产地地肤子中皂苷的含量分析[J].中国中药杂志，2002，27(12)：890-893.

[29] 夏玉凤，王强，戴岳.不同采收期地肤子中皂苷的含量变化[J].植物资源与环境学报，2002，11(4)：54-55.

地瓜儿苗 Diguaermiao

Lycopus lucidus Turcz.
Shiny Bugleweed

概述

唇形科 (Lamiaceae) 植物地瓜儿苗 *Lycopus lucidus* Turcz.，其干燥地上部分入药，中药名：泽兰；或以其干燥根茎入药，中药名：地笋。

地笋属 (*Lycopus*) 植物全世界约有10种，分布于东半球温带及北美。中国产4种4变种。分布于中国黑龙江、吉林、辽宁、河北、陕西、四川、贵州、云南等省区。

“泽兰”药用之名，始载于《神农本草经》，列为中品。历代本草记载的“泽兰”即为本种及其变种毛叶地瓜儿苗 *Lycopus lucidus* Turcz. var. *hirtus* Regel。“地笋”药用之名，始载于《嘉祐本草》，中国历代本草记载的“地笋”即为本种。产于中国大部分地区。

地瓜儿苗中主要含有挥发油、三萜、黄酮类成分。

药理研究表明，地瓜儿苗具有改善微循环障碍及血液流变学的异常改变、降低血液黏度，并具有镇静、镇痛、抗过敏及增强免疫等作用。

中医理论认为泽兰具有活血化瘀，行水消肿，解毒消痈等功效。

◆ 毛叶地瓜儿苗
Lycopus lucidus Turcz. var. *hirtus* Regel

◆ 药材地笋
Lycopi Herba

化学成分

地瓜儿苗地上部分主要含有挥发油类成分，如：月桂烯 (myrcene) 、蛇麻烯 (humulene)、反式丁香烯 (*trans*-caryophyllene)、β-蒎烯 (β-pinene)、γ-松油烯 (γ-terpinene)、β-罗勒烯(β-cymene)、丁香烯氧化物 (caryophyllene oxide)、α-蒎烯 (α-pinene)、橙花叔醇(nerolidol)、γ-荜澄茄烯 (γ-cadinene)、对聚伞花素 (*p*-cymene)、柠檬烯(*l*-linonene)等[1]；三萜类成分如：熊果酸 (ursolic acid)、白桦脂酸 (betulinic acid)、2α-羟基熊果酸 (2α-hydroxylursolic acid)；酚酸类成分如：虫漆蜡酸 (lacceroic acid)、原儿茶酸 (protocatechuic acid)、咖啡酸 (caffeic acid)、迷迭香酸 (rosmarinic acid)等[2-4]；黄酮类成分：毛地黄黄酮 (luteolin)、金谷醇 (chrysoeriol)、槲皮素 (quercetin)、槲皮黄苷(quercimeritrin)、cinaroside、luteolin-7-*O*-glucuronide、luteolin-7-*O*-β-*D*-glucuronide methyl ester等[5-8]。

药理作用

1. 对血液及微循环系统的影响

泽兰水煎剂腹腔注射给药，可降低家兔血液黏滞度，加快红细胞电泳速度[9]；泽兰水提取物及其有效提取部位，还可改善实验性家兔、大鼠及小鼠微循环障碍和血液流变学，抑制血小板、红细胞的聚集[10-13]。

2. 增强子宫收缩

泽兰水提取物可使小鼠离体子宫平滑肌收缩幅度升高，肌张力加强，收缩频率加快，且随着剂量的增加，收缩幅度、频率、活动力均表现出明显的量效关系[14]。

3. 镇痛、镇静

泽兰水煎醇沉制剂灌胃，对醋酸引起的小鼠扭体反应及热板引起的后足痛有显著抑制作用，对小鼠的自发活动亦有显著抑制作用，且其作用呈剂量依赖性[15]。

4. 对肝脏的影响

泽兰水煎剂灌胃，可保护实验性大鼠及小鼠肝损伤，抑制其肝脏胶原纤维增生，降低四氯化碳中毒大鼠谷草转氨酶 (sGOT)，有效对抗肝纤维化及肝硬化，并可纠正肝损伤过程中肝脏出现的多种异常病变和肝功能异常[16-17]；另外，泽兰水提醇沉制剂对切除部分肝后的小鼠有一定促进肝再生作用[15]。

5. 抗过敏

地瓜儿苗水提取物，可抑制肥大细胞引起的即发型过敏反应，亦可抑制促炎性细胞因子，丝裂原活化蛋白激酶 (p38 MAPK) 及核转录因子 kappa B (NF-κB) 的反应[18-19]。

6. 降血脂

泽兰水煎剂灌胃，可明显降低正常家兔血清总胆固醇 (TC) 和血清三酰甘油 (TG) 水平，亦可显著降低实验性高血脂大鼠血清 TG 水平[20]；其三萜类成分白桦脂酸还可抑制人胆固醇脂酰转移酶 1 (ACAT 1) 和转移酶 2 活性的作用[21]。

7. 抗肿瘤

白桦脂酸体外对多种人癌细胞有选择性诱导凋亡的作用[3]。

8. 其他

地瓜儿苗提取物及其活性成分还具有抗炎[3]、降血糖[22]、抗氧化[6, 23]、抗缺氧及抗氰化钾中毒[2]等作用。

应用

本品为中医临床用药。功能：活血祛瘀，调经，利水消肿。主治：1. 妇科血瘀经闭、痛经、产后瘀滞腹痛等；2. 跌打瘀肿疼痛及痈肿等；3. 产后水肿，浮肿，腹水等。

现代临床还用于腹水、跌打损伤、心绞痛、糖尿病、流行性出血热等病的治疗。

评注

《中国药典》（2015 年版）收载泽兰药用的品种为地瓜儿苗之变种毛叶地瓜儿苗 *Lycopus lucidus* Turcz. var. *hirtus* Regel。近年研究证明，两者化学成分及药理作用相似，鉴于地瓜儿苗资源丰富，在中国大部分地区亦作为泽兰使用，且在历代中药专著中多有记载，故可望开发为中药泽兰的来源植物 [1]。

药用植物图像数据库

由于地瓜儿苗及其变种毛叶地瓜儿苗均作为中药泽兰使用，与菊科植物泽兰 *Eupatorium japonicum* Thunb. 的植物中文名相同，导致市场上经常将其混淆使用，但是中药泽兰与植物泽兰无论在来源还是性状上都有很大差别，故应予以区别 [24]。

地瓜儿苗根茎中含有多种人体所必需的氨基酸、维生素及无机元素 [25-26] 等，故在中国民间部分地区，有将其嫩叶及地下根茎作为野菜食用。

由于地瓜儿苗适应性广，可栽培，且营养丰富，故具有较大的开发价值。有关其组织培养的研究已有报道 [27]。

参考文献

[1] 韩淑萍，冯毓秀 . 泽兰的生药学及挥发油成分分析 [J]. 中国药学杂志，1992，27(11)：648-650.

[2] 冯菊仙，应荣多，王彩云 . 泽兰化学成分的研究 [J]. 中草药，1989，20(8)：45.

[3] YUN Y, HAN S, PARK E, et al. Immunomodulatory activity of betulinic acid by producing pro-inflammatory cytokines and activation of macrophages[J]. Archives of Pharmacal Research, 2003, 26(12): 1087-1095.

[4] 孙连娜，陈万生，陶朝阳，等 . 泽兰化学成分的研究（Ⅱ）[J]. 解放军药学学报，2004，20(3)：172-174.

[5] WOO E R, PIAO M S. Antioxidative constituents from *Lycopus lucidus*[J]. Archives of Pharmacal Research, 2004, 27(2): 173-176.

[6] MALIK A, YULDASHEV M P, OBID A, et al. Flavonoids of the aerial part of *Lycopus lucidus*[J]. Chemistry of Natural Compounds (Translation of Khimiya Prirodnykh Soedinenii), 2002, 38(6): 612-613.

[7] MALIK A, YULDASHEV M P. Flavonoids of *Lycopus lucidus*[J]. Chemistry of Natural Compounds, 2002, 38(1): 104-105.

[8] TAKAHASHI Y, NAGUMO S, NOGUCHI M, et al. Phenolic constituents of *Lycopus lucidus*[J]. Natural Medicines, 1999, 53(5): 273.

[9] 张义军，康白，张伟栋，等 . 泽兰对家兔血液流变性及球结膜微循环的影响 [J]. 微循环学杂志，1996，6(2)：31-32.

[10] 刘新民，高南南，于澍仁，等 . 泽兰对模拟失重引起家兔血瘀症的改善作用 [J]. 中草药，1991，22(11)：501-503.

[11] 石宏志，高南南，李勇枝，等 . 泽兰有效部分 L. F04 对红细胞流变学的影响 [J]. 航天医学与医学工程，2002，15(5)：331-334.

[12] 石宏志，高南南，李勇枝，等 . 泽兰有效部分对血小板聚集和血栓形成的影响 [J]. 中草药，2003，34(10)：923-926.

[13] 田泽，高南南，李玲玲，等 . 泽兰两个化学部位对凝血功能的影响 [J]. 中药材，2001，24(7)：507-508.

[14] 高南南，于澍仁，冯毓秀，等 . 泽兰两个品种对小鼠离体子宫平滑肌的作用 [J]. 基层中药杂志，1995，9(3)：34-35.

[15] 冯英菊，谢人明，陈光娟，等 . 泽兰镇痛、镇静及对实验性肝再生作用研究 [J]. 陕西中医，1999，20(2)：86-87.

[16] 谢人明，张小丽，冯英菊，等 . 泽兰防治肝硬化的实验研究 [J]. 中国药房，1999，10(4)：151-152.

[17] 谢人明，谢沁，陈瑞明，等 . 泽兰保肝利胆作用的药理研

究 [J]. 陕西中医，2004，25(1)：66-67.

[18] KIM S H, KIM D K, LIM J P. Inhibitory effect of *Lycopus lucidus* on mast cell-mediated immediate-type allergic reactions[J]. Yakhak Hoechi, 2002, 46(6): 405-410.

[19] SHIN T Y, KIM S H, SUK K, et al. Anti-allergic effects of *Lycopus lucidus* on mast cell-mediated allergy model[J]. Toxicology and Applied Pharmacology, 2005, 209(3): 255-262.

[20] 张义军，康白，耿秀芳，等 . 泽兰的降血脂作用研究 [J]. 潍坊医学院学报，1993，15(1)：16-17.

[21] LEE W S, IM K R, PARK Y D, et al. Human ACAT-1 and ACAT-2 inhibitory activities of pentacyclic triterpenes from the leaves of *Lycopus lucidus* Turcz.[J]. Biological & Pharmaceutical Bulletin, 2006, 29(2): 382-384.

[22] KIM J S, KWON C S, SON K H. Inhibition of α-glucosidase and α-amylase by luteolin, a flavonoid[J]. Bioscience, Biotechnology, and Biochemistry, 2000, 64(11): 2458-2461.

[23] KIM J B, KIM J B, CHO K J, et al. Isolation, identification, and activity of rosmarinic acid, a potent antioxidant extracted from Korean *Agastache rugosa*[J]. Han'guk Nonghwa Hakhoechi, 1999, 42(3): 262-266.

[24] 张彦东 . 中药材泽兰与植物泽兰的鉴别 [J]. 中华实用医药杂志，2003，3(4)：353.

[25] 韩梅，赵淑春 . 泽兰 (*Lycopus lucidus*) 营养成分分析 [J]. 吉林农业大学学报，1998，20(2)：35-371.

[26] 许泳吉，钟惠民，杨波，等 . 野生植物地参中营养成分的测定 [J]. 光谱实验室，2002，(4)：528-529.

[27] 周俊国，陈淑雅 . 泽兰 (*Lycopus lucidus*) 的组织培养研究 [J]. 河南农业大学学报，2003，37(3)：266-269.

地黄 Dihuang CP, JP, VP

Rehmannia glutinosa Libosch.
Adhesive Rehmannia

概述

玄参科 (Scrophulariaceae) 植物地黄 *Rehmannia glutinosa* Libosch.，其块根入药。新鲜块根称“鲜地黄”；干燥品称“生地黄”；炮制品称“熟地黄”。

地黄属 (*Rehmannia*) 植物全世界有6种，全部分布于中国的辽宁、内蒙古、河北、河南、山东、山西、甘肃、江苏、湖北、四川、浙江、陕西等地。本属现供药用者约1种。本种在中国大部分省区多有分布。

地黄以“干地黄”药用之名，始载于《神农本草经》，列为上品。历代本草记载作中药地黄入药的，大多为本种的栽培品[1]。《中国药典》(2015年版) 收载本种为中药地黄的法定原植物来源种。中国大部分地区均产。

地黄的主要活性成分为苷类化合物，其中又以环烯醚萜苷为主。《中国药典》采用高效液相色谱法进行测定，规定地黄药材含梓醇不得少于0.20%，毛蕊花糖苷不得少于0.020%，以控制药材质量。

药理研究表明，地黄对骨髓有刺激增殖功能，对血小板聚集有抑制作用，能促进红细胞和血色素的回升。

中医理论认为生地黄具有清热凉血，养阴生津等功效。熟地黄具有补血滋阴，益精填髓等功效。

◆ 地黄
Rehmannia glutinosa Libosch.

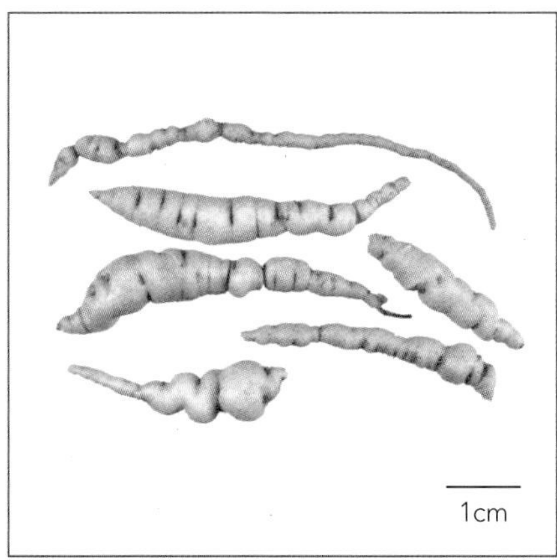

◆ 药材鲜地黄
Rehmanniae Radix Recens

◆ 药材生地黄
Rehmanniae Radix

◆ 药材熟地黄
Rehmanniae Radix Praeparata

化学成分

地黄块根的主要化学成分是环烯醚萜苷类。鲜地黄及干地黄含有梓醇 (catalpol)、地黄苷A、B、C、D (rehmanniosides A～D)、益母草苷(leonuride)、桃叶珊瑚苷 (aucubin)、密力特苷 (melittoside)[2-3] 等。鲜地黄中另含焦地黄苷A、B (jioglutosides A, B)[4]；干地黄中含地黄素A、B、C、D (rehmaglutins A～D) [5]、glutinoside[6]。由于干地黄经加热烘焙后部分糖苷被水解，梓醇、益母草苷及桃叶珊瑚苷的含量也降为鲜地黄的1/3左右。熟地黄由于长时间的加热蒸闷，环烯醚萜苷类成分相对较少，约为鲜地黄的1/10。

地黄分离得到的其他苷类有：洋地黄叶苷C (purpureasides C)、松果菊苷 (echinacoside) 、焦地黄苯乙醇苷A_1、B_1 (jionosides A_1, B_1)、肉苁蓉苷A、F (cistanosides A, F) [7]、以及毛蕊花糖苷(acteoside)、3,4-dihydroxy-*β*-phenethyl-*O*-*α*-*L*-rhamnopyranosyl-(1→3)-*O*-*b*-*D*-galactopyranosyl-(1→6)-4-*O*-caffeoyl-*b*-*D*-glucopyranoside[8]等。近年，生地黄中还分离得到8-表番木鳖酸 (8-epiloganic acid)[9]、rehmanones A、B、C[10]。

◆ catalpol

◆ jionoside A_1

药理作用

1. 对血液系统的影响

在一定剂量下腹腔注射地黄多糖可刺激小鼠的造血功能[11]；熟地黄多糖灌胃对经环磷酰胺或放射所致的血虚小鼠外周血象、骨髓有核细胞下降均有拮抗作用，可促进小鼠造血干细胞的增殖和分化[12]。地黄多糖进一步分离纯化得到的地黄低聚糖能够明显增强小鼠骨髓造血祖细胞包括粒单系祖细胞，早期、晚期红系祖细胞的增殖能力[13]。此外，对阿司匹林诱导的小鼠凝血时间延长，鲜、干地黄水煎剂和鲜地黄汁灌胃给药均有拮抗作用[14]。

2. 对免疫系统的影响

口服地黄多糖可使环磷酰胺所致免疫抑制小鼠腹腔巨噬细胞的吞噬百分率和吞噬指数显著升高；可促进溶血素和溶血空斑形成并促进淋巴细胞的转化[15]。鲜地黄汁、鲜地黄水煎液灌胃对醋酸强的松龙诱导的免疫低下小鼠腹腔巨噬细胞吞噬功能有明显的促进作用，还能使甲状腺素诱导的类阴虚小鼠的脾脏淋巴细胞碱性磷酸酶的表达能力明显增强。此外，灌服鲜地黄汁的类阴虚小鼠，其刀豆素 A (Con A) 诱导的脾脏淋巴细胞转化增强，说明鲜地黄汁对 T 淋巴细胞功能也有促进作用[14]。

3. 对心血管系统的影响

大鼠腹腔注射地黄水提取液，对寒冷情况下的血压有稳定作用，对急性实验性高血压更有明显降血压作用，表现出地黄对血压的双向调节功能[16]。地黄煎剂经口给药可明显对抗L-甲状腺素诱发的大鼠缺血性心肌肥厚，并能抑制心、脑线粒体Ca^{2+}, Mg^{2+}-ATP酶活性，从而保护心脑组织避免ATP耗竭和缺血损伤[17]。

4. 降血糖

地黄低聚糖腹腔注射可显著降低四氧嘧啶糖尿病大鼠高血糖水平，降低肝葡萄糖-6-磷酸酶活性，增加肝糖原含量[18]。

5. 抗肿瘤

地黄多糖 B 腹腔注射或灌胃给药可抑制小鼠实体瘤 S_{180} 的生长，腹腔注射对肺癌 Lewis、黑色素瘤 B_{16} 和肝癌 H_{22} 亦有抑瘤作用。地黄多糖 B 是一种免疫抑瘤的活性成分，其抑瘤作用是依赖于机体防御系统而间接产生[19]。此外，低分子质量的地黄多糖 (LRPS) 对小鼠肺癌 Lewis 细胞也有明显的生长抑制作用，其机制在于 LRPS 能使抑癌基因 *p53* 表达增加，从而调控肿瘤细胞的增殖、分化及凋亡[20]。

6. 其他

地黄还有抗衰老、抑制胃酸分泌及抗溃疡、利尿等作用。

应用

本品为中医临床用药。

生地黄

功能：清热凉血，养阴生津。主治：热入营血，温毒发斑，吐血衄血，热病伤阴，舌绛烦渴，津伤便秘，阴虚发热，骨蒸劳热，内热消渴。

熟地黄

功能：补血滋阴，益精填髓。主治：血虚萎黄，心悸怔忡，月经不调，崩漏下血，肝肾阴虚，腰膝酸软，骨蒸潮热，盗汗遗精，内热消渴，眩晕，耳鸣，须发早白。

现代临床还用于类风湿性关节炎、支气管哮喘、肾性高血压、2 型糖尿病、前列腺增生、化脓性中耳炎等病的治疗，并用于癌症的辅助治疗。

评注

药用植物图像数据库

目前商品中所用地黄多为栽培品，地黄的栽培在中国也有悠久的历史，其中以河南温县、孟州、武陟、博爱等地（古代怀庆府）产量最大，质量最好，是著名的“四大怀药”之一，习称“怀地黄”。

使用鲜药是中医的一个特色。鲜地黄中梓醇、多糖含量高于干地黄与熟地黄。梓醇对四氧嘧啶所致的实验性糖尿病有降血糖作用，多糖类具有抗肿瘤等多种药理作用。由于受到贮藏保管技术的局限，鲜地黄的临床应用并不是很广泛。因此，研究鲜地黄或地黄鲜榨汁的保鲜技术，以鲜地黄为原料开发新型食品、保健品、药品等都具有极广阔的前景。

参考文献

[1] 温学森，杨世林，魏建和，等. 地黄栽培历史及其品种考证 [J]. 中草药，2002，33(10)：946-949.

[2] OSHIO H, INOUYE H. Iridoid glycosides of *Rehmannia glutinosa*[J]. Phytochemistry, 1982, 21(1): 133-138.

[3] OSHIO H, NARUSE Y, INOUYE H. Quantitative analysis of iridoid glycosides of Rehmanniae Radix[J]. Shoyakugaku Zasshi, 1981, 35(4): 291-294.

[4] MOROTA T, SASAKI H, NISHIMURA H, et al. Chemical and biological studies on Rehmanniae Radix. Part 4. Two iridoid glycosides from *Rehmannia glutinosa*[J]. Phytochemistry, 1989, 28(8): 2149-2153.

[5] KITAGAWA I, FUKUDA Y, TANIYAMA T, et al. Absolute stereostructures of rehmaglutins A, B, and D three new iridoids isolated from Chinese Rehmanniae Radix[J]. Chemical & Pharmaceutical Bulletin, 1986, 34(3): 1399-1402.

[6] YOSHIKAWA M, FUKUDA Y, TANIYAMA T, et al. Absolute stereostructures of rehmaglutin C and glutinoside a new iridoid lactone and a new chlorinated iridoid glucoside from Chinese Rehmanniae Radix[J]. Chemical & Pharmaceutical Bulletin, 1986, 34(3): 1403-1406.

[7] SASAKI H, NISHIMURA H, MOROTA T, et al. Chemical and biological studies on Rehmanniae Radix. Part 1. Immunosuppressive principles of *Rehmannia glutinosa* var. *hueichingensis*[J]. Planta Medica, 1989, 55(5): 458-462.

[8] SHOYAMA Y, MATSUMOTO M, NISHIOKA I. Phenolic glycosides from diseased roots of *Rehmannia glutinosa* var. *purpurea*[J]. Phytochemistry, 1987, 26(4): 983-986.

[9] 孟洋，彭柏源，毕志明，等. 生地黄化学成分研究 [J]. 中药材，2005，28(4)：293-294.

[10] LI Y S, CHEN Z J, ZHU D Y. A novel bis-furan derivative, two new natural furan derivatives from *Rehmannia glutinosa* and their bioactivity[J]. Natural Product Research, 2005, 19(2): 65-170.

[11] 刘福君，程军平，赵修南，等. 地黄多糖对正常小鼠造血干细胞、祖细胞及外周血像的影响 [J]. 中药药理与临床，1996，12(2)：12-14.

[12] 黄霞，刘杰，刘惠霞. 熟地黄多糖对血虚模型小鼠的影响 [J]. 中国中药杂志，2004，29(12)：1168-1170.

[13] 刘福君，赵修南，聂伟，等. 地黄低聚糖对小鼠免疫和造血功能的作用 [J]. 中药药理与临床，1997，13(5)：19-20.

[14] 梁爱华，薛宝云，王金华，等. 鲜地黄与干地黄止血和免疫作用比较研究 [J]. 中国中药杂志，1999，24(11)：663-702.

[15] 苗明三，方晓艳. 怀地黄多糖免疫兴奋作用的实验研究 [J]. 中国中医药科技，2002，9(3)：159-160.

[16] 常吉梅，刘秀玉，常吉辉. 地黄对血压调节作用的实验研究 [J]. 时珍国医国药，1998，9(5)：416-417.

[17] 陈丁丁，戴德哉，章涛. 地黄煎剂消退*L*-甲状腺素诱发的大鼠心肌肥厚并抑制心、脑线粒体Ca^{2+}, Mg^{2+} -ATP酶活力 [J]. 中药药理与临床，1997，13(4)：27-28.

[18] 张汝学，顾国明，张永祥，等. 地黄低聚糖对实验性糖尿病与高血糖大鼠糖代谢的调节作用 [J]. 中药药理与临床，1996，12(1)：14-17.

[19] 陈力真，冯杏婉，周金黄，等. 地黄多糖 B 的免疫抑瘤作用及其机理 [J]. 中国药理学与毒理学杂志，1993，7(2)：153-156.

[20] 魏小龙，茹祥斌. 低分子质量地黄多糖体外对 Lewis 肺癌细胞 p53 基因表达的影响 [J]. 中国药理学通报，1998，14(3)：245-248.

地榆 Diyu CP, KHP

Sanguisorba officinalis L.
Garden Burnet

概述

蔷薇科 (Rosaceae) 植物地榆 *Sanguisorba officinalis* L.，其干燥根入药。中药名：地榆。

地榆属 (*Sanguisorba*) 植物全世界约有 30 种，广泛分布于欧洲、亚洲及北美等北温带地区。中国有 7 种，本属现供药用者约有 4 种。本种在中国大部分地区均有分布。

“地榆”药用之名，始载于《神农本草经》，列为中品。历代本草多有著录。《中国药典》（2015 年版）收载本种为中药地榆的法定原植物来源种之一。主产于中国黑龙江、辽宁、吉林、内蒙古、陕西、山西、河南、甘肃、山东、贵州等省区。

地榆主要活性成分为鞣质和三萜皂苷。地榆历来被作为止血良药而广泛应用，这与地榆药材中含有大量的鞣质有关。《中国药典》采用鞣质含量测定法进行测定，规定地榆药材含鞣质不得少于 8.0%；采用高效液相色谱法进行测定，规定地榆药材含没食子酸不得少于 1.0%，以控制药材质量。

药理研究表明，地榆具有止血、抗炎、抗菌和治疗烧烫伤等作用。

中医理论认为其具有凉血止血，解毒敛疮等功效。

◆ 长叶地榆
Sanguisorba officinalis L. var. *longifolia* (Bert.) Yü et Li

◆ 地榆
S. officinalis L.

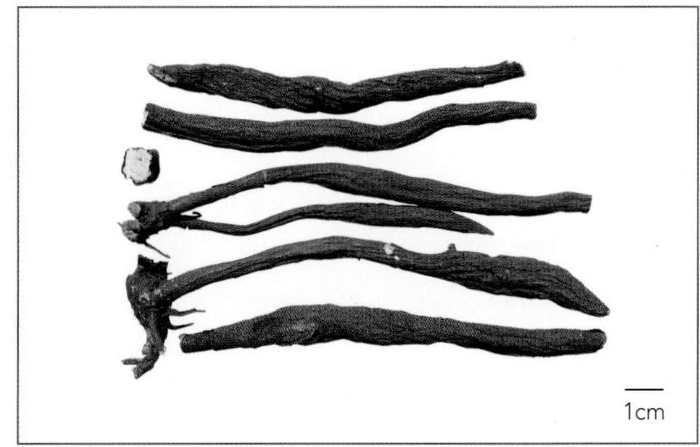

◆ 药材地榆
Sanguisorbae Radix

化学成分

地榆的地下部分含可水解鞣质成分地榆素 H_1、H_2、H_3、H_4、H_5、H_6、H_7、H_8、H_9、H_{10}、H_{11} (sanguiins H_1～H_{11})[1-3]。尚含有3',3,4-三-*O*-甲基鞣花酸 (3',3,4-tri-*O*-methylellagic acid)[4]、没食子酸 (gallic acid)[5]、7-*O*没食子酰-(+)-儿茶素 [7-*O*-galloyl-(+)-catechin]、3-O-没食子酰原花青素B_3 (3-*O*-galloylprocyanidin B_3)[6]等。根中含三萜及三萜皂苷类化合物地榆苷 Ⅰ、Ⅱ (ziyu glycosides Ⅰ, Ⅱ)[7]、地榆皂苷A、B、E[8] (sanguisorbins A, B, E)、sanguidiosides A、B、C、D[9]、suavissimoside F_1、坡模醇酸 (pomolic acid)[10]、3,11-dioxo-19α-hydroxyurs- 12-en-28-oic acid、28-*O*-β-*D*-吡喃葡萄糖坡模酸酯 (28-*O*-β-*D*- glucopyranosylpomolic acid ester)[11]等。根和根茎还含黄酮类化合物山柰素-3,7-二鼠李糖苷(kaempferol-3,7-*O*-dirhamnoside)、槲皮素-3-半乳糖-7-葡萄糖苷 (quercetin-3-galactoside-7-glucoside)[12]等。

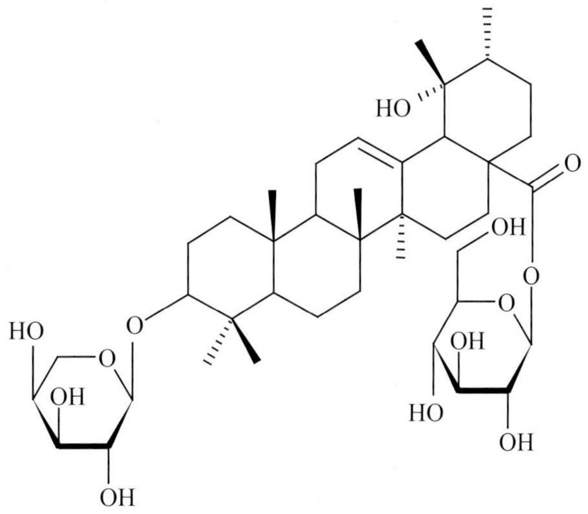

◆ ziyu glucoside Ⅰ

药理作用

1. 止血

生地榆、地榆炭水煎液以及地榆制剂均有止血作用[13-14]。生地榆、地榆炭水煎液灌胃可明显缩短小鼠断尾出血时间，尤其是炒炭后鞣质含量增加，与凝血关系密切的钙离子含量也大幅度增加，止血作用更强[13]。地榆水煎液灌服可增加家兔血液中红细胞的百分比含量，造成集轴现象中外周血浆层厚度减少，导致全血黏度升高，血流速度趋缓，有利于血小板凝血，从而达到止血的功效[15]。

2. 抗菌

体外实验表明，地榆乙醇提取液或水煎液对大肠埃希氏菌、铜绿假单胞菌、蜡状芽孢杆菌、枯草芽孢杆菌、变形杆菌、金黄色葡萄球菌、表皮葡萄球菌、甲型溶血性链球菌、白色念珠菌等有抗菌作用[16-17]。

3. 抗炎

地榆水提取液腹腔注射对甲醛所致大鼠足趾肿胀及巴豆油合剂诱发的小鼠耳郭肿胀均有显著的抑制作用；对前列腺素 E_1 (PGE_1) 引起的皮肤微血管通透性增加有明显的抑制作用，并能抑制大鼠棉球肉芽肿的增生，促进伤口愈合，具有抗炎消肿作用。

4. 抗过敏

地榆中所含的双糖类物质静脉注射，可通过调节大鼠腹膜肥大细胞的稳定性，抑制化合物 48/80 和钙离子载体 A23187 诱导的组胺释放，从而具有抗过敏作用 [18]。

5. 抗肿瘤

地榆鞣质作用后的体外培养人肝癌细胞 SMMC-7721 于 DNA 合成期细胞数明显减少，增殖指数降低，部分鞣质可造成 DNA 合成前期细胞大量堆积，诱导肝癌细胞出现凋亡峰，显示地榆鞣质对肝癌细胞有抑制作用 [19]。地榆甲醇提取液在体外能显著抑制小鼠白血病细胞系 (L_{1210}) 的生长 [20]。

6. 其他

地榆水煎液给小鼠灌胃可对抗番泻叶和蓖麻油所致的腹泻 [21]；还具有抗乙肝病毒的活性 [22]；对过氧化亚硝酸盐所致的肾损害也有保护作用 [23]。

应用

本品为中医临床用药。功能：凉血止血，解毒敛疮。主治：便血，痔血，血痢，崩漏，水火烫伤，痈肿疮毒。

现代临床还用于促进造血干祖细胞生长，升高外周血白细胞，对放化疗造成的外周血白细胞及血小板减少有较好疗效。

评注

本种是当前中国药用地榆商品的法定主流品种。除本种外，《中国药典》还收载长叶地榆 *Sanguisorba officinalis* L. var. *longifolia* (Bert.) Yü et Li 作为商品地榆的法定原植物来源种。此外，在中国部分地区还有同属多种植物作地榆药用，因此在使用时应注意品种与质量问题。

药用植物图像数据库

地榆提取物有较好的抗自由基作用，可用于抗皱、抗衰老化妆品生产；制成的沐浴液、花露水等可以防治皮肤病，且无刺激性，也适合儿童及婴幼儿使用 [24]。

参考文献

[1] NONAKA G, TANAKA T, NISHIOKA I. Tannins and related compounds. Part 3. A new phenolic acid, sanguisorbic acid dilactone and three new ellagitannins, sanguiins H-1, H-2, and H-3, from *Sanguisorba officinalis*[J]. Journal of the Chemical Society, Perkin Transactions 1: Organic and Bio-Organic Chemistry, 1982, 4: 1067-1073.

[2] NONAKA G, TANAKA T, NITA M, et al. A dimeric hydrolyzable tannin, sanguiin H-6 from *Sanguisorba officinalis* L.[J]. Chemical & Pharmaceutical Bulletin, 1982, 30(6): 2255-2257.

[3] TANAKA T, NONAKA G, NISHIOKA I. Tannins and related compounds. Part 28. Revision of the structures of sanguiins H-6, H-2, and H-3, and isolation and characterization of sanguiin H-11, a novel tetrameric hydrolyzable tannin, and seven related tannins, from *Sanguisorba officinalis*[J]. Journal of Chemical Research, Synopses, 1985, 6: 176-177.

[4] KOSUGE T, ISHIDA H, YOKOTA M, et al. Studies of antihemorrhagic substances in herbs classified as hemostatics in Chinese medicine. Ⅲ. On the antihemorrhagic principle in *Sanguisorba officinalis* L. [J]. Chemical & Pharmaceutical Bulletin, 1984, 32(11): 4478-4481.

[5] 沙明，曹爱民，王冰，等. 高效液相色谱法测定地榆中没食子酸的含量 [J]. 中国中药杂志，1999，24(2)：99-100.

[6] TANAKA T, NONAKA G, NISHIOKA I. Tannins and related compounds. Part 14. 7-*O*-Galloyl-(+)-catechin and 3-*O*-galloylprocyanidin B-3 from *Sanguisorba officinalis*[J]. Phytochemistry, 1983, 22(11): 2575-2578.

[7] YOSIOKA I, SUGAWARA T, OHSUKA A, et al. Soil bacterial hydrolysis leading to genuine aglycone. Ⅲ. Structures of glycosides and genuine aglycone of the root of

Sanguisorba[J]. Chemical & Pharmaceutical Bulletin, 1971, 19(8): 1700-1707.

[8] BUKHAROV V G, KARNEEVA L N. Triterpenoid glycosides from *Sanguisorba officinalis*[J]. Izvestiya Akademii Nauk SSSR, Seriya Khimicheskaya, 1970, 10: 2402-2403.

[9] LIU X, SHI B F, YU B. Four new dimeric triterpene glucosides from *Sanguisorba officinalis*[J]. Tetrahedron, 2004, 60(50): 11647-11654.

[10] 姜云梅，杨五禧，吴立军，等. 中药地榆化学成分的研究[J]. 西北药学杂志，1993，8(1)：17-19.

[11] CHENG D L, CAO X P. Pomolic acid derivatives from the root of *Sanguisorba officinalis*[J]. Phytochemistry, 1992, 31(4): 1317-1320.

[12] 程东亮，曹小平，邹佩秀，等. 中药地榆黄酮等成分的分离与鉴定 [J]. 中草药，1995，26(11)：570-571.

[13] 郭淑艳，贾玉良，徐美术. 地榆炒炭前后止血作用的研究 [J]. 中医药学报，2001，29(4)：28.

[14] 李峰，李涛，王新. 地榆止血汤治疗功能性子宫出血 300 例 [J]. 中华医学实践杂志，2005，4(3)：240.

[15] 党春兰，程方荣. 地榆对家兔血液流变学的影响 [J]. 中国医学物理学杂志，1997，14(3)：138-139.

[16] KOKOSKA L, POLESNY Z, RADA V, et al. Screening of some Siberian medicinal plants for antimicrobial activity[J]. Journal of Ethnopharmacology, 2002, 82: 51-53.

[17] 吴开云，曹雪芳，彭宣宪. 冰片、虎杖、地榆抑菌作用的实验研究 [J]. 江西医学院学报，1996，36(2)：53-55.

[18] PARK K H, KOH D, KIM K, et al. Antiallergic activity of a disaccharide isolated from *Sanguisorba officinalis*[J]. Phytotherapy Research, 2004, 18(8): 658-662.

[19] 胡毅，夏天，赵建斌. 地榆鞣质抗肝癌细胞 SMMC-7721 的 MTT 及 FCM 分析 [J]. 第四军医大学学报，1998，19(5)：550-552.

[20] GOUN E A, PETRICHENKO V M, SOLODNIKOV S U, et al. Anticancer and antithrombin activity of Russian plants[J]. Journal of Ethnopharmacology, 2002, 81: 337-342.

[21] 曾万玲，宋杰云，岑燕飞，等. 地榆水煎液抗实验性腹泻及其他药理作用研究 [J]. 贵阳中医学院学报，1992，14(4)：55-57.

[22] KIM T G, KANG S Y, JUNG K K, et al. Antiviral activities of extracts isolated from *Terminalis chebula* Retz., *Sanguisorba officinalis* L., *Rubus coreanus* Miq. and *Rheum palmatum* L. against hepatitis B virus[J]. Phytotherapy Research, 2001, 15(8): 718-720.

[23] CHEN C P, YOKOZAWA T, SEKIYA M, et al. Protective effect of Sanguisorbae Radix against peroxynitrite-mediated renal injury[J]. Journal of Traditional Medicines, 2001, 18(1): 1-7.

[24] 袁昌齐. 天然药物资源开发与利用 [M]. 南京：江苏科学技术出版社，2000：99-101.

冬虫夏草 Dongchongxiacao CP, KHP

Cordyceps sinensis (Berk.) Sacc.
Chinese Caterpillar Fungus

概述

麦角菌科 (Clavicipitaceae) 真菌冬虫夏草菌 *Cordyceps sinensis* (Berk.) Sacc. 的子座及其寄主蝙蝠蛾科昆虫虫草蝙蝠蛾 *Hepialus armoricanus* Oberthür 等幼虫体的复合体，其干燥品入药。中药名：冬虫夏草。

虫草属 (*Cordyceps*) 真菌全世界约有 300 种，主要分布于欧亚大陆，如爪哇、斯里兰卡、塔斯马尼亚岛、日本列岛、中国、澳大利亚等地较多。中国产约 60 种，现已正式报道的虫草菌有 30 多种，供药用者约 5 种。冬虫夏草菌为药用种之一[1-4]。

“冬虫夏草”药用之名，始载于《本草备要》，为中国特产名贵滋补强壮药。《中国药典》（2015 年版）收载本种为中药冬虫夏草的法定原植物来源种。主产于中国四川、西藏、青海、贵州、云南等省区，以四川省产量最大，而传统认为西藏虫草质量最佳[2]。

冬虫夏草中所含成分比较复杂，有效成分尚不十分明确。主要含有核苷类、甾醇类、多糖类、氨基酸及多种微量元素等。《中国药典》采用高效液相色谱法进行测定，规定冬虫夏草药材含腺苷不得少于 0.010%，以控制药材质量。

药理研究表明，冬虫夏草具有增强免疫作用、促进 T 淋巴细胞转化、促进巨噬细胞吞噬的功能及增强人体对多种疾病的抵抗力；同时还可抑制结核杆菌、链球菌、葡萄球菌、肺炎球菌等病菌。目前人工发酵虫草菌丝体亦逐渐开始供药用。

中医理论认为冬虫夏草菌具有补肾益肺，止血化痰等功效。

◆ 冬虫夏草菌
Cordyceps sinensis (Berk.) Sacc.

◆ 药材冬虫夏草
Cordyceps

化学成分

冬虫夏草中主要含有核苷类成分：腺苷 (adenosine)、腺嘌呤 (adenine)、次黄嘌呤核苷 (hypoxanthicine nucleoside)、尿嘧啶 (uracil)、胸腺嘧啶 (thymine)、尿苷 (uridine)、鸟嘌呤 (guanidine)、胸腺嘧啶脱氧核苷 (thymidine)及3'-脱氧腺苷 (3'-deoxyadenosine，即虫草素cordycepin)等；甾醇类化合物如：麦角甾醇过氧化物 (ergosterol peroxide)、胆甾醇棕榈酸酯 (cholesteryl palmitate)、麦角甾醇 (ergosterol)等；多糖类成分如半乳甘露聚糖 (galactomannan)；醇类成分如*D*-甘露醇 (*D*-mannitol，亦称虫草酸cordycepic acid)；另含大量粗蛋白、人体所需的氨基酸、多种微量元素以及一些维生素等[5]。此外，亦有报道从冬虫夏草中分离出两种活性成分H1-A[6]和(24*R*)-麦角甾-7,22-二烯-3β,5α,6β-三醇 [(24*R*)-ergosta-7,22-dien-3β,5α,6β-triol][7]可改善肾病患者的肾功能。

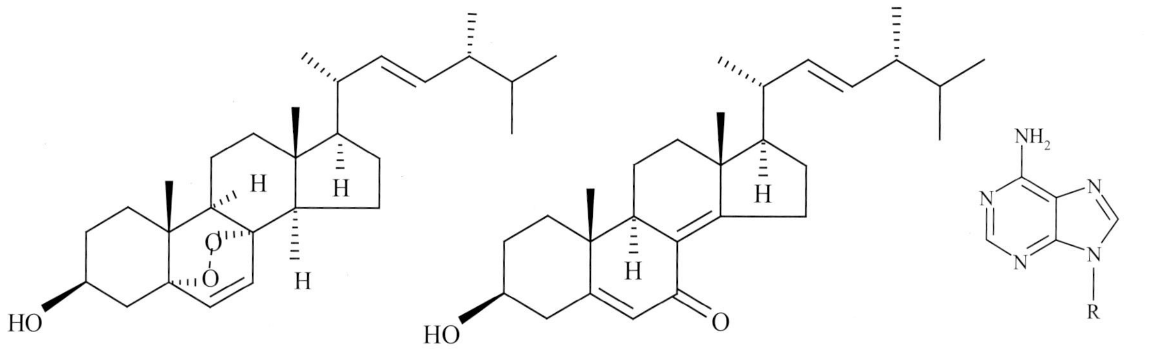

◆ ergosterol peroxide　◆ H1-A　◆ adenine: R=H
adenosine: R=ribose

药理

1. 对免疫系统的影响

冬虫夏草水煎液体外可激活自然杀伤 (NK) 细胞，提高 NK 细胞与 K_{562} 细胞的结合率，增强 NK 细胞的杀伤活性 [8]；冬虫夏草菌丝培养物水煎液口服，可激活小鼠巨噬细胞，增强造血因子分泌 [9]；冬虫夏草精粉培养物水提取液腹腔注射，可激活小鼠腹腔巨噬细胞的吞噬功能，明显提高淋巴细胞的 E- 玫瑰花环形成率 [10]。冬虫夏草水煎液灌胃，可使 H_{22} 肝癌化疗后小鼠 NK 细胞活性及 IL-2 水平明显增高，淋巴细胞转化指数明显增高 [11]。

2. 对呼吸系统的影响

人工培育冬虫夏草菌粉水溶液喂饲慢性阻塞性肺疾病 (COPD) 大鼠，可减轻 COPD 炎症的程度，并通过防止白介素 2 (IL-2) 进一步下降而干预 COPD 大鼠 Th_1/Th_2 类细胞因子平衡 [12]；冬虫夏草醇提取物体外亦可通过抑制支气管肺泡灌洗液 (BALF) 中白介素 1β (IL-1β)、白介素 6、肿瘤坏死因子 α (TNF-α) 及白介素 8 等指针，调节支气管系统 Th_1/Th_2 类细胞因子平衡 [13]。

3. 对中枢神经系统作用

冬虫夏草发酵液灌胃给药，可抑制小鼠的自发活动，缩短小鼠入睡潜伏期，延长小鼠戊巴比妥钠睡眠持续时间，对中枢神经系统有一定抑制作用 [14]；其醇提取物可对抗烟碱及戊四唑惊厥所致小鼠惊厥，使超常体温明显下降。

4. 对心血管系统的影响

人工培育冬虫夏草菌粉醇提取物给大鼠非循环式离体心脏灌流，可改善心肌能量代谢，减少缺血再灌注损伤[15]；冬虫夏草醇提取物给大鼠非循环式离体心脏灌流，对阿霉素引起的心肌损伤具有明显保护作用[16]；冬虫夏草醇提取物灌胃给药，可诱导柯萨奇病毒所致病毒性心肌炎小鼠外周血 IDN-γ 产生，减轻心肌损害，增加存活率[17]；冬虫夏草煎剂灌胃，可明显降低肾性高血压大鼠血压，并能逆转肾性高血压时所发生的心肌肥大[18]；人工虫草菌丝体石油醚提取物灌胃，可明显对抗乌头碱所致的大鼠心律失常，延长心律失常的诱发时间，降低心律失常持续时间及严重程度，对氯化钡所致心律失常也有一定对抗作用[19]，还可对抗哇巴因的心脏毒性，提高机体的抗氧化能力[20]。

5. 抗肿瘤

虫草素口服，可明显抑制皮下接种 B16-BL6 黑色素瘤小鼠瘤细胞的生长[21]；人工培养冬虫夏草菌丝多糖提取物腹腔注射，可抑制 B16 黑色素瘤小鼠肿瘤生长[22]；冬虫夏草水提取物体外可诱导 B16 黑色素瘤细胞凋亡，与甲氨蝶呤 (MTX) 联合静脉注射，可延长荷瘤小鼠存活时间[23]；冬虫夏草悬浊液口服，可减轻 CCl_4 诱发的大鼠肝损伤，抑制肝的纤维化[24]；虫草菌丝悬浊液灌胃，可促进 CCl_4 及乙醇诱导的大鼠肝纤维化形成时期肝细胞再生，推迟慢性肝炎向肝硬化阶段发展的进程[25]；冬虫夏草水提取液灌胃，对雌性未成年小鼠腹水型肝癌皮下移植瘤的生长具有明显抑制作用，对雄性小鼠则呈现促进作用[26]；虫草多糖在体外可明显抑制大鼠肝星状细胞 (HSC) 的增殖，并在一定范围内对 HSC 的抑制作用呈药物剂量依赖性[27]。

6. 其他

冬虫夏草及其提取物还有激素样作用[28-29]，以及降血糖[30]、抗衰老[31]、抗疲劳和抗应激[32]等作用。

应用

本品为中医临床用药。功能：补肾益肺，止血化痰。主治：肾虚精亏，阳痿遗精，腰膝酸痛，久咳虚喘，劳嗽咯血。

现代临床还用于肾功能衰竭、性功能低下、冠心病、心律失常、高脂血症、高血压、变应性鼻炎、乙型肝炎及更年期综合征等病的治疗。

评注

药用植物图像数据库

自古以来，不同地区存在着将冬虫夏草属多种真菌共享的现象，如：亚香棒虫草 *Cordyceps hawkesii* Gray、香棒虫草 *Cordyceps barnesii* Thwaites ex Berk. et Br.、凉山虫草 *Cordyceps liangshanensis* Zang, Liu et Hu、蛹虫草 *Cordyceps militaris* (L.) Link 等，对冬虫夏草同属资源的开发与利用将会成为今后弥补冬虫夏草来源紧缺的重要途径[33-35]。

天然冬虫夏草资源已濒临灭绝，目前人工栽培冬虫夏草技术已取得初步成功，尚未见可推广至大面积生产的报道，以人工发酵培养虫草菌丝体及半人工栽培冬虫夏草技术已获成功，并投入市场批量生产[1-2]。

随着人们对冬虫夏草药用价值的不断认识，需求量亦不断增加，但由于其资源有限，市场上虫夏混伪品亦时有出现，已有对冬虫夏草与其常见混伪品鉴别方法的报道[36]。

参考文献

[1] 王国栋. 冬虫夏草类生态培植应用 [M]. 北京：科学技术文献出版社，1995：4-6.

[2] 徐锦堂. 中国药用真菌学 [M]. 北京：北京医科大学、中国协和医科大学联合出版社，1997：354-385.

[3] 云南植物研究所. 云南植物志 [M]. 第七卷. 北京：科学出版社，1997：455.

[4] 应建浙，卯晓岚，马启明，等. 中国药典真菌图鉴 [M]. 北京：科学出版社，1987：21.

[5] 徐文豪，薛智，马建民. 冬虫夏草的水溶性成分——核苷类化合物 [J]. 中药通报，1988，13(4)：226-228.

[6] YANG L Y, CHEN A, KUO Y C, et al. Efficacy of a pure compound H1-A extracted from *Cordyceps sinensis* on autoimmune deisease of MRL lpr/lpr mice[J]. The Journal of Laboratory and Clinical Medicine, 1999, 134(5): 492-500.

[7] LIN C Y. (24*R*)-Ergosta-7,22-dien-3β,5α,6β-triol from *Cordyceps sinensis* for improving kidney function in renal diseases[J]. Japan Kokai Tokkyo Koho, 2002: 17.

[8] 盛秀胜，方爱仙. 冬虫夏草对人体免疫细胞作用的体外实验研究 [J]. 中国肿瘤，2005，14(8)：558-560.

[9] KOH J H, YU K W, SUH H J, et al. Activation of macrophages and the intestinal immune system by an orally administered decoction from cultured mycelia of *Cordyceps sinensis*[J]. Bioscience, Biotechnology, and Biochemistry, 2002, 66(2): 407-411.

[10] 陈爱葵，龙晓凤，张树地，等. 冬虫夏草精粉对小白鼠免疫功能的影响研究 [J]. 中医药学刊，2004，22(9)：1756-1757.

[11] 孙艳，官杰，王琪. 冬虫夏草对 H_{22} 肝癌小鼠化疗后免疫功能的影响 [J]. 中国基层医药，2002，9(2)：127-128.

[12] 刘进，童旭峰，管彩虹，等. 冬虫夏草对慢性阻塞性肺疾病大鼠 Th1/Th2 类细胞因子平衡的干预作用 [J]. 中华结核和呼吸杂志，2003，26(3)：191-192

[13] KUO Y C, TSAI W J, WANG J Y, et al. Regulation of bronchoalveolar lavage fluids cell function by the immunomodulatory agents from *Cordyceps sinensis*[J]. Life sciences, 2001, 68(9): 1067-1082.

[14] 曹曦，明亮，李静，等. 冬虫夏草发酵液的镇静催眠作用 [J]. 安徽医科大学学报，2005，40(4)：314-315.

[15] 刘凤芝，李延平，黄明莉，等. 冬虫夏草醇提取物对大鼠缺血再灌注过程心肌保护作用研究 [J]. 中国病理生理杂志，1999，15(3)：240-241.

[16] 许宏远，郑昕，徐长庆，等. 冬虫夏草对阿霉素心肌损伤的保护作用 [J]. 中医药学报，2000，3：64.

[17] 朱照静，李峰，饶邦复，等. 冬虫夏草增强病毒性心肌炎小鼠免疫反应 [J]. 中药药理与临床，2002，18(6)：22-24.

[18] 吴秀香，马克玲，李淑云，等. 冬虫夏草降压作用实验研究 [J]. 锦州医学院学报，2001，22(2)：10-11.

[19] 龚晓健，季晖，曹祺，等. 人工虫草提取物抗心律失常作用的研究 [J]. 中国药科大学学报，2001，32(3)：221-223.

[20] 季晖，龚晓健，卢顺高，等. 人工虫草菌丝体提取物抗哇巴因所致心脏毒性作用的研究 [J]. 中国药科大学学报，2000，31(2)：118-120.

[21] YOSHIKAWA N, NAKAMURA K, YAMAGUCHI Y, et al. Antitumour activity of cordycepin in mice[J]. Clinical and Experimental Pharmacology & Physiology, 2004, 31(suppl 2): S51-53.

[22] YANG J Y, ZHANG W Y, SHI P H, et al. Effects of exopolysaccharide fraction (EPSF) from a cultivated *Cordyceps sinensis* fungus on c-myc, c-fos, and VEGF expression in B_{16} melanoma-bearing mice[J]. Pathology-Research and Practice, 2005, 201(11): 745-750.

[23] NAKAMURA K, KONOHA K, YAMAGUCHI Y, et al. Combined effects of *Cordyceps sinensis* and methotrexate on hematogenic lung metastasis in mice[J]. Receptors and Channels, 2003, 9(5): 329-334.

[24] ZHANG X, LIU Y K, SHEN W, et al. Dynamical influence of *Cordyceps sinensis* on the activity of hepatic insulinase of experimental liver cirrhosis[J]. Hepatobiliary & Pancreatic Diseases International, 2004, 3(1): 99-101.

[25] 刘玉佩，沈薇. 虫草菌丝对大鼠实验性肝纤维化肝细胞增生的影响 [J]. 世界华人消化杂志，2002，10(4)：388-391.

[26] 刘名光，陶立新，梁新强，等. 冬虫夏草对未成年小鼠腹水型肝癌移植瘤生长影响的性别差异分析 [J]. 广西医科大学学报，2001，18(1)：21-23.

[27] 颜吉丽，李华，范钰，等. 虫草多糖对大鼠肝星状细胞核因子 -$\varkappa$B 活性和肿瘤坏死因子 -α 表达的影响 [J]. 复旦学报（医学版），2003，30(1)：27-29.

[28] HSU C C, HUANG Y L, TSAI S J, et al. *In vivo* and *in vitro* stimulatory effects of *Cordyceps sinensis* on testosterone production in mouse Leydig cells[J]. Life Sciences, 2003, 73(16): 2127-2136.

[29] HUANG B M, HSU C C, TSAI S J, et al. Effects of *Cordyceps sinensis* on testosterone production in normal mouse Leydig cells[J]. Life Sciences, 2001, 69(22): 2593-2602.

[30] 黄志江，季晖，李萍，等. 人工虫草多糖降血糖作用及其机制研究 [J]. 中国药科大学学报，2002，33(1)：51-54.

[31] 王玉华，叶加，李长龄，等. 冬虫夏草提取物推迟衰老实验研究 [J]. 中国中药杂志，2004，29(8)：773-776.

[32] KOH J H, KIM K M, KIM J M, et al. Antifatigue and antistress effect of the hot-water fraction from mycelia of *Cordyceps sinensis*[J]. Biological & Pharmaceutical Bulletin, 2003, 26(5): 691-694.

[33] KUO Y C, WENG S C, CHOU C J, et al. Activation and proliferation signals in primary human T lymphocytes inhibited by ergosterol peroxide isolated from *Cordyceps cicadae*[J]. Pharmacol British Journal of Pharmacology, 2003, 140(5): 895-906.

[34] KIM K M, KWON Y G, CHUNG H T, et al. Methanol extract of *Cordyceps pruinosa* inhibits *in vitro* and *in vivo* inflammatory mediators by suppressing NF-kappa B activation[J]. Toxicology and Applied Pharmacology, 2003, 190(1): 1-8.

[35] LEE H, KIM Y J, KIM H W, et al. Induction of apoptosis by *Cordyceps militaris* through activation of caspase-3 in leukemia HL-60 cells[J]. Biological & Pharmaceutical Bulletin, 2006, 29(4): 670-674.

[36] HU Y N, KANG T G, ZHAO Z Z. Studies on microscopic identification of animal drugs' remnant hair (1): Identification of *Cordyceps sinensis* and its counterfeits[J]. Natural Medicines, 2003, 57(5): 163-171.

独角莲 Dujiaolian[CP]

Typhonium giganteum Engl.
Giant Typhonium

概述

天南星科 (Araceae) 植物独角莲 *Typhonium giganteum* Engl.，其干燥块茎入药。中药名：白附子。

犁头尖属 (*Typhonium*) 植物全世界约有 35 种，大部分分布于印度至马来西亚一带。中国产约 13 种，南北均有分布。本属现供药用者约有5种。本种为中国特有种，主要分布于河北、山东、吉林、辽宁、河南、湖北、陕西、甘肃、四川至西藏南部。辽宁、吉林、广东、广西有栽培。

“白附子”药用之名，始载于《名医别录》，列为下品。历代本草多有著录。《中国药典》（2015 年版）收载本种为中药白附子的法定原植物来源种。主产于中国河南、甘肃、湖北等地，此外，山西、河北、四川、陕西等地也产。历来河南禹县产量大且质量好，故又称“禹白附”。

独角莲主要成分为脂肪酸、肌醇、生物碱、脑苷脂类等。《中国药典》以性状、显微和薄层色谱鉴别来控制白附子药材的质量。

药理研究表明，独角莲具有镇静、镇痛、镇咳等作用。

中医理论认为白附子具有祛风痰，定惊搐，解毒散结，止痛等功效。

◆ 独角莲
Typhonium giganteum Engl.

◆ 药材白附子
Typhonii Rhizoma

化学成分

独角莲块茎含有胆碱 (choline)、尿嘧啶 (uracil)、琥珀酸 (succinic acid)、酪氨酸 (tyrosine)、缬氨酸 (valine)、棕榈酸 (palmitic acid)、亚油酸 (linoleic acid)、油酸 (oleic acid)、三亚油酸甘油酯 (linolein)、二棕榈酸甘油酯 (dipalmitin)[1]、天师酸 (tianshic acid)、桂皮酸 (cinnamic acid)[2]、2,6-二氨基-9-*β*-*D*-呋喃核糖基嘌呤 (2,6-diamino-9-*β*-*D*-ribofuranosylpurine)[3]以及白附子凝集素 (typhonium giganteum lectin) 等。

此外，还含有脑苷脂类 (cerebrosides) 物质typhonoside[3]及typhoniside A[4]等。

独角莲叶中不饱和脂肪酸含量占脂肪酸含量的61.33%，其中亚油酸的相对百分含量为34.79%，亚麻酸 (linolenic acid) 的相对百分含量为15.48%[5]。

独角莲不同部位总氨基酸含量也有差异，其顺序为果 (24.467%) >叶片(12.087%) >块茎 (9.050%) >花 (8.831%) >叶柄 (4.419%)。各部位中氨基酸含量最高的为谷氨酸 (glutamate)，其叶中氨基酸含量随生长期延长而增加[6-7]。

药理作用

1. 镇静、抗惊厥

独角莲块茎的生品和炮制品水浸剂灌胃给药能明显地协同戊巴比妥钠的催眠作用；对中枢兴奋剂戊四唑、硝酸士的宁所致小鼠强直性惊厥，能延长小鼠惊厥潜伏期和存活时间 [8]。

2. 抗炎

独角莲块茎混悬液与水煎液灌胃给药对大鼠蛋清和酵母所致关节肿胀及小鼠棉球肉芽肿增生、渗出等炎症反应有明显的抑制作用 [9]。

3. 抗肿瘤

独角莲根茎水煎剂灌胃能明显抑制小鼠 S_{180} 肉瘤的生长，延长艾氏腹水癌荷瘤小鼠的生存期；还能提高小鼠淋巴细胞转化率，增强免疫功能，改善小鼠的一般状况 [10]。独角莲根茎水提取物在体外能较强抑制肝癌细胞株 SMMC-7721 的生长，并诱导细胞凋亡 [11]。体外实验还表明，独角莲根茎水提取液对人 T 细胞和单核细胞有免疫增强作用，可通过刺激机体的免疫系统杀伤或吞噬肿瘤细胞和外来抗原，起到治疗肿瘤的作用 [12]。

4. 其他

独角莲根茎还有抗菌、祛痰等作用。白附子凝集素具有凝集人精子的作用。

应用

本品为中医临床用药。功能：祛风痰，定惊搐，解毒散结，止痛。主治：中风痰壅，口眼㖞斜，语言謇涩，惊风癫痫，破伤风，痰厥头痛，偏正头痛，瘰疬痰核，毒蛇咬伤。

现代临床还用于关节炎、三叉神经痛、面神经麻痹等病的治疗。独角莲膏外用可治疗疔毒疮疖、手脚皲裂。

评注

药用植物图像数据库

白附子是中医常用的温化寒痰药，但在文献记载及临床应用中常出现“禹白附”和“关白附”两种。《中国药典》1963 年版也曾以正名收录禹白附和关白附两条，1985 年版则删去了关白附，仅保留“白附子”（即禹白附），并延续至今。禹白附来源即本种，关白附来源为毛茛科黄花乌头 *Aconitum coreanum* (Lévl) Rap. 的块根。从本草考证看，禹白附和关白附的应用都有本草依据，禹白附至少是元代以来的本草主流品种，关白附则仅仅是一个历史阶段的使用品。从目前中国国内情况看，禹白附在全国大部分地区使用。两者为科属来源完全不同的两种药材。现代科学研究也证明两者化学成分、药理作用也完全不同，因此，不可等同入药。

生白附子被列入香港地区常见毒剧中药 31 种名单。

白附子的毒副作用主要表现在对眼结膜、胃黏膜及皮肤等有较强的刺激反应，使用时应予特别注意。

参考文献

[1] 刘珂，杨松松，张尔志 . 独角莲化学成分的研究 [J]. 中草药，1985，16(3)：42.

[2] 陈雪松，陈迪华，斯建勇 . 中药白附子的化学成分研究（I）[J]. 中草药，2000，31(7)：495-496.

[3] CHEN X S, CHEN D H, SI J Y, et al. Chemical constituents of *Typhonium giganteum* Engl.[J]. Journal of Asian Natural Products Research, 2001, 3(4): 277-283.

[4] CHEN X S, WU Y L, CHEN D H. Structure determination and synthesis of a new cerebroside isolated from the traditional Chinese medicine *Typhonium giganteum* Engl.[J]. Tetrahedron Letters, 2002, 43(19): 3529-3532.

[5] 孙启良，卫永第，杨雨东 . 气质联用法分析独角莲叶中脂肪酸 [J]. 中草药，1996，27(6)：333，346.

[6] 孙启良，卫永第，杨伟超 . 独角莲各部位氨基酸的含量分析 [J]. 白求恩医科大学学报，1995，21(4)：364-365.

[7] 刘磊，陈燕萍，李静 . 独角莲地上各部位氨基酸含量的分析 [J]. 吉林大学学报（医学版），2003，29(1)：54-55.

[8] 吴连英，毛淑杰，程丽萍，等 . 白附子不同炮制品镇静、抗惊厥作用比较研究 [J]. 中国中药杂志，1992，17(5)：275-278.

[9] 吴连英，仝燕，程丽萍，等 . 关白附、禹白附抗炎及毒性比较研究 [J]. 中国中药杂志，1991，16(10)：595-597.

[10] 孙淑芬，曾艳，赵维诚 . 独角莲抑制恶性肿瘤的实验研究 [J]. 陕西中医，1999，20(2)：94.

[11] 王顺启，倪虹，王娟，等 . 独角莲对肝癌细胞 SMMC-7721 细胞增殖抑制作用机理的研究 [J]. 细胞生物学杂志，2003，25(3)：185-187.

[12] 单保恩，张金艳，李巧霞，等 . 白附子对人 T 细胞和单核细胞的调节活性 [J]. 中国中西医结合杂志，2001，21(10)：768-772.

独行菜 Duxingcai$^{CP, KHP}$

Lepidium apetalum Willd.
Pepperweed

概述

十字花科 (Brassicaceae) 植物独行菜 *Lepidium apetalum* Willd.，其干燥成熟种子入药，中药名: 葶苈子。习称: 北葶苈子。

独行菜属 (*Lepidium*) 植物全世界约有 150 种，分布于全世界各地。中国约有 15 种，本属现供药用者约有 4 种。本种分布于中国东北、华北、华东、西北、西南等地；俄罗斯欧洲部分，亚洲东部和中部及喜马拉雅地区也有分布。

“葶苈”药用之名，始载于《神农本草经》，列为下品。中国古代使用的品种是独行菜，也称为“苦葶苈”，与目前中国北方地区使用的主流商品药材一致。《中国药典》（2015 年版）收载本种为中药葶苈子的法定原植物来源种之一。主产于中国河北、辽宁、内蒙古；黑龙江、吉林、山西、山东、甘肃、青海等地也产。

独行菜主要含强心苷、挥发油等成分。《中国药典》以性状、显微鉴别和膨胀度检查来控制葶苈子药材的质量。

药理研究表明，独行菜具有祛痰、强心等作用。

中医理论认为葶苈子具有泻肺平喘，行水消肿等功效。

◆ 独行菜
Lepidium apetalum Willd.

◆ 药材葶苈子
Lepidii Semen

◆ 播娘蒿
Descurainia sophia (L.) Webb. ex Prantl.

化学成分

独行菜种子含挥发油，油中主成分为：苯乙腈 (benzyl cyanide)[1]等；强心苷：伊夫单苷 (evomonoside)[2]；尚含有白芥子苷 (sinalbin)、芥子苷 (sinigrin)、胡萝卜苷 (daucosterol) 等成分。

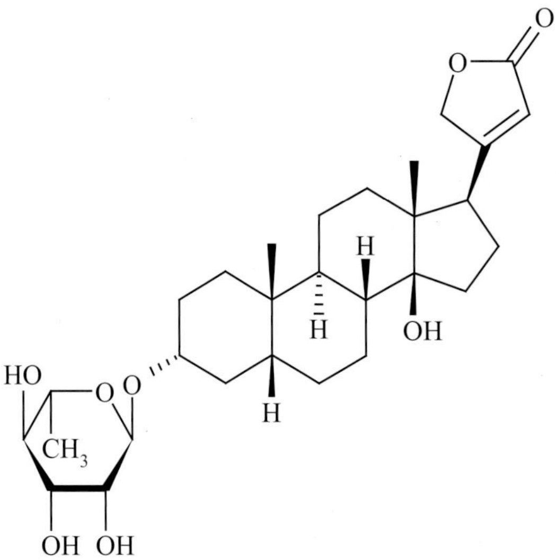

◆ evomonoside

药理作用

1. 对呼吸系统的影响

芥子苷为独行菜种子止咳有效成分。独行菜种子炒后芥子苷含量较生品明显升高。芥子苷无刺激性，其酶解产物芥子油具有辛辣味和刺激性，炒后能破坏酶，以防止在体外酶解生成芥子油，从而减少刺激性[3]；独行菜种子乙醇提取物能显著增加小鼠气管的酚红排泌量，有祛痰作用。

2. 对心血管系统的影响

独行菜种子的水提取物静脉注射，能显著增加犬的左心室心肌收缩性和泵血功能，增加冠脉流量，而不增加心肌耗氧量[4]。独行菜种子的乙醇－正丁醇提取物、乙醇－氯仿提取物可使离体蟾蜍心收缩幅度显著增加，乙醇－氯仿提取物可明显改善麻醉兔心脏的射血机能，增加血输出量。

3. 其他

独行菜种子乙醇提取物外用于豚鼠背部皮肤，能显著抑制紫外线导致的皮肤色素沉着；体外能显著抑制 HM3KO 黑素瘤细胞的增殖[5]。

应用

本品为中医临床用药。功能：泻肺平喘，利水消肿。主治：痰涎壅肺，喘咳痰多，胸胁胀满，不得平卧，胸腹水肿，小便不利。

现代临床还用于哮喘、慢性阻塞性肺病、肺源性心脏病、充血性心脏病、腹水、心力衰竭[6]等病的治疗。

评注

药用植物图像数据库

十字花科植物播娘蒿*Descurainia sophia* (L.) Webb ex Prantl也为《中国药典》（2015年版）收载为中药葶苈子的法定药用来源种，习称“南葶苈子”，亦称为“甜葶苈”。主产于中国江苏、安徽、山东；浙江、河北、河南、山西、陕西、甘肃等地也产。播娘蒿种子含挥发油，油中主成分为：异硫氰酸烯丙酯 (allyl isothiocyanate)[7]等；强心苷：毒毛旋花子苷元 (strophanthidin)、伊夫单苷 (evomonoside)、七里香苷甲 (helveticoside A)、伊夫双苷 (evobioside)、葡萄糖芥苷 (erysimoside)；黄酮：槲皮素-7-*O*-*β*-*D*-吡喃葡萄糖基(1→6)-*β*-*D*-吡喃葡萄糖苷(quercetin-7-*O*-*β*-*D*-glucopyranosyl(1→6)-*β*-*D*-glucopyranoside)、槲皮素-3-*O*-*β*-*D*-吡喃葡糖基-7-*O*-*β*-龙胆双糖苷 (quercetin-3-*O*-*β*-*D*-glucopyranosyl-7-*O*-*β*-gentiobioside)[8-9]等；内酯：descurainolides A、B[10]等。还分得descurainin A、descurainoside、descurainoside B、4-戊烯酰胺 (4-pentenamide)[11-13]等成分。播娘蒿种子的醇提取物和种子所含脂肪油灌服，能调节饮食性高脂血症大鼠的血脂[14]；播娘蒿种子所含的黄白糖介苷 (helveticoside) 腹腔注射，能显著降低野百合碱 (monocrotaline) 所致的肺动脉高压大鼠右心室收缩压与舒张压以及肺动脉平均压[15]。

苦葶苈和甜葶苈，分别来源于十字花科两个不同的属，自《本草衍义》开始将两者区分。传统中医理论认为，苦者味苦，下泄之性急，多用于利水消肿；甜者味淡，下泄之性缓，多用于泻肺平喘。因此，有必要对它们的化学成分和药理作用进行深入的比较研究，探索其品种与疗效之间的关系。

◆ 播娘蒿种植基地

参考文献

[1] 赵海誉，王秀坤，陆景珊 . 北葶苈子中挥发油及脂肪油类成分的研究 [J]. 中草药，2005，36(6)：827-828.

[2] HYUN J W, SHIN J E, LIM K H, et al. Evomonoside: the cytotoxic cardiac glycoside from *Lepidium apetalum*[J]. Planta Medica, 1995, 61(3): 294-295.

[3] 刘波，张华 . 葶苈子炮制前后芥子苷的含量比较 [J]. 中成药 ,1990，12(7)：19.

[4] 吴晓玲，杨裕忠，黄东亮 . 葶苈子水提物对狗左心室功能的作用 [J]. 中药材，1998，21(5)：243-245.

[5] CHOI H, AHN S, LEE B G, et al. Inhibition of skin pigmentation by an extract of *Lepidium apetalum* and its possible implication in IL-6 mediated signaling[J]. Pigment Cell Research, 2005, 18(6): 439-446.

[6] 马梅芳，吕伟，高宇源 . 单味葶苈子的临床应用 [J]. 中国民间疗法，2005，13(3)：50-51.

[7] AFSHARYPUOR S, LOCKWOOD G B. Glucosinolate degradation products, alkanes and fatty acids from plants and cell cultures of *Descurainia sophia*[J]. Plant Cell Reports, 1985, 4(6): 341-343.

[8] 孙凯，李铣 . 南葶苈子中的一个新黄酮苷 [J]. 中国药物化学杂志，2003，13(4)：247-248.

[9] 王爱芹，王秀坤，李军林，等 . 南葶苈子化学成分的分离与结构鉴定 [J]. 药学学报，2004，39(1)：46-51.

[10] SUN K, LI X, LI W, et al. Two new lactones and one new aryl-8-oxa-bicyclo [3,2,1] oct-3-en-2-one from *Descurainia sophia*[J]. Chemical & Pharmaceutical Bulletin, 2004, 52(12): 1483-1486.

[11] SUN K, LI X, LI W, et al. Two new compounds from the seeds of *Descurainia sophia*[J]. Pharmazie, 2005, 60(9): 717-718.

[12] SUN K, LI X, LIU J M, et al. A novel sulphur glycoside from the seeds of *Descurainia sophia* (L.) [J]. Journal of Asian Natural Products Research, 2005, 7(6): 853-856.

[13] 孙凯，李铣，康兴东，等 . 南葶苈子的化学成分 [J]. 沈阳药科大学学报，2005，22(3)：181-182.

[14] 刘忠良 . 南葶苈子提取物调血脂作用的实验研究 [J]. 药学实践杂志，2000，18(1)：15-17.

[15] 方志坚，熊旭东 . 葶苈子中黄白糖介苷对 MCT 所致肺动脉高压大鼠血流动力学影响 [J]. 实用中西医结合临床，2004，4(5)：73-74.

独一味 Duyiwei^{CP}

Lamiophlomis rotata (Benth.) Kudo
Common Lamiophlomis

概述

唇形科 (Lamiaceae) 植物独一味 *Lamiophlomis rotata* (Benth.) Kudo，其干燥地上部分入药。药用名：独一味。

独一味属 (*Lamiophlomis*) 为单种属，分布于尼泊尔、不丹至中国西部高山地区。本种在中国主要分布于西藏、青海、甘肃、四川西部及云南西北部。

独一味为藏族习用药材，《月王药诊》《四部医典》及《晶珠本草》均有收载。《中国药典》（2015 年版）收载本种为中药独一味的法定原植物来源种。主产于中国甘肃、青海、四川、云南、西藏等地。

独一味主要含有苯乙醇苷类、黄酮类及环烯醚萜类化学成分。《中国药典》采用高效液相色谱法进行测定，规定独一味药材含山栀苷甲酯和8-*O*-乙酰山栀苷甲酯的总量不得少于0.50%，以控制药材质量。

药理研究表明，独一味具有镇痛、止血、抗菌、提高免疫能力及抗肿瘤等作用。

藏医理论认为独一味有活血止血，祛风止痛等功效。

◆ 独一味
Lamiophlomis rotata (Benth.) Kudo

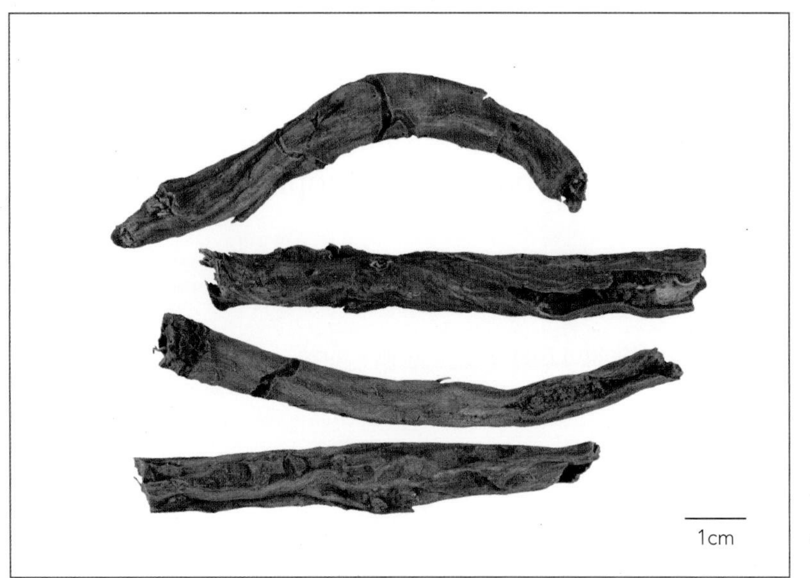

◆ 药材独一味
Lamiophlomis Herba

化学成分

独一味叶中含黄酮类化合物：木犀草素 (luteolin)、木犀草素-7-*O*-葡萄糖苷 (luteolin-7-*O*-glucoside)、槲皮素 (quercetin)、槲皮素-3-*O*-阿拉伯糖苷 (quercetin-3-*O*-arabinoside)、芹菜素-7-*O*-新陈皮糖苷 (apigenin-7-*O*-neohesperidoside)[1]、芹菜素-7-*O*-*β*-*D*-吡喃葡萄糖苷 (apigenin-7-*O*-*β*-*D*-glucopyranoside)[2]等。独一味根含屾酮类化合物：1-羟基-2,3,5-三甲氧基屾酮 (1-hydroxy-2,3,5-trimethoxyxanthone)[1]；环烯醚萜类化合物：独一味素A、B[3]、C[4] (lamiophlomiol A～C)、8-*O*-乙酰山栀苷甲酯 (8-*O*-acetylshanzhiside methyl ester)、6-*O*-乙酰山栀苷甲酯 (6-*O*-acetylshanzhiside methyl ester)、penstemoside、7,8-dehydropenstemoside[5]；苯乙醇苷类化合物：天人草苷 B (leucosceptoside B)、独一味苷A (lamiophlomioside A)[6]、6'-*β*-*D*-呋喃芹菜糖基角胡麻苷 C (6'-*β*-*D*-apiofuranosyl cistanoside C)[7]等；地上部分含环烯醚萜类化合物：山栀苷甲酯 (shanzhiside methyl ester)、8-乙酰山栀苷甲酯 (8-*O*-acetyl shanzhiside methyl ester)、芝麻糖苷 (sesamoside)[8]。

◆ lamiophlomiol A

药理作用

1. 镇痛、抗炎

独一味水煎剂灌胃对小鼠热板法和醋酸扭体法所致的疼痛有明显的镇痛作用，可显著抑制二甲苯所致的小鼠耳郭肿胀和角叉菜胶所致的大鼠足趾肿胀，增加小鼠牙龈持续性炎症期间的摄料量，明显抑制醋酸引起的小鼠腹腔毛细血管通透性的增加[9-10]。

2. 止血

独一味颗粒剂灌胃能提高剪尾小鼠血小板最大聚集率，明显延长血小板的最大聚集时间，使解聚速度减慢，小鼠止血、凝血时间和大鼠凝血酶原时间、部分凝血活酶时间缩短，纤维蛋白原含量增加，有显著的止血作用[10-11]。其止血活性部位为环烯醚萜类成分[12]。

3. 抗菌

体外实验表明，独一味浸膏对乙型溶血性链球菌和产气肠杆菌有抑制作用；独一味叶皂苷对痢疾志贺氏菌、铜绿假单胞菌、产气肠杆菌、枯草芽孢杆菌和乙型溶血性链球菌均有显著的抑制作用[13]。

4. 增强免疫

腹腔注射独一味皂苷，能显著提高动物巨噬细胞吞噬率、巨噬细胞吞噬指数、E- 花环形成率及酸性 α- 萘酚醋酸酯酶染色阳性率，说明独一味有显著提高非特异性免疫与特异性免疫的作用[13]。

5. 抗肿瘤

独一味挥发油对体外培养的人胃癌细胞 SGC-7901、人肝癌细胞 BEL-7402 和人白血病细胞 HL-60 的增殖有较强的抑制作用[14]。

6. 对骨髓造血功能的影响

独一味浸膏皮下注射对正常小鼠骨髓、马里兰诱导的衰竭小鼠骨髓粒系祖细胞 (CFU-D) 的增殖有显著促进作用，说明独一味有补髓作用[15]。

应用

本品为藏医临床用药，功能：活血止血，祛风止痛。主治：跌打损伤，外伤出血，风湿痹痛，黄水病。

现代应用有治疗骨外伤[16]、术后镇痛[17-18]、止血[19-20]等作用。

评注

独一味是中国藏族、蒙古族、纳西族等民间草药，藏语亦称“大巴”或“打巴布”。近年来独一味的研究开发较多，独一味现已被开发成胶囊、片剂、颗粒剂等成药，在临床上应用广泛。独一味胶囊已被《中国药典》收载。

药用植物图像数据库

独一味具有丰富的资源和广泛的生物活性，其抗肿瘤、增强机体免疫的研究，尚待进一步深入。

参考文献

[1] 易进海，钟炽昌，罗泽渊，等 . 独一味根化学成分的研究 (Ⅲ) [J]. 中草药，1990，21(12)：2-3，5.

[2] 王瑞冬，孙连娜，陶朝阳，等 . 独一味化学成分的研究 [J]. 第二军医大学学报，2005，26(10)：1171-1173.

[3] 易进海，钟炽昌，罗泽渊，等 . 藏药独一味根化学成分的研究 [J]. 药学学报，1990，26(1)：37-41.

[4] 易进海，钟炽昌，罗泽渊，等 . 独一味素 C 的结构 [J]. 药学学报，1992，27(3)：204-206.

[5] 易进海，黄小平，陈燕，等 . 藏药独一味根环烯醚萜甙的研究 [J]. 药学学报，1997，32(5)：357-360.

[6] 易进海，颜贤忠，罗泽渊，等 . 藏药独一味根化学成分的研究 [J]. 药学学报，1995，30(3)：206-210.

[7] YI J H, ZHANG G L, LI B G, et al. Phenylpropanoid glycosides from *Lamiophlomis rotata*[J]. Phytochemistry, 1999, 51(6): 825-828.

[8] 张承忠，李冲，石建功，等 . 藏药独一味中的环烯醚萜甙 [J]. 中草药，1992，23(10)：509-510，560.

[9] 苑伟，宋玉成，梁资富 . 不同产地藏药独一味的镇痛、抗炎作用比较研究 [J]. 中国药房，2003，14(12)：716-717.

[10] 李元静，张月玲，刘近荣，等 . 独一味颗粒剂的主要药效学研究 [J]. 中药药理与临床，2005，21(3)：36-39.

[11] 李茂星，贾正平，沈涛，等 . 口服独一味水提物对大鼠血液凝集参数的影响 [J]. 中药材，2006，29(2)：160-163.

[12] 贾正平，李茂星，张汝学，等 . 独一味止血有效部位的实验研究 [J]. 解放军药学学报，2005，21(4)：272-274.

[13] 曾阳，陈学军，陈振宁 . 藏药独一味的研究进展 [J]. 中草药，2001，32(12)：1141-1143.

[14] 贾正平，李茂星，张汝学，等 . 独一味抗肿瘤活性成分的体外筛选 [J]. 西北国防医学杂志，2005，26(3)：173-175.

[15] 贾孝荣，王镜 . 藏药独一味对粒系祖细胞影响的实验研究 [J]. 兰州医学院学报，1995，21(3)：138-139，151.

[16] 陆庆，韦文军 . 独一味胶囊的骨科临床应用 [J]. 中国中医药信息杂志，2001，8(10)：60.

[17] 覃纲，任正心，殷泽登，等 . 藏药独一味用于术后镇痛的疗效观察：附 150 例耳鼻咽喉头颈外科手术病例分析 [J]. 中国民族医药杂志，2000，6(3)：14-15.

[18] 王强，薛秀芬 . 藏药独一味治疗肛瘘手术后并发症 40 例临床观察 [J]. 中国民族医药杂志，1999，5(1)：24.

[19] 王肖蓉 . 藏药独一味活血止痛化瘀止血运用 [J]. 中国民族医药杂志，2001，7(3)：36.

[20] 王树平 . 独一味消炎痛并用治疗带环后出血 60 例 [J]. 中医药学刊，2003，21(5)：764.

杜仲 Duzhong CP, JP, VP

Eucommia ulmoides Oliv.
Eucommia

概述

杜仲科 (Eucommiaceae) 植物杜仲 *Eucommia ulmoides* Oliv.，其干燥树皮入药，中药名：杜仲；其干燥叶入药，中药名：杜仲叶。

杜仲属 (*Eucommia*) 植物全世界仅此 1 种，为中国特有种。分布于华中、华西、西南及西北各地。

“杜仲”药用之名，始载于《神农本草经》，列为上品。历代本草多有著录。《中国药典》（2015 年版）收载本种为中药杜仲和杜仲叶的法定原植物来源种。主产于中国四川、贵州、湖北等地，云南、江西、湖南等地也产，以贵州、四川产量大，质量佳。

杜仲树皮含木脂素类、苯丙素类、环烯醚萜类和杜仲胶等成分。《中国药典》采用高效液相色谱法进行测定，规定杜仲药材含松脂醇二葡萄糖苷不得少于 0.10%，杜仲叶药材含绿原酸不得少于 0.080%，以控制药材质量。

药理研究表明，杜仲具有调节骨代谢、抗衰老、调节免疫和降血压等作用。

中医理论认为杜仲具有补肝肾，强筋骨，安胎等功效。

◆ 杜仲
Eucommia ulmoides Oliv.

◆ 药材杜仲叶
Eucommiae Folium

◆ 药材杜仲
Eucommiae Cortex

化学成分

杜仲树皮含大量木脂素类成分：松脂醇二葡萄糖苷 (pinoresinol-di-*O*-*β*-*D*-glucopyranoside)、(+)-松脂醇 [(+)-pinoresinol]、表松脂醇 [(+)-epipinoresinol]、丁香脂素(syringaresinol)、丁香脂素双糖苷 (syringaresinol-diglucoside)、(+)-丁香脂素苷 [(+)-syringaresinol-*O*-*β*-*D*-glucopyranoside]、(+)-松脂素苷 [(+)-pinoresinol-*O*-*β*-*D*-glucopyranoside]、(+)-1-羟基松香素双糖苷 [(+)-1-hydroxypinoresinol-4',4"-di-*O*-*β*-*D*-glucopyranoside]、(+)-1-羟基松脂素-4"-葡萄糖苷 [(+)-1-hydroxypinoresinol-4"-*O*-*β*-*D*-glucopyranoside]、(+)-1-羟基松脂素-4'-葡萄糖苷 [(+)-1-hydroxypinoresinol-4'-*O*-*β*-*D*-glucopyranoside]、(+)-梣皮树脂醇 [(+)-medioresinol]、(+)-梣皮树脂醇二葡萄糖苷 [(+)-medioresinol-di-*O*-*β*-*D*-glucopyranoside]、(+)-1-羟基松脂醇 [(+)-1- hydroxypinoresinol]、甘草素双糖苷 (hedyotol C-4",4'"-di-*O*-*β*-*D*- glucopyranoside)、丁香酚基丙三醇-*β*-丁香树脂酚醚-4",4'"-双葡萄糖苷 (syringylglycerol-*β*-syringaresinol ether-4",4'"-di-*O*-*β*-*D*-glucopyranoside)、(+)-橄榄脂素 [(+)-olivil]、(–)-橄榄脂素双糖苷 [(–)-olivil-4',4"-di-*O*-*b*-*D*-glucopyranoside]、(–)-橄榄脂素4'-葡萄糖苷 [(–)-olivil-4'-*O*-*b*-*D*-glucopyranoside]、(–)-橄榄脂素4"-葡萄糖苷 [(–)-olivil-4"-*O*-*β*-*D*-glucopyranoside]、环橄榄脂素 [(+)-cyclo-olivil][1]；环烯醚萜类成分：桃叶珊瑚苷 (aucubin)、京尼平苷 (geniposide)、京尼平苷酸 (geniposidic acid)、京尼平 (genipin)、杜仲醇 (eucommiol)、杜仲醇苷 (eucommioside)[2]；多糖类成分：杜仲糖 A、B (eucommans A, B)[3-4]；肽类蛋白：杜仲抗真菌蛋白1、2 (eucommia antifungal proteins 1, 2)[5-6]。还含有杜仲胶 (guttapercha)[7]。

杜仲叶含木脂素类成分：松脂醇二葡萄糖苷、丁香脂醇二葡萄糖苷、橄榄脂素、京尼平苷酸甲酯 (geniposidic acid methyl ester)[8]；环烯醚萜类成分：桃叶珊瑚苷、京尼平苷酸、杜仲醇、杜仲醇苷、筋骨草苷 (ajugoside)、哈帕苷乙酸酯 (harpagide acetate)、雷朴妥苷 (reptoside)、脱氧杜仲醇 (1-deoxyeucommiol)、ulmoidosides A～D[2]；黄酮类成分：槲皮素 (quercetin)、山柰酚 (kaempferol)、紫云英苷 (astragalin)、陆地锦苷 (hirsutin)、芦丁 (rutin)[8]；苯丙素类成分：熊果酸 (ursolic acid)、对香豆酸 (*p*-coumaric acid)、咖啡酸乙酯 (caffeic acid ethylester)、绿原酸 (chlorogenic acid)、松柏苷 (coniferin)[9]；挥发油：环己巴比妥 (2-hexenal)、1H-异吡唑-2-甲醇(1H-imidazole-2-methanol)、2-呋喃甲醇 (2-furanmethanol)、软脂酸 (hexadecanoic acid)[10]。此外，杜仲叶也含杜仲胶[7]、黑燕麦内酯 (loliolide)[11]。

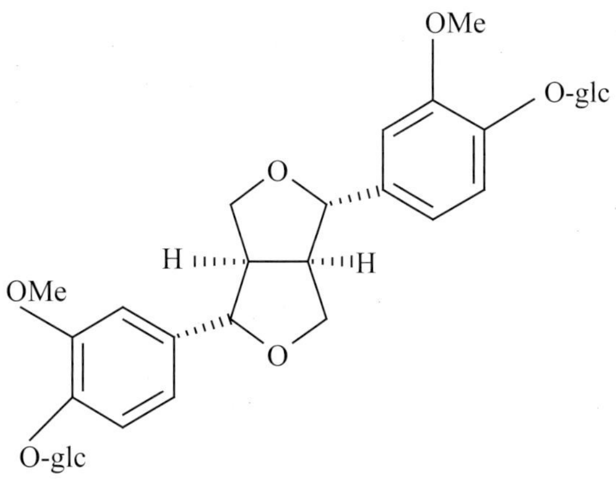

◆ pinoresinol-di-β-*D*-glucoside

药理作用

1. 促骨折愈合、阻断骨质流失

杜仲水煎液灌胃给药，对手术所致日本大耳白兔胫骨中下段 1/3 交界处骨折及骨缺损，能促进骨折断端矿物质的沉积，促进创伤性骨折的愈合 [12]。杜仲叶醇提取物灌胃能提高糖尿病大鼠、糖尿病合并去势大鼠股骨线密度 (BWD) 和面密度 (BMD)，提高血清雌二醇 (E_2) 含量，具有类雌激素样作用 [13-14]。杜仲叶对体外培养的成骨细胞增殖和培养基中碱性磷酸酶 (ALP) 分泌有明显的促进作用。杜仲叶低极性提取物灌胃还能增加骨质疏松症大鼠的骨密度，减少骨破坏，加强骨稳定 [15]。

2. 抗衰老

给*D*-半乳糖所致衰老小鼠灌服杜仲水煎液后，用光电显微镜观察小鼠睾丸，发现杜仲水煎液能使生精过程活跃，生精细胞增多[16]；还能提高脑和肝组织中超氧化物歧化酶 (SOD)、一氧化氮合成酶 (NOS) 和谷胱甘肽过氧化物酶 (GSH-Px) 的含量[17]。

3. 免疫调节功能

杜仲水提醇沉液灌胃能抑制正常小鼠的非特异性免疫功能和特异性体液免疫功能；对氢化可的松所致免疫抑制小鼠，杜仲能刺激垂体－肾上腺系统，抑制特异性体液免疫功能 [18]。杜仲多糖能兴奋网状内皮系统，增强机体非特异性免疫功能；木脂素类和环烯醚萜类成分还有抗补体结合活性 [19]。杜仲叶乙醇提取物腹腔注射能明显增强小鼠脾细胞对刀豆蛋白 (ConA) 刺激的增殖反应及腹腔巨噬细胞的吞噬功能 [20]。

4. 适应原样作用

杜仲煎剂灌胃能延长小鼠游泳时间，延长－3℃低温环境生存时间及缺氧条件下存活时间，也能增强对外界刺激的耐受力 [21]。

5. 降血压

杜仲水提取液灌胃给药，对肾动脉结扎法所致高血压大鼠有明显降血压作用 [22]。杜仲中的木脂素类、环烯醚萜类、桃叶珊瑚苷、绿原酸和多糖等均有不同程度的降血压效果，也有研究认为杜仲皮中的微量元素锌和钙较高，对降血压也有作用 [23]。杜仲叶浸膏股静脉注射对麻醉猫具有平缓而持久的降血压作用 [24]。杜仲降血压的有效成分还有松脂醇二葡萄糖苷和松柏苷，松柏苷为血管紧张素和环腺苷酸 (cAMP) 抑制剂，并能增加冠状动脉的血流量[8]。

6. 镇静

杜仲水提醇沉液灌胃能明显减少小鼠自主活动次数，增加阈下剂量戊巴比妥钠引起的小鼠入睡率，延长睡眠时间，使戊巴比妥钠催眠小鼠入睡潜伏期缩短，促使戊巴比妥钠催眠后转醒小鼠重新入睡，并呈量效关系。此外，杜仲水提醇沉液灌胃能显著降低尼可刹米 (nikethamide) 所致小鼠的死亡率[25]。

7. 保胎

杜仲叶冲剂灌胃给药能显著对抗垂体后叶素所致大鼠子宫平滑肌的强烈收缩，能使垂体后叶素所致的流产动物数显著减少，产仔数相对增加[24]。

8. 其他

杜仲和杜仲叶有抗菌、抗病毒、促进微循环、抗肿瘤、提高肌肉抗疲劳能力、促进伤口愈合等作用[7-8, 26-27]。

应用

本品为中医临床用药。功能：补肝肾，强筋骨，安胎。主治：肝肾不足，腰膝酸痛，筋骨无力，头晕目眩，妊娠漏血，胎动不安。

现代临床还用于高血压、骨质疏松、习惯性流产、肾炎等病的治疗。

评注

除作药用外，杜仲皮、果实、树叶中所含的杜仲胶为天然高分子材料，它与天然橡胶互为同分异构体，绝缘性强、耐酸碱、耐水湿、热塑性强，还具有形状记忆的特性，为重要的化工和医用功能材料[7]。

药用植物图像数据库

杜仲是国家二级珍稀树种，杜仲皮从生长至可采收一般需 15 ～ 20 年，20 年后生长速度又逐年降低，50 年后，树高生长基本停止，植株自然枯萎。

杜仲叶的资源相对丰富，近年来杜仲叶成为研究的热点。杜仲叶与杜仲树皮化学成分与药理作用相似，来源易得，安全性高，已被开发为杜仲保健茶等保健品[8]。

杜仲主要栽培在四川青川县，都江堰和彭州也是杜仲的生产基地，贵州遵义也已建成了大面积杜仲种植基地。

参考文献

[1] 赵玉英，耿权，程铁民 . 杜仲化学成分研究概况 [J]. 天然产物研究与开发，1995，7(3)：46-52.

[2] 王文明，宠晓萍，成军，等 . 杜仲化学成分研究概况 (Ⅱ) [J]. 西北药学杂志，1998，13(2)：60-62.

[3] GONDA R, TOMODA M, SHIMIZU N, et al. An acidic polysaccharide having activity on the reticuloendothelial system from the bark of *Eucommia ulmoides*[J]. Chemical & Pharmaceutical Bulletin, 1990, 38(7): 1966-1969.

[4] TOMODA M, GONDA R, SHIMIZU N, et al. A reticuloendothelial system-activating glycan from the barks of *Eucommia ulmoides*[J]. Phytochemistry, 1990, 29(10): 3091-3094.

[5] 刘小烛，胡忠，李英，等 . 杜仲皮中抗真菌蛋白的分离和特性研究 [J]. 云南植物研究，1994，16(4)：385-391.

[6] HUANG R H, XIANG Y, LIU X Z, et al. Two novel antifungal peptides distinct with a five-disulfide motif from

the bark of *Eucommia ulmoides* Oliv.[J]. FEBS Letters, 2002, 521(1-3): 87-90.

[7] 管淑玉，苏薇薇．杜仲化学成分与药理研究进展 [J]. 中药材，2003，26(2)：124-129.

[8] 晏媛，郭丹．杜仲叶的化学成分及药理活性研究进展 [J]. 中成药，2003，25(6)：491-492.

[9] 成军，白焱晶，赵玉英，等．杜仲叶苯丙素类成分的研究 [J]. 中国中药杂志，2002，27(1)：38-40.

[10] 郭志峰，刘鹏岩，安秋荣，等．杜仲叶挥发油的 GC-MS 分析 [J]. 河北大学学报（自然科学版），1995，15(3)：36-39.

[11] OKADA N, SHIRATA K, NIWANO M, et al. Immunosuppressive activity of a monoterpene from *Eucommia ulmoides*[J]. Phytochemistry, 1994, 37(1): 281-282.

[12] 崔永锋，吕光荣，王琦．杜仲对兔骨折端骨密度影响的实验研究 [J]. 云南中医学院学报，2002，25(3)：16-19.

[13] 白立纬，葛焕琦，张立，等．杜仲叶醇对糖尿病大鼠骨密度的影响 [J]. 吉林大学学报（医学版），2003，29(5)：587-590.

[14] 张立，葛焕琦，白立纬，等．杜仲叶醇防治糖尿病合并去势大鼠骨质疏松症的实验研究 [J]. 中国老年学杂志，2003，24(6)：370-372.

[15] 胡金家，王曼莹．杜仲叶提取物防治骨质疏松症药效成分及作用研究 [J]. 中华临床医药杂志，2002，3(3)：52-54.

[16] 刘东璞，齐亚灵，赵文杰，等．杜仲对 *D*- 半乳糖所致衰老小鼠睾丸的形态学研究 [J]. 中国局解手术学杂志，2002，11(3)：245-246.

[17] 栗坤，刘明远，魏晓东，等．细辛、杜仲及其合剂对 *D*- 半乳糖所致衰老小鼠模型抗氧化系统影响的实验研究 [J]. 中药材，2000，23(3)：161-163.

[18] 周彦钢，郑高利，盛清，等．杜仲对小鼠免疫功能的影响作用 [J]. 浙江省医学科学院学报，1999，10(1)：32-34.

[19] 胡世林．国外研究杜仲的某些进展与动向 [J]. 国外医学（中医中药分册），1994，16(5)：13-14.

[20] 薛程远，曲范仙，刘辉，等．杜仲叶乙醇提取物对小鼠免疫功能的影响 [J]. 甘肃中医学院学报，1998，15(3)：50-52.

[21] 赵娇玲，胡文淑，江明性．杜仲的强壮作用及中枢镇静作用 [J]. 同济医科大学学报，1989，18(3)：198-200.

[22] 黄志新，岳京丽，赵凤生，等．槲寄生、杜仲的降血压作用和急性毒性的实验研究 [J]. 天然产物研究与开发，2003，15(3)：245-248.

[23] 胡佳玲．杜仲研究进展 [J]. 中草药，1999，30(5)：394-396.

[24] 黄武光，曾庆卓，潘正兴，等．杜仲叶冲剂主要药效学及急性毒性研究 [J]. 贵州医药，2000，24(6)：325-326.

[25] 郑丽华，郑高利，张信岳，等．杜仲对小鼠的中枢镇静作用 [J]. 浙江省医学科学院学报，1999，10(3)：19-20.

[26] 曹力，张洁，余润民．杜仲对小鼠微循环作用的实验研究 [J]. 江西中医学院学报，2001，13(3)：112-113.

[27] 赵辉，李宗友．杜仲叶药理作用研究（Ⅱ）——抗疲劳及愈伤作用 [J]. 国外医学（中医中药分册），2000，22(4)：211-215.

多被银莲花 Duobeiyinlianhua CP

Anemone raddeana Regel
Radde Anemone

概述

毛茛科 (Ranunculaceae) 植物多被银莲花 *Anemone raddeana* Regel，其干燥根茎入药。中药名：两头尖。

银莲花属 (*Anemone*) 植物全世界约有 150 种，分布于全世界各大洲，多数分布于亚洲和欧洲。中国除广东、海南外，各省区均有分布。中国产约有 52 种，本属现供药用者约有 10 种。本种分布于中国东北、山东；朝鲜半岛、俄罗斯远东地区也有分布。

“两头尖”之药用名，始载于《本草品汇精要》。《中国药典》（2015 年版）收载本种为中药两头尖的法定原植物来源种。主产于中国黑龙江、吉林、辽宁、山东等地。

多被银莲花主要活性成分为齐墩果烷型三萜及其苷类化合物。《中国药典》采用高效液相色谱法进行测定，规定两头尖药材含竹节香附素 A 不得少于 0.20%，以控制药材质量。

药理研究表明，多被银莲花具有抗炎、抗肿瘤、镇痛、抗惊厥等作用。

中医理论认为两头尖具有祛风湿，消痈肿等功效。

◆ 多被银莲花
Anemone raddeana Regel

◆ 药材两头尖
Anemones Raddeanae Rhizoma

化学成分

多被银莲花根茎含三萜皂苷化合物：竹节香附素 A (raddeanin A, raddeanoside R_3)、竹节香附素B、C、D (raddeanins B～D)、竹节香附素E (raddeanin E, raddeanoside R_6)、竹节香附素F ((raddeanin F, raddeanoside R_7))[1-5]、竹节香附皂苷 R_2、R_8、R_9、R_{10}、R_{11} (raddeanosides R_2, R_8～R_{11})、竹节香附皂苷12、14、15、16、17、18 (raddeanosides 12, 14～18)[6-12]、常春藤皂苷B (hederasaponin B)、五加苷K (eleutheroside K)[6]、hederacolchiside F、牡丹草苷 D (leontoside D)[12]；还含三萜类化合物：齐墩果酸 (oleanolic acid)、乙酰齐墩果酸 (acetyloleanolic acid)、桦树脂醇 (betulin)、桦树脂酸 (betulic acid)[9]、羽扇醇 (lupeol)[13]；又含内酯类化合物：毛茛苷 (ranunculin)[14]。多被银莲花地上部分也含竹节香附素 A[15]。

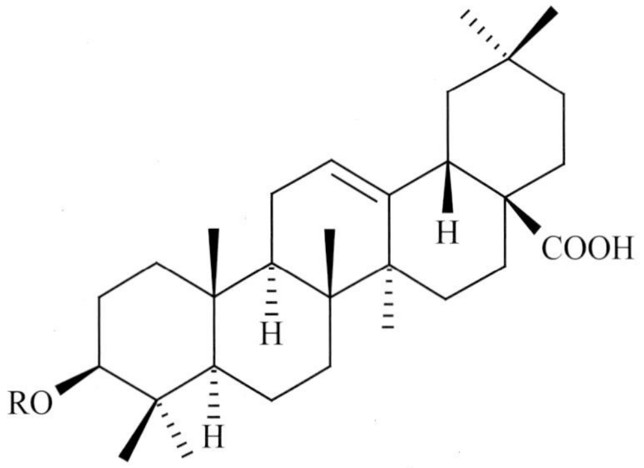

◆ raddeanin A: R=α-*L*-rha-(1 → 2)-β-*D*-glc-(1 → 2)-α-*L*-ara-

药理作用

1. 抗炎

多被银莲花水提取物对巴豆油所致小鼠耳郭肿胀有明显抑制作用[16]。多被银莲花所含的三萜及三萜皂苷类化合物能抑制人中性粒细胞中蛋白的酪氨酰磷酸化，并抑制过氧化物的产生，这可能是其抗炎作用的机制之一[13, 17]。

2. 抗菌

多被银莲花总皂苷对金黄色葡萄球菌、埃希大肠埃希氏菌有很强的抑菌作用[16]。

3. 抗肿瘤

多被银莲花中的齐墩果烷型三萜皂苷有较强的抗肿瘤作用。两头尖总皂苷在体外对人肝癌细胞 SMMC-7721、人宫颈癌细胞 HeLa 及大鼠成纤维瘤细胞 L929 均有显著的生长抑制作用[18]。竹节香附素 A 在体外可抑制肝腹水癌细胞 DNA 的合成，给小鼠腹腔注射能使其血浆中的环腺苷酸 (cAMP) 水平显著提高[19]。

4. 环腺苷酸磷酸二酯酶 (cAMP-PDE) 抑制作用

多被银莲花脂溶性总皂苷和水溶性皂苷在体外均可抑制兔脑环腺苷酸磷酸二酯酶[20]。

5. 其他

多被银莲花总皂苷还有镇痛、镇静、抗惊厥[16]和溶血作用。

应用

本品为中医临床用药。功能：祛风湿，消痈肿。主治：风寒湿痹，四肢拘挛，骨节疼痛，痈肿溃烂。

现代临床还用于类风湿性关节炎、外科炎症等病的治疗。

评注

两头尖的商品药材中发现混有少量黑水银莲花 *Anemone amurensis* (Korsch.) Kom. 的根茎，野外采集标本时也多发现多被银莲花与黑水银莲花经常伴生在一起，采集时很容易将它们混在一起[21]。黑水银莲花有发汗，增强肝肾功能的作用。有必要对其加以区别研究，以规范用药。

因多被银莲花有一定的毒性，在使用过程中还应注意药物的用量。

参考文献

[1] 吴凤锷，朱子清．中药竹节香附化学成分的研究 [J]. 化学学报，1984，42(3)：253-258.

[2] 吴凤锷，朱子清．中药竹节香附化学成分的研究Ⅲ [J]. 高等学校化学学报，1985，6(1)：36-40.

[3] 吴凤锷，朱子清．中药竹节香附化学成分的研究Ⅳ [J]. 化学学报，1984，42(12)：1266-1270.

[4] 吴凤锷，朱子清．中药竹节香附化学成分的研究Ⅴ [J]. 化学学报，1985，43(1)：82-86.

[5] 吴凤锷，朱子清．中药竹节香附化学成分的研究Ⅵ [J]. 兰州大学学报（自然科学版），1984，20(2)：164.

[6] 李顺意，李紫，王世敏，等．高效液相色谱－质谱－质谱法快速鉴定中药竹节香附的皂苷 [J]. 湖北大学学报（自然科学版），2000，22(4)：382-386.

[7] WU F E, KOIKE K, OHIMOTO T, et al. Saponins from Chinese folk medicine, "zhu jie xiang fu," *Anemone raddeana* Regel[J]. Chemical & Pharmaceutical Bulletin, 1989, 37(9): 2445-2447.

[8] ZHANG J M, LI B G, WANG M K, et al. Oleanolic acid based bisglycosides from *Anemone raddeana* Regel[J]. Phytochemistry, 1997, 45(5): 1031-1033.

[9] 路金才，徐琲琲，张新艳，等．两头尖的化学成分研究 [J]. 药学学报，2002，37(9)：709-712.

[10] 王晓颖，刘大有，夏忠庭，等．两头尖化学成分研究 [J]. 分析化学，2004，32(5)：587-592.

[11] 夏忠庭，刘大有，王晓颖，等．两头尖的化学成分研究（Ⅰ）[J]. 化学学报，2004，62(19)：1935-1940.

[12] 夏忠庭，刘大有，王晓颖，等．两头尖的化学成分研究（Ⅱ）[J]. 高等学校化学学报，2004，25(11)：2057-2059.

[13] YAMASHITA K, LU H W, LU J C, et al. Effect of three triterpenoids, lupeol, betulin, and betulinic acid on the stimulus-induced superoxide generation and tyrosyl phosphorylation of proteins in human neutrophils[J]. Clinica Chimica Acta, 2002, 325(1-2): 91-96.

[14] 刘大有．两头尖中毛茛苷的分离和鉴定 [J]. 中草药，1983，14(12)：532-533.

[15] 刘大有，李勇，赵博，等．两头尖地上部分化学成分及其含量测定分析 [J]. 长春中医学院学报，2005，21(3)：43-44.

[16] 冉忠梅，陈金斗，刘宇．两头尖抗炎活性的初步测试 [J]. 中国民族民间医药，2000，46：293-294.

[17] LU J C, SUN Q S, SUGAHARA K, et al. Effect of six compounds isolated from rhizome of *Anemone raddeana* on the superoxide generation in human neutrophil. Biochemical and Biophysical Research Communications, 2001, 280(3): 918-922.

[18] 张嘉岷，曹莉，吴争鸣．竹节香附中三萜类成分的抗肿瘤活性研究 [J]. 中国新药杂志，2003，12(3)：191-193.

[19] 刘力生，萧显华，张龙弟，等．多被银莲花素 A 对癌细胞 DNA、RNA、蛋白质和血浆 cAMP 含量的影响 [J]. 中国药理学报，1985，6(3)：192-194.

[20] 张尔贤，吴凤锷．竹节香附糖苷和多种天然多糖的 cAMP-PDE 抑制活性研究 [J]. 中国生化药物杂志，1993，(1)：61-64.

[21] 秦桂莲，崔金有，徐飞．两头尖与黑水银莲花根茎的鉴别研究 [J]. 中药材，1989，12(7)：15-17.

多序岩黄芪 Duoxuyanhuangqi CP

Hedysarum polybotrys Hand.-Mazz.
Manyinflorescenced Sweetvetch

概述

豆科 (Fabaceae) 植物多序岩黄芪 *Hedysarum polybotrys* Hand.-Mazz.，其干燥根入药。中药名：红芪。

岩黄芪属 (*Hedysarum*) 植物全世界约有 150 种，分布于北温带的欧洲、亚洲、北美和北非等地区。中国约有 42 种 11 变种，本属现供药用者约有 5 种。本种分布于中国甘肃和四川等省区。

“红芪”药用之名，始载于《名医别录》黄芪项下。《中国药典》（2015 年版）收载本种为中药红芪的法定原植物来源种。主产于中国甘肃。

红芪的有效成分主要为黄酮类化合物。《中国药典》以性状、显微和薄层色谱鉴别来控制红芪药材的质量。

药理研究表明，多序岩黄芪具有增强免疫、抗衰老、改善心血管功能、保肝、镇痛、抗炎等作用。

中医理论认为红芪有补气升阳，固表止汗，利水消肿，生津养血，行滞通痹，托毒排脓，敛疮生肌等功效。

◆ 多序岩黄芪
Hedysarum polybotrys Hand.-Mazz.

◆ 药材红芪
Hedysari Radix

化学成分

多序岩黄芪的根中含黄酮类化合物：*L*-3-羟基-9-甲氧基紫檀烷 (*L*-3-hydroxy-9-methoxypterocarpan)、毛蕊异黄酮 (calycosin)、芒柄花素 (formononetin)、芒柄花苷 (ononin)、甘草素 (liquiritigenin)、异甘草素 (isoliquiritigenin)、植保素 [(–)-vestitol]、1,7-二羟基-3,8-二甲氧基屾酮 (1,7-dihydroxy-3,8-dimethoxy xanthone) 等[1-3]；还含苯并呋喃类化合物：5-羟基-2-(2-羟基-4-甲氧基苯基)-6-甲氧基苯并呋喃 [5-hydroxy-2-(2-hydroxy-4-methoxyphenyl)-6-methoxybenzofuran]、6-羟基-2-(2-羟基-4-甲氧基苯基)-苯并呋喃 [6-hydroxy-2-(2-hydroxy-4-methoxyphenyl)-benzofuran][4]；又含有机酸类化合物：具有降血压活性的γ-氨基丁酸 (γ-aminobutyric acid) (含量为0.10%)[5]、琥珀酸 (succinic acid)、亚麻酸 (linolenic acid)、4-甲氧基苯乙酸 (4-methoxyphenyl acetic acid)[6]；此外，还含红芪木脂素 (hedysalignan)[1]。

◆ *L*-3-hydroxy-9-methoxypterocarpan

◆ formononetin: R=OH
ononin: R=Oglc

药理作用

1. 增强免疫

多序岩黄芪煎剂能明显增加正常小鼠胸腺和脾脏重量，增强腹腔巨噬细胞的吞噬功能，增加环磷酰胺所致免疫抑制小鼠的红细胞和白细胞数量[7]；还能提高氢化可的松所致免疫抑制小鼠的外周血 T 淋巴细胞亚群水平[8]。红芪多糖能明显提高中性粒细胞活性，改善老年小鼠 T 细胞对抗原刺激的应激性[9]。

2. 抗衰老

红芪多糖能明显延长果蝇的寿命，减少小鼠血浆过氧化脂质 (LPO) 和脾脏内脂褐素含量；还可显著提高老年大鼠红细胞超氧化物歧化酶 (SOD)、血清皮质醇和睾酮含量[9]。

3. 对呼吸系统的影响

多序岩黄芪煎剂对油酸所致大鼠呼吸窘迫综合征 (respiratory distress syndrome) 有治疗作用，可减轻肺水肿、肺出血、充血、肺不张、透明膜和炎细胞浸润等病理变化，提高肺表面活性物质的含量，保护Ⅰ型肺泡上皮细胞和毛细血管内皮细胞，增加Ⅱ型肺泡上皮细胞数量并稳定细胞的板层小体结构[10]。

4. 抗骨代谢紊乱和骨质疏松

多序岩黄芪水提取液对醋酸泼尼松引起的大鼠骨质疏松症有防治作用，能拮抗骨代谢紊乱，减少骨质的流失，增加骨形成和骨量[11-12]。

5. 对心血管系统的影响

多序岩黄芪煎剂灌胃对大鼠大脑中动脉栓塞所致的运动障碍有明显的改善作用，并能增加脑毛细血管通透性[13]。静脉注射红芪多糖能降低家兔左心室压，灌注时还有抑制离体蟾蜍心脏的作用[14]。多序岩黄芪水提取物能显著降低家兔动脉血压和窦性心率，还能减弱离体蟾蜍心肌收缩力[14]。

6. 对血液流变学的影响

多序岩黄芪醇提取物能显著降低正常大鼠高切和低切下全血比黏度；水提取物则能显著减轻正常大鼠体外血栓的干重，降低肾上腺素加冰水浴所致血瘀模型大鼠体外血栓湿重和干重；两者均可抑制二磷酸腺苷 (ADP) 引起的家兔血小板聚集，并呈剂量依赖性[15]。

7. 保肝

红芪多糖灌胃对四氯化碳和*D*-半乳糖胺所致小鼠肝脏丙二醛 (MDA)含量升高均有抑制作用[16]。

8. 镇痛、抗炎

多序岩黄芪水提取物能明显提高小鼠痛阈，对5-色羟胺所致大鼠足趾肿胀、二甲苯所致小鼠耳郭肿胀、大鼠棉球肉芽增生、5-羟色胺和组胺引起的毛细血管通透性增加均有明显抑制作用[17]。多序岩黄芪水提取物可使大鼠肾上腺内抗坏血酸含量明显减少，表明其可能是通过兴奋垂体-肾上腺系统而间接发挥抗炎作用[17]。

9. 其他

多序岩黄芪还有降血糖[18]、降血脂[18]、抗病毒[19]和抗肿瘤[20]的作用。

应用

本品为中医临床用药。功能：补气升阳，固表止汗，利水消肿，生津养血，行滞通痹，托毒排脓，敛疮生肌。主治：气虚乏力，食少便溏，中气下陷，久泻脱肛，便血崩漏，表虚自汗，气虚水肿，内热消渴，血虚萎黄，半身不遂，痹痛麻木，痈疽难溃，久溃不敛。

现代临床还用于贫血、肠易激综合征、外科疮疡、非功能性子宫出血等病的治疗。

评注

多序岩黄芪具有良好的功效、口感佳，在东南亚地区深受欢迎，但是目前中国应用局限于西北部分地区，仍然以出口外销为主，其国内市场尚有开发前景。甘肃省的多序岩黄芪栽培历史悠久，质量最佳，应用也最普遍，为建立规范化种植基地奠定了良好的基础。

药用植物图像数据库

尽管红芪在《中国药典》中已单列为一种中药，鉴于多序岩黄芪与黄芪的历史渊源，建议进一步加强对其化学成分及药理活性方面的研究，尤其要注重红芪与黄芪的异同研究，为其更广泛的应用于临床提供科学依据。

参考文献

[1] 海力茜，张庆英，梁鸿，等.多序岩黄芪化学成分研究[J].药学学报，2003，38(8)：592-595.

[2] KUBO M, ODANI T, HOTTA S, et al. Studies on the Chinese crude drug haunggi. I. Isolation of an antibacterial compound from Honggi (*Hedysarum polybotrys* Hand.-Mazz.) [J]. *Shoyakugaku Zasshi,* 1977, 31(1): 82-86.

[3] 田宏印.红芪化学成分的研究现状[J].西北民族学院学报，1996，17(1)：89-91.

[4] MIYASE T, FUKUSHIMA S, AKIYAMA Y. Studies on the constituents of *Hedysarum polybotrys* Hand. -Mazz. [J]. *Chemical & Pharmaceutical Bulletin,* 1984, 32(8): 3267-3270.

[5] 赵长琦，李广民，王军.中药红芪中降压有效成分γ-氨基丁酸的薄层扫描测定[J].西北大学学报（自然科学版），1995，25(3)：277-278.

[6] 杨智，刘静明，王伏华，等.中药红芪的化学成分的研究[J].中国中药杂志，1992，17(10)：615-616.

[7] 吴敬敏，张元杏.红芪对小鼠免疫功能的影响[J].河北医学院学报，1994，15(3)：144-145.

[8] 马骏，任远，崔祝梅，等.红芪多糖对氢化可的松所致免疫抑制模型小鼠T淋巴细胞亚群的影响[J].甘肃中医学院学报，2003，20(3)：18-19.

[9] 黄正良，崔祝梅，任远，等.红芪多糖抗衰老作用的实验研究[J].中草药，1992，23(9)：469-473.

[10] 白娟，明彩荣，井欢，等.红芪改善大鼠呼吸窘迫综合征的实验研究[J].中国中医药信息杂志，2003，10(2)：23-25.

[11] 苏开鑫，林智，王宏芬，等.红芪水提液对糖皮质激素性骨质疏松大鼠骨代谢影响的实验研究[J].中国临床医药研究杂志，2005，135：4-5.

[12] 苏开鑫，林智，王宏芬，等.红芪水提液防治大鼠类固醇性骨质疏松的实验研究[J].实用中西医结合临床，2005，5(4)：4-5.

[13] 权菊香，杜贵友.黄芪与红芪对脑缺血动物保护作用的研究[J].中国中药杂志，1998，23(6)：371-373.

[14] 权菊香.红芪的药理研究进展[J].时珍国医国药，1997，8(2)：178-180.

[15] 寇俊萍，朱海容，唐新娟，等.红芪对血液流变性的影响[J].中药药理与临床，2003，19(4)：22-24.

[16] 任远，马骏，崔笑梅.红芪多糖对实验性肝损伤的保护作用(Ⅱ)[J].甘肃中医学院学报，2000，17(4)：10-11.

[17] 崔祝梅，黄正良，任远，等.红芪的镇痛抗炎作用[J].中草药，1989，20(5)：22-24.

[18] 金智生，汝亚琴，李应东，等.红芪多糖对不同病程糖尿病大鼠血脂的影响[J].中西医结合心脑血管病杂志，2004，2(5)：278-280.

[19] 张宸豪，高俊涛，方芳，等.红芪提取物对柯萨奇病毒抑制作用的研究[J].吉林医药学院学报，2005，26(3)：132-133.

[20] 崔笑梅，王志平，张志华，等.红芪多糖增强LAK细胞对膀胱肿瘤细胞杀伤作用的实验研究[J].中药药理与临床，1999，15(2)：18-19.

◆ 多序岩黄芪种植基地

翻白草 Fanbaicao CP

Potentilla discolor Bge.
Discolor Cinquefoil

概述

蔷薇科 (Rosaceae) 植物翻白草 *Potentilla discolor* Bge.，其干燥带根全草入药。中药名：翻白草。

委陵菜属 (*Potentilla*) 植物全世界约有200种。多分布于北半球温带、寒带及高山地区。中国约有80种，本属现供药用者约有30种。本种分布于中国东北、华北、华东、中南及陕西、四川等地；朝鲜半岛、日本也有分布。

“翻白草”药用之名，始载于《救荒本草》。《本草纲目》的记述和附图亦指本种。主产于中国河北、北京、安徽。

翻白草根含可水解鞣质、有机酸，并含黄酮类化合物。全草含没食子酸等成分，没食子酸是抗菌作用的主要有效成分。《中国药典》以性状、显微和薄层色谱鉴别来控制翻白草药材的质量。

药理研究表明，翻白草具有抗菌等作用。

中医理论认为翻白草具有清热解毒，止痢，止血等功效。

◆ 翻白草
Potentilla discolor Bge.

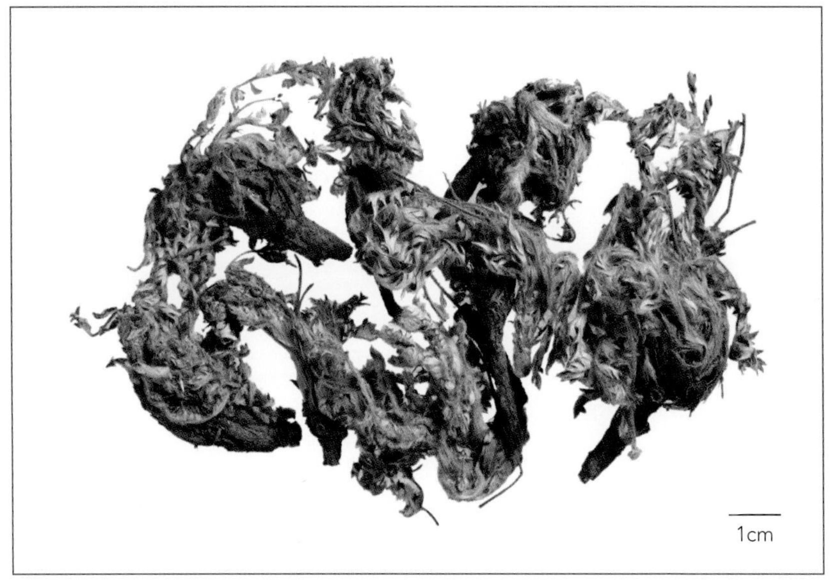

◆ 药材翻白草
Potentillae Discoloris Herba

化学成分

翻白草根含可水解鞣质类成分：仙鹤草素 (agrimoniin)、路边青鞣质 (gemin A)、赤芍素 (pedunculagin)、卡苏阿克亭 (casuarictin)、新唢呐草素 (tellimagrandin Ⅱ)，并含黄酮类化合物[1]。全草含有机酸类成分：延胡索酸 (fumaric acid)、没食子酸 (gallic acid)、原儿茶酸 (protocatechuic acid)、间苯二酸 (*m*-phthalic acid)[2]；三萜类成分：熊果酸 (ursolic acid)[3]、2α,3β-二羟基-乌苏-12-烯-28-酸 (2α,3β-dihydroxyl-urs-12-en-28-oic acid)、刺梨酸 (euscaphic acid)、委陵菜酸 (tormentic acid)[4]、石竹皂苷元 (gypsogenin)[3]；黄酮类成分：槲皮素 (quercetin)、柚皮素 (naringenin)、山柰酚 (kaempferol)[2]等。

◆ tellimagrandin Ⅱ

药理作用

1. 抗菌

翻白草中的单体化合物没食子酸、槲皮素、延胡索酸、原儿茶酸、柚皮素、山柰酚、间苯二酸体外对弗氏痢疾志贺氏菌均有不同强度的抑制作用，其中抑菌作用最强的成分为没食子酸和槲皮素 [2]。

2. 降血糖

翻白草水煎剂灌胃对正常和四氧嘧啶糖尿病模型小鼠均有降血糖作用 [5-6]；能有效地保护四氧嘧啶糖尿病模型大鼠的血管内皮细胞和胰岛 B 细胞 [7-8]；升高链脲佐菌素诱导的 2 型糖尿病大鼠心肌组织中一氧化氮合酶 (NOS) 和一氧化氮 (NO) 水平，预防血管并发症 [9]；对正常的家兔也有降血糖作用 [10]。其降血糖作用与所含的微量元素有关 [11]。

3. 其他

翻白草还有止泻和免疫增强作用 [11]。

应用

本品为中医临床用药。功能：清热解毒，止痢，止血。主治：湿热泻痢，痈肿疮毒，血热吐衄，便血，崩漏。

现代临床还用于糖尿病 [12-13]、乳腺炎 [14]、痔疮、角膜溃疡、慢性鼻炎、咽炎、急性喉炎、扁桃体炎、口腔炎、口疮、牙痛、痛经、肺脓肿、淋巴结核等。

评注

药用植物图像数据库

翻白草在香港及华南地区作白头翁用。翻白草与白头翁来源、性味、化学成分和药理作用不尽相同，两者应区别使用 [15]。

熊果酸因其众多的药理作用在临床上具有广泛的应用价值。翻白草中熊果酸的含量为 0.13%。翻白草在中国各地均有分布，资源丰富，为熊果酸的开发和利用提供了丰富的药材资源。

有关翻白草的药理和化学成分研究报道较少，此方面的研究有待深入。

参考文献

[1] 冯卫生，郑晓珂，吉田隆志，等．翻白草根中可水解丹宁的研究 [J]. 天然产物研究与开发，1996，8(3)：26-30.

[2] 刘艳南，苏世文，朱廷儒．翻白草抗菌活性成分的研究 [J]. 中草药，1984，15(7)：333.

[3] 沈德凤，杨波，付红伟．翻白草中熊果酸的含量测定 [J]. 中国野生植物资源，2002，21(4)：55-56.

[4] 薛培凤，尹婷，梁鸿，等．翻白草化学成分研究 [J]. 中国药学杂志，2005，40(14)：1052-1054.

[5] 孟令云，朱黎霞，郑海洪，等．翻白草对高血糖动物模型的作用研究 [J]. 中国药理学通报，2004，20(5)：588-590.

[6] 王晓敏，王建红，徐冬平，等．翻白草水提液对糖尿病小鼠降血糖作用 [J]. 江西中医学院学报，2005，17(2)：53-54.

[7] 韩永明，袁芳，段妍君，等．翻白草对糖尿病大鼠血管内皮细胞形态结构的影响 [J]. 中医药学刊，2005，23(9)：1614-1616.

[8] 韩永明，段妍君，袁芳，等．翻白草对糖尿病大鼠胰岛形态结构的影响 [J]. 湖北中医学院学报，2005，7(3)：28-29.

[9] 张淑芹，申梅淑.2-型糖尿病大鼠心肌一氧化氮合酶的改变及翻白草的影响作用研究[J].中医药信息，2005，22(3)：59-60.

[10] 孟令云，朱黎霞，杜慧．翻白草对家兔高血糖影响的研究 [J]. 中医药学报，2001，29(4)：35.

[11] 苏力，孟令云，葛艳梅，等．翻白草14种微量元素的测定与分析[J].微量元素与健康研究，2004，21(1)：27-28，36.

[12] 马瑛，温少珍．翻白草治疗Ⅱ型糖尿病50例疗效观察[J].中草药，2002，33(7)：644.

[13] 刘仲慧，阎树河，徐敏，等．翻白草治疗2型糖尿病．新中医，2003，35(1)：30.

[14] 徐佩，周长峰，陈世伟．翻白草及黄柏治疗乳腺炎36例[J].中国民间疗法，2003，11(4)：39.

[15] 广东中药志编辑委员会．广东中药志．第二卷[M].广州：广东科技出版社，1996：262-264.

防风 Fangfeng [CP, JP]

Saposhnikovia divaricata (Turcz.) Schischk.
Saposhnikovia

概述

伞形科 (Apiaceae) 植物防风 *Saposhnikovia divaricata* (Turcz.) Schischk.，其干燥根入药。中药名：防风。

防风属 (*Saposhnikovia*) 植物全世界仅有 1 种，分布于西伯利亚东部和亚洲北部。本种分布于中国东北、华北、陕西、宁夏、甘肃、山东。

"防风"药用之名，始载于《神农本草经》，列为上品。中国历代本草多有著录。《中国药典》（2015 年版）收载本种为中药防风的法定原植物来源种。主产于中国黑龙江、内蒙古、吉林、辽宁等省区，黑龙江产量最大，质量最优。此外，山西、河北、山东、宁夏、陕西等省区也产。

防风含有色原酮、香豆素、聚乙炔等成分，其中色原酮苷类成分升麻素苷、5-*O*-甲基维斯阿米醇苷是其主要活性成分。《中国药典》采用高效液相色谱法进行测定，规定防风药材含升麻素苷和5-*O*-甲基维斯阿米醇苷的总量不得少于0.24%，以控制药材质量。

药理研究表明，防风具有抗过敏、抗炎、解热、镇痛、抗惊厥、增强免疫、抗血栓形成、抗菌等作用。

中医理论认为防风具有祛风解表，胜湿止痛，止痉等功效。

◆ 防风
Saposhnikovia divaricata (Turcz.) Schischk.

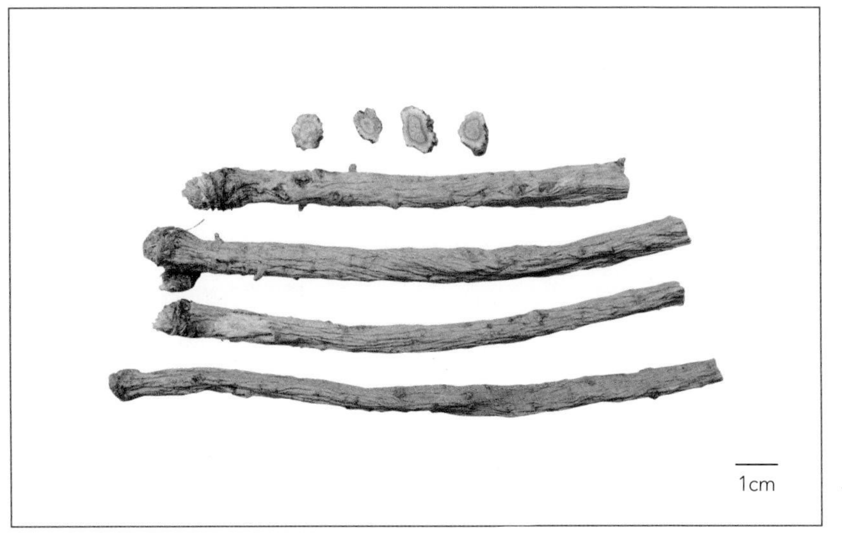

◆ 药材防风
Saposhnikoviae Radix

化学成分

防风含色原酮类成分：亥茅酚 (hamaudol)、亥茅酚苷 (sec-*O*-glucosylhamaudol)、升麻素 (cimifugin)、升麻素苷 (prim-*O*-glucosylcimifugin)、5-*O*-甲基维斯阿米醇 (5-*O*-methylvisamminol)、5-*O*-甲基维斯阿米醇-4'-*O*-*β*-*D*-葡萄糖苷 (4'-*O*-*β*-*D*-glucosyl-5-*O*-methylvisamminol)、防风色酮醇 (ledebouriellol)、divaricatol[1-5]等；香豆素类成分：佛手柑内酯 (bergapten)、补骨脂素 (psoralen)、欧前胡素 (imperatorin)、花椒毒素 (xanthotoxin)、川白芷内酯 (anomalin)、 东莨菪素 (scopoletin)、(3'*S*)-hydroxydeltoin[1-5]等；聚乙炔类成分：法尔卡林醇 (falcarinol)、法卡林二醇 (falcarindiol)、(8*E*)-十七碳-1,8-二烯-4,6-二炔-3,10-二醇 [(8*E*)-heptadeca-1,8-dien-4,6-diyn-3,10-diol][6]。

◆ 4'-*O*-*β*-*D*-glucosyl-5-*O*-methylvisamminol

◆ prim-*O*-glucosylcimifugin

药理作用

1. 抗过敏、抗炎

防风水煎液灌胃，可显著抑制右旋糖酐导致的小鼠全身瘙痒和组胺导致的豚鼠局部瘙痒；可显著拮抗组胺导致的小鼠毛细血管通透性增高和二甲基亚砜 (DMSO) 导致的豚鼠耳郭肿胀[7]。等量的防风和荆芥混合后所提取的挥发油灌胃，对二甲苯所致的小鼠耳郭肿胀、角叉菜胶所致的大鼠胸膜炎等急性炎症，小鼠棉球肉芽肿等慢性炎症，以及大鼠弗氏完全佐剂所致关节炎肿胀、小鼠耳异种被动皮肤过敏等过敏性炎症均有显著的抑制作用[8]。升麻素苷和5-*O*-甲基维斯阿米醇苷肌内注射均能显著抑制二甲苯所致的小鼠耳郭肿胀，降低炎症反应[9]。

2. 解热、镇痛

防风乙醇提取物腹腔注射对伤寒副伤寒甲乙三联疫苗引起的发热大鼠有明显解热作用；对小鼠化学性刺激及温度刺激引起的疼痛均有明显的抑制作用，其镇痛作用部位主要在中枢[10]。升麻素苷和5-*O*-甲基维斯阿米醇苷腹腔注射对酵母菌诱导的发热大鼠有明显解热作用，对醋酸引起的小鼠腹膜刺激疼痛有明显的镇痛作用[9]。防风有效成分亥茅酚、防风色酮醇、divaricatol 等亦有镇痛活性[5]。

3. 抗惊厥

应用戊四唑和硝酸士的宁所致惊厥小鼠模型研究显示，防风水提取物可延长小鼠惊厥发生的潜伏期[11]。

4. 增强免疫、抗肿瘤

腹腔注射防风多糖能明显抑制小鼠 S_{180} 实体瘤的生长，提高 S_{180} 荷瘤小鼠腹腔巨噬细胞 (Mj) 的吞噬活性，并能提高 S_{180} 荷瘤小鼠腹腔 Mj 与 S_{180} 瘤细胞混合接种时的抗肿瘤活性。防风多糖的抗肿瘤作用是通过增强免疫系统功能实现的，与 Mj 密切相关[12-13]。

5. 抗血栓形成

防风的正丁醇提取物静脉注射能显著抑制兔血小板的黏附功能，抑制颈动-静脉旁路中血栓的形成；可使体外形成的湿血栓长度缩短，干重减轻[14]。升麻素苷和5-*O*-甲基维斯阿米醇苷体外能显著对抗二磷酸腺苷(ADP) 诱导的血小板聚集[9]。

6. 其他

防风水煎剂对金黄色葡萄球菌、乙型溶血性链球菌和肺炎链球菌均有一定抑制作用。新鲜防风榨出液可抑制铜绿假单胞菌和金黄色葡萄球菌。此外，花椒毒素对结核杆菌有较强的抑制作用。防风中亥茅酚、升麻素、5-*O*-甲基维斯阿米醇及其葡萄糖苷呈现一定的降血压作用。

应用

本品为中医临床用药。功能：祛风解表，胜湿止痛，止痉。主治：感冒头痛，风湿痹痛，风疹瘙痒，破伤风。

现代临床用于偏头痛、皮肤病、慢性肠炎、急性卡他性结膜炎、痔疮，以及砷中毒、非功能性子宫出血、周围性面神经麻痹及手术后腹胀气等病的治疗。

评注

防风的药用部位，除根外，各地皆有使用叶、花、果实入药，如若加强对这些部位的化学药理相关研究，将有利于充分利用药物资源。

药用植物图像数据库

防风的野生资源已出现短缺现象，开始有了引种栽培。但栽培品与野生品的对比研究有待深入。

参考文献

[1] SASAKI H, TAGUCHI H, ENDO T, et al. The constituents of *Ledebouriella seseloides* Wolff. I. Structures of three new chromones[J]. Chemical & Pharmaceutical Bulletin, 1982, 30(10): 3555-3562.

[2] KOBAYASHI H, DEYAMA T, KOMATSU J, et al. Studies on the constituents of Tohsuke-Bohfuu (Ledebouriella Radix) (Ⅰ) [J]. Shoyakugaku Zasshi, 1983, 37(3): 276-280.

[3] BABA K, YONEDA Y, KOZAWA M, et al. Studies on

chinese traditional medicine "Fang-Feng". (Ⅱ) Comparison of several Fang-Feng by coumarins, chromones and polyacetylenes[J]. Shoyakugaku Zasshi, 1989, 43(3): 216-221.

[4] 肖永庆，李丽，杨滨，等.防风化学成分研究 [J]. 中国中药杂志，2001，26(2)：117-118.

[5] OKUYAMA E, HASEGAWA T, MATSUSHITA T, et al. Analgesic components of saposhnikovia root (*Saposhnikovia divaricata*) [J]. Chemical & Pharmaceutical Bulletin, 2001, 49(2): 154-160.

[6] BABA K, TABATA Y, KOZAWA M, et al. Studies on chinese traditional medicine Fang-feng (Ⅰ). Structures and physiological activities of polyacetylene compounds from Saposhnikoviae Radix[J]. Shoyakugaku Zasshi, 1987, 41(3): 189-194.

[7] 陈子珺，李庆生，李云森，等.防风与刺蒺藜的药理实验研究 [J]. 中成药，2003，25(9)：737-739.

[8] 葛卫红，沈映君.荆芥、防风挥发油抗炎作用的实验研究 [J]. 成都中医药大学学报，2003，25(1)：55-57.

[9] 薛宝云，李文，李丽，等.防风色原酮苷类成分的药理活性研究 [J]. 中国中药杂志，2000，25(5)：297-299.

[10] 王建华，崔景荣，朱燕，等.防风及其地区习用品解热镇痛作用的比较研究 [J]. 中国医药学报，1989，4(1)：20-22.

[11] 王风仁，徐秋萍，李璞，等.引种防风和野生防风水提物解热镇痛及抗惊厥作用的比较研究 [J]. 中西医结合杂志，1991，11(12)：730-732.

[12] 周勇，马学清，严宣佐，等.防风多糖 JBO-6 体内对小鼠免疫功能的影响及抗肿瘤作用 [J]. 北京中医药大学学报，1996，19(4)：25-27.

[13] 李莉，周勇，张丽，等.防风多糖增强巨噬细胞抗肿瘤作用的实验研究 [J]. 北京中医药大学学报，1999，22(3)：38-40.

[14] 朱惠京，张红英，姜美子，等.防风正丁醇萃取物对家兔血小板粘附功能及实验性血栓形成的影响 [J]. 中国中医药科技，2004，11(1)：37-38.

◆ 防风种植基地

粉防己 Fenfangji[CP]

Stephania tetrandra S. Moore
Fourstamen Stephania

概述

防己科 (Menispermaceae) 植物粉防己 *Stephania tetrandra* S. Moore，其干燥根入药。中药名：防己。

千金藤属 (*Stephania*) 植物全世界约有60种，分布于亚洲和非洲的热带和亚热带地区。中国产有39种1变种，本属现供药用者约有32种。本种分布于中国浙江、安徽、福建、台湾、湖南、江西、广西、广东和海南等省区。

"防己"药用之名，始载于《神农本草经》。现代大量使用的粉防己虽在历代本草中无明确记载，但据本草中产地及形态的描述似指本种。《中国药典》（2015年版）收载本种为中药防己的法定原植物来源种。主产于中国浙江、安徽、湖北、湖南、江西等省区。

粉防己主要含生物碱类化合物，其中粉防己碱是主要的有效成分。《中国药典》采用高效液相色谱法进行测定，规定防己药材含粉防己碱和防己诺林碱的总量不得少于1.6%，以控制药材质量。

药理研究表明，粉防己碱不仅具有改善、保护损伤的心肌细胞和脑组织作用，还具有抗肿瘤、抗肝纤维化和保肝等作用。

中医理论认为防己具有祛风止痛，利水消肿等功效。

◆ 粉防己
Stephania tetrandra S. Moore

◆ 药材防己
Stephaniae Tetrandrae Radix

化学成分

粉防己的块根主要含生物碱类成分：粉防己碱 (tetrandrine)、防己诺林碱 (fangchinoline)、轮环藤酚碱 (cyclanoline)、氧化防己碱 (oxofangchirine)、防己斯任碱 (stephanthrine)、小檗胺 (berbamine)[1]、(+)-2-*N*-甲基防己诺林碱 [(+)-2-*N*-methylfangchinoline][2]、fenfangjines A、B、C、D[3]、F、G、H、I[4]等。

粉防己的地上部分也富含生物碱类成分：stephadione、corydione、氧化南天宁碱 (oxonantenine)、无根藤米里丁 (cassameridine)、南天宁碱 (nantenine)、无根藤辛 (cassythicine)、粉防己碱[5]；黄酮类成分：stephaflavones A、B[6]等。

◆ tetrandrine: R=OCH_3
fangchinoline: R=OH

药理作用

1. 抗炎、镇痛

粉防己碱腹腔注射对大鼠胸腔内注射角叉菜胶引起的胸膜炎有较好的抗炎作用[7-8]。其机制为粉防己碱可抑制中性粒细胞游出，降低血管通透性以发挥抗炎作用[7]；粉防己碱还可降低炎症白细胞 Ca^{2+} 浓度，从而抑制磷酸二酯酶 (PDE) 活性，最终减少环磷酸腺苷 (cAMP) 降解[8]。粉防己碱肌内注射可显著延长小鼠热板反应潜伏期，经股动脉注射可显著抑制家兔氯化钾 (KCl) 诱发的痛传入放电，表明粉防己碱具有中枢和外周镇痛作用，其机制也可能与钙拮抗作用有关[9]。

2. 免疫抑制

溶血空斑法实验表明，粉防己碱腹腔注射，可显著抑制绵羊红细胞致敏的小鼠脾空斑形成细胞 (PFC) 反应。说明粉防己碱有体液免疫抑制作用 [10]。

3. 对心脏的影响

粉防己碱静脉注射对心肌缺血再灌注损伤模型犬具有明显的保护作用 [11]，其机制与粉防己碱可减少缺血后心肌膜内质网 Ca^{2+}-ATP 酶活性降低和心肌细胞凋亡的作用有关 [12-13]；粉防己碱静脉注射也能防止家兔快速心房起搏引起的心房肌间隙连接蛋白 40 的降解，从而对快速心房起搏造成损伤的心肌细胞产生保护作用 [14]；粉防己提取物也可减少去氧皮质酮醋酸盐所致高血压大鼠心肌缺血再灌注造成的心律失常和心肌梗死面积 [15]；粉防己碱灌胃可逆转肾血管性高血压所致大鼠左心室肥厚，显著增加心肌细胞膜 Na^+, K^+-ATP 酶及线粒体 Ca^{2+}-ATP 酶活性 [16]，降低心肌胶原含量，升高肌球蛋白 ATP 酶活性 [17]，明显改善心脏的舒张收缩功能和血流动力学 [18]；离体豚鼠心脏实验表明，粉防己碱对心肌细胞钾通道具有阻滞作用 [19]，对心室肌细胞延迟整流钾电流 (I_K) 的外向部分有显著的激活作用，并使外向部分呈时间依赖性增加 [20]，亦可有效抑制前负荷增加引起的心脏电生理变化 [21]。

4. 对平滑肌的影响

(1) 血管平滑肌　体外实验表明，粉防己碱可降低肾血管性高血压大鼠主动脉平滑肌细胞对去甲肾上腺素 (NE) 和血管紧张素Ⅱ (AngⅡ) 的反应性，抑制其增殖和 DNA 合成 [22]，降低主动脉壁胶原含量，抑制 [^{3}H]- 脯氨酸掺入 NE 或 AngⅡ诱导的血管平滑肌细胞 [23]，并能逆转血管平滑肌细胞增殖时血小板源性生长因子、碱性成纤维细胞生长因子抗原及相关癌基因 *c-sis*、*c-myc* 的 mRNA 表达 [24]。粉防己碱腹腔注射还可明显促进动脉球囊损伤兔血管平滑肌细胞凋亡，降低球囊损伤后内膜及中膜厚度、增加管腔面积，促进 bax 蛋白和抑制 bcl-2 蛋白的表达 [25]。

(2) 膀胱平滑肌　离体实验表明，粉防己碱能抑制由氯化钾 (KCl) 引起的大鼠正常和肥厚膀胱平滑肌的收缩反应，减轻膀胱重量并改善形态学变化，且明显降低膀胱对外源性激动剂的反应性 [26]。

(3) 肠平滑肌　粉防己碱对肠平滑肌的作用主要是抑制家兔和豚鼠离体肠平滑肌电压依赖性钙信道，阻止钙离子通过钙通道 [27]。

(4) 肺动脉平滑肌　粉防己碱对大鼠离体肺动脉平滑肌细胞钙激活钾通道 (K_{Ca}) 有双重作用 [28]。

5. 抗脑缺血和脑损伤

粉防己碱腹腔注射可明显延长小鼠断颅后的喘息时间，改善结扎颈总动脉大鼠的脑电活动，并降低脑钙、水含量，降低脑静脉血中乳酸脱氢酶和磷酸肌酸激酶含量 [29]；静脉注射能明显增加急性脑缺血大鼠再灌注后的脑血流量，减少钙积累，减轻脑水肿 [30]；粉防己碱腹腔注射还能显著抑制全脑缺血再灌注大鼠海马组织游离钙及过氧化脂质 (LPO) 含量的升高，减轻神经细胞病理损伤 [31]；其作用机制之一是粉防己碱可缩短由缺氧诱导的 *L*- 和 *N*-型钙通道开放时间，降低开放概率 [32]。此外，防己诺林碱和粉防己碱体外可通过增加钙离子浓度，抑制谷氨酸盐释放，抑制过氧化氢诱导的大鼠神经元细胞损伤 [33]。粉防己碱对喹啉酸 (QA) 所致的原代培养乳鼠海马神经元损伤也有明显的保护作用 [34]，粉防己碱腹腔注射还可明显提高 QA 致痴呆大鼠的学习记忆能力，抑制其脑组织病理损伤 [35]。

6. 抗肿瘤

粉防己碱体外对白血病细胞 HL-60 和 K_{562} 的增长有很强抑制作用，还可抑制细胞 HL-60 的分裂 [36]，对细胞 K_{562} 的作用最终可导致细胞凋亡 [37]。粉防己碱体外能明显抑制结肠癌细胞 HT29 的增殖，粉防己碱还可使细胞内游离钙离子浓度水平明显降低，明显增加细胞 HT29 G_1 期或 G_2-M 期，明显减少 S 期细胞，相关机制其一为粉防己碱通过抑制钙离子信号传递途径，使细胞周期进行受阻，其二为粉防己碱通过抑制周期蛋白依赖性蛋白激酶 4 (CDK4) 活性，诱导 CDK4、CDK6、细胞蛋白 D1 和 E2F1 的降解，增加蛋白 p53 和 p21 的表达 [38-39]。粉防己碱体外可抑制肝癌细胞 $HepG_2$、PLC/PRF/5 和 Hep3B 增殖，其作用机制与上调 p53、下调 Bcl-X_L，分裂 Bid 和 Bax

以及释放细胞色素 c 有关 [40-41]。粉防己碱体外还能逆转肿瘤多药耐药性，其作用机制与对肿瘤多种相关生物分子因子的调节和抑制耐药基因表达及 DNA 拓扑异构酶活性有关 [42-44]。

7. 抗肝纤维化、保肝

粉防己甲醇提取液经口给药对大鼠胆管结扎诱导的肝纤维化具有抗纤维化作用 [45]；粉防己碱灌胃能在转录及其上游水平抑制肝纤维化大鼠肝脏胶原合成，抑制肝组织 *c-fos* 及 *c-jun* mRNA 的表达，从而发挥抗肝纤维化作用 [46]；粉防己碱可诱导大鼠肝星状细胞凋亡，上调基因 Smad7 表达，阻断转化生长因子 β (TGFβ) 表达及其下游信号 [47-48]。此外，粉防己碱在体外对四氯化碳损伤的肝细胞具有保护作用，这种作用与其抑制肝细胞的脂质过氧化，稳定钙离子浓度及维持细胞膜流动性有关 [49]。

8. 其他

粉防己粗制品体内和体外均可抑制红血细胞的溶解 [50]，还可改善风湿性关节炎患者的炎症 [51]。粉防己碱能拮抗庆大霉素所致急性肾损伤 [52]。

应用

本品为中医临床用药。功能：祛风止痛，利水消肿。主治：风湿痹痛，水肿脚气，小便不利，湿疹疮毒。

现代临床还用于腹水、高血压、心绞痛、心律失常等病的治疗。

评注

目前有关粉防己的药理作用研究大多集中在粉防己碱，而其他化学成分研究报道较少。据报道，粉防己所含的另一成分防己诺林碱具有降血糖作用，而粉防己碱则不具有此作用 [53]。近年从地上部分也分离出粉防己碱等成分，粉防己的综合利用与产品开发有待进一步探索。

中药名称冠以“防己”者种类较多，在民间使用的还包括马兜铃科植物异叶马兜铃 *Aristolochia kaempferi* Willd. f. *heterophylla* (Hemsl.) S. M. Hwang、穆坪马兜铃 *A. moupinensis* Franch.、广西马兜铃 *A. kwangsiensis* Chun et How ex C. F. Liang、耳叶马兜铃 *A. tagala* Champ. 和防己科木防己 *Cocculus orbiculatus* (L.) DC.。马兜铃科植物含有马兜铃酸，服用后会导致肾衰竭，不可使用，应注意鉴别。

参考文献

[1] 胡廷默，赵守训 . 粉防己化学成分氧化防己碱和防己菲碱的化学结构 [J]. 药学学报，1986，21 (1)：29-34.

[2] DENG J Z, ZHAO S X, LOU F C. A new monoquaternary bisbenzylisoquinoline alkaloid from *Stephania tetrandra*[J]. Journal of Natural Products, 1990, 53(4): 993-994.

[3] OGINO T, SATO T, SASAKI H,et al. Four new bisbenzylisoquinoline alkaloids from the root of *Stephania tetrandra* (Fen-Fang-Ji) [J]. Natural Medicines, 1998, 52(2): 124-129.

[4] OGINO T, KATSUHARA T, SATO T, et al. New alkaloids from the root of *Stephania tetrandra* (Fen-Fang-Ji) [J]. Heterocycles, 1998, 48(2): 311-317.

[5] SI D Y, ZHAO S X, DENG J Z. A 4,5-dioxoaporphine from the aerial parts of *Sterphania tetrandra*[J]. Journal of Natural Products, 1992, 55(6): 828-829.

[6] SI D, ZHONG D, SHA Y, et al. Biflavonoids from the aerial part of *Stephania tetrandra*[J]. Phytochemistry, 2001, 58(4): 563-566.

[7] 李新芳，吕金胜，张乐之，等 . 粉防己碱对炎症白细胞游出及前列腺素与白三烯合成的影响 [J]. 解放军药学学报，1999，15(6)：1-3.

[8] 张乐之，何华美，李新芳，等 . 粉防己碱的抗炎作用与炎症白细胞 cAMP 的关系 [J]. 中国药理学通报，2003，19(7)：791-796.

[9] 宋必卫，张俭山，陈志武，等.钙离子对粉防己碱镇痛作用的影响[J].安徽医科大学学报，1995，30(1)：1-3.

[10] KONDO Y, IMAI Y, HOJO H, et al. Selective inhibition of T-cell-dependent immune responses by bisbenzylisoquinoline alkaloids *in vivo*[J]. International Journal of Immunopharmacology, 1992, 14(7): 1181-1186.

[11] 关怀敏，刘瑞云，黄振文，等.粉防己碱对实验性心肌缺血再灌注损伤影响的研究[J].临床心血管病杂志，1998，14(5)：296-299.

[12] 陈金明，吴宗贵，陈思聪，等.粉防己碱对大鼠心肌缺血再灌注时心肌ATP酶活性的影响[J].中国应用生理学杂志，1998，14(1)：30-33.

[13] 张荣庆，程何祥，马颖艳，等.粉防己碱对新生大鼠心肌细胞低氧/复氧损伤中细胞凋亡的影响[J].第四军医大学学报，2003，24(4)：302-305.

[14] 李大强，冯义伯，张家明，等.粉防己碱防止家兔快速心房起博间隙连接蛋白40降解[J].第四军医大学学报，2004，25(2)：150-152.

[15] YU X C, WU S, CHEN C F, et al. Antihypertensive and anti-arrhythmic effects of an extract of Radix Stephaniae Tetrandrae in the rat[J]. The Journal of Pharmacy and Pharmacology, 2004, 56(1): 115-122.

[16] 陆泽安，李庆平，饶曼人，等.粉防己碱对肾型高血压左室肥厚大鼠心肌ATP酶活性的影响[J].中国药理学通报，1999，15(4)：340-342.

[17] 陆泽安，李庆平，饶曼人，等.粉防己碱对高血压心肌肥厚大鼠心肌胶原含量和肌球蛋白ATP酶活性的影响[J].中国药理学与毒理学杂志，2001，15(2)：121-124.

[18] 陆泽安，李庆平，饶曼人，等.粉防己碱逆转肾血管性高血压大鼠左心室肥厚并改善心功能[J].中国药理学与毒理学杂志，1999，13(3)：210-213.

[19] 税青林，杨艳，曾晓荣，等.粉防己碱对豚鼠心肌细胞钾通道的影响[J].泸州医学院学报，2002，25(1)：5-7.

[20] 骆红艳，唐明，吴克忠，等.粉防己碱对豚鼠心室肌细胞延迟整流钾通道的影响[J].同济医科大学学报，1999，28(2)：108-110，113.

[21] 王兴祥，陈君柱，程龙献，等.粉防己碱对豚鼠左心室前负荷增加所致电生理改变的影响[J].中国中药杂志，2003，28(11)：1054-1056.

[22] 李庆平，陆泽安，饶曼人.粉防己碱对高血压大鼠血管平滑肌细胞增殖的抑制作用[J].中国药理学与毒理学杂志，2001，15(2)：145-149.

[23] 李庆平，陆泽安，饶曼人.粉防己碱抑制血管平滑肌细胞胶原合成[J].药学学报，2001，36(7)：481-484.

[24] 熊一力，王宏伟，姚伟星.粉防己碱对自发性高血压大鼠血管平滑肌细胞增殖及对PDGF-B，bFGF和相关癌基因表达的影响[J].中国药理学与毒理学杂志，1998，12(2)：109-112.

[25] 李佃贵，李俊峡，李振彬，等.粉防己碱对血管内皮剥脱后再狭窄的预防作用及其分子机制研究[J].河北医科大学学报，2002，23(2)：68-70.

[26] 胡敏，姚伟星，夏国瑾，等.粉防己碱对大鼠膀胱平滑肌的药理作用[J].同济医科大学学报，1999，28(3)：235-237，240.

[27] 杨兴海.粉防己碱对小鼠、家兔和豚鼠肠平滑肌的作用[J].西北药学杂志，2002，17(4)：159-160.

[28] 王中峰，开丽，肖欣荣.粉防己碱对肺动脉平滑肌细胞钙激活钾通道的双重作用[J].中国药理学报，1999，20(3)：253-256.

[29] 祝晓光，顾丽英，陈桂英，等.粉防己碱对鼠脑缺血的保护作用[J].中国药理学通报，1997，13(2)：148-150.

[30] 祝晓光，刘天培.粉防己碱对大鼠急性全脑缺血再灌注损伤的影响[J].中国病理生理杂志，1999，15(6)：545-547.

[31] 张雄，黄怀钧，刘煜敏，等.粉防己碱对鼠脑缺血海马神经细胞的保护作用[J].同济医科大学学报，2001，30(1)：53-55.

[32] 王中峰，薛春生，周歧新，等.粉防己碱对缺氧所致大鼠皮层神经元钙信道功能变化的影响[J].中国药理学与毒理学杂志，2000，14(1)：58-61.

[33] KOH S B, BAN J Y, LEE B Y, et al. Protective effects of fangchinoline and tetrandrine on hydrogen peroxide-induced oxidative neuronal cell damage in cultured rat cerebellar granule cells[J]. Planta Medica, 2003, 69(6): 506-512.

[34] 朱丽霞，董志，周歧新，等.粉防己碱对喹啉酸致海马神经元损伤的保护作用[J].中国药理学通报，2005，21(6)：718-720.

[35] 朱丽霞，董志，廖红，等.粉防己碱对痴呆大鼠模型脑保护作用的实验研究[J].中国药理学通报，2004，20(8)：959-960.

[36] 崔燎，潘毅生.粉防己碱和蝙蝠葛碱对人白血病细胞株HL-60和K_{562}的生长抑制作用[J].中国药理学通报，1995，11(6)：478-481.

[37] 狄凯军，周建平，章静波.粉防己碱诱导人红白血病细胞凋亡的研究[J].解剖学报，2002，33(5)：530-533.

[38] 吴浩，张正，杨锦林，等.粉防己碱对人结肠癌细胞增殖的影响[J].现代中西医结合杂志，2000，9(19)：1853-1855.

[39] MENG L H, ZHANG H, HAYWARD L, et al. Tetrandrine induces early G_1 arrest in human colon carcinoma cells by down-regulating the activity and inducing the degradation of G_1-S-specific cyclin-dependent kinases and by inducing p53 and p21Cip1[J]. Cancer Research, 2004, 64(24): 9086-9092.

[40] OH S H, LEE B H. Induction of apoptosis in human hepatoblastoma cells by tetrandrine *via* caspase-dependent Bid cleavage and cytochrome c release[J]. Biochemical Pharmacology, 2003, 66(5): 725-731.

[41] NG L T, CHIANG L C, LIN Y T, et al. Antiproliferative and apoptotic effects of tetrandrine on different human hepatoma cell lines[J]. The American Journal of Chinese Medicine, 2006, 34(1): 125-135.

[42] 符立梧，潘启超，黄红兵，等. 粉防己碱逆转肿瘤多药抗药性细胞的凋亡抗性作用 [J]. 中国药理学通报，1998，14(4)：309-311.

[43] 孙付军，聂学诚，李贵海，等. 粉防己碱逆转获得性多药耐药小鼠 S_{180} 肿瘤细胞 P_{170} 过度表达与调控细胞凋亡相关性研究 [J]. 中国中药杂志，2005，30(4)：280-283.

[44] 李贵海，刘明霞，孙付军，等. 粉防己碱对获得性多药耐药小鼠 S_{180} 肿瘤细胞 P_{170}、LRP、TOPO Ⅱ 表达的调控 [J]. 中国中药杂志，2005，30(16)：1280-1282.

[45] NAN J X, PARK E J, LEE S H, et al. Antifibrotic effect of *Stephania tetrandra* on experimental liver fibrosis induced by bile duct ligation and scission in rats[J]. Archives of Pharmacal Research, 2000, 23(5): 501-506.

[46] 王志荣，陈锡美，李定国，等. 粉防己碱抑制肝纤维化大鼠肝组织 *c-fos* 和 *c-jun* mRNA 表达 [J]. 上海医学，2003，26(5)：332-334.

[47] ZHAO Y Z, KIM J Y, PARK E J, et al. Tetrandrine induces apoptosis in hepatic stellate cells[J]. Phytotherapy Research, 2004, 18(4): 306-309.

[48] CHEN Y W, LI D G, WU J X, et al. Tetrandrine inhibits activation of rat hepatic stellate cells stimulated by transforming growth factor-beta *in vitro* via up-regulation of Smad 7[J]. Journal of Ethnopharmacology, 2005, 100(3): 299-305.

[49] 陈晓红，胡友梅，廖雅琴. 粉防己碱对四氯化碳损伤的肝细胞的保护作用 [J]. 中国药理学报，1996，17(4)：348-350.

[50] SEKIYA N, HIKIAMI H, YOKOYAMA K, et al. Inhibitory effects of *Stephania tetrandra* S. Moore on free radical-induced lysis of rat red blood cells[J]. Biological & Pharmaceutical Bulletin, 2005, 28(4): 667-670.

[51] SEKIYA N, SHIMADA Y, NIIZAWA A, et al. Suppressive effects of *Stephania tetrandra* on the neutrophil function in patients with rheumatoid arthritis[J]. Phytotherapy Research, 2004, 18(3): 247-249.

[52] 安玉香，汤浩. 粉防己碱拮抗豚鼠庆大霉素急性肾损伤的实验研究 [J]. 中国应用生理学杂志，2003，19(3)：278-281.

[53] TSUTSUMI T, KOBAYASHI S, LIU Y Y, et al. Anti-hyperglycemic effect of fangchinoline isolated from *Stephania tetrandra* Radix in streptozotocin-diabetic mice[J]. Biological & Pharmaceutical Bulletin, 2003, 26(3): 313-317.

佛手 Foshou CP

Citrus medica L. *var. sarcodactylis* Swingle
Fleshfingered Citron

概述

芸香科 (Rutaceae) 植物佛手 *Citrus medica* L. var. *sarcodactylis* Swingle，其干燥果实入药。中药名称：佛手。

柑橘属 (*Citrus*) 植物全世界约有 20 种，原产亚洲东南部及南部，现热带及亚热带地区常有栽培。中国产约有 15 种，其中多数为栽培种。本属现供药用者约有 10 种 3 变种及多个栽培种。本种广泛栽培于中国浙江、江西、福建、广东、广西、四川、云南等省区。

佛手以“枸橼”之名，始载于宋《本草图经》。《中国药典》（2015 年版）收载本种为中药佛手的法定原植物来源种。主产于中国广东、广西、福建、四川、浙江等省区；产四川者，称川佛手；产广东、广西者，称广佛手。

佛手含挥发油、黄酮、香豆素等成分。《中国药典》采用高效液相色谱法进行测定，规定佛手药材含橙皮苷不得少于 0.030%，以控制药材质量。

药理研究表明，佛手具有祛痰平喘、增强免疫等作用。

中医理论认为佛手具有疏肝理气，和胃止痛，燥湿化痰等功效。

◆ 佛手
Citrus medica L. var. *sarcodactylis* Swingle

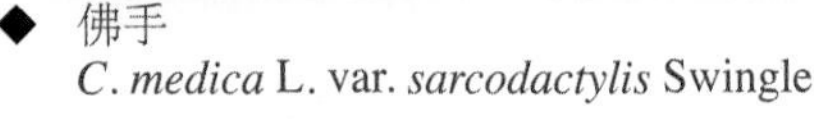

◆ 佛手
C. medica L. var. *sarcodactylis* Swingle

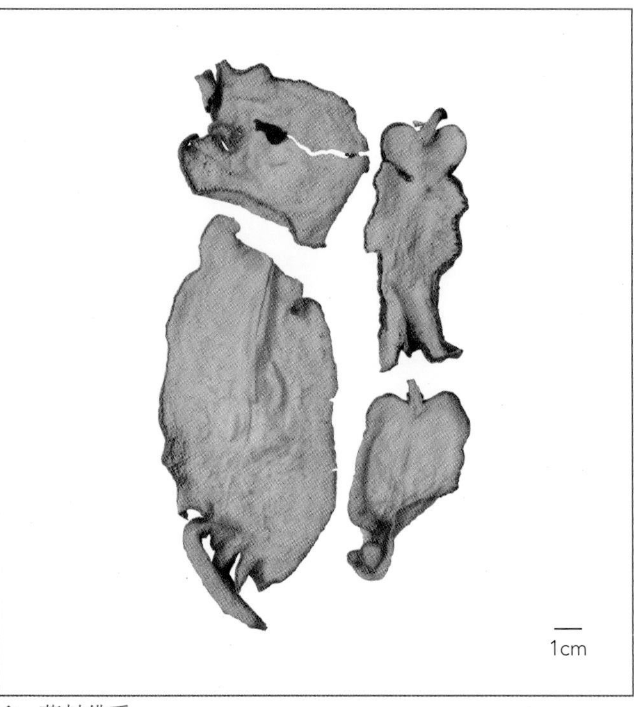

◆ 药材佛手
Citri Sarcodactylis Fructus

化学成分

佛手果实含挥发油：柠檬烯 (limonene)、1-甲基-2-(1-甲乙基)-苯 [benzene,1-methyl-2-(1-methylethyl)]、γ-松油烯 (γ-terpinene)、*a*-蒎烯 (*a*-pinene)、β-蒎烯 (β-pinene)、香茅醛 (citronellal)、香茅醇 (citronellol)、芳樟醇 (linalool)、对百里香素 (*p*-cymene)、香叶醛 (geranial)、香茅酸 (citronellic acid)、*a*-松油醇 (*a*-terpineol)、橙花醇 (neral)[1-4]；还含黄酮类成分：3,5,6-三羟基-4',7-二甲氧基黄酮 (3,5,6-trihydroxy-4',7-dimethoxyflavone)、3,5,6-三羟基-3',4',7-三甲氧基黄酮 (3,5,6-trihydroxy-3',4',7-trimethoxyflavone)[5]、香叶木苷 (diosmin)、陈皮苷、3, 5, 8-三羟基-4',7 -二甲氧基黄酮；二萜类成分：柠檬苦素 (limonin)、闹米林 (nomilin)[6]；香豆素类成分：柠檬油素 (citropten，又名limettin)、6, 7-二甲氧基香豆素 (6,7-dimethoxycoumarin)、顺式头-尾-3, 3', 4, 4'-柠檬油素二聚体 (*cis*-head to tail-3, 3', 4, 4'-citropten dimer)和顺式头-头-3, 3', 4, 4'-柠檬油素二聚体(*cis*-head to head-3, 3', 4, 4'-citropten dimer)。

R
OMe
MeO
O
HO
OH
OH
O

◆ 3,5,6-trihydroxy-4',7-dimethoxyflavone：R=H
3,5,6-trihydroxy-3',4',7-trimethoxyflavone：R=OMe

药理作用

1. 祛痰、止咳、平喘

佛手醇提取液灌胃给药能显著减少氨水所致小鼠的咳嗽次数，增加呼吸道分泌量，明显延长由雾化组胺所引起的哮喘潜伏期和延长咳嗽潜伏期，且呈量效关系，还能提高小鼠的抗应激能力[7]。

2. 增强免疫

佛手多糖可明显提高环磷酰胺所致免疫功能低下小鼠腹腔巨噬细胞吞噬百分率和吞噬指数，促进溶血素和溶血空斑的形成以及淋巴细胞转化，并明显提高外周血T淋巴细胞比率[8]。佛手多糖还可提高巨噬细胞外低下的IL-6水平[9]。

3. 抗肿瘤

佛手多糖小鼠灌胃，对移植性肿瘤 HAC_{22} 有较好的抑制作用，且给药后小鼠体重明显增加[10]。

4. 营养皮肤和毛发

佛手提取物能显著提高小鼠皮肤中超氧化物歧化酶 (SOD) 的活性，增加皮肤中胶原蛋白的含量，减少脂质过氧化物丙二醛 (MDA) 的含量，促进毛发的生长[11]。

5. 其他

佛手还有缓解胃肠平滑肌痉挛、增加冠脉血流量和降血压等作用。

应用

本品为中医临床用药。功能：疏肝理气，和胃止痛，燥湿化痰。主治：肝胃气滞，胸胁胀痛，胃脘痞满，食少呕吐，咳嗽痰多。

现代临床还用于食欲不振、痛经、月经不调等病的治疗。

评注

药用植物图像数据库

佛手是中国卫生部规定的药食同源品种之一。佛手花为佛手的花和花蕾，亦作药用，早晨日出前疏花时采摘，功效疏肝理气，和胃快膈。主治肝胃气痛，食欲不振。

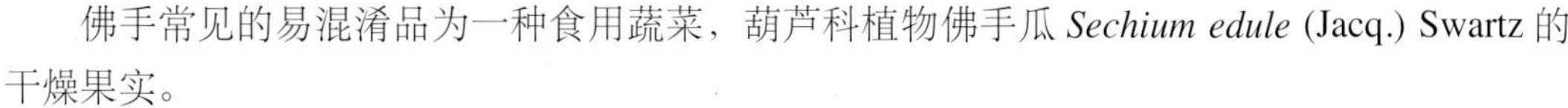

佛手常见的易混淆品为一种食用蔬菜，葫芦科植物佛手瓜 *Sechium edule* (Jacq.) Swartz 的干燥果实。

佛手果实营养丰富，维生素C和钙离子含量丰富，可作为保健食品原料开发利用。此外，佛手富含挥发油，且香气浓郁，世界有些国家已将佛手油作为一种天然香料广泛用于各类化妆品及食品中，佛手油用途广泛，需求量大，极具经济价值。

参考文献

[1] SINGH G, KAPOOR I P S, SINGH O P, et al. Studies on essential oils. Part 26: Chemical constituents of peel and leaf essential oils of *Citrus medica* L.[J]. Journal of Essential Oil-Bearing Plants, 1999, 2(3): 119-125.

[2] 王俊华，符红．广佛手挥发油化学成分的 GC-MS 分析 [J]. 中药材，1999，22(10)：516-517.

[3] 金晓玲，徐丽珊，郑孝华．佛手挥发油的化学成分分析 [J]. 分析测试学报，2000，19(4)：70-72.

[4] 金晓玲，徐丽珊．佛手挥发性成分的 GC-MS 分析 [J]. 中草药，2001，32(4)：304-305.

[5] 何海音，凌罗庆 . 中药广佛手的化学研究 [J]. 药学学报，1985，20(6)：433-435.

[6] 何海音，凌罗庆，史国萍，等 . 中药广佛手的化学成分研究 [J]. 中国中药杂志，1988，13(6)：352-354.

[7] 金晓玲，徐丽珊，何新霞 . 佛手醇提取液的药理作用研究 [J]. 中国中药杂志，2002，27(8)：604-606.

[8] 黄玲，张敏 . 佛手多糖对小鼠免疫功能影响 [J]. 时珍国医国药，1999，10(5)：324-325.

[9] 黄玲，邝枣园，张敏 . 佛手多糖对免疫低下小鼠细胞因子的影响 [J]. 现代中西医结合杂志，2000，9(10)：871-872.

[10] 黄玲，邝枣园 . 佛手多糖对小鼠移植性肝肿瘤 HAC_{22} 的抑制作用 [J]. 江西中医学院学报，2000，12(1)：41，47.

[11] 邵邻相 . 佛手和枸杞提取物对小鼠皮肤胶原蛋白、SOD 含量及毛发生长的影响 [J]. 中国中药杂志，2003，28(8)：766-769.

茯苓 Fuling CP, JP, KHP, VP

Poria cocos (Schw.) Wolf
Cocos Poria

概述

多孔菌科 (Polyporaceae) 真菌茯苓 *Poria cocos* (Schw.) Wolf，其干燥菌核入药，中药名：茯苓；其干燥菌核近外皮部的淡红色部分入药，中药名：赤茯苓；以其菌核的外皮入药，中药名：茯苓皮；以其菌核中间抱有松根的白色部分入药，中药名：茯神；以其菌核中间的松根入药，中药名：茯神木。

茯苓属 (*Poria*) 真菌全世界分布种数尚未见有记载，中国分布约 3 种，均可入药。本种分布于亚洲、美洲及大洋洲，在中国主要分布于吉林、河南、安徽、浙江、福建、台湾、湖北、广东、广西、四川、贵州、云南等省区 [1-2]。

“茯苓”药用之名，始载于《神农本草经》，列为上品。历代本草多有著录，古今药用品种一致。《中国药典》（2015 年版）收载本种为中药茯苓的法定原植物来源种。《日本药局方》（第 15 次修订）亦收载本种供药用 [3]。

野生茯苓在中国主产于云南省丽江地区，商品名为“云苓”；家种茯苓历史产区主要集中在湖北、安徽、河南三省接壤的大别山地区；现广东、广西、福建、云南等省区亦有种植。目前以安徽大别山地区产量较大 [1]。

茯苓中主要活性成分为茯苓多糖和三萜类化合物。《中国药典》以性状、显微和薄层色谱鉴别来控制茯苓药材的质量。

药理研究证明，茯苓具有利尿、镇静、抗菌、抗肿瘤、保护肝脏和增强人体免疫等作用。

中医理论认为茯苓具有利水渗湿，健脾，宁心等功效。

◆ 茯苓
Poria cocos (Schw.) Wolf

◆ 药材茯苓
Poria

化学成分

茯苓的菌核含多糖：β-茯苓聚糖（β-pachyman）、茯苓次聚糖（pachymaran)等；三萜类成分如：松苓酸（pinicolic acid)、茯苓酸（pachymic acid)、块苓酸（tumulosic acid)、齿孔酸（eburicoic acid)、去氢齿孔酸（dehydroeburicoic acid)[2]、7,9(11)-去氢茯苓酸［7,9(11)-dehydropachymic acid]、茯苓酸甲酯（methyl pachymate)[4]、β-香树脂醇乙酸酯（β-amyrin acetate)、3β-羟基-16α-乙酰氧基羊毛甾-7,9(11),24-三烯-21-酸［3β-hydroxy-16α-acetyloxylanosta-7,9(11),24-trien-21-oic acid][5]、去氢乙酰茯苓酸（dehydropachymic acid)[6]、3β-羟基-羊毛甾-7,9(11),24-三烯-21-酸[3β-hydroxylanosta-7,9(11),24-trien-21-oic acid]、3β-乙酰基-16α-羟基-羊毛甾-7,9(11),24(31)-三烯-21-酸［3β-acetyl-16α-hydroxy-lanosta-7,9(11),24(31)-trien-21-oic acid]、3β,16α-二羟基-羊毛甾-7,9(11),24(31)-三烯-21-酸［3β,16α-dihydroxy-lanosta-7,9(11),24(31)-trien-21-oic acid]、16α-羟基-3-羰基-羊毛甾-7,9(11),24(31)-三烯-21-酸［16α-hydroxy-3-oxo-lanosta-7,9(11),24(31)-trien-21-oic acid]［7]、3-O-acetyl-16α-hydroxytrametenolic acid[8]、16α-hydroxydehydropachymic acid、16α-hydroxytrametenolic acid[9]、dehydrotumulosic acid[10]、3β-对羟基苯甲酸去氢土莫里酸（3β-p-hydroxybenzoyldehydrotumulosic acid)[11]、3-epidehydrotumulosic acid、25-hydroxy-3-epidehydrotumulosic acid、dehydroabietic acid methyl ester、3-氢化松苓酸 (trametenolic acid)、茯苓新酸A、B、C、D、G、H、AM、DM (poricoic acids A～D, G, H, AM, DM)[12-13]、dehydrotrametenolic acid[14]、polyporenic acid C[15]。此外，茯苓中还含有麦角甾醇 (ergosterol)[2]、麦角甾-7,22-二烯-3β-醇(ergosta-7,22-dien-3β-ol)[7]、辛酸 (caprylic acid)、十一烷酸 (undecanoic acid)、月桂酸 (lauric acid)、十一碳烯酸 (dodecenoic acid)、十二碳烯酸酯 (dodecenoate)。

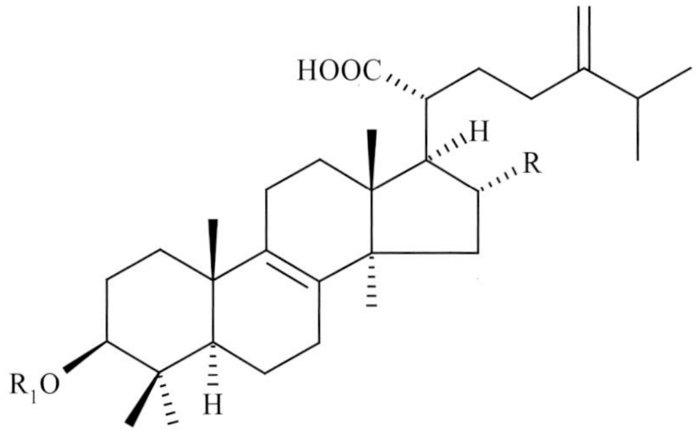

HOOC H R R_1O H

◆ pachymic acid: R=OH, R_1=$COCH_3$
tumulosic acid: R=OH, R_1=H
eburicoc acid: R=H, R_1=H

药理作用

1. 利尿

茯苓浸剂腹腔注射或乙醇提取液耳静脉给药，均对正常家兔有利尿作用[2]。

2. 抗菌、抗炎

茯苓水煎液体外对金黄色葡萄球菌、白色葡萄球菌、铜绿假单胞菌、炭疽芽孢杆菌、大肠埃希氏菌、甲型溶血性链球菌、乙型溶血性链球菌均有抑制作用[16]；茯苓多糖对二甲苯所致小鼠耳郭肿胀和无菌棉球所致大鼠皮下肉芽肿均有抑制作用[17]；茯苓中水醇提取物及三萜类成分茯苓酸、dehydrotumulosic acid 体外对蛇毒液中的磷脂酶 A_2 具有抑制作用[18]。

3. 增强免疫

茯苓多糖体外可抑制人白血病细胞 HL-60 和 U_{937} 的增殖[19]；茯苓水煎液灌胃，可明显增强小鼠抗体生成细胞产生抗体的能力，提高小鼠的体液免疫[20]；羧甲基茯苓多糖体外可明显促进小鼠腹腔巨噬细胞分泌肿瘤坏死因子-α (TNF-α)，并促进小鼠脾混合淋巴细胞的增殖，羧甲基茯苓多糖皮下注射可明显增加Lewis肺癌小鼠、S_{180}荷瘤小鼠腹腔巨噬细胞吞噬率[21]。茯苓醇提取物灌胃，对大鼠心脏移植急性排斥反应具有明显抑制作用[22]。

4. 抗肿瘤

茯苓菌丝多糖提取物体外可抑制人乳腺癌细胞MCF-7的增殖，其作用与剂量相关[23]；茯苓多糖提取物硫酸化及羧甲基化物体外对S_{180}及胃癌MKN-45和SGC-7901细胞具有显著抗癌活性[24]；茯苓酸体外对人前列腺癌细胞具有抑制其增殖及诱导凋亡作用，其作用强度与剂量及作用时间相关[25]。

5. 其他

茯苓或其提取物还具有改善肾功能[26]、降血糖[27]、抗衰老[28]、杀虫[29-30]、抗氧化[31]、止呕[32]、促进黑色素细胞增长[33]、抗溶血[34]及抗辐射[35]等作用。

应用

本品（茯苓）为中医临床用药。功能：利水渗湿，健脾，宁心。主治：水肿尿少，痰饮眩悸，脾虚食少，便溏泄泻，心神不安，惊悸失眠。

现代临床还用于慢性精神分裂症、咳嗽、腹泻、肝炎等病的治疗。

评注

茯苓因加工方法不同，分为5种中药商品，即：白茯苓、赤茯苓、茯神块、茯神木、茯苓皮。这5种商品在中医临床应用时略有差别，白茯苓主要用于脾虚湿盛，小便不利，痰饮咳嗽等；赤茯苓主要用于湿热泻泄，小便不利，淋浊泻痢等；茯神块主要用于心虚惊悸，健忘失眠，惊痫等；茯神木主要用于惊悸健忘，中风不语，脚气转筋等；茯苓皮主要用于水肿，腹胀，小便不利等。

现代临床及药理研究证明，茯苓具有广泛的药理活性，且毒、不良反应小，可作为中成药和保健食品的重要原料。据统计，现约有50%的中成药制剂组方中均含有茯苓；此外，以茯苓为原料的保健食品如茯苓夹饼、茯苓糕、茯苓酒等亦已广泛投入市场。

茯苓作为一种常用药食两用真菌，不仅在中国拥有极大的需求量，也是对外输出的重要商品，目前其药用年需求量已近一万吨，是中药商品中的大宗品种，具有广阔的市场前景[36]。

参考文献

[1] 应建浙. 中国药用真菌图鉴 [M]. 北京：科学出版社，1987：191-201.

[2] 徐锦堂. 中国药用真菌学 [M]. 北京：北京医科大学中国协和医科大学联合出版社，1997：547-573.

[3] 日本公定书协会. 日本药局方：第十五改正 [S]. 东京：广川书店，2006：924.

[4] VALISOLALAO J, BANG L, BECK J P, et al. Chemical and biochemical study of Chinese drugs. V. Cytotoxicity of triterpenes of *Poris cocos* (Polyporaceae) and related substances[J]. Bulletin de la Societe Chimique de France, 1980, 9-10, Pt.2: 473-477.

[5] 王利亚，万惠杰，陈连喜，等. 茯苓乙醚萃取物化学成分研究 [J]. 中国中药杂志，1993，18(10)：613-614.

[6] TAI T, AKAHORI A, SHINGU T. A lanostane triterpenoid from *Poria cocos*[J]. Phytochemistry, 1992, 31(7): 2548-2549.

[7] 胡斌，杨益平，叶阳. 茯苓化学成分研究 [J]. 中草药，

2006，37(5)：655-658.

[8] KAMINAGA T, YASUKAWA K, KANNO H, et al. Inhibitory effects of lanostane-type triterpene acids, the components of *Poria cocos*, on tumor promotion by 12-O-tetradecanoylphorbol-13-acetate in two-stage carcinogenesis in mouse skin[J]. Oncology, 1996, 53(5): 382-385.

[9] NUKAYA H, YAMASHIRO H, FUKAZAWA H, et al. Isolation of inhibitors of TPA-induced mouse ear edema from Hoelen, *Poria cocos*[J]. Chemical & Pharmaceutical Bulletin, 1996, 44(4): 847-849.

[10] CUELLAR M J, GINER R M, RECIO M C, et al. Effect of the basidiomycete *Poria cocos* on experimental dermatitis and other inflammatory conditions[J]. Chemical & Pharmaceutical Bulletin, 1997, 45(3): 492-494.

[11] YASUKAWA K, KAMINAGA T, KITANAKA S, et al. 3 beta-p-hydroxybenzoyldehydrotumulosic acid from *Poria cocos*, and its anti-inflammatory effect[J]. Phytochemistry, 1998, 48(8): 1357-1360.

[12] UKIYA M, AKIHISA T, TOKUDA H, et al. Inhibition of tumor-promoting effects by poricoic acids G and H and other lanostane-type triterpenes and cytotoxic activity of poricoic acids A and G from *Poria cocos*[J]. Journal of Natural Products, 2002, 65(4): 462-465.

[13] TAI T, AKAHORI A, SHINGU T. Triterpenes of *Poria cocos*[J]. Phytochemistry, 1993, 32(5): 1239-1244.

[14] AKIHISA T, MIZUSHINA Y, UKIYA M, et al. Dehydrotrametenonic acid and dehydroeburiconic acid from *Poria cocos* and their inhibitory effects on eukaryotic DNA polymerase alpha and beta[J]. Bioscience, Biotechnology, and Biochemistry, 2004, 68(2): 448-450.

[15] LI G, XU M L, LEE C S, et al. Cytotoxicity and DNA topoisomerases inhibitory activity of constituents from the sclerotium of *Poria cocos*[J]. Archives of Pharmacal Research, 2004, 27(8): 829-833.

[16] 孙博光，邱世翠，李波清，等 . 茯苓的体外抑菌作用研究 [J]. 时珍国医国药，2003，14(7)：394.

[17] 侯安继，彭施萍，项荣 . 茯苓多糖抗炎作用研究 [J]. 中药药理与临床，2003，19(3)：15-16.

[18] CUÉLLA M J, GINER R M, RECIO M C, et al. Two fungal lanostane derivatives as phospholipase A_2 inhibitors[J]. Journal of Natural Products, 1996, 59(10): 977-979.

[19] CHEN Y Y, CHANG H M. Antiproliferative and differentiating effects of polysaccharide fraction from fu-ling (*Poria cocos*) on human leukemic U937 and HL-60 cells[J]. Food and Chemical Toxicology, 2004, 42(5): 759-769.

[20] 李法庆，邸大琳，陈蕾 . 茯苓对小鼠抗体生成细胞作用的初步研究 [J]. 中国基层医药，2006，13(2)：277-278.

[21] 陈春霞 . 羧甲基茯苓多糖对小鼠免疫功能的影响 [J]. 食用菌，2002，(4)：39-41.

[22] 张国伟，夏求明 . 茯苓醇提取物抗心脏移植急性排斥反应的实验研究 [J]. 中华器官移植杂志，2003，24(3)：169-171.

[23] ZHANG M, CHIU L C, CHEUNG P C, et al. Growth-inhibitory effects of a beta-glucan from the mycelium of *Poria cocos* on human breast carcinoma MCF-7 cells: cell-cycle arrest and apoptosis induction[J]. Oncology Reports, 2006, 15(3): 637-643.

[24] WANG Y, ZHANG L, LI Y, et al. Correlation of structure to antitumor activities of five derivatives of a beta-glucan from *Poria cocos* sclerotium[J]. Carbohydrate research, 2004, 339(15): 2567-2574.

[25] GAPTER L, WANG Z, GLINSKI J, et al. Induction of apoptosis in prostate cancer cells by pachymic acid from *Poria cocos*[J]. Biochemical and Biophysical Research Communications, 2005, 332(4): 1153-1161.

[26] HATTORI T, HAYASHI K, NAGAO T, et al. Studies on antinephritic effects of plant components (3): effect of pachyman, a main component of *Poria cocos* Wolf on original-type anti-GBM nephritis in rats and its mechanisms[J]. Japanese Journal of Pharmacology, 1992, 59(1): 89-96.

[27] SATO M, TAI T, NUNOURA Y, et al. Dehydrotrametenolic acid induces preadipocyte differentiation and sensitizes animal models of noninsulin-dependent diabetes mellitus to insulin[J]. Biological & Pharmaceutical Bulletin, 2002, 25(1): 81-86.

[28] 侯安继，陈腾云，彭施萍，等 . 茯苓多糖抗衰老作用研究 [J]. 中药药理与临床，2004，20(3)：10-11.

[29] SCHINELLA G R, TOURNIER H A, PRIETO J M, et al. Inhibition of Trypanosoma cruzi growth by medical plant extracts[J]. Fitoterapia, 2002, 73(7-8): 569-575.

[30] LI G H, SHEN Y M, ZHANG K Q. Nematicidal activity and chemical component of *Poria cocos*[J]. Journal of Microbiology, 2005, 43(1): 17-20.

[31] WU S J, NG L T, LIN C C. Antioxidant activities of some common ingredients of traditional Chinese medicine, *Angelica sinensis, Lycium barbarum* and *Poria cocos*[J]. Phytotherapy Research, 2004, 18(12): 1008-1012.

[32] TAI T, AKITA Y, KINOSHITA K, et al. Anti-emetic principles of *Poria cocos*[J]. Planta Medica, 1995, 61(6): 527-530.

[33] LIN Z X, HOULT J R, RAMAN A. Sulphorhodamine B assay for measuring proliferation of a pigmented melanocyte cell line and its application to the evaluation of crude drugs used

in the treatment of vitiligo[J]. Journal of Ethnopharmacology, 1999, 66(2): 141-150.

[34] SEKIYA N, GOTO H, SHIMADA Y, et al. Inhibitory effects of triterpenes isolated from Hoelen on free radical-induced lysis of red blood cells[J]. Phytotherapy Research, 2003, 17(2): 160-162.

[35] 范雁，吴士良，徐爱华，等 . 茯苓多糖对受照射肿瘤细胞自由基的影响 [J]. 江苏大学学报（医学版），2004，14(3)：194-195，217.

[36] 王惠清 . 中药材产销 [M]. 成都：四川出版集团四川科学技术出版社，2004：576-580.

甘草 Gancao CP, JP, VP

Glycyrrhiza uralensis Fisch.
Licorice

概述

豆科 (Fabaceae) 植物甘草 *Glycyrrhiza uralensis* Fisch.，其干燥根和根茎入药。中药名：甘草。

甘草属 (*Glycyrrhiza*) 植物全世界约有 20 种，遍布全球各大洲，以欧亚大陆为多，又以亚洲中部的分布最为集中。中国产约有 8 种，主要分布于黄河流域以北各省区，个别种见于云南西北部。本属现供药用者约有 6 种。本种主要分布于中国东北、华北、西北各省区及山东。蒙古及俄罗斯远东地区也有分布。

“甘草”药用之名，始载于《神农本草经》，列为上品。历代本草多有著录。中国从古至今作中药材甘草入药者均为甘草属多种植物。《中国药典》（2015 年版）收载本种为甘草的法定原植物来源品种之一。主产于中国内蒙古、甘肃、新疆等省区。

甘草属植物主要活性成分为三萜皂苷类、黄酮类化合物。《中国药典》采用高效液相色谱法进行测定，规定甘草药材含甘草苷不得少于 0.50%，甘草酸不得少于 2.0%，以控制中药质量。

药理研究表明，甘草具有肾上腺皮质激素样作用，对消化系统、免疫系统、心血管系统也有多重药理作用。

中医理论认为甘草具有补脾益气，清热解毒，祛痰止咳，缓急止痛，调和诸药等功效。

◆ 甘草
Glycyrrhiza uralensis Fisch.

◆ 药材甘草
Glycyrrhizae Radix et Rhizoma

化学成分

甘草根和根茎主含以五环三萜为苷元的三萜皂苷，主要含甘草甜素 (glycyrrhizin)，是甘草酸 (glycyrrhizic acid) 的钾、钙盐，为甘草的甜味成分；甘草酸水解后生成甘草次酸，又名18β-甘草次酸 (18β-glycyrrhetic acid)；其他的三萜皂苷有：乌拉尔甘草皂苷 A、B (uralsaponins A, B)、甘乌内酯 (glyuranolide)、乌拉内酯 (uralenolide)[1]、甘草皂苷A_3、B_2、C_2、D_3、E_2、F_3、G_2、H_2、J_2、K_2 (licoricesaponins A_3, B_2, C_2, D_3, E_2, F_3, G_2, H_2, J_2, K_2)[2-3]；黄酮类化合物有：甘草苷元 (liquiritigenin)、甘草苷 (liquiritin)、异甘草苷元 (isoliquiritigenin)、异甘草苷 (isoliquiritin)、新甘草苷 (neoliquiritin)、新异甘草苷 (neoisoliquiritin)、甘草西定 (licoricidin)、甘草利酮 (licoricone)、芒柄花素 (formononetin)、异芒柄花苷(isoononin)、异甘草素葡萄糖洋芫荽糖苷 (licuraside)[4-5]、5-*O*-甲基甘草西定 (5-O-methyllicoricidin)[6]、甘草素-4'-芹糖基(1→2)葡萄糖苷 [liquiritigenin-4'-apyosyl(1→2) glucoside]、甘草素-7,4'-二葡萄糖苷 (liquiritigenin-7,4'-diglucoside)[7]。

甘草叶中含乌拉尔醇 (uralenol)、新乌拉尔醇 (neouralenol)、乌拉尔宁 (uralenin)[8]；叶中含乌拉尔醇-3-甲醚 (uralenol-3-methylether)、乌拉尔素 (uralene)[9]、乌拉尔新苷 (uralenneoside)[10]；还含香豆素类化合物甘草香豆素 (glycycoumarin)[11]、甘草醇 (glycyrol)、异甘草酚 (isoglycyrol)[12]、新甘草酚 (neoglycyrol)[13]及生物碱5,6,7,8-四氢-4-甲基喹啉 (5,6,7,8-tetrahydro-4-methylquinoline)、5,6,7,8-四氢-2,4-二甲基喹啉 (5,6,7,8-tetrahydro-2,4-dimethylquinoline)[14]等。

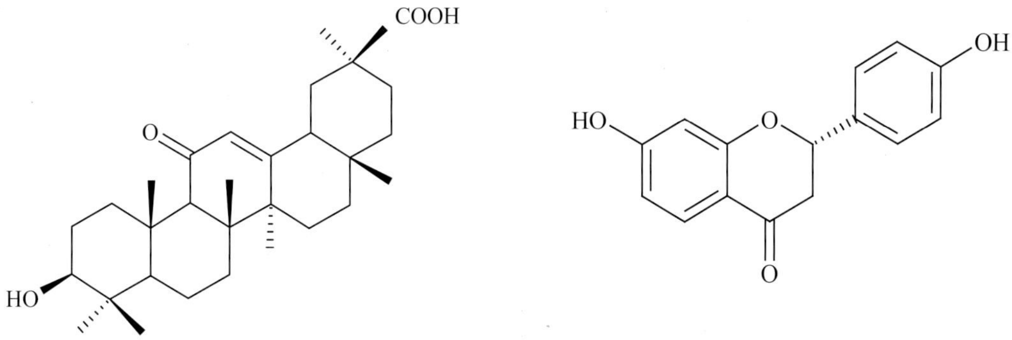

◆ 18b-glycyrrhetic acid

◆ liquiritigenin

药理作用

1. 肾上腺皮质激素样作用

甘草及其制剂中的甘草酸及甘草次酸可抑制肾脏 11-β 羟甾脱氢酶 (11-OHSD) 活性，使肾脏局部皮质醇或皮质酮水平增多而超过局部醛固酮水平，继而作用于醛固酮受体而产生盐皮质激素样作用[15]。此外还有糖皮质激素样作用[16]。

2. 对消化系统的影响

甘草酸铋钾灌胃对醋酸、水浸应激及幽门结扎引起的大鼠胃溃疡均有良好的抑制作用，还可抑制胃酸分泌，降低胃蛋白酶的活性[17]。甘草水煎液灌胃对大鼠胃动力有抑制作用，与其引起5-羟色胺 (5-HT)、P-物质 (SP) 和血管活性肠肽 (VIP) 分泌失调有关[18]。

3. 抗炎

甘草水煎液皮下注射对巴豆油诱发的小鼠耳郭肿胀、醋酸诱发的急性渗出炎症以及慢性肉芽组织增生的炎症均有明显抑制作用[19]。其中甘草酸是可能由于增强垂体－肾上腺轴功能，从而使肾上腺激素分泌增加而产生抗炎作用[20]；甘草次酸的作用和抑制炎症组织中前列腺素E_2 (PGE_2) 的生成、拮抗炎症介质组胺、5-羟色胺等有关[21]。

4. 抗菌、抗病毒

体外实验表明，甘草水煎液对金黄色葡萄球菌、大肠埃希氏菌、白色葡萄球菌、乙型溶血性链球菌、铜绿假单胞菌等；甘草黄酮对甲氧西林敏感的金黄色葡萄球菌、耐甲氧西林金黄色葡萄球菌、藤黄微球菌、肺炎杆菌等；甘草次酸钠对金黄色葡萄球菌、乙型溶血性链球菌、变异链球菌等均有显著抑制作用[22-24]。甘草甜素对Ⅰ型单纯疱疹病毒 (HSV-1)、严重急性呼吸器官综合征 (SARS) 病毒、巨细胞病毒以及人类免疫缺陷病毒 (HIV) 具有显著抑制作用[25-27]；甘草水煎液对呼吸道合胞病毒也有抑制作用[28]；甘草黄酮对 HIV 病毒增殖的抑制作用是甘草甜素的 25 倍[27]。

5. 对心血管系统的影响

甘草甜素能使大鼠动脉壁溶酶体磷脂酶 A_2 活性明显下降[29]，还可抑制机体及血管壁的炎症反应，防止动脉硬化的发生及发展。18β-甘草次酸钠腹腔注射能对抗氯仿诱发的小鼠室颤、氯仿－肾上腺素所致兔室性心律失常，延长氯化钙所致大鼠室性心律失常出现时间，减慢大鼠和兔心律，部分对抗异丙肾上腺素的心率加速作用[30]。此外，甘草水提取液、甘草总黄酮以及异甘草素等也具有抗心律失常作用[31-33]。

6. 镇咳祛痰

甘草黄酮、甘草次酸及甘草浸膏灌胃对小鼠氨水引咳、二氧化硫引咳均有显著的镇咳作用，其中作用最强的是甘草次酸[34]。甘草黄酮类化合物的镇咳与中枢和外周作用均有关[35]。此外，还能促进咽喉及支气管的分泌，呈现镇咳祛痰的效果[34]。

7. 解毒

甘草及其制剂对某些药物中毒、食物中毒、体内代谢产物中毒都有一定的解毒作用。解毒的机制与甘草酸同毒物结合转化为低毒或无毒物质、甘草甜素吸附毒物及肾上腺素作用，以及其水解后生成的甘草次酸和葡萄糖醛酸的保肝功能有关[36]。

8. 抗肿瘤

甘草甜素、甘草酸、甘草次酸等都有不同程度的抗肿瘤作用，其机制与诱导肿瘤细胞凋亡、抗氧化、抗促癌、抗致突变以及免疫调节作用有关[37]。

9. 其他

甘草还具有抗氧化[38]、抗过敏[39]、提高内耳听觉功能[40]、抗脑缺血[41]等作用。

应用

本品为中医临床用药。功能：补脾益气，清热解毒，祛痰止咳，缓急止痛，调和诸药。主治：脾胃虚弱，倦怠乏力，心悸气短，咳嗽痰多，脘腹、四肢挛急疼痛，痈肿疮毒。可缓解药物毒性、烈性。

现代临床还用于胃及十二指肠溃疡、气管炎、咽喉炎、慢性肝炎等病的治疗。

评注

甘草是中国卫生部规定的药食同源品种之一。

《中国药典》除本种外，还收载胀果甘草 *Glycyrrhiza inflata* Bat.、光果甘草 *G. glabra* L. 作为中药甘草的法定原植物来源种。胀果甘草和光果甘草与甘草具有类似的药理作用，其主要

过敏作用机制的研究 [J]. 齐齐哈尔医学院学报，1995，16(2)：81-84.

[40] 董维嘉，陈继生．甘草次酸对内耳听觉功能的影响 [J]. 中草药，1989，20(11)：27-28.

[41] 詹春，杨静，詹莉，等．异甘草素对小鼠脑缺血－再灌注损伤的保护作用 [J]. 武汉大学学报（医学版），2005，26(3)：398-401.

[42] 邹坤，赵玉英，张如意．胀果甘草中皂苷Ⅰ和Ⅱ的结构鉴定 [J]. 药学学报，1994，29(5)：393-396.

[43] 邹坤，张如意．胀果皂苷Ⅱ与胀果皂苷Ⅵ的结构鉴定 [J]. 实用医学进修杂志，1994，22(1)：30-33.

[44] FUKAI T, NOMURA T. Isoprenoid-substituted flavonoids from roots of *Glycyrrhiza inflata*[J]. Phytochemistry, 1995, 38(3): 759-765.

[45] 邹坤，张如意，杨宪斌．胀果香豆素甲的结构鉴定 [J]. 药学学报，1994，29(5)：397-399.

[46] ZENG L, FUKAI T, KANEKI T, et al. Four new isoprenoid – substituted dibenzoylmethane derivatives, glyinflanins A, B, C, and D from the roots of *Glycyrrhiza inflata*[J]. Hetercocycles, 1992, 34(1): 85-97.

[47] VARSHNEY I P, JAIN D C, SRIVASTAVA H C. Study of saponins from *Glycyrrhiza glabra* root[J]. International Journal of Crude Drug Research, 1983, 21(4): 169-172.

[48] HATANO T, FUKUDA T, LIU YZ, et al. Phenolic constituents of licorice.Ⅳ. Correlation of phenolic constituents and licorice specimens from various sources, and inhibitory effects of licorice extracts on xanthine oxidase and monoamine oxidase[J]. Yakugaku Zasshi, 1991, 111(6): 311-321.

[49] KINOSHITA T, KAJIYAMA K, HIRAGA Y, et al. Isoflavan derivatives from *Glycyrrhiza glabra* (licorice) [J]. Heterocycles, 1996, 43(3): 581-588.

[50] KINOSHITA T, TAMURA Y, MIZUTANI K. The isolation and structure elucidation of minor isofalvonoids from licorice of *Glycyrrhiza glabra* origin[J]. Chemical & Pharmaceutical Bulletin, 2005, 53(7): 847-849.

[51] FUKAI T, TANTAI L, NOMURA T. Isoprenoid-substituted flavonoids from *Glycyrrhiza glabra*[J]. Phytochemistry, 1996, 43(2): 531-532.

[52] FUKAI T, SHENG C B, HORIKOSHI T, et al. Isoprenylated flavonoids from underground parts of *Glycyrrhiza glabra*[J]. Phytochemistry, 1996, 43(5): 1119-1124.

[53] KINOSHITA T, KAJIYAMA K, HIRAGA Y, et al. The isolation of new pyrano-2-arylbenzofuran derivatives from the root of *Glycyrrhiza glabra*[J]. Chemical & Pharmaceutical Bulletin, 1996, 44(6): 1218-1221.

[54] FUKAI T, SATOH K, NOMURA T, et al. Preliminary evaluation of antinephritis and radical scavenging activities of glabridin from *Glycyrrhiza glabra*[J]. Fitoterapia, 2003, 74(7-8): 624-629.

甘遂 Gansui CP, KHP

Euphorbia kansui T. N. Liou ex T. P. Wang
Kansui

概述

大戟科 (Euphorbiaceae) 植物甘遂 *Euphorbia kansui* T. N. Liou ex T. P. Wang，其干燥块根入药。中药名: 甘遂。

大戟属 (*Euphorbia*) 植物全世界约 2000 种，全球广布。中国产约有 80 种，南北均产。本属现供药用者约 30 种。本种中国各地广泛栽培；也为世界性广布种。

“甘遂”药用之名，始载于《神农本草经》，列为下品。历代本草多有著录。《中国药典》（2015 年版）收载本种为中药甘遂的法定原植物来源种。主产于中国陕西、河南、山西、宁夏、甘肃省区。

甘遂主要活性成分为二萜、三萜类成分 [1]。《中国药典》采用高效液相色谱法进行测定，规定甘遂药材含大戟二烯醇不得少于 0.12%，以控制药材质量。

药理研究表明，甘遂具有致泻、抗生育、抑制免疫、抗病毒、抗炎等作用。

中医理论认为甘遂具有泻水逐饮，消肿散结等功效。

◆ 甘遂
Euphorbia kansui T. N. Liou ex T. P. Wang

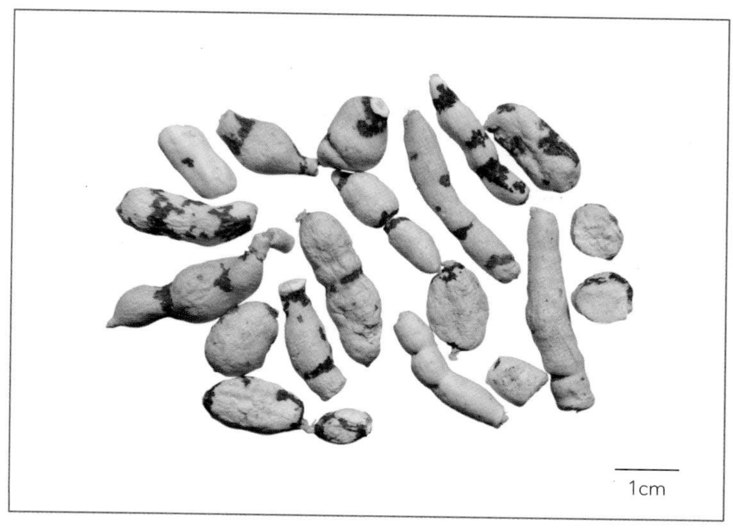

◆ 药材甘遂
Kansui Radix

化学成分

甘遂根含二萜类成分：20-脱氧巨大戟萜醇-3-苯甲酸酯 (20-deoxyingenol-3-benzoate)、20-脱氧巨大戟萜醇 (20-deoxyingenol)、20-脱氧巨大戟萜醇-5-苯甲酸酯 (20-deoxyingenol-5-benzoate)、13-氧化巨大戟萜醇-13-十二酸酯-20-己酸酯 (13-oxyingenol-13-dodecanoate-20-hexanoate)、巨大戟萜醇-3-(2,4-癸二烯酸酯)-20-乙酸酯 [ingenol-3-(2,4-decadienoate)-20-acetate]、巨大戟萜醇 (ingenol)、13-氧化巨大戟萜醇 (13-oxyingenol)、甘遂萜酯A、B (kansuinines A, B)、甘遂大戟萜酯 A、B、C (kansuiphorins A～C)[1, 2]、kansuinins A、B、D、E、F、G、H[3, 4]、3-*O*-(2E,4E-decadienoyl)-20-deoxyingenol、3-*O*-(2,3-dimethylbutanoyl)-13-*O*-dodecanoyl-20-deoxyingenol、3-*O*-(2,3-dimethylbutanoyl)-13-*O*-dodecanoyl-20-*O*-acetylingenol、3-*O*-(2*E*,4*Z*-decadienoyl)-20-deoxyingenol[5]、20-*O*-(2'*E*,4'*E*-decadienoyl)-ingenol、5-*O*-(2'*E*,4'*E*-decadienoyl)-ingenol、20-*O*-(2'*E*,4'*Z*-decadienoyl) -ingenol、3-*O*-(2'*E*,4'*Z*-decadienoyl)-5-*O*-acetylingenol[4]等；含三萜类成分：γ-大戟醇 (γ-euphorbol)、α-大戟醇 (α-euphorbol)、甘遂醇 (tirucallol)、11-oxo-kansenonol、kansenonol、kansenone、kansenol、epi-kansenone[6]等。

◆ γ-euphorbol

◆ 13-oxyingenol

药理作用

1. 致泻

生甘遂或炙甘遂乙醇浸膏小鼠口服后可致泻下。

2. 抗生育

甘遂醇提取液可终止小鼠和豚鼠妊娠，甘遂制剂宫内给药可导致小鼠、家兔中期妊娠的胚珠死亡[7]，甘遂乙醇溶液注射到孕妇羊膜腔内 24 ～ 48 小时可流产；甘遂中期引产的机制可能为甘遂使子宫内前列腺素的合成与释放增加，前列腺素刺激子宫收缩，从而导致流产[8]。

3. 抑制免疫功能

腹腔注射甘遂粗制剂，可使绵羊红细胞 (SRBC) 免疫的 C_{57}BL/6J 小鼠胸腺重量减少、脾脏增重，抑制抗 SRBC 抗体产生，还可使小鼠脾细胞在体外由植物血凝素 (PHA) 和刀豆蛋白 (ConA) 诱导的淋巴细胞转化受到中度抑制、脂多糖 (LPS) 诱导的淋巴细胞转化受到轻度抑制并抑制 SRBC 诱导的迟发型超敏反应。

4. 抗病毒

甘遂提取物给流感病毒小鼠适应株 (FM_1) 小鼠灌胃，其极性较大组分对小鼠肺炎有显著抑制作用，低浓度下对小鼠 T 淋巴细胞有增殖作用；甘遂大戟萜酯 A 等 4 种二萜化合物对 FM_1 的抗病毒活性呈剂量效应，对 ConA 诱导的淋巴细胞增殖有显著增强作用[9-10]。

5. 抗肿瘤

甘遂中的kansuiphorins A、B有抗小鼠P_{338}淋巴细胞白血病活性[11]；甘遂的三萜醇类成分可抑制二甲基苯并蒽 (DMBA) 和12-*O*-十四烷酰佛波醋酸酯-13 (TPA) 所致小鼠背部肿瘤生长[12]。

6. 抗炎

甘遂的三萜醇类成分对 TPA 所致 ICR 小鼠耳郭肿胀有显著抑制作用[12]。

7. 其他

Kansuinin E可延长产生TrkA受体（神经生长因子的功能性受体）的成纤维细胞存活期[3]；生甘遂小剂量可使离体蛙心收缩力增强，大剂量则出现抑制；甘遂萜酯A、B有镇痛作用。巨大戟萜醇类成分 (ingenols)可促进依赖RNA合成调节的巨噬细胞γ-球蛋白Fc受体表达[13]。甘遂乙醚、乙醇提取物对致倦库蚊、白纹伊蚊敏感株Ⅲ～Ⅳ龄幼虫有杀灭作用[14]。

应用

本品为中医临床用药。功能：泻水逐饮，消肿散结。主治：水肿胀满，胸腹积水，痰饮积聚，气逆咳喘，二便不利，风痰癫痫，痈肿疮毒。

现代临床还用于肠梗阻、肠腔积液胀痛、腹水、妊娠中期引产、术后尿潴留、百日咳等病的治疗。

评注

生甘遂被列入香港地区常见毒剧药 31 种名单，临床应用时应予特别注意。

在中医理论中，甘遂与甘草为配伍禁忌的“十八反”药对。早期的一些初步实验研究，甘遂与甘草配伍使用，结果各有不同[15]。最近报道，甘遂与甘草配伍使用，可使大鼠丙氨酸转氨酶 (ALT)、肌酸磷酸激酶 (CPK)、乳酸脱氢酶 (LDH) 和羟丁基脱氢酶 (γ-HBDH)、总蛋白水

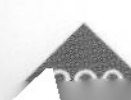

平比使用单味药时显著提高，对心脏、肝脏和肾脏毒性增加[16]。因此传统上甘遂不可与甘草配伍，确有其科学之处。

亦有研究发现，甘遂甘草合剂可抑制小鼠 S_{180} 肉瘤和肝癌 HAC 生长，促使肿瘤组织坏死[17]。因此，应深入研究甘遂各主要成分的作用机制，才能解释其原因，更合理地用药。

参考文献

[1] ZHENG W F, CUI Z, ZHU Q. Cytotoxicity and antiviral activity of the compounds from *Euphorbia kansui*[J]. *Planta Medica*, 1998, 64(8): 754-756.

[2] 潘勤，闵知大．甘遂中巨大戟萜醇型二萜酯类化学成分的研究 [J]. 中草药，2003，34(6)：489-492.

[3] PAN Q, IP F C F, IP N Y, et al. Activity of macrocyclic jatrophane diterpenes from *Euphorbia kansui* in a TrkA fibroblast survival assay[J]. Journal of Natural Products, 2004, 67(9): 1548-1551.

[4] WANG L Y, WANG N L, YAO X S, et al. Diterpenes from the roots of *Euphorbia kansui* and their *in vitro* effects on the cell division of Xenopus[J]. Journal of Natural Products, 2002, 65(9): 1246-1251.

[5] WANG L Y, WANG N L, YAO X S, et al. Studies on the bioactive constituents in euphorbiaceae. 3. Diterpenes from the roots of *Euphorbia kansui* and their *in vitro* effects on the cell division of Xenopus (part 2) [J]. Chemical & Pharmaceutical Bulletin, 2003, 51(8): 935-941.

[6] WANG L Y, WANG N L, YAO X S, et al. Euphane and tirucallane triterpenes from the roots of *Euphorbia kansui* and their *in vitro* effects on the cell division of Xenopus[J]. Journal of Natural Products, 2003, 66(5): 630-633.

[7] 王秋静，于晓凤，刘宏雁，等．复方甘遂制剂宫内给药终止动物中期妊娠及毒性实验 [J]. 白求恩医科大学学报，1994，20(5)：461-463.

[8] 石大维，韩向阳，郭静德．甘遂中期妊娠引产妇女血浆及羊水中前列腺素含量的变化 [J]. 哈尔滨医科大学学报，1990，24(3)：166-169.

[9] 郑维发，陈才法，朱爱华，等．甘遂醇提物抗流感病毒 FM_1 有效部位的筛选 [J]. 中成药，2002，24(5)：362-365.

[10] 郑维发．甘遂醇提物中 4 种二萜类化合物的体内抗病毒活性研究 [J]. 中草药，2004，35(1)：65-68.

[11] WU T S, LIN Y M, HARUNA M, et al. Antitumor agents, 119. Kansuiphorins A and B, two novel antileukemic diterpene esters from *Euphorbia kansui*[J]. Journal of Natural Products, 1991, 54(3): 823-829.

[12] YASUKAWA K, AKIHISA T, YOSHIDA Z Y, et al. Inhibitory effect of euphol, a triterpene alcohol from the roots of *Euphorbia kansui*, on tumour promotion by 12-*O*-tetradecanoylphorbol-13-acetate in two-stage carcinogenesis in mouse skin[J]. The Journal of Pharmacy and Pharmacology, 2000, 52(1): 119-124.

[13] MATSUMOTO T, CYONG J C, YAMADA H. Stimulatory effects of ingenols from *Euphorbia kansui* on the expression of macrophage Fc receptor[J]. Planta Medica, 1992, 58(3): 255-258.

[14] 潘实清，王玲，罗海华，等．甘遂和贯众不同提取液对蚊幼虫的杀伤作用 [J]. 热带医学杂志，2002，2(3)：252-254.

[15] 杨致礼，王佑之，吴成林，等．“十八反”中海藻、大戟、甘遂和芫花反甘草组的毒性试验 [J]. 中国中药杂志，1989，14(2)：48-50.

[16] HUANG W Q, LUO Y. Impact of combining liquorice with kansui root, spurge, seaweed or lilac Daphne flower bud on the functions of heart, liver and kidney in rats[J]. Chinese Journal of Clinical Rehabilitation, 2004, 8(18): 3682-3683.

[17] 张腾，陈瑜．甘遂甘草合剂抗肿瘤的实验研究 [J]. 中医药研究，1999，15(3)：41-42.

高山红景天 Gaoshanhongjingtian

Rhodiola sachalinensis A. Bor.
Sachalin Rhodiola

概述

景天科 (Crassulaceae) 植物高山红景天 *Rhodiola sachalinensis* A. Bor.，其干燥根和根茎入药。药用名：红景天。

红景天属 (*Rhodiola*) 植物全世界约有 90 种，分布于北半球高寒地带。中国约有 73 种 2 亚种 7 变种。本属现供药用者约有 9 种。本种主要分布于中国吉林和黑龙江高山地带；朝鲜半岛、日本和俄罗斯远东地区也有分布。

高山红景天，又名库页红景天，为俄罗斯远东地区的药用植物，《长白山植物药志》有收载。主产于中国黑龙江和吉林等地。

高山红景天主要活性成分为红景天苷和酪醇，此外还含有鞣质、黄酮类化合物等。

药理研究表明，高山红景天具有抗疲劳、抗衰老、抗辐射和保肝等作用。

藏医理论认为红景天具有活血消肿，清肺止咳，解热止痛，益气安神等功效。

◆ 高山红景天
Rhodiola sachalinensis A. Bor.

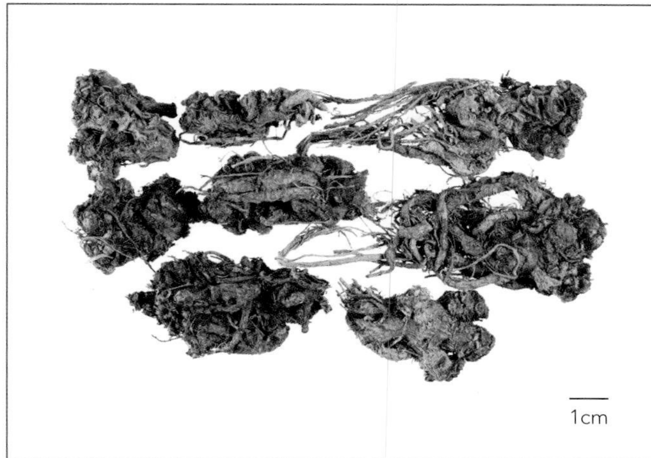

◆ 药材高山红景天
Rhodiolae Sachalinensis Radix et Rhizoma

◆ 药材大花红景天
Rhodiolae Crenulatae Radix et Rhizoma

◆ 药材长鞭红景天
Rhodiolae Fastigiatae Radix et Rhizoma

◆ 药材圣地红景天
Rhodiolae Sacrae Radix et Rhizoma

化学成分

高山红景天根和根茎主要含活性成分红景天苷 (rhodioloside, salidroside)[1] 和其苷元酪醇 (*p*-tyrosol)[2]；还含黄酮类成分：红景天黄酮苷 (rhodioflavonoside)[1]、山柰酚7-*O*-*α*-*L*-鼠李吡喃糖苷(kaempferol 7-*O*-*α*-*L*-rhamnopyranoside)、rhodionin、rhodiosin、rhodiolinin[2-3]、kaempferol 3-*O*-*β*-*D*-xylofuranosyl(1→2)-*β*-*D*-glucopyranoside、kaempferol 3-*O*-*β*-*D*-glucopyranosyl(1→2)-*β*-*D*-glucopyranoside[2]。

鞣质类成分：表没食子儿茶精3-*O*-没食子酸酯 [(−)-epigallocatechin 3-*O*-gallate][3]、表没食子儿茶精 [(−)-epigallocatechin]、3-*O*-galloylepigallocatechin-(4→8)-epigallocatechin 3-*O*- gallate、1,2,3,6-四氧没食子酰基-*β*-*D*-葡萄糖 (1,2,3,6-tetra-*O*-galloyl-*β*-*D*-glucose)、1,2,3,4,6-五氧食子酰基-*β*-*D*-葡萄糖 (1,2,3,4,6-penta-*O*-galloyl-*β*-*D*-glucose)[2]。

此外，还含sachalinols A、B、C、sachalinosides A、B、苄基-*β*-*D*-吡喃葡萄糖苷 (benzyl-*β*-*D*-glucopyranoside)、2-苯乙基-*β*-*D*-吡喃葡萄糖苷(2-phenylethyl-*β*-*D*-glucopyranoside)、rhodiocyanoside A、百脉根苷(lotaustralin)、rosarin、rosiridin[2]等；

高山红景天茎叶含红景天苷 (rhodioloside, salidroside)、蒲公英赛醇乙酸酯(taraxerol-3*β*-acetate)、异莫替醇(isomotiol) 和rosavin等[4]。

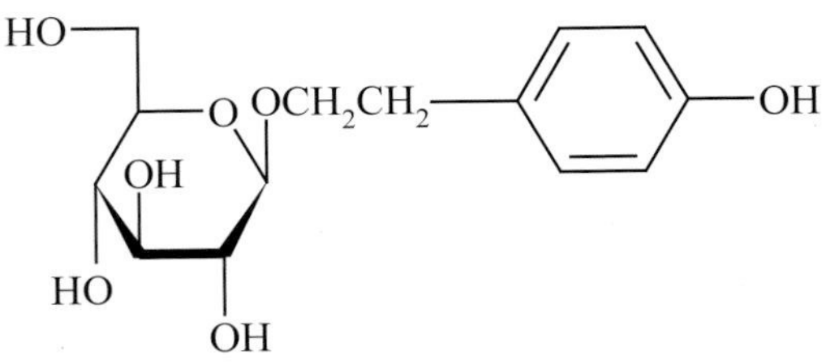

◆ rhodioloside

药理作用

1. 适应原样作用

(1) 抗疲劳、抗高温、抗低温　高山红景天浸膏稀释后灌胃，能延长小鼠游泳时间；延长小鼠在高温 (45℃) 或低温 (–20℃) 环境下的存活时间 [5]。

(2) 抗缺氧　高山红景天醇提取物连续灌胃4次后，对小鼠常血压缺氧，结扎双侧颈动脉引起脑缺氧，静脉注射空气引起的心脑缺氧，腹腔注射异丙肾上腺素 (Iso) 引起的心肌缺氧、腹腔注射亚硝酸钠、皮下注射氰化钾引起的组织中毒性缺氧等均有明显保护作用；腹腔注射高山红景天醇提取物还可明显增加动脉血氧分压及动脉血氧饱和度 [6]。

(3) 抗辐射　高山红景天浸膏稀释后灌胃，可显著提高接受单次深部 X 射线照射小鼠的存活率，明显增加小鼠胸腺和脾指数，抑制受辐射小鼠的心、肝组织过氧化脂质的产生 [7]。

2. 免疫调节功能

高山红景天浸膏能明显提高小鼠单核巨噬细胞吞噬功能，促进以鸡红细胞为免疫原小鼠抗体产生；对刀豆蛋白 (ConA) 诱导的 T 淋巴细胞转化有显著促进作用 [5]。红景天多糖可显著增加小鼠特异的抗体分泌细胞数，增强迟发型超敏反应强度，提高小鼠的混合淋巴细胞反应及吞噬功能，降低辅助性 T 细胞百分率及辅助性 T 细胞 / 抑制性 T 细胞比值，对白介素 2(IL-2) 的活性也有降低作用 [8]。

3. 抗氧化、抗衰老

高山红景天总苷能显著提高自然衰老小鼠血中超氧化物歧化酶 (SOD)、过氧化氢酶 (CAT) 及肝组织中谷胱甘肽过氧化物酶 (GSH-Px) 活性，抑制血浆中脂质过氧化产物丙二醛 (MDA) 及肝组织中脂褐素的产生 [9]。老年大鼠腹腔注射红景天苷后，心脏 ANP-mRNA 含量增加，说明其具有抑制心脏内分泌功能老化的作用 [10]。

4. 保肝

高山红景天水煎剂对 CCl_4 所致大鼠急性肝损伤有保护作用，能减轻肝细胞变性和坏死程度，降低肝脏中羟基脯氨酸和丙二醛 (MDA) 水平；还能降低血清丙氨酸转氨酶 (ALT)、乳酸脱氢酶 (LDH) 和肌酸磷酸激酶 (CPK) 活性 [11-13]。

5. 降血糖

正常小鼠肌注、静注、皮下和腹腔注射高山红景天多糖 A 和 B，血糖水平显著下降 [14]。腹腔注射高山红景天多糖对肾上腺素、四氧嘧啶和口服葡萄糖所致小鼠高血糖也有抑制作用，且还能降低肝糖原和血脂 [15]。

6. 抗病毒

高山红景天多糖能有效地阻止柯萨奇 B_5 病毒在宿主细胞的吸附；改善感染小鼠心肌功能，提高免疫功能；对受柯萨奇 B_3 病毒感染的体外培养乳鼠心肌细胞，高山红景天多糖能明显抑制感染导致的心肌酶释放；显著降低病毒在心肌细胞中的增殖量[16-18]。

7. 镇痛

高山红景天多糖和红景天苷能明显减少醋酸引起的小鼠扭体次数，提高电刺激所致小鼠躯体痛的痛阈值[19]。

8. 其他

高山红景天水煎剂有调节血压、镇静和强心作用[15]。红景天苷能抑制白血病细胞增殖[20]；减低阿霉素肾病大鼠的尿蛋白，推迟肾小球硬化[21]。

应用

本品为中医临床用药。功能：补气清肺，益智养心，收涩止血，散瘀消肿。主治：1. 气虚体弱，气短乏力；2. 咳血，咯血，肺炎咳嗽；3. 妇女白带。

现代临床还用于预防高原反应、推迟衰老，治疗冠心病、心绞痛、心律失常和类风湿性关节炎等病。

评注

高山红景天根及根茎具有抗寒冷、抗疲劳和抗辐射等多种生理活性，能增强人体对不利环境因素的抵抗力，提高特殊环境中的作业人员的适应性，在军事医学、航天医学上具有十分重要的意义。

高山红景天茎叶目前为非药用部分，据研究报道，高山红景天茎叶含红景天苷，其提取物也有增强机体免疫功能和适应原样作用。有望作为根和根茎的代用品进行合理开发利用[22]。

红景天属植物除高山红景天外，还有多种植物都被当作药材红景天使用，如圣地红景天 *Rhodiola sacra* (Prain ex Hamet) S. H. Fu、长鞭红景天 *R. fastigiata* (Hook. f. ex Thoms.) S. H. Fu 和大花红景天 *R. crenulata* (Hook. F. et Thoms.) H. Ohba 等。其中大花红景天为《中国药典》（2015 年版）收载的药材红景天的法定原植物来源种。

圣地红景天的干燥全草应用较多，为常用藏药，藏名"扫罗玛尔布"，首载于藏医经典《四部医典》，主产于中国西藏和云南等地。圣地红景天主要活性成分亦为红景天苷和酪醇[23]，有降低血液黏稠度和抗氧化的作用，多用于治脑梗死、心绞痛等[24-27]。

参考文献

[1] 李俊，范文哲，门田重利，等. 人工种植高山红景天中抑制脯酰内切酶的化学成分 [J]. 中草药，2004，35(8)：852-854.

[2] FAN W Z, TEZUKA Y, NI K M, et al. Prolyl endopeptidase inhibitors from the underground part of *Rhodiola sachalinensis*[J]. Chemical & Pharmaceutical Bulletin, 2001, 49(4): 396-401.

[3] LEE M W, LEE Y A, PARK H M, et al. Antioxidative phenolic compounds from the roots of *Rhodiola sachalinensis* A. Bor[J]. Archives Pharmaceutical Research, 2000, 23(5): 455-458.

[4] 李建新，刘巨涛，金永日，等. 高山红景天茎叶的化学成分研究 [J]. 中草药，1998，29(10)：659-661.

[5] 孙英莲，师海波，苗艳波，等. 高山红景天的强壮作用 [J]. 中药药理与临床，2004，20(6)：19-21.

[6] 李凤才，师海波，刘威，等. 高山红景天醇提物的抗缺氧作用 [J]. 白求恩医科大学学报，1998，24(3)：259-260.

[7] 苗艳波，师海波，孙英莲，等. 高山红景天的抗辐射作用 [J]. 中药药理与临床，2004，20(3)：21-22.

[8] 朴花，李英信，李红花，等. 高山红景天多糖对小鼠的免疫调节作用 [J]. 延边大学医学学报，2000，23(4)：251-254.

[9] 苗艳波，师海波，孙英莲，等. 高山红景天总甙的抗衰老作用 [J]. 中药药理与临床，2004，20(5)：20-21.

[10] 黄颖，张莲芝，洪敏. 高山红景天苷对大鼠心钠素基因表

达的影响 [J]. 中国药学杂志，2000，35(9)：589-592.

[11] 房家智，钱佳丽，陈国清，等 . 高山红景天对脂质过氧化肝损伤保护作用的观察 [J]. 临床肝胆病杂志，1994，10(4)：205-206.

[12] 房家智，陈国清，钱佳丽，等 . 高山红景天对急性肝损伤动物血清酶谱的影响 [J]. 临床肝胆病杂志，1994，10(3)：147-148.

[13] NAN J X, JIANG Y Z, PARK E J, et al. Protective effect of *Rhodiola sachalinensis* extract on carbon tetrachloride-induced liver injury in rats[J]. Journal of Ethnopharmacology, 2003, 84(2-3): 143-148.

[14] 程秀娟，邸琳，吴岩，等 . 高山红景天多糖降血糖作用——不同给药途径的比较 [J]. 中国中药杂志，1996，21(11)：685-687.

[15] 王本祥 . 现代中药药理学 [M]. 天津：天津科学技术出版社，1997：1200-1202.

[16] 孙非，王秀清，李静波，等 . 高山红景天多糖抗柯萨奇 B_5 病毒作用的实验研究 [J]. 中草药，1993，24(10)：532-534.

[17] 孙非，王秀清，许守民，等 . 高山红景天多糖对小鼠抗柯萨奇 B_5 病毒感染能力的研究 [J]. 中华实验和临床病毒学杂志，1995，9(4)：361-363.

[18] 孙非，于起福，孙寒，等 . 高山红景天多糖对病毒感染大鼠心肌细胞的抑制作用 [J]. 中国药理学通报，1997，13(8)：525-528.

[19] 周丽君，张振，苏丽，等 . 高山红景天抗伤害感受作用初探 [J]. 大连医科大学学报，2003，25(3)：181-182, 190.

[20] 张淑芹，孙非，刘志屹，等 . 高山红景天甙抑制白血病细胞生长的实验研究 [J]. 吉林中医药，1999，(4)：56.

[21] 黄凤霞，丁亚杰，王庆国，等 . 高山红景天甙对阿霉素肾病大鼠的影响 [J]. 中华肾脏病杂志，2005，21(7)：412.

[22] 金永日，睢大员，于晓风，等 . 高山红景天茎叶提取物的初步药理研究 [J]. 人参研究，2000，12(2)：25-27.

[23] 丘林刚，王叶富，陈金瑞，等 . 圣地红景天的成分研究 [J]. 天然产物研究与开发，1991，3(1)：6-10.

[24] 张文芳，曹文富，何英，等 . 藏药圣地红景天——诺迪康胶囊降低血液粘度的临床观察 [J]. 中药药理与临床，1997，13(5)：47-48.

[25] OHSUGI M, FAN W, HASE K, et al. Active-oxygen scavenging activity of traditional nourishing-tonic herbal medicines and active constituents of *Rhodiola sacra*[J]. Journal of Ethnopharmacology, 1999, 67(1): 111-119.

[26] 刘新宏，何桂英，姚晓伟，等 . 圣地红景天胶囊治疗心绞痛 30 例 [J]. 陕西中医，1999，20(1)：8-9.

[27] 孙福忠，周明英 . 诺迪康胶囊治疗脑梗死 52 例疗效观察 [J]. 时珍国医国药，2003，14(4)：231.

藁本 Gaoben[CP]

Ligusticum sinense Oliv.
Chinese Lovage

概述

伞形科 (Apiaceae) 植物藁本 *Ligusticum sinense* Oliv.，其干燥根茎和根入药。中药名：藁本。

藁本属 (*Ligusticum*) 植物全世界约60多种，分布于北半球地区。中国约有30种，本属现供药用者约有10种。本种分布于中国陕西、浙江、江西、湖南、湖北、四川等地。

“藁本”药用之名，始载于《神农本草经》，列为中品。古代藁本的原植物有2种，即分布于黄河上游及长江流域的藁本 *L. sinense* Oliv. 和分布于黄河流域下游以北地区的辽藁本 *L. jeholense* Nakai et Kitag.，与现代所用藁本主流品种一致。《中国药典》（2015年版）收载本种为中药藁本的法定原植物来源种之一。主产于中国四川、湖北、湖南、江西、陕西、甘肃等省区，贵州、广西等地亦有。

藁本属植物主要活性成分为挥发油类化合物及酚类成分。《中国药典》采用高效液相色谱峰进行测定，规定藁本药材含阿魏酸不得少于0.05%，以控制药材质量。

药理研究表明，藁本具有镇痛、镇静、解痉、抗炎、抗血栓等作用。

中医理论认为藁本具有祛风，散寒，除湿，止痛等功效。

◆ 藁本
Ligusticum sinence Oliv.

◆ 药材藁本
Ligustici Rhizoma et Radix

化学成分

藁本根茎含挥发油，主要成分为新蛇床内酯 (neocnidilide)、柠檬烯(limonene)、蛇床内酯 (cnidilide)、β-水芹烯 (β-phellandrene)、反式罗勒烯(*trans*-ocimene)、榄香素 (elemicin)、藁本内酯 (ligustilide)[1-2]等；香豆素类成分：香柑内酯 (bergapten)、莨菪亭 (scopoletin) 等；酚性化合物：阿魏酸 (ferulic acid)、肉豆蔻醚 (myristicin)[3]等。另外还含有藁本酮 (ligustilone)、藁本酚(ligustiphenol)[4-5]等成分。

◆ ligustilone

◆ ligustiphenol

药理作用

1. 镇痛、镇静

藁本乙醇提取物灌胃能减少小鼠醋酸扭体次数；藁本中性挥发油能对抗酒石酸锑钾引起的小鼠扭体反应。藁本水溶液腹腔注射对 K^+ 离子透入的兔耳部疼痛有显著的镇痛作用。藁本乙醇提取物灌胃能明显增加阈下剂量戊巴比妥钠引起的小鼠入睡率，显著延长催眠剂量戊巴比妥钠小鼠的睡眠时间 [6-7]。

2. 对平滑肌作用

藁本醇提取物对离体兔肠肌有明显抑制作用，并对抗乙酰胆碱和宫缩素的作用 [7]。

3. 抗炎

藁本乙醇提取物灌胃能明显减轻角叉菜胶所致小鼠足趾肿胀 [6]；藁本中性油口服能抑制醋酸提高小鼠腹腔毛

细血管渗透性及组胺提高大鼠皮肤毛细血管渗透性，对二甲苯所致小鼠耳郭肿胀和角叉菜胶所致大鼠足趾肿胀及摘除肾上腺大鼠注射角叉菜胶所致的足趾肿胀亦具抑制作用[8]。

4. 抗溃疡

藁本乙醇提取物灌胃对小鼠水浸应激性胃溃疡、盐酸性胃溃疡和吲哚美辛－乙醇性胃溃疡形成有显著抑制作用[9]。

5. 其他

藁本乙醇提取物灌胃能延长电刺激大鼠颈动脉血栓形成时间；促进大鼠胆汁分泌；抑制蓖麻油或番泻叶引起的小鼠腹泻；对小鼠胃肠推进运动也有抑制作用[9-10]。

应用

本品为中医临床用药。功能：祛风，散寒，除湿，止痛。主治：风寒感冒，巅顶疼痛，风湿痹痛。

现代临床研究表明藁本煎剂和注射剂可治神经性皮炎、疥癣。研粉外用治头屑。以藁本为原料的小儿鼻炎片等制剂在临床应用广泛，疗效确切。

评注

药用植物图像数据库

除藁本外，同属植物辽藁本 *Ligusticum jeholense* Nakai et Kitag. 也为《中国药典》收载为中药藁本的法定药用来源种。

辽藁本分布于中国吉林、辽宁、河北、山西、山东等地，主产于辽宁、河北、山西、内蒙古等地。辽藁本根茎含挥发油，主要成分为β-水芹烯 (β-phellandrene)、4-醋酸松油酯 (4-terpinyl acetate)、肉豆蔻醚 (myristicin)、藁本内酯 (ligustilide)、异松油烯 (terpinolene)[1, 11] 等；从其根茎中还分得 1 个新的苯酞类化合物新藁本内酯 (neoligustilide)[12]。

参考文献

[1] 戴斌．四种藁本药材挥发油的气相色谱－质谱分析比较[J]. 药学学报，1988，23(5)：361-369.

[2] 黄远征，溥发鼎．几种藁本属植物挥发油化学成分的分析[J]. 药物分析杂志，1989，9(3)：147-151.

[3] BABA K, MATSUYAMA Y, FUKUMOTO M, et al. Chemical studies on Chinese-Gaoben[J]. Shoyakugaku Zasshi, 1983, 37(4): 418-421.

[4] YU D Q, CHEN R Y, XIE F Z. Structure elucidation of ligustilone from *Ligusticum sinensis* Oliv.[J]. Chinese Chemical Letters, 1995, 6(5): 391-394.

[5] YU D Q, XIE F Z, CHEN R Y, et al. Studies on the structure of ligustiphenol from *Ligusticum sinense* Oliv.[J]. Chinese Chemical Letters, 1996, 7(8): 721-722.

[6] 张金兰，周志华，陈若芸，等．藁本药材化学成分、质量控制及药效学研究[J]. 中国药学杂志，2002，37(9)：654-657.

[7] 蔡永敏．最新中药药理与临床[M]. 北京：华夏出版社，1999：14-15.

[8] 沈雅琴，陈光娟，马树德，等．藁本中性油的药理研究Ⅱ．抗炎症作用[J]. 中草药，1989，20(6)：22-23.

[9] 张明发，沈雅琴，朱自平，等．藁本的抗血栓形成、利胆和抗溃疡作用[J]. 中国药房，2001，12(6)：329-330.

[10] 张明发，沈雅琴，朱自平，等．藁本抗炎和抗腹泻作用的实验研究[J]. 基层中药杂志，1999，13(3)：3-5.

[11] 刘世安，张金荣，吴敏菊．超临界CO_2萃取法与水蒸气蒸馏法提取藁本挥发油的比较[J]. 现代中药研究与实践，2004，18(2)：51-53.

[12] 张金兰，于德泉．辽藁本化学成分的研究[J]. 药学学报，1996，31(1)：33-37.

枸骨 Gougu CP

Ilex cornuta Lindl. ex Paxt.
Chinese Holly

概述

冬青科 (Aquifoliaceae) 植物枸骨 *Ilex cornuta* Lindl. ex Paxt.，其干燥叶入药。中药名：枸骨叶。

冬青属 (*Ilex*) 植物全世界约有 400 种，广布于两半球的热带、亚热带至温带地区，主产中南美洲和亚洲热带地区。中国产约有 200 种，分布于秦岭南坡、长江流域及其以南广大地区，而以西南和华南地区最多。本属现供药用者约有 20 种。本种分布于江苏、上海、安徽、浙江、江西、湖北、湖南等省区，云南有栽培，欧美一些国家也有栽培。

"枸骨"药用之名，始载于《神农本草经》，列于女贞项下。《中国药典》（2015 年版）收载本种为中药枸骨叶的法定原植物来源种。枸骨主产于中国江苏、河南等地，以江苏产量最大。此外，浙江、安徽、四川、陕西也产。

枸骨叶的主要有效成分为三萜皂苷类化合物。此外，还含有糖脂类、有机酸类、鞣质、黄酮类等化学成分。《中国药典》以性状、显微和薄层色谱鉴别来控制枸骨叶药材的质量。

药理研究表明，枸骨叶具有强心、避孕等药理作用。

中医理论认为枸骨叶具有清热养阴，益肾，平肝等功效。

◆ 枸骨
Ilex cornuta Lindl. ex Paxt.

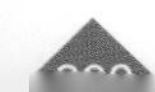

◆ 药材枸骨叶
Ilicis Cornutae Folium

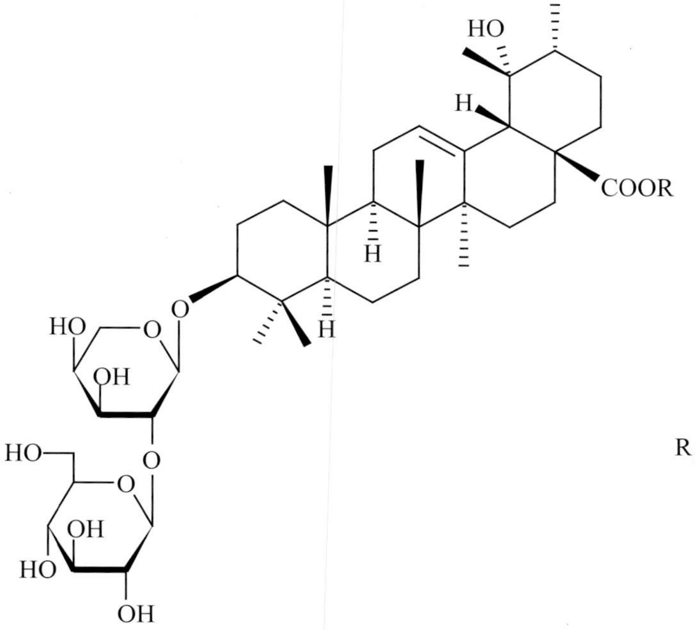

◆ ilexoside Ⅱ : R=glc

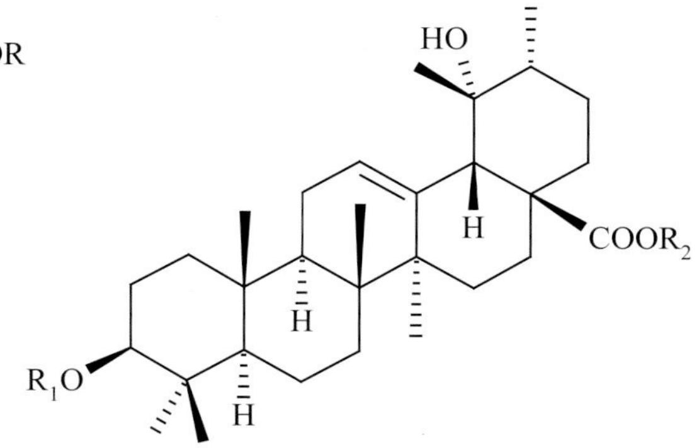

◆ cornutaside A: R_1= 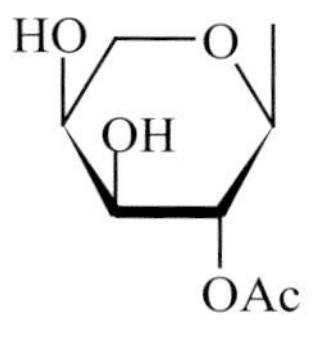 R_2=

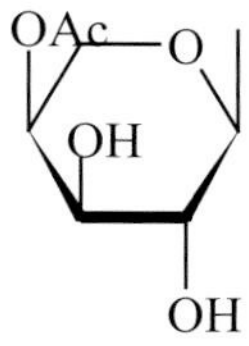

◆ cornutaside B: R_1= 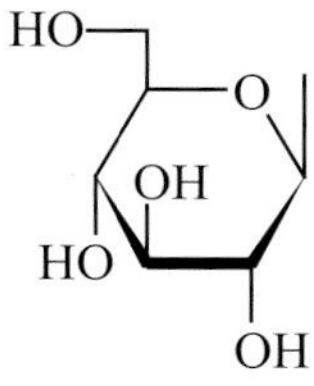 R_2=

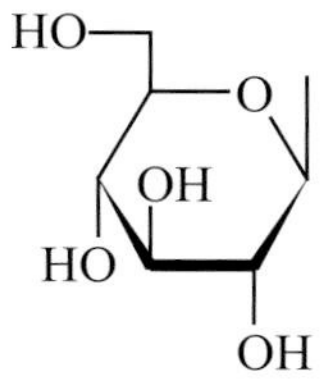

化学成分

枸骨叶主要含三萜皂苷类化合物：苦丁茶苷A、B、C、D (cornutasides A～D)、地榆苷Ⅰ、Ⅱ(ziyuglucosides Ⅰ, Ⅱ)、冬青苷 Ⅱ (ilexoside Ⅱ)、冬青苷 Ⅰ甲酯 (ilexoside Ⅰ methyl ester)、枸骨苷 Ⅰ～Ⅶ (gougusides Ⅰ～Ⅶ)[1]、11-酮基-α-香树脂醇棕榈酸酯 (11-keto-α-amyrin palmitate)、α-香树脂醇棕榈酸酯 (α-amyrin palmitate)[2]；还含糖脂类化合物：苦丁茶糖脂素 A、B (cornutaglucolipides A-B)；又含有机酸类：3,4-二咖啡酰奎宁酸 (3,4-dicaffeoylquinic acid)、3,5-二咖啡酰奎宁酸 (3, 5-dicaffeoylquinic acid)、3,4-二羟基桂皮酸 (3,4-dihydroxycinnamunic acid)[1]；尚含黄酮类化合物：槲皮素 (quercetin)、异鼠李素 (isorhamnetin)、金丝桃苷 (hyperoside)[3]等；香豆素类化合物：七叶内酯 (aesculetin)[3]；此外还含链状倍半萜：艾菊萜 (tanacetene)[2]。

药理作用

1. 对心血管系统的影响

离体豚鼠心脏灌流实验表明，枸骨有增加冠状动脉流量和加强心肌收缩力的作用。枸骨叶中的枸骨苷 Ⅳ 静脉注射对小鼠脑垂体后叶素诱发的心肌缺血有保护作用，不改变豚鼠离体心肌的心率和冠脉流量，但可显著降低心肌收缩力 [4]。

2. 抗生育

枸骨叶丙酮提取物皮下注射可终止小鼠早孕；醇提取物腹腔注射可终止小鼠早、中和晚期妊娠以及大鼠早期妊娠；醇提取物对豚鼠和大鼠的离体子宫也有兴奋作用 [4-5]。

3. 抗菌

体外实验表明枸骨叶的粗提取物、乙酸乙酯提取物和正丁醇提取物对白色念珠菌和光滑念珠菌具有明显的抑制作用 [6-7]。

4. 对免疫系统的影响

枸骨叶的脂溶性萃取物对 T 淋巴细胞活化和增殖具有较强的抑制作用 [8]。

5. 其他

枸骨叶中的有机酸类成分 3,4- 二咖啡酰奎宁酸能显著地促进前列腺环素 (PGI_2) 的释放 [9]。枸骨叶的三萜皂苷类化合物在体外有抑制酰基辅酶 A- 胆固醇酰基转移酶的作用 [10]。

应用

本品为中医临床用药。功能：清热养阴，益肾，平肝。主治：肺痨咯血，骨蒸潮热，头晕目眩。

现代临床还用于感冒、肺结核、腰肌劳损、腰骶疼痛、风湿性关节炎等病的治疗。

评注

药用植物图像数据库

历史上，枸骨叶曾被误用为十大功劳并载于《本草纲目拾遗》等书。十大功劳来源为小檗科植物阔叶十大功劳 *Mahonia bealei* (Forti.) Carr. 的叶。枸骨叶和十大功劳来源相去甚远，应区别使用。

枸骨的嫩叶为苦丁茶的一种，有散风热，清头目，解烦闷，活血脉的功效。民间苦丁茶泡茶为减肥饮料，也用于治疗冠心病心绞痛和高血压症。

枸骨种子可入药，功能：补肝肾，强筋活络，固涩下焦。

枸骨树皮亦可入药。功能：补肝肾，强筋骨。

枸骨根亦可入药。功能：补益肝肾，疏风清热。

参考文献

[1] 利瓦伊林，吴菊兰，任冰如，等.枸骨的化学成分[J].植物资源与环境学报，2003，12(2)：1-5.

[2] 吴弢，程志红，刘和平，等.中药枸骨叶脂溶性化学成分的研究[J].中国药学杂志，2005，40(19)：1460-1462.

[3] 杨雁芳，阎玉凝.中药枸骨叶的化学成分研究[J].中国中医药信息杂志，2002，9(4)：33-34.

[4] 利瓦伊林，吴菊兰，任冰如，等.枸骨中3种化合物的心血管药理作用[J].植物资源与环境学报，2003，12(3)：6-10.

[5] 魏成武，杨翠芝，任华能，等.枸骨抗生育作用[J].中国中药杂志，1988，13(5)：48-50.

[6] 张晶，林晨，岑颖洲，等.枸骨叶抗真菌作用初探[J].中国病理生理杂志，2003，19(11)：1562.

[7] 林晨，张晶，沈伟哉，等.枸骨叶两种溶媒萃取物抑制念珠菌机制探讨[J].中国病理生理杂志，2005，21(8)：1653-1654.

[8] 林晨，谭玉波，张晶，等.枸骨叶五种溶媒萃取物对C57BL/6鼠T淋巴细胞作用研究[J].中国病理生理杂志，2005，21(8)：1654.

[9] 秦文娟，吴秀娥，福山爱保，等.苦丁茶化学成分的研究(Ⅱ)[J].中草药，1988，19(11)：486.

[10] NISHIMURA K, MIYASE T, NOGUCHI H. Acyl CoA cholesterol acyltransferase inhibitors from *Ilex cornuta*[J]. Japan Kokai Tokkyo Koho, 2001: 9.

构树 Goushu CP, KHP

Broussonetia papyrifera (L.) Vent.
Paper Mulberry

概述

桑科 (Moraceae) 植物构树 *Broussonetia papyrifera* (L.) Vent.，其干燥成熟果实入药。中药名：楮实子。

构属 (*Broussonetia*) 植物全世界约 4 种，分布于亚洲东部和太平洋岛屿。中国均有分布。本属现供药用者有 3 种，本种分布于中国南北各地；朝鲜半岛、日本、越南、马来西亚、泰国、缅甸也有分布。

楮实入药，始载于《名医别录》，列为上品。《中国药典》（2015 年版）收载本种为中药楮实子的法定原植物来源种。主产于中国湖北、湖南、山西、甘肃等地。

构树主要活性成分为黄酮类化合物 [1]。《中国药典》以药材性状、显微及薄层色谱鉴别来控制楮实子药材质量。

药理研究表明，构树的果实具有抗阿尔茨海默病、抗血小板凝聚、抗氧化、抗菌等作用。

中医药理论认为楮实子具有补肾清肝，明目，利尿等功效。

◆ 构树
Broussonetia papyrifera (L.) Vent.

◆ 构树
B. papyrifera (L.) Vent.

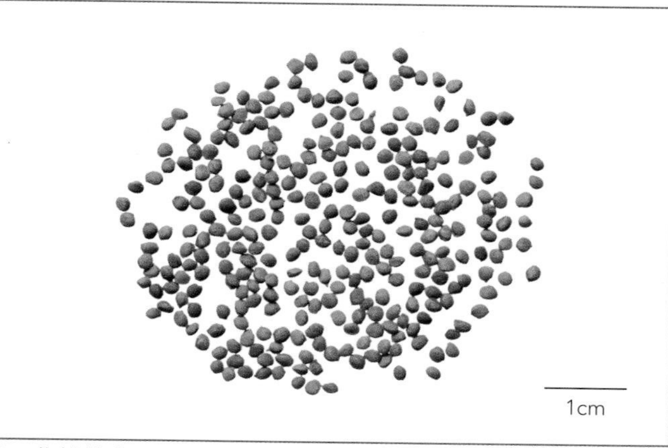

◆ 药材楮实子
Broussonetiae Fructus

化学成分

构树的果实含皂苷、维生素B、油脂等。

种子油中含非皂化物、饱和脂肪酸、油酸 (oleinic acid) 和亚油酸 (linoleic acid) 等。

构树的树干皮含楮树黄酮醇 A、B (broussoflavonols A, B)、楮树查尔酮 A、B (broussochalcones A, B)[2]、构树醇 A、B (kazinols A, B)[3]。

根皮含楮树黄酮醇 C、D、E[4]、F[5]、G[6] (broussoflavonols C～G)、papyriflavonol A[7]、broussoflavan A[6]。

树干中含芫花素 (genkwanin)、异紫花前胡内酯 (marmesin)、白桦脂酸 (betulinic acid)[8]。

枝条皮部接种真菌后产生构树宁 C、D、E、F (broussonins C～F)、broussinol、demethylbroussin[9]、螺楮树宁 A、B (spirobroussonins A, B)[10]。另外还含有构树宁 A、B (broussonins A, B) [11]等化合物。

◆ broussoflavonol F

◆ spirobroussonin A

药理作用

1. 对心血管系统的影响

构叶煎剂及醇提取物对麻醉犬及羊有显著的降血压作用，以构叶提取的总黄酮苷灌注兔和大鼠离体心脏，能显著抑制心肌收缩力，这种抑制收缩力能被氯化钙部分拮抗。在抑制心肌收缩力的同时，伴有心率减慢，并引起心房、心室多发性心律失常，对冠脉流量无明显影响。醇提取物和总黄酮苷对兔和豚鼠离体心房亦有相似的作用，但对心房收缩频率无明显影响。以总黄酮苷灌注离体兔耳，显著增加血管流出量，呈血管扩张作用[12]。

2. 抗菌

体外实验表明，构树宁 A 和 B 对粉红镰孢菌、腐皮镰孢菌、黑曲雷菌等真菌具有一定的抑制作用[13]。

3. 抗氧化

楮实子油和楮实子黄酮有显著的抗氧化和清除自由基作用，它们的氧自由基抑制率分别为 43.85% 和 24.56%[14]。

4. 抑制脂质氧化和血管平滑肌增殖

Broussoflavan A 显著抑制大鼠脑均浆中 Fe^{2+} 诱导的脂质过氧化；亦能抑制大鼠血管平滑肌细胞的增殖[6]。

5. 促进记忆

楮实液灌胃对正常小鼠的空间辨别学习、记忆获得有促进作用；可拮抗东莨菪碱造成的记忆获得障碍；改善氯霉素和亚硝酸钠造成的记忆巩固不良；改善 30% 乙醇引起的记忆再现缺损，并对亚硝酸钠中毒缺氧有明显的改善作用[15]。

6. 抗血小板凝聚

构树中分离得到的黄酮化合物楮树查尔酮 A、构树醇 A 等对人体富集血小板的血浆和野兔血小板悬浮液由花生四烯酸或凝血酶引起的血小板凝聚有强烈的抑制作用[12]。

7. 其他

构树全植物体的乙酸乙酯提取物及所含的黄酮类成分体外能抑制芳香化酶，有可能开发成为防治乳腺癌和前列腺癌的药物[16]。楮树查尔酮 A 等具有抑制蛋白酪氨酸磷酸酶 1B 的作用，为开发治疗 2 型糖尿病的新药提供了参考[17]。

应用

本品为中医临床用药。功能：补肾清肝，明目，利尿。主治：肝肾不足，腰膝酸软，虚劳骨蒸，头晕目昏，目生翳膜，水肿胀满。

现代临床还用于腹水、白内障等病的治疗。

评注

近几年的药理和临床研究表明，构树的果实楮实子具有一定的抗阿尔茨海默病的作用，如对其进行相关的深入研究，具有开发成为治疗老年性疾病新药的潜力。构树的浸出物有较强的酪氨酸酶抑制作用，以及清除自由基作用，可用于美容祛斑及增白。

除果实外，构树的其他部分亦供药用。树皮有利水、止血功效，称为“楮树白皮”；根有活血散瘀、清热利湿功效，称为“楮树根”；叶有凉血止血、利尿解毒功效，称为“楮叶”。

构树适应性广，萌芽力强，易繁殖，是绿化与防堤护岸的重要树种；树皮是优质造纸及纺织原料；构树叶蛋白质含量丰富，达 24%，且完全无毒，属优良的蛋白质饲料，亦可为保健食品添加剂之用。

参考文献

[1] 赵家军，胡支农，戴新民．中药楮实的本草记载和现代研究进展 [J]. 解放军药学学报，2000，16(4)：197-200.

[2] MATSUMOTO J, FUJIMOTO T, TAKINO C, et al. Components of *Broussonetia papyrifera* (L.) Vent. Ⅰ. Structures of two new isoprenylated flavonols and two chalcone derivatives[J]. Chemical & Pharmaceutical Bulletin, 1985, 33(8): 3250-3256.

[3] IKUTA J, HANO Y, NOMURA T. Constituents of the cultivated mulberry tree. Part ⅩⅩⅩⅠ. Components of *Broussonetia papyrifera* (L.) Vent. 2. Structures of two new isoprenylated flavans, kazinols A and B[J]. Heterocycles,1985, 23(11): 2835-2842.

[4] FUKAI T, NOMURA T. Constituents of the Moraceae plants. Part 5. Revised structures of broussoflavonols C and D, and the structure of broussoflavonol E[J]. Heterocycles, 1989, 29(12): 2379-2390.

[5] FANG S C, SHIEH B J, WU R R, et al. Isoprenylated flavonols of formosan *Broussonetia papyrifera*[J]. Phytochemistry, 1995, 38(2): 535-537.

[6] KO H H, YU S M, KO F N, et al. Bioactive constituents of *Morus australis* and *Broussonetia papyrifera*[J]. Journal of Natural Products, 1997, 60(10): 1008-1011.

[7] SON K H, KWON S J, CHANG H W, et al. Papyriflavonol A, a new prenylated flavonol from *Broussonetia papyrifera*[J]. Fitoterapia, 2001, 72(4): 456-458.

[8] LIANG P W, CHEN C C, CHEN Y P, et al. Constituents of *Broussonetia papyrifera* Vent.[J]. Huaxue, 1986, 44(4): 152-154.

[9] TAKASUGI M, NIINO N, NAGAO S, et al. Studies on the phytoalexins of the Moraceae. 13. Eight minor phytoalexins from diseased paper mulberry[J]. Chemistry Letters, 1984, 5: 689-692.

[10] TAKASUGI M, NIINO N, ANETAI M, et al. Studies on phytoalexins of the Moraceae. 14. Structure of two stress metabolites, spirobroussonin A and B, from diseased paper mulberry[J]. Chemistry Letters, 1984, 5: 693-694.

[11] DE ALMEIDA P A, FRAIZ S V J, BRAZ-FILHO R. Synthesis and structural confirmation of natural 1,3-diarylpropanes[J]. Journal of the Brazilian Chemical Society, 1999, 10(5): 347-353.

[12] 渠桂荣，张倩，李彩丽．构树的药理与临床作用研究述略 [J]. 中医药学刊，2003，21(11)：1810-1811.

[13] IIDA Y, YONEMURA H, OH K B, et al. Sensitive screening of antifungal compounds from acetone extracts of medicinal plants with a bio-cell tracer[J]. Yakugaku Zasshi, 1999, 119(12): 964-971.

[14] 袁晓，袁萍．楮实子油及楮实子黄酮成分的抗氧化清除自由基作用的研究 [J]. 天然产物研究与开发，2005，17(S)：23-26.

[15] 戴新民，张尊祥，傅中先，等．楮实对小鼠学习和记忆的促进作用 [J]. 中药药理与临床，1997，13(5)：27-29.

[16] LEE D H, BHAT K P L, FONG H H S, et al. Aromatase inhibitors from *Broussonetia papyrifera*[J]. Journal of Natural Products, 2001 64(10): 1286-1293.

[17] CHEN R M, HU L H, AN T Y, et al. Natural PTP1B inhibitors from *Broussonetia papyrifera*[J]. Bioorganic & Medicinal Chemistry Letters, 2002, 12(23): 3387-3390.

栝楼 Gualou CP, JP, VP

Trichosanthes kirilowii Maxim.
Mongolian Snakegourd

概述

葫芦科 (Cucurbitaceae) 植物栝楼 *Trichosanthes kirilowii* Maxim.，其干燥根、成熟果实、成熟果皮和成熟种子均能入药。中药名分别为：天花粉、瓜蒌、瓜蒌皮和瓜蒌子。

栝楼属 (*Trichosanthes*) 植物全世界约 50 种，分布于东南亚，由此向南经马来西亚至澳大利亚，向北经中国至朝鲜半岛、日本。中国有 34 种 6 变种，为主要分布区。本属现供药用者有 10 多种。本种分布于中国辽宁、华北、华东、中南、陕西、甘肃、四川、贵州和云南；朝鲜半岛、日本、越南和老挝也有分布。

"栝楼根"药用之名，始载于《神农本草经》，列为中品。中国从古至今作中药天花粉、瓜蒌、瓜蒌皮和瓜蒌子入药的有几十个品种，但绝大多数来源于葫芦科栝楼属植物。《中国药典》（2015 年版）收载本种为中药天花粉、瓜蒌、瓜蒌皮和瓜蒌子的法定原植物来源种之一。栝楼根（天花粉）主产于中国山东、河南、河北，以河南安阳一带所产质量最好。栝楼果实（瓜蒌）主产于山东、河北、河南、安徽；以山东长清、肥城、宁阳等地产量较大，质量亦佳，并有很多栽培品种。此外，河北、河南产量也较大。

栝楼属植物的果实、果皮、种子和茎叶所含的化学成分主要有油脂、有机酸、甾醇、三萜、蛋白质。根主要含有蛋白质、氨基酸、甾醇、三萜类。《中国药典》采用高效液相色谱法进行测定，规定瓜蒌子药材含 3,29-二苯甲酰基栝楼仁三醇不得少于 0.080%，以控制药材质量。

药理研究表明，栝楼根具有降血糖作用，天花粉蛋白具有中止妊娠并引起流产的作用，栝楼果实具有保护心肌缺血、抗血小板聚集等作用。

中医理论认为天花粉具有清热泻火，生津止渴，消肿排脓等功效；瓜蒌具有清热涤痰，宽胸散结，润燥滑肠等功效；瓜蒌皮具有清热化痰，利气宽胸等功效；瓜蒌子具有润肺化痰，滑肠通便等功效。

◆ 栝楼
Trichosanthes kirilowii Maxim.

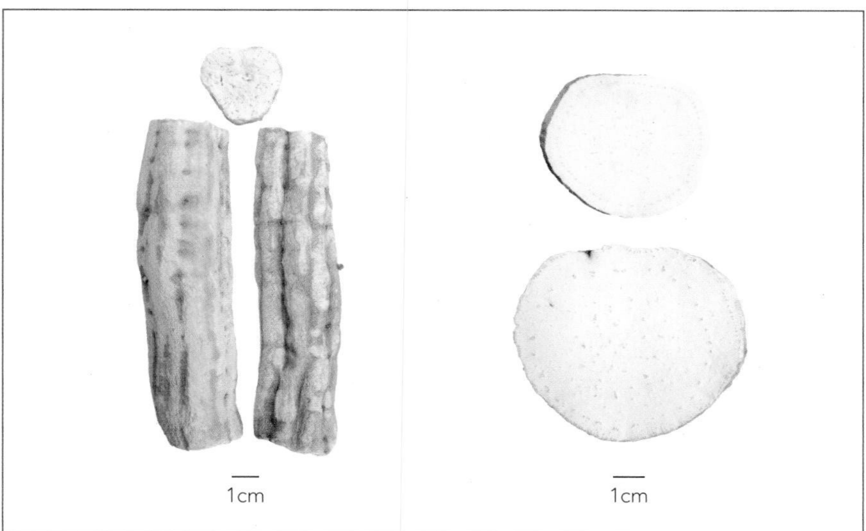

◆ 药材天花粉
Trichosanthis Radix

◆ 药材瓜蒌
Trichosanthis Fructus

◆ 双边栝楼
T. rosthornii Harms

◆ 药材瓜蒌子
Trichosanthis Semen

化学成分

栝楼根主含蛋白质、多糖、植物凝集素、氨基酸等成分。蛋白质类成分：天花粉蛋白 (trichosanthin)、karasuin、α-momorcharin、β-momorcharin[1]、α-天花粉蛋白 (α-trichosanthin)[2]以及各含41个氨基酸和3对二硫键的双链多肽[3]等；栝楼聚糖A、B、C、D、E[4] (trichosans A～E)；植物凝集素TK-Ⅰ、TK-Ⅱ和TK-Ⅲ[5]；此外亦含stigmast-7-en-3β-ol、stigmast-7-en-3β-ol-3-*O*-β-*D*-glucopyranoside、泻根醇酸 (bryonolic acid)[6]。

栝楼种子脂肪油含量约为26%，其中饱和脂肪酸占30%，不饱和脂肪酸占66.5%，以栝楼酸为主[7]。还分离得到糖蛋白栝楼素 (trichokirin)[8]；三萜类化合物: 3, 29-二苯甲酰基栝楼仁二醇 (3, 29-dibenzoyl karounidiol)、栝楼仁二醇 (karounidiol)、栝楼仁二醇-3-苯甲酸酯 (karounidiol 3-benzoate)[9]、5-去氢栝楼仁二醇 (5-dehydrokarounidiol)[10]、7-氧代二氢栝楼仁二醇 (7-oxodihydrokarounidiol)[11]、异栝楼仁二醇 (isokarounidiol)[12]、3-表栝楼仁二醇(3-epikarounidiol)、7-氧代异多花烯醇 (7-oxoisomultiflorenol)、3-表布莱翁隆醇 (3-epibryonolol)、布莱翁隆醇 (bryonolol)[13]、7-氧-10α-葫芦二烯醇 (7-oxo-10α-cucurbitadienol)[14]。

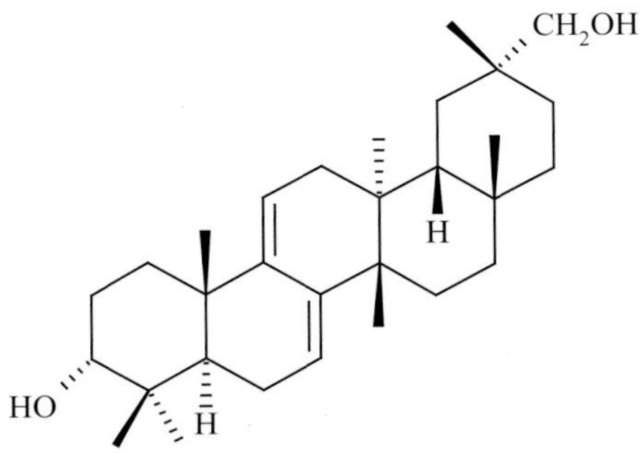

CH_2OH H HO H

◆ karounidiol

药理作用

1. 致流产和抗早孕

天花粉蛋白可直接作用于胎盘的滋养层细胞，使其变性，导致胎儿死亡和组织坏死，促进前列腺的合成及释放，在大量前列腺素作用下发动宫缩导致流产[15]。体外实验还表明，天花粉蛋白能诱导小鼠胚胎细胞钙浓度升高和产生活性氧自由基，并抑制小鼠胚胎细胞的分裂，从而导致流产[16]。

2. 免疫调节功能

天花粉蛋白具有免疫增强和免疫抑制两方面的作用。既可刺激，又可抑制淋巴细胞转化反应；既可增强，也可抑制体液免疫反应；可增强红细胞免疫功能；启动补体、激肽系统等。天花粉蛋白产生双向免疫调节作用的原因可能是多方面的，如所用药材的产地不同，天花粉蛋白的分离纯化过程不同导致蛋白组分不同，天花粉蛋白浓度、剂量不同等[17]。

3. 抗人类免疫缺陷病毒

天花粉蛋白体外可显著促进人类免疫缺陷病毒 (HIV) 感染 H9 细胞的凋亡，且呈剂量依赖性[18]。天花粉蛋白抗 HIV 活性与其核糖体灭活作用有关[19]。

4. 抗肿瘤

天花粉蛋白最早被用于治疗恶性滋养叶肿瘤。天花粉对绒毛膜上皮癌有独特的疗效，对实验性小鼠艾氏腹水癌、人肝癌、肺癌、胃癌、结肠癌等都有较好的抑癌作用，其机制与增强自然杀伤 (NK) 细胞的杀灭活性、诱导细胞凋亡、抑制蛋白合成等有关[20]。

5. 降血糖

天花粉凝集素有胰岛素样降血糖活性。

6. 心血管药理

栝楼果实提取物灌胃能延长异丙肾上腺素作用的小鼠常压缺氧存活时间，对抗垂体后叶素所致的大鼠急性心肌缺血作用，显著保护缺血后再灌注损伤的大鼠[21]。体外实验表明，栝楼果皮制成的注射液有抑制兔主动脉血管平滑肌细胞 (SMC) 增殖的作用[22]。

7. 抗血小板聚集

栝楼酸对胶原、二磷酸腺苷 (ADP) 和肾上腺素诱导的血小板聚集有明显抑制作用。瓜蒌注射剂对冠脉结扎再灌注所致血小板聚集有显著抑制作用。瓜蒌扩冠、抑制血栓素 A 形成和抗血小板聚集可能是它保护心肌缺血的机制。腺苷是抗血小板聚集的活性成分之一[23]。

8. 其他

栝楼果实还有镇咳、祛痰[24]、致泻、抗菌等作用。

应用

本品为中医临床用药。

天花粉：

功能：清热泻火，生津止渴，消肿排脓。主治：热病烦渴，肺热燥咳，内热消渴，疮疡肿毒。

现代临床还用于糖尿病、死胎、过期流产引产、宫外孕、葡萄胎、恶性葡萄胎和绒毛膜上皮癌等病的治疗。

瓜蒌：

功能：清热涤痰，宽胸散结，润燥滑肠。主治：肺热咳嗽，痰浊黄稠，胸痹心痛，结胸痞满，乳痈，肺痈，肠痈，大便秘结。

现代临床还用于气管炎、肺心病、冠心病等病的治疗。

评注

药用植物图像数据库

《中国药典》还收载同属植物双边栝楼 *Trichosanthes rosthornii* Harms 作为中药材天花粉、瓜蒌、瓜蒌皮和瓜蒌子的法定原植物来源种。实际商品情况更为复杂，天花粉商品来源至少有 28 种，瓜蒌皮和瓜蒌子的商品来源也有 20 余种。不同品种之间化学成分有差异，毒性也不一致，应加以区别。从质量看，河南安阳的天花粉，山东长清、肥城、宁阳的瓜蒌质量最佳，应优先发展。

通过沸水浸提栝楼果实制取有效成分提取液，研制开发的瓜蒌保健饮料，经临床观察发现其有镇咳润肺、增进食欲功效，对吸烟后的口感不适具有明显的缓解作用。此外栝楼有效成分具有和可乐型饮料相媲美的独特风味。研制栝楼系列产品，具有较好的开发前景。

参考文献

[1] YEUNG H W, NG T B, LI W W, et al. Partial chemical characterization of α- and β-momorcharins[J]. Planta Medica, 1987, 53(2): 164-166.

[2] CHOW T P, FELDMAN R A, LOVETT M, et al. Isolation and DNA sequence of a gene encoding α-trichosanthin, a type Ⅰ ribosome-inactivating protein[J]. Journal of Biological Chemistry, 1990, 265(15): 8670-8674.

[3] TAN F L, ZHANG G D, MU J F, et al. Purification, characterization and sequence determination of a double-headed trypsin inhibitor peptide from *Trichosanthes kirilowii* (a Chinese medical herb) [J]. Hoppe-Seyler's Zeitschrift fuer Physiologische Chemie, 1984, 365(10): 1211-1217.

[4] HIKINO H, YOSHIZAWA M, SUZUKI Y, et al. Isolation and hypoglycemic activity of trichosans A, B, C, D, and E: glycans of *Trichosanthes kirilowii* roots[J]. Planta Medica, 1989, 55(4): 349-350.

[5] YEUNG H W, NG T B, WONG D M, et al. Chemical and biological characterization of the galactose binding lectins from *Trichosanthes kirilowii* root tubers[J]. International Journal of Peptide & Protein Research, 1986, 27(2): 208-220.

[6] KITAJIMA J, TANAKA Y. Studies on the constituents of "Trichosanthes root". Ⅳ. Constituents of roots of *Trichosanthes multiloba* Miq., *Trichosanthes miyagii* Hay. and Chinese crude drug "karo-kon" [J]. Yakugaku Zasshi, 1989, 109(9): 677-679.

[7] 巢志茂，何波，敖平．瓜蒌的化学成分研究进展 [J]. 国外医学（中医中药分册），1998，20(2)：7-10.

[8] BARBIERI L, CASELLAS P, F STIRPE. Novel protein synthesis-inhibiting trichokirin, its isolation from *Trichosanthes kirilowii* seeds, and its conjugates with monoclonal antibodies for cell targeting for therapy[J]. Fr. Demande, 1988: 16.

[9] AKIHISA T, TAMURA T, MATSUMOTO T, et al. Karounidiol [D:C-friedo-oleana-7,9(11)-diene-3α,29-diol] and its 3-*O*-benzoate: novel pentacyclic triterpenes from *Trichosanthes kirilowii*. X-ray molecular structure of karounidiol diacetate[J]. Journal of the Chemical Society, Perkin Transactions 1: Organic and Bio-Organic Chemistry, 1988, 3: 439-443.

[10] AKIHISA T, KOKKE W C M C, KRAUSE J A, et al. 5-Dehydrokarounidiol [D:C-friedo-oleana-5,7,9(11)-triene-3α,29-diol], a novel triterpene from *Trichosanthes kirilowii* Maxim[J]. Chemical & Pharmaceutical Bulletin, 1992, 40(12): 3280-3283.

[11] AKIHISA T, KOKKE W C M C, TAMURA T, et al. 7-Oxodihydrokarounidiol [7-oxo-D:C-friedoolean-8-ene-3α,29-diol], a novel triterpene from *Trichosanthes kirilowii*[J]. Chemical & Pharmaceutical Bulletin, 1992, 40(5): 1199-1202.

[12] AKIHISA T, KOKKE W C M C, KIMURA Y, et al. Isokarounidiol (D:C-Friedooleana-6,8-diene-3α,29-diol]: The first naturally occurring triterpene with a D6,8-conjugated diene system. Iodine-mediated dehydrogenation and isomerization of its diacetate[J]. Journal of Organic Chemistry, 1993, 58(7): 1959-1962.

[13] AKIHISA T, YASUKAWA K, KIMURA Y, et al. Five D:C-Friedo-oleanane triterpenes from the seeds of *Trichosanthes kirilowii* Maxim. and their anti-inflammatory effects[J]. Chemical & Pharmaceutical Bulletin, 1994, 42(5): 1101-1105.

[14] AKIHISA T, YASUKAWA K, KIMURA Y, et al. 7-Oxo-10a-cucurbitadienol from the seeds of *Trichosanthes kirilowii* and its anti-inflammatory effect[J]. Phytochemistry, 1994, 36(1): 153-157.

[15] 刘国武，刘福阳．天花粉蛋白的临床应用 [J]. 实用妇产科杂志，1990，6(6)：282-284.

[16] 徐慧，张春阳，马辉，等．共聚焦激光扫描显微术研究天花粉蛋白对小鼠胚胎细胞的作用机制 [J]. 分析科学学报，2001，17(6)：460-463.

[17] 周广宇，李洪军，毕黎琦．天花粉蛋白对免疫系统的作用 [J]. 医学综述，2000，6(9)：418-420.

[18] WANG Y Y, OUYANG D Y, HUANG H, et al. Enhanced apoptotic action of trichosanthin in HIV-1 infected cells[J]. Biochemical and Biophysical Research Communications, 2005, 331(4): 1075-1080.

[19] WANG J H, NIE H L, TAM S C, et al. Anti-HIV-1 property of trichosanthin correlates with its ribosome inactivating activity[J]. FEBS Letters, 2002, 531(2): 295-298.

[20] 王海英，刘旭东．天花粉抗肿瘤研究进展 [J]. 国医论坛，2005，20(1)：54-55.

[21] 吴波，曹红，陈思维，等．瓜蒌提取物对缺血缺氧及缺血后再灌注损伤心肌的保护作用 [J]. 沈阳药科大学学报，2000，17(6)：450-451，465.

[22] 李自成，常青．瓜蒌注射液对兔血管平滑肌细胞增殖细胞核抗原表达的影响 [J]. 中国病理生理杂志，2000，16(6)：516-518.

[23] 刘岱琳，曲戈霞，王乃利，等．瓜蒌的抗血小板聚集活性成分研究 [J]. 中草药，2004，35(12)：1334-1336.

[24] 阮耀，岳兴如．瓜蒌水煎剂的镇咳祛痰作用研究 [J]. 国医论坛，2004，19(5)：48.

鬼针草 Guizhencao

Bidens bipinnata L.
Spanish Needles

概述

菊科 (Asteraceae) 植物鬼针草 *Bidens bipinnata* L.，其干燥全草入药。中药名：鬼针草。

鬼针草属 (*Bidens*) 全世界约 230 种，广布于全世界热带及温带各地。中国有 9 种 2 变种，本属现供药用者约有 7 种。本种分布于中国东北、华北、华中、华东、华南、西南及陕西、甘肃等地；美洲、亚洲、欧洲及非洲东部也有。

“鬼针草”之药用名，始载于《本草拾遗》。全国大部分地区均产。

鬼针草属植物主要含黄酮类和多炔类[1]。

药理研究表明，鬼针草具有降血脂、抗血栓、抗菌、消炎、降血压、镇痛等作用。

中医理论认为鬼针草具有清热解毒，祛风除湿，活血消肿等功效。

◆ 鬼针草
Bidens bipinnata L.

◆ 三叶鬼针草
B. pilosa L.

化学成分

鬼针草地上部份含黄酮类成分：金丝桃苷 (hyperoside)、奥卡宁 (okanin)、海生菊苷 (maritimetin)、异奥卡宁-7-*O*-*β*-*D*-葡萄糖苷 (isookanin-7-*O*-*β*-*D*-glucopyranoside)[F]、isookanin 7-*O*-(4”,6”-diacetyl)-*β*-*D*-glucopyranoside、bidenosides A、B、F、G[1-3]；乙炔苷类成分：bidenosides C、D[4]；多炔类成分：鬼针聚炔苷 (bipannatpolyacetyloside)、鬼针聚炔苷B (bipannatpolyacetyloside B)[5-6]；苯丙素苷类成分：苯乙基-*O*-*β*-*D*-吡喃葡萄糖苷(benzenethyl-*O*-*β*-*D*-g1ucopyranoside)、苄基-*O*-*β*-*D*-吡喃葡萄糖苷 (benzyl-*O*-*β*-*D*-g1ucopyranoside)、丁香酚苷 (eugenyl-*O*-*β*-*D*-g1ucopyranoside)、4-*O*-(6”-*O*-*p*-香豆酰基-*β*-*D*-吡喃葡萄糖)-*p*-香豆酸 [4-*O*-(6”-*O*-*p*-coumaroyl-*β*-*D*-glucopyranosyl)-*p*-coumaric acid][7-8]等。

全草含酚酸类成分：水杨酸 (salicylic acid)、原儿茶酸 (protocatechuic acid)、没食子酸 (gallic acid)[9]。

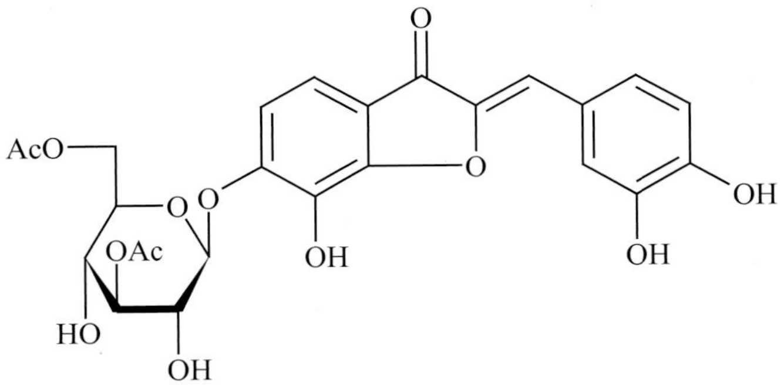

◆ bidenoside A

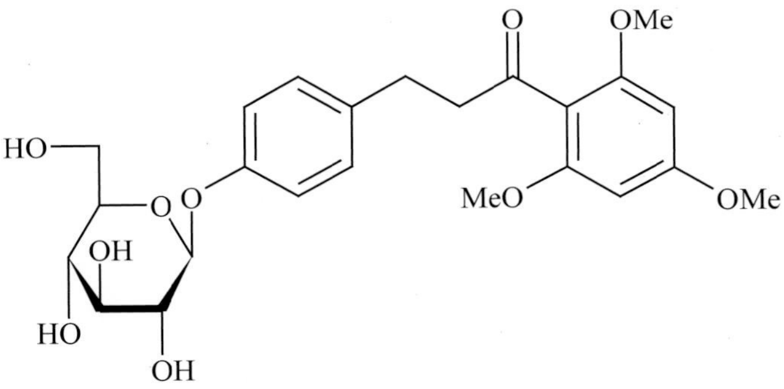

◆ bidenoside B

药理作用

1. 抗炎

鬼针草中的鬼针聚炔苷灌胃给药、腹腔注射给药以及总黄酮外涂给药均能明显抑制巴豆油诱发的小鼠耳郭肿胀及蛋清所致足趾肿胀；鬼针聚炔苷灌胃给药还能显著降低小鼠毛细血管通透性；鬼针聚炔苷和总黄酮灌胃给药均可抑制棉球所致的大鼠肉芽肿；鬼针聚炔苷灌胃给药能抑制醋酸致炎大鼠的白细胞游走[10]。

2. 对中枢神经系统的作用

鬼针草注射液腹腔注射能显著延长小鼠的戊巴比妥钠睡眠时间，明显减少小鼠自发活动次数，并与氯丙嗪有协同作用，与苯丙胺有拮抗作用，但不能对抗士的宁引起的惊厥，提示鬼针草有较好的中枢抑制作用[9]。

3. 降血脂

鬼针草煎剂灌胃给药可显著降低高血脂大鼠血清总胆固醇 (TC)、三酰甘油 (TG) 和低密度脂蛋白 (LDL) 的含量，升高高密度脂蛋白在血清胆固醇中的比例 (HDL/TC)，使血液黏度（比）显著下降，血栓形成量显著减少[11]。

4. 降血压

鬼针草颗粒剂可明显降低高血压患者的收缩压和舒张压，其降血压作用与阻断 α- 及 β- 肾上腺素受体以及耗竭儿茶酚胺类递质均无关，推测为直接扩张血管产生降血压作用[12-15]。

5. 降血糖

鬼针草乙醇提取物的乙酸乙酯部位灌胃具有降低四氧嘧啶所致高血糖小鼠血糖的作用，提取物的乙酸乙酯与正丁醇萃取部分灌胃能刺激胰岛素分泌或影响糖代谢，降低正常小鼠的血糖[16]。

6. 对心脏的影响

经主动脉插管注射，鬼针草水提取液能使兔离体心脏出现心率减慢，心肌收缩力减弱，1 分钟后心率恢复正常，心肌收缩力增强[9]。

7. 抑制血小板聚集

体外实验表明，鬼针草提取物水浸膏可明显抑制二磷酸腺苷 (ADP)、胶原诱导的大白鼠血小板聚集反应，且呈剂量依赖关系，延长胶原引起聚集前的潜伏期[17]。

8. 抗肿瘤

采用 MTT 活细胞检测法，探讨鬼针草 5 种提取成分对体外培养的 2 种肿瘤细胞——人早幼粒白血病细胞 HL-60 和人组织淋巴瘤细胞 V_{937} 的抑制，结果表明鬼针草 5 种成分对这 2 种肿瘤细胞均有不同程度的抑制作用，以聚炔苷混晶和鬼针聚炔苷抑制活性最强[18]。

9. 其他

扭体法和热板法均证实，鬼针草注射液给小鼠腹腔注射具有一定的镇痛作用[9]。

应用

本品为中医临床用药。功能：清热解毒，祛风除湿，活血消肿。主治：1. 咽喉肿痛；2. 泄泻，痢疾，黄疸，肠痈，疔疖肿毒，蛇虫咬伤；3. 风湿痹痛，跌打损伤。

现代临床还用于前列腺炎、肝炎、肾炎、支气管炎和糖尿病等病的治疗。

评注

同属植物三叶鬼针草 *Bidens pilosa* L. 在中国民间与鬼针草等同入药。

鬼针草在中国分布极广，多为荒野杂草，资源十分丰富。已开发出鬼针草的各种保健品，用于治疗肝炎、肾炎、糖尿病和支气管炎，具良好的抗炎、抑制致癌促进剂和抗糖尿病作用。在墨西哥、夏威夷等地，鬼针草属多种植物为治疗糖尿病、虚弱、喉痛、胃功能紊乱及哮喘等的传统药。

研究发现，鬼针草中黄酮类成分、鬼针聚炔苷已被证明为该植物的抗炎有效成分，这对该成分进一步开发研制抗炎新药提供了依据。聚炔苷类成分还在抗肿瘤方面体现出显著的活性，具有开发成为价格低廉抗肿瘤药物的潜力。

参考文献

[1] 王建平，惠秋莎，秦红岩，等．鬼针草化学成分的研究(Ⅰ)[J]. 中草药，1992，23(5)：229-231.

[2] LI S, KUANG H X, OKADA Y, et al. A new aurone glucoside and a new chalcone glucoside from *Bidens bipinnata* Linne[J]. Heterocycles, 2003, 61: 557-561.

[3] LI S, KUANG H X, OKADA Y, et al. New flavanone and chalcone glucosides from *Bidens bipinnata* Linn.[J]. Journal of Asian Natural Products Research, 2005, 7(1): 67-70.

[4] LI S, KUANG H X, OKADA Y, et al. New acetylenic glucosides from *Bidens bipinnata* Linne[J]. Chemical & Pharmaceutical Bulletin, 2004, 52(4): 439-440.

[5] WANG J P, ISHII H, HARAYAMA T, et al. Study on the chemical constituents of *Bidens bipinnata* a new polyacetylene glycoside[J]. Chinese Chemical Letters, 1992, 3(4): 287-288.

[6] 马明，王建平，徐凌川．婆婆针化学成分的研究[J]. 中草药，2005，36(1)：7-9.

[7] 李帅，匡海学，冈田嘉仁，等.鬼针草化学成分的研究(Ⅰ)[J].中草药，2003，34(9)：782-785.

[8] 王佳，杨辉，林中文，等．婆婆针的化学成分[J]. 云南植物研究，1997, 19(3): 311-315.

[9] 陈礼明，徐维平．鬼针草化学成分与药理作用概述[J]. 基层中药杂志，1997，11(1)：50-51.

[10] 王建平，张惠云，秦红岩，等．鬼针草抗炎新成分的药理作用[J]. 中草药，1997，28(11)：665-668.

[11] 冯向东，朱晓英，高光伟．鬼针草煎剂对高脂大鼠的药理作用[J]. 基层中药杂志，2000，14(5)：3-4.

[12] 陈晓虎，唐蜀华，李燕，等．鬼针草颗粒剂治疗高血压病、高胰岛素血症的临床研究[J]. 南京中医药大学学报，1998，14(1)：19-20.

[13] 李玲，刘旭杰，郝洪．鬼针草降压作用与肾上腺素受体的关系[J]. 第四军医大学学报，2004，25(23)：2.

[14] 刘旭杰，郝洪，李玲．鬼针草对血管平滑肌的作用[J]. 第四军医大学学报，2004，25(19)：1767.

[15] 刘旭杰，李玲，郝海鸥．鬼针草对递质耗竭影响的药理研究[J]. 医药论坛杂志，2003，24(18)：51.

[16] 李帅，匡海学，毕明刚，等．鬼针草提取物对Ⅱ型糖尿病小鼠降血糖作用的研究[J]. 中医药学报，2003，31(5)：37-38.

[17] 张建新，吴树勋，杨纯，等．鬼针草提取物对血小板聚集功能的影响[J]. 河北医药，1989，11(4)：241-242.

[18] 王建平，秦红岩，张惠云，等．鬼针草提取成分对白血病细胞的体外抑制作用[J]. 中药材，1997，20(5)：247-249.

孩儿参 Hai'ershen [CP]

Pseudostellaria heterophylla (Miq.) Pax ex Pax et Hoffm.
Heterophylly Falsestarwort

概述

石竹科 (Caryophyllaceae) 植物孩儿参 *Pseudostellaria heterophylla* (Miq.) Pax ex Pax et Hoffm.，其干燥块根入药。中药名：太子参。

孩儿参属 (*Pseudostellaria*) 植物全世界约 15 种，分布于亚洲东部和北部、欧洲东部。中国有 8 种。广布于长江流域以北地区。本属现供药用者约有 3 种。本种分布于中国北方和华中、华东等地；日本和朝鲜半岛也有分布。

"太子参"药用之名，始载于《本草从新》。石竹科太子参人工栽培已有近百年的历史。《中国药典》（2015 年版）收载本种为中药太子参的法定原植物来源种。主产于中国江苏、山东、安徽等地。

孩儿参属植物主要活性成分为环多肽和皂苷类化合物。《中国药典》以性状、显微和薄层色谱鉴别来控制太子参药材的质量。

药理研究表明，孩儿参具有抗疲劳、增强免疫、镇咳、抗菌、抗病毒等作用。

中医理论认为太子参具有益气健脾，生津润肺等功效。

◆ 孩儿参
Pseudostellaria heterophylla (Miq.) Pax ex Pax et Hoffm.

◆ 孩儿参
P. heterophylla (Miq.) Pax ex Pax et Hoffm.

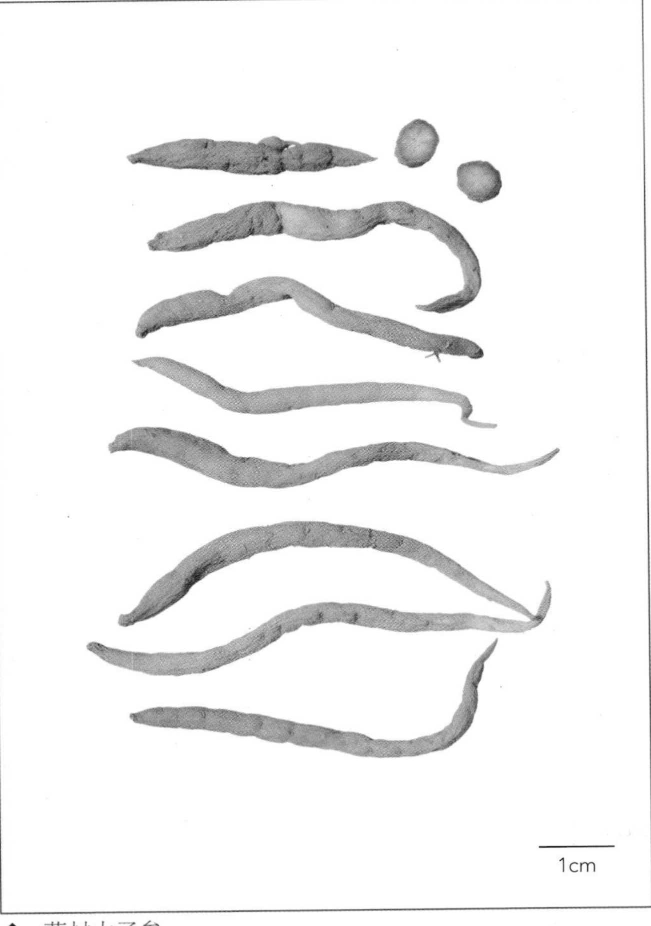

◆ 药材太子参
Pseudostellariae Radix

化学成分

孩儿参的块根含有三萜皂苷类：太子参皂苷A (pseudostellarinoside A)、尖叶丝石竹皂苷D (acutifoliside D)[1]。环肽类：太子参环肽A、B[2]、C[3]、D[1] (heterophyllins A～D)、pseudostellarins A、B、C[4]、D、E、F[5]、G[6]、H[7]；有机酸类：2-吡咯甲酸 (2-minaline)[8]等。挥发油类：吡咯 (pyrrole)、糠醛 (furfurol)、糠醇 (furfuryl alcohol)、1-甲基-3-丙基苯 (1-methyl-3propyl-benzene)、2-甲基-吡咯 (2-methyl-pyrrole)、邻苯二甲酸二丁酯 (dibutylphthalate) 等化合物[9]。油脂类：三棕榈酸甘油酯 (tripalmitin)、棕榈酸三十二醇酯 (dotriy1palmitate)[1]。

药理作用

1. 抗疲劳、抗应激

太子参总皂苷、多糖和 75% 醇提取物给小鼠灌胃，均能显著延长小鼠游泳时间，还能明显延长小鼠常压缺氧和低温下的存活时间 [10-11]。

2. 增强免疫

太子参 75% 醇提取物灌胃能明显对抗小鼠利血平所致的胸腺、脾脏重量减轻，能降低小鼠脾虚阳性发生率，升高脾虚小鼠体重，增强强的松龙免疫抑制小鼠的迟发型超敏反应 [12]。太子参多糖和总皂苷灌胃能增加小鼠免疫器官的重量，提高小鼠免疫后血清中溶血素的含量，对小鼠网状内皮系统 (RES) 吞噬功能有明显的启动作用 [10-11]。

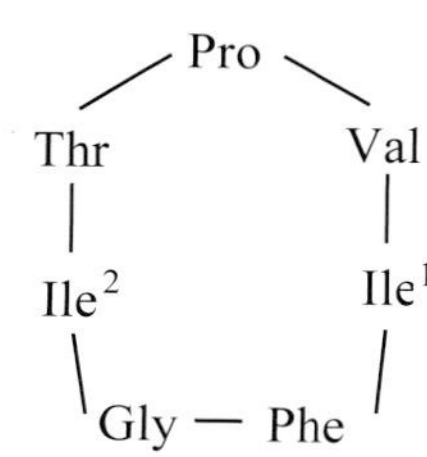

Pro：脯氨酸　Thr：苏氨酸　Ile：异亮氨酸
Gly：甘氨酸　Phe：苯丙氨酸　Val：缬氨酸

◆ heterophyllin A

3. 推迟衰老

智能化学发光法测定结果显示，太子参(1:1)甲醇－水提取液具有稳定的非酶类除超氧自由基的"SOD样作用"物质，提示太子参具有一定的体外SOD样药理活性[13]。太子参醇提取物给自然衰老型大鼠灌胃，能使大鼠血清、肝、肾组织中丙二醛(MDA)不同程度下降，一氧化氮合酶(NOS)及诱导型一氧化氮合酶(iNOS)活力明显下降，而超氧化物歧化酶(SOD)及谷胱甘肽过氧化物酶(GSH-Px)活力有不同程度提高[14-15]。太子参水煎液能使果蝇的平均寿命和最高寿命延长[16]。

4. 降血糖

太子参水提取物灌胃对氢化可的松琥珀酸钠(HCSS)诱导小鼠产生胰岛素抵抗有显著的改善；对链脲菌素(STZ)诱导的糖尿病小鼠模型有明显的降血糖作用；对正常小鼠血糖无影响[17]。

应用

本品为中医临床用药。功能：益气健脾，生津润肺。主治：脾虚体倦，食欲不振，病后虚弱，气阴不足，自汗口渴，肺燥干咳。

现代临床还用于神经衰弱等病的治疗。

评注

太子参名见《本草从新》《本草纲目拾遗》中，太子参原指五加科植物人参之形状小者。现商品则普遍使用石竹科植物太子参的块根。

太子参具有抗疲劳、增强免疫等功效，广泛用于保健食品中。太子参的需求量日益增加，现福建、贵州等地已经建立太子参栽培基地。

参考文献

[1] 余永邦，秦民坚，余国奠．太子参化学成分、药理作用及质量评价研究进展[J]. 中国野生植物资源，2003，22(4): 1-3，7.

[2] TAN N H, ZHOU J, CHEN C X, et al. Cyclopeptides from the roots of *Pseudostellaria heterophylla*[J]. Phytochemistry, 1993, 32(5): 1327-1330.

[3] 谭宁华，周俊．太子参中新环肽——太子参环肽C[J]. 云南植物研究，1995，17(1)：60.

[4] MORITA H, KAYASHITA T, KOBATA H, et al. Cyclic

peptides from higher plants. Ⅵ. Pseudostellarins A-C, new tyrosinase inhibitory cyclic peptides from *Pseudostellaria heterophylla*[J]. Tetrahedron, 1994, 50(23): 6797-6804.

[5] MORITA H, KAYASHITA T, KOBATA H, et al. Cyclic peptides from higher plants. 7. Pseudostellarins D-F, new tyrosinase inhibitory cyclic peptides from *Pseudostellaria heterophylla*[J]. Tetrahedron, 1994, 50(33): 9975-9982.

[6] MORITA H, KOBATA H, TAKEYA K, et al. Cyclic peptides from higher plants. Ⅴ. Pseudostellarin G, a new tyrosinase inhibitory cyclic octapeptide from *Pseudostellaria heterophylla*[J]. Tetrahedron Letters, 1994, 35(21): 3563-3564.

[7] MORITA H, KAYASHITQA T, TAKEYA K, et al. Cyclic peptides from higher plants, part 15. Pseudostellarin H, a new cyclic octapeptide from *Pseudostellaria heterophylla*[J]. Journal of Natural Products, 1995, 58(6): 943-947.

[8] 谭宁华，赵守训，陈昌祥，等 . 太子参的化学成分 [J]. 云南植物研究，1991，13(4)：431，440.

[9] 王喆星，徐绥绪，张秀琴 . 太子参化学成分的研究 (Ⅲ)：挥发性成分的分析鉴定 [J]. 沈阳药学院学报，1993，10(3)：221-222.

[10] 刘训红，陈彬，王玉玺 . 太子参总皂苷药理作用的初步研究 [J]. 江苏药学与临床研究，2000，8(3)：6-8.

[11] 刘训红，陈彬，王玉玺 . 太子参多糖抗应激和免疫增强作用的实验研究 [J]. 江苏中医，2000，21(10)：51-52.

[12] 龚祝南，戴岳，马辉，等.8个不同产地太子参对脾虚及免疫功能的影响[J].中药材，2001，24(4)：281-282.

[13] 余国奠，刘峻，陈喻，等.6个不同产地的太子参对超氧自由基清除作用的研究[J].中国野生植物资源，2000，19(4)：7-8，19.

[14] 袁逸铭，高湘，许爱霞，等 . 太子参醇提物的抗脂质过氧化作用 [J]. 中国临床药理学与治疗学，2005，10(1)：83-86.

[15] 袁逸铭，高湘，许爱霞，等 . 太子参醇提物对自然衰老大鼠组织一氧化氮合酶的影响 [J]. 中国药学杂志，2005，40(15)：1199-1200.

[16] 黄国城，施少捷，郑强 . 太子参和香菇多糖对果蝇寿命的影响 [J]. 实用老年医学，1995，9(1)：29.

[17] 曹莉，茅彩萍，顾振纶 . 三种中药对糖尿病小鼠胰岛素抵抗的影响 [J]. 中国血液流变学杂志，2005，15(1)：42-44.

海带 Haidai CP

Laminaria japonica Aresch.
Kelp

概述

海带科 (Laminariaceae) 植物海带 *Laminaria japonica* Aresch.，其干燥叶状体入药，中药名：昆布；以其固着器入药，中药名：海带根。

海带属 (*Laminaria*) 植物全世界约有 30 种，主要分布于北冰洋、北太平洋、北大西洋及非洲南部海域 [1]。该属植物中国仅有 1 种，即海带，药食两用，主要分布于辽东半岛和山东半岛。

“昆布”药用之名，始载于《吴普本草》，《名医别录》中列为中品。历代本草所记载的“昆布”为海带 *Laminaria japonica* Aresch. 及昆布 *Ecklonia kurome* Okam.（翅藻科 Alariaceae）的干燥叶状体。《中国药典》（2015 年版）收载此两种为中药昆布的法定原植物来源种。海带在中国东南沿海各省均产，现多人工养殖，并已成为中国海水养殖的支柱产业之一，产量居世界首位 [2]。

海带中主要活性成分为碘、海带多糖类化合物，另含维生素、胡萝卜素、氨基酸、脂肪酸等。《中国药典》采用滴定法进行测定，规定昆布药材含碘量不得少于 0.35%；采用紫外－可见分光光度法进行测定，含昆布多糖以岩藻糖计，不得少于 2.0%，以控制药材质量。

药理研究表明，海带具有补碘、降血压、抗凝血、调节血脂及抗肿瘤等作用。

中医理论认为昆布具有消痰软坚散结，利水消肿等功效。

◆ 海带
Laminaria japonica Aresch.

◆ 海带（固着器）
L. japonica Aresch.

◆ 药材昆布
Laminariae Thallus

化学成分

海带中含多糖类化合物，主要有褐藻酸盐[alginate，系褐藻酸（alginic acids）的钠、钾、铵、钙盐等]、bidenoside B、岩藻依多糖（fucoidan）、海带聚糖（海带素，laminarin）及海带硫酸多糖（fucoidan-galactosan sulfate）[2]等；含糖醇类化合物如：甘露醇（mannitol）等；含氨基酸类成分如：海带氨酸（laminine）、谷氨酸（glutamic acid）、天冬氨酸（aspartic acid）、脯氨酸（proline）、丙氨酸（alanine）等；另尚含岩藻黄素（fucoxanthin）[3]、脂肪多糖（lipopolysaccharide）、二十碳五烯酸（eicosapentaenoic acid）、棕榈酸（palmitic acid）、油酸（oleic acid）、亚油酸（linoleic acid）、γ-亚麻酸（γ-linolenic acid）、十八碳四烯酸（octadecatetraenoic acid）、花生四烯酸（arachidonic acid）、岩藻甾醇（fucosterol）、胡萝卜素（carotene）、有机碘（含量约0.27%～0.72%）、有机砷及挥发油、维生素等。研究还发现海带可通过新陈代谢将无机硒转化为有机硒[4]。

◆ bidenoside B

药理

1. 补碘

海带富含碘，可纠正人因缺碘所引起的甲状腺机能不足；海带活性碘灌胃，可增强正常大鼠及甲基硫尿嘧啶所致的缺碘模型甲状腺肿大鼠血清中甲状腺激素包括甲状腺素 (thyroxine, T_4) 和三碘甲腺原氨酸 (lriiodothyronine, T_3) 的含量，亦可缓解实验大鼠的甲状腺肿，且未发现毒副作用 [5]。

2. 抗血栓

海带胞壁多糖腹腔注射，可抑制大鼠血栓形成和血液凝固 [6]；海带多糖皮下注射，可降低血管内皮损伤老龄大鼠血小板黏附率和表面黏附聚集活性，降低血浆内血管性假血友病因子 (von Willebrand Factor) 和颗粒膜糖蛋白 140 (GMP-140) 水平 [7]；海带多糖耳缘静脉注射，可降低家兔动静脉旁路形成的血栓湿重；海带多糖腹腔注射，可显著降低注射肾上腺素加冰水游泳法制备的血瘀大鼠血浆血栓素 B_2 (TXB_2) 水平，提高 6-酮 - 前列环素 (6-keto-PGF$_1\alpha$) 水平 [8]。

3. 降血脂、血糖

海带水提取物喂饲糖尿病大鼠，可显著降低其血糖水平及肝中脂质过氧化反应，同时还可明显抑制糖尿病大鼠肝中黄嘌呤氧化酶 (XO) 活性 [9]；海带提取物喂饲，可提高小鼠血浆中超氧化物歧化酶 (SOD) 含量，降低丙二醛 (MDA) 含量，亦可降低大鼠血清总胆固醇和三酰甘油 [10]；海带多糖翅下静脉注射，亦可显著降低高脂饲料诱导高血脂动脉粥样硬化鹌鹑的血脂，减少其动脉内膜粥样硬化斑块面积和内膜病变程度，并改善血流变及微循环 [11-12]。海带多糖灌胃，可明显降低糖尿病大鼠血糖及血脂，增强糖耐量，但对正常大鼠血糖无影响 [13]。海带硫酸多糖 (fucoidan-galactosan sulfate) 灌胃，还可有效调节高胆固醇血症小鼠血清胆固醇水平 [14]。

4. 调节免疫

小鼠腹腔注射海带多糖，可显著增加其腹腔巨噬细胞数量，提高小鼠腹腔巨噬细胞的吞噬功能和吞噬指数，诱导腹腔巨噬细胞在体外分泌肿瘤坏死因子，抑制小鼠肉瘤细胞 Heps 及 S_{180} 等的生长 [15-17]，对正常及免疫低下小鼠的免疫功能均具有促进作用 [18]；海带多糖及海带聚糖体外还可抑制小鼠胸腺细胞凋亡，延长细胞的存活时间 [19]。

5. 抗肿瘤

海带水提取物体外对人卵巢癌细胞 SK-OV_3、人红白血病细胞 K_{562}、人食管癌细胞 TE-13、小鼠腹水瘤细胞 S_{180} 均有不同程度的抑制作用 [20]；海带硫酸多糖腹腔注射，对 S_{180} 肿瘤细胞具有杀伤作用 [21]；海带硫酸多糖体外可明显抑制人宫颈癌细胞的生长，并通过影响 bcl-2、NF-κB p65 基因蛋白的表达促进宫颈癌细胞凋亡 [22]。

6. 保肝

海带岩藻聚糖硫酸酯低聚糖灌胃，可抑制实验性肝损伤产生的过多自由基和脂质过氧化物对肝细胞的破坏作用，从而达到保护肝脏的作用 [23]。

7. 其他

海带可提高鼠的受孕率，促进乳腺快速进入授乳期 [24]，还具有降血压 [25]、抗氧化 [26-27]、抗氧化损伤 [28]、抗辐射 [29-31]、抗疲劳 [32]、强心及改善组织缺氧 [33] 等作用。海带硫酸多糖对 Heymann 肾炎大鼠还具有肾保护作用 [34]。

应用

本品为中医临床用药。功能：消痰软坚散结，利水消肿。主治：瘿瘤，瘰疬，睾丸肿痛，痰饮水肿。

现代临床还用于治疗甲状腺肿、脑血管病、高脂血症、便秘、气管炎、肺结核、玻璃体混浊、老年性白内障等病的治疗。

评注

海带是中国卫生部规定的药食同源品种之一，其中富含活性有机碘，已被广泛用于防治地方性碘缺乏病。海带及其提取物的急性毒理及慢性积蓄性毒理研究未发现对动物致毒性或致突变性作用[35-37]。

海带中的甘露醇和多糖类成分能促进土壤中丛枝菌根真菌的生长，有利于经济作物的生长[38]。

此外，海带还可用于绿色饲料及食品添加剂[39-41]、绿色农药[42]、花卉保鲜[43]等，以及作为提取碘、褐藻酸钠、甘露醇等的工业原料。以基因枪转化法获得乙肝病毒表面抗原 (HbsAg) 基因海带的成功，提示转基因海带生产乙肝疫苗具有开发潜力[44]。因此，海带作为大型海藻，有望在高附加值产品生产等方面发挥独特作用。

参考文献

[1] FOTT B. 藻类学 [M]. 上海：上海科学技术出版社，1991：4.

[2] 李守玲，赵晶，张华坤，等 . 从海带根中提取纯化褐藻硫酸多糖 [J]. 山东大学学报（理学版），2004，39(1)：107-108，112.

[3] WANG W J, WANG G C, ZHANG M, et al. Isolation of fucoxanthin from the rhizoid of *Laminaria japonica* Aresch[J]. Journal of Integrative Plant Biology, 2005, 47(8): 1009-1015.

[4] YAN X, ZHENG L, CHEN H, et al. Enriched accumulation and biotransformation of selenium in the edible seaweed *Laminaria japonica*[J]. Journal of Agricultural and Food Chemistry, 2004, 52(21): 6460-6464.

[5] 汪岷，邹晓，林华英 . 海带活性碘对实验动物甲状腺的影响 [J]. 河南职技师院学报，1998，26(4)：26-29.

[6] 谢露，陈蒙华，黎静 . 海带胞壁多糖抑制血栓形成和血液凝固的实验研究 [J]. 中药新药与临床药理，2004，15(2)：101-103.

[7] 谢露，陈蒙华，刘爱群，等 . 海带多糖对血管损伤大鼠血小板活性的影响 [J]. 中国公共卫生，2005，21(8)：959-960.

[8] 谢露，陈蒙华，黎静，等 . 海带多糖 L_{01} 对实验性动物血液凝固和血小板活性的影响 [J]. 中医康复研究，2005，9(5)：124-125.

[9] JIN D Q, LI G, KIM J S, et al. Preventive effects of *Laminaria japonica* aqueous extract on the oxidative stress and xanthine oxidase activity in streptozotocin-induced diabetic rat liver[J]. Biological & Pharmaceutical Bulletin, 2004, 27(7): 1037-1040.

[10] 李厚勇，王蕊，高晓奇，等 . 海带提取物对脂质过氧化和血液流变学的影响 [J]. 中医公共卫生，2002，18(3)：263-264.

[11] 李春梅，高永林，李敏，等 . 海带多糖对实验性高血脂鹌鹑的降脂及抗动脉粥样硬化作用 [J]. 中药材，2005，28(8)：676-679.

[12] 刘志峰，李春梅，高永林，等 . 海带多糖对实验性高脂血症鹌鹑血流变及微循环的影响 [J]. 中国新药杂志，2006，15(8)：603-606.

[13] 王庭祥，王庭欣，何云 . 海带多糖对糖尿病大鼠血糖的影响 [J]. 中华临床与卫生，2003，2(1)：10-11.

[14] 曲爱琴，王琪琳，张英慧，等 . 海带素 (FGS) 对高胆固醇血症小鼠血清胆固醇的调节作用 [J]. 中国海洋药物杂志，2002，21(5)：31-33.

[15] 宋剑秋，徐誉泰，张华坤，等 . 海带硫酸多糖对小鼠腹腔巨噬细胞的免疫调节作用 [J]. 中国免疫学杂志，2000，16(2)：70.

[16] 廖建民，沈子龙，张瑾 . 海带多糖中不同组分降血脂及抗肿瘤作用的研究 [J]. 中国药科大学学报，2002，33(1)：55-57.

[17] 薛静波，刘希英，张鸿芬 . 海带多糖对小鼠腹腔巨噬细胞的激活作用 [J]. 中国海洋药物杂志，1999，18(3)：23-25.

[18] 詹林盛，张新生，吴晓红，等 . 海带多糖的免疫调节作用 [J]. 中国生化药物杂志，2001，22(3)：116-118.

[19] KIM K H, KIM Y W, KIM H B, et al. Anti-apoptotic activity

of Laminarin polysaccharides and their enzymatically hydrolyzed oligosaccharides from *Laminaria japonica* [J]. Biotechnology Letters, 2006, 28(6): 439-446.

[20] 高淑清，单保恩，张兵，等．裙带菜和海带提取液体外抑瘤实验研究 [J]. 营养学报，2004，26(1)：79-80.

[21] 王琪琳，赵子鹏．海带硫酸多糖对小鼠腹腔巨噬细胞激活及细胞毒作用的影响 [J]. 聊城大学学报（自然科学版），2004，17(2)：56-57，96.

[22] 孙冬岩，林虹，史玉霞．海带硫酸多糖对人宫颈癌细胞株增殖和凋亡的影响 [J]. 实用医学杂志，2005，21(12)：1241-1243.

[23] 赵雪，薛长湖，王静凤，等．海带岩藻聚糖硫酸酯低聚糖对小鼠肝损伤的保护作用 [J]. 营养学报，2003，25(3)：286-289.

[24] 郭连英，苏秀榕，杨文新，等．海带和裙带菜对鼠乳腺发育调控的研究 [J]. 辽宁师范大学学报：自然科学版，2001，24(1)：65-69.

[25] 胡颖红，李向荣，冯磊．海带对高血压的降压作用观察 [J]. 浙江中西医结合杂志，1997，7(5)：266-267.

[26] HUANG H L, WANG B G. Antioxidant capacity and lipophilic content of seaweeds collected from the Qingdao coastline[J]. Journal of Agricultural and Food Chemistry, 2004, 52(16): 4993-4997.

[27] XUE Z, XUE C H, CAI Y P, et al. The study of antioxidant activities of fucoidan from *Laminaria japonica*[J]. High Technology Letters, 2005, 11(1): 91-94.

[28] 刘静，赵秋玲，张银柱，等．海带对急性胰腺炎小鼠氧化损伤作用的实验研究 [J]. 现代预防医学，2005，32(10)：1264-1266，1273.

[29] 吴晓旻，杨明亮，黄晓兰，等．海带多糖的抗辐射作用与脾细胞凋亡 [J]. 武汉大学学报（医学版），2004，25(3)：239-241，252.

[30] 罗琼，吴晓旻，杨明亮，等．海带多糖的抗辐射作用与淋巴细胞凋亡关系研究 [J]. 营养学报，2004，26(6)：471-473.

[31] 朱咏梅，钟进义．海带多糖肽对小鼠急性辐射损伤的防护作用 [J]. 中国公共卫生，2004，20(11)：1349-1350.

[32] 刘芳，李卓能，阎俊，等．海带多糖对小鼠动脉血气影响及抗疲劳作用 [J]. 中国老年学杂志，2004，24(6)：540-541.

[33] 阎俊，李林，谭晓东，等．海带多糖对缺氧小鼠动脉血气影响的研究 [J]. 湖北预防医学杂志，2002，13(5)：3-4.

[34] ZHANG Q B, LI N, ZHAO T T, et al. Fucoidan inhibits the development of proteinuria in active *Heymann nephritis* [J]. Phytotherapy Research, 2005, 19(1): 50-53.

[35] 顾军，孙萍，庄桂东．海带生物有机碘的慢性积蓄性毒理评价研究 [J]. 食品研究与开发，2003，24(4)：48-49.

[36] 迟玉森．海带中有机碘的动物补碘评价 [J]. 中国食品学报，2002，2(3)：37-42.

[37] 孙建璋，孙庆海．海带 (*Laminaria japonica* Aresch) 含砷问题的探讨 [J]. 现代渔业信息，2004，19(12)：25-27.

[38] KUWADA K, KURAMOTO M, UTAMURA M, et al. Effect of mannitol from *Laminaria japonica*, other sugar alcohols, and marine alga polysaccharides on *in vitro* hyphal growth of *Gigaspora margarita* and root colonization of trifoliate orange [J]. Plant and Soil, 2005, 276(1-2): 279-286.

[39] CHEN H, MAI K, ZHANG W, et al. Effects of dietary pyridoxine on immune responses in abalone, Haliotis discus hannai Ino[J]. Fish & Shellfish Immunology, 2005, 19(3): 241-252.

[40] 邓厚群．海带粉——绿色饲料添加剂 [J]. 饲料博览，2002，(12)：52.

[41] SAKATA M, ERA S, ASAKAWA M. Rheological characteristics of seaweed polysaccharides and uses in foods[J]. Kumamoto Daigaku Kyoikugakubu Kiyo, Shizen Kagaku, 2005, 54: 69-74.

[42] 李红．法成功研制出植物抗病疫苗 [J]. 新疆农垦科技，2003, (2)：43.

[43] 张英慧，上官国莲，伍瑛．海带多糖对香石竹切花保鲜效果的研究 [J]. 园艺学报，2003，30(4)：427-430.

[44] 姜鹏，秦松，曾呈奎．乙肝病毒表面抗原 (HBsAg) 基因在海带中的表达 [J]. 科学通报，2002，47(14)：1095-1097.

海金沙 Haijinsha CP, KHP

Lygodium japonicum (Thunb.) Sw.
Japanese Climbing Fern

概述

海金沙科 (Lygodiaceae) 植物海金沙 *Lygodium japonicum* (Thunb.) Sw.，其干燥孢子入药。中药名：海金沙。

海金沙属 (*Lygodium*) 植物全世界约45种，分布于热带和亚热带。中国约有10种，本属现供药用者约有5种。本种主要分布于长江流域以南各地及陕西、云南南部。日本、菲律宾、印度和澳大利亚也有分布。

“海金沙”药用之名，始载于《嘉祐本草》。历代本草多有著录。《中国药典》（2015年版）收载本种为中药海金沙的法定原植物来源种。主产于中国广东及浙江。

海金沙孢子含脂肪油等成分。《中国药典》以性状、显微和薄层色谱鉴别来控制海金沙药材的质量。

药理研究表明，海金沙具有抗菌、利胆、利尿排石等作用。

中医理论认为海金沙具有清利湿热，通淋止痛等功效。

◆ 海金沙
Lygodium japonicum (Thunb.) Sw.

1cm

◆ 药材海金沙
Lygodii Spora

◆ 小叶海金沙
L. microphyllum (Cav.) R. Br.

化学成分

海金沙孢子含：海金沙素 (lygodin)、棕榈酸 (palmic acid)、硬脂酸 (stearic acid)、油酸 (oleic acid)、亚油酸 (linoleic acid)、(+)-8-羟基十六烷酸 [(+)-8-hydroxyhexadecanoic acid]、(+)-顺、反脱落酸 [(+)-*cis*,*trans*-abscisic acids]；此外，还含赤霉素A_{73}甲酯 (gibberellin A_{73} methylester)[1-2]。

海金沙全草挥发油的成分为：3-甲基-1-戊醇 (3-methyl-1-pentanol)、2-(甲基乙酰基)-3-蒈烯 [2-(methylacetyl)-3-carene]、环辛酮 (cyclooctanone)、(*E*)-己烯酸 [(*E*)-2-hexenoic acid]、十一炔 (1-undecyne)[3]。藤叶中分离得到对香豆酸 (*p*-coumaric acid)、咖啡酸 (caffeic acid)。

药理作用

1. 抗菌

体外实验表明海金沙水提取物能抑制革兰阳性菌如金黄色葡萄球菌，还能抑制革兰阴性菌如铜绿假单胞菌和痢疾志贺氏菌等的生长[4]。

2. 利胆

海金沙藤叶中分离出的成分对香豆酸十二指肠给药，对大鼠有利胆作用，且呈量效关系。

3. 利尿排石

海金沙给麻醉犬静脉注射可使输尿管压力及蠕动增加，尿量明显增加。

4. 其他

海金沙在体外实验中还有抑制睾酮 -5α 还原酶的作用[5]。

应用

本品为中医临床用药。功能：清利湿热，通淋止痛。主治：热淋，石淋，血淋，膏淋，尿道涩痛。

现代临床还用于尿道结石或感染、肝胆结石或感染、上呼吸道感染、扁桃腺炎、支气管炎、腮腺炎、真菌性口腔炎等病的治疗，亦可用于外伤出血及皮肤湿疹瘙痒。

评注

药用植物图像数据库

海金沙藤叶含利胆成分对香豆酸及咖啡酸[6]，功效清热解毒，利水通淋，活血通络。除了可治疗热淋、石淋、血淋等水湿诸症外，还能治疗感冒发热、目赤疼痛、痄腮、丹毒、跌打伤肿、外伤出血等。

同属植物小叶海金沙 *Lygodium microphyllum* (Cav.) R. Br. 或曲轴海金沙 *L. flexuosum* (L.) SW. 的孢子常在不同地区供药用，化学实验初步显示以上两者的化学成分与海金沙类似，相关化学及药理研究有待深入[7]。

参考文献

[1] YAMANE H, SATO Y, TAKAHASHI N, et al. Endogenous inhibitors for spore germination in *Lygodium japonicum* and their inhibitory effects on pollen germinations in *Camellia japonica* and *Camellia sinensis*[J]. Agricultural and Biological Chemistry, 1980, 44(7): 1697-1699.

[2] YAMANE H, SATOH Y, NOHARA K, et al. The methyl ester of a new gibberellin, GA73: the principal antheridiogen in *Lygodium japonicum*[J]. Tetrahedron Letters, 1988, 29(32): 3959-3962.

[3] 倪士峰，潘远江，吴平，等. 海金沙全草挥发油气相色谱－质谱研究 [J]. 中国药学杂志，2004，39(2)：99-100.

[4] 周仁超，李淑彬 . 蕨类植物抗菌作用的初步研究 [J]. 湖南中医药导报，1999，5(1)：13-14.

[5] MATSUDA H, YAMAZAKI M, NARUTO S, et al. Anti-androgenic and hair growth promoting activities of Lygodii Spora (Spore of *lygodium japonicum*). Ⅰ. Active constituents inhibiting testosterone 5a-reductase[J]. Biological & Pharmaceutical Bulletin, 2002, 25(5): 622-626.

[6] 金继曙，都述虎，种明才 . 海金沙草利胆有效成分对香豆酸及其衍生物对甲氧基桂皮酸的合成 [J]. 中草药，1994，25(6)：330.

[7] 饶伟文，叶小强 . 三种海金沙的比较鉴别 [J]. 中药材，1991，14(1)：27-28.

合欢 Hehuan CP, KHP

Albizia julibrissin Durazz.
Silktree

概述

豆科 (Fabaceae) 植物合欢 *Albizia julibrissin* Durazz.，其干燥树皮和花序入药。树皮入药，中药名：合欢皮；花序入药，中药名：合欢花。

合欢属 (*Albizia*) 植物全世界约 150 种，分布于亚洲、非洲、大洋洲及美洲的热带、亚热带地区。中国约有 17 种，本属现供药用者约有 8 种。本种分布于中国东北至华南及西南部各地。非洲、中亚至东亚均有分布，北美有栽培。

“合欢”药用之名，始载于《神农本草经》，列为中品。历代本草多有著录。自古以来作药用者皆为本种。《中国药典》(2015 年版) 收载本种为中药合欢皮和合欢花的法定原植物来源种。合欢皮主产于中国湖北、江苏、浙江、安徽等地，以湖北产量大。合欢花主产于中国河北、河南、陕西、山东、江西、湖北、江苏、浙江、安徽、四川等地。

合欢属植物树皮中的主要活性成分是三萜皂苷类、木脂素类、黄酮类。《中国药典》采用高效液相色谱法进行测定，规定合欢皮药材含(–)-丁香树脂酚-4-*O*-*β*-*D*-呋喃芹糖基-(1→2)-*β*-*D*-吡喃葡萄糖苷不得少于0.030%；合欢花含槲皮苷不得少于1.0%，以控制药材质量。

药理研究表明，合欢具有镇静、催眠、抗抑郁、抗肿瘤及免疫活性等作用。

中医理论认为合欢皮具有解郁安神，活血消肿等功效；合欢花具有解郁安神等功效。

◆ 合欢
Albizia julibrissin Durazz.

◆ 药材合欢花
Albiziae Flos

◆ 药材合欢皮
Albiziae Cortex

化学成分

合欢的树皮含三萜及三萜皂苷类成分：金合欢皂苷元 B (acacigenin B)、剑叶沙酸内酯 (machaerinic acid lactone)[1]、21-[4-(亚乙基)-2-四氢呋喃异丁烯酰基]剑叶沙酸 21-[4-(ethylidene)-2-tetrahydrofuran methacryloyl] machaerinic acid[2]、合欢皂苷元A (julibrogenin A)、剑叶沙酸甲酯 (machaerinic acid methylester)、合欢三萜内酯甲 (julibrotriterpenoidal lactone A)[3]、合欢皂苷Ⅰ、Ⅱ、Ⅲ、A_1、A_2、A_3、A_4、B_1、C_1、J_3、J_6、J_{10}、J_{11}、J_{18}、J_{19}、J_{20}、J_{23}、J_{24}、J_{28} (julibroside Ⅰ～Ⅲ, A_1～A_4, B_1, C_1, J_3, J_{10}, J_{11}, J_{18}～J_{20}, J_{23}, J_{24}, J_{28})[4-13]、金合欢酸甲酯 (acacic acid methylester)、合欢皂苷 (prosapogenin-10)[14]等；木脂素类化合物：丁香树脂酚 (syringaresinol) 及其葡萄糖苷等[15-17]；黄酮类化合物：异奥卡宁 (isookanin)、木犀草素 (luteolin)、3,5-去羟异鼠李素 (geraldone)、大豆黄素 (daidzein)、地槐酚 (sophoflavescenol)、苦参酮 (kurarinone)、苦参醇 (kurarinol)、苦参定 (kuraridin)、苦参二醇 (kuraridinol)[17] 等；酚酸苷类化合物：albibrissinosides A、B[18]；尚含多糖类化合物。

合欢的心材含4,6-二甲氧基苯酞 (4,6-dimethoxyphthalide)和松醇 (pinitol)[19]等；花含挥发油以及黄酮类成分槲皮苷 (quercitrin)、异槲皮苷 (isoquercitrin)[20-21]；荚果含合欢酸 (echinocystic acid)和albiside[22]等；种子含3,5,4'-三羟基-7,3-二甲氧基黄酮-3-*O*-*β*-*D*-吡喃葡萄糖-*α*-*L*-吡喃木糖苷 (3,5,4'-trihydroxy-7,3-dimethoxyflavonol-3-*O*-*β*-*D*-glucopyranosyl-*α*-*L*-xylopyranoside)[23]等。

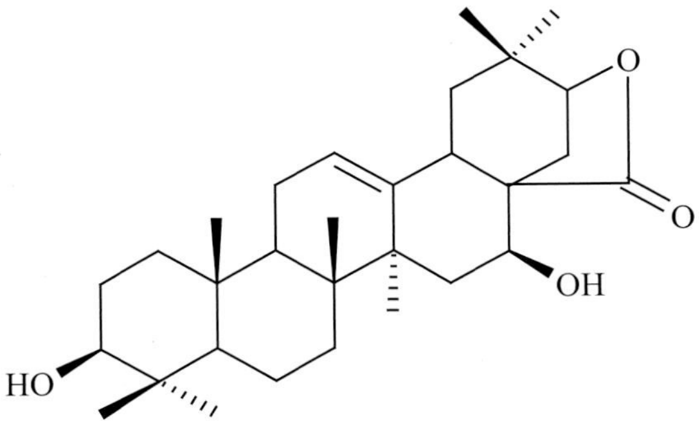

◆ julibrotriterpenoidal lactone A

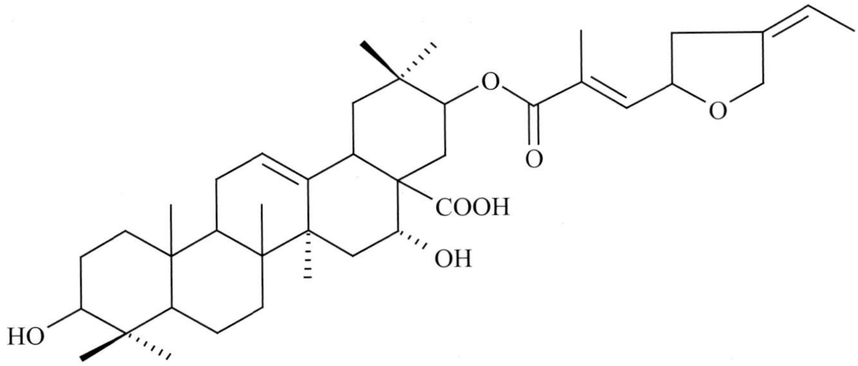

◆ acacigenin B

药理作用

1. 镇静催眠

合欢树皮、花序、树叶水煎液灌胃给药对小鼠的自发活动均有显著的抑制作用，与戊巴比妥钠还有明显的协同作用，显示出镇静催眠的功效[24-26]。合欢花的镇静催眠作用与所含的槲皮苷和异槲皮苷有关[21]。

2. 抗抑郁、抗焦虑

合欢花水提取物灌胃能明显对抗“行为绝望”动物模型的抑郁行为，显著缩短小鼠强迫游泳实验和悬尾实验中“行为绝望”小鼠的不动时间，减少开场实验中小鼠的自发活动[27]。合欢皮水提取物大鼠口服有抗焦虑作用。该作用是通过5-羟色胺能神经系统（尤其是5-HT_{1A}受体）介导的[28]。

3. 免疫活性

合欢树皮醇提取物、水提取物、多糖或皂苷腹腔注射均可明显增加红细胞免疫复合物花环率 (ICR)、红细胞C3b 受体花环率 (RBC·C3bRR)、红细胞对白细胞的吞噬促进率、红细胞超氧化物歧化酶 (SOD) 活性及红细胞免疫促进因子活性 (RFER) 等，以多糖和皂苷的活性更为显著。表明合欢皮具有良性调节实验小鼠红细胞免疫功能的作用，活性成分主要为多糖和皂苷[29]。

4. 抗肿瘤

合欢树皮多糖腹腔注射对 S_{180} 荷瘤小鼠的肿瘤生长有明显的抑制作用，同时促进 T 细胞的转化，还可协同环磷酰胺的抑瘤作用，并减轻环磷酰胺的免疫抑制[30]。合欢树皮乙醇提取物腹腔注射对 $C_{57}BL/6$ 胸腺瘤荷瘤小鼠白介素 2 (IL-2) 的生物活性有显著增强作用，提示其抗癌活性与免疫调节作用有关[31]。合欢皂苷 J_{18}、J_{19}、J_{28} 在体外能显著抑制人宫颈癌细胞 HeLa、人肝癌细胞 Bel-7402、人乳腺癌细胞 MDA-MB-435 或人前列腺癌细胞 PC-3M-1E8 的增殖[9, 13]。

5. 抗菌

体外实验表明合欢种子甲醇提取物能抑制匍枝根霉、黄曲霉素和黑曲霉素；该提取物的氯仿洗脱部分对麻风分枝杆菌和金黄色葡萄球菌等革兰阳氏性菌以及大肠埃希氏菌等革兰氏阴性菌均有极好的抗菌作用[23]。

6. 抗生育

合欢树皮冷水提取物羊膜腔内给药可使中孕大鼠胎仔萎缩，妊娠终止，具有抗生育作用；合欢皮总皂苷宫腔注射可使妊娠 6 ～ 7 天的大鼠胎胞萎缩死亡，提示合欢皮抗生育作用的有效成分为皂苷[32]。

7. 其他

合欢树皮提取物有拮抗血小板活化因子 (PAF) 受体、促进血液循环和消肿等作用[32]。

应用

本品为中医临床用药。

合欢皮

功能：解郁安神，活血消肿。主治：心神不安，忧郁失眠，肺痈，疮肿，跌扑伤痛。

现代临床还用于夜盲和精神衰弱等病的治疗。

合欢花

功能：解郁安神。主治：心神不安，忧郁失眠。

现代临床还用于抑郁症等病的治疗。

评注

合欢属植物山合欢 *Albizia kalkora* (Roxb.) Prain. 的树皮在北京、山西、河北、河南、四川等地也作合欢皮使用。有文献报道，合欢与山合欢镇静安神作用基本相似，但山合欢未被《中国药典》收载，两者之间化学成分和临床疗效的对比研究有待深入。

抑郁与失眠是现代社会的常见问题，给人们的工作和生活带来诸多不便。目前常用的抗抑郁药多为化学药，长期服用往往出现不良反应。而合欢资源丰富，自古以来便是解郁安神的良药，具有极为广阔的市场前景。

合欢生长迅速，树形高大，树冠开阔，粉红色头状花序呈簇状散开，也是绿化街道、庭院的观赏植物。其木材多用于制作家具；嫩叶可食，老叶可以洗衣服，具有较高的经济价值。

参考文献

[1] KANG S S, WOO W S. Sapogenins from *Albizia julibrissin*[J]. Archives of Pharmacal Research, 1983, 6(1): 25-28.

[2] WOO W S, KANG S S. Isolation of a new monoterpene conjugated triterpenoid from the stem bark of *Albizia julibrissin*[J]. Journal of Natural Products, 1984, 47(3): 547-549.

[3] 陈四平，张如意 . 合欢皮中三萜皂苷元的研究 [J]. 药学学报，1997，32(2)：144-147.

[4] IKEDA T, FUJIWARA S, KINJO J, et al. Three new triterpenoidal saponins acylated with monoterpenic acid from Albizziae Cortex[J]. Bulletin of the Chemical Society of Japan, 1995, 68(12): 3483-3490.

[5] KINJO J, ARAKI K, FUKUI K, et al. Studies on leguminous plants. XXIV. Six new triterpenoidal glycosides including two new sapogenols from *Albizzia* cortex. V [J]. Chemical & Pharmaceutical Bulletin, 1992, 40(12): 3269-3273.

[6] 陈四平，张如意，马立斌，等 . 合欢皮中新皂苷的结构鉴定 [J]. 药学学报，1997，32(2)：110-115.

[7] 邹坤，赵玉英，张如意 . 合欢皂苷 J_6 的结构鉴定 [J]. 实用医学进修杂志，1999，27(2)：79-83.

[8] 邹坤，王邠，赵玉英，等 . 合欢中一对非对映异构九糖苷的分离鉴定 [J]. 化学学报，2004，62(6)：625-629.

[9] ZOU K, CUI J R, WANG B, et al. A pair of isomeric saponins with cytotoxicity from *Albizia julibrissin*[J]. Journal of Asian Natural Products Research, 2005, 7(6): 783-789.

[10] 邹坤，赵玉英，王邠，等 . 合欢皂苷 J_{20} 的结构鉴定 [J]. 药学学报，1999，34(7)：522-525.

[11] 邹坤，赵玉英，涂光忠，等 . 合欢皮中一个新的三萜皂苷 [J]. 中国药学（英文版），2000，9(3)：125-127.

[12] 邹坤，王邠，赵玉英，等 . 合欢皮中一个新的八糖苷 [J]. 北京大学学报（医学版），2004，36(1)：18-20.

[13] LIANG H, TONG W Y, ZHAO Y Y, et al. An antitumor compound julibroside J_{28} from *Albizia julibrissin*[J]. Bioorganic & Medicinal Chemistry Letters, 2005, 15(20): 4493-4495.

[14] 郑璐，吴刚，王邠，等 . 合欢皂苷及苷元的分离鉴定 [J]. 北京大学学报（医学版），2004，36(4)：421-425.

[15] 佟文勇，米靓，梁鸿，等 . 合欢皮化学成分的分离鉴定 [J]. 北京大学学报（医学版），2003，35(2)：180-183.

[16] KINJO J, FUKUI K, HIGUCHI H, et al. Leguminous plants. 23. The first isolation of lignan tri- and tetra-glycosides[J]. Chemical & Pharmaceutical Bulletin, 1991, 39(6): 1623-1625.

[17] JUNG M J, KANG S S, JUNG H A, et al. Isolation of flavonoids and a cerebroside from stem bark of *Albizia julibrissin*[J]. Archives of Pharmacal Research, 2004, 27(6): 593-599.

[18] JUNG M J, KANG S S, JUNG Y J, et al. Phenolic glycosides from the stem bark of *Albizia julibrissin*[J]. Chemical & Pharmaceutical Bulletin, 2004, 52(12): 1501-1503

[19] NAKANO Y, TAKASHIMA T. Extractives of *Albizia julibrissin* heartwood[J]. Mokuzai Gakkaishi, 1975, 21(10): 577-580.

[20] 李作平，郜嵩，郝存书，等 . 合欢花化学成分的研究 [J]. 中国中药杂志，2000，25(2)：103-104.

[21] KANG T H, JEONG S J, KIM N Y, et al. Sedative activity of 2 flavonol glycosides isolated from the flowers of *Albizia julibrissin*[J]. Journal of Ethnopharmacology, 2000, 71(1, 2): 321-323.

[22] SERGIENKO T V, MOGILEVTSEVA T B, CHIRVA V Y. Chemical study of *Albizia julibrissin* beans[J]. Khimiya Prirodnykh Soedinenii, 1977, 5: 708.

[23] YADAVA R N, REDDY V M S. A biologically active flavonol glycoside of seeds of *Albizia julibrissin* Durazz.[J]. Journal of

the Institution of Chemists, 2001, 73(5): 195-199.

[24] 李洁 . 合欢皮与山合欢皮镇静催眠作用的比较研究 [J]. 时珍国医国药，2005，16(6)：488.

[25] 单国存，石磊虹 . 合欢花与南蛇藤果实水煎剂镇静、催眠作用的比较 [J]. 中药材，1989，12(5)：36-37.

[26] 赵晓峰，徐健，施明，等 . 合欢树叶镇静催眠作用的药理实验研究 [J]. 中成药，1996，18(8)：48.

[27] 李作平，赵丁，任雷鸣，等 . 合欢花抗抑郁作用的药理实验研究初探 [J]. 河北医科大学学报，2003，24(4)：214-216.

[28] JUNG J W, CHO J H, AHN N Y, et al. Effect of chronic *Albizia julibrissin* treatment on 5-hydroxytryptamine$_{1A}$ receptors in rat brain[J]. Pharmacology, Biochemistry and Behavior, 2005, 81(1): 205-210.

[29] 田维毅，武孔云，白惠卿 . 合欢皮红细胞免疫活性成分及其机制的研究 [J]. 四川中医，2003，21(10)：17-19.

[30] 韩莉，崔景荣，李敏，等 . 合欢皮多糖对 S_{180} 荷瘤小鼠的抑瘤及免疫调节作用的研究 [J]. 实用医学进修杂志，2000，28(3)：144-146.

[31] 田维毅，尚丽江，白惠卿，等 . 合欢皮乙醇提取物对荷瘤小鼠 IL-2 生物活性的影响 [J]. 贵州医药，2002，26(5)：392-393.

[32] 蔚冬红，乔善义，赵毅民 . 中药合欢皮研究概况 [J]. 中国中药杂志，2004，29(7)：619-624.

何首乌 Heshouwu CP, JP, KHP

Polygonum multiflorum Thunb.
Fleeceflower

概述

蓼科 (Polygonaceae) 植物何首乌 *Polygonum multiflorum* Thunb.，其干燥块根入药。中药名：何首乌。用黑豆汁炮制后入药，中药名：制何首乌。其干燥藤茎入药，中药名：首乌藤。

蓼属 (*Polygonum*) 植物全世界约有 230 种，广布于世界各地，主要分布在北温带。中国约有 120 种，本属现供药用者约 80 种。本种分布于中国陕西、甘肃、华东、华中、华南、西南、台湾等地；日本也有分布。

"何首乌"药用之名，始载于《开宝本草》，今附品正式收载。历代本草多有著录，皆指本种。《中国药典》（2015 年版）收载本种为中药何首乌的法定原植物来源种。主产于中国河南、湖北、广西、广东、贵州、四川和江苏。

何首乌主要含有蒽醌类、二苯乙烯苷类、酰胺化合物、色原酮类化合物等化学成分，其中大黄素-8-*O*-*β*-*D*-葡萄糖苷为何首乌中促智的活性成分，2,3,5,4'-四羟基二苯乙烯-2-*O*-*β*-*D*-葡萄糖苷为抗衰老、降血脂的活性成分，常作为质控指标。《中国药典》采用高效液相色谱法进行测定，规定何首乌药材含2,3,5,4'-四羟基二苯乙烯-2-*O*-*β*-*D*-葡萄糖苷不得少于1.0%，结合蒽醌以大黄素和大黄素甲醚的总量计，不得少于0.10%；制何首乌药材含2,3,5,4'-四羟基二苯乙烯-2-*O*-*β*-*D*-葡萄糖苷不得少于0.70%，游离蒽醌以大黄素和大黄素甲醚的总量计，不得少于0.10%；首乌藤药材含2,3,5,4'-四羟基二苯乙烯-2-*O*-*β*-*D*-葡萄糖苷不得少于0.20%，以控制药材质量。

药理研究表明，何首乌具有抗衰老、增强免疫功能、促进肾上腺皮质功能、促进造血功能、降血脂、抗动脉粥样硬化、保肝等作用。

中医理论认为何首乌具有解毒，消痈，润肠通便等功效；制何首乌具有补肝肾，益精血，乌须发，强筋骨，化浊降脂等功效；首乌藤具有养血安神，祛风通络等功效。

◆ 何首乌
Polygonum multiflorum Thunb.

◆ 何首乌
P. multiflorum Thunb.

◆ 药材何首乌
Polygoni Multiflori Radix

◆ 药材首乌藤
Polygoni Multiflori Caulis

化学成分

何首乌块根含蒽醌类化合物：大黄素 (emodin)、大黄酚 (chrysophanol)、大黄素甲醚 (physcion)、ω-羟基大黄素 (citreorosein)、大黄酚-8-*O*-*β*-*D*-吡喃葡萄糖苷 (chrysophanol-8-*O*-*β*-*D*-glucopyranoside)、大黄素甲醚-8-*O*-*β*-*D*-吡喃葡萄糖苷(physcion-8-*O*-*β*-*D*-glucopyranoside)、大黄素-8-*O*-*β*-*D*-吡喃葡萄糖苷 (emodin-8-*O*-*β*-*D*-glucopyranoside)[1]、大黄素-1,6-二甲醚 (emodin-1,6-dimethylether)、大黄素-8-甲醚 (questin)、*ω*-羟基大黄素-8-甲醚 (questinol)、2-乙酰基大黄素 (2-acetylemodin)[2]等；醌类化合物：2-甲氧基-6-乙酰基-7-甲基胡桃醌 (2-methoxy-6-acetyl-7-methyljuglone)[2]；萘类化合物：决明酮-8-*O*-*β*-*D*-吡喃葡萄糖苷 (torachrysone-8-*O*-*β*-*D*-glucopyranoside)[1]；又含二苯乙烯苷类化合物：2,3,5,4'-四羟基二苯乙烯-2-*O*-*β*-*D*-吡喃葡萄糖苷 (2,3,5,4'-tetrahydroxystilbene-2-*O*-*β*-*D*-glucopyranoside)[3]、何首乌丙素 (polygonimitin C)[4]等；酰胺化合物：穆坪马兜铃酰胺 (*N*-*trans*-feruloyl tyramine)、*N*-反式阿魏酰基-3-甲基多巴胺 (*N*-*trans*-feruloyl-3-methyldopamine)[2]；吡酮类化合物：何首乌乙素 (polygonimitin B)[4]；黄酮类化合物：苜蓿素 (tricin)[2]、槲皮素-3-*O*-半乳糖苷 (quercetin-3-*O*-galactoside)、槲皮素-3-*O*-阿拉伯糖苷 (quercetin-3-*O*-arabinoside)[5]；此外，还含有没食子酸 (gallic acid)、儿茶素 (catechin)[3]、吲哚-3-(*L*-*α*-氨基-*α*-羟基丙酸)甲酯 [indole-3-(*L*-*α*-amino-*α*-hydroxy propionic acid) methyl ester][1]、polygoacetophenoside[5]等。

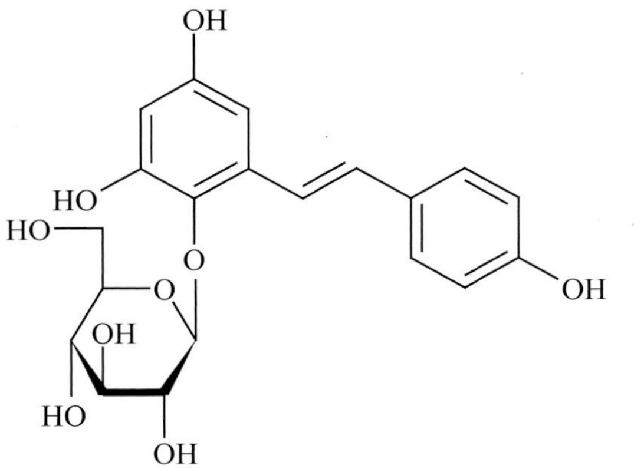

◆ 2,3,5,4'-tetrahydroxystilbene-2-*O*-*β*-*D*-glucopyranoside

药理作用

1. 抗衰老

(1) 抗氧化 何首乌多糖给*D*-半乳糖所致亚急性衰老模型小鼠灌胃，能使小鼠血清和肝、肾组织中超氧化物歧化酶 (SOD) 以及肝、肾组织中谷胱甘肽过氧化物酶 (GSH-Px) 活力显著上升，血清和肝、肾组织中丙二醛 (MDA) 含量、脑组织中脂褐素 (LF) 含量、脑组织中单胺氧化酶活性明显下降[6-7]。采用化学发光法对何首乌生品及不同炮制品的清除自由基能力进行比较，表明生品的抗氧化活性最高[8]。

(2) 对海马体内学习记忆相关物质的影响 何首乌水煎液给*D*-半乳糖所致亚急性衰老模型大鼠灌胃，可通过抑制突触体内钙离子超载、提高突触素 P38 含量产生抗衰益智作用[9]。

(3) 保护神经细胞 何首乌浸膏灌胃对淀粉样 β 蛋白 (Aβ) 致海马神经元凋亡大鼠的学习记忆障碍有保护作用，其机制可能与二苯乙烯苷促进凋亡抑制基因 *bcl-2* 的表达、减轻 Aβ 致海马神经细胞凋亡、拮抗乳酸脱氢酶漏出增多等作用有关 [10-11]。百草枯和代森锰联用 (PQMB) 腹腔注射可引起小鼠黑质纹状体多巴胺神经元退化，何首乌 75% 乙醇提取物的醇溶性部分经口给药可显著减轻小鼠的行为能力障碍，抑制纹状体多巴胺水平降低和酪氨酸羟化酶阳性神经元数目减少，具有神经保护作用 [12]。

(4) 其他 何首乌水煎液灌胃可促进老龄小鼠胸腺超威结构的逆转变化 [13]。

2. 降血脂及抗动脉粥样硬化的形成

何首乌二苯乙烯苷灌服可减少高胆固醇新西兰兔动脉粥样硬化的发生 [14]。体外实验表明，何首乌二苯乙烯苷可抑制泡沫细胞 U937 细胞间黏附分子 -1 (ICAM-1) 和血管内皮细胞生长因子 (VEGF) 的表达 [14]；何首乌提取物可下调人脐静脉内皮细胞 ECV-304 血管内皮细胞黏附分子 -1 (VCAM-1) 和 ICAM-1 的表达、脂质过氧化物 (LPO) 的代谢，上调 ECV-304 总抗氧化能力 (T-AOC) 以及一氧化氮 (NO) 和 SOD 的代谢 [15-16]。何首乌总苷给载脂蛋白 E 基因缺陷小鼠灌胃，可通过调节血脂代谢、增强其抗氧化能力、下调 VCAM-1 和 ICAM-1 的表达来减小及推迟主动脉斑块的形成，防止动脉粥样硬化的发生和发展 [17-18]。

3. 增强免疫

何首乌水提取物腹腔注射能促进刀豆蛋白 (ConA) 和 脂多糖对小鼠脾细胞的增殖反应，对脾细胞具有丝裂元作用，此外，还能明显增加小鼠特异抗体分泌细胞的功能和异型小鼠脾细胞诱导的迟发型超敏反应，促进细胞毒性 T 淋巴细胞对靶细胞的杀伤功能，有显著的免疫增强作用 [19]。

4. 抗白发

何首乌中的蒽醌类衍生物体外对酪氨酸酶有明显的促进作用，可使 *L*- 酪氨酸氧化成多巴醌，从而转化为黑色素 [20]。

5. 抗骨质疏松

何首乌水提取液灌胃，可抑制环磷酰胺所致骨质疏松小鼠的胸腺萎缩，增加骨钙和骨羟脯氨酸含量，对骨质疏松有明显的防治作用 [21]。何首乌水煎液灌胃对去卵巢大鼠的骨质丢失有一定的预防作用，能增加大鼠骨小梁面积百分率 (%Tb. Ar)，使骨转化率呈下降趋势 [22]。

6. 改善造血功能障碍

对环磷酰胺所致造血障碍模型小鼠，何首乌水煎液的膜分离提取物灌胃可不同程度改善小鼠的外周血象，增加红系祖细胞 (BFU-GM) 和粒单细胞集落形成细胞 (CFU-GM) 的数量 [23]。

7. 抗炎

何首乌乙醇提取物灌胃给药可明显抑制二甲苯所致的小鼠耳郭肿胀、角叉菜胶所致的小鼠足趾肿胀、醋酸所致的小鼠腹腔毛细血管通透性增加、角叉菜胶和蛋清所致的大鼠足趾肿胀，有较强的抗炎作用 [24]。制何首乌的水煎液也有显著的抗炎作用 [25]。

8. 抑制脂肪酸合酶

何首乌 40% 乙醇水溶液提取物体外对脂肪酸合酶 (FAS) 有很强的抑制作用，以此提取物饲喂大鼠，对大鼠肝脏的 FAS 活性也有抑制作用，可明显减低大鼠摄食量，降低大鼠体重 [26]；该提取物体外对人乳腺癌细胞 MCF7 的 FAS 亦有抑制作用 [27]。

9. 其他

何首乌乙醇提取物对产气肠杆菌有抑菌作用 [28]；长期服用何首乌乙醇提取物对大脑局部缺血有保护作用 [29]；何首乌蒽醌类化合物体外有保护心肌细胞的作用 [30]；何首乌提取物还有抗诱变作用 [31]。

应用

本品为中医临床用药。

生首乌

功能：解毒，消痈，润肠通便。主治：疮痈，瘰疬，风疹瘙痒，久疟体虚，肠燥便秘。

现代临床还用于足癣、皮肤瘙痒症等病的治疗。

制何首乌

功能：补肝肾，益精血，乌须发，强筋骨，化浊降脂。主治：血虚萎黄，眩晕耳鸣，须发早白，腰膝酸软，肢体麻木，崩漏带下，高脂血症。

现代临床还用于失眠、高脂血症、高血压、冠心病、神经衰弱、白发等病的治疗。

首乌藤

功能：养血安神，祛风通络。主治：失眠多梦，血虚身痛，风湿痹痛，皮肤瘙痒。

评注

近年来，何首乌用于治疗高血压、高脂血症、冠心病、斑秃、脱发等症，疗效满意，并作为美容、美发、化妆品和饮料进行开发，属于食品开发的新资源。另外，由于何首乌富含蒽醌类化合物，实验证明，其对细菌特别是产气肠杆菌有较强的抑制能力，与其他富含蒽醌类化合物的中药如大黄、虎杖、决明子等有用作天然防腐剂的前景[32]。贵州凯里现已建立了何首乌的规范化种植基地。

何首乌在临床上应用广泛，但如果使用不当，剂量过大或服用时间太久皆可导致中毒。曾有导致肝损伤、皮肤过敏病变、上消化道出血反应、家族性过敏等的报道。这些不良反应的发生机制尚不清楚，所以应该逐步深入开展对何首乌的毒理学研究。

历史上何首乌有赤白之分，上述的蓼科何首乌为赤何首乌。萝藦科 (Asclepiadaceas) 植物耳叶牛皮消 *Cynanchum auriculatum* Royle ex Wight，自唐宋以来就与蓼科何首乌并用，称为白首乌。此品种在中国江苏民间栽培应用的历史至少有一百年。同属植物隔山消 *C. wilfordii* (Maxim.) Hemsl. 和白首乌 *C. bungei* Decne. 分别是中国吉林和山东白首乌的药材来源。

参考文献

[1] 杨秀伟，顾哲明，马超美，等 . 何首乌中一个新的吲哚衍生物 [J]. 中草药，1998，29(1)：5-11.

[2] 李建北，林茂 . 何首乌化学成分的研究 [J]. 中草药，1993，24(3)：115-118.

[3] CHEN Y, WANG M, ROSEN R T, et al. 2,2-Diphenyl-1-picrylhydrazyl radical-scavenging active components from *Polygonum multiflorum* Thunb.[J]. Journal of Agricultural and Food Chemistry, 1999, 47(6): 2226-2228.

[4] 周立新，林茂，李建北，等 . 何首乌乙酸乙酯不溶部分化学成分的研究 [J]. 药学学报，1994，29(2)：107-110.

[5] YOSHIZAKI M, FUJINO H, ARISE A, et al. Polygoacetophenoside, a new acetophenone glucoside from *Polygonum multiflorum*[J]. Planta Medica, 1987, 53(3): 273-275.

[6] 许爱霞，张振明，葛斌，等 . 何首乌多糖对氧自由基及抗氧化酶活性的作用研究 [J]. 中国药师，2005，8(11)：900-902.

[7] 杨小燕 . 制何首乌多糖对痴呆模型小鼠学习记忆能力及脑内酶活性的影响 [J]. 药学进展，2005，29(12)：557-559.

[8] 古今，刘萍，马凤彩 . 何首乌生品及不同炮制品的抗氧化活性研究 [J]. 中国药房，2005，16(11)：875-876.

[9] 张鹏霞，汤晓丽，朴金花，等.何首乌对*D*-半乳糖致衰大鼠的抗衰益智作用机制的研究[J].中国康复医学杂志，2005，20(4)：251-253.

[10] 周琳，杨期东，袁梦石，等 . 何首乌对淀粉样 β 蛋白致海马神经元的凋亡和学习记忆障碍的作用 [J]. 中国临床康复，2005，9(9)：131-133.

[11] 张兰，李林，李雅莉 . 何首乌有效成分二苯乙烯苷对神经细胞保护作用的机制 [J]. 中国临床康复，2004，8(1)：118-120.

[12] LI X, MATSUMOTO K, MURAKAMI Y, et al. Neuroprotective effects of *Polygonum multiflorum* on nigrostriatal dopaminergic degeneration induced by paraquat and maneb in mice[J]. Pharmacology, Biochemistry and Behavior, 2005, 82(2): 345-352.

[13] 魏锡云，张锦堃，李运曼，等 . 黄芪和何首乌对老龄小鼠胸腺影响的超威结构研究 [J]. 中国药科大学学报，1993，24(4)：238-241.

[14] YANG P Y, ALMOFTI M R, LU L, et al. Reduction of atherosclerosis in cholesterol-fed rabbits and decrease of expressions of intracellular adhesion molecule-1 and vascular endothelial growth factor in foam cells by a water-soluble fraction of *Polygonum multiflorum*[J]. Journal of Pharmacological Sciences, 2005, 99(3): 294-300.

[15] 王晨，杨亚安，吴开云 . 何首乌提取物对人脐静脉内皮细胞株 ECV-304 的 VCAM-1、ICAM-1 表达的影响 [J]. 解剖学杂志，2005，28(3)：286，334.

[16] 王旻晨，杨亚安，吴开云 . 何首乌提取物对内皮细胞 T-AOC、LPO、NO、SOD 代谢的影响 [J]. 中国现代医药杂志，2005，7(1)：34-36.

[17] 方微，张慧信，王绿娅，等 . 何首乌总苷对 ApoE$^{-/-}$ 小鼠动脉粥样硬化病变形成的影响 [J]. 中国中药杂志，2005，30(19)：1542-1545.

[18] 方微，张慧信，王绿娅，等 . 何首乌总苷抑制动脉粥样硬化病变形成 [J]. 中国动脉硬化杂志，2005，13(2)：175-178.

[19] 秦凤华，谢蜀生，张文仁，等．何首乌对小鼠免疫功能的影响 [J]. 免疫学杂志，1990，6(4)：252-254.

[20] 杨同成．何首乌蒽醌衍生物的提取及其抗白发作用机制初探 [J]. 福建师范大学学报（自然科学版），1993，9(2)：66-69.

[21] 崔阳，吴铁，刘钰瑜．环磷酰胺致小鼠骨质疏松及何首乌的防治作用 [J]. 中国骨质疏松杂志，2004，10(2)：165-168，164.

[22] 黄连芳，吴铁，谢华，等．何首乌煎剂对去卵巢大鼠骨质丢失的防治作用 [J]. 中国老年学杂志，2005，25(6)：709-710.

[23] 黄志海，蔡宇．何首乌膜分离提取物对造血系统影响研究 [J]. 中华实用中西医杂志，2005，18(24)：1949-1950.

[24] 吕金胜，孟德胜，向明凤，等．何首乌抗动物急性炎症的初步研究 [J]. 中国药房，2001，12(12)：712-714.

[25] 陈正爱，李美子，曲香芝．何首乌炮制方法与其抗炎作用的关系 [J]. 中国临床康复，2005，9(43)：111-113.

[26] 李丽春，吴晓东，田维熙．何首乌提取物对脂肪酸合酶的抑制作用 [J]. 中国生物化学与分子生物学报，2003，19(3)：297-304.

[27] 张媛英，张凤珍，孙凌云，等．何首乌提取物对人乳腺癌细胞脂肪酸合酶的抑制研究 [J]. 齐齐哈尔医学院学报，2004，25(10)：1102-1104.

[28] 熊卫东，马庆一．含蒽醌的中草——一类潜在的天然抑菌防腐剂初探 [J]. 天津中医药，2004，21(2)：158-160.

[29] CHAN Y C, WANG M F, CHEN Y C, et al. Long-term administration of *Polygonum multiflorum* Thunb. reduces cerebral ischemia-induced infarct volume in gerbils[J]. American Journal of Chinese Medicine, 2003, 31(1): 71-77.

[30] YIM T K, WU W K, MAK D H F, et al. Myocardial protective effect of an anthraquinone-containing extract of *Polygonum multiflorum ex vivo*[J]. Planta Medica, 1998, 64(7): 607-611.

[31] ZHANG H, JEONG B S, MA T H. Antimutagenic property of an herbal medicine, *Polygonum multiftorum* Thunb. detected by the Tradescantia micronucleus assay[J]. Journal of Environmental Pathology, Toxicology and Oncology: Official Organ of the International Society for Environmental Toxicology and Cancer, 1999, 18(2): 127-130.

[32] 卫培峰，胡锡琴，严爱娟．何首乌所致不良反应概况 [J]. 陕西中医，2004，25(2)：170-171.

黑三棱 Heisanleng CP, KHP

Sparganium stoloniferum Buch. -Ham.
Common Burreed

概述

黑三棱科 (Sparganiaceae) 植物黑三棱 *Sparganium stoloniferum* Buch. -Ham.，其干燥块茎入药。中药名：三棱。

黑三棱属 (*Sparganium*) 植物全世界共 19 种。主要分布于北半球温带或寒带，仅 1 或 2 种分布于东南亚、澳大利亚和新西兰等地。中国约有 11 种，本属现供药用者约有 3 种。本种分布于中国东北、华北、华东、西南及陕西、宁夏、甘肃、河南、湖北、湖南等地。

“三棱”药用之名，始载于《本草拾遗》，但古代所用品种并不单一，其来源主要有黑三棱科和莎草科 (Cyperaceae) 藨草属 (*Scirpus*) 的几种植物，而《救荒本草》《植物名实图考》所述指本种。《中国药典》（2015 年版）收载本种为中药三棱的法定原植物来源种。主产于中国江苏、河南、山东、江西、安徽等地。

黑三棱属植物的主要成分为苯丙素苷类、黄酮和胆酸类成分等。《中国药典》以性状、显微和薄层色谱鉴别来控制三棱药材的质量。

药理研究表明，黑三棱具有抗凝血、抗血栓及镇痛作用。

中医理论认为三棱具有破血行气，消积止痛等功效。

◆ 黑三棱
Sparganium stoloniferum Buch. -Ham.

◆ 药材三棱
Sparganii Rhizoma

化学成分

黑三棱块茎含挥发油，其中主要有苯乙醇（benzeneethanol）、对苯二酚（hydroquinone）、十六烷酸（hexadecanoicacid）等成分[1]；黄酮类成分：山柰酚（kaempferol）、5,7,3',5'-四羟基双氢黄酮醇-3-*O*-*β*-*D*-葡萄糖苷（5,7,3',5'-tetrahydroxy-flavanonol-3-*O*-*β*-*D*-glucopyranoside）[2]、芒柄花素（formononetin）[3]；胆酸类成分：D^5-胆酸甲酯-3-*O*-*β*-*D*-葡萄糖苷（5-ene-methyl-cholate-3-*O*-*β*-*D*-glucopyranoside）、D^5-胆酸甲酯-3-*O*-*β*-*D*-葡萄糖醛酸-(1→4)-*α*-*L*-鼠李糖苷［5-ene-methyl-cholate-3-*O*-*β*-*D*-glucuronopyranosyl-(1→4)-*a*-*L*-rhamnopyranoside］[4]、$D^{5,6}$-胆酸甲酯-3-*O*-*α*-*L*-鼠李糖-(1→4)-*β*-*D*-吡喃葡萄糖［25-methyl-5(6)-ene-5*α*-cholicacid-3-*O*-*α*-*L*-rhamnopyranoside-(1→4)-*β*-*D*-glucopyranosiyl］[5]；另含脂肪酸类成分三棱酸（sanlengacid）[6]以及苯丙素苷类成分：*β*-*D*-(1-*O*-乙酰基-3,6-*O*-二阿魏酰基)呋喃果糖-*α*-*D*-2',6'-*O*-二乙酰基吡喃葡萄糖苷［*β*-*D*-(1-*O*-acetyl-3,6-*O*-diferuloyl)fructofuranosyl-*α*-*D*-2',6'-*O*-diacetylglucopyranoside］、*β*-*D*-(1-*O*-乙酰基-6-*O*-阿魏酰基)呋喃果糖-*α*-*D*-2',4',6'-*O*-三乙酰基吡喃葡萄糖苷［*β*-*D*-(1-*O*-acetyl-6-*O*-feruloyl)fructofuranosyl*α*-*D*-2',4',6'-*O*-triacetylglucopyranoisde］[7]、*β*-*D*-(1-*O*-乙酰基-3,6-*O*-二阿魏酰基)呋喃果糖-*α*-*D*-3',4',6'-*O*-三乙酰基吡喃葡萄糖苷［*β*-*D*-(1-*O*-acetyl-3,6-*O*-diferuloyl)-fructofuranosyl-*α*-*D*-3',4',6'-*O*-triacetylglucopyranoside］、*β*-*D*-(1-*O*-乙酰基-3,6-*O*-二阿魏酰基)呋喃果糖-*α*-*D*-2',4',6'-*O*-三乙酰基吡喃葡萄糖苷［*β*-*D*-(1-*O*-acetyl-3,6-*O*-diferuloyl)fructofuranosyl*α*-*D*-2',4',6'-*O*-triacetylglucopyranoside］、*β*-*D*-(1-*O*-乙酰基-3,6-*O*-二阿魏酰基)呋喃果糖-*α*-*D*-2',3',6'-*O*-三乙酰基吡喃葡萄糖苷［*β*-*D*-(1-*O*-acetyl-3,6-*O*-diferuloyl)fructofuranosyl*α*-*D*-2',3',6'-*O*-triacetylglucopyranoside］[8]。

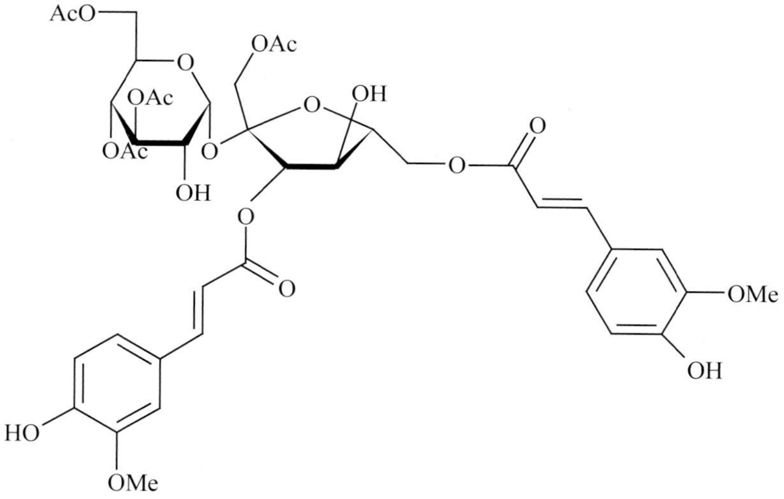

◆ *β*-*D*-(1-*O*-acetyl-3,6-*O*-diferuloyl)-fructofuranosyl-*α*-*D*-3',4',6'-*O*-triacetyl glucopyranoside

药理作用

1. 抗凝血、抗血栓

黑三棱水煎液灌胃可使血瘀证模型大鼠全血黏度和血小板容积（MPV）降低，红细胞变形指数明显升高[9]。经体外实验证明，其总黄酮具有较强的抗血小板聚集及抗血栓作用，可能为活血化瘀的有效部位[10]；体外实验还表明：醋制黑三棱水煎液相对于黑三棱其他炮制品的水煎液，对兔血小板聚集的抑制率最高[11]。黑三棱生品和醋制品水煎液灌胃还可明显缩短断尾小鼠的出血时间[11]。

2. 镇痛

黑三棱不同提取物有明显的镇痛作用，其中以乙酸乙酯提取物作用强而持久[12]。黑三棱多种炮制品的氯仿及正丁醇提取物灌胃均能明显降低小鼠醋酸所致的扭体反应次数，提高小鼠热刺激所致疼痛反应的痛阈值，以醋炙品作用强而持久[13]。进一步研究发现，黑三棱中的总黄酮为镇痛的活性成分之一[14]。

3. 抗肿瘤

体外实验表明，黑三棱水煎液对人肺癌细胞的凋亡有诱导作用[15]；黑三棱、莪术复合提取物修饰的肿瘤细胞疫苗可以明显增加对小鼠恶性黑色素瘤 B_{16} 的抗瘤效应[16]。黑三棱、莪术与白芍和黄芪配伍的水煎液灌胃还可降低移植性肝癌大鼠血管内皮细胞生长因子 (VEGF) 的表达，抑制肿瘤生长[17]。

4. 保肝

黑三棱、莪术复合水煎液灌胃可通过减少白介素 1 (IL-1)、白介素 6 (IL-6) 和肿瘤坏死因子 α (TNF-α) 的合成与释放，保护肝纤维化模型大鼠的肝细胞，减轻肝细胞变性坏死，恢复肝细胞的结构和功能，并可减少肝纤维组织增生，阻止纤维化发展，促进纤维组织降解，在抗纤维化过程中具有免疫调控作用[18-19]。

5. 对心脑血管的作用

复方黑三棱注射液尾静脉注射给药能增加局灶性脑缺血模型大鼠梗死侧脑电图波幅，减轻神经功能缺损程度，减少梗死灶体积[20]。黑三棱提取物在体外可抑制兔动脉中膜平滑肌 (SMC) 的增殖[21]，口服给药对家兔实验性主动脉粥样硬化 (AS) 病灶和冠状动脉 AS 病灶也有消退作用，同时能不同程度的抑制主动脉组织中原癌基因 (*c-myc*, *c-fos*, *v-sis*) 表达[22]。此外，黑三棱提取物还能抑制低密度脂蛋白 (LDL) 的氧化修饰，降低 AS 的发生[23]。

应用

本品为中医临床用药。功能: 破血行气，消积止痛。主治: 癥瘕痞块，痛经，瘀血经闭，胸痹心痛，食积胀痛。

现代临床还用于中期妊娠引产后蜕膜残留、子宫肌瘤、肿瘤、肝脾肿大等病的治疗。

评注

三棱的原植物自古即有混乱，历代本草记载不一，延续至今。

《中国药典》自 1977 版起均收载黑三棱科黑三棱为中药材三棱的法定原植物来源种。但中国国内三棱商品的来源除上述品种外，尚有莎草科荆三棱 *Scirpus yagara* Ohwi、扁秆藨草 *Scirpus planiculmis* Fr. Schmidt.，黑三棱科小黑三棱 *Sparganium simplex* Huds.、细叶黑三棱 *Sparganium stenophyllum* Maxim. 作药用。

产生混乱的原因，除名称上易混淆之外，外形相似也是导致混淆的原因。一般加工炮制时莎草科荆三棱不去外皮，呈黑色；黑三棱科黑三棱去外皮，呈黄色。

参考文献

[1] 陈耀祖，薛敦渊，李海泉. 三棱挥发油化学成分研究 [J]. 药物分析杂志，1988，8(5)：270-274.

[2] 张卫东，王永红，秦路平. 中药三棱黄酮类成分的研究 [J]. 中国中药杂志，1996，21(9)：550-551，576.

[3] 张卫东，杨胜. 中药三棱化学成分的研究 [J]. 中国中药杂志，1995，20(6)：356-357，384.

[4] 张卫东，秦路平，王永红. 中药三棱水溶性成分的研究 [J]. 中草药，1996，27(11)：643-645.

[5] 张卫东，王永红，秦路平，等. 中药三棱中新的甾体皂苷 [J]. 第二军医大学学报，1996，17(2)：174-176.

[6] 张卫东，肖凯，杨根全，等. 中药三棱中的新化合物三棱酸 [J]. 中草药，1995，26(8)：125-126.

[7] SHIROTA O, SEKITA S, SATAKE M. Two phenylpropanoid glycosides from *Sparganium stoloniferum*[J]. Phytochemistry, 1997, 44(4): 695-698.

[8] SHIROTA O, SEKITA S, SATAKE M, et al. Chemical constituents of Chinese folk medicine "San Leng", *Sparganium stoloniferum*[J]. Journal of Natural Products, 1996, 59(3): 242-245.

[9] 和岚，毛腾敏 . 三棱、莪术对血瘀证模型大鼠血液流变性影响的比较研究 [J]. 安徽中医学院学报，2005，24(6)：35-37.

[10] 陆兔林，吴玉兰，邱鲁婴，等 . 三棱炮制品提取物抗血小板聚集及抗血栓作用研究 [J]. 中成药，1999，21(10)：511-513.

[11] 毛淑杰，王素芬，李文，等 . 三棱不同炮制品抗血小板聚集及对凝血时间的影响 [J]. 中国中药杂志，1998，23(10)：604-605.

[12] 邓英君 . 三棱不同提取物镇痛及抗凝作用研究 [J]. 时珍国医国药，1999，10(12)：882-883.

[13] 陆兔林，邱鲁婴，叶定江，等 . 三棱炮制品不同提取物镇痛作用研究 [J]. 中成药，1998，20(8)：22-23.

[14] 邱鲁婴，毛春芹，陆兔林 . 三棱总黄酮镇痛作用研究 [J]. 时珍国医国药，2000，11(4)：291-292.

[15] 王喆，张瑾峰，付桂芳 . 莪术、三棱对人肺癌细胞凋亡的影响 [J]. 首都医科大学学报，2001，22(4)：304-305.

[16] 徐立春，孙振华，陈志琳，等 . 三棱、莪术提取物修饰的肿瘤细胞疫苗的非特异性抗瘤实验研究 [J]. 癌症，2001，20(12)：1380-1382.

[17] 丁荣杰，唐德才 . 三棱、莪术对移植性肝癌大鼠 VEGF 的影响 [J]. 中华实用中西医杂志，2005，18(18)：1047-1048.

[18] 袭柱婷，单长民，姜学连，等 . 三棱、莪术抗大鼠免疫性肝纤维化研究 [J]. 中国中药杂志，2002，27(12)：929-932.

[19] 栾希英，李珂珂，韩兆东，等 . 三棱、莪术对肝纤维化大鼠 IL-1、IL-6、TNF-α 的研究 [J]. 中国免疫学杂志，2004，20(12)：834-837.

[20] 曾庆杏，李承晏，余绍祖 . 复方三棱、莪术、黄芪注射液治疗脑梗死模型时对脑电图的影响 [J]. 卒中与神经疾病，1999，6(3)：158-159.

[21] 于永红，孟卫星，张国安，等 . 茵陈、赤芍、三棱、淫羊霍对培养的兔动脉平滑肌细胞增殖的抑制作用 [J]. 湖北民族学院学报（医学版），1999，16(2)：1-3.

[22] 于永红，胡昌兴，孟卫星，等 . 茵陈、赤芍、三棱、淫羊霍对家兔实验性动脉粥样硬化病灶的消退作用及原癌基因 *c-myc*、*c-fos*、*v-sis* 表达的影响 [J]. 湖北民族学院学报（医学版），2001，18(2)：4-7.

[23] 孟卫星，于永红 . 茵陈、赤芍、三棱、淫羊霍对低密度脂蛋白氧化修饰的抑制 [J]. 湖北民族学院学报（医学版），2004，21(2)：26-31.

厚朴 Houpo CP, JP

Magnolia officinalis Rehd. et Wils.
Officinal Magnolia

概述

木兰科 (Magnoliaceae) 植物厚朴 *Magnolia officinalis* Rehd. et Wils.，其干燥树皮、根皮、枝皮入药。中药名：厚朴。

木兰属 (*Magnolia*) 植物全世界约有 90 种，分布于亚洲东南部温带及热带地区，印度东北部、马来群岛、日本、北美洲东南部、北美洲中部及小安的列群岛也有分布。中国产约有 31 种 1 亚种，本属现供药用者约有 24 种。本种分布于中国陕西、甘肃、河南、湖北、湖南、四川和贵州等地。

“厚朴”药用之名，始载于《神农本草经》，列为中品。《中国药典》（2015 年版）收载本种为中药厚朴的法定原植物来源种之一。主产于湖北和四川等地。

厚朴主要活性成分为木脂素和挥发油类成分。《中国药典》采用高效液相色谱法进行测定，规定厚朴药材含厚朴酚与和厚朴酚的总量不得少于 2.0%，以控制药材质量。

药理研究表明，厚朴具有抗炎、镇痛、调节平滑肌和抗溃疡的作用。

中医理论认为厚朴具有燥湿消痰，下气除满等功效。

◆ 厚朴
Magnolia officinalis Rehd. et Wils.

◆ 凹叶厚朴
M. officinalis Rehd. et Wils. var *biloba* Rehd. et Wils

◆ 药材厚朴
Magnoliae Officinalis Cortex

◆ 药材厚朴花
Magnoliae Officinalis Flos

◆ 和厚朴
M. obovata Thunb.

◆ 药材厚朴（日本药局方）
Magnoliae Obovatae Cortex

化学成分

厚朴树皮中主要含木脂素：厚朴酚 (magnolol)、和厚朴酚 (honokiol)[1]、异厚朴酚 (isomagnolol)、四氢厚朴酚 (tetrahydromagnolol)、龙脑基厚朴酚 (bornylmagnolol)、辣薄荷基厚朴酚 (piperitylmagnolol)、辣薄荷基和厚朴酚 (piperitylhonokiol)、二辣薄荷基厚朴酚 (dipiperitylmagnolol)、厚朴三醇 (magnatriol)、厚朴醛B、C、D、E (magnaldehydes B～E)、厚朴木脂素A、B、C、D、E、F、G、H、I (magnolignans A～I)、台湾檫木醛 (randainal)、台湾檫木酚 (randaiol)、6'-*O*-甲基和厚朴酚 (6'-*O*-methylhonokiol)、8,9-二羟基二氢和厚朴酚 (8,9-dihydroxydihydrohonokiol)、8,9-二羟基-7-甲氧基二氢和厚朴酚 (8, 9-dihydroxy-7-methoxydihydrohonokiol)、丁香脂素 (syringaresinol) 和丁香脂素4'-O-β-葡萄吡喃糖苷 (syringaresinol-4'-*O*-*b*-glucopyranoside)等。还含挥发油：其中主要成分有β-桉油醇 (β-cineole)[1]、β-榄香烯 (β-elemene)、γ-榄香烯 (γ-elemene)、石竹烯 (caryophyllene)、榄香醇 (elemol) 、愈创醇 (guajol)、桉叶醇 (eudesmol) [2]；此外，还含木兰箭毒碱 (magnocurarine) 等生物碱成分[3]。

◆ magnolol

magnolignan A: R_1=OH, R_2=R_3=H
magnolignan B: R_1=R_3=OH, R_2=H
magnolignan C: R_1=R_3=H, R_2=OH
magnolignan D: R_1=H, R_2=OH, R_3=OMe

药理作用

1. 对消化系统的影响

(1) 对胃肠的作用　厚朴水煎剂能兴奋正常大鼠的胃肠运动；对颈静脉给予大肠埃希氏菌内毒素所致的休克大鼠，厚朴能明显改善休克时胃肠运动的抑制 [4]。厚朴醇提取物灌胃能明显对抗番泻叶所致小鼠腹泻 [5]。

(2) 抗溃疡　厚朴醇提取物灌胃，能显著抑制盐酸引起的小鼠溃疡 [5]；厚朴生品和姜炙品煎剂灌胃，对幽门结扎型及应激型大鼠急性实验性胃溃疡模型有抑制作用 [6]。

(3) 利胆、保肝　厚朴醇提取物灌胃能显著增加大鼠胆汁流量 [5]。对铁诱导的体外肝细胞脂质过氧化和缺血-再灌注造成的大鼠肝损害，和厚朴酚均有显著的抑制作用，且呈量效关系 [7]。

2. 抗炎、镇痛

厚朴醇提取物灌胃，能明显延长热痛刺激引起的小鼠甩尾反应的潜伏期，抑制乙酸所致小鼠腹腔毛细血管通透性升高、二甲苯引起的小鼠耳郭肿胀及角叉菜胶引起的小鼠足趾肿胀 [8]。

3. 抗菌

厚朴煎剂对金黄色葡萄球菌、肺炎链球菌、痢疾志贺氏菌、伤寒沙门氏菌、副伤寒沙门氏菌、大肠埃希氏菌、铜绿假单胞菌、霍乱弧菌、变形杆菌、百日咳杆菌、枯草芽孢杆菌、溶血性链球杆菌、炭疽芽孢杆菌等均有较强抑制作用 [9]。厚朴酚及和厚朴酚对引起龋齿的变异链球菌有快速和高效的杀灭作用 [10]。

4. 抑制中枢神经

厚朴酚腹腔给药能抑制鸡雏的脊髓反应，强度与麦酚生(mephensine) 相近，但作用持续时间远长于麦酚生[11]。厚朴酚及和厚朴酚对*N*-甲基-*D*-天冬氨酸 (NMDA) 诱导的小鼠癫痫发作有抑制作用[12]。

5. 肌肉松弛作用

厚朴水提取物和醚提取物均有明显的箭毒样作用，能对抗中枢兴奋剂诱发的痉挛，抑制网状上行启动及下丘脑启动系统，厚朴酚、和厚朴酚和木兰箭毒碱为其肌肉松弛的有效成分。厚朴酚及和厚朴酚对卡巴胆碱 (carbachol) 和高浓度 K^+ 诱导的猪气管平滑肌紧张也有松弛作用 [13]。

6. 抗肿瘤

厚朴酚腹腔给药可抑制小鼠黑素瘤 B16-BL6 瘤体的生长，并能有效抑制癌细胞的转移 [14]；对人肺鳞状细胞癌 CH27、结肠癌细胞 COLO-205 和肝癌细胞 HepG2，厚朴酚均有明显的细胞毒作用 [15-16]。

7. 其他

厚朴还有抗过敏和抗血小板聚集作用 [17-18]。

应用

本品为中医临床用药。功能：燥湿消痰，下气除满。主治：湿滞伤中，脘痞吐泻，食积气滞，腹胀便秘，痰饮喘咳。

现代临床还用于肠梗阻、肝病、细菌性痢疾、哮喘等病的治疗。

评注

同属植物凹叶厚朴 *Magnolia officinalis* Rehd. et Wils. var *biloba* Rehd. et Wils 为《中国药典》收载中药厚朴的另一法定原植物来源种，凹叶厚朴与厚朴的化学成分与药理作用相似。

厚朴的干燥花蕾也供药用，功效：芳香化湿，理气宽中。用于脾胃湿阻气滞，胸脘痞闷胀满，纳谷不香。

《日本药局方》（第 15 次修订）收载的厚朴品种还包括同属植物和厚朴 *M. obovata* Thunb.，该种在日本临床上与中国厚朴等同入药，和厚朴与中国产厚朴的系统对比研究有待深入。

目前，四川已建立了厚朴的规范化种植地。

参考文献

[1] 王勇 . 厚朴的气相色谱 – 质谱分析 [J]. 海峡药学，1998，10(2)：45-46.

[2] 雷正杰，张忠义，王鹏，等 . 厚朴超临界 CO_2 萃取产物的成分研究 [J]. 中国现代应用药学杂志，2000，17(1)：13-14.

[3] 芦金清 . 中药厚朴的化学成分及临床研究进展 [J]. 中医药学报，1989，5：39-42.

[4] 次秀丽，王宝恩，郭燕昌，等 . 厚朴对正常和内毒素休克大鼠胃肠电活动影响的实验研究 [J]. 中国中医药科技，1999，6(3)：154-156.

[5] 朱自来，张明发，沈雅琴，等 . 厚朴对消化系统的药理作用 [J]. 中国中药杂志，1997，22(11)：686-688.

[6] 胡丽萍，傅宝庆，赵兰湘，等 . 厚朴及其炮制品对大鼠急性实验性胃溃疡的作用 [J]. 中草药，1991，22(11)：509-510.

[7] CHIU J H, HO C T, WEI Y H, et al. *In vitro* and *in vivo* protective effect of honokiol on rat liver from peroxidative injury[J]. Life Sciences, 1997, 61(19): 1961-71.

[8] 朱自平，张明发，沈雅琴，等 . 厚朴的镇痛抗炎药理作用 [J]. 中草药，1997，28(10)：613-615.

[9] 王承南，夏传格 . 厚朴药理作用及综合利用研究进展 [J]. 经济林研究，2003，21(3)：80-81，84.

[10] 孟丽珍，黄文哲，于宝珍 . 中药厚朴、茵陈防龋成分的提取 [J]. 佳木斯医学院学报，1992，15(3)：76.

[11] 葛发欢，施展 . 厚朴酚的研究概况 [J]. 中药材，1990，13(1)：45-47.

[12] LIN Y R, CHEN H H, KO C H, et al. Differential inhibitory effects of honokiol and magnolol on excitatory amino acid-evoked cation signals and NMDA-induced seizures[J]. Neuropharmacology, 2005, 49(4): 542-550.

[13] KO C H, CHEN H H, LIN Y R, et al. Inhibition of smooth muscle contraction by magnolol and honokiol in porcine trachea[J]. Planta Medica, 2003, 69(6): 532-536.

[14] IKEDA K, SAKAI Y, NAGASE H. Inhibitory effect of magnolol on tumour metastasis in mice[J]. Phytotherapy Research, 2003, 17(8): 933-937.

[15] YANG S E, HSIEH M T, TSAI T H, et al. Effector mechanism of magnolol-induced apoptosis in human lung squamous carcinoma CH27 cells[J]. British Journal of Pharmacology, 2003, 138(1): 193-201.

[16] LIN S Y, LIU J D, CHANG H C, et al. Magnolol suppresses proliferation of cultured human colon and liver cancer cells by inhibiting DNA synthesis and activating apoptosis[J]. Journal of Cellular Biochemistry, 2002, 84(3): 532-544.

[17] TENG C M, CHEN C C, KO F N,et al. Two antiplatelet agents from *Magnolia officinalis*[J]. Thrombosis Research, 1988, 50(6): 757-765.

[18] SHIN T Y, KIM D K, CHAE B S, et al. Antiallergic action of *Magnolia officinalis* on immediate hypersensitivity reaction[J]. Archives of Pharmacal Research, 2001, 24(3): 249-255.

胡芦巴 Huluba BP, CP, EP, IP, KHP

Trigonella foenum-graecum L.
Fenugreek

概述

豆科 (Fabaceae) 植物胡芦巴 *Trigonella foenum-graecum* L.，其干燥成熟种子入药。中药名：胡芦巴。

胡芦巴属 (*Trigonella*) 植物全世界约有 70 种，分布于地中海沿岸、中欧、南北非洲、西南亚、中亚和大洋洲。中国有 9 种，本属现供药用者约有 5 种。本种分布于中国南北各地。地中海东岸、中东、伊朗高原以至喜马拉雅地区。

“胡芦巴”药用之名，始载于《药谱》。历代本草多有著录。《中国药典》（2015 年版）收载本种为中药胡芦巴的法定原植物来源种。主产于中国安徽、四川、河南等地；云南、陕西、新疆等省区也产。

胡芦巴含甾体皂苷类及黄酮类等。《中国药典》采用高效液相色谱法进行测定，规定胡芦巴药材含胡芦巴碱不得少于 0.45%，以控制药材质量。

药理研究表明，胡芦巴具有抗生育、降血糖、保肝、抗脑缺血、改善学习记忆等作用。

中医理论认为胡芦巴具有温肾助阳，祛寒止痛等功效。

◆ 胡芦巴
Trigonella foenum-graecum L.

◆ 胡芦巴
T. foenum-graecum L.

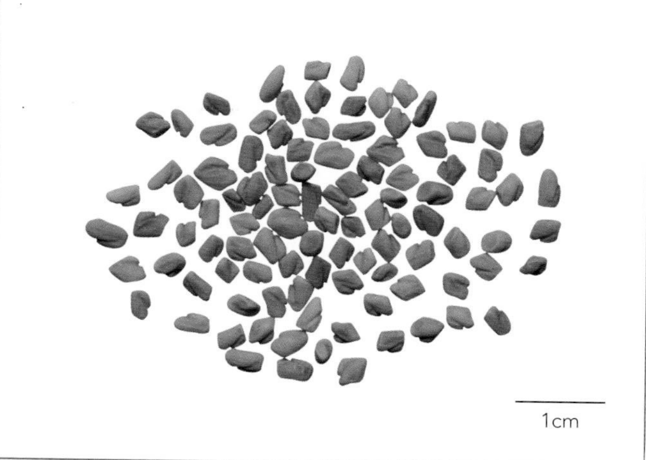

◆ 药材胡芦巴
Trigonellae Semen

化学成分

胡芦巴种子含甾体皂苷类成分：芰脱皂苷元 (gitogenin)、新芰脱皂苷元 (neogitogenin)、薯蓣皂苷元 (diosgenin)、雅姆皂苷元 (yamogenin)、替告皂苷元(tigogenin)、新替告皂苷元 (neotigogenin)、胡芦巴新皂苷Ⅰa、Ⅰb、Ⅱa、Ⅱb、Ⅲa、Ⅲb、Ⅷ (trigoneosides Ⅰa, Ⅰb, Ⅱa, Ⅱb, Ⅲa, Ⅲb, Ⅷ) 、trigofoenoside A[1-2]；黄酮类成分：异牡荆黄素 (saponaretin)、牡荆素-7-*C*-葡萄糖苷 (vitexin-7-glucoside)、异荭草素 (homoorientin)、胡芦巴苷-1 (vicenin-1)、胡芦巴苷-2 (vicenin-2)、牡荆素 (vitexin)、槲皮素 (quercetin)、小麦黄素 (tricin)、柚皮素 (naringenin)、小麦黄素-7-*O*-*β*-*D*-葡萄糖苷 (tricin-7-*O*-*β*-*D*-glucopyranoside)[3]；三萜类成分：羽扇豆醇 (lupeol)、白桦醇 (betullin)、白桦酸 (betulinic acid)、31-去甲环阿尔廷醇 (31-norcycloartanol)、大豆皂苷Ⅰ(soyasaponin Ⅰ)[4]；生物碱：胡芦巴碱 (trigonelline)、龙胆宁碱 (gentianine) 和番木瓜碱 (carpaine)等成分[5]。

此外，胡芦巴还含3,4,7-三甲基香豆素 (3,4,7-trimethylcoumarin)[6]、胡芦巴香豆素 (trigocoumarin) 等成分。

◆ trigoneoside Ⅰa

药理作用

1. 抗生育

给雄性大鼠每日灌服胡芦巴种子提取物，大鼠的精液量及精子能动力明显下降，睾丸、附睾、前列腺和精囊的重量明显下降。

2. 降血糖

胡芦巴种子提取物能降低人、大鼠和狗的血糖浓度，改善葡萄糖、淀粉耐量和血脂浓度[5]。对链脲菌素(streptozocin) 诱发的糖尿病大鼠肾脏病变，胡芦巴水煎液灌胃能减少尿蛋白排泄率，降低血肌酐和尿素氮水平，减轻肾脏病变程度[7]。

3. 降胆固醇

胡芦巴种子粉末可降低正常大鼠和高胆固醇血症大鼠的血清胆固醇、极低密度脂蛋白 (VLDL)- 胆固醇和低密度脂蛋白 (LDL)- 胆固醇，其作用机制主要与减少胆固醇和胆汁酸肠再吸收相关[5]。

4. 保肝

胡芦巴种子提取物口服能显著抑制 CCl_4 和 *D*- 氨基半乳糖 (*D*-GalN) 所致小鼠急性肝损伤的血清丙氨酸转氨酶 (ALT) 和天冬氨酸转氨酶 (AST) 升高，降低肝脏的丙二醛 (MDA) 水平，升高谷胱甘肽过氧化物酶 (GSH-Px)，并呈良好的量效关系[8]。对 CCl_4 所致的大鼠慢性肝损伤，胡芦巴种子提取物口服能抑制血清胆汁酸和 MDA 水平升高、GSH-Px 降低，同时显著降低 ALT 和 AST 水平[9]。

5. 抗脑缺血

胡芦巴总皂苷灌胃对结扎双侧颈总动脉造成急性不完全性脑缺血小鼠有延长存活和凝血时间的作用，还能延长断颅小鼠喘息时间。胡芦巴总皂苷还能抑制兔血小板聚集率，降低血黏度[10]。

6. 改善记忆能力

经跳台法测试，胡芦巴总皂苷可改善东莨菪碱所致小鼠记忆获得障碍，亚硝酸钠所致记忆巩固障碍及 20% 乙醇所致记忆再现障碍[11]。

7. 其他

胡芦巴还有抗肿瘤[12]、抗溃疡[13]、利尿和降血压作用。

应用

本品为中医临床用药。功能：温肾助阳，祛寒止痛。主治：肾阳不足，下元虚冷，小腹冷痛，寒疝腹痛，寒湿脚气。

现代临床还用于头痛、乳腺炎、乳腺癌等病的治疗。

评注

胡芦巴含丰富的半乳甘露聚糖、多种皂苷元和多种具生物活性物质，可用于生产滋补品和功能保健食品。胡芦巴种子中可用于提取胡芦巴胶，应用于油田开采中作为低渗透油田压裂液；提取胡芦巴胶后的剩余物还可以用于提取薯蓣皂苷元，薯蓣皂苷元是合成甾体激素的主要原料，又是制造各种激素的中间体，需求量大；胡芦巴甾体皂苷元得率在 1.15% 以上，其中薯蓣皂苷元含量高达 86.5% 左右，具有良好的开发前景和广阔的市场空间[14]。

胡芦巴地上部分常用作香料，现代研究证实胡芦巴茎叶对肾功能衰竭有良好的效果，具有广阔的应用前景。

参考文献

[1] YOSHIKAWA M, MURAKAMI T, KOMATSU H, et al. Medicinal foodstuffs. Ⅳ. Fenugreek seed. (1): structures of trigoneosides Ⅰa, Ⅰb, Ⅱa, Ⅱb, Ⅲa, and Ⅲb, new furostanol saponins from the seeds of Indian *Trigonella foenum-graecum* L.[J]. Chemical & Pharmaceutical Bulletin, 1997, 45(1): 81-87.

[2] 尚明英，蔡少青，手家康弘，等．胡芦巴皂苷Ⅷ的结构鉴定 [J]. 药学学报，2001，36(11)：836-839.

[3] 尚明英，蔡少青，韩健，等．中药胡芦巴的黄酮类成分研究 [J]. 中国中药杂志，1998，23(10)：614-616.

[4] 尚明英，蔡少青，李军，等．中药胡芦巴三萜类成分研究 [J]. 中草药，1998，29(10)：655-657.

[5] 李宗友．胡芦巴的抗糖尿病和降胆固醇作用 [J]. 国外医学（中医中药分册），1999，21(4)：9-14.

[6] KHURANA S K, KRISHNAMOORTHY V, PARMAR V S, et al. 3,4,7-Trimethylcoumarin from *Trigonella foenum-graecum* stems[J]. Phytochemistry, 1982, 21(8): 2145-2146.

[7] 石艳，苗春生，李才，等．胡芦巴对实验性糖尿病大鼠肾脏病变的改善作用 [J]. 吉林大学学报（医学版），2003，29(4)：395-397.

[8] 朱宝立，班永宏，段金廒．胡芦巴对急性化学性肝损伤的保护作用 [J]. 中国工业医学杂志，2000，13(1)：19-21.

[9] 朱宝立．胡芦巴对慢性化学性肝损伤保护作用的研究 [J]. 江苏卫生保健，2001，3(4)：12.

[10] 李琳琳，冉新建，毛新民，等．胡芦巴总皂苷对脑缺血保护作用 [J]. 中国药理学通报，2001，17(1)：92-94.

[11] 李琳琳，毛新民，王雪飞，等．胡芦巴总皂苷对小鼠学习记忆的促进作用及抗脑缺血作用初探 [J]. 新疆医科大学学报，2001，24(2)：98-100.

[12] RAJU J, PATLOLLA J M R, SWAMY M V, et al. Diosgenin, a steroid saponin of *Trigonella foenum graecum* (Fenugreek), inhibits azoxymethane-induced aberrant crypt foci formation in F344 rats and induces apoptosis in HT-29 human colon cancer cells[J]. Cancer Epidemiology, Biomarkers & Prevention, 2004, 13(8): 1392-1398.

[13] PANDIAN R S, ANURADHA C V, VISWANATHAN P. Gastroprotective effect of fenugreek seeds (*Trigonella foenum graecum*) on experimental gastric ulcer in rats[J]. Journal of Ethnopharmacology, 2002 , 81(3): 393-397.

[14] 蒋建新，朱莉伟，徐嘉生，等．从制胶后的胡芦巴种子中提取甾体长苷元的研究 [J]. 天然产物研究与开发，2001，13(1)：49-51.

胡桃 Hutao CP, IP

Juglans regia L.
Walnut

概述

胡桃科 (Juglandaceae) 植物胡桃 *Juglans regia* L.，其干燥成熟种子入药。中药名：核桃仁。

胡桃属 (*Juglans*) 植物全世界约有 20 种，分布于两半球温带和热带地区。中国产 5 种 1 变种。本属现供药用者约有 3 种。本种广布于中国各地；中亚、西亚、南亚和欧洲也有分布。

“核桃仁”药用之名，始载于《千金方》。历代本草多有著录。《中国药典》（2015 年版）收载本种为中药核桃仁的法定原植物来源种。主产于中国河北、北京、山西、山东等省区。

胡桃种仁含脂肪油和蛋白质及甾醇类成分等。《中国药典》以性状、显微和薄层色谱鉴别来控制核桃仁药材的质量。

药理研究表明，胡桃的种子具有强壮、抗衰老、抗肿瘤等作用。

中医理论认为核桃仁具有补肾，温肺，润肠等功效。

◆ 胡桃
Juglans regia L.

◆ 胡桃
J. regia L.

◆ 药材核桃仁
Juglandis Semen

化学成分

胡桃种仁含脂肪酸类成分：亚油酸 (linoleic acid)、亚麻酸 (linolenic acid)、棕榈油酸 (palmitoleic acid)、油酸 (oleic acid) 及myristolenic acid[1]；甾醇类：β-谷甾醇 (β-sitosterol)、Δ^5-燕麦甾醇 (Δ^5-avenasterol)、菜油甾醇 (campesterol)[2]；多酚类：glansrins A、B、C[3]；此外，还含5-羟色胺 (serotonin)[4]、胱氨酸 (cystine)、半胱氨酸 (cysteine)、门冬氨酸 (aspartic acid)、丝氨酸 (serine)、甘氨酸 (glycine)、丙氨酸 (alanine)、脯氨酸 (proline)、酪氨酸 (tyrosine)、苯丙氨酸 (phenylalanine)、色氨酸 (tryptophan)等[5]。

胡桃壳含萘醌类成分：1,4-萘醌 (1,4-naphthoquinone)、胡桃醌 (juglone)、2-甲基-1,4-萘醌 (2-methyl-1,4-naphthoquinone)、白花丹素 (plumbagin)[6]。

胡桃树皮含(–)-regiolone、胡桃醌 (juglone)、白桦脂酸 (betulinic acid)[7]。

胡桃根皮含3,3'-bisjuglone[8]。

胡桃叶含黄酮苷类成分：胡桃宁 (juglanin)、广寄生苷 (avicularin)、三叶豆苷 (trifolin)、金丝桃苷 (hyperin)[9]。

药理作用

1. 抗氧化

核桃仁体外有明显的清除超氧阴离子自由基能力，清除率为 30.86% ± 6.27%，比维生素 C 清除能力弱[10]。用核桃仁饲料喂养小鼠 20 周后发现，核桃仁能提高小鼠细胞膜 Na^+, K^+-ATP 酶的活性，降低血清过氧化脂质 (LPO) 水平，并提高超氧化物歧化酶 (SOD) 活性[11]。对氯化汞 ($HgCl_2$) 所致的染毒小鼠血浆、肝、脑组织中 LPO 含量增高，核桃仁有明显的抑制作用[12]。

2. 促进生长发育

用核桃仁粉拌于饲料中喂饲小鼠，3 周、4 周龄仔鼠体重较对照组显著增高，耳郭分离、长毛、门齿萌出、平面翻正及平面旋转时间均不同程度短于对照组，证实其有一定促生长发育作用[13]。

3. 促进学习记忆

小鼠在喂养核桃仁提取物后，在跳台实验、水迷宫实验中，学习错误次数明显减少，脑内 NO 水平显著增加[14]。

4. 抗肿瘤

胡桃未成熟果皮（核桃青皮）提取物对小鼠 S_{180} 实体瘤有抑制作用 [15]。

5. 其他

核桃能延长全脑缺血小鼠的存活时间，还有抗应激作用 [16]。

应用

本品为中医临床用药。功能：补肾，温肺，润肠。主治：肾阳不足，腰膝酸软，阳痿遗精，虚寒喘嗽，肠燥便秘。

现代临床还用于慢性气管炎、肝硬化腹水、尿路结石、子宫颈癌等病的治疗。

评注

药用植物图像数据库

胡桃未成熟果实的肉质果皮，称为青胡桃皮，民间用于痢疾、慢性支气管炎、肺气肿、疮疡和顽癣等病的治疗。胡桃叶民间用治白带过多、疥癣等，现代研究表明其有抗菌、抗肿瘤、抗炎、抗氧化、舒张血管作用 [17-19]，有很好开发前景，有待进一步深入研究和开发 [20]。

胡桃花在中国云南一些地区的民间作为蔬菜食用，分析测定结果表明，胡桃花营养较为丰富和全面，蛋白质高达 21%，K、Fe、Mn、Zn、Se 及 β- 胡萝卜素、维生素 B_2、维生素 E、维生素 C 等含量也较高，可作为保健食品进行开发利用 [20]。

胡桃仁富含脂肪酸，其中不饱和脂肪酸含量丰富，还有抗氧化、防衰老等功效，可作为健康食用油大力推广。

参考文献

[1] KAWECKI Z, JAWORSKI J. Fatty acids of crude lipid in stratified walnut seeds, *Juglans regia*[J]. Fruit Science Reports, 1975, 2(2): 17-23.

[2] AMARAL JOANA S, CASAL S, PEREIRA JOSE A, et al. Determination of sterol and fatty acid compositions, oxidative stability, and nutritional value of six walnut (*Juglans regia* L.) cultivars grown in Portugal[J]. Journal of Agricultural and Food Chemistry, 2003 , 51(26): 7698-7702.

[3] FUKUDA T, ITO H, YOSHIDA T. Antioxidative polyphenols from walnuts (*Juglans regia* L.) [J]. Phytochemistry, 2003, 63(7): 795-801.

[4] BERGMANN L, GROSSE W, RUPPEL H G. Formation of serotonin in *Juglans regia*[J]. Planta, 1970, 94: 47-59.

[5] NEDEV N, PRODANSKI P, DZHONDZHOROVA S. Protein level and amino acid composition in the nuclei of walnut (*Juglans regia*) varieties[J]. Doklady Akademii Sel'skokhozyaistvennykh Nauk v Bolgarii, 1971, 4(3): 295-298.

[6] MAHONEY N, MOLYNEUX R J, CAMPBELL B C. Regulation of aflatoxin production by naphthoquinones of walnut (*Juglans regia*) [J]. Journal of Agricultural and Food Chemistry, 2000, 48(9): 4418-4421.

[7] TALAPATRA S K, KARMACHARYA B, De S C, et al. (–)-Regiolone, an α-tetralone from *Juglans regia*: structure, stereochemistry and conformation[J]. Phytochemistry, 1988, 27(12): 3929-3932.

[8] PARDHASARADHI M, HARI B M. A new bisjuglone from *Juglans regia* root bark[J]. Phytochemistry, 1978, 17(11): 2042-2043.

[9] TSIKLAURI G, DADESHKELIANI M, SHALASHVILI A, et al. Flavonol in ordinary nut tree leaves[J]. Bulletin of the Georgian Academy of Sciences, 1998, 157(2): 308-310.

[10] 韦红霞，韦英群，张树球，等 . 核桃仁抗超氧阴离子自由基能力的研究 [J]. 现代中西医结合杂志，2003，12(17): 1823-1824.

[11] 王素敏，符云峰，董玉枝，等 . 胡桃对小鼠组织细胞膜酶及脂质过氧化的影响 [J]. 营养学报，1994，16(2): 195-196.

[12] 江城梅，肖棣，赵红，等. 核桃仁拮抗氯化高汞致衰老和诱变作用 [J]. 蚌埠医学院学报，1995，20(4)：227-228.

[13] 张立实，冯曦兮，赵锐，等. 智强核桃粉对小鼠生长发育的影响 [J]. 现代预防医学，1998，25(2)：189-192.

[14] 赵海峰，李学敏，肖荣. 核桃提取物对改善小鼠学习和记忆作用的实验研究 [J]. 山西医科大学学报，2004，35(1)：20-22.

[15] 王春玲，曹小红. 核桃青皮对 S_{180} 实体瘤的作用研究 [J]. 食品科学，2004，25 (11)：285-287.

[16] 王志平，杨栓平，李文德，等. 核桃油及维生素 E 复合核桃油对动物功能行为影响的研究 [J]. 山西医药杂志，2000，29(4)：325-326.

[17] 胡博路，杭瑚. 核桃清除活性氧自由基的研究 [J]. 中草药，2002，33(3)：227-228.

[18] ERDEMOGLU N, KUPELI E, YESILADA E. Anti-inflammatory and antinociceptive activity assessment of plants used as remedy in Turkish folk medicine[J]. Journal of Ethnopharmacology, 2003, 89(1): 123-129.

[19] PERUSQUIA M, MENDOZA S, BYE R, et al. Vasoactive effects of aqueous extracts from five Mexican medicinal plants on isolated rat aorta[J]. Journal of Ethnopharmacology, 1995, 46(1): 63-69.

[20] 陈朝银，赵声兰，曹建新，等. 核桃花营养成分的分析 [J]. 中国野生植物资源，1999，18(2)：45-47.

槲蕨 Hujue CP, KHP

Drynaria fortunei (Kunze) J. Sm.
Fortune's Drynaria

概述

水龙骨科 (Polypodiaceae) 植物槲蕨 *Drynaria fortunei* (Kunze) J. Sm.，其干燥根茎入药。中药名：骨碎补。

槲蕨属 (*Drynaria*) 植物全世界约有 16 种，主要分布于亚洲至大洋洲。中国约有 9 种，本属现供药用者约有 5 种。本种分布于长江以南各省区；越南、老挝、柬埔寨、泰国、印度也有分布。

“骨碎补”药用之名，始载于《药性论》。《中国药典》（2015 年版）收载本种为中药骨碎补的法定原植物来源种。主产于中国湖南、浙江、广西和江西。

骨碎补主要成分为黄酮和三萜类化合物，其中柚皮苷有明显的促进骨损伤愈合作用。《中国药典》采用高效液相色谱法进行测定，规定骨碎补药材含柚皮苷不得少于 0.50%，以控制药材质量。

药理研究表明，槲蕨具有促进骨骼生长发育、对抗氨基苷类抗生素毒性、抗炎、降血脂等作用。

中医理论认为骨碎补具有疗伤止痛，补肾强骨，消风祛斑等功效。

◆ 槲蕨
Drynaria fortunei (Kunze) J. Sm.

◆ 药材骨碎补
Drynariae Rhizoma

◆ 崖姜蕨
Pseudodrynaria coronans (Wall.) Ching

化学成分

槲蕨的根茎含黄酮类化合物：柚皮苷 (naringin)、石莲姜素 [(–)-epiafzelechin-3-*O*-*b*-*D*-allopyranoside]、(–)-表阿夫儿茶精 [(–)-epiafzelechin] [1]；骨碎补双氢黄酮苷、还含三萜类化合物：羊齿-9(11)-烯 [fern-9-(11)-ene]、里白烯 (diploptene)、环劳顿醇 (cyclolaudenol)[2]、环木菠萝甾醇醋酸酯 (cycloardenyl acetate)、环水龙骨甾醇烯醋乙酸酯 (cyclomargenyl acetate)、环鸦片甾烯醇乙酸酯 (cyclolaudenyl acetate)、9,10-环羊毛甾-25-烯醇-3β-乙酸酯 (9,10-cyclolanost-25-en-3β-yl acetate)、羊齿-7-烯 (fern-7-ene)、绵马-3-烯 (filic-3-one)、22(29)-何帕烯 [hop-22(29)-ene]、何帕-21-烯 (hop-21-ene)、里白醇 (diplopterol)、环麻根醇 (cyclomargenol)、24-烯-环阿尔廷醇 (24-en-cycloartenol)、环劳顿酮 (cyclolaudenone)、24-烯-环阿尔廷酮 (24-en-cycloartenone)、25-烯-环阿尔廷酮 (25-en-cycloartenone)[3-4]；其他尚含：甲基丁香酚 (methyl eugenol)[5]、新北美圣草苷 (neoeriocitrin)、原儿茶酸 (protocatechuic acid)、丁二酸 (succinic acid)；此外，还含挥发油，主要成分有正十七烷 (*n*-heptadecane)、正十八烷 (*n*-octadecane)、正十九烷 (*n*-nonadecane)、正二十烷 (*n*-eicosane)和六氢金合欢烯丙酮(hexahydrofarnesylacetone)[6]等。

◆ fern-7-ene

药理作用

1. 对骨骼的影响

(1) 促进骨骼生长发育　槲蕨提取液对小鸡的骨骼发育生长有明显促进作用，用药组小鸡股骨湿重和体积、单位长度皮质骨内的钙、磷、羟脯氨酸和氨基己糖均大于对照组[7]。骨碎补注射液能促进培养中的鸡胚骨原基的钙磷沉积，提高培养组织中碱性磷酸酶 (ALP) 的活性，促进蛋白多糖的合成，并证实了促进蛋白多糖的合成是促进钙化的主要因素[8]。

(2) 促进骨折愈合　槲蕨煎剂对实验性大鼠后腿股骨损伤有促进愈合的作用，柚皮苷为主要活性成分[9]。槲蕨促进骨折愈合的原理与其能明显提高血钙、磷浓度乘积，提高血清 ALP 活性，增加 TGF-β_1多肽在骨痂组织中的表达有关[10]。

(3) 抗骨质疏松　槲蕨煎剂对醋酸可的松引起的大鼠骨丢失有一定抑制作用[11]。对去卵巢引起的大鼠骨质疏松，槲蕨煎剂能增加骨小梁宽度和密度，减少骨小梁间隙，防止骨质疏松的发生[12]。

2. 对抗氨基苷类抗生素毒性

槲蕨可减轻链霉素引起的豚鼠耳蜗一回和二回毛细胞损伤[13]；还可对抗链霉素引起的小鼠运动平衡失调、体重增长缓慢、肾功能损害等毒性反应[14]。骨碎补与卡那霉素合用时，可降低卡那霉素对豚鼠耳蜗的毒性，解毒机制可能是通过保护肾脏实现的[15]。

3. 抗炎

槲蕨总黄酮对二甲苯所致的小鼠耳郭肿胀、蛋清所致的大鼠足趾肿胀及棉球诱发的肉芽肿均有抑制作用，对醋酸所致的小鼠腹腔毛细血管扩张和渗透性增高有拮抗作用[16]。

4. 镇痛

槲蕨总黄酮能提高痛阈值，对醋酸所致小鼠扭体反应和热板法引起的疼痛有显著抑制作用[17]。

5. 降血脂

骨碎补注射液可以降低高脂血症家兔的血脂（胆固醇、三酰甘油），并防止动脉粥样硬化斑块的形成[18]。

6. 抗急性肾功能衰竭

槲蕨黄酮类化合物给猪或小鼠肌内注射，有预防肾毒性、改善肾功能和促进上皮肾小管细胞再生的作用，对急性肾功能衰竭有保护作用[19]。

7. 其他

骨碎补双氢黄酮苷有镇静作用[5]。

应用

本品为中医临床用药。功能：疗伤止痛，补肾强骨，消风祛斑。主治：跌扑闪挫，筋骨折伤，肾虚腰痛，筋骨痿软，耳鸣耳聋，牙齿松动；外治斑秃，白癜风。

现代临床还可用于原发性骨质疏松、骨伤、退行性骨关节病、链霉素毒副反应等病的治疗。

评注

在香港和广东，骨碎补的地区习惯用药为水龙骨科植物崖姜蕨 *Pseudodrynaria coronans* (Wall.) Ching 的根茎，中药名为大碎补，功效与骨碎补相似，收载于《广东中药志》。

药用植物图像数据库

参考文献

[1] CHANG E J, LEE W J, CHO S H, et al. Proliferative effects of flavan-3-ols and propelargonidins from rhizomes of *Drynaria fortunei* on MCF-7 and osteoblastic cells[J]. Archives of Pharmacal Research, 2003, 26(8): 620-630.

[2] 刘振丽，吕爱平，张秋海，等. 骨碎补脂溶性成分的研究 [J]. 中国中药杂志，1999，24(4)：222-223.

[3] 李顺祥，龙勉，张志光. 骨碎补的研究进展 [J]. 中国中医药信息杂志，2002，9(11)：75-78.

[4] 周铜水，周荣汉. 槲蕨根茎脂溶性成分的研究 [J]. 中草药，1994，25(4)：175-178.

[5] 李军，贾天柱，张颖，等. 骨碎补的研究概况 [J]. 中药材，1999，22(5)：263-266.

[6] 刘振丽，张玲，张秋海，等. 骨碎补挥发油成分分析 [J]. 中药材，1998，21(3)：135-136.

[7] 马克昌，高子范，冯坤，等. 骨碎补提取液对小鸡骨发育的促进作用 [J]. 中医正骨，1990，2(4)：7-9.

[8] 马克昌，朱太咏，刘鲜茹，等. 骨碎补注射液对培养中鸡胚骨原基钙化的促进作用 [J]. 中国中药杂志，1995，20(3)：178-180.

[9] 周铜水，刘晓东，周荣汉. 骨碎补对大鼠实验性骨损伤愈合的影响 [J]. 中草药，1994，25(5)：249-250，258.

[10] 王华松，黄琼霞，许申明. 骨碎补对骨折愈合中血生化指标及 TGF-β_1 表达的影响 [J]. 中医正骨，2001，13(5)：6-8.

[11] 马克昌，高子范，张灵菊，等. 骨碎补对大白鼠骨质疏松模型的影响 [J]. 中医正骨，1992，4(4)：3-4.

[12] 马中书，王蕊，丘明才，等. 四种补肾中药对去卵巢大鼠骨质疏松骨形态的作用 [J]. 中华妇产科杂志，1999，34(2)：82-85.

[13] 戴小牛，童素琴，贾淑萍，等. 骨碎补对链霉素耳毒性解毒作用的实验研究 [J]. 南京铁道医学院学报，2000，19(4)：248-249.

[14] 王淑兰，薛贵平，侯大宜，等. 骨碎补甘草对链霉素毒性反应的对抗作用 [J]. 张家口医学院学报，1993，10(3)：19-20，54.

[15] 张桂茹，王重远，刘莉，等. 中药骨碎补对卡那霉素耳毒性预防效果的实验研究 [J]. 白求恩医科大学学报，1993，19(2)：164-165.

[16] 刘剑刚，谢雁鸣，邓文龙，等. 骨碎补总黄酮抗炎作用的实验研究 [J]. 中国天然药物，2004，2(4)：232-234.

[17] 刘剑刚，谢雁鸣，赵晋宁，等. 骨碎补总黄酮胶囊对实验性骨质疏松症和镇痛作用的影响 [J]. 中国实验方剂学杂志，2004，10(5)：31-34.

[18] 王本祥. 现代中药药理学 [M]. 天津：天津科学技术出版社，1999：1269.

[19] LONG M, QIU D, LI F, et al. Flavonoid of *Drynaria fortunei* protects against acute renal failure[J]. Phytotherapy Research, 2005, 19(5): 422-427.

虎杖 Huzhang CP, KHP

Polygonum cuspidatum Sieb. et Zucc.
Giant Knotweed

概述

蓼科 (Polygonaceae) 植物虎杖 *Polygonum cuspidatum* Sieb. et Zucc.，其根茎和根入药。中药名：虎杖。

蓼属 (*Polygonum*) 植物全世界约有 230 种，广布于世界各地，主要分布在北温带。中国约有 120 种，本属现供药用者约 80 种。本种分布于中国华东、华中、华南、西南、西北地区；朝鲜半岛、日本也有分布。

“虎杖”药用之名，始载于《名医别录》。历代本草均有著录；古今药用品种一致。《中国药典》(2015 年版) 收载本种为中药虎杖的法定原植物来源种。主产于中国江苏、安徽、浙江、广东、广西、四川、贵州、云南等省区。

虎杖含蒽醌、二苯乙烯、黄酮、鞣质等成分。蒽醌类和二苯乙烯类化合物为其主要的活性成分。《中国药典》采用高效液相色谱法进行测定，规定虎杖药材含大黄素不得少于 0.60%，虎杖苷不得少于 0.15%，以控制药材质量。

药理研究表明，虎杖具有保肝利胆、调节血脂、抗动脉粥样硬化、抗炎、抗病原微生物等作用。

中医理论认为虎杖具有利湿退黄，清热解毒，散瘀止痛，止咳化痰等功效。

◆ 虎杖
Polygonum cuspidatum Sieb. et Zucc.

◆ 虎杖
P. cuspidatum Sieb. et Zucc.

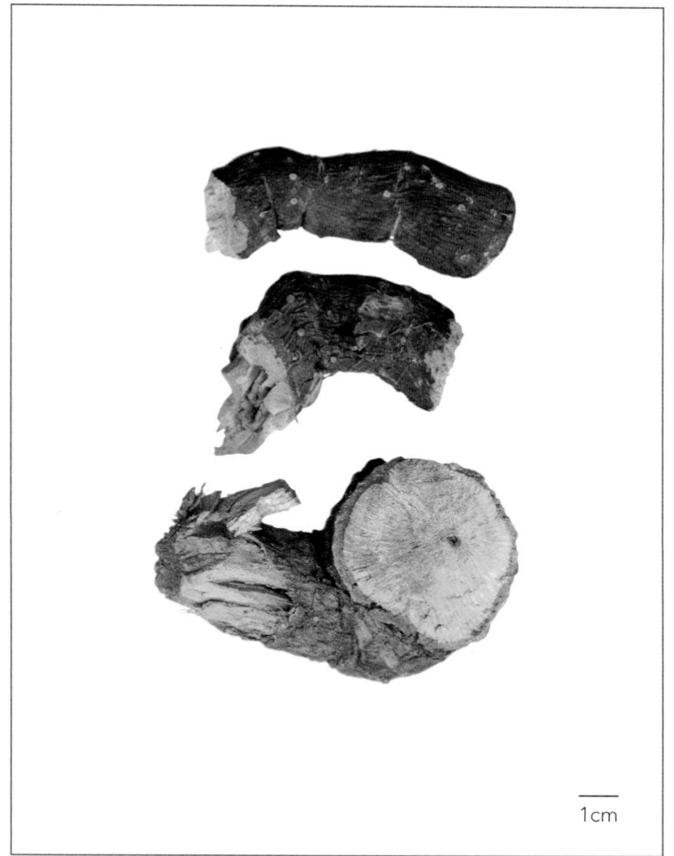

◆ 药材虎杖
Polygoni Cuspidati Rhizoma et Radix

化学成分

虎杖根茎和根含蒽醌及蒽醌苷：大黄素 (emodin)、大黄素-6-甲醚(physcion)、大黄素-8-甲醚 (questin)、6-羟基芦荟大黄素 (citreorosein)、大黄素甲醚-8-*O*-*β*-*D*-葡萄糖苷 (physcion-8-*O*-*β*-*D*-glucoside)、大黄素-8-*O*-*β*-*D*-葡萄糖苷 (emodin-8-*O*-*β*-*D*-glucoside)[1-2] 等；二苯乙烯类化合物：白藜芦醇 (resveratrol)、虎杖苷 (polydatin, piceid)、二苯乙烯苷硫酸酯盐 (stilbene glycoside sulfates)、二苯乙烯苷二聚体 (dimeric stilbene glycosides)[3-5]等；香豆素：7-羟基-4-甲氧基-5-甲基香豆素 (7-hydroxy-4-methoxy-5-methylcoumarin)、紫花前胡素 (decursin)、decursinol angelate[2, 6]；黄酮：5-羧甲基-7-羟基-2-甲基色原酮(5-carboxymethyl-7-hydroxy-2-methylchromone)[7]、白矢车菊苷元 (leucocyanidin) 等[8]；萘醌：2-甲氧基-6-乙酰基-7-甲基胡桃醌 (2-methoxy-6-acetyl-7-methyljuglone) [1]；其他酚性成分：(+)-儿茶素 [(+)-catechin]、没食子酸 (gallic acid)、2,6-二羟基苯甲酸 (2,6-dihydroxybenzoic acid)、tachioside[9]、isotachioside、(+)-儿茶素-5-*O*-*β*-*D*-葡萄吡喃糖苷 [(+)-catechin-5-*O*-*β*-*D*-glucopyranoside][10]等；尚含5,7-二羟基-1(3H)-异苯并呋喃酮 (5,7-dihydroxy-1(3H)-isobenzofuranone)、5,7-二羟基-异苯唑呋喃 (5,7-dihydroxyisobenzofuran)[2-3] 等成分。

虎杖的叶含2-己烯醛 (2-hexenal) 等挥发性成分[11]；茎、叶亦含蒽醌类成分和白藜芦醇[12-13]。

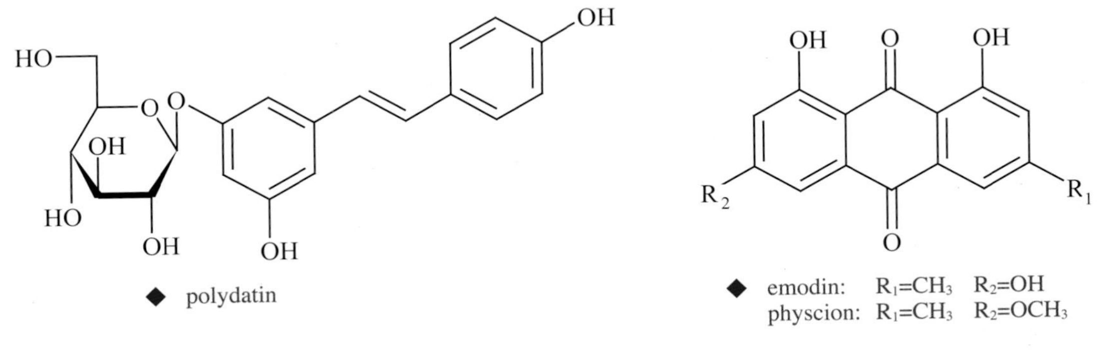

◆ polydatin

◆ emodin: $R_1=CH_3$ $R_2=OH$
physcion: $R_1=CH_3$ $R_2=OCH_3$

药理作用

1. 保肝利胆

虎杖水煎液灌胃能显著抑制四氯化碳 (CCl_4) 导致的小鼠血清谷草转氨酶 (GOT)、谷丙转氨酶 (GPT) 和肝组织中丙二醛 (MDA) 水平的升高，显著增强肝组织中超氧化物歧化酶 (SOD) 的活力 [14]；虎杖鞣质体外对四氯化碳导致的小鼠肝的脂质过氧化损伤有明显的保护作用 [15]；水煎液灌胃能调整和改善高脂饲料喂饲诱发的非酒精性脂肪肝大鼠的脂肪和糖代谢，显著降低大鼠血清三酰甘油 (TG)、总胆固醇 (TC) 和肝组织总胆固醇水平 [16]。犬胃管注入虎杖水煎液后，胆囊明显收缩，血浆中胆囊收缩素 (CCK) 含量亦显著升高，胆囊收缩与胆囊收缩素升高之间有明显的相关性 [17]。

2. 抗病原微生物

虎杖乙醇提取物体外能显著抑制金黄色葡萄球菌、痢疾志贺氏菌、大肠埃希氏菌的生长 [18]。乙醇提取物体外能剂量依赖地抑制乙肝病毒 (HBV) 的复制 [19]；虎杖水煎液体外对感染柯萨基 B_3 病毒的大鼠心肌细胞具有明显的保护作用 [20]；从虎杖中提取的大黄素涂抹于接种Ⅰ型单纯性疱疹病毒 (HSV-1) 的豚鼠背部皮肤感染部位，具有明显的治疗作用，其治疗效果优于阿昔洛韦 [21]；白藜芦醇灌胃能显著抑制 Friend 型鼠白血病病毒 (Friend leukemia virus) 导致的小鼠脾肿大和胸腺指数下降 [22]。

3. 调节血脂、抗动脉粥样硬化

虎杖水提取液、白藜芦醇体外能剂量依赖地抑制酰基辅酶 A- 胆固醇酰基转移酶 (ACAT) 的活性，减少胆固醇酯在人肝细胞中的形成 [23]。虎杖药材粉末喂饲，能剂量依赖地改善高脂高胆固醇饲料喂饲诱发的高脂血症动脉粥样硬化兔紊乱的一氧化氮合酶 (NOS) 系统功能，保护血管内皮功能；显著抑制血清总胆固醇 (TC)、低密度脂蛋白 (LDL) 的升高，减小主动脉粥样硬化斑块面积，抑制血管平滑肌细胞的增殖；虎杖原药材的降血脂、抑制动脉粥样硬化形成等作用优于大黄素和虎杖苷 [24-25]。

4. 抗炎

虎杖的乙酸乙酯提取物灌胃能显著抑制角叉莱胶所致大鼠足趾肿胀，纸片法所致小鼠、大鼠肉芽肿，醋酸所致小鼠毛细血管通透性增高，角叉莱胶所致小鼠肿胀足趾中炎症介质前列腺素 E_2 (PGE_2) 的合成 [26]。

5. 雌激素样作用

虎杖的醇提取物能促进雌激素敏感型细胞 MCF-7 的增殖 [27]，其雌激素样活性成分为蒽醌类和其他未知成分 [28]，虎杖所含的白藜芦醇能对抗卵巢切除大鼠的骨质流失 [29]。

6. 其他

虎杖水煎液创面擦洗对家兔浅 Ⅱ 度烧伤有较好的治疗作用 [30]，虎杖水提醇沉液灌胃对消炎痛所致大鼠胃溃疡有保护作用 [31]，虎杖鞣质灌胃能显著降低四氧嘧啶糖尿病小鼠的血糖 [32] 等。

应用

本品为中医临床用药。功能：利疸退黄，清热解毒，活血祛瘀，祛痰止咳。主治：湿热黄疸，淋浊，带下，风湿痹痛，痈肿疮毒，水火烫伤，经闭，癥瘕，跌打损伤，肺热咳嗽。

现代临床还用于银屑病、高脂血症、放化疗引起的白细胞减少症、急慢性肝炎、胆结石、上消化道出血、慢性支气管炎、关节炎、真菌性阴道炎等病的治疗。

评注

《中国植物志》把虎杖从蓼属 (*Polygonum*) 中独立出来，归于虎杖属 (*Reynoutria*)，采用 *Reynoutria japonica* Houtt. 作为虎杖原植物学名。

药用植物图像数据库

除根茎和根入药外，虎杖的叶也供药用。此外，虎杖全草还可用作饲料和兽药。

虎杖的主要化学成分大黄素、白藜芦醇、虎杖苷等具有多种生物活性，它们的单体化合物已广泛应用于医药、化工等领域，其综合开发前景广阔。

四川西昌、陕西太白等地已建立了虎杖种植基地，有利于虎杖资源的产业化发展。

参考文献

[1] 华燕，周建于，倪伟，等．虎杖的化学成分研究 [J]. 天然产物研究与开发，2001，13(6)：16-18.

[2] 刘晓秋，于黎明，吴立军．虎杖化学成分研究（I）[J]. 中国中药杂志，2003，28(1)：47-49.

[3] 肖凯，宣利江，徐亚明，等．虎杖的水溶性成分研究 [J]. 中草药，2003，34(6)：496-498.

[4] XIAO K, XUAN L J, XU Y M, et al. Stilbene glycoside sulfates from *Polygonum cuspidatum*[J]. Journal of Natural Products, 2000, 63(10): 1373-1376.

[5] XIAO K, XUAN L J, XU Y M, et al. Dimeric stilbene glycosides from *Polygonum cuspidatum*[J]. European Journal of Organic Chemistry, 2002, 3: 564-568.

[6] RHO T C, CHOI H C, LEE S W, et al. Inhibition of nitric oxide synthesis by coumarins from *Polygonum cuspidatum* in LPS-activated RAW 264.7 cells[J]. Saengyak Hakhoechi, 2001, 32(3): 181-188.

[7] 刘晓秋，吴立军，田作明．5-羧甲基-7-羟基-2-甲基色原酮核磁共振研究[J].波谱学杂志，2002，19(3)：321-324.

[8] MOLNAR B. Phytochemical examination of the active polyphenolic ingredients of the japanese bitter herb (*Reynoutria japonica* Houtt.) [J]. Gyogyszereszet, 1991, 35(1): 47-52.

[9] XIAO K, XUAN L J, XU Y M, et al. Constituents from *Polygonum cuspidatum*[J]. Chemical & Pharmaceutical Bulletin, 2002, 50(5): 605-608.

[10] 肖凯，宣利江，徐亚明，等．虎杖的化学成分研究 [J]. 中国药学杂志，2003，38(1)：12-14.

[11] KIM Y S, HWANG C S, SHIN D H. Volatile constituents from the leaves of *Polygonum cuspidatum* S. et Z. and their anti-bacterial activities[J]. Food Microbiology, 2004, 22(1): 139-144.

[12] 么春艳，刘文哲．虎杖营养器官蒽醌类化合物含量的季节变化 [J]. 西北植物学报，2005，25(1)：179-182.

[13] 夏海武，吕柳新．虎杖不同部位白藜芦醇含量的分析 [J]. 植物资源与环境学报，2005，14(3)：55-56.

[14] 刘蕾，李丽，张蕊，等．虎杖对小鼠 CCl_4 性肝损伤的保护作用 [J]. 黑龙江医药科学，2001，24(3)：20-21.

[15] 曾伟成，蔡钦榕，杨辉，等．虎杖鞣质抗脂质过氧化作用研究 [J]. 中药药理与临床，2002，18(6)：18-19.

[16] 江庆澜，马军，徐邦牢，等．虎杖水提液对非酒精性脂肪肝大鼠的干预效果 [J]. 广州医药，2005，36(3)：57-59.

[17] 刘敬军，郑长青，周卓，等．中药虎杖等对犬胆囊运动及血浆胆囊收缩素影响的实验研究 [J]. 沈阳药科大学学报，2003，20(2)：135-138.

[18] 卢成瑛，黄早成，李翔，等．湘西虎杖抑菌活性成分提取研究 [J]. 天然产物研究与开发，2005，17(5)：557-560.

[19] CHANG J S, LIU H W, WANG K C, et al. Ethanol extract of *Polygonum cuspidatum* inhibits hepatitis B virus in a stable HBV-producing cell line[J]. Antiviral Research, 2005, 66(1): 29-34.

[20] 申成华，郑善子，崔春权，等．虎杖水煎液对体外培养感

染柯萨奇 B_3 病毒大鼠心肌细胞保护作用的实验研究 [J]. 中国中医药科技，2005，12(1)：34-35.

[21] 王志洁，黄铁牛，郭淑芳，等. 虎杖大黄素对豚鼠皮肤 I 型人疱疹病毒感染的治疗作用 [J]. 安徽中医学院学报，2003，22(4)：36-38.

[22] 杨子峰，洪志哲，唐明增，等. 白藜芦醇对小鼠艾滋病治疗作用的实验研究 [J]. 广州中医药大学学报，2006，23(2)：148-155.

[23] PARK C S, LEE Y C, KIM J D, et al. Inhibitory effects of *Polygonum cuspidatum* water extract (PCWE) and its component resveratrol on acyl-coenzyme A-cholesterol acyltransferase activity for cholesteryl ester synthesis in $HepG_2$ cells[J]. Vascular Pharmacology, 2004, 40(6): 279-284.

[24] 秦俭，陈运贞，周岐新，等. 虎杖对高脂血症动脉粥样硬化兔 NOS 系统的在体干预 [J]. 重庆医科大学学报，2005，30(4)：501-504，524.

[25] 马渝，史若飞，文玉明，等. 虎杖抗动脉粥样硬化作用的实验研究 [J]. 中国中医急症，2005，14(6)：564-566.

[26] 张海防，窦昌贵，刘晓华，等. 虎杖提取物抗炎作用的实验研究 [J]. 药学进展，2003，27(4)：230-233.

[27] MATSUDA H, SHIMODA H, MORIKAWA T, et al. Phytoestrogens from the roots of *Polygonum cuspidatum* (Polygonaceae): structure-Requirement of hydroxyanthraquinones for estrogenic activity[J]. Bioorganic & Medicinal Chemistry Letters, 2001, 11(14): 1839-1842.

[28] ZHANG C N, ZHANG X Z, ZHANG Y, et al. Analysis of estrogenic compounds in *Polygonum cuspidatum* by bioassay and high performance liquid chromatography[J]. Journal of Ethnopharmacology, 2006, 105(1-2): 223-228.

[29] LIU Z P, LI W X, YU B, et al. Effects of trans-resveratrol from *Polygonum cuspidatum* on bone loss using the ovariectomized rat model[J]. Journal of Medicinal Food, 2005, 8(1): 14-19.

[30] 张兴燊，陈婷玉. 虎杖煎液对烧伤治疗作用的实验研究 [J]. 广西医学，2004，26(10)：1427-1429.

[31] 王桂英，李振彬，石建喜，等. 虎杖对消炎痛致大鼠胃溃疡的保护作用 [J]. 河北中医药学报，2001，16(1)：35-36.

[32] 沈忠明，殷建伟，袁海波. 虎杖鞣质的降血糖作用研究 [J]. 天然产物研究与开发，2004，16(3)：220-221.

◆ 虎杖种植基地

花椒 Huajiao [CP]

Zanthoxylum bungeanum Maxim.
Pricklyash

概述

芸香科 (Rutaceae) 植物花椒 *Zanthoxylum bungeanum* Maxim.，其干燥果皮入药。中药名：花椒。因产地不同，商品又有“秦椒”“蜀椒”之分。

花椒属 (*Zanthoxylum*) 植物全世界约有 250 种，分布于亚洲、非洲、大洋洲、北美洲的热带和亚热带地区，温带较少。中国约有 39 种 14 变种，本属现供药用者约有 18 种。除海南、台湾和广东不产外，本种分布于中国大部分地区。

花椒以“檓”和“大椒”药用之名，始载于《尔雅》。《神农本草经》收载“秦椒”为中品；“蜀椒”列为下品。《中国药典》（2015 年版）收载本种为中药花椒法定原植物主要来源种之一。主产于中国四川、陕西和河北等省区。

花椒属植物主要活性成分为挥发油、生物碱类化合物，尚有香豆素等。《中国药典》采用挥发油测定法进行测定，规定花椒药材含挥发油不得少于 1.5% (mL/g)，以控制药材质量。

药理研究表明，花椒具有调整胃肠运动、抗菌、杀虫、抑制血小板凝集等作用。

中医理论认为花椒具有温中止痛，杀虫止痒等功效。

◆ 花椒
Zanthoxylum bungeanum Maxim.

◆ 花椒
Z. bungeanum Maxim.

◆ 药材花椒
Zanthoxyli Pericarpium

化学成分

花椒果皮的挥发油中烯烃类占80.96%、醇类12.45%、酮类3.63%、环氧化合物1.51%、酯类1.43%、含量较高的为柠檬烯 (limonene) 和β-水芹烯 (β-phellandrene)[1]，其他成分还有β-月桂烯 (β-myrcene)、β-罗勒烯-X (β-ocimene-X)[1]、hydroxy-α-sanshool、辣薄荷酮 (piperitone)[2]、桉树脑 (eucalyptole)[3]、β-蒎烯 (β-pinene)[2]、α-蒎烯 (α-pinene)、桧烯 (sabinene)、芳樟醇 (linalool)、1,8-桉叶素 (1,8-cineole)、顺-薄荷醇乙酸酯 (*cis*-piperitol acetate)、油酸 (oleic acid)、4-萜品醇 (4-terpineol)、棕榈酸 (palmitic acid)[4]、7,9-十八碳二烯醛 (7,9-octadecadienal)、2,5-双(1,1-二甲基乙基)噻吩 [2,5-bis(1, 1-dimethylethyl)thiophene][5]、4-松油烯醇 (terpinen-4-ol)、α-萜品醇 (α-terpineol)、邻聚伞花素(*o*-cymene)、牻牛儿醇 (geraniol)、枯醇 (cumicalcohol)、异茴香脑 (草蒿脑 estragole, methyl-chavicol)、α-sanshooel、γ-sanshooel、hydroxy-γ-sanshooel、异胡薄荷醇 (isopulegol)[6]等。

花椒籽的挥发油中，主要成分为芳樟醇和月桂烯等。

花椒又含生物碱和酰胺类：香草木宁碱 (kokusagine)、茵芋碱 (skimmianine)、青椒碱 (schinifoline)、白鲜碱 (dictamnine)、合帕落平碱 (haplopine)、tetrahydrobungeanool、dihydrobungeanool、dehydro-γ-sanshool[7]、tetradecapentaenamide[8]等。香豆素类：香柑内酯 (bergapten) 及脱肠草素 (herniarin)。黄酮类：quercetin 3',4-dimethyl ether 7-glucoside、柽柳黄素3,7-双葡萄糖苷 (tamarixetin 3,7-bis-glucoside)、金丝桃苷 (hyperin)、槲皮素 (quercetin)、槲皮苷 (quercitrin)、 异鼠李素7-葡萄糖苷 (isorhamnetin 7-glucoside)、芦丁 (rutin)、3,5,6-三羟基-4',7-二甲氧基黄酮 (3,5,6-trihydroxy-4',7-dimethoxyflavone)[9]。

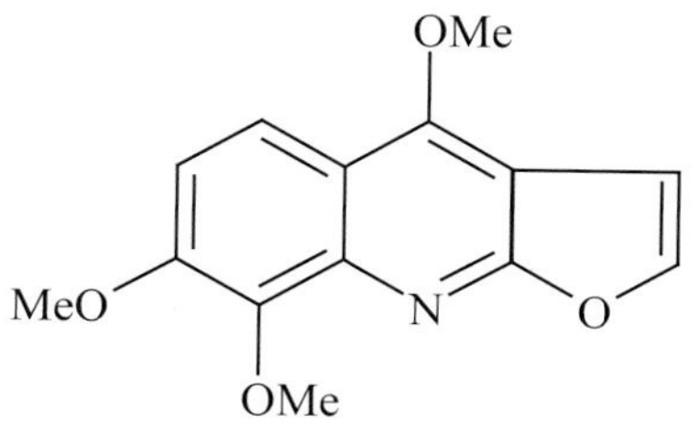

OMe

MeO N O

OMe

◆ skimmianine

药理作用

1. 对消化系统的影响

(1) 抗溃疡　花椒水提取物对水浸应激性小鼠胃溃疡和吲哚美辛－乙醇所致的小鼠胃溃疡均有抑制作用，还能抑制幽门结扎引起的大鼠胃溃疡；醚提取物可抑制盐酸性大鼠胃溃疡形成[10]。

(2) 对胃肠平滑肌的作用　花椒煎液在低浓度时对家兔空肠收缩活动有显著兴奋作用，高浓度时则呈抑制作用；花椒煎液对烟碱、毒扁豆碱、乙酰胆碱、组胺和阿托品所致的家兔肠收缩均有对抗作用，还能显著抑制小鼠胃肠推进运动；但又能显著对抗吗啡和阿托品抑制胃肠推进运动[11]。

(3) 抗腹泻　花椒醚提取物灌胃能抑制蓖麻油引起的小鼠腹泻；水提取物灌胃能抑制番泻叶引起的小鼠腹泻[12]。

(4) 保肝　花椒醚提取物能防止 CCl_4 所致肝损害大鼠血清谷丙转氨酶 (GPT) 升高[13]。

2. 对心血管系统的影响

花椒水和甲醇提取物能明显增加培养的小鼠胚胎心肌细胞搏动率[14]。花椒水和醚提取物对冰水应激状态下，儿茶酚胺分泌增加所致的心脏损伤有一定保护作用，可减少心肌内酶及能量的消耗[10]。花椒中的茵芋碱可升高麻醉猫血压[10]。

3. 对血液系统的影响

花椒水和醚提取物能防止电刺激大鼠颈动脉引起的血栓形成；水提取物可延长血浆凝血酶原时间 (PT)、凝血酶原消耗时间 (PCT)、白陶土部分凝血酶时间 (KPTT) 和凝血酶时间 (TT)；醚提取物仅能延长凝血酶原消耗时间 (PCT)；花椒水提取物还能对抗二磷酸腺苷 (ADP) 和胶原诱导的血小板聚集[15]。

4. 抗炎、镇痛

花椒醚提取物和水提取液灌胃都能对抗乙酸所致的小鼠腹腔毛细血管通透性升高，抑制二甲苯所致小鼠耳郭肿胀和角叉菜胶引起的大鼠足趾肿胀，减少乙酸引起的小鼠扭体反应次数，醚提取物还能延长热痛反应潜伏期[12]。

5. 抗病原微生物和寄生虫

花椒煎剂和挥发油对炭疽芽孢杆菌、金黄色葡萄球菌、大肠埃希氏菌、枯草芽孢杆菌、铜绿假单胞菌和伤寒沙门氏菌等多种致病菌均有抑制作用。花椒对羊毛样小孢子菌、红色毛癣菌等皮肤真菌和黄曲霉、桔青霉、黑曲霉、产黄青霉和黑根霉均有明显抑制作用[16]；对阴道毛滴虫还有显著的杀灭作用[17]。

6. 其他

花椒还有抗肿瘤[10]、平喘[18]、抗疲劳和耐缺氧等作用[19]。

应用

本品为中医临床常用药。功能：温中止痛，杀虫止痒。主治：脘腹冷痛，呕吐泄泻，虫积腹痛；外治湿疹，阴痒。

现代临床还用于胆道蛔虫病、蛲虫病、止痛、鸡眼、顽癣、真菌性阴道炎等病的治疗。

评注

花椒属的青椒 *Zanthoxylum schinifolium* Sieb. et Zucc. 被《中国药典》收载为中药材“花椒”的另一个法定原植物来源种。青椒的化学成分和药理作用与花椒相似。近年来关于青椒的研究多集中在其活性成分香柑内酯上，据报道，香柑内酯具有显著的抗炎、镇痛和止血作用[20-21]。

花椒是中国卫生部规定的药食同源品种之一。中国四川汉源是著名的“花椒之乡”，为蜀椒的生产基地。

花椒的嫩芽富含蛋白质、纤维素、胡萝卜素、维生素 B、维生素 D 和各种矿物质等营养物质。其中蛋白质、脂肪、纤维素、钙、磷、铁的含量分别是香菇的 5.8、2.1、2.6、12、4.4、10 倍，氨基酸含量为蕨菜的 14 倍，可作为健康食品原料，有待进一步开发[22]。

参考文献

[1] TIRILLINI B, MANUNTA A, STOPPINI A M. Constituents of the essential oil of the fruits of *Zanthoxylum bungeanum*[J]. Planta Medica, 1991, 57(1): 90-91.

[2] TIRILLINI B, STOPPINI A M. Volatile constituents of the fruit secretory glands of *Zanthoxylum bungeanum* Maxim.[J]. Journal of Essential Oil Research, 1994, 6(3): 249-252.

[3] 邱琴，崔兆杰，刘廷礼，等．花椒挥发油化学成分的 GC-MS 分析 [J]. 中药材，2002，25(5)：327-329.

[4] 李迎春，曾健青，刘莉玫，等．花椒超临界 CO_2 萃取物成分分析 [J]. 中药材，2001，24(8)：572-573.

[5] 陈振德，许重远，谢立．超临界 CO_2 流体萃取花椒挥发油化学成分的研究 [J]. 中国中药杂志，2001，26(10)：687-688.

[6] YASUDA I, TAKEYA K, ITOKAWA H. Evaluation of Chinese Zanthoxyli Fructus commercially available in Japan by pungent principles and essential oil constituents[J]. Shoyakugaku Zasshi, 1982, 36(4): 301-306.

[7] XIONG Q B, SHI D W, YAMAMOTO H, et al. Alkylamides from pericarps of *Zanthoxylum bungeanum*[J]. Phytochemistry, 1997, 46(6): 1123-1126.

[8] MIZUTANI K, FUKUNAGA Y, TANAKA O, et al. Amides from Haujiao, pericarps of *Zanthoxylum bungeanum* Maxim.[J]. Chemical & Pharmaceutical Bulletin, 1988, 36(7): 2362-2365.

[9] XIONG Q B, SHI D W, MIZUNO M. Flavonol glucosides in pericarps of *Zanthoxylum bungeanum*[J]. Phytochemistry, 1995, 39(3): 723-725.

[10] 尹靖先，彭玉华，张三印．花椒药用的研究进展 [J]. 四川中医，2004，22(12)：29-31.

[11] 范荣培，张明发，郭惠玲，等．花椒抗脾胃虚寒证的药理作用研究 [J]. 中药药理与临床，1994，(2)：37-39.

[12] 张明发，沈雅琴，朱自平，等．花椒温经止痛和温中止泻药理研究 [J]. 中药材，1994，17(2)：37-40.

[13] 张明发，沈雅琴．温里药“温中散寒”药理研究 [J]. 中国中医药信息杂志，2000，7(2)：30-32.

[14] HUANG X L, KAKIUCHI N, CHE Q M, et al. Effects of extracts of Zanthoxylum fruit and their constituents on spontaneous beating rate of myocardial cell sheets in culture[J]. Phytotherapy Research, 1993, 7(1): 41-48.

[15] 张明发，许青媛，沈雅琴．温里药温通血脉和回阳救逆药理研究 [J]. 中国中医药信息杂志，1999，6(8)：28-30.

[16] 谢小梅，陈资文，陈和利，等．花椒、肉豆蔻防霉作用实验研究 [J]. 时珍国医国药，2001，12(2)：100-101.

[17] 刘永春，郭永和，王冬梅，等．常山花椒苦参体外抗阴道毛滴虫效果观察 [J]. 济宁医学院学报，1997，20(3)：15.

[18] 曾晓会，周瑞玲，陈玉兴，等．花椒超临界萃取物治疗哮喘的药效学研究 [J]. 中药材，2005，28(2)：132-134.

[19] 佟如新，王普民，赵金民，等．辽宁青花椒与川椒急性毒性药理作用比较研究 [J]. 辽宁中医杂志，1995，22(8)：371-373.

[20] 佟如新，王普民，张慧颖，等．青花椒活性成分香柑内酯

的药理实验研究 [J]. 中国中医药信息杂志，1999，6(10)：30-31.

[21] 佟如新，王普民，王淑春，等 . 青花椒中活性成分香柑内酯的止血作用实验研究 [J]. 中国中医药信息杂志，1998，5(11)：14-16.

[22] 邓振义，孙丙寅，康克功，等 . 花椒嫩芽主要营养成分的分析 [J]. 西北林学院学报，2005，20(1)：179-180，185.

华东覆盆子 Huadongfupenzi CP

Rubus chingii Hu
Palmleaf Raspberry

概述

蔷薇科 (Rosaceae) 植物华东覆盆子 *Rubus chingii* Hu，其干燥果实入药。中药名：覆盆子。

悬钩子属 (*Rubus*) 植物全世界约有700种，主产于北半球温带，少数分布到热带和南半球。中国约有194种，本属现供药用者约有46种。本种分布于中国江苏、安徽、浙江、江西、福建、广西等地。

“覆盆子”药用之名，始见于《名医别录》，别名“蓬蘽”载于《神农本草经》，列为上品。中国从古至今作为中药覆盆子入药者系该属多种植物。《中国药典》（2015年版）收载本种为中药覆盆子的法定原植物来源种。主产于中国浙江、福建、四川、陕西、安徽、江西、贵州亦产。

华东覆盆子主要含有三萜、黄酮等成分。《中国药典》采用高效液相色谱法进行测定，规定覆盆子药材含鞣花酸不得少于0.20%，山柰酚-3-*O*-芸香糖苷不得少于0.03%，以控制药材质量。

药理研究表明，华东覆盆子具有抗诱变、推迟衰老、改善学习记忆能力、增强免疫力等作用。

中医理论认为覆盆子具有益肾固精缩尿，养肝明目等功效。

◆ 华东覆盆子
Rubus chingii Hu

◆ 药材覆盆子
Rubi Fructus

化学成分

华东覆盆子的果实含三萜类成分：覆盆子酸 (fupenzic acid)[1]、熊果酸 (ursolic acid)、齐墩果酸 (oleanolic acid)、2α-羟基齐墩果酸 (maslinic acid)、2α-羟基熊果酸 (2α-hydroxyursolic acid)、arjunic acid[2]等；黄酮类成分：4',5,7-三羟基黄酮醇-3-*O*-β-*D*-(6"-对羟基桂皮酰基)-葡萄糖苷 (tiliroside)[2]；另含有鞣花酸 (ellagic acid)[3]、hexacosyl *p*-coumarate[2]等。

华东覆盆子的成分：掌叶覆盆子劳丹苷F_1、F_2、F_3、F_4、F_5、F_6、F_7 (goshonosides F_1～F_7)[4-5]、悬钩子甜叶苷 (rubusoside)[6]等。

◆ goshonoside F_1

◆ fupenzic acid

药理作用

1. 对下丘脑－垂体－性腺轴功能的作用

华东覆盆子水提取液灌胃可降低实验大鼠下丘脑黄体素释放激素 (LHRH)、垂体 LH、FSH 及性腺 E_2 含量，而提高胸腺 LHRH 和血液雌二醇水平，华东覆盆子对性腺轴的调控作用可能是其“补肾涩精”的药理基础[7]。华东覆盆子醇提取物肌内注射能够提高去势大鼠阴茎对电刺激的兴奋性，缩短阴茎勃起的潜伏期；可增强氢化可的松所致肾阳虚小鼠的耐寒、耐疲劳能力，推迟其体重下降趋势[8]。覆盆子干浸膏对庆大霉素所致急性肾损伤有显著保护作用。兔灌胃覆盆子药液后进行血液分析，雄性荷尔蒙睾丸激素的增加在投药后立即显示出来，而血清胆固醇随时间减少。显示雄性荷尔蒙的增加与血清胆固醇减少相互关联[9]。

2. 抗衰老

喂饲华东覆盆子可明显缩短衰老型小鼠的水迷宫游泳潜伏期，降低脑单胺氧化酶 B (MAO-B) 活性，提示其具有改善学习能力，推迟衰老作用[10]。利用邻苯三酚自氧化体系生产超氧自由基，用单扫描示波极谱法进行检测，结果表明覆盆子体外有较好的清除超氧自由基效果[11]。

3. 促进淋巴细胞增殖

华东覆盆子水提取液、醇提取液、粗多糖和正丁醇组分体外均有明显促进淋巴细胞增殖作用，在有或无丝裂原辅助的作用下，覆盆子均具有明显激活淋巴细胞的作用。在淋巴细胞激活的早期伴有 cAMP 水平的升高[12]。

4. 抗诱变

覆盆子水溶性提取物腹腔注射在小鼠骨髓微核试验、体外埃姆斯 (Ames) 试验和 SOS 显色反应试验中均无诱变性；Ames 试验与 SOS 反应中，覆盆子对阳性诱变物具有很强的诱导抑制作用[13]。

应用

本品为中医临床用药。功能：益肾固精缩尿，养肝明目。主治：遗精滑精，遗尿尿频，阳痿早泄，目暗昏花。

现代临床还用于男性不育症、遗尿症、寻常疣等病的治疗。

评注

覆盆子除药用外，由于其独特的口感和较全面的营养，是中国卫生部规定的药食同源品种之一，也是一种提取天然色素和加工保健食品的理想原料，加强对覆盆子的果实、根、茎、叶等器官的营养成分、活性成分的研究，可减少资源浪费，促进覆盆子的综合利用。

覆盆子具有蔓生性，贴地性很强，在自然分布条件下，根系在近地面 20 ～ 30cm 范围内交织成网，具有优良的保持水土作用，是重要的生态恢复先锋树种和水土保持树种。

参考文献

[1] HATTORI M, KUO K P, SHU Y Z, et al. A triterpene from the fruits of *Rubus chingii*[J]. Phytochemistry, 1988, 27(12): 3975-3976.

[2] 郭启雷，杨峻山 . 掌叶覆盆子的化学成分研究 [J]. 中国中药杂志，2005，30(3)：198-200.

[3] 徐振文，赵娟娟 . 覆盆子的化学成分研究 [J]. 中草药，1981，12(6)：19.

[4] CHOU W H, OINAKA T, KANAMARU F, et al. Diterpene glycosides from leaves of Chinese *Rubus chingii* and fruits of *R. suavissimus*, and identification of the source plant of the Chinese folk medicine“Fupenzi”[J]. Chemical & Pharmaceutical Bulletin, 1987, 35(7): 3021-3024.

[5] OHTANI K, YANG C R, MIYAJIMA C, et al. Labdane-type diterpene glycosides from fruits of *Rubus foliolosus*[J]. Chemical & Pharmaceutical Bulletin, 1991, 39(9): 2443-2445.

[6] TANAKA T, KOHDA H, TANAKA O, et al. Rubusoside (*β-D*-glucosyl ester of 13-*O*-*β*-*D*-glucosyl-steviol), a sweet principle of *Rubus chingii* Hu (Rosaceae) [J]. Agricultural and Biological Chemistry, 1981, 45(9): 2165-2166.

[7] 陈坤华，方军，匡兴伟，等．覆盆子水提取液对大鼠下丘脑－垂体－性腺轴功能的作用 [J]. 中国中药杂志，1996，21(9)：560-562.

[8] 向德军．掌叶覆盆子提取物的温肾助阳作用研究 [J]. 广东药学院学报，2002，18(3)：217-218.

[9] 王殷成．中药制剂中补阳药对睾丸激素的分泌与血液中胆固醇的影响 [J]. 天津中医，2002，19(2)：59-63.

[10] 朱树森，张炳烈，李文彬，等．覆盆子对衰老模型小鼠脑功能的影响 [J]. 中医药学报，1998，(4)：42-43.

[11] 周晔，李一峻，陈强，等．覆盆子等 8 味中药的抗超氧阴离子自由基作用研究 [J]. 时珍国医国药，2004，15(2)：68-69.

[12] 陈坤华，方军，吕彬，等．覆盆子提取成分促进淋巴细胞增殖作用及与环核苷酸的关系 [J]. 上海免疫学杂志，1995，15(5)：302-304.

[13] 付德润，钟承民，郭伟，等．覆盆子抗诱变作用的实验研究 [J]. 中国全科医学杂志，1998，1(1)：35-37.

槐 Huai CP, KHP

Sophora japonica L.
Pagodatree

概述

豆科 (Fabaceae) 植物槐 *Sophora japonica* L.，其干燥花及花蕾入药，中药名：槐花（其花蕾入药，习称槐米）；其干燥成熟果实入药，中药名：槐角；其干燥嫩枝入药，中药名：槐枝。

槐属 (*Sophora*) 植物全世界约有 70 种，广泛分布于热带至温带地区。中国约有 21 种，主要分布在西南、华南和华东地区。本属现供药用者约有 8 种。本种原产于中国，在中国各地普遍栽培，以华北和黄土高原地区为多，野生者极少；日本、越南、朝鲜半岛也有分布，欧美各国有引种。

槐角以“槐实”药用之名，始载于《神农本草经》，列为上品。“槐花”药用之名，始载于《日华子本草》；古今药用品种一致。《中国药典》（2015 年版）收载本种为中药槐花和槐角的法定原植物来源种，并在附录中收载槐为中药槐枝的法定原植物来源种。槐花主产于中国河北、山东、河南、陕西、江苏、广东、广西、辽宁等省区。槐角产于中国的大部分地区。

槐含有黄酮类、皂苷类、生物碱类成分等。《中国药典》采用紫外－可见分光光度法进行测定，规定槐花药材含总黄酮以芦丁计不得少于 8.0%，槐米药材不得少于 20.0%；采用高效液相色谱法进行测定，槐花药材含芦丁不得少于 6.0%；槐米药材不得少于 15.0%；槐角药材含槐角苷不得少于 4.0%，以控制药材质量。

药理研究表明，槐具有止血、降血压、降血脂、抗炎、抗病毒、抗氧化、抗肿瘤等作用。

中医理论认为槐花具有凉血止血，清肝泻火等功效；槐角具有清热泻火，凉血止血等功效，与槐花相比止血作用较弱，而有润肠之功。

◆ 槐
Sophora japonica L.

◆ 槐
S. japonica L.

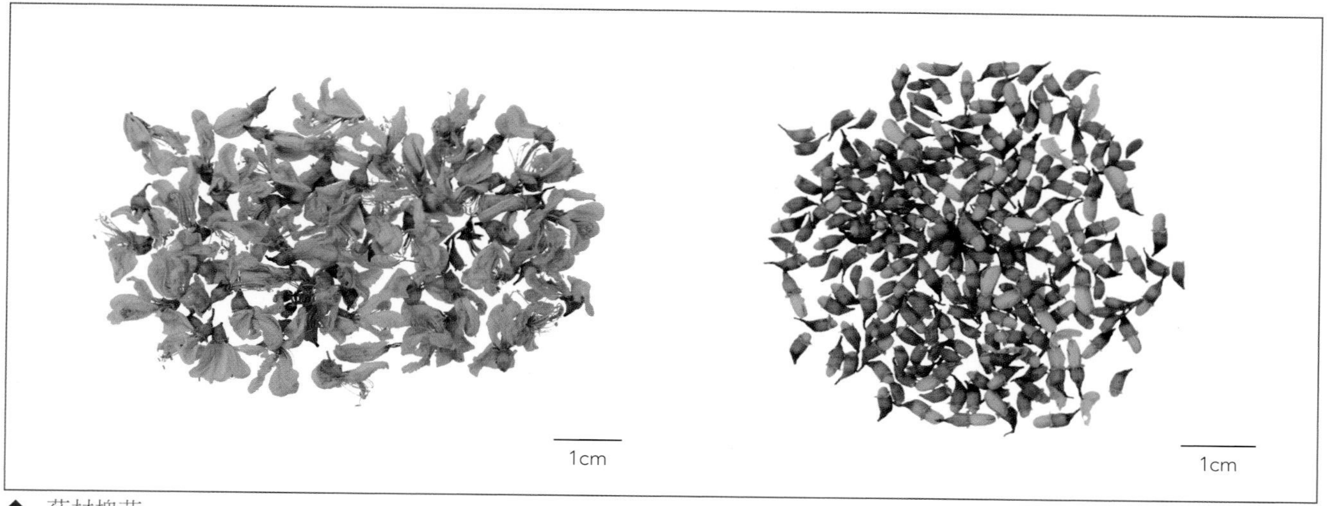

◆ 药材槐花
Sophorae Flos

化学成分

槐花及花蕾含黄酮类成分：槲皮素 (quercetin)、异鼠李素 (isorhamnetin)、芦丁 (rutin, rutoside)、山柰酚 (kaempferol)、染料木素 (genistein)[1-4]等；皂苷类成分：槐花皂苷Ⅰ、Ⅱ、Ⅲ (kaikasaponins Ⅰ～Ⅲ)、大豆皂苷Ⅰ、Ⅲ (soyasaponins Ⅰ, Ⅲ)、赤豆皂苷Ⅰ、Ⅱ、Ⅴ (azukisaponins Ⅰ, Ⅱ, Ⅴ)[5]等成分。

槐的果实含黄酮类成分：芦丁、山柰酚、槲皮素、槲皮素-3-*O*-*β*-*D*-葡萄糖苷 (quercetin-3-*O*-*β*-*D*-glucoside)、异鼠李素[6]、山柰酚-3-O-*β*-D-槐糖苷-7-*O*-*α*-*L*-鼠李糖苷 (kaempferol-3-*O*-*β*-*D*-sophoroside-7-*O*-*α*-*L*-rhamnoside)[7]、kaempferol 3-*O*-*α*-*L*-rhamnopyranosyl-(1→6)-*β*-*D*-glucopyranosyl-(1→2)-*β*-*D*-glucopyranoside[8]、二羟四氢黄酮 (orobol)、染料木苷 (genistin)、槐苷 (sophoricoside)[9]、染料木素-7,4'-二葡萄糖苷 (genistein-7,4'-di-*O*-*β*-*D*-glucoside)、槐属双苷(sophorabioside)、樱黄素-4'-*O*-*β*-*D*-葡萄糖苷 (prunetin-4'-*O*-*β*-*D*-glucoside)[10]、genistein-7-*O*-*β*-*D*-glucopyranoside-4'-*O*-[(*α*-*L*-rhamnopyranosyl)-(1→2)-*β*-*D*-glucopyranoside][11]、赝靛黄素 (pseudobaptigenin)、樱黄素 (prunetin)、大豆黄素 (daidzein)、刺芒柄花素 (formononetin)[12]等。还含三萜类化合物：3-oxolup-20(29)-ene(lupenone)[13]等。新近还分得苯并呋喃色酮类成分sophorophenolone[14]。

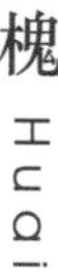

槐的种子含皂苷类成分：赤豆皂苷Ⅱ、Ⅴ、大豆皂苷Ⅰ、Ⅲ；黄酮类成分：芦丁、槐属黄酮苷(sophoraflavonoloside)、染料木素、槐苷、槐属双苷、降紫香苷(sissotrin)、鸢尾苷(tectoridin)、鸢尾苷元(tectorigenin)、异高山黄芩素(isoscutellarein)[15-16]等；生物碱类成分：金雀花碱(cytisine)、苦参碱(matrine)、槐根碱(sophocarnine)等。

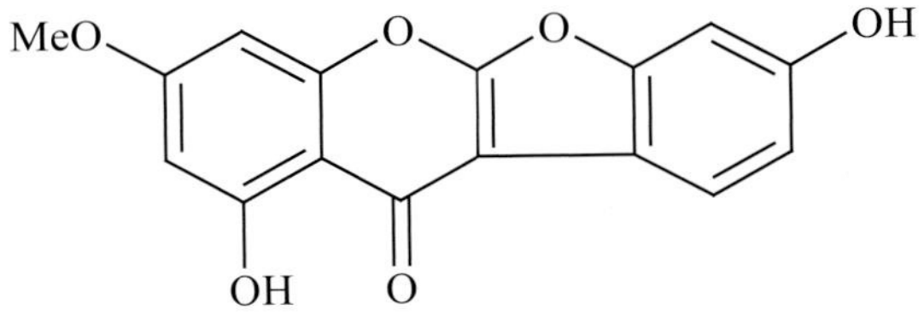

◆ sophorophenolone

药理作用

1. 对心血管系统的影响

槐花、槐花炮制品、槐花提取物芦丁、槲皮素、鞣质等灌饲小鼠，均可降低毛细血管通透性，减少小鼠出血时间、凝血时间和大鼠血浆凝血酶原时间，具有止血作用[17]。槐花水煎液家兔颈静脉注射，能降低血压，减慢心率、减弱心肌收缩力、降低心肌耗氧量[18]。槐角提取液静脉注射可使麻醉家兔血压下降。

2. 降血脂

槐所含的黄酮类成分能明显防止三硝基甲苯(triton WR-1399)所致高血脂大鼠的血清胆固醇和三酰甘油的聚集[19]。

3. 抗炎

槐果实所含的槐苷口服或静脉注射，能显著抑制角叉莱胶导致的小鼠足趾肿胀[20]。槐树皮或根皮水提取物灌胃，能显著抑制组胺所致的大鼠足趾肿胀、二甲苯导致的小鼠耳郭肿胀和醋酸导致的小鼠腹腔炎性渗出[21]。

4. 抗病毒

槐花水提取物灌胃对流感病毒引起的小鼠肺炎有明显的抑制作用[22]。

5. 抗氧化

槐花蕾水提取物灌胃，显著降低四氧嘧啶引起的小鼠超氧化物歧化酶(SOD)、丙二醛(MDA)和血红蛋白异常增高，明显提高肝糖原含量和四氧嘧啶引起的肝指数、脾指数异常下降；体外对小鼠肝微粒体膜脂氧化有显著抑制作用，对过氧化氢诱导的PC12神经细胞的氧化损伤有显著的保护作用[23-24]。槐角水煎剂灌胃能增强小鼠血清和心肌的抗氧化能力[25]。

6. 抗肿瘤

槐花蕾提取物（主含槲皮素）灌胃，显著抑制小鼠Lewis肺癌移植瘤的生长，其机制可能与槐花蕾提取物对肿瘤细胞周期和增殖细胞核抗原(PCNA)表达水平的调控有关[26]。

7. 其他

槐果实所含的槐苷灌服，能有效恢复骨质疏松模型大鼠的骨组织形态，提高骨量[27]。

应用

本品为中医临床用药。

槐花

功能：凉血止血，清肝泻火。主治：便血，痔血，血痢，崩漏，吐血，衄血，肝热目赤，头痛眩晕。

现代临床还用于高血压、高脂血症、银屑病、痔疮等病的治疗。

槐角

功能：清热泻火，凉血止血，与槐花相比止血作用较弱，而有润肠之功。主治：肠热便血，痔肿出血，肝热头痛，眩晕目赤。

现代临床还用于高血压、痔疮、白发、牙痛等病的治疗。

评注

槐米和槐花是中国卫生部规定的药食同源品种。

槐是一种经济价值都很高的植物。其树冠优美，花芳香，是行道树和优良的蜜源植物；除花及花蕾、果实、嫩枝入药外，其叶、树皮或根皮、树脂、根均可入药，分别称为槐叶、槐白皮、槐胶、槐根。

槐的适应性较强，在中国各地广泛栽培，但是中国地域辽阔，土质和气候差异较大。有必要对各地出产的槐花、槐角等药材进行质量评价，科学合理地利用本植物。

参考文献

[1] ISHIDA H, UMINO T, TSUJI K, et al. Studies on antihemorrhagic substances in herbs classified as hemostatics in Chinese medicine. Ⅵ. On the antihemorrhagic principle in *Sophora japonica* L.[J]. Chemical & Pharmaceutical Bulletin, 1987, 35(2): 857-860.

[2] ISHIDA H, UMINO T, TSUJI K, et al. Studies on the antihemostatic substances in herbs classified as hemostatics in traditional Chinese medicine. Ⅰ. On the antihemostatic principles in *Sophora japonica* L.[J]. Chemical & Pharmaceutical Bulletin, 1989, 37(6): 1616-1618.

[3] DJORDJEVIC S, GORUNOVIC M. Studies on *Sophora japonica* L. as a source of rutoside[J]. Herba Hungarica, 1991, 30(1-2): 11-16.

[4] EL-DONDITY S E, KHALIFA T I, AMMAR H A, et al. Chemical and biological study of *Sophora japonica* L. growing in Egypt[J]. Al-Azhar Journal of Pharmaceutical Sciences, 1999, 24: 230-245.

[5] KITAGAWA I, TANIYAMA T, HONG W W, et al. Saponin and sapogenol. XLV. Structures of kaikasaponins Ⅰ, Ⅱ, and Ⅲ from Sophorae Flos, the buds of *Sophora japonica* L. [J]. Yakugaku Zasshi, 1988, 108(6): 538-546.

[6] 唐于平，王景华，李延芳，等. 槐果皮中的黄酮醇及其苷类成分 [J]. 植物资源与环境学报，2001，10(2)：59-60.

[7] 唐于平，楼凤昌，王景华. 槐果皮中两个山柰酚三糖苷成分 [J]. 中国中药杂志，2001，26(12)：839-841.

[8] TANG Y P, LI Y F, HU J, et al. Isolation and identification of antioxidants from *Sophora japonica*[J]. Journal of Asian Natural Products Research, 2002, 4(2): 123-128.

[9] MIN B, OH S R, LEE H K, et al. Sophoricoside analogs as the IL-5 inhibitors from *Sophora japonica*[J]. Planta Medica, 1999, 65(5): 408-412.

[10] 唐于平，楼凤昌，马雯，等. 槐果皮中的异黄酮苷类成分 [J]. 中国药科大学学报，2001，32(3)：187-189.

[11] TANG Y P, LOU F C, WANG J H, et al. Four new isoflavone triglycosides from *Sophora japonica*[J]. Journal of Natural Products, 2001, 64(8): 1107-1110.

[12] 唐于平，楼凤昌，王景华. 槐果皮中的异黄酮类成分 [J]. 中草药，2002，33(1)：20-21.

[13] 唐于平，楼凤昌，胡杰，等. 槐果皮中的脂溶性成分 [J]. 天然产物研究与开发，2001，13(3)：4-7.

[14] TANG Y P, HU J, WANG J H, et al. A new

coumaronochromone from *Sophora japonica*[J]. Journal of Asian Natural Products Research, 2002, 4(1): 1-5.

[15] 王景华，李明慧，王亚琳，等 . 槐种子化学成分研究（Ⅱ）[J]. 中草药，2002，33(7)：586-588.

[16] WANG J H, LOU F C, WANG Y L, et al. A flavonol tetraglycoside from *Sophora japonica* seeds[J]. Phytochemistry, 2003, 63(4): 463-465.

[17] 李惠，原桂东，金亚宏，等 . 槐花饮片及其提取物止血作用的实验研究 [J]. 中国中西医结合杂志，2004，24(11)：1007-1009.

[18] 王天仕，郑合勋，谷艳芳，等 . 槐花煎液对家兔在位心功能的影响 [J]. 山东中医杂志，2001，20(8)：490-492.

[19] KHUSHBAKTOVA Z A, SYROV V N, BATIROV E K. Effects of flavonoids on the course of hyperlipidemia and atherosclerosis[J]. Khimiko-Farmatsevticheskii Zhurnal, 1991, 25(4): 53-57.

[20] KIM B H, CHUNG E Y, MIN B K, et al. Anti-inflammatory action of legume isoflavonoid sophoricoside through inhibition on cyclooxygenase-2 activity[J]. Planta Medica, 2003, 69(5): 474-476.

[21] 刘善庭，李建美，王传功，等 . 槐白皮抗炎镇痛药理作用的研究 [J]. 中草药，1996，27(12)：731-733.

[22] 王艳芳，王新华，朱宇同，等 . 槐花体内抗流感病毒实验研究 [J]. 中华实用医学，2004，6(19)：1-2.

[23] 杨建雄，王丽娟，田京伟 . 槐米提取液对小鼠抗氧化能力的影响 [J]. 陕西师范大学学报（自然科学版），2002，30(2)：87-90.

[24] 卢艳花，杜长斌，刘建文，等 . 槐米对微粒体和神经细胞氧化损伤的保护作用 [J]. 中成药，2003，25(10)：845-847.

[25] 张涛，白大芳，杨晶，等 . 槐角对半乳糖致衰小鼠血清及心肌抗氧化作用的研究 [J]. 黑龙江医药科学，2003，26(3)：43-44.

[26] 金念祖，茅力，朱燕萍，等 . 槐米提取物对小鼠 Lewis 肺癌移植瘤细胞周期和 PCNA 表达的影响 [J]. 中药新药与临床药理，2005，16(3)：164-168.

[27] 杜宁，许勇，陈伟珍，等 . 槐苷对去卵巢大鼠骨量丢失的预防作用 [J]. 中西医结合学报，2003，1(1)：44-46.

黄檗 Huangbo CP, JP

Phellodendron amurense Rupr.
Amur Corktree

概述

芸香科 (Rutaceae) 植物黄檗 *Phellodendron amurense* Rupr.，其干燥树皮入药。中药名：关黄柏。

黄柏属 (*Phellodendron*) 植物全世界约有 4 种，主产于亚洲东部。中国约有 2 种 1 变种，均可供药用。本种主要分布于中国东北和华北各省；朝鲜半岛、日本、俄罗斯远东地区也有分布。

黄檗以"檗木"药用之名，始载于《神农本草经》，列为上品。《中国药典》（2015 年版）收载本种为中药关黄柏的法定原植物来源种。主产于中国辽宁、吉林、河北；黑龙江、内蒙古也产，以辽宁产量大。

黄檗树皮的主要成分为生物碱类化合物，其中小檗碱是主要有效成分。此外尚有黄酮、柠檬苦素类、黏液质等。《中国药典》规定以高效液相色谱法测定，关黄柏药材中盐酸小檗碱含量不得少于 0.60%，盐酸巴马汀不得少于 0.30%，以控制药材质量。

药理研究表明，黄檗具有抗菌、抗炎、解热等作用。

中医理论认为关黄柏具有清热燥湿，泻火除蒸，解毒疗疮等功效。

◆ 黄檗
Phellodendron amurense Rupr.

◆ 药材关黄柏
Phellodendri Amurensis Cortex

化学成分

黄檗的树皮中主要含生物碱类化合物：小檗碱 (berberine)、药根碱 (jatrorrhizine)、黄柏碱 (phellodendrine)、白栝楼碱 (candicine)、木兰花碱(magnoflorine)、巴马汀 (palmatine)、蝙蝠葛碱 (menisperine)[1-2]等。此外还含黄柏内酯 (obaculactone)、黄柏酮 (obacunone)[3]及一些酚类化合物[4]。

根皮、木材、果实及种子中亦含小檗碱[1]，从果实中还分得柠檬苦素类成分kihadalactones A、B[5]。

叶中含有黄酮类成分：黄柏环合苷 (phellodendroside)、二氢黄柏兹德(dihydrophellozide)、异黄柏苷 (phellavin)、去氢异黄柏苷 (phellatin)[6-8]等。

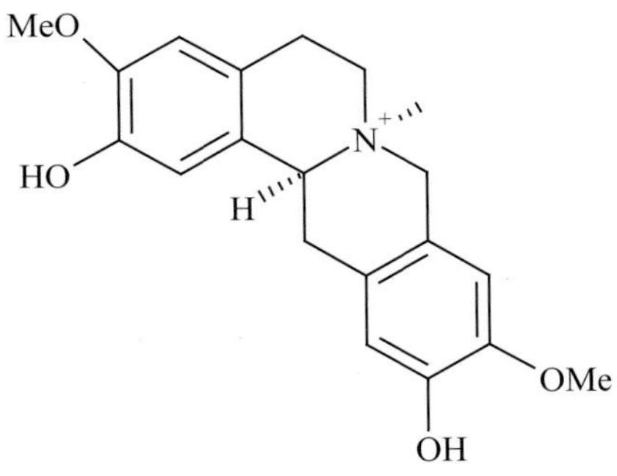

◆ phellodendrine

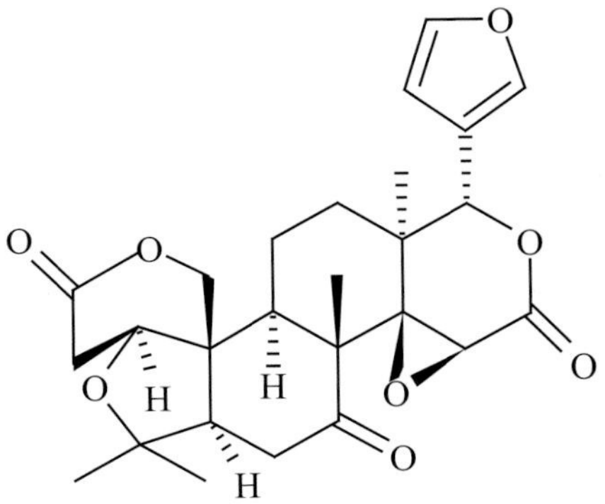

◆ obaculactone

药理作用

1. 抗菌

黄檗提取物体外能显著抑制白色念珠菌、克鲁斯念珠菌等的生长[9]；黄檗根提取物及其活性成分盐酸小檗碱对一些肠道细菌，如产气荚膜梭菌呈强烈抑制作用，对大肠埃希氏菌、变形链球菌呈中等抑制作用[10]。黄檗所含小檗碱与链霉素等抗生素合用，对金黄色葡萄球菌、大肠埃希氏菌的抑制有明显协同作用[11]。

2. 免疫抑制

黄檗水煎液灌服能显著抑制二硝基氟苯 (DNFB) 所致小鼠迟发型超敏反应 (DTH)，降低其血清 γ干扰素 (IFN-γ) 水平，抑制其腹腔巨噬细胞 (M_F) 产生白介素1 (IL-1)及肿瘤坏死因子α (TNF-α)，抑制其脾细胞产生白介素2 (IL-2)[12]；黄檗活性成分黄柏碱和木兰花碱腹腔注射可抑制脾细胞移植导致的小鼠局部组织的宿主反应 (GvH)，对苦基氯 (picryl chloride) 导致的小鼠DTH亦具抑制作用；黄柏碱还对绵羊血红细胞 (SRBC) 导致的小鼠DTH 及结核菌素所致豚鼠DTH亦具抑制作用[13-14]。

3. 抗炎

黄檗提取物对 12-*O*- 十四烷酰佛波醋酸酯 -13 (TPA)、噁唑酮及花生四烯酸所致皮肤浮肿有显著抑制作用[15]。黄柏碱腹腔注射可抑制肾小球基底膜 (GBM) 肾炎大鼠尿中蛋白排泄，对伴随肾炎的血清胆固醇、尿素氮及肌酐含量上升也有抑制作用[16]。黄檗的生物碱部分能抑制磷脂酶 A_2 的活性[17]。

4. 抗氧化

黄檗树皮提取物可抑制脂质过氧化反应且呈剂量依赖关系[18]；黄檗树皮的生品、炮制品水提取物和醇提取物可清除 Fenton 反应系统产生的羟自由基和次黄嘌呤－黄嘌呤氧化酶系统产生超氧阴离子自由基，并能抑制羟自由基诱导的小鼠肝匀浆脂质过氧化物的生成[19]。

5. 抗癌

黄檗及其所含的小檗碱能诱导髓样白血病细胞 HL-60 的凋亡[20]。

6. 杀虫

黄檗树皮甲醇提取物及其所含的小檗碱对黑腹果蝇的幼虫和一些寄生虫有明显的杀虫活性[21-22]。

应用

本品为中医临床用药。功能：清热燥湿，泻火除蒸，解毒疗疮。主治：湿热泻痢，黄疸尿赤，带下阴痒，热淋涩痛，脚气痿躄，骨蒸劳热，盗汗，遗精，疮疡肿毒，湿疹湿疮。

现代临床还用于中耳炎、肠炎、菌痢、皮肤感染、皮肤癣菌病、下肢溃疡、烧伤等病的治疗。

评注

古本草记载的“檗木”，从产地及分布情况看，主要为现今的川黄柏即黄皮树 *Phellodendron chinense* Schneid.。关黄柏为北方地区近代广泛使用的药材，历代本草并无记载。关黄柏为新兴品种，现已成为黄柏药材市场之主流商品。

黄檗临床应用广泛，生物活性多样，除具有抗菌、抗炎等作用外，现代研究又发现黄檗具有调节免疫、抗氧化等作用。

参考文献

[1] KUNITOMO J. Alkaloids of Rutaceae. XⅦ. Alkaloids of *Phellodendron amurense*. 7[J]. Yakugaku Zasshi, 1962, 82: 611-613.

[2] KUNITOMO J. Alkaloids of Rutaceae. XV. Alkaloids of *Phellodendron amurense* var. *japonicum*. 1[J]. Yakugaku Zasshi, 1961, 81: 1370-1372.

[3] MIYAKE M, INABA N, AYANO S, et al. Limonoids in *Phellodendron amurense* (Kihada) [J]. Yakugaku Zasshi, 1992, 112(5): 343-347.

[4] IDA Y, SATOH Y, OHTSUKA M, et al. Phenolic constituents of *Phellodendron amurense* bark[J]. Phytochemistry, 1994, 35(1): 209-215.

[5] KISHI K, YOSHIKAWA K, ARIHARA S. Limonoids and protolimonoids from the fruits of *Phellodendron amurense*[J]. Phytochemistry, 1992, 31(4): 1335-1338.

[6] BODALSKI T, LAMER E. Phellodendroside occurrence in *Phellodendron amurense* leaves[J]. Acta Poloniae Pharmaceutica, 1965, 22(3): 281-284.

[7] SHEVCHUK O I, MAKSYUTINA N P, LITVINENKO VI. The flavonoids of *Phellodendron sachalinense* and *P. amurense*[J]. Khimiya Prirodnykh Soedinenii, 1968, 4(2): 77-82.

[8] GLYZIN V I, BAN'KOVSKII A I, SHEICHENKO V I, et al. New flavonol glycosides from *Phellodendron lavallei* and *Phellodendron amurense*[J]. Khimiya Prirodnykh Soedinenii, 1970, 6(6): 762-763.

[9] PARK K S, KANG K C, KIM J H, et al. Differential inhibitory effects of protoberberines on sterol and chitin biosyntheses in *Candida albicans*[J]. Journal of Antimicrobial Chemotherapy, 1999, 43(5): 667-674.

[10] KIM M J, LEE S H, CHO J H, et al. Growth responses of seven intestinal bacteria against *Phellodendron amurense* root-derived materials[J]. Journal of Microbiology and Biotechnology, 2003, 13(4): 522-528.

[11] CHI H J, WOO Y S, LEE Y J. Effect of berberine and some antibiotics on the growth of microorganisms[J]. Saengyak Hakhoechi, 1991, 22(1): 45-50.

[12] 吕燕宁，邱全瑛 . 黄柏对小鼠 DTH 及其体内几种细胞因子的影响 [J]. 北京中医药大学学报，1999，22(6)：48-50.

[13] MORI H, FUCHIGAMI M, INOUE N, et al. Principle of the bark of *Phellodendron amurense* to suppress the cellular immune response[J]. Planta Medica, 1994, 60(5): 445-449.

[14] MORI H, FUCHIGAMI M, INOUE N, et al. Principle of the bark of *Phellodendron amurense* to suppress the cellular immune response: effect of phellodendrine on cellular and humoral immune responses[J]. Planta Medica, 1995, 61(1): 45-49.

[15] CUELLAR M J, GINER R M, RECIO M C, et al. Topical anti-inflammatory activity of some Asian medicinal plants used in dermatological disorders[J]. Fitoterapia, 2001, 72(3): 221-229.

[16] HATTORI T, YAMADA S, FURUTA K, et al. Studies on antinephritic effects of plant components. 5. Effects of phellodendrine on original and crescentic-type anti-GBM nephritis in rats[J]. Nippon Yakurigaku Zasshi, 1992, 99(6): 391-399.

[17] BONTE F, DUMAS M, SAUNOIS A, et al. Phospholipase A_2 inhibition by alkaloid compounds from *Phellodendron amurense* Bark[J]. Pharmaceutical Biology, 1999, 37(1): 77-79.

[18] HINO K, YAMAGUCHI S, IDA Y, et al. Antioxidative activities of constituents in *Phellodendron amurense* bark[J]. Igaku to Seibutsugaku, 1995, 131(2): 59-62.

[19] 孔令东，杨澄，仇熙，等 . 黄柏炮制品清除氧自由基和抗脂质过氧化作用 [J]. 中国中药杂志，2001，26(4)：245-248.

[20] NISHIDA S, KIKUICHI S, YOSHIOKA S, et al. Induction of apoptosis in HL-60 cells treated with medicinal herbs[J]. American Journal of Chinese Medicine, 2003, 31(4): 551-562.

[21] MIYAZAWA M, FUJIOKA J, ISHIKAWA Y. Insecticidal compounds from *Phellodendron amurense* active against *Drosophila melanogaster*[J]. Journal of the Science of Food and Agriculture, 2002, 82(8): 830-833.

[22] SCHINELLA G R, TOURNIER H A, PRIETO J M, et al. Inhibition of *Trypanosoma cruzi* growth by medical plant extracts[J]. Fitoterapia, 2002, 73(7-8): 569-575.

黄独 Huangdu

Dioscorea bulbifera L.
Airpotato Yam

概述

薯蓣科 (Dioscoreaceae) 植物黄独 *Dioscorea bulbifera* L.，其干燥块茎入药。中药名：黄药子。

薯蓣属 (*Dioscorea*) 植物全世界约有 600 种，广布于热带和温带地区。中国约有 55 种 11 变种 1 亚种，主要分布于西南和东南部省区。本属现供药用者约有 35 种，此外还有多种可供食用。本种分布于中国华东、中南、西南及陕西、甘肃和台湾等省区；日本、朝鲜半岛、印度、缅甸及大洋洲、非洲均有分布。

“万州黄药子”最早见于《千金方》。《开宝本草》载有“黄药根”之名。“黄药子”药用之名，始载于《滇南本草》。主产于中国湖北、湖南、江苏等地，河南、山东、浙江、安徽、福建、云南、贵州、四川、广西等地也产。

黄药子主要活性成分为甾体皂苷和二萜内酯类化合物。其中，抗肿瘤作用的有效成分有黄药子素 A、B、C 及薯蓣皂苷等 [1]。

药理研究表明，黄独具有抗甲状腺肿、抗肿瘤、抗病毒等作用。

中医理论认为黄药子具有散结消瘿，清热解毒，凉血止血等功效。

◆ 黄独
Dioscorea bulbifera L.

◆ 黄独
D. bulbifera L.

◆ 药材黄药子
Dioscoreae Bulbiferae Rhizoma

化学成分

黄独的茎含甾体皂苷类成分：薯蓣次苷甲 (prosapogenin A)、箭根薯皂苷 (taccaoside) 等[2]；还含二萜内酯类化合物：黄药子素A、B、C、D、E、F、G、H (diosbulbins A～H)[3-4]、diosbulbinosides D、F[1]、neodiosbulbin、5-ureidohydautotion[5]、3*α*-hydroxy-13*β*-furan-11-keto-apian-8-en-(20,6)-olide、13*β*-furan-11-keto-apian-3(4),8-dien-(20,6)-olide、7*α*-methoxy-13*β*-furan-11-keto- apian-3(4),8-dien-(20,6)-olide[6]；又含黄酮类成分：3,7-二甲氧基-5,4'-二羟基黄酮 (3,7-dimethoxy-5,4'-dihydroxyflavone)、3,7-二甲氧基-5,3',4'-三羟基黄酮 (3,7-dimethoxy-5,3',4'-trihydroxyflavone)[7]、杨梅树皮素 (myricetin)、金丝桃苷 (hyperin)、杨梅树皮素-3-*O*-*β*-*D*-半乳糖苷 (myricetin -3-*O*-*β*-*D*-galactoside)、杨梅树皮素-3-*O*-*β*-*D*-葡萄糖苷 (myricetin-3-*O*-*β*-*D*-glucoside)[8]、7,3',4'-三羟基-3,5-二甲氧基黄酮 (caryatin)、7,4'-二羟基-3,5-二甲氧基黄酮 (7,4'-dihydroxy-3,5-dimethoxyflavone)[9]、3,5,3'-三甲氧基槲皮素 (3,5,3'-trimethoxyquercetin)、山柰酚-3-*O*-*β*-*D*-吡喃半乳糖苷 (kaempferol-3-*O*-*β*-*D*-galactopyranoside)[10]等；此外，还含有香草酸 (vanillic acid)、异香草酸 (isovanillic acid)[10]、琥珀酸 (succinic acid)、莽草酸 (shikimic acid)[11]、(+)-表儿茶素 [(+)-epicatechin][10]、1-(3-丙氨基)-2-甲基哌啶 [1-(3-aminopropyl)-2-pipecoline][12]等成分。

HO H O O O O H $COOCH_3$

◆ diosbulbin A

药理作用

1. 抗甲状腺肿

黄独对由缺碘饲料或抗甲状腺药物造成的实验性甲状腺肿有治疗作用，对硫氰酸钾所致轻度甲状腺肿也有效。

2. 抗肿瘤

黄独乙醇浸膏对小鼠肝癌 H_{22}、肉瘤 S_{180} 和腹水瘤有抑制作用[13]；黄药子素 A、B、C 以及薯蓣皂苷元等均具有抗肿瘤作用，尤其对甲状腺肿瘤有独特的疗效。黄独油对子宫颈癌、小鼠白血病 615 均有一定的抑制作用[1]。

3. 抗病毒

黄独乙醇浸膏不仅能抑制 DNA 病毒，而且还能抑制 RNA 病毒的转录，灭活病毒后的细胞或药物对照细胞仍能继续分裂传代[1]。

4. 抗菌

黄独水浸剂于体外，可抑制堇色毛癣菌、同心性毛癣菌、许兰黄癣等皮肤真菌。

5. 抗炎

黄独甲醇总提取物对二甲苯所致的小鼠耳郭肿胀、蛋清与角叉菜胶所致的大鼠足趾肿胀和大鼠棉球肉芽肿有明显的抑制作用[14]。黄药子素 B 为抗炎的活性成分之一[15]。

6. 其他

黄独的其中一种多糖可降低小鼠血糖。

应用

本品为中医临床用药。功能：消痰软坚散结，清热解毒，凉血止血，止咳平喘。主治：1. 瘿瘤；2. 疮疡肿毒，咽喉肿痛及毒蛇咬伤等；3. 血热引起的吐血、衄血、咯血等；4. 咳嗽，气喘，百日咳。

现代临床还用于甲状腺腺瘤[16]，亚急性甲状腺炎[17]，甲状腺、食管、鼻咽、肺、肝、直肠等多种恶性肿瘤[18-19]，以及宫颈炎、银屑病等病的治疗。

评注

药用植物图像数据库

从植物化学成分与亲缘关系的角度看，黄独含甾体皂苷是薯蓣属植物的一个原始特征，该类成分只存在于最原始的根状茎组织中，其他组织中并不存在。黄独组织属于较进化的块茎类群，它与不含甾体皂苷的薯蓣组织、复叶组织等处在同一条进化在线，因此，早期有些研究人员认为黄独中不含甾体皂苷。但 20 世纪 90 年代以来，科研人员陆续从黄独中分离得到了薯蓣皂苷元、薯蓣次苷甲、箭根薯皂苷等甾体皂苷类化合物[2]。从而证实了早期关于黄独中不含甾体皂苷的报道属误报[1]。

黄独中的主要有效成分为薯蓣皂苷、黄药子素等，它们均具有抗肿瘤的作用，但又都是有毒的成分，久服易引起蓄积中毒，故使用时应慎重。从黄独中寻找一种既具有抗肿瘤作用，毒性又小、安全性好的化合物是今后研究的主要方向。

参考文献

[1] 林厚文，张罡，赵宏斌，等．黄药子的研究进展 [J]. 中草药，2002，33(2)：175-177.

[2] 李石生，邓京振，赵守训．黄独块茎的甾体类成分 [J]. 植物资源与环境，1999，8(2)：61-62.

[3] IDA Y, KUBO S, FUJITA M, et al. Furanoid norditerpenes from Dioscoreaceae plants, V. Structures of the diosbulbins-D, -E, -F, -G, and -H[J]. Justus Liebigs Annalen der Chemie, 1978, 5: 818-833.

[4] KAWASAKI T, KOMORI T, SETOGUCHI S. Furanoid norditerpenes from Dioscoreacae plants. I. Diosbulins A, B, and C from *Dioscorea bulbifera* forma spontanea[J]. Chemical & Pharmaceutical Bulletin, 1968, 16(12): 2430-2435.

[5] 傅宏征，林文翰，高志宇，等.2DNMR研究新呋喃二萜类化合物的结构[J].波谱学杂志，2002，19(1)：49-55.

[6] ZHENG S Z, GUO Z, SHEN T, et al. Three new apianen lactones from *Dioscorea bulbifera* L.[J]. Indian Journal of Chemistry, Section B: Organic Chemistry Including Medicinal Chemistry, 2003, 42B(4): 946-949.

[7] 李石生，IA Iliya，邓京振，等．黄独中的黄酮和蒽醌类化学成分的研究 [J]. 中国中药杂志，2000，25(3)：159-160.

[8] 高慧媛，吴立军，尹凯，等．中药黄独的化学成分研究 [J]. 沈阳药科大学学报，2001，18(6)：414-416.

[9] 高慧媛，卢熠，吴立军，等．中药黄独的化学成分研究 [J]. 沈阳药科大学学报，2001，18(3)：185-188.

[10] 高慧媛，隋安丽，陈艺虹，等．中药黄独的化学成分 [J]. 沈阳药科大学学报，2003，20(3)：178-180.

[11] GAO H Y, WU L J, KUROYANAGI M. Seven compounds from *Dioscorea bulbifera* L.[J]. Natural Medicines, 2001, 55(5): 277.

[12] 周家容，张焜，黄剑明，等．黄药子中抑制 MetAP2 组分的分离鉴定 [J]. 仲恺农业技术学院学报，2002，15(2)：15-19.

[13] 陈晓莉，吴少华，赵建斌．黄药子醇提物对小鼠移植瘤的抑瘤作用 [J]. 第四军医大学学报，1998，19(3)：354-355.

[14] 李万，阮金兰，黄玉斌．黄独抗炎作用的实验研究 [J]. 实用医药杂志，1996，9(4)：20-22.

[15] 谭兴起，阮金兰，陈海生，等．黄药子抗炎活性成分的研究 [J]. 第二军医大学学报，2003，24(6)：677-679.

[16] 李仁廷．黄独汤治疗甲状腺腺瘤 116 例 [J]. 四川中医，2001，19(10)：25.

[17] 李国进．黄药子在治疗亚急性甲状腺炎中的作用 [J]. 天津中医药，2003，20(2)：9.

[18] 刘静，张润莲．黄药子临床应用新得 [J]. 中国民族民间医药，1996，(3)：31-32.

[19] 唐迎雪．黄药子古今临床应用研究 [J]. 中国中药杂志，1995，20(7)：435-438.

黄花蒿 Huanghuahao CP, KHP

Artemisia annua L.
Annual Wormwood

概述

菊科 (Asteraceae) 植物黄花蒿 *Artemisia annua* L.，其干燥地上部分入药，中药名：青蒿。

蒿属 (*Artemisia*) 植物全世界约有 300 种，主要分布于亚洲、欧洲及北美洲的温带、寒温带及亚热带地区。中国约有 190 种，遍布各地，以西北、华北、东北及西南地区最多。本属现供药用者有约 23 种。黄花蒿为世界广布种，在中国从海拔 1500 米以下地区至海拔 3650 米的青藏高原均有分布。

“青蒿”药用之名，始载于《五十二病方》，在《神农本草经》中作为“草蒿”之别名列为下品。《中国药典》（2015 年版）收载本种为中药青蒿的法定原植物来源种。青蒿在中国各地均有出产。

黄花蒿主要含挥发油、倍半萜内酯、黄酮、香豆素等多种成分。《中国药典》以性状、显微和薄层色谱鉴别来控制青蒿药材的质量。

药理研究表明，黄花蒿具有解热、抗炎、镇痛、抗疟疾、抗血吸虫、调节免疫、抗肿瘤、抗菌、抗病毒等作用。

中医理论认为青蒿具有清虚热，除骨蒸，解暑热，截疟，退黄等功效。

◆ 黄花蒿
Artemisia annua L.

◆ 药材青蒿
Artemisiae Annuae Herba

化学成分

黄花蒿地上部分含挥发油，其质和量受产地和提取方法的影响较大，主要成分为：蒿酮 (artemisia ketone)、α-蒎烯 (α-pinene)、1,8-桉叶素 (1,8-cineole)、左旋樟脑 (camphor)、α-芹子烯 (α-selinene)、左旋龙脑 (borneol)[1-3]、β-丁香烯 (β-caryophyllene)、石竹烯氧化物 (caryophyllene oxide)、反式-β-金合欢烯 (*trans*-β-farnesene)、青蒿酸 (artemisic acid, artemisinic acid, arteannuic acid)、脱氧青蒿素 (deoxyqinghaosu)、香橙烯 (aromadendrene)、匙叶桉油醇 (spathulenol)、库贝醇 (cubenol)[4-6]等；倍半萜类成分：青蒿素 (qinghaosu, artemisinin, arteannuin)、青蒿素 Ⅰ (qinghaosu Ⅰ, artemisinin A, arteannuin A)、青蒿素 Ⅱ (qinghaosu Ⅱ, artemisinin B, arteannuin B) 、青蒿素 C (artemisinin C, arteannuin C) 、青蒿素 Ⅲ ((qinghaosu Ⅲ, hydroartemisinin, deoxyarteannuin)、青蒿素Ⅳ、Ⅴ、Ⅵ (qinghaosu Ⅳ～Ⅵ)、青蒿素G、K、L、M、O (arteannuins G, K～M, O)、脱氧异青蒿素B (deoxyisoartemisinin B, epideoxyarteannuin B)、5α-[3'(15'),7'(14'),11'(13')-trien]pentadecanyloxydihydroarteannuin B、双氢表脱氧异青蒿素 (dihydro-epideoxyarteannuin B)[7-9]、去氢青蒿酸 (dehydroartemisinic acid)、环氧青蒿酸 (epoxyartemisinic acid)、青蒿醇 (artemisinol)、去甲黄花蒿酸 (norannuic acid)、黄花蒿内酯 (annulide)；黄酮类成分：中国蓟醇 (cirsilineol)、泽兰黄素 (eupatorin)、4',5-二羟基-3,6,7-三甲氧基黄酮 (penduletin)、柽柳黄素(tamarixetin)、鼠李素 (rhamnetin)、滨蓟黄素 (cirsimaritin)、鼠李柠檬素 (rhamnocitrin)、金圣草素 (chrysoeriol)、万寿菊素 (patuletin)、猫眼草酚D (chrysosplenol D)、猫眼草黄素 (chrysosplenetin)[10]等；香豆素类成分：东莨菪素 (scopoletin)、6,8-二甲氧基-7-羟基香豆素 (6,8-dimethoxy-7-hydroxycoumarin)、蒿属香豆素 (scoparon)等；尚含缩合鞣质[11] 等成分。

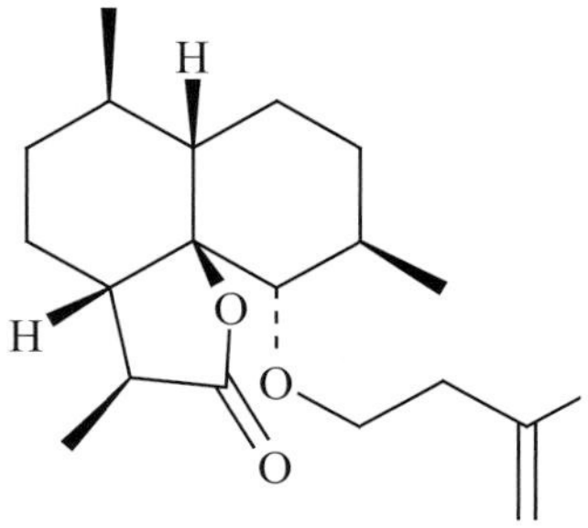

◆ artemisinin

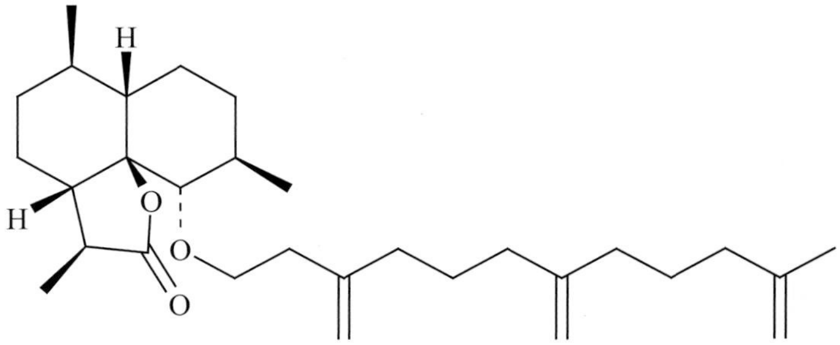

◆ 5α-[3'(15') ,7'(14') ,11'(13')-trien] pentadecanyloxydihydroarteannuin B

药理作用

1. 抗疟疾

从黄花蒿中分离得到的青蒿素对疟原虫有直接的杀灭作用，主要作用于疟原虫的膜结构，干扰其线粒体功能，在给药后 20 小时自噬液泡大量集聚，导致疟原虫瓦解死亡。青蒿素的合成衍生物双氢青蒿素小剂量就可清除猴体内的疟原虫，其口服的疟原虫清除能力较静脉注射青蒿琥酯强；双氢青蒿素片在缓解发烧、清除疟原虫和抑制复发率等方面优于磷酸哌喹 (piperaquine phosphate)[12] 。

2. 抗菌、抗病毒

黄花蒿粗提取物（乙醚和乙醇提取部分）、青蒿酸体外对革兰氏阳性菌有一定的抑制作用 [13]；猫眼草酚和猫眼草黄素，与小檗碱合用能显著抑制金黄色葡萄球菌耐药菌株 [10]。黄花蒿水提取物在体外能抗单纯疱疹和乙型肝炎病毒，其抗病毒活性成分为缩合鞣质 [11,14]；青蒿素与其衍生物蒿甲醚在体外虽然不能直接灭活柯萨奇病毒 B 组 3 型 (CVB_3)，但在 CVB_3 感染的吸附和复制等步骤中能发挥抗病毒作用 [15]。

3. 抗内毒素

黄花蒿乙醇提取物、青蒿素灌胃能降低大鼠肝线粒体脂质过氧化物 (LPO)、溶酶体酸性磷酸酶 (ACP)、内毒素、肿瘤坏死因子 α (TNF-α)、细胞色素 P_{450} 浓度，升高超氧化物歧化酶 (SOD) 活性；降低内毒素休克小鼠的死亡率，延长小鼠的平均生存时间，对肝、肺组织形态也有保护作用 [16]。青蒿琥酯体外对内毒素或内毒素合并干扰素诱导的一氧化氮合成均有显著的抑制作用；小鼠肌内注射青蒿琥酯后，其腹腔巨噬细胞对内毒素的反应性降低，其受内毒素刺激后产生的一氧化氮量显著减少 [17]。

4. 解热、抗炎、镇痛

黄花蒿茎叶的水提取物灌胃能显著降低正常大鼠的体温，水提取物、乙酸乙酯提取物及正丁醇提取物灌胃对鲜酵母所致的发热大鼠均有显著的退热作用；水提取物灌胃对酵母所致的大鼠足关节肿胀、蛋清所致的小鼠足肿胀、二甲苯所致的小鼠耳郭肿胀均有显著的抑制作用，东莨菪素灌胃也显著抑制酵母所致的小鼠足关节肿胀；水提取物灌胃能明显减少醋酸引起的小鼠扭体次数 [13]。

5. 抗血吸虫

青蒿素的合成衍生物蒿乙醚或蒿甲醚灌胃治疗感染日本血吸虫的小鼠，对小鼠体内日本血吸虫童虫和成虫有杀灭作用 [18]。

6. 抗肿瘤

体外实验表明，青蒿素及其合成衍生物青蒿琥酯能明显改变人乳腺癌细胞MCF-7的细胞周期，青蒿琥酯引起MCF-7细胞的凋亡和直接的细胞毒作用明显强于青蒿素[19]；青蒿琥酯能显著抑制胃癌细胞生长，并诱导胃癌细胞凋亡[20]；青蒿素的合成衍生物双氢青蒿素与丁酸纳合用，可协同促进人类肿瘤细胞的凋亡[21]。喂饲青蒿素能显著预防和延迟7,12-二甲基苯并蒽 (DMBA) 诱导的大鼠乳腺癌的发展 [22]。

7. 其他

双氢脱氧异青蒿素和脱氧青蒿素有抗胃溃疡活性 [7]，青蒿素还有抗心律失常 [23]、调节免疫 [24] 等作用。

应用

本品为中医临床用药。功能：清虚热，除骨蒸，解暑热，截疟，退黄。主治：温邪伤阴，夜热早凉，阴虚发热，骨蒸劳热，暑邪发热，疟疾寒热，湿热黄疸。

现代临床还用于中暑、牙龈炎、鼻衄等病的治疗。

评注

药用植物图像数据库

黄花蒿为世界广泛分布的品种，《肘后备急方》及后代医籍中均有用青蒿治疗疟疾的记载。在 20 世纪 70 年代，屠呦呦从黄花蒿中分离得到青蒿素，并确定了其结构及抗疟活性，从此改写了只有生物碱成分才能抗疟疾的历史，她于 2015 年获得诺贝尔生理学或医学奖。青蒿素及其合成衍生物蒿乙醚 (arteether)、蒿甲醚 (artemether)、青蒿琥酯 (artesunate)、双氢青蒿素 (dihydroartemisinin) 等已广泛用于临床。

除黄花蒿外，蒿属几百种植物中尚未发现其他种含有青蒿素，迄今未发现其他成分有抗疟活性。青蒿素及其合成衍生物的生产，需依赖于天然来源。但是，世界绝大多数地区生长的黄花蒿中的青蒿素含量都很低，只有少数地区的黄花蒿中的青蒿素含量高，具有工业生产价值。黄花蒿资源质量具有显著的生态地域性 [25]，应进行大范围的野生资源考察，选育栽培优质的黄花蒿品种，以满足临床需要。随着青蒿素及其衍生物药理活性研究的不断深入和扩大，这方面的研究已形成热点之一。

参考文献

[1] 董岩，刘洪玲．青蒿与黄花蒿挥发油化学成分对比研究 [J]. 中药材，2004，27(8)：568-571.

[2] RASOOLI I, REZAEE M B, MOOSAVI M L, et al. Microbial sensitivity to and chemical properties of the essential oil of *Artemisia annua* L[J]. Journal of Essential Oil Research, 2003, 15(1): 59-62.

[3] JAIN N, SRIVASTAVA S K, AGGARWAL K K, et al. Essential oil composition of *Artemisia annua* L. 'Asha' from the plains of northern India[J]. Journal of Essential Oil Research, 2002, 14(4): 305-307.

[4] 陈飞龙，贺丰，李吉来，等．不同方法提取的青蒿挥发油成分的 GS-MS 分析 [J]. 中药材，2001，24(3)：176-178.

[5] 邱琴，崔兆杰，刘廷礼，等．青蒿挥发油化学成分的 GS/MS 研究 [J]. 中成药，2001，23(4)：278-280.

[6] HOLM Y, LAAKSO I, HILTUNEN R, et al. Variation in the essential oil composition of *Artemisia annua* L. of different origin cultivated in Finland[J]. Flavour and Fragrance Journal, 1997, 12(4): 241-246.

[7] FOGLIO M A, DIAS P C, ANTONIO M A, et al. Antiulcerogenic activity of some sesquiterpene lactones isolated from *Artemisia annua*[J]. Planta Medica, 2002, 68(6): 515-518.

[8] SY L K, CHEUNG K K, ZHU N Y, et al. Structure elucidation of arteannuin O, a novel cadinane diol from *Artemisia annua*, and the synthesis of arteannuins K, L, M and O[J]. Tetrahedron, 2001, 57(40): 8481-8493.

[9] SINGH T, BHAKUNI R S. A new sesquiterpene lactone from *Artemisia annua* leaves[J]. Indian Journal of Chemistry, Section B: Organic Chemistry Including Medicinal Chemistry, 2004, 43B(12): 2734-2736.

[10] STERMITZ F R, SCRIVEN L N, TEGOS G, et al. Two flavonols from *Artemisia annua* which potentiate the activity of berberine and norfloxacin against a resistant strain of *Staphylococcus aureus*[J]. Planta Medica, 2002, 68(12): 1140-1141.

[11] 张军峰，谭健，蒲蔷，等．青蒿鞣质抗病毒活性研究 [J]. 天然产物研究与开发，2004，16(4)：307-311.

[12] Tu Y Y. The development of the antimalarial drugs with new type of chemical structure- qinghaosu and dihydroqinghaosu[J]. Southeast Asian Journal of Tropical Medicine and Public Health, 2004, 35(2): 250-251.

[13] 黄黎，刘菊福，刘林祥，等．中药青蒿的解热抗炎作用研究 [J]. 中国中药杂志，1993，18(1)：44-48.

[14] 张军峰，谭健，蒲蔷，等．青蒿提取物抗单纯疱疹病毒活性研究 [J]. 天然产物研究与开发，2003，15(2)：104-108.

[15] 马培林，李惠，董欣，等．青蒿素类药物抗柯萨奇 B 组病毒的体外实验研究 [J]. 微生物学杂志，2003，23：40.

[16] 谭余庆，赵一，林启云，等．青蒿提取物抗内毒素实验研究 [J]. 中国中药杂志，1999，24(3)：166-171.

[17] 梁爱华，薛宝云，李春英，等．青蒿琥酯对内毒素诱导的一氧化氮合成的抑制作用 [J]. 中国中药杂志，2001，26(11)：770-773.

[18] 肖树华，殷静雯，梅静艳，等．蒿乙醚的抗血吸虫作用 [J]. 药学学报，1992，27(3)：161-165.

[19] 林芳，钱之玉，薛红卫，等．青蒿素和青蒿琥酯对人乳腺癌 MCF-7 细胞的体外抑制作用比较研究 [J]. 中草药，2003，34(4)：347-349.

[20] 赵君宁，何一然，张振玉，等．青蒿琥酯对人胃癌细胞增殖及凋亡的影响 [J]. 中国癌症杂志，2005，15(4)：347-350.

[21] SINGH N P, LAI H C. Synergistic cytotoxicity of artemisinin and sodium butyrate on human cancer cells[J]. Anticancer Research, 2005, 25(6B): 4325-4331.

[22] LAI H, SINGH N P. Oral artemisinin prevents and delays the development of 7,12-dimethylbenz[a]anthracene (DMBA)-induced breast cancer in the rat[J]. Cancer Letters, 2006, 231(1): 43-48.

[23] 王慧珍，杨宝峰，罗大力，等．青蒿素抗心律失常作用的研究 [J]. 中国药理学通报，1998，14(1)：94.

[24] 舒贝，马行一．青蒿素及其衍生物的免疫调节作用 [J]. 中国中西医结合肾病杂志 .2005，6(3)：176-178.

[25] 钟国跃，周华蓉，凌云，等．黄花蒿优质种质资源的研究 [J]. 中草药，1998，29(4)：264-267.

黄精 Huangjing CP, JP, VP

Polygonatum sibiricum Red.
Siberian Solomon's Seal

概述

百合科 (Liliaceae) 植物黄精 *Polygonatum sibiricum* Red.，其干燥根茎入药。中药名：黄精。

黄精属 (*Polygonatum*) 植物全世界约有 40 种，广布于北温带。中国约有 31 种，本属现供药用者约有 12 种。本种主要分布于黑龙江、吉林、辽宁、河北、山西、陕西、内蒙古、宁夏、甘肃、河南、山东、安徽、浙江。此外，朝鲜半岛、蒙古和俄罗斯西伯利亚东部地区也有分布。

"黄精"药用之名，始载于《名医别录》，列为上品。历代本草多有著录。《中国药典》（2015 年版）收载本种为中药黄精的法定原植物来源种之一。主产于中国河北、内蒙古、陕西、辽宁、吉林、河南、山西等省区。

黄精属植物主要含甾体皂苷及多糖类成分。《中国药典》采用紫外－可见分光光度法进行测定，规定黄精药材含黄精多糖以无水葡萄糖计，不得少于 7.0%，以控制药材质量。

药理研究表明，黄精具有增强免疫、推迟衰老等作用。

中医理论认为黄精具有补气养阴，健脾，润肺，益肾等功效。

◆ 黄精
Polygonatum sibiricum Red.

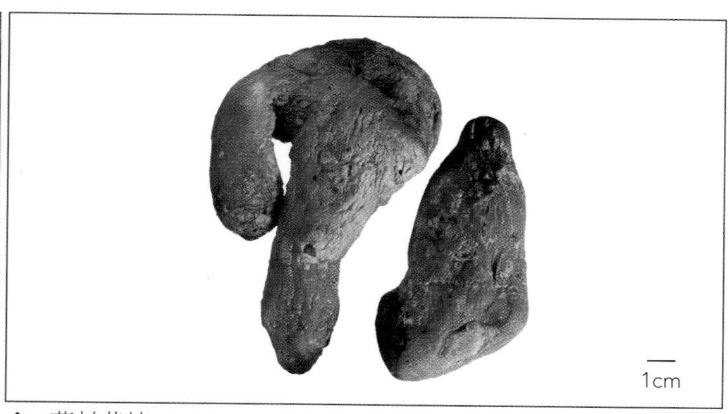

◆ 药材黄精
Polygonati Rhizoma

◆ 药材制黄精
Polygonati Rhizoma Preparata

◆ 多花黄精
P. cyrtonema Hua.

◆ 滇黄精
P. kingianum coll. et Hemsl.

化学成分

黄精的根茎含有由葡萄糖、甘露糖和半乳糖醛酸组成的黄精多糖A、B、C、果糖与葡萄糖缩合的黄精低聚糖A、B、C、黄精皂苷A、B (sibiricosides A, B)、新巴拉次薯蓣皂苷元-A-3-*O*-*β*-石蒜四糖苷 (neoprazerigenin A 3-*O*-*β*-lycotetraoside)、14*α*-羟基黄精皂苷A (14*α*-hydroxysibiricoside A) 等甾体皂苷[1]、黄精碱A、B (polygonatines A, B) 等生物碱[2-3]、(+)-丁香树脂酚 [(+)-syringaresinol]、(+)-丁香树脂酚-*O*-*β*-*D*-吡喃葡萄糖苷 [(+)-syringaresinol-*O*-*β*-*D*-glucopyranoside]、liriodendrin、(+)-松脂素-*O*-*β*-*D*-吡喃葡萄糖基(1→6)-*β*-*D*-吡喃葡萄糖苷 [(+)-pinoresinol-*O*-*β*-*D*-glucopyranosyl(1→6)-*β*-*D*-glucopyranoside]等木脂素类成分；4',5,7,-三羟基-6,8-二甲基高异黄酮 (6,8-dimethyl-4',5,7-trihydroxyhomoisoflavone) 等黄酮类成分，以及黄精神经鞘苷A、B、C[4] (huangjing cerebrosides A～C)。

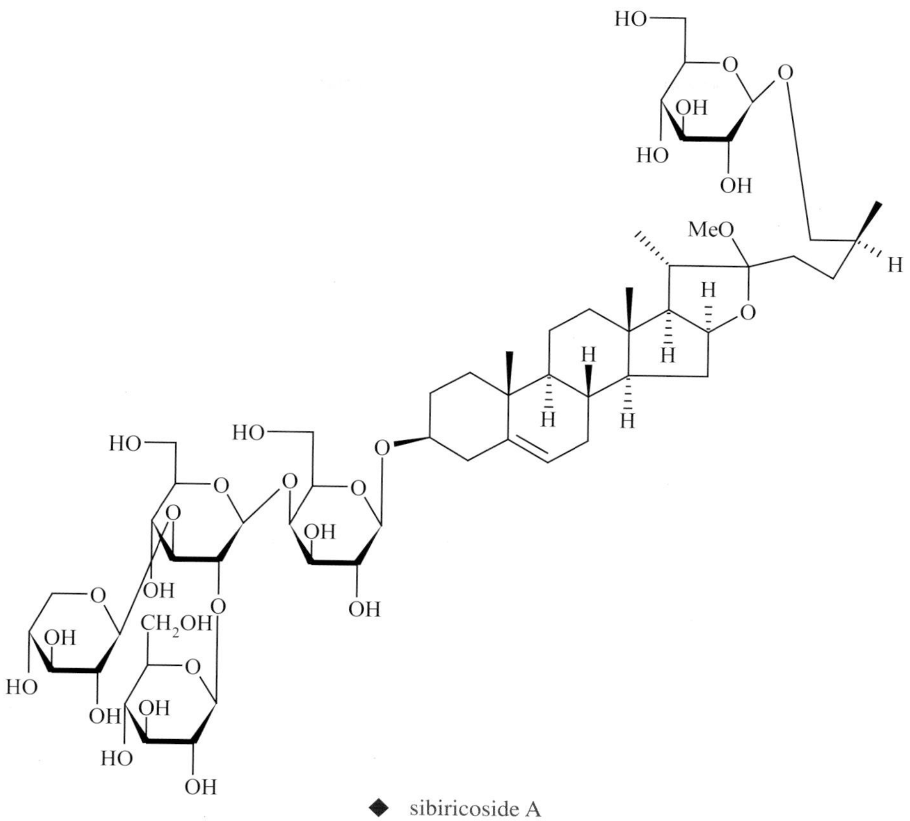

◆ sibiricoside A

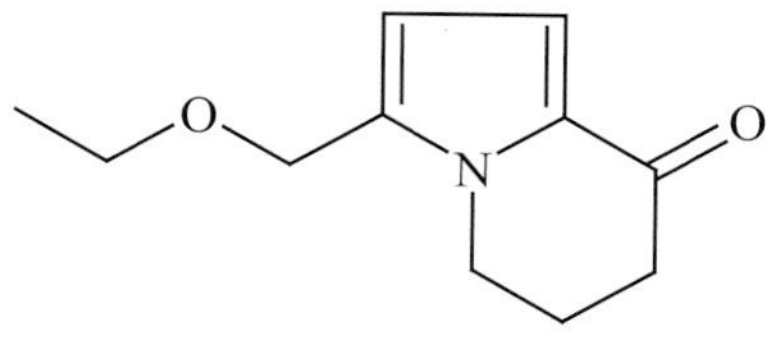

◆ polygonatine B

药理作用

1. 抗衰老

黄精多糖饲喂，能显著延长黑腹果蝇平均寿命、最高寿命和半数死亡时间[5]，饲喂老龄大鼠可提高外周血淋巴细胞的 ANAE 阳性率和红细胞、视网膜、晶状体核、晶状体皮质中的超氧物歧化酶 (SOD) 活性，降低肝脏、肾脏内褐脂质、心脏过氧化物脂质 (LPO) 含量，抑制脑 B 型单胺氧化酶 (MAO-B) 活性[6]；黄精煎液能升高衰老动物脑和性腺组织端粒酶活性[7]，提高小鼠大脑皮层和海马胆碱乙酰转移酶 (ChAT) 活性，增加乙酰胆碱 (Ach) 含量，改善学习记忆功能[8]，有显著抗衰老作用。

2. 提高免疫力

黄精多糖能明显对抗 ^{60}Co 的 γ 射线所致小鼠外周血细胞及血小板总数减少，促使其红细胞 C_3b 受体和免疫复合物花环率升高[9]；提高温热药致阴虚小鼠的体重增长率[10]、提高其血清 IL-2 含量[11]，并降低血浆 cAMP 含量和cAMP/cGMP比值[10]。黄精口服液能明显改善荷瘤小鼠S_{180}及甲基硝基亚硝基胍(MNNG)诱癌大鼠的免疫功能，从而抑制小鼠S_{180}生长、降低MNNG诱导肿瘤发生率[12]。

3. 降血糖

黄精多糖可显著降低肾上腺素诱发的高血糖小鼠的肝脏cAMP含量和血糖值[13]，抑制链脲佐菌素诱导糖尿病小鼠脑、心、肾脏组织糖基化终产物受体(RAGE) mRNA表达[14-15]。

4. 降血脂

黄精多糖能显著降低高脂血症兔的血清总胆固醇(TC)、低密度脂蛋白胆固醇(LDL-C)、脂蛋白浓度，抑制动脉内膜泡沫细胞形成[16]。

5. 强心

黄精甲醇提取物具有强心作用，可能与它刺激β-肾上腺素受体有关[17]。

6. 抗菌

黄精提取物对伤寒沙门氏菌、金黄色葡萄球菌、抗酸杆菌、结核杆菌、红色毛癣菌、申克孢子丝菌、白色念珠菌等多种细菌和真菌有抑制作用。

应用

本品为中医临床用药。功能：补气养阴，健脾，润肺，益肾。主治：脾胃气虚，体倦乏力，胃阴不足，口干食少，肺虚燥咳，劳嗽咳血，精血不足，腰膝酸软，须发早白，内热消渴。

现代临床还用于痛风、骨膜炎、高血压、神经衰弱、白血细胞减少症、药物中毒性耳聋、近视眼、手足癣等病的治疗。

评注

黄精是中国卫生部规定的药食同源品种之一，其药用保健产品的开发研制也日益受到重视。除黄精外，《中国药典》亦收载多花黄精 *Polygonatum cyrtonema* Hua 及滇黄精 *P. kingianum* Coll. et Hemsl. 为中药黄精的法定原植物来源种。以上三种在中国古代本草图文中均有提及。

药用植物图像数据库

参考文献

[1] SON K H, DO J C. Steroidal saponins from the rhizomes of *Polygonatum sibiricum*[J]. Journal of Natural Products, 1990, 53(2): 333-339.

[2] SUN L R, LI X, WANG S X. Two new alkaloids from the rhizome of *Polygonatum sibiricum*[J]. Journal of Asian Natural Products Research, 2005, 7(2): 127-130.

[3] 孙隆儒，王素贤，李铣．中药黄精中的新生物碱[J].中国药物化学杂志，1997，24(2)：129.

[4] 孙隆儒，李铣．黄精化学成分的研究(Ⅱ)[J].中草药，2001，32(7)：586-588.

[5] 赵红霞，蒙义文，浦蔷．黄精多糖对果蝇寿命的影响[J].应用与环境生物学报，1995，1(1)：74-77.

[6] 赵红霞，蒙义文，曾庆华，等．黄精多糖对老龄大鼠衰老生理生化指标的影响[J].应用与环境生物学报，1996，2(4)：356-360.

[7] 李友元，杨宇，邓红波，等．黄精煎液对衰老小鼠组织端粒酶活性的影响[J].华中医学杂志，2002，26(4)：225-226，230.

[8] 杨文明，韩明向，周宜轩，等．黄精易化小鼠学习记忆功能的实验研究[J].中医药研究，2000，16(3)：45-47，53.

[9] 王红玲，熊顺军，洪艳，等．黄精多糖对全身^{60}Co γ射线照射小鼠外周血细胞数量及功能的影响[J].数理医药学杂

志，2000，13(6)：493-494.

[10] 任汉阳，薛春苗，张瑜，等．黄精粗多糖对温热药致阴虚模型小鼠滋阴作用的实验研究 [J]. 山东中医杂志，2005，24(1)：36-37.

[11] 任汉阳，薛春苗，张瑜，等．黄精粗多糖对温热药致阴虚模型小鼠免疫器官重量及血清中 IL-2 含量的影响 [J]. 河南中医学院学报，2004，19(3)：12-13.

[12] 朱瑾波，王慧贤，焦炳忠，等．黄精调节免疫及防治肿瘤作用的实验研究 [J]. 中国中医药科技，1994，1(6)：31-33.

[13] 王红玲，张渝侯，洪艳，等．黄精多糖对小鼠血糖水平的影响及机理初探 [J]. 儿科药学杂志，2002，8(1)：14-15.

[14] 吴燊荣，李友元，邓红波，等．黄精多糖对糖尿病鼠脑组织糖基化终产物受体 mRNA 表达的影响 [J]. 中国药房，2004，15(10)：596-598.

[15] 吴燊荣，李友元，邓红波，等．黄精多糖对糖尿病鼠的心和肾组织糖基化终产物受体 mRNA 表达的影响 [J]. 中华急诊医学杂志，2004，13(4)：245-247.

[16] 吴燊荣，李友元，肖洒．黄精多糖调脂作用的实验研究 [J]. 中国新药杂志，2003，12(2)：108-110.

[17] HIRAI N，MIURA T，MORIYASU M，et al. Cardiotonic activity of the rhizome of *Polygonatum sibiricum* in rats[J]. Biological & Pharmaceutical Bulletin，1997，20(12)：1271-1273.

黄连 Huanglian CP, JP

Coptis chinensis Franch.
Coptis

概述

毛茛科 (Ranunculaceae) 植物黄连 *Coptis chinensis* Franch.，其干燥根茎入药。中药名：黄连。

黄连属 (*Coptis*) 植物全世界约有 16 种，分布于北温带，多数分布于亚洲东部。中国产约有 6 种，分布于西南、中南、华东和台湾。本属现供药用者有 6 种。本种产于中国四川、重庆、贵州、湖南、湖北、陕西南部。

“黄连”药用之名，始载于《神农本草经》，列为上品。历代本草多有著录。中国自古以来作药用者为本属多种植物。《中国药典》（2015 年版）收载本种为中药黄连法定原植物来源种之一。主产于中国四川、重庆、湖北、湖南、陕西、甘肃等地，以重庆石柱和南川、湖北来凤和恩施产量大。

黄连的主要活性成分为生物碱类化合物，其中原小檗碱型生物碱为特征性成分。《中国药典》采用高效液相色谱法进行测定，规定黄连药材以盐酸小檗碱计，含小檗碱不得少于 5.5%，表小檗碱不得少于 0.80%，黄连碱不得少于 1.6%，巴马汀不得少于 1.5%，以控制药材质量。

药理研究表明，黄连具有抑菌、抗炎等作用。

中医理论认为黄连具有清热燥湿，泻火解毒等功效。

◆ 黄连
Coptis chinensis Franch.

◆ 云连
C. teeta Wall.

◆ 三角叶黄连
C. deltoidea C. Y. Cheng et Hsiao

◆ 药材黄连（味连）
Coptidis Rhizoma

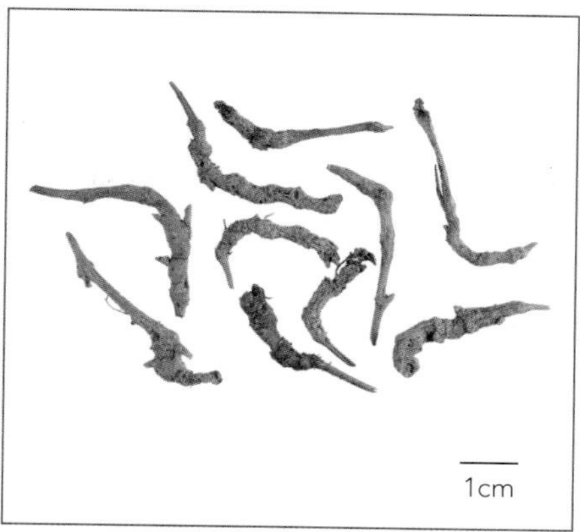

◆ 药材黄连（云连）
Coptidis Rhizoma

◆ 药材黄连（雅连）
Coptidis Rhizoma

化学成分

黄连根茎主要含生物碱类化合物：小檗碱 (berberine)、黄连碱 (coptisine)、甲基黄连碱 (worenine)、巴马亭 (palmatine)、药根碱 (jatrorrhizine)、表小檗碱 (epiberberine)、木兰花碱 (magnoflorine)、非洲防己碱 (columbamine)、黄连次碱 (coptine) [1-2]。

此外，黄连中还含阿魏酸 (ferulic acid)、落叶松脂素 (lariciresinol) 和反式阿魏酸对羟基苯乙酯 (*p*-phydroxyphenothyl *trans*-feruloyl ester)[1]。

◆ berberine

◆ coptisine

药理作用

1. 抗病原微生物

体外实验表明黄连水提取液对大肠埃希氏菌、金黄色葡萄球菌、铜绿假单胞菌、沙门氏菌、幽门螺杆菌、肺炎球菌、痢疾志贺氏菌、溶血性链球菌、伤寒沙门氏菌、淋球菌及阴沟肠杆菌等均有明显抑菌作用 [3-7]；黄连水煎液对流感病毒、柯萨奇 B 组 3 型病毒及解脲支原体等均有杀伤或抑制作用 [8-10]。

2. 抗炎

小檗碱能明显抑制趋化因子酵母聚糖激活血浆 (ZAP) 诱导的中性粒细胞趋化和多形核白细胞酵母多糖诱导发光，抑制磷酸酯酶 -A_2 (PLA_2) 活性，还可降低大鼠炎性组织前列腺素 E_2 (PGE_2) 的含量 [11]。

3. 降血糖

小檗碱灌胃对正常小鼠、注射葡萄糖所致高血糖小鼠和链佐星所致糖尿病大鼠均有降血糖作用，在降血糖同时还能对糖尿病性神经病变有治疗作用，明显提高神经传导速度，使胰岛素水平上升，血清生长激素含量降低，生长抑素含量升高[12-13]。

4. 对心血管系统的作用

小檗碱对 Langendorff 逆行灌流大鼠离体完整心脏心衰模型具有能量保存作用，在一定程度上能使心衰发生时心肌的高能磷酸化合物贮存量增加[14-15]。小檗碱对氯化钙、乌头碱、氯化钡、肾上腺素、氯化钙胆碱诱发的小鼠室性心律失常均有对抗作用。同时小檗碱对离体豚鼠还具有降血压、增强心肌收缩力和负性频率作用[16]。

5. 抗肿瘤

体外实验表明，小檗碱对艾氏腹水瘤、淋巴瘤 NK/LY、肝细胞瘤细胞 $HepG_2$ 和人早幼粒白血病细胞 HL-60 的增殖分裂均有明显抑制作用；小檗碱和 BCNU [1, 3-bis(2-chloroethyl)-1-nitrosourea] 合用对人脑胶质瘤细胞和大鼠 9L 脑肿瘤细胞均有细胞毒作用[17]。黄连煎剂对宫颈癌裸鼠移植瘤、人鼻咽癌细胞 HNE_1 和 HNE_3 有杀伤作用[17-19]。

6. 抗氧化

黄连水煎液灌胃对四氧嘧啶 (alloxan) 所致大鼠脂质过氧化有抑制作用，能降低胰脏和肝脏中的丙二醛 (MDA) 含量；黄连水提取液在体外还能降低大鼠脑匀浆脂质过氧化物 MDA 的生成。黄连生品、清炒和酒炙品水提取物与醇提取物在体外均可清除次黄嘌呤 - 黄嘌呤氧化酶系统所产生的超氧阴离子和 Fenton 反应生成的羟自由基，并能抑制羟自由基诱导的小鼠肝脏匀浆脂质过氧化作用[20-21]。

7. 其他

黄连还有调节免疫、利胆、镇静、解痉、抗溃疡和兴奋子宫平滑肌等作用[1, 6, 22]。

应用

本品为中医临床用药。功能：清热燥湿，泻火解毒。主治：湿热痞满，呕吐吞酸，泻痢，黄疸，高热神昏，心火亢盛，心烦不寐，心悸不宁，血热吐衄，目赤，牙痛，消渴，痈肿疔疮；外治湿疹，湿疮，耳道流脓。

现代临床还用于细菌性痢疾、局部化脓性感染、烧伤、心律失常、高血压、糖尿病、胃炎、胃及十二指肠溃疡等病的治疗。

评注

药用植物图像数据库

《中国药典》还收载同属植物云连 *Coptis teeta* Wall. 和三角叶黄连 *C. deltoidea* C. Y. Cheng et Hsiao 为中药黄连的另外两个法定原植物来源种。云连和三角叶黄连与黄连具有类似的药理作用，其化学成分也大致相同，主要含生物碱类成分。

黄连药效广泛，在全世界许多地方均作药用，其抗肿瘤和降血糖的药效，尤其引起人们的重视。特别是最近证明了小檗碱具有与他汀类药物不同途径的降血脂作用，引起国际上的关注[23]。黄连除根茎外，其须根、叶均含生物碱，可用于制取小檗碱、黄连碱、甲基黄连碱等生物碱；从黄连中还可分离出具有广谱抗菌作用的天然色素[24-25]。

现今四川峨眉、洪雅、大邑，重庆石柱已分别建立了黄连的规范化种植基地。

参考文献

[1] 兰进，杨世林，郑玉权，等.黄连的研究进展[J].中草药，2001，32(12)：1139-1141.

[2] SCHRAMN G, TANG W D. Pharmacognosy of coptis, Chinese pharmacopeia 1953[J]. Pharmazie, 1959, 14: 405-408.

[3] 张莉萍，周蓓，袁文俊.黄连水浸出液与盐酸小檗碱水溶液抑菌效果对比研究[J].苏州医学院学报，1999，19(3)：271.

[4] 陈波华，邢洪君，张影，等.浅述黄连等中药抑制幽门螺杆菌生长的试验研究[J].黑龙江医药，1996，9(2)：115-116.

[5] 贾海骅，王仑，胡海翔.中药复方及黄连对肺炎球菌DNA合成的抑制作用[J].中国中医基础医学杂志，1999，5(10)：33-34.

[6] 陈淑清，陈淑杰，刘卫建，等.不同产地黄连的体外抑菌活性与镇静作用[J].华西药学杂志，1990，5(3)：168-170.

[7] 盛丽，高农，张晓非. 19味中药对淋球菌流行株的敏感性研究[J].中国中医药信息杂志，2003，10(4)：48-49.

[8] 吴强，任中原.几种中药的抗病毒研究[J].天津医学院学报.1990，14(1)：51-54.

[9] 马伏英.黄连等中药抗柯萨奇B_3病毒性心肌炎的实验研究[J].武警医学，1997，8(4)：193-195.

[10] 张赛娟，翁华.苦参、黄连和黄芩对体外解脲支原体的作用[J].宁波医学，1996，8(6)：336.

[11] 蒋激扬，耿东升，吐尔逊江.托卡依，等.黄连素的抗炎作用及其机制[J].中国药理学通报，1998，14(5)：434-437.

[12] 刘衍兴，郭辉.小檗碱及其脂质体降血糖作用实验研究[J].基层中药杂志，1999，13(1)：18-19.

[13] 华卫国，宋菊敏，廖菡，等.黄连素对糖尿病性神经病变大鼠神经传导速度的影响及激素的调节[J].标记免疫分析与临床，2001，8(4)：212-214.

[14] 周祖玉，孙爱民，徐建国，等.黄连素对离体灌流心脏的能量保存作用[J].华西医科大学学报，2002，33(3)：431-433.

[15] 周祖玉，徐建国，蓝庭剑.黄连素对灌流心脏发生心衰的保护作用[J].华西医科大学学报，2001，32(3)：417-418.

[16] 邢翔飞，陈贤琴.小檗碱抗心律失常作用[J].新医学，1990，21(4)：206-207.

[17] 周本杰.黄连及黄连素抗肿瘤研究概况[J].中药材，1998，21(10)：536-537.

[18] 田道法，陶正德，于南平.黄连与抗瘤药对HNE_3细胞rDNA活性的抑制作用比较[J].湖南中医学院学报，1990，10(3)：152-154.

[19] 田道法，唐发清.黄连及其复方对鼻咽癌荷瘤裸鼠的治疗作用[J].湖南中医学院学报，1996，16(1)：43-45.

[20] 宋鲁成，陈克忠，朱家雁.黄连对大鼠脂质过氧化及抗氧化酶活性的影响[J].中国中西医结合杂志，1992，12(7)：421-423.

[21] 杨澄，仇熙，孔令东.黄连炮制品清除氧自由基和抗脂质过氧化作用[J].南京大学学报（自然科学），2001，37(5)：659-663.

[22] 鲁彦，秦晓民，徐敬东，等.黄连水煎剂对未孕大鼠子宫平滑肌电活动的作用及其机制研究[J].中成药，2002，24(6)：444-446.

[23] KONG W, WEI J, ABIDI P, et al. Berberine is a novel cholesterol-lowering drug working through a unique mechanism distinet from statins[J]. Nature Medicine, 2004, 10(12): 1344-1351.

[24] 陈建英，吴永尧.黄连综合利用研究[J].湖北民族学院学报（自然科学版），1996，14(2)：90-91.

[25] 方忻平，王天志，张浩，等.黄连属植物根茎、根及叶生物碱的研究[J]. 中药材，1989，12(3)：33-35.

◆ 黄连种植基地

黄皮树 Huangpishu CP, JP, VP

Phellodendron chinense Schneid.
Chinese Corktree

概述

芸香科 (Rutaceae) 植物黄皮树 *Phellodendron chinense* Schneid.，其干燥树皮入药。中药名：黄柏；习称“川黄柏”。

黄柏属 (*Phellodendron*) 植物全世界约有 4 种，主产于亚洲东部。中国产有 2 种 1 变种，均可供药用。本种主要分布于中国湖北、湖南、四川。

“黄柏”药用之名，始载于《神农本草经》，原名“蘗木”，列为上品。从本草记载的“蘗木”产地及分布情况看，应指现今的本种及秃叶黄皮树 *P. chinense* Schneid. var. *glabriusculum* Schneid.。《中国药典》（2015 年版）收载本种为中药黄柏的法定原植物来源种。主产于中国四川、贵州、陕西、湖北、云南；此外湖南、甘肃、广西等省也产。以四川、贵州产量大，质量最佳。

黄皮树主要含生物碱类化合物，其中小檗碱是主要有效成分。此外尚有三萜、黄酮、挥发油等。《中国药典》采用高效液相色谱法进行测定，规定黄柏药材含小檗碱以盐酸小檗碱计，不得少于 3.0%，含黄柏碱以盐酸黄柏碱计，不得少于 0.34%，以控制药材质量。

药理研究表明，黄皮树的树皮具有抗菌、抗炎、免疫抑制等作用。

中医理论认为黄柏具有清热燥湿，泻火除蒸，解毒疗疮等功效。

◆ 黄皮树
Phellodendron chinense Schneid.

◆ 药材黄柏
Phellodendri Chinensis Cortex

化学成分

黄皮树树皮含生物碱类成分：小檗碱 (berberine)、黄柏碱 (phellodendrine)、木兰花碱 (magnoflorine)、巴马汀 (palmatine)等。另含黄柏内酯 (obaculactone，即柠檬苦素limonin)、黄柏酮 (obacunone)、(+)-5-*O*-阿魏酰基奎宁酸乙酯 [(+)-ethyl-5-*O*-feruloylquinate][1]、3-乙酰基-3,4-二羟基-5,6-二甲氧基-1-氢-2-苯并吡喃酮 (3-acetyl-3,4-dihydro-5,6-dimethoxy-1H-2- benzopyran-1-one)[2]等。

果实及种子中含有三萜类化合物：niloticin、niloticin acetate、dihydroniloticin、phellochin[3-4]等。

叶中含有黄酮类成分：金丝桃苷 (hyperoside)、双氢山柰酚 (dihydrokaempferol)、黄柏新苷A (phellochinin A)、phellodensin G[5-6]等；香豆素类成分：phellodenols D、E[6]。

◆ niloticin

◆ phellochinin A

药理作用

1. 抗菌

黄柏水煎剂体外对淋球菌有中等程度的抑制作用[7]；黄柏及其炮制品水煎液体外对金黄色葡萄球菌、甲型溶血性链球菌、白喉棒杆菌、肺炎球菌等有一定抑制作用[8]；黄柏水煎剂体外能抑制致肾盂肾炎大肠埃希氏菌的黏附特性[9]；黄柏叶所含黄酮苷类成分体外对金黄色葡萄球菌、柠檬色葡萄球菌及枯草芽孢杆菌有抑制作用[10]。

2. 抗炎

黄柏及其炮制品水煎液灌胃可不同程度抑制巴豆油所致小鼠耳郭肿胀和醋酸所致小鼠毛细血管通透性增高[8]。

3. 免疫抑制

黄柏水煎液灌饲可明显抑制二硝基氟苯 (DNFB) 所致小鼠变应性接触性皮炎 (ACD)，且呈现一定量效关系[11]；黄柏水煎液灌服可抑制二硝基氟苯诱导的小鼠迟发型超敏反应 (DTH)，降低其血清 γ 干扰素 (IFN-γ) 水平，抑制其腹腔巨噬细胞 (M_Φ) 产生白介素 1 (IL-1) 及肿瘤坏死因子 α (TNF-α)，抑制其脾细胞产生白介素 2 (IL-2)。其机制可能是抑制了 IFN-γ、IL-1、TNF-α、IL-2 等细胞因子的产生和分泌，从而抑制免疫反应，减轻炎症损伤[12]。

4. 降血压

黄柏醇提取液碱性物腹腔注射，对麻醉猫、犬、兔或不麻醉大鼠，均有降血压作用。灌服黄柏可使睾丸切除后高血压大鼠的血压下降。

5. 抗胃溃疡及对胃分泌的影响

黄柏水煎液体外对幽门螺杆菌有一定抑制作用[13]；除去小檗碱系生物碱的黄柏水溶性组分能明显抑制水浸捆束应激小鼠胃黏膜超氧化物歧化酶 (SOD) 活性降低和消炎痛 (indomethacin) 所致大鼠胃黏膜前列腺素 E_2 (PGE_2) 量减少[14]。黄柏乙醚、乙醇及水提取物灌胃均能减低大鼠胃液酸度和胃蛋白酶的活性[8]。

6. 抗肿瘤

黄柏提取液（水提醇沉）体外对人胃癌细胞 BGC823 的生长、癌细胞噻唑蓝代谢活力均有光敏抑制效应，同时可使癌细胞酸性磷酸酶含量明显减少，癌细胞 ^{3}H-TdR 掺入量显著降低[15]。对黄柏进行加热处理后，从中分离得到的小檗红碱 (berberrubine)，能剂量依赖地抑制白血病细胞 P_{388}、L_{1210} 和黑素瘤 B16 细胞株的生长[16]。

7. 其他

黄柏及所含的柠檬苦素和黄柏酮腹腔注射，能明显缩短α-氯醛糖和乌拉坦诱导的小鼠睡眠时间[17]。

应用

本品为中医临床用药。功能：清热燥湿，泻火除蒸，解毒疗疮。主治：湿热泻痢，黄疸尿赤，带下阴痒，热淋涩痛，脚气痿躄，骨蒸劳热，盗汗，遗精，疮疡肿毒，湿疹湿疮。

现代临床还用于中耳炎、肠炎、菌痢、皮肤感染、皮肤癣菌病、下肢溃疡、烧伤等病的治疗。

评注

药用植物图像数据库

黄皮树与同属植物黄檗 *Phellodendron amurense* Rupr.（中药关黄柏）所含化学成分大致相同（均含生物碱），药理作用基本相似，但黄皮树中主要生物碱小檗碱的含量比黄檗高 3 ～ 6 倍。

黄柏临床应用广泛，但黄皮树野生资源日渐枯竭，唯有大量栽培才能满足日益增长的用药需求。

参考文献

[1] 秦民坚，王衡奇 . 黄皮树树皮的化学成分研究 [J]. 林产化学与工业，2003，23(4)：42-46.

[2] CUI W S, TIAN J, MA Z J, et al. A new isocoumarin from bark of *Phellodendoron chinense*[J]. Natural Product Research, 2003, 17(6): 427-429.

[3] GRAY A I, BHANDARI P, WATERMAN P G. New protolimonoids from the fruits of *Phellodendron chinense*[J]. Phytochemistry, 1988, 27(6): 1805-1808.

[4] SU R H, KIM M, YAMAMOTO T, et al. Antifeeding constituents of *Phellodendron chinense* fruit against Reticulitermes speratus[J]. Nippon Noyaku Gakkaishi, 1990, 15(4): 567-572.

[5] 郭书好，周明辉，李素梅，等 . 川黄柏叶中黄酮成分的研究 [J]. 暨南大学学报（自然科学版），1998，19(5)：68-72.

[6] KUO P C, HSU M Y, DAMU A G, et al. Flavonoids and coumarins from leaves of *Phellodendron chinense*[J]. Planta Medica, 2004, 70(2): 183-185.

[7] 刘腾飞，吴移谋，余敏君，等 . 中草药体外抗淋球菌的实验研究 [J]. 中国现代医学杂志，1998，8(6)：38-39.

[8] 南云生，毕晨蕾 . 炮制对黄柏部分药理作用的影响 [J]. 中药材，1995，18(2)：81-84.

[9] 陈锦英，何建明，何庆，等 . 中草药对致肾盂肾炎大肠杆菌粘附特性的抑制作用 [J]. 天津医药，1994，22(10)：579-581.

[10] 郭志坚，郭书好，何康明，等 . 黄柏叶中黄酮醇苷含量测定及其抑菌实验 [J]. 暨南大学学报（自然科学版），2002，23(5)：64-66.

[11] 宋智琦，林熙然 . 中药黄柏、茯苓及栀子抗迟发型超敏反应作用的实验研究 [J]. 中国皮肤病性病学杂志，1997，11(3)：143-144.

[12] 吕燕宁，邱全瑛 . 黄柏对小鼠 DTH 及其体内几种细胞因子的影响 [J]. 北京中医药大学学报，1999，22(6)：48-50.

[13] 缴稳苓 . 中药对幽门螺杆菌抑制作用的研究 [J]. 天津医药，1997，25(12)：740-741.

[14] 张志军 . 黄柏提取物的抗溃疡效果 (2) [J]. 国外医学·中医中药分册，1994，16(1)：29.

[15] 廖静，鄂征，宁涛，等 . 中药黄柏的光敏抗癌作用研究 [J]. 首都医科大学学报，1999，20(3)：153-155.

[16] KONDO Y, SUZUKI H. Suppression of tumor cell growth by berberrubine, a pyrolyzing artifact of berberine[J]. Shoyakugaku Zasshi, 1991, 45(1): 35-39.

[17] WADA K, YAGI M, MATSUMURA A, et al. Isolation of limonin and obacunone from Phellodendri cortex shorten the sleeping time induced by α-chloralose-urethane[J]. Chemical & Pharmaceutical Bulletin, 1990, 38(8): 2332-2334.

黄芩 Huangqin CP, JP, VP

Scutellaria baicalensis Georgi
Baikal Skullcap

概述

唇形科 (Lamiaceae) 植物黄芩 *Scutellaria baicalensis* Georgi，其干燥根入药，中药名：黄芩。

黄芩属 (*Scutellaria*) 植物全世界有300余种，遍及世界，仅热带非洲少见。中国约有100种，本属现供药用者约有20余种。本种分布于中国黑龙江、辽宁、内蒙古、河北、河南、甘肃、四川等地；俄罗斯西伯利亚东部、蒙古、朝鲜半岛、日本也有分布。

“黄芩”药用之名，始载于《神农本草经》，列为中品。历代本草多有著录，古今药用品种一致。《中国药典》（2015 年版）收载本种为中药黄芩的法定原植物来源种。主产于中国东北、河北、山西、河南、陕西、内蒙古等地。山西、河北为主产区。山西产量多，河北质量好。

黄芩的主要有效成分为黄酮类化合物。《中国药典》采用高效液相色谱法进行测定，规定黄芩药材含黄芩苷不得少于 9.0%，以控制药材质量。

药理研究表明，黄芩具有抗菌、抗炎、解热、抗血小板聚集、降血压、利尿等作用。

中医理论认为黄芩具有清热燥湿，泻火解毒，止血，安胎等功效。

◆ 黄芩
Scutellaria baicalensis Georgi

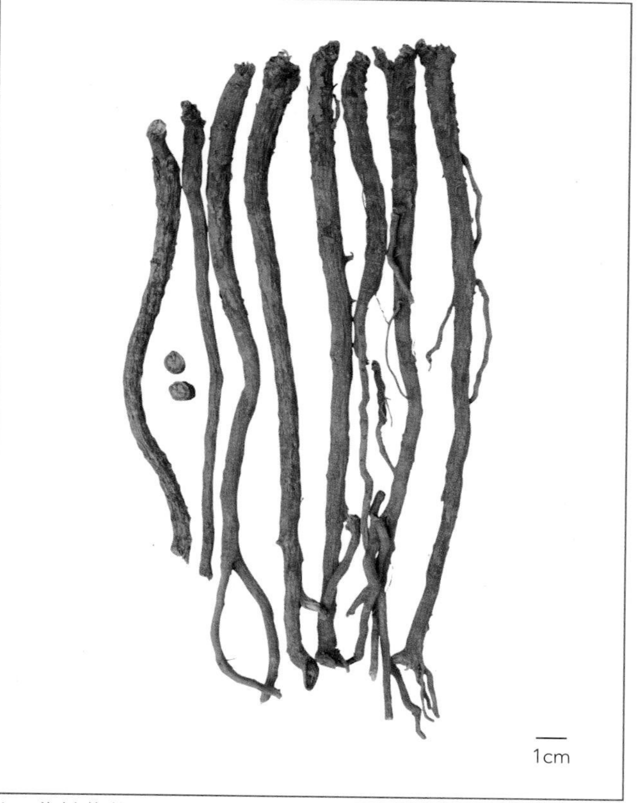

◆ 药材黄芩
Scutellariae Radix

化学成分

黄芩主要含黄酮类化合物：黄芩苷 (baicalin)、汉黄芩苷 (wogonoside)、黄芩素 (baicalein)、汉黄芩素 (wogonin)、白杨素 (chrysin)、芹菜素 (apigenin)、高山黄芩素 (scutellarein)、野黄芩苷 (scutellarin)、白杨素-7-葡萄糖苷酸 (chrysin-7-glucuronide)、芹菜素-7-*O*-葡萄糖苷酸 (apigenin-7-*O*-glucuronide)、6-羟基黄酮 (6-hydroxyflavone)[1]、黄芩黄酮Ⅰ、Ⅱ (skullcapflavonesⅠ, Ⅱ)、千层纸素 (oroxylin A)[2-3]、异高山黄芩素 (isoscutellarein)、鼠尾草素 (salvigenin)、异高山黄芩素-8-*O*-葡萄糖苷酸 (isoscutellarein-8-*O*-glucuronide)[4]、千层纸素 A 7-*O*-葡萄糖苷酸 (oroxylin A 7-*O*-glucuronide)、汉黄芩素7-*O*-葡萄糖苷酸(wogonin-7-*O*-glucuronide)、二氢千层纸素 (dihydrooroxylin A)[5]、白杨素-8-*C*-*β*-*D*-葡萄糖苷 (chrysin-8-*C*-*β*-*D*-glucoside)[6]等；此外，还含有苯乙醇苷类化合物：天人草苷A (leucosceptoside A)、毛蕊花苷 (acteoside)、异地黄苷 (isomartynoside)[7]等。

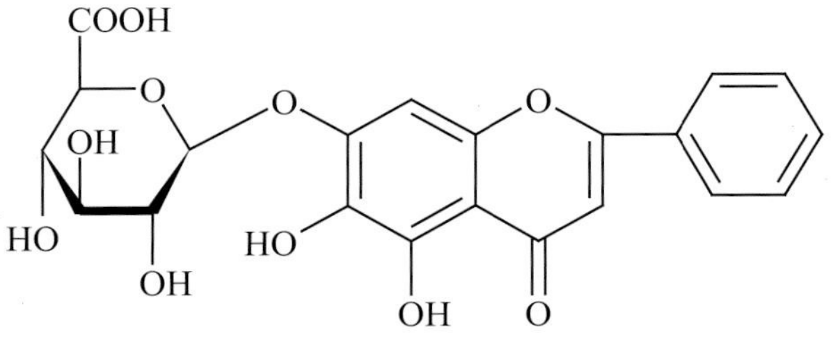

COOH O OH HO OH HO OH O O O

◆ baicalin

OMe HO O OH O

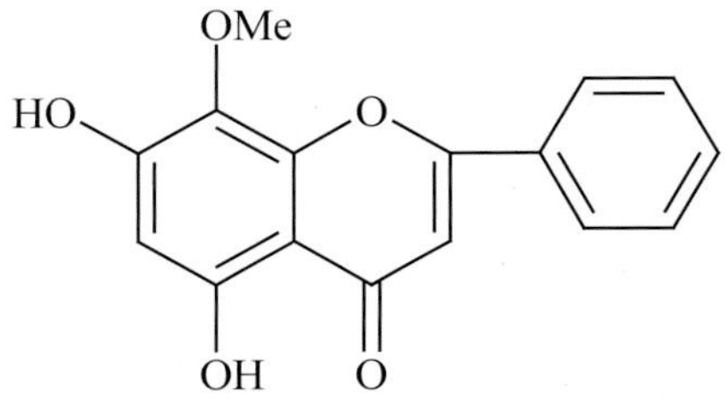

◆ wogonin

药理作用

1. 抗菌

黄芩水煎液体外对大肠埃希氏菌、金黄色葡萄球菌、白色葡萄球菌、铜绿假单胞菌、乙型溶血性链球菌、幽门螺杆菌具有明显的抑菌作用[8-9]。黄芩水煎液、甲醇提取物、乙醇提取物体外对常见口腔牙周致病细菌有不同程度的抑菌活性，如牙龈紫质单胞菌、中间普氏菌、伴放线杆菌、具核梭杆菌、血链球菌、变形链球菌、黏性放线菌等[9-11]。黄芩苷体外还能降解口腔革兰氏厌氧菌产生的内毒素 (ET)[12]。

2. 抗炎

体外实验表明，黄芩苷可降低血管内皮细胞由大肠埃希氏菌脂多糖 (LPS) 诱导的前列腺素 E(PGE) 和一氧化氮 (NO) 的增加[13]，对肺炎衣原体感染血管内皮细胞的炎症反应也有一定的抑制作用[14]，黄芩苷还能够抑制炎症因子所致的大鼠星形胶质细胞的凋亡，对神经细胞有保护作用[15]。表面活性蛋白 A (SP-A) 在急性肾盂肾炎的发病过程中有重要的防御作用，黄芩苷腹腔注射可增强急性肾盂肾炎模型大鼠肾组织中 SP-A 的表达，具有抗肾盂肾炎作用[16]。黄芩总苷灌胃给药，对大鼠前列腺内注入角叉菜胶、大肠埃希氏菌、消痔灵注射液等造成的非菌性和菌性急慢性前列腺炎均有较好的改善作用[17]。黄芩茎叶总黄酮灌胃或腹腔注射对二甲苯所致的小鼠耳郭肿胀、棉球所致的大鼠肉芽肿、蛋清所致的大鼠足趾肿胀、组胺所致的大鼠皮肤毛细血管通透性增高反应以及小鼠急性腹膜炎等均有显著的抑制作用，其有效成分之一为野黄芩苷[18-20]。

3. 对心脑的保护作用

(1) 对心脑缺血再灌注的保护作用　黄芩苷静脉注射能改善心肌缺血后再灌注大鼠的心功能、减小心肌梗死面积，减少梗死后心肌丙二醛 (MDA) 含量、提高梗死后心肌中超氧化物歧化酶 (SOD) 和乳酸脱氢酶 (LDH) 的活性[21]。黄芩苷腹腔注射使脑缺血后再灌注大鼠脑组织的 SOD 有所提高，MDA 有所降低，对脑缺血再灌注的自由基损伤有一定的保护作用[22]。

(2) 对心脑缺氧的保护作用 黄芩苷体外可显著提高缺氧性大鼠心肌细胞中 SOD 活性，抑制 MDA 的生成，对缺氧缺糖心肌细胞有一定的保护作用 [23]。黄芩茎叶总黄酮灌胃可降低断头小鼠脑组织过氧化脂质 (LPO) 含量，提高谷胱甘肽过氧化物酶 (GSH-Px) 活力，明显延长断头后的喘息时间，对脑组织缺氧有显著的保护作用 [24]。

(3) 保护脑线粒体损伤 黄芩所含的黄芩苷等黄酮成分体外对 Fe^{+}- 半胱氨酸、Fe^{+}- 抗坏血酸 (Fe^{+}-AA)、烷过氧自由基、还原型辅酶Ⅱ (NADPH) 等诱导的大鼠脑线粒体过氧化损伤有不同程度的保护作用 [25-26]。

4. 保肝

黄芩苷体外对 Fe^{+}-AA、ADP-NADPH、对乙酰氨基酚、四氯化碳 (CCl_4) 等诱导的大鼠肝匀浆过氧化脂质的生成有抑制作用，可抑制肝脂质过氧化损伤 [27-28]。黄芩苷尾静脉注射给药可降低 CCl_4 和 *D*- 氨基半乳糖 (*D*-GalN) 对小鼠肝组织的损伤 [29]，灌胃给药可降低小鼠刀豆蛋白 A (Con A) 引起的肝损伤 [30]。其机制为降低血清谷草转氨酶 (ALT)、谷丙转氨酶 (AST) 及 MDA 水平，升高血清、组织中 SOD 活性和谷胱甘肽 (GSH) 水平，保护肝细胞核 DNA[29-30]。黄芩苷体外还对肿瘤坏死因子 α (TNF-α) 和放线菌素 (Act D) 诱导的肝细胞凋亡有抑制作用 [31]。黄芩茎叶总黄酮灌胃给药可通过抑制大鼠肝星形细胞的活化达到抗肝纤维化作用 [32]。

5. 免疫调节功能

黄芩水煎液体外有增强人外周血淋巴细胞产生白介素 2 (IL-2) 的作用，可选择性增强细胞免疫 [33]。体外实验表明，黄芩苷低剂量可明显促进 Con A 诱导的小鼠脾淋巴细胞增殖反应，高剂量则显著抑制；黄芩苷还可抑制巨噬细胞吞噬中性红的作用。黄芩苷腹腔注射可明显提高小鼠脾脏单个核细胞中环磷酸腺苷 (cAMP) 的含量 [34]。黄芩中黄芩苷等黄酮类成分体外可抑制甲酰甲硫氨酰－亮氨酰－苯丙氨酸 (fMLP) 启动的多形核细胞 (PMN) 和单个核细胞 (MNC) 或调理酵母多糖 (OZ) 激活的 PMN 产生的化学发光，也显著抑制植物血凝素 (PHA) 诱导的淋巴细胞增殖 [35]。黄芩茎叶总黄酮灌胃给药对小鼠的特异性和非特异性免疫功能均有增强作用，可增加小鼠绵羊红细胞 (SRBC) 溶血素抗体的生成，增强小鼠吞噬细胞功能 [36]。

6. 抗肿瘤

体外实验表明，黄芩苷能诱导前列腺癌细胞 DU145 和 C6 胶质瘤细胞的凋亡；黄芩素能诱导胃癌细胞 SGC-7901 的凋亡 [37-39]；汉黄芩素可诱导卵巢癌细胞 A2780 的凋亡 [40]；黄芩素还可逆转卵巢癌耐药细胞 A2780/ADM 对盐酸阿霉素 (ADM) 的耐药性 [41]。黄芩茎叶总黄酮腹腔注射对小鼠肺腺癌细胞 LA795 的体内增殖具有显著的抑制作用 [42]。

7. 抗过敏

黄芩苷体外对大鼠肥大细胞细胞膜有保护作用，可增加膜的稳定性，阻止肥大细胞的脱颗粒作用 [43]。黄芩苷小鼠局部给药可明显降低小鼠皮肤毛细血管的通透性，还可显著拮抗磷酸组胺引起的豚鼠离体回肠收缩，其机制与阻止过敏介质释放、稳定肥大细胞膜有关 [44]。

8. 降血脂

黄芩茎叶总黄酮经口给药，对高脂饮食所致高血脂大鼠血清总胆固醇 (TC)、三酰甘油 (TG)、低密度脂蛋白胆固醇的升高有显著的抑制作用，并可升高高密度脂蛋白胆固醇的含量 [45]。黄芩茎叶总黄酮灌胃还可降低高脂饮食所致高血脂家兔的血脂水平及血清中 MDA 水平，明显减轻动脉粥样硬化 (AS) 的程度 [46]。

9. 其他

黄芩水煎液体外可促进黑素生成[47]；黄芩水提取液沉淀物腹腔注射对小鼠颌下腺的放射损伤有明显的细胞保护作用[48]；黄芩苷给小鼠灌胃或腹腔注射可拮抗庆大霉素的耳毒性作用[49]；黄芩苷体外还具有光保护性能，可减轻紫外线辐射损伤[50]；黄芩多糖体外具有抑制猪生殖和呼吸系统综合征病毒增殖的作用[51]；黄芩茎叶总黄酮灌胃能明显改善三氯化铝 ($AlCl_3$) 所致痴呆小鼠的学习记忆能力[52]。黄芩素还能改善β-淀粉样肽25-35 (β-amyloid peptifde 25-35)所致健忘小鼠的学习记忆能力[53]。

应用

本品为中医临床用药。功能：清热燥湿，泻火解毒，止血，安胎。主治：湿温、暑湿，胸闷呕恶，湿热痞满，泻痢，黄疸，肺热咳嗽，高热烦渴，血热吐衄，痈肿疮毒，胎动不安。

现代临床还用于肺部感染、急性菌痢、肝炎、高血压、扁桃体炎、睑腺炎、腮腺炎、角膜炎、鼻窦炎、痤疮等病的治疗，还可用于驱铅。

评注

药用植物图像数据库

黄芩属植物滇黄芩 *Scutellaria amoena* C. H. Wright、粘毛黄芩 *S. viscidula* Bge.、甘肃黄芩 *S. rehderiana* Diels、丽江黄芩 *S. likangensis* Diels 的根均含黄芩素、汉黄芩素、黄芩苷、汉黄芩苷等有效成分，部分地区亦作黄芩入药使用。

目前黄芩的主要流通药材多为栽培品。山东、山西、河北、江苏等地已有较大的种植面积，其生长发育规律与有效成分积累及黄芩无公害栽培技术的研究也取得了一定的进展。

黄芩栽培第四年部分主根开始枯心，以后逐年加重。黄芩三年生鲜根和干根产量均比二年生增加一倍左右，根产量高出 2 ～ 3 倍，主要有效成分黄芩苷的含量也较高，因此生长三年收获为最佳。

黄芩素可用于治疗由湿热引起的皮肤病，如皮炎、湿疹、红斑等，有抗炎、抗变态反应作用，能抑制皮肤过敏反应、组胺皮肤反应，用其制成护肤品可抗炎、抗过敏。黄芩素还是睾丸激素 5α- 还原酶的有力抑制剂，可用于治疗男性脱发。黄芩素对多种皮肤致病性真菌有不同程度的抑制作用，用它制成护肤乳液可防治多种皮肤病。因此黄芩中有效成分的提取和制剂研究有较大的开发前景。

参考文献

[1] HORVATH C R, MARTOS P A, SAXENA P K. Identification and quantification of eight flavones in root and shoot tissues of the medicinal plant Huang-qin (*Scutellaria baicalensis* Georgi) using high-performance liquid chromatography with diode array and mass spectrometric detection[J]. Journal of Chromatography A, 2005, 1062(2): 199-207.

[2] TAKIDO M, YASUKAWA K, MATSUURA S, et al. On the revised structure of skullcapflavone Ⅰ, a flavone compound in the roots of *Scutellaria baicalensis* Georgi (Woegon) [J]. Yakugaku Zasshi, 1979, 99(4): 443-444.

[3] KIMURA Y, OKUDA H, TAIRA Z, et al. Studies on Scutellariae Radix; Ⅸ. New component inhibiting lipid peroxidation in rat liver[J]. Planta Medica, 1984, 50(4): 290-295.

[4] MIYAICHI Y, IMOTO Y, SAIDA H, et al. Studies on the constituents of Scutellaria species. (Ⅹ). On the flavonoid constituents of the leaves of *Scutellaria baicalensis* Georgi[J]. Shoyakugaku Zasshi, 1988, 42(3): 216-219.

[5] TOMIMORI T, JIN H, MIYAICHI Y, et al. Studies on the constituents of Scutellaria species. Ⅵ. On the flavonoid constituents of the root of *Scutellaria baicalensis* Georgi (5). Quantitative analysis of flavonoids in Scutellaria roots by high-performance liquid chromatography[J]. Yakugaku Zasshi, 1985, 105(2): 148-55.

[6] 张永煜，郭允珍，上田博之，等 . 黄芩中一新的黄酮碳糖苷 [J]. 中国药学，1997，6(4)：182-186.

[7] MIYAICHI Y, TOMIMORI T. Constituents of Scutellaria species ⅩⅥ. On the phenol glycosides of the root of *Scutellaria baicalensis* Georgi[J]. Natural Medicines, 1994, 48(3): 215-218.

[8] 刘云波，郭丽华，邱世翠，等 . 黄芩体外抑菌作用研究 [J]. 时珍国医国药，2002，13(10)：596.

[9] 张金艳，郭秀娟，郑金秀，等 . 中药黄连、黄芩对四种细菌的体外抑菌活性研究 [J]. 中国医学检验杂志，2004，5(6)：544-546.

[10] 张良，唐荣银，王国强，等 . 黄芩对 5 种常见牙周细菌抑制作用的体外研究 [J]. 牙体牙髓牙周病学杂志，2003，13(5)：264-266.

[11] 周学东，黄正蔚，李继遥，等 . 黄芩对三种主要致龋菌生长、产酸及产胞外多糖的影响 [J]. 华西医大学报，2002，

33(3)：391-393.

[12] 窦永青，杜文力，薛毅，等．黄芩苷降解细菌内毒素的考察 [J]. 中国医院药学杂志，2005，25(7)：683-684.

[13] 邝枣园，吴伟，黄衍寿，等．黄芩苷对 E- 选择素和一氧化氮的影响研究 [J]. 中医药学刊，2005，23(2)：276-277.

[14] 邝枣园，黄衍寿，吴伟，等．黄芩苷对肺炎衣原体诱导的内皮细胞粘附因子表达的影响 [J]. 广州中医药大学学报，2004，21(6)：454-456.

[15] 刘杰波，杨于嘉．黄芩苷对炎症因子致大鼠神经胶质细胞凋亡保护作用的研究 [J]. 中国临床医药研究杂志，2004，113：11831-11832.

[16] 桂元，丁国华，田少江．黄芩苷对肾盂肾炎大鼠肾脏表面活性蛋白 A 表达的影响 [J]. 实用医学杂志，2005，21(23)：2619-2622.

[17] 戴岳，张聪，林巳茏，等．黄芩总苷对大鼠急慢性前列腺炎影响的实验研究 [J]. 中医药学刊，2003，21(3)：386-387.

[18] 赵铁华，高巍，杨鹤松，等．黄芩茎叶总黄酮抗炎作用的实验研究 [J]. 中国中医药科技，2001，8(3)：173-174.

[19] 李建团，王新杰，张学东，等．黄芩茎叶总黄酮对小鼠急性腹膜炎模型的预防治疗作用 [J]. 中国中药杂志，2004，29(9)：923-924.

[20] 王玮，吴莹瑶，卢岩，等．野黄芩苷抗炎作用的实验研究 [J]. 中国医科大学学报，2003，32(6)：503-504.

[21] 刘桦，吴晓冬，王红兰，等．黄芩苷对大鼠心肌缺血再灌注损伤的保护作用 [J]. 中国药理学通报，2002，18(2)：198-200.

[22] 杨养贤，延卫东，乔晋，等．黄芩苷对大鼠脑缺血再灌注脑组织超氧化物歧化酶和丙二醛的影响 [J]. 中国临床康复，2004，8(28)：6146-6147.

[23] 刘桦，吴晓冬，闫倩，等．黄芩苷对缺氧缺糖性心肌细胞的保护作用 [J]. 中国药科大学学报，2003，34(1)：55-57.

[24] 李素婷，王海林，杨鹤梅，等．黄芩茎叶总黄酮对脑组织缺氧的保护作用 [J]. 中国中医基础医学杂志，2001，7(1)：35-37.

[25] 李兴泰，陈瑞．黄芩苷对活性氧引起鼠脑线粒体损伤的保护作用 [J]. 中华医学研究与实践，2004，2(11)：7-9.

[26] 高中洪，黄开勋，卞曙光，等．黄芩黄酮对自由基引起的大鼠脑线粒体损伤的保护作用 [J]. 中国药理学通报，2000，16(1)：81-83.

[27] 钱江，刘璇，何华，等．黄芩苷对过氧化脂质生成的抑制作用 [J]. 中国药科大学学报，1995，26(5)：308-310.

[28] 张永钦，周井炎，徐辉碧．黄芩苷的抗氧化作用 [J]. 华中理工大学学报，1999，27(4)：110-112.

[29] 王超云，傅风华，田京伟，等．黄芩苷对化学性肝损伤的保护作用 [J]. 中草药，2005，36(5)：730-732.

[30] 汪晓军，马赟，张奉学，等．黄芩苷对 ConA 致肝损伤小鼠肝细胞核 DNA 的影响 [J]. 新中医，2006，38(3)：91-93.

[31] 胡聪，韩聚强，徐铮，等．黄芩苷对大鼠肝细胞凋亡的影响 [J]. 中国中药杂志，2001，26(2)：124-127.

[32] 杨鹤梅，李素婷，梅立新，等．黄芩茎叶总黄酮对纤维化大鼠肝脏星形细胞活化的影响 [J]. 中国中医基础医学杂志，2006，12(1)：42-44.

[33] 潘菊芬，符磊，易亚军，等．甘草与黄芩免疫调节作用的体外观察 [J]. 天津医药，1991，(8)：468-471.

[34] 蔡仙德，谭剑萍，穆维同，等．黄芩苷对小鼠细胞免疫功能的影响 [J]. 南京铁道医学院学报，1994，13(2)：65-68.

[35] 贺海平，秦箐，陈明，等．黄芩类黄酮对人免疫细胞化学发光及淋巴细胞增殖的影响 [J]. 中国免疫学杂志，2000，16(2)：84-86，90.

[36] 赵铁华，邓淑华，高巍，等．黄芩茎叶总黄酮对免疫功能影响的实验研究 [J]. 中国中医药科技，2001，8(3)：177-178.

[37] 顾正勤，孙颖浩，许传亮，等．黄芩苷诱导前列腺癌细胞株 DU145 凋亡的体外研究 [J]. 中国中药杂志，2005，30(1)：63-66.

[38] 王殿洪，岳武，杜智敏，等．黄芩苷诱导 C6 胶质瘤细胞凋亡的实验研究 [J]. 中国肿瘤，2005，14(7)：468-471.

[39] 谢建伟，黄昌明，张祥福，等．黄芩素诱导胃癌细胞凋亡 [J]. 福建医科大学学报，2006，40(1)：35-36，43.

[40] 黎丹戎，侯华新，张玮，等．汉黄芩素诱导人卵巢癌细胞 A2780 凋亡及对细胞端粒酶活性的影响 [J]. 肿瘤，2003，22(8)：801-805.

[41] 黎丹戎，张玮，唐东平，等．黄芩素对卵巢癌耐药细胞株 A2780/ADM 逆转作用实验研究 [J]. 肿瘤，2004，24(2)：111-113.

[42] 赵铁华，高巍，邓淑华，等．黄芩茎叶总黄酮对 LA795 小鼠肺腺癌抑瘤作用的初步观察 [J]. 中国中医药科技，2001，8(3)：172.

[43] 郑红，周新灵，明彩荣，等．黄芩苷、枳壳抗肥大细胞脱颗粒的实验研究 [J]. 中国中医基础医学杂志，2005，11(6)：434.

[44] 杨新建，王雷．黄芩苷局部皮肤给药对小鼠血管通透性及豚鼠离体回肠收缩的影响 [J]. 中草药，2004，35(7)：800-801.

[45] 益文杰，佟继铭，苏丙凡，等．黄芩茎叶总黄酮对大鼠实验性高脂血症的预防作用 [J]. 中国临床康复，2005，9(27)：228-229.

[46] 佟继铭，陈光晖，刘玉玲，等．黄芩茎叶总黄酮对家兔实验性动脉粥样硬化的预防作用 [J]. 中草药，2005，36(1)：93-95.

[47] 刘璋，胡佑伦，韩瑞玲．黑素生成过程中黄芩的调节作用 [J]. 武汉大学学报（医学版），2005，26(1)：66-67，72.

[48] 刘甘泉，李晓君，冼超贵，等．黄芩中酚性苷类对小鼠

颌下腺放射损伤的细胞保护作用 [J]. 中国药理与临床，2000，16(1)：11-13.

[49] 戴德 . 庆大霉素耳毒性作用机制及黄芩的神经保护研究 [J]. 中国临床康复，2005，9(5)：184-185.

[50] 明亚玲，骆丹，徐晶，等 . 茶多酚单体和黄芩苷对紫外线辐射皮肤成纤维细胞的影响 [J]. 中国美容医学，2005，14(5)：541-544.

[51] 张道广，J Kwang，潘胜利 . 黄芩多糖抗猪生殖和呼吸系统综合征病毒作用的研究 [J]. 时珍国医国药，2005，16(9)：3-4.

[52] 蔡振岭，赖光辉，雷永惠，等 . 黄芩茎叶总黄酮治疗铝毒痴呆模型小鼠的实验研究 [J]. 中国老年学杂志，2005，25(8)：945-946.

[53] WANG S Y, WANG H H, CHI C W, et al. Effects of baicalein on β-amyloid peptide-(25-35)-induced amnesia in mice[J]. European Journal of Pharmacology, 2004, 506: 55-61.

◆ 黄芩种植基地

茴香 Huixiang BP, CP, EP, IP, JP, USP, VP

Foeniculum vulgare Mill.
Fennel

概述

伞形科 (Apiaceae) 植物茴香 *Foeniculum vulgare* Mill.，其干燥成熟果实入药。中药名：小茴香。

茴香属 (*Foeniculum*) 植物全世界约 4 种，分布于欧洲、美州及亚洲西部。中国有 1 种，可供药用。茴香在中国各地均有栽培。

茴香以“蘹香子”药用之名，始载于《新修本草》。“小茴香”药用之名，始见于《本草蒙荃》，古今药用品种一致。《中国药典》（2015 年版）收载本种为中药小茴香的法定原植物来源种。主产于中国内蒙古、山西、黑龙江等省区，以内蒙古产质量优，山西产量大。此外，南北各地均有栽培。

茴香主要含有挥发油及香豆素成分。《中国药典》采用挥发油测定法进行测定，规定小茴香药材含挥发油不得少于 1.5%（mL/g）；采用气相色谱法进行测定，规定小茴香药材含反式茴香脑不得少于 1.4%，以控制药材质量。

药理研究表明，茴香具有促进胃肠运动、松弛气管平滑肌、抗胃溃疡、保肝等作用。

中医理论认为小茴香具有散寒止痛，理气和胃等功效。

◆ 茴香
Foeniculum vulgare Mill.

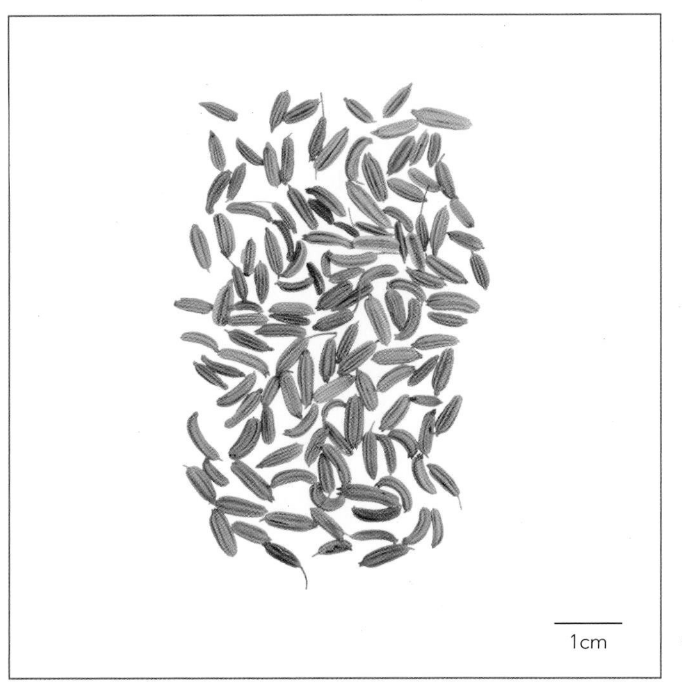

◆ 药材小茴香
Foeniculi Fructus

化学成分

茴香的果实含挥发油，主要成分为：反式茴香醚 (*trans*-anethole)、柠檬烯(limonene)、小茴香酮 (fenchone)、爱草脑 (estragole)、γ-松油烯 (γ-terpinene)、α-蒎烯 (α-pinene)等，尚含茴香醛 (anisaldehyde)、香芹酮 (carvone)、反式-β-罗勒烯 (*trans*-β-ocimene) 等[1-3]；香豆素类成分：花椒毒素 (xanthotoxin)、欧前胡素 (imperatorin)、佛手柑内酯 (bergapten) 、印度枸橘素 (marmesin)[4]；吡喃葡萄糖苷类成分：茴香苷Ⅰ、Ⅱ、Ⅲ、Ⅳ、Ⅴ、Ⅵ、Ⅶ、Ⅷ、Ⅸ (foeniculosides Ⅰ～Ⅸ)、(1′*R*,1′*S*)-erythro-anethole glycol-2′-*O*-β-*D*-glucopyranoside、(1*S*,2*S*,4*S*,6*R*,7*S*)-2,6,7-trihydroxyfenchane-2-*O*-β-*D*-glucopyranoside、*trans*-*p*-menthane-7,8-diol-7-*O*-β-*D*-glucopyranoside[5-8]等。

叶及花中亦含挥发油，主要成分为：柠檬烯、反式茴香醚、α-蒎烯[1]等；香豆素类成分：花椒毒素、佛手柑内酯、异茴香内酯 (isopimpinellin)、莨菪亭 (scopoletin)、伞形花内酯 (umbelliferone)、印度枸橘素[9]等。

从茴香花中还分得一山柰酚酰化鼠李糖苷 [kaempferol-3-*O*-α-*L*-(2″, 3″-di-*E*-*p*-coumaroyl)-rhamnoside][10]。

OMe

◆ anethole

CHO

OMe

◆ anisaldehyde

O

H

◆ fenchone

药理作用

1. 调节胃肠运动

茴香煎剂能兴奋离体兔肠收缩和促进在体兔肠蠕动；茴香灌服可恢复戊巴比妥钠减弱兔胃肠运动功能。

2. 抗菌

体外实验表明小茴香挥发油及反式茴香醚、小茴香酮对大肠埃希氏菌、沙门氏菌、金黄色葡萄球菌、变形链球菌等有显著抑制作用 [11-12]。

3. 保肝

茴香挥发油对 CCl_4 所致大鼠肝纤维化具有保护作用 [13]；茴香粉末混悬液灌胃能抑制大鼠肝脏炎症、保护肝细胞、促进纤维化肝脏中胶原降解及逆转肝纤维化，其作用机制可能与其抑制脂质过氧化及肝星状细胞 (HSC) 活化与增殖有关 [14]。

4. 松弛气管平滑肌

茴香挥发油及乙醇提取物对乙酰胆碱所致离体豚鼠气管痉挛有显著抑制作用，其机制可能与开放钾通道有关 [15]。

5. 抗突变

体外实验表明，茴香水及乙醇提取物具有清除自由基、抗氧化作用 [16]；茴香液灌胃能明显降低环磷酰胺 (CP) 诱导的小鼠骨髓细胞染色体畸变率 [17]。

6. 杀虫

茴香提取物及小茴香酮对螨虫具有显著杀灭作用 [18]。

7. 其他

茴香油、茴香醚、茴香醛等体外对5-氟尿嘧啶具有一定的促渗作用 [19-20]。

应用

本品为中医临床用药。功能：散寒止痛，理气和胃。主治：寒疝腹痛，睾丸偏坠，痛经，少腹冷痛，脘腹胀痛，食少吐泻。

现代临床还用于胃溃疡、慢性胃炎、术后腹胀、睾丸鞘膜积液、婴幼儿腹泻、慢性咽炎、肠易激综合征、颞颌关节紊乱综合征等病的治疗。

评注

小茴香是中国卫生部规定的药食同源品种之一。茴香除药用外，其茎叶可作为蔬菜食用，其果实亦作为调味品广泛使用，是一种多用途植物。

药用植物图像数据库

参考文献

[1] 赵淑平，丛浦珠，权丽辉，等 . 小茴香挥发油的成分 [J]. 植物学报，1991，33(1)：82-84.

[2] 吴玫涵，聂凌云，刘云，等 . 气相色谱－质谱法分析不同产地小茴香药材挥发油成分 [J]. 药物分析杂志，2001，21(6)：415-418.

[3] DIAZ-MAROTO M C, DIAZ-MAROTO HIDALGO I J, SANCHEZ-PALOMO E, et al. Volatile components and key odorants of fennel (*Foeniculum vulgare* Mill.) and thyme (*Thymus vulgaris* L.) oil extracts obtained by simultaneous distillation-extraction and supercritical fluid extraction[J]. Journal of Agricultural and Food Chemistry, 2005, 53(13): 5385-5389.

[4] EL-KHRISY E A M, MAHMOUD A M, ABU-MUSTAFA E A. Chemical constituents of *Foeniculum vulgare* fruits[J]. Fitoterapia, 1980, 51(5): 273-275.

[5] ONO M, ITO Y, ISHIKAWA T, et al. Five new monoterpene glycosides and other compounds from Foeniculi Fructus (fruit of *Foeniculum vulgare*) [J]. Chemical & Pharmaceutical Bulletin, 1996, 44(2): 337-342.

[6] KITAJIMA J, ISHIKAWA T, TANAKA Y. Water-soluble constituents of fennel. Ⅱ. Four erythro-anethole glycol glycosides and two *p*-hydroxyphenylpropylene glycol glycosides[J]. Chemical & Pharmaceutical Bulletin, 1998, 46(10):1591-1594

[7] ISHIKAWA T, KITAJIMA J, TANAKA Y. Water-soluble constituents of fennel. Ⅲ. Fenchane-type monoterpenoid glycosides[J]. Chemical & Pharmaceutical Bulletin, 1998, 46(10):1599-1602.

[8] ISHIKAWA T, KITAJIMA J, TANAKA Y. Water-soluble constituents of fennel. Ⅳ. Menthane-type monoterpenoids and their glycosides[J]. Chemical & Pharmaceutical Bulletin, 1998, 46(10):1603-1606.

[9] ABDEL-FATTAH M E, TAHA K E, ABDEL AZIZ M H, et al. Chemical constituents of *Citrus Limonia* and *Foeniculum vulgare*[J]. Indian Journal of Heterocyclic Chemistry, 2003, 13(1): 45-48.

[10] SOLIMAN F M, SHEHATA A H, KHALEEL A E, et al. An acylated kaempferol glycoside from flowers of *Foeniculum vulgare* and *F. dulce*[J]. Molecules, 2002, 7(2): 245-251.

[11] DADALIOGLU I, EVRENDILEK G A. Chemical compositions and antibacterial effects of essential oils of Turkish Oregano (*Origanum minutiflorum*), Bay Laurel (*Laurus nobilis*), Spanish Lavender (*Lavandula stoechas* L.), and Fennel (*Foeniculum vulgare*) on common foodborne pathogens[J]. Journal of Agricultural and Food Chemistry, 2004, 52(26): 8255-8260.

[12] PARK J S, BAEK H H, BAI D H, et al. Antibacterial activity of fennel (*Foeniculum vulgare* Mill.) seed essential oil against the growth of *Streptococcus mutans*[J]. Food Science and Biotechnology, 2004, 13(5): 581-585.

[13] OEZBEK H, UGRAS S, BAYRAM I, et al. Hepatoprotective effect of *Foeniculum vulgare* essential oil: a carbon-tetrachloride induced liver fibrosis model in rats[J]. Scandinavian Journal of Laboratory Animal Science, 2004, 31(1): 9-17.

[14] 甘子明，方志远 . 中药小茴香对大鼠肝纤维化的预防作用 [J]. 新疆医科大学学报，2004，27(6)：566-568.

[15] BOSKABADY M H, KHATAMI A, NAZARI A. Possible mechanism(s) for relaxant effects of *Foeniculum vulgare* on guinea pig tracheal chains[J]. Pharmazie, 2004, 59(7): 561-564.

[16] OKTAY M, GULCIN I, KUFREVIOGLU O I. Determination of *in vitro* antioxidant activity of fennel (*Foeniculum vulgare*) seed extracts[J]. Lebensmittel-Wissenschaft und –Technologie, 2003, 36(2): 263-271.

[17] 多力坤．买买提玉素甫，王德萍，艾合买提等 . 小茴香和洋茴香抗突变作用的初步研究 [J]. 中国公共卫生，2001，17(7)：647.

[18] LEE H S. Acaricidal activity of constituents identified in *Foeniculum vulgare* fruit oil against *Dermatophagoides* spp. (Acari: Pyroglyphidae) [J]. Journal of Agricultural and Food Chemistry, 2004, 52(10): 2887-2889.

[19] 沈琦，徐莲英 . 小茴香对 5- 氟脲嘧啶的促渗作用研究 [J]. 中成药，2001，23(7)：469-471.

[20] 沈琦，孙霞，邱明丰，等 . 茴香醛、茴香脑以及肉桂醛对 5- 氟脲嘧啶体外透皮吸收的影响 [J]. 中国天然药物，2005，3(2)：101-105.

◆ 茴香种植基地

鸡冠花 Jiguanhua [CP]

Celosia cristata L.
Common Cockscomb

概述

苋科 (Amaranthaceae) 植物鸡冠花 *Celosia cristata* L.，其干燥花序入药。中药名：鸡冠花。

青葙属 (*Celosia*) 植物全世界约有 60 种，分布于亚洲、美洲及非洲的亚热带和温带地区。中国产约有 3 种，均可供药用。本种分布于中国南北各地；全球温暖地区均有。

“鸡冠花”药用之名，始载于《嘉祐本草》。历代本草多有著录。《中国药典》（2015 年版）收载本种为中药鸡冠花的法定原植物来源种。中国各地均产。

鸡冠花主要活性成分为甜菜拉因类成分，也含有无机元素。《中国药典》以性状和薄层色谱鉴别来控制鸡冠花药材的质量。

药理研究表明，鸡冠花具有止血、抗疲劳、降血脂等作用。

中医理论认为鸡冠花具有收敛止血，止带，止痢等功效。

◆ 鸡冠花
Celosia cristata L.

◆ 药材鸡冠花
Celosiae Cristatae Flos

化学成分

鸡冠花的花序含甜菜拉因（甜菜花青苷）类成分：苋菜红素 (amaranthin)、甜菜红素 (betacyanin)、甜菜黄素 (betaxanthin)、异苋菜红素 (isoamaranthin)、鸡冠花素 (celosianin)、异鸡冠花素 (isocelosianin)。甾醇类成分：24-乙基-22-脱氢-7-烯胆烷醇 (24-ethyl-22-dehydrolathosterol)、24-甲基-22-脱氢-7-烯胆烷醇 (24-methyl-22-dehydrolathosterol) 等[1]。茎、叶、花序及种子中含18种氨基酸和多种无机元素[2]。花还含黄酮类化合物山柰苷 (kaempferitrin)。

◆ kaempferitrin　　◆ amaranthin

药理作用

1. 止血

鸡冠花水煎液给小鼠灌胃，使小鼠断尾出血时间明显缩短；给家兔灌胃，使家兔凝血时间、凝血酶原时间、血浆复钙时间缩短，优球蛋白溶解时间明显延长[3]，血中维生素 C 和钙浓度明显增高[4]。

2. 抑瘤和调节免疫功能

鸡冠花水煎液给 S_{180} 荷瘤鼠灌胃，小鼠荷瘤重量明显降低，胸腺和脾脏重量明显增加，表明鸡冠花可抑制 S_{180} 肿瘤细胞的生长，并能增加免疫器官的重量 [5]。鸡冠花水提取液给小鼠灌胃还可以拮抗环磷酰胺的作用，使环磷酰胺所致的免疫损伤小鼠恢复各项免疫指标，正常小鼠的免疫功能和巨噬细胞吞噬能力增强 [6]。鸡冠花黄酮类化合物给小鼠灌胃，使链脲佐菌素 (STZ) 所致的糖尿病小鼠体重升高，脾重指数降低，单核巨噬细胞对鸡红细胞的吞噬率及吞噬指数有所降低，表明鸡冠花黄酮类化合物可调节糖尿病动物巨噬细胞的吞噬作用，减少巨噬细胞激活所引起的免疫病理损伤 [7]。

3. 抗衰老

新鲜鸡冠花液给*D*-半乳糖造模的衰老小鼠灌胃，使小鼠血清超氧化物歧化酶 (SOD)、谷胱甘肽过氧化物酶 (GSH-Px) 活性，总抗氧化能力 (T-AOC) 明显升高，丙二醛 (MDA) 和肝脏脂褐质 (LF) 含量减少，说明鸡冠花具有拮抗*D*-半乳糖致衰老的作用[8]。

4. 杀虫

玻片法体外实验表明，鸡冠花煎剂对人阴道毛滴虫有杀灭作用。试管法证明，鸡冠花煎剂和等量滴虫培养液混合，30 分钟后虫体变圆，活动力减弱，60 分钟后大部分虫体消失。

5. 降血脂

鸡冠花乙醇提取物给大鼠灌胃，可降低高血脂大鼠血清总胆固醇 (TC)，升高血清高密度脂蛋白 (HDL-C)，并使高血脂大鼠血清和肝脏锌升高，血清和肝脏铜下降，提示鸡冠花乙醇提取物可调节高血脂大鼠体内锌铜铁钙代谢，影响血脂水平 [9]。肝脏切片镜下观脂肪空泡减少，肉眼观肝脏明显缩小，肝 / 体比值明显减少 [10]。

6. 预防骨质疏松

体外实验表明，鸡冠花黄酮类化合物可以促进大鼠成骨细胞的增殖和分化、TGFβ_1 的分泌，新生大鼠成骨细胞钙化和 IGF-1 的表达，预防骨质疏松的发生 [11-12]。以鸡冠花乙醇提取物为添加物喂养大鼠，可预防和治疗大鼠氟中毒所引起的骨代谢紊乱，抵抗骨密度降低，促进骨形成，降低骨钙吸收 [13]。

7. 其他

新鲜鸡冠花液给小鼠灌胃，可延长小鼠的游泳时间以及在缺氧或高温下的存活时间，增加小鼠肌糖原、肝糖原的储备，提示其有抗疲劳、增强机体耐受力的作用 [14]。

应用

本品为中医临床用药。功能：收敛止血，止带，止痢。主治：吐血，崩漏，便血，痔血，赤白带下，久痢不止。

现代临床还用于月经过多、非功能性子宫出血、细菌性痢疾、泌尿道感染、痔疮等病的治疗。

评注

药用植物图像数据库

鸡冠花含有丰富的蛋白质、不饱和脂肪酸、β-胡萝卜素、维生素B_1、B_2、C及铜、铁、锌、钙等人体必需的多种营养素和黄酮类生物活性物质，具有较高的食用价值，并具有止血、降血脂等药理功能和抗疲劳等保健功能。鸡冠花又是抗污染植物，抗二氧化硫、氯化氢等有毒气体能力很强，同时又具有很高的观赏价值。

现代药理研究表明鸡冠花具有抗衰老，增强机体耐受力，调节免疫功能等作用，因此深入研究有望将其开发成为抗衰老保健食品。

参考文献

[1] BEHARI M, SHRI V. Rare occurrence of Δ^7-sterols in *Celosia cristata* Linn.[J]. Indian Journal of Chemistry, Section B: Organic Chemistry Including Medicinal Chemistry, 1986, 25B(7): 750-751.

[2] 翁德宝，管笪，徐颖洁，等. 鸡冠花的营养成分分析 [J]. 营养学报 .1995，17(1) ：59-62.

[3] 郭立玮，殷飞，王天山，等. 鸡冠花止血作用及其作用机制的初步研究 [J]. 南京中医药大学学报，1996，12(3)：24-26.

[4] 陈静，姜秀梅，李坦，等. 鸡冠花止血作用机制研究 [J]. 北华大学学报（自然科学版），2001，2(1)：39-40.

[5] 姜秀梅，郭虹，孙维琦，等. 鸡冠花提高 S_{180} 荷瘤鼠免疫功能及抑瘤作用的研究 [J]. 北华大学学报（自然科学版），2003，4(2)：123-124.

[6] 陈静，吴凤兰，张明珠，等. 鸡冠花对小鼠免疫功能的影响 [J]. 中国公共卫生，2003，19(10)：1225.

[7] 郭晓玲，李万里，尉辉杰，等. 鸡冠花黄酮化合物对糖尿病小鼠脾脏及巨噬细胞吞噬功能的影响 [J]. 新乡医学院学报，2005，22(4)：324-325，330.

[8] 陈静，刘巨森，吴凤兰，等.鸡冠花对*D*-半乳糖致小鼠衰老作用的研究[J].中国老年学杂志，2003，23(10)：687-688.

[9] 田玉慧，李万里，薛迎春，等. 鸡冠花乙醇提取物对饲高脂大鼠锌铜铁钙的影响 [J]. 现代康复，1998，(2)：92-93.

[10] 李万里，张志生，周云芝，等. 牛磺酸和鸡冠花乙醇提取物对大鼠血脂及脂质过氧化物的影响 [J]. 新乡医学院学报，1996，13(4)：338-341.

[11] 李万里，田玉慧，沈关心，等. 鸡冠花黄酮类对成骨细胞增殖和 $TGFb_1$ 的作用 [J]. 中国公共卫生，2003，19(9)：1059-1060.

[12] 李万里，田玉慧，沈关心. 鸡冠花黄酮类对成骨细胞矿化和 IGF-1 的作用 [J]. 中国公共卫生，2003，19(11)：1392-1393.

[13] 李万里，王萍，王守英，等. 钙与鸡冠花提取物对氟中毒大鼠骨代谢的影响 [J]. 新乡医学院学报，1999，16(4)：289-291.

[14] 陈静，李坦，姜秀梅，等. 鸡冠花对小鼠耐力影响的实验研究 [J]. 预防医学文献信息，2000，6(2)：109-110.

鸡矢藤 Jishiteng

Paederia scandens (Lour.) Merr.
Chinese Fevervine

概述

茜草科 (Rubiaceae) 植物鸡矢藤 *Paederia scandens* (Lour.) Merr.，其干燥根或全草入药。中药名：鸡矢藤。

鸡矢藤属 (*Paederia*) 植物全世界约有 20 ～ 30 种，大部产于亚洲热带地区。中国产有 11 种 1 变种，本属现供药用者约有 4 种。本种分布于中国华东、华南、西南、西北地区及山东、河南、江西、湖南等省区；朝鲜半岛、日本及东南亚国家也有分布。

“鸡矢藤”药用之名，始载于《植物名实图考》。本种是中国民间广为流传的一种传统中草药。主产于长江流域及其以南各地。

鸡矢藤主要含有环烯醚萜类化合物，尚含黄酮和挥发油类化合物，二甲基二硫化物和熊果苷是主要的活性成分和质量评价指标 [1-3]。

药理研究表明，鸡矢藤具有镇痛、抗惊厥、松弛平滑肌、抑菌、祛痰、降血压和局部麻醉等作用。

中医和民族医药理论认为鸡矢藤具有祛风除湿，消食化积，解毒消肿，活血止痛的功效。

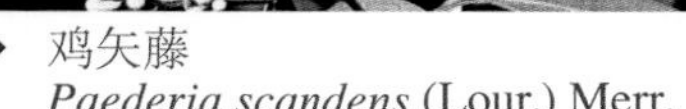

◆ 鸡矢藤
Paederia scandens (Lour.) Merr.

◆ 药材鸡矢藤
Paederiae Scandentis Herba

化学成分

鸡矢藤的全草含环烯醚萜类成分：鸡矢藤苷 (paederoside)、鸡矢藤苷酸 (paederosidic acid)、鸡矢藤次苷 (scanderoside)、车叶草苷 (asperuloside)、去乙酰车叶草苷 (deacetylasperuloside)[4]、去乙酰鸡矢藤苷酸 (deacetylpaederosidic acid)[5]、6'-*O*-反式阿魏酰基水晶兰苷 (6'-*O*-*E*-feruloylmonotropein)、10-*O*-反式阿魏酰基水晶兰苷 (10-*O*-*E*-feruloylmonotropein)[6]等；挥发油：主要含氧化芳樟醇 (linalool oxide)、反式氧化芳樟醇 (*trans*-linalool oxide)[7]和二甲基二硫化物 (dimethyl disulfide)[1]等；此外还含有矢车菊素糖苷 (cyanidin glycoside)、矮牵牛素糖苷 (petunidin glycoside)、飞燕草素 (delphinidin)、锦葵花素 (malvidin)、芍药花素 (peonidin)[8]和熊果苷 (arbutin)[9]等。

鸡矢藤的叶中含熊果苷[9]。

鸡矢藤的果实含熊果苷、齐墩果酸 (oleanolic acid)[9]、鸡矢藤内酯 (paederia lactone)[10]、paederinin[11]等。

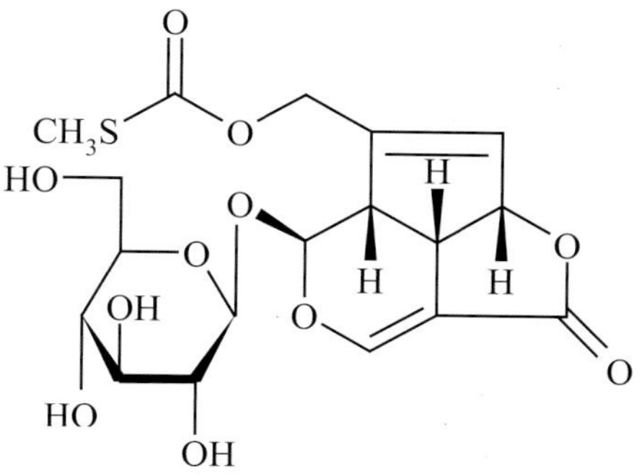

◆ paederoside

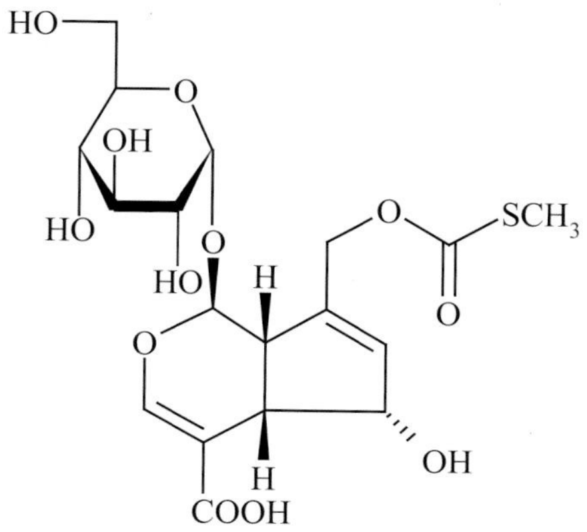

◆ paederosidic acid

药理作用

1. 镇痛

大鼠致痛前、后皮下注射鸡矢藤注射液，对蜜蜂毒或福尔马林所致的大鼠自发缩足反射次数具有显著的抑制作用[12]。

2. 抗惊厥

鸡矢藤所含的二甲基二硫化物静脉注射对家兔膈神经电位发放产生兴奋－抑制双相效应，且随着剂量加大，其抑制效应加强，对心率和脑电活动有明显抑制作用；对蟾蜍外周神经干兴奋传导也有明显的阻滞效应[1]。采用急性青霉素诱发大鼠大脑皮层癫痫放电，腹腔注射二甲基二硫化物混悬液可明显易化大脑皮层癫痫放电频率，且可诱发非对称侧脑区的癫痫放电，表明二甲基二硫化物是一种可以加强大脑皮层神经元高频超同步化活动的物质，具有明显的中枢神经毒作用；同时，二甲基二硫化物对大脑皮层癫痫放电的易化作用可以导致动物出现惊厥，显示鸡矢藤对抗戊四唑致动物惊厥作用很可能是一种阻滞外周边神经干的肌肉松弛现象，而不是中枢抗惊厥作用[2]。

3. 对平滑肌作用

鸡矢藤总生物碱可以抑制肠肌收缩，并能拮抗乙酰胆碱所致的肠肌挛缩；鸡矢藤注射液对组胺所致的肠肌挛缩也有拮抗作用。

4. 其他

鸡矢藤煎剂体外对金黄色葡萄球菌和弗氏痢疾志贺氏菌均有抑菌作用，鸡矢藤浸膏经口给药对小鼠有祛痰作用，鸡矢藤注射液有降血压和局部麻醉作用 [13]，鸡矢藤乙醇提取物具有抗幽门螺杆菌活性 [14]。

应用

本品为中医临床用药。功能：祛风除湿，消食化积，解毒消肿，活血止痛。主治：1. 风湿痹痛，跌打损伤；2. 食积腹胀，小儿疳积腹泻，痢疾，黄疸；3. 咳嗽；4. 瘰疬，无名肿毒；5. 湿疹，皮炎；6. 烫火伤，蛇咬螫。

现代临床还用于局部麻醉、各种疼痛、肝炎、肝脾肿大、慢性气管炎、肺结核、带状疱疹、神经性皮炎等病的治疗。

评注

鸡矢藤的变种毛鸡矢藤 *Paederia scandens* (Lour.) Merr. var. *tomentosa* (Bl.) Hand. -Mazz. 与本种具有相似的功效。

药用植物图像数据库

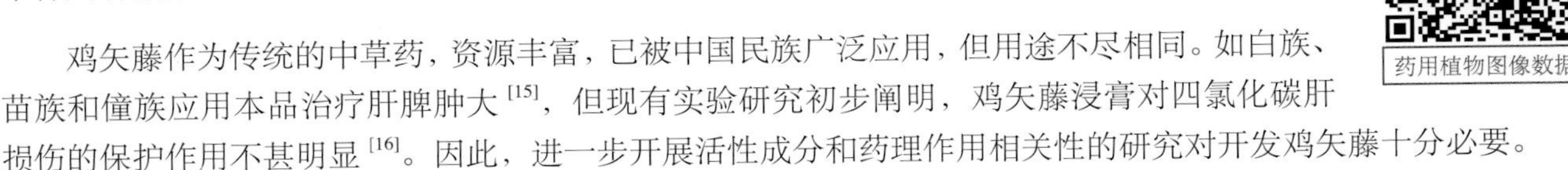

鸡矢藤作为传统的中草药，资源丰富，已被中国民族广泛应用，但用途不尽相同。如白族、苗族和僮族应用本品治疗肝脾肿大 [15]，但现有实验研究初步阐明，鸡矢藤浸膏对四氯化碳肝损伤的保护作用不甚明显 [16]。因此，进一步开展活性成分和药理作用相关性的研究对开发鸡矢藤十分必要。

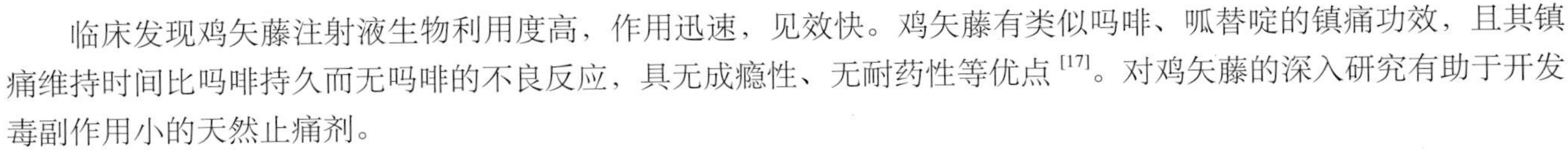

临床发现鸡矢藤注射液生物利用度高，作用迅速，见效快。鸡矢藤有类似吗啡、哌替啶的镇痛功效，且其镇痛维持时间比吗啡持久而无吗啡的不良反应，具无成瘾性、无耐药性等优点 [17]。对鸡矢藤的深入研究有助于开发毒副作用小的天然止痛剂。

参考文献

[1] 张桂林，韩丹，刘维泽，等 . 鸡屎藤的一种活性成分——二甲基二硫化物的药理研究 [J]. 湖北医科大学学报，1993，14(4)：309-311.

[2] 韩丹，张桂林，刘维泽，等 . 鸡屎藤的活性成分——二甲基二硫化物对大鼠癫痫放电影响的实验研究 [J]. 湖北医科大学学报，1994，15(4)：312-315.

[3] 陈缵光，张孔，莫金垣，等 . 毛细管电泳安培法测定鸡矢藤中熊果苷的含量 [J]. 分析化学，2002，30(7)：886.

[4] INOUYE H, INOUYE S, SHIMOKAWA N, et al. Monoterpene glucosides. Ⅶ. Iridoid glucosides of *Paederia scandens*[J]. Chemical & Pharmaceutical Bulletin, 1969, 17(9): 1942-1948.

[5] KOMAI K, OMORI S, SHIMIZU M, et al. Isolation of iridoid glucosides from *Paederia scandens* Merrill and assay of biological activities[J]. Zasso Kenkyu, 1993, 38(2): 97-102.

[6] KIM Y L, CHIN Y W, KIM J W, et al. Two new acylated iridoid glucosides from the aerial parts of *Paederia scandens*[J]. Chemical & Pharmaceutical Bulletin, 2004, 52(11): 1356-1357.

[7] 余爱农，龚发俊，刘定书 . 鸡屎藤鲜品挥发油化学成分的研究 [J]. 湖北民族学院（自然科学版），2003，21(1)：41-43.

[8] YOSHITAMA K, ISHII K, YASUDA H. A chromatographic survey of anthocyanins in the flora of Japan. Ⅰ[J]. Journal of the Faculty of Science, Shinshu University, 1980, 15(1): 19-26.

[9] KURIHARA T, IINO N. The constituents of *Paederia chinensis*[J]. Yakugaku Zasshi, 1964, 84(5): 479-481.

[10] SUZUKI S, ENDO Y. Studies on the constituents of the fruits of *Paederia scandens*. Structure of a new iridoid, paederia lactone[J]. Journal of Tohoku Pharmaceutical University, 2004, 51: 17-21.

[11] SUZUKI S, ENDO K. The constituents of *Paederia scandens* fruits. Isolation and structure determination of paederinin[J]. Annual Report of the Tohoku College of Pharmacy, 1993, 40: 73-78.

[12] 彭小莉，高喜玲，陈军，等 . 鸡矢藤注射液和野木瓜注射液对大鼠足底皮下化学组织损伤诱致自发痛、痛敏和炎症的作用 [J]. 生理学报，2003，55(5)：516-524.

[13] 王本祥 . 现代中药药理学 [M]. 天津：天津科学技术出版社，1997：682-683.

[14] WANG Y C, HUANG T L. Screening of anti-*Helicobacter pylori* herbs deriving from Taiwanese folk medicinal plants[J]. FEMS Immunology and Medical Microbiology, 2005, 43(2): 295-300.

[15] 中国药品生物制品检定所，云南省药品检验所 . 中国民族药志 . 第二卷 [M]. 北京：人民卫生出版社，1990：281-287.

[16] 魏玉，张德玉，黄秉枢，等 . 鸡矢藤对小鼠四氯化碳肝损伤的保护作用 [J]. 中华肝胆外科杂志，2003，9(4)：238-239.

[17] 孙海明，杨海波，王凤江 . 剖宫产术后应用鸡矢藤或吗啡施行 PCEA 镇痛的效果比较 [J]. 中国麻醉与镇痛，2003，5(1)：51.

蒺藜 Jili CP, IP, JP, KHP

Tribulus terrestris L.
Puncturevine

概述

蒺藜科 (Zygophyllaceae) 植物蒺藜 *Tribulus terrestris* L.，其干燥成熟果实入药。中药名：蒺藜。

蒺藜属 (*Tribulus*) 植物全世界约有 20 种，分布于热带和亚热带地区。中国约有 2 种，均可供药用。本种分布于全球温带地区。

蒺藜以“蒺藜子”药用之名，始载于《神农本草经》，列为上品。《中国药典》（2015 年版）收载本种为中药蒺藜的法定原植物来源种。本种产于中国各地，以长江流域以北产量较大。主产于河南、河北、陕西等省区。

蒺藜主要含甾体皂苷类，另含黄酮苷、生物碱等。近代研究指出，本品含有的甾体皂苷类成分为其活性成分。《中国药典》以性状、显微和薄层色谱鉴别来控制蒺藜药材的质量。

药理研究表明，蒺藜具有抗过敏、抗心肌缺血、抗肿瘤和降血糖等作用。

中医理论认为蒺藜具有平肝解郁，活血祛风，明目，止痒等功效。

◆ 蒺藜
Tribulus terrestris L.

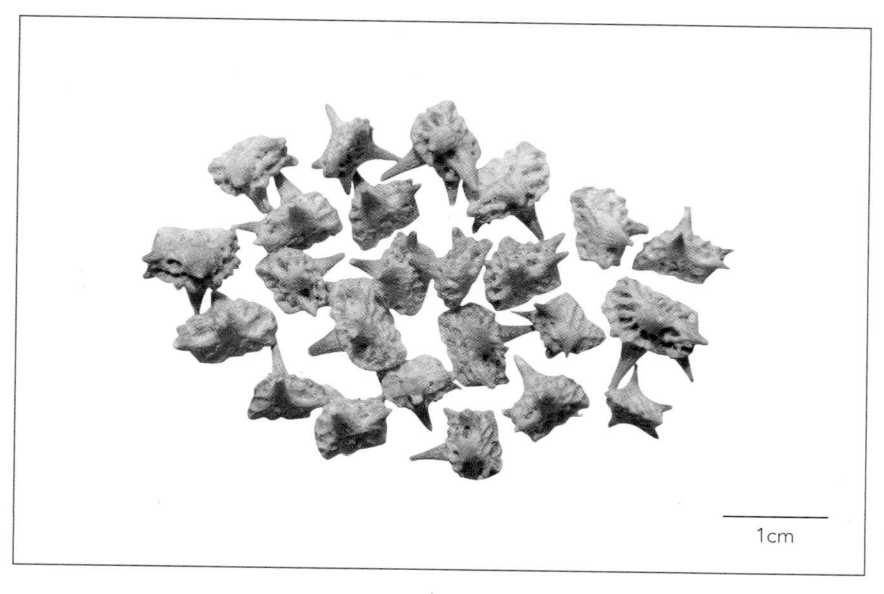

◆ 药材蒺藜
Tribuli Fructus

化学成分

蒺藜果实含甾体皂苷元及甾体皂苷类成分：提果皂苷元 (tigogenin) 、海可皂苷元 (hecogenin)、芰脱皂苷元 (gitogenin)[1]、新提果皂苷元 (neotigogenin)、新海可皂苷元 (neohecogenin)、新芰脱皂苷元 (neogitogenin)、曼诺皂苷元 (manogenin)、新曼诺皂苷元 (neomanogenin)、terrestrinins A、B[2]、terrestroneoside A[3]、刺蒺藜皂苷A、B、C、D、E (terrestrosins A～E)[4]、 25(*R*)-spirostan-4-ene-3,12-dione,25(*R*)-spirostan-3,12-dione、25(*R*)-spirostan-3,6,12-trione[1]、脱半乳糖提果宁 (desgalactotigonin)、F-芰脱宁 (F-gitonin)、脱葡萄糖拉那提果宁 (desglucolanatigonin)、芰脱宁 (gitonin)；又含生物碱类成分：tribulusamides A、B、*N-trans*-feruloyltyramine、蒺藜酰胺 (terrestriamide)、*N-trans*-coumaroyltyramine[5]。

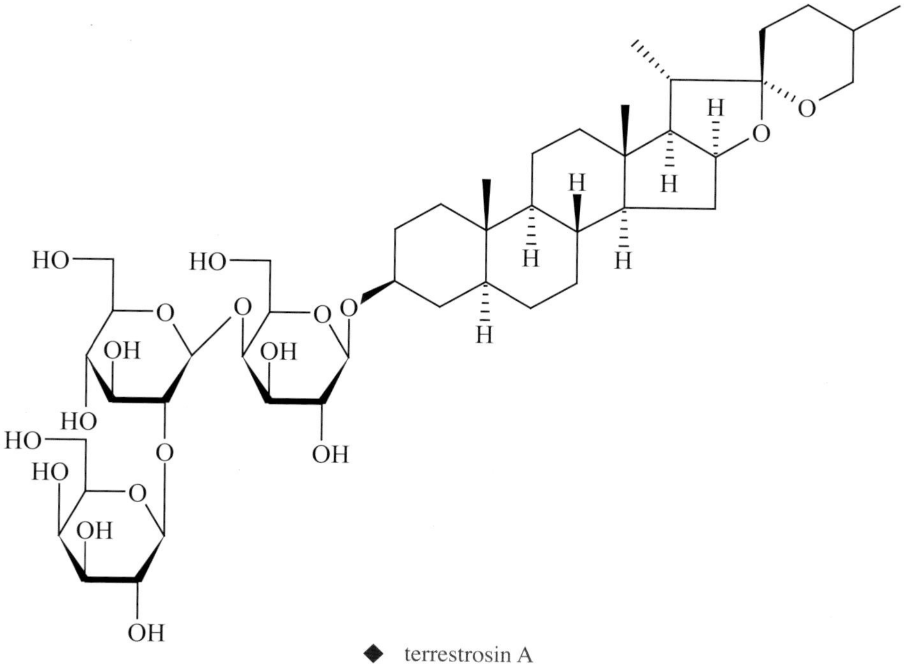

◆ terrestrosin A

果实和叶中还含黄酮化合物：刺蒺藜苷 (tribuloside)、山柰酚 (kaempferol)、山柰酚-3-葡萄糖苷(kaempferol-3-glucoside)、山柰酚-3-芸香糖苷(kaempferol-3-rutinoside)。

花中含甾体皂苷元成分：新芰脱皂苷元 (neogitogenin)、薯蓣皂苷元 (diosgenin) 和芰脱皂苷元 (gitogenin)[6]等。

药理作用

1. 抗过敏

蒺藜果实煎剂灌胃对右旋糖酐所致小鼠皮肤瘙痒，组胺所致豚鼠局部瘙痒均有显著的抑制作用；能明显抑制组胺所致的毛细血管通透性增高，抑制二甲基亚砜所致的豚鼠耳郭肿胀[7]。

2. 对心血管系统的影响

蒺藜总皂苷灌胃对冠状动脉结扎和静脉注射垂体后叶素所致大鼠急性心肌缺血及心肌梗死有明显的改善作用，能较好地预防心肌梗死的发生，减少心肌梗死的范围，降低血液黏度，还有体外抗血小板聚集作用[8]。蒺藜总皂苷对缺氧再给氧造成的大鼠心肌损伤有保护作用，其机制与其提高心肌细胞膜的稳定性，提高心肌细胞清除自由基的能力，减轻过氧化脂质反应有关[9]。

3. 对脑血管系统的作用

对结扎一侧颈外动脉及椎动脉所致脑缺血家犬和结扎大脑中动脉所致脑缺血大鼠，蒺藜总皂苷有增加脑血流量，降低脑血管阻力，降低内皮素含量和减少脑梗死面积的作用，同时还能减慢心率和降低血压[10]。

4. 保肝

蒺藜中的生物碱成分对*D*-氨基半乳糖 (*D*-GalN) 和肿瘤坏死因子(TNF-α) 所致的小鼠肝细胞坏死有明显的抑制作用，其中以tribulusamides A、B的保肝作用最强[5]。

5. 降血糖

蒺藜全草水煎剂和皂苷灌胃能显著降低正常小鼠和四氧嘧啶 (alloxan) 所致糖尿病小鼠的血糖水平，抑制正常小鼠的糖异生作用，还能显著降低糖尿病小鼠的血清三酰甘油水平[11-12]。

6. 提高性欲

蒺藜总皂苷能促进精子产生，增加性欲，促进雌性大鼠发情，提高生殖能力[13]。

7. 抗肿瘤

蒺藜总皂苷可显著抑制人乳腺髓样癌细胞 Bcap-37 的增殖，并呈明显的量效关系[14]。蒺藜中的一种螺旋甾烷醇皂苷单体对于黑色素瘤 SK-MEL、口腔上皮癌 KB、乳腺癌 BT-549、卵巢癌 SK-OV-3 具有细胞毒作用[15]。

8. 其他

蒺藜还有镇痛、抗炎[16]、抑制酪氨酸酶[17]、利尿[13]和保护视网膜神经节细胞[18]等作用。

应用

本品为中医临床用药。功能：平肝解郁，活血祛风，明目，止痒。主治：头痛眩晕，胸胁胀痛，乳闭乳痈，目赤翳障，风疹瘙痒。

现代临床还用于高血压、冠心病、眼结合膜炎等病的治疗。

评注

同属植物大花蒺藜 *Tribulus cistoides* L. 主产中国云南，在部分地区亦作蒺藜使用。

蒺藜的果实及地上部分均含丰富的皂苷类成分，作用广泛，被证实有显著的抗动脉硬化、抗脑缺血、抗肿瘤及性强壮作用等，其作用机制研究还有待深入，相关的保健品和药品有待开发和利用。

参考文献

[1] 黄金文，蒋山好，谭昌恒，等. 蒺藜甾体皂苷元化学成分研究 [J]. 天然产物研究与开发，2003，15(2)：101-103.

[2] HUANG J W, TAN C H, JIANG S H, et al. Terrestrinins A and B, two new steroid saponins from *Tribulus terrestris*[J]. Journal of Asian Natural Products Research, 2003, 5(4): 285-290.

[3] SUN W J, GAO J, TU G Z, et al. A new steroidal saponin from *Tribulus terrestris* L.[J]. Natural Product Letters, 2002, 16(4): 243-247.

[4] YAN W, OHTANI K, RYOJI K, et al. Steroidal saponins from fruit of *Tribulus terrestris*[J]. Phytochemistry, 1996, 42(5): 1417-1422.

[5] LI J X, SHI Q, XIONG Q B, et al. Tribulusamide A and B, new hepatoprotective lignanamides from the fruits of *Tribulus terrestris*: indications of cytoprotective activity in murine hepatocyte culture[J]. Planta Medica, 1998, 64(7): 628-631.

[6] SHARMA H C, NARULA J L. Chemical investigations of flowers of *Tribulus terrestris*[J]. Chemical Era, 1977, 3(1): 15-17.

[7] 陈子珺，李庆生，李云森，等. 防风与刺蒺藜的药理实验研究 [J]. 中成药，2003，25(9)：737-739.

[8] 廖日房，彭锋，李国成，等. 蒺藜总皂苷抗大鼠急性心肌缺血和心肌梗塞药理作用的研究 [J]. 中药材，2003，26(7)：502-504.

[9] 程纯，徐济民. 蒺藜抗心肌缺氧再给氧损伤的实验研究 [J]. 上海第二医科大学学报，1993，13(2)：174-176.

[10] 吕文伟，刘芬，刘斌，等. 蒺藜果总皂苷对实验性脑缺血作用的研究 [J]. 中国老年学杂志，2003，23(4)：254-255.

[11] 李明娟，瞿伟菁，王熠非，等. 蒺藜皂苷的降血糖作用 [J]. 中药材，2002，25(6)：420-422.

[12] 李明娟，瞿伟菁，褚书地，等. 蒺藜水煎剂对小鼠糖代谢中糖异生的作用 [J]. 中药材，2001，24(8)：586-588.

[13] 褚书地，瞿伟菁，李穆，等. 蒺藜化学成分及其药理作用研究进展 [J]. 中国野生植物资源，2003，22(4)：4-7.

[14] 孙斌，瞿伟菁，柏忠江. 蒺藜皂苷对乳腺癌细胞 Bcap-37 的体外抑制作用 [J]. 中药材，2003，26(2)：104-106.

[15] BEDIR E, KHAN I A, WALKER L A. Biologically active steroidal glycosides from *Tribulus terrestris*[J]. Pharmazie, 2002, 57(57): 491-493.

[16] 师勤，汤依群，徐珞珊，等. 硬软蒺藜药效学比较 [J]. 上海第二医科大学学报，2000，20(1)：42-45.

[17] 李艳莉，钟理，梁丽红. 6 种中药抑制酪氨酸酶活性的实验研究 [J]. 时珍国医国药，2002，13(3)：129-131.

[18] 叶长华，蒋幼芹，江冰. 白蒺藜醇苷对混合培养鼠视网膜神经节细胞的作用 [J]. 眼视光学杂志，2001，3(3)：148-151.

蕺菜 Jicai CP, JP, KHP

Houttuynia cordata Thunb.
Chameleon

概述

三白草科 (Saururaceae) 植物蕺菜 *Houttuynia cordata* Thunb.，其新鲜全草或干燥地上部分入药。中药名：鱼腥草。

蕺菜属 (*Houttuynia*) 植物全世界仅有 1 种，分布于亚洲东部和东南部。广泛分布于中国长江流域及其以南各省区。

“蕺菜”原名“蕺”，始载于《名医别录》，列为下品。“鱼腥草”药用之名，首载于《履巉岩本草》，《本草纲目》亦用此名。《中国药典》（2015 年版）收载本种为中药鱼腥草的法定原植物来源种，《日本药局方》亦有收载，蕺菜在日本被称作“十药”。鱼腥草产于中国中部、东南及西南部各省区，东起台湾，西南至云南、西藏，北达陕西、甘肃。

蕺菜主要活性成分为挥发油和黄酮类化合物，此外还含生物碱、木质素、有机酸等。《中国药典》以性状、显微和薄层色谱鉴别来控制鱼腥草药材的质量。

药理研究表明，蕺菜具有抗菌消炎、抗过敏、增强免疫功能等药理作用。

中医理论认为鱼腥草具有清热解毒，消痈排脓，利尿通淋等功效[1]。

◆ 蕺菜
Houttuynia cordata Thunb.

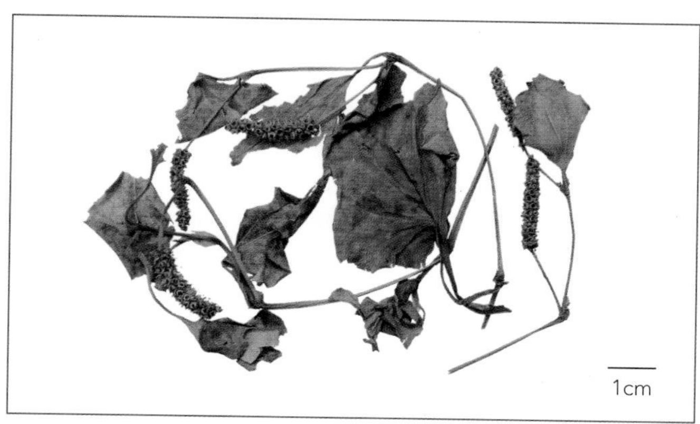

◆ 药材鱼腥草
Houttuyniae Herba

化学成分

蕺菜全草含挥发油，茎叶挥发油中含癸酰乙醛 (decanoyl acetaldehyde)、甲基正壬酮 (2-undecanone)、柠檬烯 (limonene)、榄香烯 (elemene)、lauryl aldehyde、capryl aldehyde 等多种成分[2-3]。

地上部分含黄酮类化合物：槲皮素 (quercetin)、异槲皮素 (isoquercetin)、瑞诺苷 (reynoutrin)、金丝桃苷 (hyperin)、阿夫苷 (afzerin)、芦丁 (rutin) 等[4]；还含有生物碱类：金线吊乌龟酮B (cepharanone B)、缺碳金线吊乌龟二酮B (cepharadione B)、7-chloro-6-demethyl cepharadione B[5]、3,5-二癸酰基吡啶 (3,5-didecanoyl pyridine)、3-癸酰基-6-壬基吡啶 (3-decanoyl-6-nonyl pyridine)、3-decanoyl-4-nonyl-1,4-dihydropyridine、3,5-didecanoyl-4-nonyl-1,4-dihydropyridine、3,5-didodecanoyl-4-nonyl-1,4- dihydropyridine[6]。此外尚含1,3,5-三癸酰基苯 (1,3,5-tridecanoylbenzene)、石竹烯氧化物 (caryophyllene oxide) 、芝麻素 (sesamin)、吐叶醇 (vomifoliol)[7]。

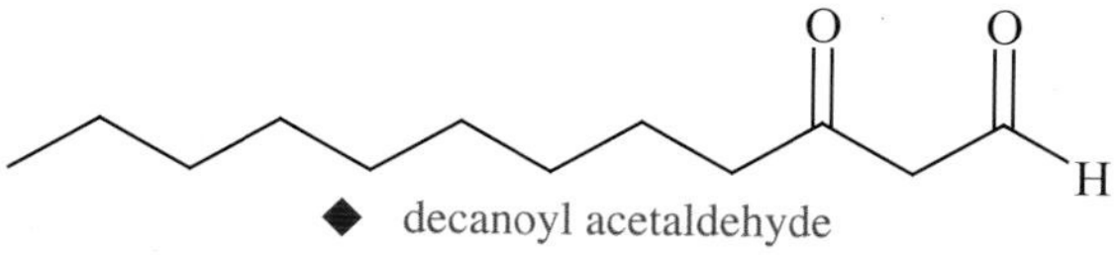

◆ decanoyl acetaldehyde

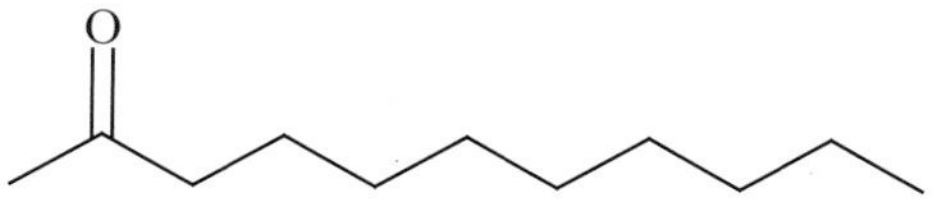

◆ 2-undecanone

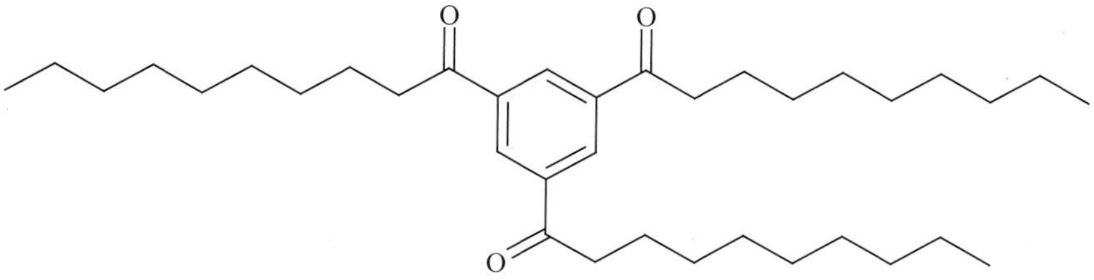

◆ 1,1',1"-(1,3,5-benzenetriyl)tris-1-decanone

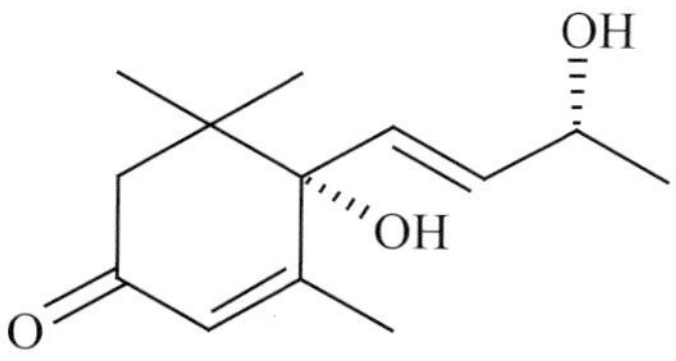

◆ vomifoliol

药理作用

1. 抗菌、抗病毒

体外实验表明，蕺菜挥发油可明显抑制金黄色葡萄球菌和八叠球菌，对肺炎球菌和乙型溶血性链球菌也有一定抑制作用[8]；新鲜蕺菜蒸馏液具有抗流感病毒、Ⅰ型单纯性疱疹病毒 (HSV-1) 和Ⅰ型人类免疫缺陷病毒 (HIV-1) 的活性，其主要活性成分为甲基正壬酮、lauryl aldehyde 和 capryl aldehyde 等[3, 9]。此外，鱼腥草注射液腹腔注射对小鼠乳鼠出血热病毒 (EHFV) 也具有一定的抑制作用，能使病毒在体内的分布发生明显的变化[10]。以平板培养法所建立的铜绿假单孢菌生物被膜为体外模型，发现鱼腥草注射液和盐酸左氧氟沙星注射液联合使用对生物被膜细菌可产生协同杀菌作用[11]。

2. 增强免疫

鱼腥草注射液皮下注射能够显著提高大鼠外周血 T 淋巴细胞的比例，明显增强中性白细胞的吞噬能力，从而产生免疫调节作用[12]。蕺菜营养液灌胃对小鼠 X 线辐射和环磷酰胺毒害造成的白细胞减少具有较好的恢复作用，可升高白细胞和淋巴细胞的数量，表明其对免疫功能损伤有一定的保护作用[13]。雾化吸入蕺菜提取液后，大鼠的肺 T 淋巴细胞和肺泡巨噬细胞吞噬率以及外周血 T 淋巴细胞明显升高，外周血白细胞显著降低，提示其能增强呼吸道局部的特异性和非特异性免疫功能，对全身免疫也有作用[14]。

3. 抗过敏

蕺菜水提取液灌胃可抑制化合物 48/80（苯乙胺与甲醛交联而成的聚合物）所致的肥大细胞脱颗粒作用以及秋水仙碱引起的大鼠腹腔肥大细胞变形 (RPMC)，抑制化合物 48/80 和抗二硝基甲苯免疫球蛋白所致 RPMC 的组胺释放及钙吸收，且呈剂量依赖性，增加体内环腺苷酸水平，对化合物 48/80 所致的小鼠全身性过敏及抗二硝基甲苯免疫球蛋白所致的大鼠被动皮内过敏反应 (PCA) 有显著的抑制作用，可用于肥大细胞介导过敏反应的治疗[15]。蕺菜挥发油能明显拮抗慢反应物质对豚鼠离体回肠和肺条的作用，抑制致敏豚鼠离体回肠的过敏性收缩，皮下注射对豚鼠过敏性哮喘有保护作用[16]。

4. 抗氧化

以蕺菜粉末喂养可很好地调节高血脂大鼠外因性代谢酶系统，增加血浆中多酚的浓度和血总抗氧化能力，并延长低密度脂蛋白 (LDL) 迟滞时间，有效地抑制脂质过氧化反应[17-19]。

5. 其他

蕺菜还有明显的抗诱变[18]、抗溃疡性结肠炎[20]、镇痛[21]、利尿[22]等活性。

应用

本品为中医临床用药。功能：清热解毒，消痈排脓，利尿通淋。主治：肺痈吐脓，痰热喘咳，热痢，热淋，痈肿疮毒。

现代临床还用于大叶性肺炎、急性支气管炎、肠炎腹泻、尿路感染、鼻窦炎、慢性化脓性中耳炎、盆腔炎等病的治疗。

评注

鱼腥草是中国卫生部规定的药食同源品种之一。蕺菜富含蛋白质、油脂、维生素等营养成分，其嫩叶及根茎均可食用，是一种营养价值极高的野生蔬菜。蕺菜药用保健产品的开发研制也日益受到重视，鱼腥草茶、鱼腥草饮料、鱼腥草营养液、鱼腥草袋装方便食品和鱼腥草蜜酒等许多新产品也先后问世。

药用植物图像数据库

蕺菜历来为野生植物，近年来，由于需求量不断增加，也为了控制药材的质量，开始了人工栽培研究，对鱼腥草的生长习性、繁殖方法、选地整地、播种、田间管理、病虫防治等进行了研究，并已经在四川建立了规范化种植基地。

以往对蕺菜的研究和开发利用，大都用干品，或提取挥发油制成注射剂。而蕺菜中的有效成分癸酰乙醛极不稳定，易氧化聚合，据研究，干鱼腥草揉搓几乎无蕺菜的特殊气味，蒸馏液也难检出。目前鱼腥草注射液均以新鲜蕺菜为提取原料，并以亚硫酸氢钠与癸酰乙醛加合成鱼腥草素，以保持蕺菜原有的功效。

参考文献

[1] 曹郡双，秦荣和 . 鱼腥草的药理作用及临床应用 [J]. 现代中西医结合杂志，2001，10(6)：572-573.

[2] 曾志，石建功，曾和平，等 . 有机质谱学在中药鱼腥草研究中的应用 [J]. 分析化学，2003，31(4)：399-404.

[3] HAYASHI K, KAMIYA M, HAYASHI T. Virucidal effects of the steam distillate from *Houttuynia cordata* and its components on HSV-1, influenza virus, and HIV[J]. Planta Medica, 1995, 61(3): 237-241.

[4] CHOE K H, KWON S J, JUNG D S. A study on chemical composition of Saururaceae growing in Korea. 4. On flavonoid constituents of *Houttuynia cordata*[J]. Analytical Science & Technology, 1991, 4(3): 285-288.

[5] JONG T T, JEAN M Y. Alkaloids from *Houttuyniae cordata*[J]. Journal of the Chinese Chemical Society, 1993, 40(3): 301-303.

[6] PROEBSTLE A, NESZMELYI A, JERKOVICH G, et al. Novel pyridine and 1,4-dihydropyridine alkaloids from *Houttuynia cordata*[J]. Natural Product Letters,1994, 4(3): 235-240.

[7] JONG T T, JEAN M Y. Constituents of *Houttuyniae cordata* and the crystal structure of vomifoliol[J]. Journal of the Chinese Chemical Society, 1993, 40(4): 399-402.

[8] 史蕙，任利斌 . 筑产鱼腥草挥发油抑菌作用的初步研究 [J]. 贵阳中医学院学报，1998，20(3)：61.

[9] 郭惠，姚灿，何士勤 . 鱼腥草抗流感病毒诱导细胞凋亡的研究 [J]. 赣南医学院学报，2003，23(6)：615-616.

[10] 郑宣鹤，唐晓鹏，苏先狮 . 青蒿素等 4 种中草药抑制出血热病毒的实验研究 [J]. 湖南医科大学学报，1993，18(2)：165-167.

[11] 李鸿雁，夏前明，李福祥，等 . 鱼腥草与左氧氟沙星联合应用对生物被膜细菌的清除作用 [J]. 中药新药与临床药理，2005，16(1)：23-26.

[12] 宋志军，王潮临，程建祥，等 . 鱼腥草、田基黄和丁公藤注射液对大鼠免疫功能的影响 [J]. 中草药，1993，24(12)：643-644，648.

[13] 任玉翠，周彦钢，凌文娟，等 . 鱼腥草营养液升白细胞作用的研究 [J]. 预防医学文献信息，1999，5(1)：5-6.

[14] 宁耀瑜，柯美珍，周晓玲，等 . 雾化吸入鱼腥草提取液对大鼠呼吸道及全身免疫功能的影响 [J]. 广西医科大学学报，1997，14(4)：70-72.

[15] LI G Z, CHAI O H, LEE M S, et al. Inhibitory effects of *Houttuynia cordata* water extracts on anaphylactic reaction and mast cell activation[J]. Biological & Pharmaceutical Bulletin, 2005, 28(10): 1864-1868.

[16] 周大兴，张红霞，李昌煜，等 . 鱼腥草油抗慢反应物质及平喘作用的研究 [J]. 中成药，1991，13(6)：31-32.

[17] CHEN Y Y, CHEN C M, CHAO P Y, et al. Effects of frying oil and *Houttuynia cordata* thunb on xenobiotic-metabolizing enzyme system of rodents[J]. World Journal of Gastroenterology, 2005, 11(3): 389-392.

[18] CHEN Y Y, LIU J F, CHEN C M, et al. A study of the antioxidative and antimutagenic effects of *Houttuynia cordata* Thunb. using an oxidized frying oil-fed model[J]. Journal of Nutritional Science and Vitaminology, 2003, 49(5): 327-333.

[19] CHO E J, YOKOZAWA T, RHYU D Y, et al. The inhibitory effects of 12 medicinal plants and their component compounds on lipid peroxidation[J]. The American Journal of Chinese Medicine, 2003, 31(6): 907-917.

[20] JIANG X L, CUI H F. Different therapy for different types of ulcerative colitis in China[J]. World Journal of Gastroenterology, 2004, 10(10): 1513-1520.

[21] 李爽，于庆海，张劲松 . 合成鱼腥草素的抗炎镇痛作用 [J]. 沈阳药科大学学报，1998，15(4)：272-275.

[22] 廖德胜，王敬勉，赵家振，等 . 鱼腥草黄酮的制备及其应用研究 [J]. 中国食品添加剂，2002，(2)：81-83.

蓟 Ji CP, KHP

Cirsium japonicum Fisch. ex DC.
Japanese Thistle

概述

菊科 (Asteraceae) 植物蓟 *Cirsium japonicum* Fisch. ex DC.，其干燥地上部分入药。中药名：大蓟。

蓟属 (*Cirsium*) 植物全世界有 250 ～ 300 种，广布于欧、亚、北非和中美大陆。中国产约 50 种，本属现供药用者约有 11 种。本种分布于中国华东、中南地区及河北、陕西、湖北、湖南、四川、贵州、云南等地。

“大蓟”药用之名，始载于《名医别录》，与“小蓟”合条，列为中品。明代以前的本草专著多将“大蓟”和“小蓟”同时记述，明《本草纲目》、清《植物名实图考》所载均与本种相符。《中国药典》（2015 年版）收载本种为中药大蓟的法定原植物来源种。中国大部分地区均产。

大蓟主要活性成分为黄酮类化合物。《中国药典》采用高效液相色谱法进行测定，规定大蓟药材含止血成分柳穿鱼叶苷不得少于 0.20%，以控制药材质量。

药理研究表明，蓟具有凝血止血、抗菌等功能。

中医理论认为大蓟具有凉血止血，散瘀解毒消痈等功效。

◆ 蓟
Cirsium japonicum Fisch. ex DC.

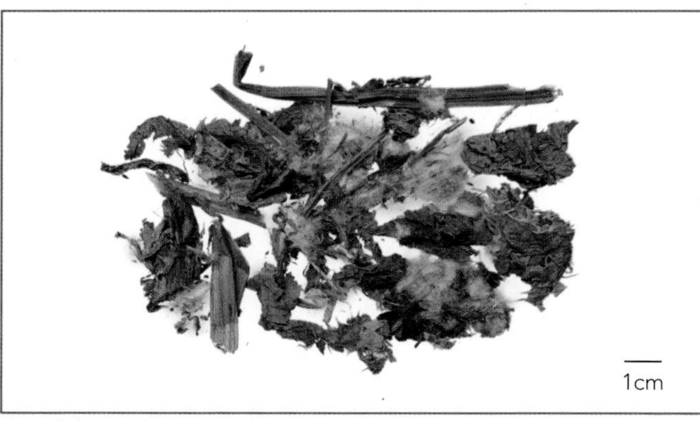

◆ 药材大蓟
Cirsii Japonici Herba

◆ 药材大蓟根
Cirsii Japonici Radix

化学成分

大蓟地上部分含有黄酮类化合物柳穿鱼叶苷 (pectolinarin)[1]、蒙花苷 (linarin)[2]、5,7-二羟基-4',6-二甲氧基黄酮 (5,7-dihydroxy-4',6- dimethoxyflavone)[3]。

根含有黄酮苷类化合物：4',5,7-三羟基-6-甲氧基黄酮-7-*O*-*α*-*L*-吡喃鼠李糖-(1→2)-*β*-*D*-吡喃葡萄糖苷 [5,7,4'-trihydroxy-6-methoxyflavone-7-*O*-*α*-*L*- rhamnopyranosyl-(1→2)-*β*-*D*-glucopyranoside]，另含蒙花苷、紫丁香苷 (syringin)、芥子醛-4-*O*-*β*-*D*-吡喃葡萄糖苷 (sinapylaldehyde-4-*β*-*D*-glucopyranoside)、阿魏醛-4-*O*-*β*-*D*-吡喃葡萄糖苷 (ferulylaldehyde 4-*O*-*β*-*D*-glucopyranoside)、1,5-二氧咖啡酰奎宁酸 (1,5-di-*O*-caffeoylquinic acid)、大蓟苷 (tachioside)[4]等。含有挥发油，主要成分为单紫杉烯 (aplotaxene)、二氢单紫杉烯 (dihydroaplotaxene)、四氢单紫杉烯 (tetrahydroaplotaxene)、六氢单紫杉烯 (hexahydroaplotaxene) 等[5]。根中还含有长链炔烯醇类化合物，如顺式-8,9- 氧桥-十七碳-1-烯-11,13-双炔-10-醇 (*cis*-8,9-epoxyheptadeca-1-en-11,13-diyn-10-ol)[6]、ciryneols A、B、C、G、H、ciryneone F、8,9,10-triacetoxy-heptadeca-1-ene-11,13-diyne[7-8]。

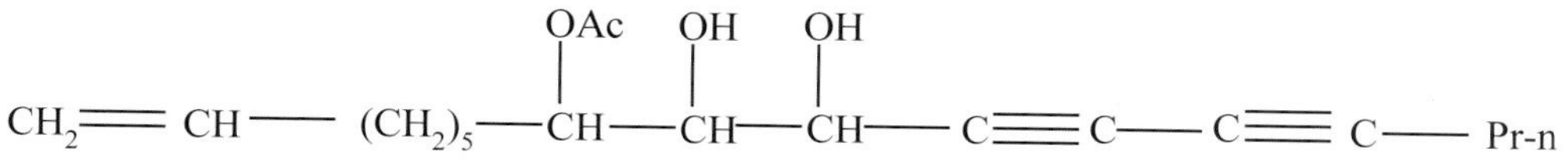

◆ ciryneol A

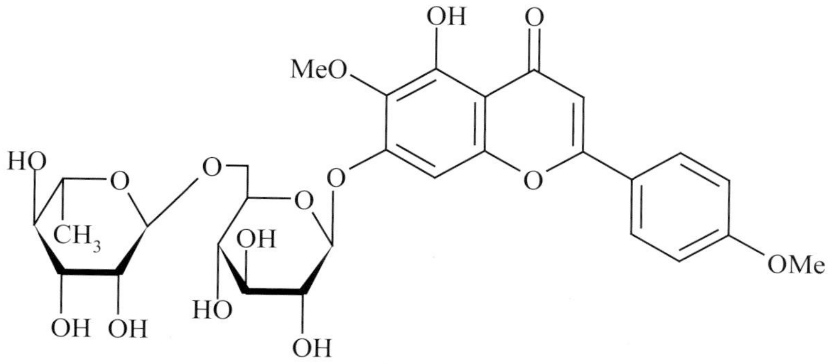

◆ pectolinarin

药理作用

1. 止血

小鼠口服给药柳穿鱼叶苷可缩短凝血时间，止血能力明显强于止血药氨甲环酸 (tranexamic acid)[9]。

2. 抗菌

大蓟全草及总黄酮在体外对金黄色葡萄球菌抑制作用较强，根煎剂或全草蒸馏液 (1:4000) 对人型结合杆菌有抑制作用。此外，对铜绿假单胞菌、变形杆菌、单纯带状疱疹病毒等也有明显抑制作用。

3. 心血管药理

(1) 抑制心脏　大蓟水煎液对离体蛙心有明显的抑制作用，使心缩幅度减少，心率减慢，继而出现不同程度的房室传导阻滞。离体兔心灌流表明，大蓟水煎液对心率及心收缩振幅有显著抑制作用。犬在体实验表明，大蓟水煎液静脉注射可使犬血压、心收缩振幅、心率明显下降 [10]。

(2) 降血压　大蓟水煎液静脉注射可显著降低犬血压，并持续20分钟，但反复给药可产生快速耐受性。另外，大蓟水煎液静脉注射对闭塞颈总动脉加压反射具有抑制作用[10]。

4. 抗肿瘤

大蓟水提取物灌胃可直接抑制肝癌 (Hep) 荷瘤小鼠肿瘤细胞增殖或破坏肿瘤细胞膜结构，致使瘤体坏死，还能提高小鼠碳粒廓清指数，增加免疫器官的重量，提高血清溶血素值，显示出较强的抗肿瘤作用[11]。

5. 其他

大蓟提取物还具有促进脂肪代谢[12]、杀线虫作用[13]；大蓟中的亲脂性成分对小鼠的大脑记忆损伤也有改善作用[14]。

应用

本品为中医临床用药。功能：凉血止血，散瘀解毒消痈。主治：衄血，吐血，尿血，便血，崩漏，外伤出血，痈肿疮毒。

现代临床还用于肝炎、高血压、非功能性子宫出血等病的治疗。

评注

古代大蓟入药多用根，茎叶虽也有入药，但应用较少。近代药用地上部分或全草者较多，但各地区习惯有所不同。如华北地区多用地上部分，华东地区多用地上部分及根，中南及西南地区多用根。《中国药典》自 2005 年版起将大蓟的药用部位改为地上部分，主要从经济利用药源考虑，因为只割取地上部分，保留根部，来年可再发芽生长，大蓟地上与地下部分的对比研究值得开发。

药用植物图像数据库

大蓟作为炭药应用于临床历史悠久，疗效确切。但其作用机制目前仍不清楚。大蓟炭的化学成分与药理作用之间的关系有待深入研究。

参考文献

[1] ISHIDA H, UMINO T, TSUJI K, et al. Studies on antihemorrhagic substances in herbs classified as hemostatics in Chinese medicine. Ⅶ. On the antihemorrhagic principle in *Cirsium japonicum* DC.[J]. Chemical & Pharmaceutical Bulletin, 1987, 35(2): 861-864.

[2] 周文序，田珍 . 中药大小蓟的黄酮类成分的分离和鉴定 [J]. 北京医科大学学报，1994，26(4)：309.

[3] 顾玉诚，屠呦呦 . 大蓟化学成分的研究 [J]. 中国中药杂志，1992，17(8)：489-490.

[4] MIYAICHI Y, MATSUURA M, TOMIMORI T. Phenolic compound from the roots of *Cirsium japonicum* DC.[J]. *Natural Medicines*, 1995, 49(1): 92-94.

[5] Yano K. Hydrocarbons from *Cirsium japonicum*[J]. Phytochemistry, 1977, 16(2): 263-264.

[6] YANO K. A new acetylenic alcohol from *Cirsium japonicum*[J]. Phytochemistry, 1980, 19(8): 1864-1866.

[7] TAKAISHI Y, OKUYAMA T, MASUDA A, et al. Acetylenes from *Cirsium japonicum*[J]. Phytochemistry, 1990, 29(12): 3849-3852.

[8] 植飞，孔令义，彭司勋 . 大蓟化学成分的研究 [J]. 药学学报，2003，38(6)：442-447.

[9] KOSUGE T, ISHIDA K, ITO Y, et al. Pectolinarin as hemostatic[J]. Japan Kokai Tokkyo Koho, 1987: 3.

[10] 马峰峻，赵玉珍，张建华，等 . 大蓟对动物血压的影响 [J]. 佳木斯医学院学报，1991，14(1)：10-11.

[11] 赵鹏，雷晓梅，连秀珍，等 . 甘肃大蓟提取物对 Hep 细胞毒性作用研究 [J]. 甘肃科技纵横，2005，34(4)：214.

[12] MORI S, ICHII J, YOROZU H, et al. Cephalonoplos extracts and compositions containing the extracts to promote fat metabolism for obesity control[J]. Japan Kokai Tokkyo Koho, 1996: 9.

[13] KAWAZU K, NISHII Y, NAKAJIMA S. Studies on naturally occurring nematicidal substances. Part 2. Two nematical substances from roots of *Cirsium japonicum*[J]. Agricultural and Biological Chemistry, 1980, 44(4): 903-906.

[14] YAMAZAKI M, HIRAKURA K, MIYAICHI Y, et al. Effect of polyacetylenes on the neurite outgrowth of neuronal culture cells and scopolamine-induced memory impairment in mice[J]. Biological & Pharmaceutical Bulletin, 2001, 24(12):1434-1436.

姜 Jiang BP, CP, EP, IP, JP, KHP, USP, VP

Zingiber officinale Rosc.
Ginger

概述

姜科 (Zingiberaceae) 植物姜 *Zingiber officinale* Rosc.，其干燥根茎入药，中药名：干姜；其新鲜根茎入药，中药名：生姜；其干燥根茎的炮制加工品入药，中药名：炮姜。

姜属 (*Zingiber*) 植物全世界约有 80 种，主要分布于亚洲的热带和亚热带地区。中国约有 14 种，本属现供药用者约有 2 种。姜在中国中部、东南部至西南部各省广为栽培。

“干姜”“生姜”和“炮姜”药用之名，分别始载于《神农本草经》《名医别录》和《珍珠囊》；古今药用品种一致。《中国药典》（2015 年版）收载本种为中药干姜、生姜及炮姜的法定原植物来源种。生姜主产于中国大部分地区；干姜主产于中国四川、贵州等地，此外，浙江、山东、湖北、广东、陕西也产。以四川、贵州的产量较大，质量较好。

姜属植物主要含有挥发油及二苯基庚烷类成分。《中国药典》采用挥发油测定法进行测定，规定干姜药材含挥发油不得少于0.8%(mL/g)，生姜药材含挥发油不得少于0.12%(mL/g)；采用高效液相色谱法进行测定，规定干姜药材含6-姜辣素不得少于0.60%；生姜药材含6-姜辣素不得少于0.050%，8-姜酚与10-姜酚总量不得少于0.040%；炮姜药材含6-姜辣素不得少于0.30%，以控制药材质量。

药理研究表明，姜具有广泛的药理作用。

中医理论认为，干姜具有温中散寒，回阳通脉，温肺化饮等功效；生姜具有解表散寒，温中止呕，化痰止咳，解鱼蟹毒等功效；炮姜具有温经止血，温中止痛等功效。

◆ 姜
Zingiber officinale Rosc.

◆ 药材生姜
Zingiberis Rhizoma Recens

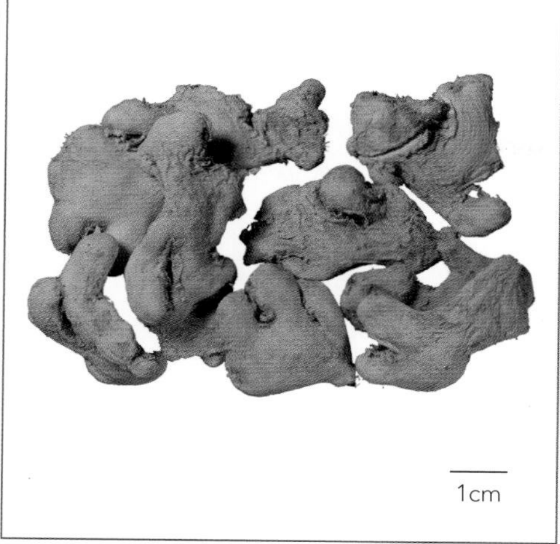

◆ 药材干姜
Zingiberis Rhizoma

◆ 药材炮姜
Zingiberis Rhizoma Praeparatum

化学成分

姜的根茎主要含挥发油：油中主成分为α-姜烯 (α-zingiberene)、β-甜没药烯(β-bisabolene)、1,8-桉叶素 (1,8-cineole)、莰烯 (camphene)、α-水芹烯 (α-phellandrene)、倍半水芹烯 (sesquiphellandrene)、α-姜黄烯 (α-curcumene)[1-2]等；辛辣成分：4-、6-、8-、10-、12-姜酚 (4-,6-,8-,10-,12-gingerols)、6-姜二酮 (6-gingerdione)、6-姜脑 (6-shogaol)、8-姜脑 (8-shogaol)、6-姜二醇 (6-gingediol, 6-gingerdiol)、6-姜二醇-5-乙酸酯 (6-gingediol-5-acetate)、6-姜二醇-3-乙酸酯 (6-gingediol-3-acetate)、6-姜二醇双乙酸酯 (6-gingediacetate)[3-4]等；二苯基庚烷类 (diarylheptanoid) 成分：姜烯酮A、B、C (gingerenones A～C)、异姜烯酮B (isogingerenone B)[5]等。

◆ 6-gingerol

◆ gingerenone A

药理作用

1. 解热、镇痛、抗炎

干姜醚提取物和水提取物灌胃能明显减轻二甲苯所致小鼠耳郭肿胀和角叉菜胶所致大鼠足趾肿胀，减少醋酸所致小鼠扭体反应次数；醇提取物明显抑制伤寒、副伤寒甲乙三联菌苗所致家兔发热反应[6-7]。生姜水煎剂灌胃对酵母引起的大鼠发热有明显解热作用[8]。姜的醇提取物腹腔给药能抑制角叉菜胶和5-羟色胺 (5-HT) 所致大鼠足趾肿胀和皮肤水肿，其机制与阻断5-HT受体有关[9]。姜的辛辣成分6-姜酚具有镇痛及抗炎作用[10]。

2. 抗胃黏膜损伤

生姜水煎剂灌胃可明显减轻无水乙醇和消炎痛 (indomethacin) 引起的大鼠胃黏膜损伤；能促进大鼠胃液分泌，抑制胃排空运动 [11]。炮姜水煎剂灌胃对大鼠应激性胃溃疡、醋酸诱发的胃溃疡和幽门结扎型胃溃疡均有显著的抑制作用 [12]。

3. 止呕、解毒

生姜水煎剂灌胃能显著减少硫酸铜所致鸽子的呕吐次数；生姜水煎剂服用可显著降低生半夏对家兔眼睑结膜的刺激作用 [8]。

4. 调节脂质代谢

生姜提取物灌胃可显著降低高脂血症大鼠血清三酰甘油 (TG) 和低密度脂蛋白胆固醇 (LDL-C)，升高高密度脂蛋白胆固醇 (HDL-C) 水平 [13]。

5. 降血糖

生姜汁口服能明显改善链脲佐菌素所致糖尿病大鼠的高血糖症和低胰岛素血症，降低大鼠空腹血糖和提高胰岛素水平 [14]。

6. 抗菌

干姜醇提取物体外对金黄色葡萄球菌、肺炎链球菌等有抑制作用 [7]。生姜醇提取物对红色毛癣菌、犬小孢子菌等真菌有抑制作用 [15]；小鼠灌服生姜水匀浆液能显著增加血清溶菌酶含量；提高血清溶菌酶活性可能是其抗菌机制之一 [16]。

7. 抗肿瘤

生姜醇提取物灌胃能明显提高荷瘤小鼠脏器指数和巨噬细胞吞噬率，使荷瘤鼠的α-醋酸萘酯酶 (α-ANAE) 阳性率和溶血素 (IgM) 得以回升，增强荷瘤小鼠的免疫功能[17]。姜的醇提取物能抑制皮肤肿瘤促进因子诱导的小鼠皮肤细胞、生化、分子的变化；6-姜酚外用对小鼠皮肤乳头状瘤的发生有抑制作用[18-19]。

8. 对心脏功能的影响

干姜超临界 CO_2 提取物灌服，对正常麻醉兔具有一定的降低血压和减缓心率的作用，对舒张压和心率的影响尤为显著 [20]。

9. 抗血小板聚集

姜中所含辛辣成分能抑制花生四烯酸所致血小板聚集和环氧合酶 -1 (COX-1) 的活性 [21]。

10. 其他

生姜醇提取物灌胃对急性缺氧小鼠的心、脑及肝细胞具有一定的保护作用 [22]。炮姜水煎剂灌胃能显著缩短创伤性出血小鼠的出血时间 [23]。

应用

本品为中医临床用药。

生姜：

功能：解表散寒，温中止呕，化痰止咳，解鱼蟹毒。主治：风寒感冒，胃寒呕吐，寒痰咳嗽，鱼蟹中毒。

现代临床还用于口疮、咽喉肿痛、牙痛、面瘫、风湿痛、肩手综合征、跟骨增生、水火烫灼伤、褥疮、便秘、老年性哮喘、慢性副鼻窦炎、急性睾丸炎及遗精、腰麻和硬膜外麻醉术后尿潴留、蛔虫性肠梗及胆道蛔虫症、斑秃等病的治疗。

干姜：

功能：温中散寒，回阳通脉，温肺化饮。主治：脘腹冷痛，呕吐泄泻，肢冷脉微，寒饮喘咳。

现代临床还用于口疮、牙痛、妊娠呕吐、风湿性关节炎等病的治疗。

炮姜：

功能：温经止血，温中止痛。主治：阳虚失血，吐衄崩漏，脾胃虚寒，腹痛吐泻。

现代临床还用于牙痛、慢性胃炎、肠易激综合征等病的治疗。

评注

药用植物图像数据库

姜为世界范围内广为种植的一种根茎类香辛调味料，而在中国，乃至整个亚洲地区，它还是一种传统的药用植物，具有广泛的药理活性和临床应用。其药源广泛，价格低廉，加之可药食同用，值得进一步研究和开发。

姜中的姜辣素组分是生姜中一些具有辣味物质的总称，为多种物质组成的混合物，具有健胃与抗胃溃疡、保肝利胆、强心、中枢神经抑制、抗肿瘤等多种药理作用，也是生姜特征性风味的主要呈味物质，因此有必要对姜辣素进行深入研究及开发。

参考文献

[1] MIYAZAWA M, KAMEOKA H. Volatile flavor components of crude drugs. Part Ⅴ. Volatile flavor components of Zingiberis Rhizoma (*Zingiber officinale* Roscoe) [J]. Agricultural and Biological Chemistry, 1988, 52(11): 2961-2963.

[2] 宋国新，邓春辉，吴丹，等．固相微萃取－气相色谱 / 质谱分析生姜的挥发性成分 [J]. 复旦学报（自然科学版），2003，42(6)：939-944，949.

[3] YAMAHARA J, HATAKEYAMA S, TANIGUCHI K, et al. Stomachic principles in ginger. Ⅱ. Pungent and antiulcer effects of low polar constituents isolated from ginger, the dried rhizoma of *Zingiber officinale* Roscoe cultivated in Taiwan. The absolute stereostructure of a new diarylheptanoid[J]. Yakugaku Zasshi, 1992, 112(9): 645-655.

[4] KIKUZAKI H, TSAI S M, NAKATANI N. Constituents of Zingiberaceae. Part 5. Gingerdiol related compounds from the rhizomes of *Zingiber officinale*[J]. Phytochemistry, 1992, 31(5): 1783-1786.

[5] ENDO K, KANNO E, OSHIMA Y. Structures of antifungal diarylheptenones, gingerenones A, B, C and isogingerenone B, isolated from the rhizomes of *Zingiber officinale*[J]. Phytochemistry, 1990, 29(3): 797-799.

[6] 张明发，段泾云，沈雅琴，等．干姜“温经止痛”的药理研究 [J]. 中医药研究，1992，(1)：41-43，25.

[7] 王梦，钱红美，苏简单．干姜乙醇提取物解热镇痛及体外抑菌作用研究 [J]. 中药新药与临床药理，2003，14(5)：299-301.

[8] 王金华，薛宝云，梁爱华，等．生姜和干姜药理活性的比较研究 [J]. 中国药学杂志，2000，35(3)：163-165.

[9] PENNA S C, MEDEIROS M V, AIMBIRE F S C, et al.

Anti-inflammatory effect of the hydralcoholic extract of *Zingiber officinale* rhizomes on rat paw and skin edema[J]. Phytomedicine, 2003, 10(5): 381-385.

[10] YOUNG H Y, CHENG H Y, HSIEH M C, et al. Analgesic and anti-inflammatory activities of 6-generol[J]. Journal of Ethnopharmacology, 2005, 96: 207-210.

[11] 孙庆伟，滕敏昌，侯奕．生姜对大鼠胃黏膜的保护作用及其机制的初步探讨 [J]. 江西医药，1992，27(4)：207-210.

[12] 吴皓，叶定江，柏玉启，等．干姜、炮姜对大鼠试验性胃溃疡的影响 [J]. 中国中药杂志，1990，15(5)：22-24.

[13] 武彩霞，魏欣冰，丁华．生姜有效部位的调血脂作用研究 [J]. 齐鲁药事，2005，24(3)：174-176.

[14] AKHANI S P, VISHWAKARMA S L, GOYAL R K. Anti-diabetic activity of *Zingiber officinale* in streptozotocin-induced type Ⅰ diabetic rats[J]. Journal of Pharmacy and Pharmacology, 2004, 56(1): 101-105.

[15] 付爱华，尹建元，孙莹，等．黄精和生姜抗皮肤癣菌活性研究 [J]. 白求恩医科大学学报，2001，27(4)：384-385.

[16] 王慧芳，曾林，赵爱珍，等．生姜对小鼠血清溶菌酶活性的影响 [J]. 动物医学进展，2001，22(4)：70-71.

[17] 刘辉，朱玉真．生姜醇提物对荷瘤鼠免疫功能的影响 [J]. 卫生研究，2002，31(3)：208-209.

[18] KATIYAR S K, AGARWAL R, MUKHTAR H. Inhibition of tumor promotion in SENCAR mouse skin by ethanol extract of *Zingiber officinale* rhizome[J]. Cancer Research, 1996, 56(5): 1023-1030.

[19] PARK K K, CHUN K S, LEE J M, et al. Inhibitory effects of 6-gingerol, a major pungent principle of ginger, on phorbol ester-induced inflammation, epidermal ornithine decarboxylase activity and skin tumor promotion in ICR mice[J]. Cancer Letters, 1998, 129(2): 139-144.

[20] 卢传坚，许庆文，欧明，等．干姜提取物对正常麻醉兔心脏功能及血流动力学的影响 [J]. 中华现代临床医学杂志，2004，2(6B)：868-870.

[21] NURTJAHJA-TJENDRAPUTRA E, AMMIT A J, Roufogalis B D, et al. Effective anti-platelet and COX-1 enzyme inhibitors from pungent constituents of ginger[J]. Thrombosis Research, 2003, 111(4-5): 259-265.

[22] 宋学英，王桥，朱莹，等．生姜对急性缺氧小鼠的保护作用 [J]. 首都医科大学学报，2004，25(4)：438-440.

[23] 李文圣，熊慕蓝．炮姜与姜炭的实验研究 [J]. 中成药，1992，14(12)：22-23.

接骨木 Jiegumu[CP]

Sambucus racemosa L.
Williams Elder

概述

忍冬科 (Caprifoliaceae) 植物接骨木 *Sambucus racemosa* L.，其干燥带叶茎枝入药。中药名：接骨木。其花、果实、根及根皮均可入药。

接骨木属 (*Sambucus*) 植物全世界有 20 余种，分布于北半球温带和亚热带地区。中国约有 4 ～ 5 种，另从国外引种栽培 1 ～ 2 种。本属现供药用者约有 5 种。本种分布于中国东北、中南、西南及河北、山西、陕西、甘肃、山东、江苏、安徽、浙江、福建、广东和广西等省区。

“接骨木”药用之名，始载于《新修本草》。《中国药典》（2015 年版）附录收载本种为中药接骨木的法定原植物来源种。主产于中国河北、山西、陕西、甘肃、四川、贵州、云南及东北、华东、中南地区。

接骨木茎枝主要含三萜类和酚酸类化合物，果实含丰富的亚油酸和维生素 C 等。

药理研究表明，接骨木茎枝有抗骨质疏松的作用；接骨木根有镇惊、镇痛和抗炎等作用；果实具有抗癌、增强免疫、降血脂和抗衰老等作用。

中医理论认为接骨木具有祛风利湿，活血，止血等功效。

◆ 接骨木
Sambucus racemosa L.

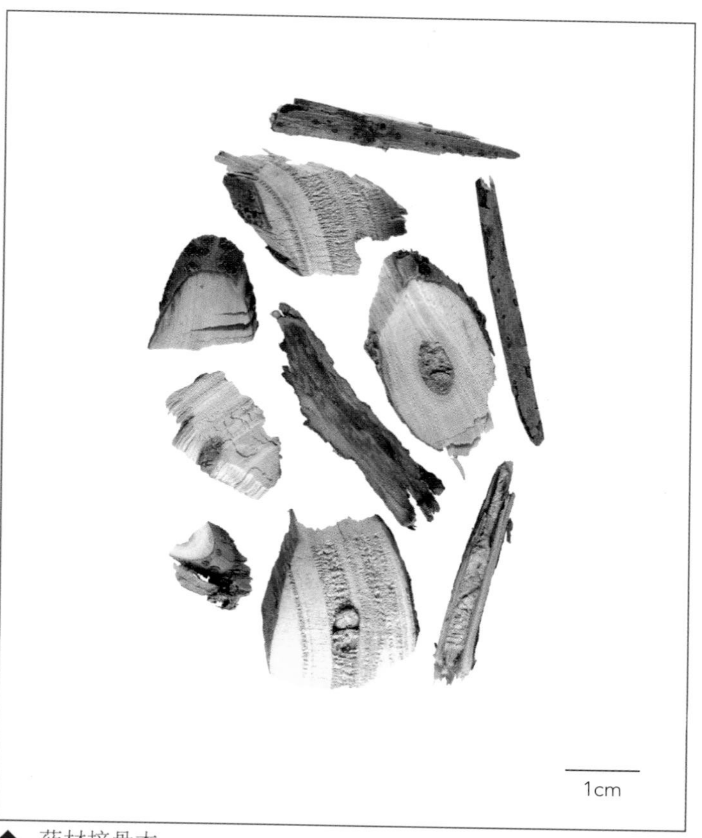

◆ 药材接骨木
Sambuci Ramulus

◆ 接骨木
S. racemosa L.

化学成分

接骨木茎枝含三萜类化合物，主要有熊果酸 (ursolic acid)、白桦醇 (betulin)、白桦酸 (betulinic acid)、齐墩果酸 (oleanolic acid)、α-香树脂醇 (α-amyrin)[1]；又含香草醛 (vanillin)、香草乙酮 (acetovanillone)、松柏醛 (coniferyl aldehyde)、丁香醛 (syringaldehyde)、对羟基苯甲酸 (*p*-hydroxybenzoic acid)、对羟基桂皮酸 (*p*-hydroxycinnamic acid)、原儿茶酸 (protocatechuic acid)[2]。

接骨木果实和种子含丰富的脂肪酸 (84.68%)，其中以α-亚油酸 (α-linolenic acid) 为主 (39.21%)[3]。

药理作用

1. 抗炎、镇痛

接骨木根水提取物能明显抑制小鼠醋酸扭体反应和醋酸诱发的毛细血管通透性增高。大鼠腹腔注射接骨木可明显抑制由右旋糖酐或角叉菜胶引起的足趾肿胀[4]。

2. 抗骨质疏松

以大鼠类成骨细胞 UMR106 的增殖为指标，研究接骨木抗骨质疏松的实验发现接骨木中的白桦醇、白桦酸、香草醛、香草乙酮和松柏醛均有促进 UMR106 细胞增殖的作用，丁香醛可同时促进增殖和分化，白桦醇、对羟基苯甲酸和原儿茶酸可促进细胞碱性磷酸酶的活性[1-2]。

3. 抗惊厥

小鼠皮下注射或腹腔注射接骨木根水提取物可明显对抗士的宁或咖啡因引起的惊厥[4]。

4. 降血脂

接骨木果实富含α-亚油酸等植物油，以果油4g/kg给大鼠和鸡灌胃2周后，能明显降低正常大鼠、高脂血症模型小鼠、鸡的总胆固醇、三酰甘油、低密度脂蛋白及动脉硬化指数 (AI)[5-6]。

5. 抗缺氧

接骨木果油腹腔给药能明显提高小鼠在常压缺氧条件下的耐缺氧能力[6]。

6. 抗肿瘤

接骨木果油灌胃给药，可抑制小鼠 S_{180} 实体瘤及 H_{22} 肝癌实体瘤的生长，且可延长荷 H_{22} 肝癌实体瘤小鼠的存活时间 [7]。

7. 增强免疫

接骨木果油对正常小鼠体内的淋巴细胞转化有较强的促进作用，对被环磷酰胺抑制的淋巴细胞转化率也有较强的恢复作用，能显著提高小鼠巨噬细胞中的酸性磷酸酶活性，增强巨噬细胞吞噬活性 [8-9]。

8. 改善记忆

接骨木果油在跳台法及水迷宫实验时，对小鼠东莨菪碱所致记忆获得障碍和氯霉素所致的记忆巩固障碍及 40% 乙醇所致记忆再现障碍，均有明显的改善作用 [10]。

应用

本品为中医临床用药。功能：祛风利湿，活血，止血。主治：1. 风湿痹痛，风疹；2. 水肿；3. 跌打损伤。

现代临床还用于荨麻疹、急慢性肾炎、骨折肿痛、创伤出血、风湿性关节炎、痛风等病的治疗。

评注

药用植物图像数据库

接骨木在中国民间仅被用于治疗风湿性关节炎、痛风、跌打损伤和骨折等。对其花、叶等的研究很少，目前对接骨木果实油的药理研究作用有较多报道，但对其他部位有效成分研究还不够深入，对其深入研究和广泛应用前景广阔，有待进一步研究和开发 [11]。

同属植物西洋接骨木 *Sambucus nigra* L. 和毛接骨木 *S. williamsii* Hance var. *miquelii* (Nakai) Y. C. Tang 的茎叶也被当成接骨木使用。西洋接骨木的花和果在欧洲应用已有几千年的历史。西洋接骨木的花和果的汁液含丰富的转化糖、果酸、单宁酸、维生素 C、生物类黄酮、花色素和微量的天然香精油，已经被开发为各种高级保健品和化妆品。

参考文献

[1] 杨序娟，王乃利，黄文秀，等．接骨木中的三萜类化合物及其对类成骨细胞 UMR106 的作用 [J]. 沈阳药科大学学报，2005，22(6)：449-452，457.

[2] 杨序娟，黄文秀，王乃利，等．接骨木中的酚酸类化合物及其对大鼠类成骨细胞 UMR106 增殖及分化的影响 [J]. 中草药，2005，36(11)：1604-1607.

[3] 娄桂艳，赵青，迟松江，等. 富含α-亚麻酸的新油源——接骨木籽油的研究[J]. 中国油脂，1998，23(3):59.

[4] 吴春福，刘雯，于庆海，等．接骨木根的镇惊、镇痛和抗炎作用 [J]. 中药材，1992，15(1)：35-37.

[5] 胡荣，洪海成，马德宝，等．接骨木果油降血脂作用研究 [J]. 北华大学学报（自然科学版），2000，1(3)：218-221.

[6] 刘铮，吴静生，王敏伟，等．接骨木油的降血脂和抗衰老作用研究 [J]. 沈阳药科大学学报，1995，12(2)：127-129.

[7] 李铉万，沈刚哲，张善玉，等．接骨木果油抗癌作用的实验研究 [J]. 中国中医药科技，2000，7(2)：103.

[8] 范妮娜，蒋丽华，田力，等．应用接骨木果实油 (SFO) 诱发小鼠体内淋巴细胞转化的实验研究 [J]. 沈阳医学，2002，22(3)：37-38.

[9] 金莉莉，李永政，李桂亭，等．接骨木果实油对小鼠腹腔巨噬细胞吞噬活性的影响 [J]. 辽宁大学学报（自然科学版），1997，24(1)：82-84.

[10] 沈刚哲，胡荣，张善玉，等．接骨木果油对小鼠学习记忆的影响 [J]. 中国中医药科技，2000，7(2)：103-104.

[11] 王启珍．接骨木食用药用价值及开发利用 [J]. 中国林副特产，2002，(2)：59-60.

桔梗 Jiegeng CP, JP, VP

Platycodon grandiflorum (Jacq.) A. DC.
Balloonflower

概述

桔梗科 (Campanulaceae) 植物桔梗 *Platycodon grandiflorum* (Jacq.) A. DC.，其干燥根入药。中药名：桔梗。

桔梗属 (*Platycodon*) 为亚洲东部的单种属，分布于中国、朝鲜半岛、日本及俄罗斯远东和东西伯利亚南部地区。中国东北、华北、华东、华中各省及广东、广西、贵州、云南、四川、陕西等省区均有分布。

"桔梗"药用之名，始载于《神农本草经》，列为下品。历代本草多有著录，古今药用品种一致。《中国药典》（2015 版）收载本种为中药桔梗的法定原植物来源种。主产于中国东北、华北、华东各省区。东北、华北产量较大，华东质量较优。

桔梗的主要活性成分为三萜皂苷，桔梗皂苷是桔梗的特征性成分。《中国药典》采用高效液相色谱法进行测定，规定桔梗药材含桔梗皂苷 D 不得少于 0.10%，以控制药材质量。

药理研究表明，桔梗具有祛痰止咳、抗菌消炎、解热镇痛、镇静安神、降血糖、增强免疫力等作用。

中医理论认为桔梗具有宣肺，利咽，祛痰，排脓等功效。

◆ 桔梗
Platycodon grandiflorum (Jacq.) A. DC.

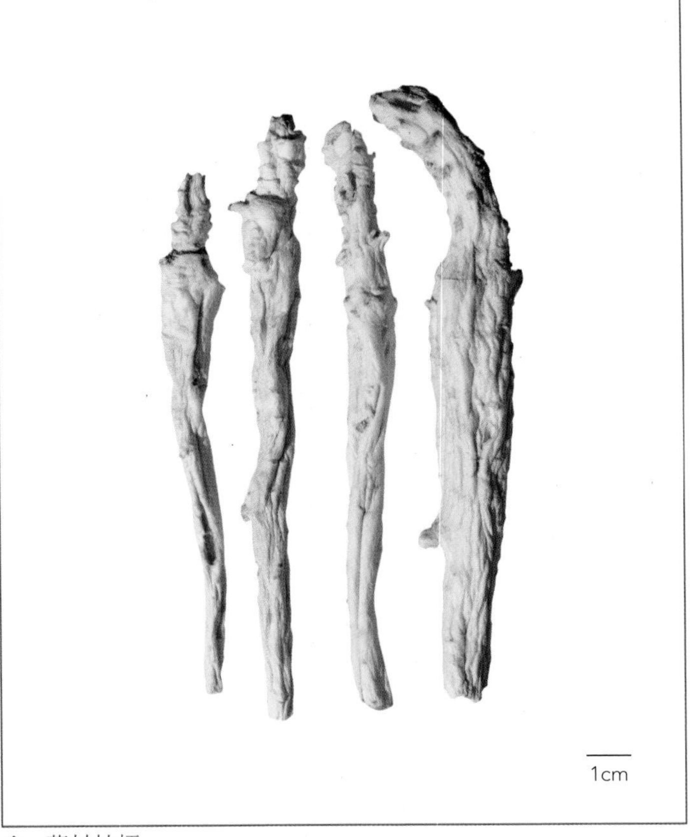

◆ 药材桔梗
Platycodonis Radix

化学成分

桔梗的根含多种三萜皂苷，主要有桔梗皂苷A、C、D、D_2、D_3[1-3] (platycodins A, C, D, D_2, D_3)、远志皂苷D、D_2[2] (polygalacins D, D_2)、桔梗苷酸-A甲酯 (methyl platyconate-A)[3]、桔梗苷A、B、C、D、E、F、G_1、G_2、G_3[4-7] (platycosides A～F, G_1～G_3) 等、去芹菜糖基桔梗皂苷D、D_3、E[8] (deapioplatycodins D, D_3, E)。所含三萜皂苷的苷元主要有桔梗皂苷元 (platycodigenin)[9]、远志酸 (polygalacic acid)[10]和桔梗酸A、B、C[11] (platycogenic acids A～C)；所带糖基主要包括 *L*-阿拉伯糖、*D*-木糖、*D*-葡萄糖、*L*-鼠李糖和 *D*-芹糖。还含有棕榈酸 (plamitic acid)、油酸 (oleic acid) 等有机酸[12]。根中尚含大量由果糖组成的桔梗聚糖，已鉴定结构的有桔梗聚糖GF_2、GF_3、GF_4、GF_5、GF_6、GF_7、GF_8、GF_9 (platycodinins GF_2-GF_9)[13]。

桔梗的地上部分含黄酮类成分：木犀草素-7-*O*-葡萄糖苷 (luteolin-7-*O*-glucoside)、芹菜配基-7-*O*-葡萄糖苷 (apigenin-7-*O*-glucoside)；酚酸类成分：3,4-二甲氧基桂皮酸 (3,4-dimethoxycinnamic acid)、咖啡酸 (caffeic acid)、氯原酸(chlorogenic acid)、阿魏酸 (ferulic acid)、异阿魏酸 (isoferulic acid)、高香草酸 (homovanillic acid)、α-间羟苯甲酸 (α-resorcylic acid)、香豆酸 (coumaric acid)等[14]。

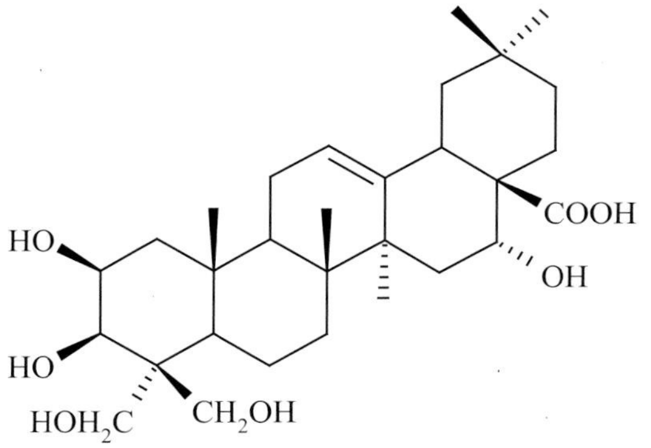

◆ platycodigenin

药理作用

1. 祛痰、镇咳

酚红排泌法实验表明，桔梗根、茎、叶、花、果的乙醇提取物和根的水煎液灌胃均可增加酚红的排泌量，有非常显著的祛痰作用[15-16]。主要是由于其所含皂苷经口给药时刺激舌咽神经末稍，反射性地引起呼吸道的分泌亢进，使痰液稀释而易于咳出。桔梗皂苷D、D_3可能是有效的化痰成分[17]。桔梗水煎液灌胃对浓氨水所致的小鼠咳嗽以及枸橼酸喷雾所致的豚鼠咳嗽均有显著的镇咳作用，可大大延长咳嗽潜伏期[18]。

2. 抗炎

桔梗粗皂苷灌胃对角叉菜胶及醋酸所致的大鼠足趾肿胀有较强的抗炎作用；对大鼠棉球肉芽肿呈显著抑制作用；对大鼠佐剂性关节炎也有效。桔梗皂苷还能显著抑制过敏性小鼠毛细血管通透性[19]。

3. 抗溃疡

桔梗粗皂苷显著抑制大鼠幽门结扎所致的胃液分泌；大鼠十二指肠注入桔梗皂苷，可有效地预防Shay溃疡（Shay溃疡是将大鼠禁食24小时后，在乙醚麻醉下结扎幽门，禁水9小时所造成）的产生；桔梗粗皂苷灌胃给药对大鼠醋酸所致的溃疡也有明显疗效[20]。

4. 抗肥胖

桔梗粗皂苷喂养小鼠，可抑制高血脂小鼠身体和子宫脂肪组织重量的增加，还可防止肝脏脂肪变性；桔梗粗皂苷灌胃对高血脂大鼠血中三酰基甘油的升高有抑制作用。其抗肥胖作用可能与桔梗皂苷 D 抑制脂肪在小肠中的吸收有关[21]。桔梗总皂苷喂养肥胖大鼠还可显著影响其脂肪的代谢，降低低密度脂蛋白胆固醇的含量[22]。

5. 对心血管系统的作用

麻醉犬动脉内注射桔梗粗皂苷，能显著降低后肢血管和冠状动脉的阻力，增加其血流量。大鼠静注桔梗粗皂苷，可见暂时性血压下降，心率减慢和呼吸抑制。对离体豚鼠心房，也可使收缩力减弱，心率减慢[23-24]。

6. 保肝

桔梗根提取物给大鼠灌胃可显著抑制四氯化碳 (CCl_4) 所致的肝坏死和炎症，抑制 CCl_4 中毒大鼠肝α-溶胶原信使核糖核酸 (mRNA) 和α-平滑肌纤蛋白 (α-SMA) 在肝中表达的增加[25]。

7. 抗肿瘤、抗氧化

桔梗根石油醚提取物具有抗氧化作用，四甲基偶氮唑盐 (MTT) 比色试验结果表明，该提取物在体外对人大肠癌细胞 HT-29、回盲肠癌细胞 HRT-18、肝癌细胞 $HepG_2$ 均显示出很强的细胞毒性[26]。

8. 镇痛

桔梗皂苷 D 小鼠腹腔注射、侧脑室注射以及鞘内给药均有抗伤害性感受的作用，对热甩尾试验、醋酸所致的扭体反应以及福尔马林引起的痛反应都显示出明显的镇痛作用[27]。

9. 其他

桔梗总皂苷还具有降血糖作用。

应用

本品为中医临床用药。功能：宣肺，利咽，祛痰，排脓。主治：咳嗽痰多，胸闷不畅，咽痛音哑，肺痈吐脓。

现代临床还用于急慢性支气管炎、急性上呼吸道感染、肺心病、肺气肿、肺癌等病的治疗。

评注

桔梗是中国卫生部规定的药食同源品种之一。

桔梗不仅是一种传统中药，还是一种美味食品，其根营养丰富，含多种氨基酸，大量亚油酸等不饱和脂肪酸和多种人体必需微量元素，具有降血压、降血脂、抗动脉粥样硬化等作用。

在中国东北地区及日本、朝鲜半岛等东亚国家，桔梗常鲜用或制成咸菜，是一种很好的功能性食品。

桔梗根含淀粉，加工的桔梗淀粉可制作高级糕点。桔梗根也可以直接酿酒。

桔梗提取物可抑制黏多糖的降解，消除氧自由基，具有抗氧化作用，可用于抗衰老化妆品和浴液中。桔梗浸液还可作为农作物的杀虫杀菌剂。因此，桔梗除药用外，还有很高的经济价值。

目前，山东已建立了桔梗的规范化种植基地，四川也建立了桔梗的栽培基地。

参考文献

[1] KONISHI T, TADA A, SHOJI J, et al. The structures of platycodin A and C, monoacetylated saponins of the roots of *Platycodon grandiflorum* A. DC.[J]. Chemical & Pharmaceutical Bulletin, 1978, 26(2): 668-670.

[2] ISHII H, TORI K, TOZYO T, et al. Structures of polygalacin D and D_2, platycodin D and D_2, and their monoacetates, saponins isolated from *Platycodon grandiflorum* A. DC., determined by carbon-13 nuclear magnetic resonance spectroscopy[J]. Chemical & Pharmaceutical Bulletin, 1978, 26(2): 674-677.

[3] ISHII H, TORI K, TOZYO T, et al. Structures of platycodin-D_3, platyconic acid-A, and their derivatives, saponins isolated from root of *Platycodon grandiflorum* A. De Candolle, determined by carbon-^{13} NMR spectroscopy[J]. Chemistry Letters, 1978, 7: 719-722.

[4] NIKAIDO T, KOIKE K, MITSUNAGA K, et al. Triterpenoid saponins from the root of *Platycodon grandiflorum*[J]. Natural Medicines, 1998, 52(1): 54-59.

[5] NIKAIDO T, KOIKE K, MITSUNAGA K, et al. Two new triterpenoid saponins from *Platycodon grandiflorum*[J]. Chemical & Pharmaceutical Bulletin, 1999, 47(6): 903-904.

[6] MITSUNAGA K, KOIKE K, KOSHIKAWA M, et al. Triterpenoid saponin from *Platycodon grandiflorum*[J]. Natural Medicines, 2000, 54(3): 148-150.

[7] HE Z D, QIAO C F, HAN Q B, et al. New triterpenoid saponins from the roots of *Platycodon grandiflorum*[J]. Tetrahedron, 2005, 61(8): 2211-2215.

[8] KIM Y S, KIM J S, CHOI S U, et al. Isolation of a new saponin and cytotoxic effect of saponins from the root of *Platycodon grandiflorum* on human tumor cell lines[J]. Planta Medica, 2005, 71(6): 566-568.

[9] AKIYAMA T, TANAKA O, SHIBATA S. Chemical studies on oriental plant drugs. XXX. Sapogenins of the roots of *Platycodon grandiflorum*. 1. Isolation of the sapogenins and the stereochemistry of polygalacic acid[J]. Chemical & Pharmaceutical Bulletin, 1972, 20(9): 1945-1951.

[10] AKIYAMA T, IITAKA Y, TANAKA O. Structure of platicodigenin, a sapogenin of *Platycodon grandiflorum*[J]. Tetrahedron Letters, 1968, 53: 5577-5580.

[11] KUBOTA T, KITATANI H, HINOH H. Structure of platycogenic acids A, B, and C, further triterpenoid constituents of *Platycodon grandiflorum*[J]. Journal of the Chemical Society [Section] D: Chemical Communications, 1969, 22: 1313-1314.

[12] LEE J Y, YOON J W, KIM C T, et al. Antioxidant activity of phenylpropanoid esters isolated and identified from *Platycodon grandiflorum* A. DC.[J]. Phytochemistry, 2004, 65(22): 3033-3039.

[13] OKA M, OTA N, MINO Y, et al. Studies on the conformational aspects of inulin oligomers[J]. Chemical & Pharmaceutical Bulletin, 1992, 40(5): 1203-1207.

[14] MAZOL I, GLENSK M, CISOWSKI W. Polyphenolic compounds from *Platycodon grandiflorum* A. DC.[J]. Acta Poloniae Pharmaceutica, 2004, 61(3): 203-208.

[15] 赵耕先，黄泉秀，彭国平，等．桔梗不同部位的祛痰作用[J]. 中药材，1989，12(1)：38-39.

[16] 高铁祥，顾欣．野生桔梗与栽培品溶血及化痰作用的实验研究 [J]. 中医药研究，2001，17(5)：44-45.

[17] SHIN C Y, LEE W J, LEE E B, et al. Platycodin D and D_3 increase airway mucin release *in vivo* and *in vitro* in rats and hamsters[J]. Planta Medica, 2002, 68(3): 221-225.

[18] 高铁祥，游秋云．野生桔梗与栽培品止咳作用的实验研究[J]. 现代中西医结合杂志，2001，10(16)：1525-1526.

[19] TAKAGI K, LEE E B. Pharmacological studies on *Platycodon grandiflorum* A. DC. Ⅱ. Antiinflammatory activity of crude platycodin, its activities on isolated organs and other pharmacological activities[J]. Yakugaku Zasshi, 1972, 92(8): 961-968.

[20] KAWASHIMA K, LEE E B, HIRAI T, et al. Effects of crude platycodin on gastric secretion and experimental ulcerations in rats[J]. Chemical & Pharmaceutical Bulletin, 1972, 20(4): 755-758.

[21] HAN L K, ZHENG Y N, XU B J, et al. Saponins from Platycodi Radix ameliorate high fat diet-induced obesity in mice[J]. Journal of Nutrition, 2002, 132(8): 2241-2245.

[22] ZHAO H L, SIM J S, SHIM S H, et al. Anti-obese and hypolipidemic effects of Playcodin saponins in diet-induced obese rats: evidences for lipase inhibition and calorie intake restriction[J]. International Journal of Obesity, 2005, 29(8): 983-990.

[23] KATO H, SUZUKI S, NAKAO K, et al. Vasodilating effect of crude platycodin in anesthetized dogs[J]. Japanese Journal of Pharmacology, 1973, 23(5): 709-716.

[24] TAKAGI K, LEE E B. Pharmacological studies on *Platycodon grandiflorum* A. DC. Ⅲ. Activities of crude platycodin on respiratory and circulatory systems and its other pharmacological activities[J]. Yakugaku Zasshi, 1972, 92(8): 969-973.

[25] LEE K J, LIM J Y, JUNG K S, et al. Suppressive effects of *Platycodon grandiflorum* on the progress of carbon tetrachloride-induced hepatic fibrosis[J]. Archives of Pharmacal Research, 2004, 27(12): 1238-1244.

[26] LEE J Y, HWANG W I, LIM S T. Antioxidant and anticancer activities of organic extracts from *Platycodon grandiflorum* A. De Candolle roots[J]. Journal of Ethnopharmacology, 2004, 93(2-3): 409-415.

[27] CHOI S S, HAN E J, LEE T H, et al. Antinociceptive profiles of platycodin D in the mouse[J]. The American Journal of Chinese Mecidine, 2004, 32(2): 257-268.

◆ 桔梗种植基地

金钗石斛 Jinchaishihu CP, KHP

Dendrobium nobile Lindl.
Noble Dendrobium

概述

兰科 (Orchidaceae) 植物金钗石斛 *Dendrobium nobile* Lindl.，其新鲜或干燥茎入药。中药名：石斛。

石斛属 (*Dendrobium*) 植物全世界约有 1000 种，广泛分布于亚洲热带和亚热带地区至大洋洲。中国有 74 种 2 变种。本属现供药用者约有 7 种。本种分布于中国台湾、湖北、香港、海南、广西、四川、贵州、云南、西藏等地，印度、尼泊尔、不丹、缅甸、泰国、老挝、越南也有分布。

“石斛”药用之名，始载于《神农本草经》，列为上品。历代本草多有著录。中国从古至今作石斛药用者主要为石斛属多种植物。《中国药典》（2015 年版）收载本种为中药石斛的法定原植物来源种之一。金钗石斛主产于中国广西、云南和贵州。

金钗石斛的主要化学成分为倍半萜类生物碱和挥发油。《中国药典》采用气相色谱法进行测定，规定石斛药材含石斛碱不得少于 0.40%，以控制药材质量。

药理研究表明，金钗石斛具有免疫促进、延缓白内障、抗肿瘤等作用。

中医理论认为石斛具有益胃生津，滋阴清热等功效。

◆ 金钗石斛
Dendrobium nobile Lindl.

◆ 铁皮石斛
D. officinale Kimura et Migo

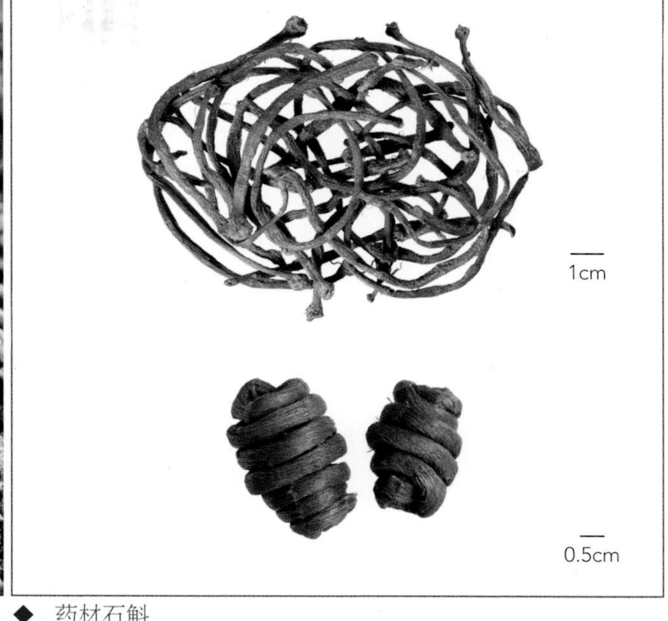

◆ 药材石斛
Dendrobii Caulis

化学成分

金钗石斛块茎含有倍半萜类生物碱，是石斛的特征性成分，如石斛碱 (dendrobine)[1]、石斛酮碱 (nobiline)[2]、4-羟基石斛醚碱 (4-hydroxydendroxine)[3]、6-羟基石斛醚碱 (6-hydroxydendroxine)[4]、石斛醚碱 (dendroxine)[5]、石斛酯碱 (dendrine)[6]、3-羟基-2-氧代石斛碱 (3-hydroxy-2-oxodendrobine)[7]、金钗石斛碱 A (dendronobiline A)[8]；还含季胺生物碱：*N*-甲基石斛季铵碱碘化物 (*N*-methyldendrobium iodide)、*N*-异戊烯基石斛季铵醚碱溴化物 (*N*-isopentenyldendrobium bromide)、石斛碱*N*-氧化物 (dendrobine *N*-oxide)、*N*-异戊烯基-6-羟基石斛季铵醚碱氯化物 (*N*-isopentenyl-6-hydroxydendroxium chloride)[9]；尚含倍半萜及其苷类化合物：亚甲基金钗石斛素 (nobilomethylene)[3]、金钗石斛菲醌 (denbinobin)[10]、7,12-dihydroxy-5-hydroxymethyl-11-isopropyl-6-methyl-9-oxatricyclo[6.2.1.02,6]undecan-10-one-15-*O*-*β*-*D*-glucopyranoside[11]、石斛苷 A、D、E、F、G (dendroside A, D～G)[12-13]、金钗石斛苷 A、B (dendronobilosides A, B)[12]；此外还含：4,7-二羟基-2-甲氧基-9,10-双氢菲 (4,7-dihydroxy-2-methoxy-9,10-dihydrophenanthrene)[10]、海松二烯 (pimaradiene)[14]、大叶兰酚 (gigantol)[15]。金钗石斛新鲜茎含挥发油，主要成分为泪柏醇 (manool)[16]。

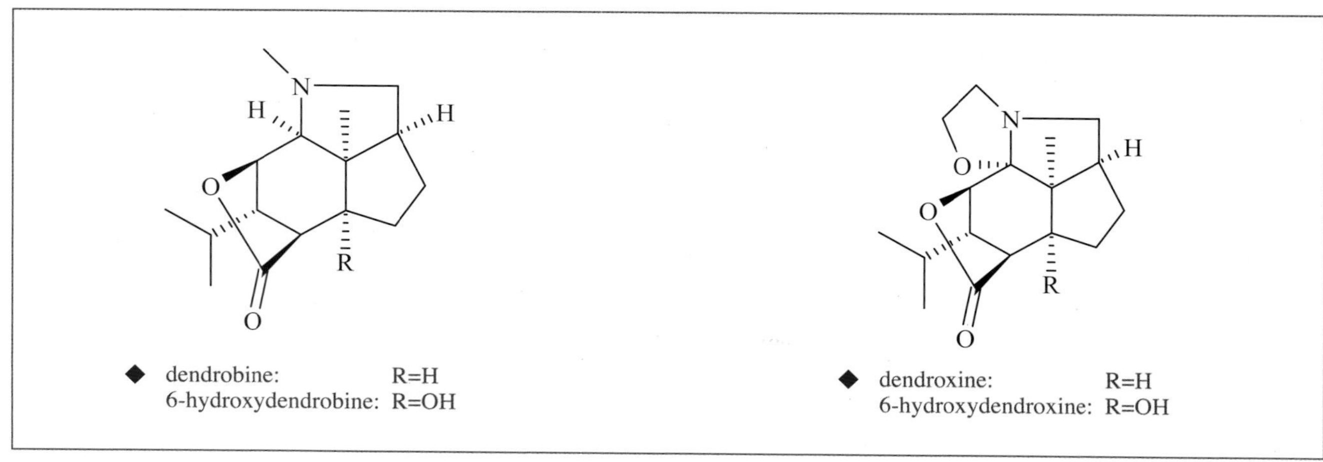

◆ dendrobine: R=H
6-hydroxydendrobine: R=OH

◆ dendroxine: R=H
6-hydroxydendroxine: R=OH

药理作用

1. 免疫促进

金钗石斛水煎剂灌胃对小鼠腹腔巨噬细胞的吞噬功能有增强作用，并对氢化可的松造成的免疫功能低下有恢复作用[17]。体外实验表明，石斛苷 A 和金钗石斛苷 A 对小鼠 T 淋巴细胞和 B 淋巴细胞的增殖反应有促进作用[12]；石斛苷 D ～ G 能明显促进刀豆蛋白 A (Con A) 或脂多糖 (LPS) 对小鼠脾细胞的增殖反应[13]。

2. 对平滑肌的影响

金钗石斛所含的石斛碱能抑制离体家兔的肠道活动，并引起离体豚鼠子宫收缩[18]。

3. 治疗实验性白内障

金钗石斛水煎剂灌胃对大鼠半乳糖性白内障有推迟和治疗作用[19]，可使晶状体内胆固醇恢复正常，使脂质过氧化物明显降低[20]，还能使白内障晶状体偏高的半乳糖、半乳糖醇和辅酶Ⅱ (NADP) 以及偏低的还原型辅酶Ⅱ (NADPH) 基本恢复正常[21]，对酶活性异常有抑制或纠正作用[22]。

4. 抗肿瘤

金钗石斛中的菲类成分4,7-二羟基-2-甲氧基-9,10-双氢菲与金钗石斛菲醌在体外对肿瘤细胞人体肺癌细胞 A_{549}、人体卵巢腺癌细胞 SK-OV-3 和人体早幼粒细胞白血病细胞 HL-60 具有显著的细胞毒性作用；4,7-二羟基-2-甲氧基-9,10-双氢菲腹腔注射对小鼠 S_{180} 移植瘤也有抑制作用[10]。

5. 抗菌

金钗石斛的水蒸气蒸馏液在体外能抑制大肠埃希氏菌、枯草芽孢杆菌和金黄色葡萄球菌[23]。

6. 其他

金钗石斛水提取液对小鼠破骨细胞的形成有抑制作用[24]。大叶兰酚有抗诱变活性[15]。石斛碱还有升高豚鼠及家兔血糖、降低血压、抑制呼吸及心脏收缩等作用。

应用

本品为中医临床用药。功能：益胃生津，滋阴清热。主治：热病津伤，口干烦渴，胃阴不足，食少干呕，病后虚热不退，阴虚火旺，骨蒸劳热，目暗不明，筋骨痿软。

现代临床还用于咽炎、白内障、鼻咽癌、霍奇金淋巴瘤、淋巴肉瘤等病的治疗。

评注

药用植物图像数据库

《中国药典》除金钗石斛外，还收载鼓槌石斛 *Dendrobium chrysotoxum* Lindl. 或流苏石斛 *Dendrobium fimbriatum* Hook. 的栽培品及其同属植物近似种的新鲜或干燥茎作为中药石斛的法定原植物来源种。另收载铁皮石斛 *Dendrobium officinale* Kimura et Migo 的干燥茎为中药铁皮石斛的法定原植物来源种。多种石斛与金钗石斛具有类似的药理作用，其化学成分也多有相似，主要含倍半萜类生物碱。

金钗石斛是常用的名贵中药，而且因为其花型奇特、花色鲜艳而具有较高的观赏价值。金钗石斛也是中国目前紧缺的中药材和外贸出口药材，已被中国列为重点保护的药用植物。金钗石斛每年需求量较大，价格昂贵，目前金钗石斛药材资源仍以野生为主。因此，应加强对金钗石斛人工栽培的研究，加强对原产地的生态环境保护。

参考文献

[1] INUBUSHI Y, SASAKI Y, TSUDA Y, et al. Structure of dendrobine[J]. Tetrahedron, 1964, 20(9): 2007-2023.

[2] YAMAMURA S, HIRATA Y. Structures of nobiline and dendrobine[J]. Tetrahedron Letters, 1964, 2: 79-87.

[3] OKAMOTO T, NATSUME M, ONAKA T, et al. Alkaloidal constituents of *Dendrobium nobile* (Orchidaceae). Structure determination of 4-hydroxydendroxine and nobilomethylene[J]. Chemical & Pharmaceutical Bulletin. 1972, 20(2): 418-421.

[4] OKAMOTO T, NATSUME M, ONAKA T, et al. The structure of dendramine (6-hydroxydendrobine) and 6-hydroxydendroxine, the fourth and fifth alkaloid from *Dendrobium nobile*[J]. Chemical & Pharmaceutical Bulletin, 1966, 14(6): 676-680.

[5] OKAMOTO T, NATSUME M, ONAKA T, et al. The structure of dendroxine, the third alkaloid from *Dendrobium nobile*[J]. Chemical & Pharmaceutical Bulletin, 1966, 14(6): 672-675.

[6] INUBUSHI Y, NAKANO J. Structure of dendrine[J]. Tetrahedron Letters, 1965, 31: 2723-2728.

[7] WANG H K, ZHAO T F, CHE C T. Dendrobine and 3-hydroxy-2-oxodendrobine from *Dendrobium nobile*[J]. Journal of Natural Products, 1985, 48(5): 796-801.

[8] LIU Q F, ZHAO W M. A new dendrobine-type alkaloid from *Dendrobium nobile*[J]. Chinese Chemical Letters, 2003, 14(3): 278-279.

[9] HEDMAN K, LEANDER K. Orchidaceae alkaloids. XXVII. Quaternary salts of the dendrobine type from *Dendrobium nobile*[J]. Acta Chemica Scandinavica, 1972, 26(8): 3177-3180.

[10] LEE Y H, PARK J D, BAEK N I, et al. *In vitro* and *in vivo* antitumoral phenanthrenes from the aerial parts of *Dendrobium nobile*[J]. Planta Medica, 1995, 61(2): 178-180.

[11] SHU Y, ZHANG D M, GUO S X. A new sesquiterpene glycoside from *Dendrobium nobile* Lindl.[J]. Journal of Asian Natural Products Research, 2004, 6(4): 311-314.

[12] ZHAO W M, YE Q H, TAN X J, et al. Three new sesquiterpene glycosides from *Dendrobium nobile* with immunomodulatory activity[J]. Journal of Natural Products, 2001, 64(9): 1196-1200.

[13] YE Q H, QIN G W, ZHAO W M. Immunomodulatory sesquiterpene glycosides from *Dendrobium nobile*[J]. Phytochemistry, 2002, 61(8): 885-890.

[14] 舒莹，郭顺星，陈晓梅，等.金钗石斛化学成分的研究[J].中国药学杂志，2004，39(6)：421-422.

[15] MIYAZAWA M, SHIMAMURA H, NAKAMURA S, et al. Antimutagenic activity of gigantol from *Dendrobium nobile*[J]. Journal of Agricultural and Food Chemistry, 1997, 45(8): 2849-2853.

[16] 李满飞，徐国钧，吴厚铭，等.金钗石斛精油化学成分研究[J].有机化学，1991，11(2)：219-224.

[17] 施子棣，何季芬，张桂兰，等.金钗石斛水煎液对小白鼠腹腔巨噬细胞吞噬功能影响的实验观察[J].河南中医，1989，(2)：35-36.

[18] CHEN K K, CHEN A L. The pharmacological action of dendrobine, the alkaloid of Chin-shih-hu[J]. Journal de Pharmacologie, 1935, 55: 319-325.

[19] 杨涛，梁康，张昌颖.四种中草药对大鼠半乳糖性白内障防治效用的研究[J].北京医科大学学报，1991，23(2)：97-99.

[20] 杨涛，梁康，侯纬敏，等.四种中草药抗白内障形成中晶状体脂类过氧化水平及脂类含量的变化[J].生物化学杂志，1992，8(2)：164-168.

[21] 杨涛，梁康，侯纬敏，等.四种中草药对大鼠半乳糖性白内障氧化还原物质及糖类含量的影响[J].生物化学杂志，1992，8(1)：21-25.

[22] 杨涛，梁康，侯纬敏，等.四种中草药对大鼠半乳糖性白内障相关酶活性的影响[J].生物化学杂志，1991，7(6)：731-736.

[23] 郑晓珂，曹新伟，冯卫生，等.金钗石斛的研究进展[J].中国新药杂志，2005，14(7)：826-829.

[24] YIN J, TEZUKA Y, KOUDA K, et al. Antiosteoporotic activity of the water extract of *Dioscorea spongiosa*[J]. Biological & Pharmaceutical Bulletin, 2004, 27(4): 583-586.

金钱松 Jinqiansong CP

Pseudolarix amabilis (Nelson) Rehd.
Golden Larch

概述

松科 (Pinaceae) 植物金钱松 *Pseudolarix amabilis* (Nelson) Rehd.，其干燥根皮或近根树皮入药。中药名：土荆皮。

金钱松属 (*Pseudolarix*) 植物为中国特产，仅有金钱松 1 种，分布于长江中下游各省温暖地带。

“土荆皮”药用之名，始载于《药材资料汇编》。历代本草中未见收载。《中国药典》（2015 年版）收载本种为中药土荆皮的法定原植物来源种。主产于中国江苏、浙江、安徽、江西、福建、湖南等地。

金钱松根皮的主要活性成分为土荆皮酸甲、土荆皮酸乙等二萜类化合物。《中国药典》采用高效液相色谱法进行测定，规定土荆皮药材含土荆皮乙酸不得少于 0.25%，以控制药材质量。

药理研究表明，金钱松的根皮具有抗菌、抗肿瘤、抗生育、止血等作用。

中医理论认为土荆皮具有杀虫，疗癣，止痒等功效。

◆ 金钱松
Pseudolarix amabilis (Nelson) Rehd.

◆ 药材土荆皮
Pseudolaricis Cortex

◆ 药材土槿皮
Cleistocalycis Operculati Cortex

◆ 水翁
Cleistocalyx operculatus (Roxb.) Merr. et Perry

化学成分

金钱松根皮及近根树皮部分含有二萜类成分：土荆皮酸甲、乙、丙、丁、戊、己、庚、辛(pseudolaric acids A～H)[1]、土荆皮酸C_2（pseudolaric acid C_2）、去乙酰基土荆皮酸A、C (deacetylpseudolaric acids A, C)、土荆皮酸A-*O*-*β*-*D*-吡喃葡萄糖苷 (pseudolaric acid A-*O*-*β*-*D*-glucopyranoside)、土荆皮酸B-*O*-*β*-*D*-吡喃葡萄糖苷 (pseudolaric acid B-*O*-*β*-*D*-glucopyranoside)、2',3'-dihydroxy-1'-propoxypseudolarate B、6'-*O*-乙酰土荆皮酸B-*O*-*β*-*D*-吡喃葡萄糖苷 (6'-*O*-acetylpseudolaric acid B-*O*-*β*-*D*-glucopyranoside)、土荆皮酸A、B甲酯 (methyl pseudolarate A, B)[1]；三萜类成分：金钱松呋喃酸 (pseudolarifuroic acid)[2]、异金钱松呋喃酸A、B (isopseudolarifuroic acids A, B)[3]、白桦脂酸 (betulinic acid)[2]、isopseudolaritone A；寡糖：1-*O*-isopropyl-6-*O*-[2-*O*-methyl-*α*-*L*-rhamnopyranosyl(1→6)]-*β*-*D*-glucopyranose[4]等。

金钱松树叶中含三萜类成分：土荆皮内酯Q、R、S (pseudolarolides Q～S)[5]。

金钱松种子含三萜内酯类成分：土荆皮内酯A、B、C、D、E、F、H、I、J、K、L[6-9]。

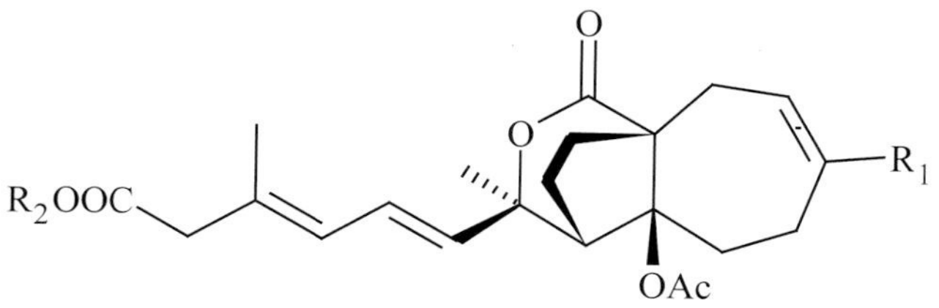

◆ pseudolaric acid A: $R_1=CH_3, R_2=H$
pseudolaric acid C: $R_1=COOCH_3, R_2=H$
pseudolaric acid A-*O*-*β*-*D*-glucoside: $R_1= CH_3, R_2=glc$

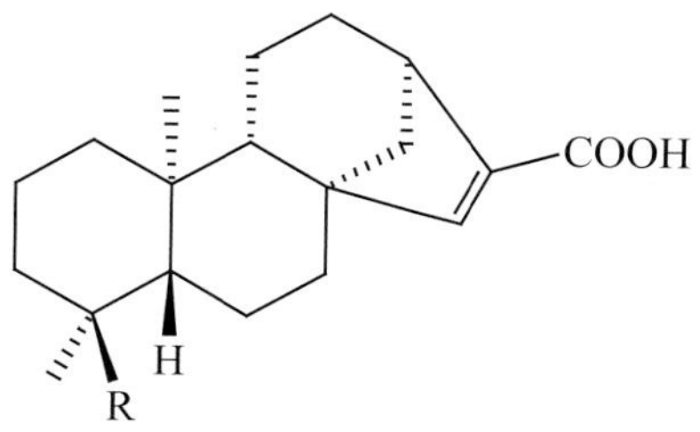

◆ pseudolaric acid D: $R=CH_2OH$
pseudolaric acid E: $R=COOH$

药理作用

1. 抗菌

土荆皮乙酸为金钱松的主要抗真菌成分，其体外对红色毛癣菌、发癣菌、石膏状小芽胞菌、念珠菌和球拟酵母菌等均有很强的抑制作用[10-11]。此外，异金钱松呋喃酸A体外对革兰氏阳性和革兰氏阴性细菌有很强的抗菌性[3]。

2. 抗肿瘤

土荆皮乙酸体外对人鼻咽癌细胞KB、肺癌细胞A-549、结肠癌细胞HCT-8及鼠类白血病细胞P388均有细胞毒活性[6]；对HeLa癌细胞及A375-S2癌细胞有诱导细胞凋亡的作用，作用机制为降低Bcl-2蛋白的表达和增加

Bax 蛋白表达[12-13]。

3. 抗生育

土荆皮甲酸和土荆皮乙酸灌胃对妊娠大鼠有明显的抗早孕作用，亦可舒缓早孕大鼠离体子宫的肌张力；土荆皮甲酸和土荆皮乙酸不具有雌激素和抗雌激素活性，亦无黄体酮活性，主要机制为减少子宫内膜及肌层血流量而致胚胎死亡[14-15]。此外，土荆皮乙酸注入仓鼠排卵前卵巢囊，对仓鼠卵子受精能力有抑制作用[16]。

4. 止血

土荆皮醇提取物对犬股动脉切口、断肢出血、肝脾创面出血有良好的止血作用[17]。

5. 胆囊自截

土荆皮酊于家兔胆囊底部注入，能完全破坏家兔的胆囊黏膜，引起胆囊壁的慢性炎症和纤维机化，使胆囊自截，并对邻近肝组织无明显损害[18]。

6. 其他

土荆皮乙酸有抑制血管内皮生长因子的作用[19]。

应用

本品为中医临床用药。功能：杀虫，疗癣，止痒。主治：疥癣瘙痒。

现代临床还用于手脚癣、神经性皮炎、头癣等病的治疗。

评注

药用植物图像数据库

中国广东地区以土槿皮〔桃金娘科植物水翁 *Cleistocalyx operculatus* (Roxb.) Merr. et Perry 的干燥树皮〕用作土荆皮的地区习惯用品，称广东土槿皮。广东土槿皮用于杀虫、治癣有近 300 年的应用历史，其成分及抑菌机制值得进一步研究[20]。

土荆皮乙酸大鼠口服 LD_{50} 为 130mg/kg。土荆皮甲酸对狗的中毒作用主要有厌食、呕吐、腹泻、便血等消化道症状，显微镜下可见胃肠黏膜及黏膜下组织广泛出血点，其他器官未见明显的病理变化[21]。以上数据可供今后的研究与临床应用参考。

参考文献

[1] YANG S P, WU Y, YUE J M. Five new diterpenoids from *Pseudolarix kaempferi*[J]. Journal of Natural Products, 2002, 65(7): 1041-1044.

[2] 陈科，李珠莲，潘德济，等 . 土槿皮三萜成分的研究 [J]. 化学学报，1990，48：591-595.

[3] YANG S P, YUE J M. Two novel cytotoxic and antimicrobial triterpenoids from *Pseudolarix kaempferi*[J]. Bioorganic & Medicinal Chemistry Letters, 2001, 11(24): 3119-3122.

[4] YANG S P, WANG Y, WU Y, et al. Chemical constituents from *Pseudolarix kaempferi*[J]. Natural Products Research, 2004, 18(5): 439-446.

[5] ZHOU T X, ZHANG H P, ZHU N Y, et al. New triterpene peroxides from *Pseudolarix kaempferi*[J]. Tetrahedron, 2004, 60(22): 4931-4936.

[6] CHEN G F, LI Z L, PAN D J, et al. The isolation and structural elucidation of four novel triterpene lactones, pseudolarolides A, B, C, and D, from *Pseudolarix kaempferi*[J]. Journal of Natural Products, 1993, 56(7): 1114-1122.

[7] CHEN G F, LI Z L, PAN D J, et al. A novel eleven-membered-ring triterpene dilactone, pseudolarolide F and A related compound, pseudolarolide E, from *Pseudolarix*

kaempferi[J]. Journal of Asian Natural Products Research, 2001, 3(4): 321-333.

[8] CHEN K, ZHANG Y L, LI Z L, et al. Structure and stereochemistry of pseudolarolide J, a novel nortriterpene lactone from *Pseudolarix kaempferi*[J]. Journal of Natural Products, 1996, 59(12): 1200-1202.

[9] CHEN K, SHI Q, LI Z L, et al. Structures and stereochemistry of pseudolarolides K and L, novel triterpene dilactones from *Pseudolarix kaempferi*[J]. Journal of Asian Natural Products Research, 1999, 1(3): 207-214.

[10] 唐金花，张薪薪，刘伟，等 . 土槿皮对红色毛癣菌的抑菌作用及其超威结构的研究 [J]. 辽宁师范大学学报（自然科学版），2005，28(3)：339-341.

[11] LI E, CLARK A M, HUFFORD C D. Antifungal evaluation of pseudolaric acid B, a major constituent of *Pseudolarix kaempferi*[J]. Journal of Natural Products, 1995, 58(1): 57-67.

[12] 龚显峰，王敏伟，田代真一，等 . 土槿皮乙酸体外诱导 A375-S2 细胞凋亡 [J]. 中国中药杂志，2005，30(1)：55-57.

[13] 龚显峰，王敏伟，吴振，等 . 土槿皮乙酸体外诱导 Hela 细胞凋亡 [J]. 中国药学杂志，2005，40(8)：589-591.

[14] 王伟成，顾芝萍，顾克仁，等 . 土荆皮乙酸对妊娠大鼠子宫内膜及肌层血流量的影响 [J]. 中国药理学报，1991，12(5)：423-425.

[15] 王伟成，游根娣，蒋秀娟，等 . 土荆皮甲酸和乙酸的内分泌活性和它们对性激素、前列腺素、子宫、胎儿的影响 [J]. 中国药理学报，1991，12(2)：187-190.

[16] 张燕林，吕容真，颜阿林 . 土荆皮乙酸抑制仓鼠卵子的受精能力 [J]. 中国药理学报，1990，11(1)：60-62.

[17] 王本祥 . 现代中药药理学 [M]. 天津：天津科学技术出版社，1997：1415.

[18] 张丽，李华 . 高浓度土荆皮酊自截兔胆囊的实验研究 [J]. 江苏中医，1996，17(7)：45-46.

[19] TAN W F, ZHANG X W, LI M H, et al. Pseudolarix acid B inhibits angiogenesis by antagonizing the vascular endothelial growth factor-mediated anti-apoptotic effect[J]. European Journal of Pharmacology, 2004, 499(3): 219-228.

[20] 房志坚，王瑾，罗集鹏 . 土槿皮与广东土槿皮的生药鉴定 [J]. 中药材，1994，17(2)：15-19，52.

[21] 王伟成，陆荣发，赵世兴，等 . 土荆皮甲酸的抗生育作用和毒性 [J]. 生殖与避孕，1989，9(1)：34-37.

金樱子 Jinyingzi CP, KHP

Rosa laevigata Michx.
Cherokee Rose

概述

蔷薇科 (Rosaceae) 植物金樱子 *Rosa laevigata* Michx.，其干燥成熟果实入药。中药名：金樱子。

蔷薇属 (*Rosa*) 植物全世界约有 200 种，分布于亚、欧、北美、北非各洲的寒温带至亚热带地区。中国产约有 82 种，本属现供药用者约有 26 种。本种分布于中国陕西、河南、安徽、江苏、浙江、江西、湖北、湖南、广东、广西、福建、台湾、四川、云南等省区。

“金樱子”药用之名，始载于《雷公炮炙论》。历代本草多有著录，古今药用品种一致。《中国药典》（2015 年版）收载本种为中药金樱子的法定原植物来源种。主产于中国江苏、安徽、浙江、江西、福建、湖南、广州、广西等省区。

金樱子主要化学成分为鞣质，尚有多糖、三萜和三萜皂苷类成分。《中国药典》采用紫外－可见分光光度法进行测定，规定金樱子药材含金樱子多糖以无水葡萄糖计不得少于 25.0%，以控制药材质量。

药理研究表明，金樱子具有抑制平滑肌收缩、保护肾脏、抗氧化、增强免疫等作用。

中医理论认为金樱子有固精缩尿，固崩止带，涩肠止泻等功效。

◆ 金樱子
Rosa laevigata Michx.

◆ 金樱子
R. laevigata Michx.

◆ 药材金樱子
Rosae Laevigatae Fructus

化学成分

金樱子含可水解鞣质类成分：金樱子素A、B、C、D、E、F、G (laevigatins A～G)、仙鹤草素 (agrimoniin)、仙鹤草酸A、B (agrimonic acids A～B)、地榆素H-4 (sanguiin H-4)、赤芍素 (pedunculagin) 、委陵菜素 (potentillin) 、casuarictin 等[1]；三萜类成分：熊果酸 (ursolic acid)、委陵菜酸 (tormentic acid)、23-羟基委陵菜酸 (23-hydroxytormentic acid)、23-羟基委陵菜酸28-*O*-β-*D*-吡喃葡萄糖苷 (23-hydroxytormentic acid 28-*O*-β-*D*-glucopyranoside)[2]、刺梨酸 (euscaphic acid)[3]、齐墩果酸 (oleanolic acid)[1]、19α-hydroxyasiatic acid、19α-hydroxyasiatic acid-28-*O*-β-*D*-glucopyranoside[4]、2-甲氧基熊果酸 (2-methoxyursolic acid)、11-羟基委陵菜酸 (11-hydroxytormentic acid)、tormentic acid 6-methoxy-glucopyranosyl ester[5]、金樱子皂苷A (laevigatanoside A)[6]。此外，还含对香豆酸 (*p*-coumaric acid)、6,7-二甲氧基香豆素 (6,7-dimethoxycoumarin)、顺式和反式乙基-2-苄基-3-羟基-5-羰基-3-呋喃甲酸酯 [(*cis*/*trans*) ethyl-2-benzyl-3-hydroxy-5-oxo-3-furancarboxylate][7]。

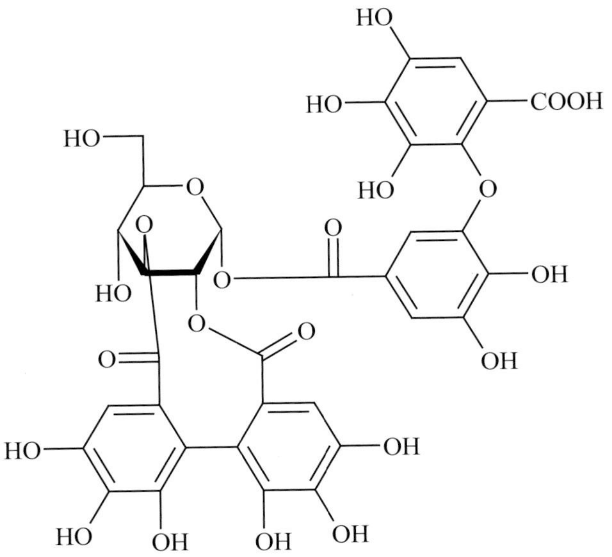

◆ laevigatin A

药理作用

1. 对泌尿系统的影响

金樱子水提取物口服给药能使切断腹下神经所致尿频模型大鼠排尿次数减少，排尿间隔延长，排尿量增多 [8]。

2. 抑制平滑肌收缩

金樱子水提取物对乙酰胆碱、氯化钡引起的离体家兔空肠平滑肌和大鼠膀胱平滑肌痉挛，以及去甲肾上腺素引起的离体家兔胸主动脉平滑肌收缩均有明显拮抗作用，并有显著的量效关系。另外，金樱子水提取物对离体家兔空肠平滑肌的自主性收缩亦有抑制作用 [8]。

3. 保护肾脏

金樱子醇提取物灌胃给药对被动型 Heymann 肾炎模型大鼠升高的尿蛋白、血清肌酐和尿素氮有降低作用，还能升高血清总蛋白含量，减轻肾组织的病理变化 [9]。

4. 抗氧化

金樱子果实 0.1% 柠檬酸浸提液在体外具有清除致癌物质 NO_2^- 的作用 [10]。金樱子多糖体外能显著清除超氧阴离子自由基，抑制羟自由基对细胞膜的破坏而引起的溶血，抑制四氯化碳引起的小鼠肝脏脂质过氧化物生成，有显著的体外抗氧化作用 [11-12]。

5. 增强免疫

金樱子多糖灌胃能提高小鼠巨噬细胞对刚果红的吞噬能力，增加小鼠溶血素的生成，恢复免疫功能低下小鼠的迟发型超敏反应 (DTH)，降低血中转氨酶活性，逆转肝、脾指数，证明其有增强非特异性免疫、体液免疫和细胞免疫的作用 [13]。

6. 抗菌、抗炎

金樱子多糖体外对大肠埃希氏菌、副伤寒沙门氏菌、白葡萄球菌和金黄色葡萄球菌、酿酒酵母和放线菌均有较强抑制作用。金樱子多糖灌胃对二甲苯引起的小鼠耳郭肿胀有抑制作用 [14]。金樱子根水煎剂体外对金黄色葡萄球菌、大肠埃希氏菌和铜绿假单胞菌均有抑制作用，对流感病毒 PR_3 抑制作用较强 [1]。

7. 降血脂

以金樱子多糖喂饲对实验性小鼠的高胆固醇血症有显著的预防和治疗作用，其机制主要是通过在肠道抑制了胆固醇的吸收[15]。

8. 其他

金樱子还有止咳平喘等作用[16]。

应用

本品为中医临床用药。功能：固精缩尿，固崩止带，涩肠止泻。主治：遗精滑精，遗尿尿频，崩漏带下，久泻久痢。

现代临床还用于遗精、带下、小儿遗尿、慢性泄泻、肠易激综合征、子宫脱垂、慢性咳嗽等病的治疗。

评注

药用植物图像数据库

金樱子为药食两用品，富含维生素C、氨基酸、饱和脂肪酸和不饱和脂肪酸等营养成分，其中维生素C含量高达1187mg/100g，是一般水果无法相比的。金樱子果实中还含Ca、Mg、K、P、S、Se、Cr、Co、Mo、Ni、F等18种无机盐和微量元素，特别是含有较多的Fe、Zn、Cu、Mn等元素，能增加人体造血功能，提高多种酶的活力，预防细胞衰老[16]。

金樱子果实可以提取棕色素，由于此色素营养丰富，着色力强，耐光和耐热性好，安全性高，为天然无毒的食用色素，具有很好的开发价值[17]。

◆ 野生金樱子

参考文献

[1] 张曙明，顾志平，刘东，等．中药金樱子的研究应用概况 [J]. 天然产物研究与开发，1996，8(4)：57-63.

[2] 王进义，张国林，程东亮，等．中药金樱子的化学成分 [J]. 天然产物研究与开发，2001，13(1)：21-23.

[3] 高迎，陈未名，李广义，等．金樱子化学成分的研究 [J]. 中国中药杂志，1993，18(7)：426-428.

[4] 叶苹，茅青，郭永红．中药金樱子三萜类成分的分离鉴定 [J]. 贵阳中医学院学报，1993，15(4)： 62-64，61.

[5] FANG J M, WANG K C, CHENG Y S. Steroids and triterpenoids from *Rosa laevigata*[J]. Phytochemistry, 1991, 30(10): 3383-3387.

[6] 李向日，魏璐雪．金樱子的化学成分研究 [J]. 中国中药杂志，1997，22(5)：298-299.

[7] FANG J M, WANG K C, CHENG Y S. The chemical constituents from the aerial part of *Rosa laevigata*[J]. Journal of the Chinese Chemical Society, 1991, 38(3): 297-299.

[8] 陆茵，孙志广，许慧琪，等．金樱子水提物对泌尿系统的影响 [J]. 中草药，1995，26(10)：529-531，557.

[9] 陈敬民，李友娣．金樱子醇提物对被动型 Heymann 肾炎大鼠的药理作用研究 [J]. 中药材，2005，28(5)：408-410.

[10] 谢祥茂，丁小雯，陈俊琴．金樱子提取液对 NO_2^- 清除作用的研究 [J]. 广州食品工业科技，2001，17(2)：52-55.

[11] 赵云涛，国兴明，李付振．金樱子多糖的抗氧化作用 [J]. 生物学杂志，2003，20(2)：23-24.

[12] 张庭廷，聂刘旺，陶瑞松，等．三种植物多糖抗氧化活性研究 [J]. 安徽师范大学学报（自然科学版），2002，25(1)：56-58.

[13] 张庭廷，聂刘旺，刘爱民，等．金樱子多糖的免疫活性研究 [J]. 中国实验方剂学杂志，2005，11(4)：55-58.

[14] 张庭廷，潘继红，聂刘旺，等．金樱子多糖的抑菌和抗炎作用研究 [J]. 生物学杂志，2005，22 (2)： 41-42.

[15] 张庭廷，聂刘旺，吴宝军，等．金樱子多糖的抑脂作用 [J]. 中国公共卫生，2004，20(7)：829-830.

[16] 何洪英．金樱子生理功能及其保健食品研究进展 [J]. 饮料工业，2001，4(3)：33-35.

[17] 李鸿英，冯煦．金樱子棕色素的提制及其毒理学评价试验 [J]. 林产化学与工业，1990，10(3)：195-201.

荆芥 Jingjie CP, JP

Schizonepeta tenuifolia Briq.
Schizonepeta

概述

唇形科 (Lamiaceae) 植物荆芥 *Schizonepeta tenuifolia* Briq.，其干燥地上部分入药，中药名：荆芥；其干燥花穗入药，中药名：荆芥穗。

裂叶荆芥属 (*Schizonepeta*) 植物全世界有 3 种，分布于中国、俄罗斯（西伯利亚）、蒙古、日本等地。中国 3 种均产，有 2 种供药用。本种分布在中国大部分地区，朝鲜半岛也有分布。

荆芥以“假苏”药用之名，始载于《神农本草经》列为中品；“荆芥”药用之名，始见于《吴普本草》。历代本草多有著录，古今药用品种一致。《中国药典》（2015 年版）收载本种为中药荆芥、荆芥穗的法定原植物来源种。主产于中国河北、江苏、浙江、江西、湖北、湖南等省。

荆芥主要含挥发油、单萜类、黄酮类、酚酸类成分等。《中国药典》规定荆芥、荆芥穗含挥发油分别不得低于 0.60% (mL/g) 和 0.40% (mL/g)；并采用高效液相色谱法进行测定，规定荆芥、荆芥穗药材含胡薄荷酮分别不得低于 0.020% 和 0.080%，以控制药材质量。

药理研究表明，荆芥具有解热、镇痛、抗炎、抗过敏、抗病原微生物、发汗、改善血液流变学等作用。

中医药理论认为荆芥、荆芥穗具有解表散风，透疹，消疮等功效。

◆ 荆芥
Schizonepeta tenuifolia Briq.

◆ 药材荆芥
Schizonepetae Herba

化学成分

荆芥地上部分和花穗含挥发油，油中主要成分为胡薄荷酮 (pulegone)、薄荷酮 (menthone)、异薄荷酮 (isomenthone)、异胡薄荷酮 (isopulegone)、β-月桂烯 (β-laurene)、胡椒酮 (piperitone)[1]等。单萜类成分：荆芥苷A、B、C、D、E (schizonepetosides A～E)[2-4]、荆芥醇 (schizonol)、荆芥二醇 (schizonodiol)[4]、3-羟基-4(8)-烯-对-薄荷烷-3(9)-内酯 [3-hydroxy-4(8)-ene-*p*-menthane-3(9)- lactone]、1,2-二羟基-8(9)-烯-对-薄荷烷 (1,2-dihydroxy-8(9)-ene-*p*-menthane)[5]等；黄酮类成分：香叶木素 (diosmetin)[4]、橙皮苷 (hesperidin)、芹菜素 (apigenin)、木犀草素 (luteolin)、 ladanein[6]等；酚酸类成分：荆芥素A、B、C、D、E、F (schizotenuins A～F)、迷迭香酸 (rosmarinic acid)、咖啡酸 (caffeic acid)、肉桂酸 (cinnamic acid)、对香豆酸 (*p*-coumaric acid)[6]等。

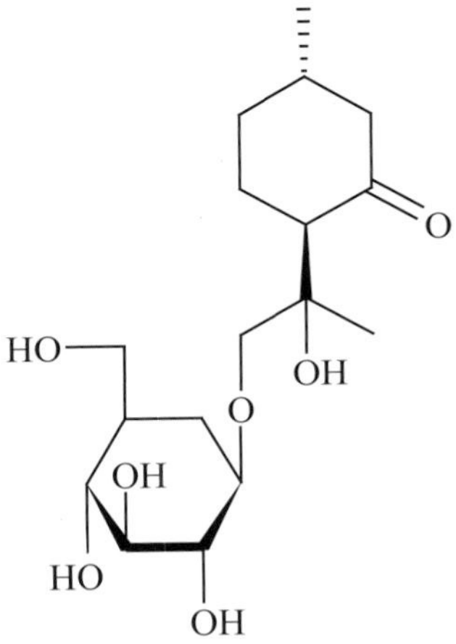

◆ schizonepetoside E

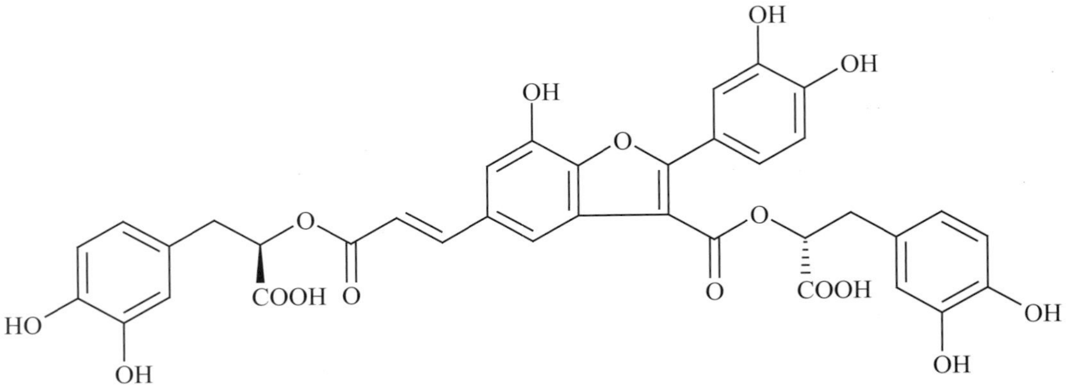

◆ schizotenuin A

药理作用

1. 解热、镇痛

荆芥煎剂腹腔注射，对由伤寒、副伤寒沙门氏菌菌苗精制的破伤风类毒素混合制剂引起的体温升高家兔有明显的解热作用[7]；荆芥挥发油灌胃，可使正常大鼠体温下降。荆芥煎剂腹腔注射能显著提高热板法小鼠的痛阈值[8]；荆芥的酯类提取物灌服，能显著抑制醋酸所致的小鼠扭体反应，并明显延长热板法小鼠的痛阈值，显著提高其痛阈百分率[8]。

2. 抗炎

荆芥挥发油灌胃，能显著抑制角叉菜胶、蛋清所致大鼠足趾肿胀，二甲苯所致小鼠耳郭肿胀，角叉菜胶所致小鼠足趾肿胀，醋酸所致小鼠腹腔毛细血管通透性及二甲苯所致小鼠皮肤毛细血管通透性增加；对小鼠棉球肉芽肿也有抑制作用[9]。荆芥的酯类成分腹腔注射，能显著抑制巴豆油所致的小鼠耳郭肿胀和醋酸所致的小鼠腹腔毛细血管通透性增加[10]。荆芥穗及所含的黄酮类和酚酸类成分体外能显著抑制 3α- 羟基类固醇脱氢酶[6]。

3. 抗过敏

荆芥的水提取物能剂量依赖地抑制 compound 48/80 诱导的大鼠全身过敏反应，显著抑制大鼠腹膜肥大细胞 (RPMC) 释放组胺 (histamine)，显著促进大鼠腹膜肥大细胞中肿瘤坏死因子 α (TNF-α) 的产生[11]。荆芥的甲醇提取物口服，能显著抑制瘙痒原 substance P 诱导的小鼠搔抓反应[12]。

4. 发汗、改善血液流变学

荆芥内酯类提取物腹腔注射，能显著提高大鼠汗腺腺泡上皮细胞的空泡发生率、数密度和面密度，显著降低全血比黏度和红细胞的聚集性[13]。

5. 抗病原微生物

荆芥水煎剂体外对金黄色葡萄球菌和白喉棒杆菌有较强的抑制作用，对乙型溶血性链球菌、炭疽芽孢杆菌、伤寒沙门氏菌、痢疾志贺氏菌、铜绿假单胞菌和结核杆菌等也有抑制作用。荆芥醇提取物、荆芥挥发油、荆芥穗总提取物灌胃，能显著降低甲型流感病毒感染小鼠的肺指数值，明显延长感染小鼠的存活时间，并可减少感染小鼠的死亡数[14-15]。

6. 降血糖

荆芥穗所含的植物甾醇和黄酮类成分腹腔注射，能显著降低链佐星 (streptozotocin) 诱导的糖尿病小鼠的血糖水平，抑制链唑霉素引起的胰岛 β 细胞的退行性病变[16]。

应用

本品为中医临床用药。功能：解表散风，透疹，消疮。主治：感冒，头痛，麻疹，风疹，疮疡初起。

现代临床还可用于急性上呼吸道感染、荨麻疹、流感等病的治疗。

评注

《中国植物志》将本植物命名为裂叶荆芥 *Schizonepeta tenuifolia* Briq.，归于裂叶荆芥属 (*Schizonepeta*)；而《中国药典》则采用“荆芥”作为其植物名和药用名。应注意与同科的荆芥属 (*Nepeta*) 植物荆芥 *Nepeta cataria* L. 区别开来。

除地上部分外，本植物的根也供药用，称为“荆芥根”，有止血和止痛的功效。此外，荆芥、荆芥穗的炮制加工品，中药名分别为荆芥炭、荆芥穗炭，有收涩止血的功效。

本植物地上嫩茎叶部分可食用，用之烹炒、凉拌、煲汤、煮粥、沏茶，风味独特，并有食疗保健的作用[17]。河北安国现已建立了荆芥的规范化种植基地。

参考文献

[1] 陈赟，江周虹，田景奎 . 荆芥穗挥发性成分的 GC-MS 分析 [J]. 中药材，2006，29(2)：140-142.

[2] SASAKI H, TAGUCHI H, ENDO T, et al. The constituents of *Schizonepeta tenuifolia* Briq. Ⅰ. Structures of two new monoterpene glucosides, schizonepetosides A and B[J]. Chemical & Pharmaceutical Bulletin, 1981, 29(6): 1636-1643.

[3] KUBO M, SASAKI H, ENDO T, et al. The constituents of *Schizonepeta tenuifolia* Briq. Ⅱ. Structure of a new monoterpene glucoside, schizonepetoside C[J]. Chemical & Pharmaceutical Bulletin, 1986, 34(8): 3097-3101.

[4] OSHIMA Y, TAKATA S, HIKINO H. Validity of the oriental medicines. Part 137. Schizonodiol, schizonol, and schizonepetosides D and E, monoterpenoids of *Schizonepeta tenuifolia* spikes[J]. Planta Medica, 1989, 55(2): 179-180.

[5] 杨帆，张仁延，陈江弢，等 . 中药荆芥的单萜类化合物 [J]. 中草药，2002，33(1)：8-11.

[6] MATSUTA M, KANITA R, SAITO Y, et al. 3α-Hydroxysteroid dehydrogenase inhibitory actions of flavonoids and phenylpropanoids from Schizonepeta spikes[J]. Natural Medicines, 1996, 50(3): 204-211.

[7] 李淑蓉，唐光菊 . 荆芥与防风的药理作用研究 [J]. 中药材，1989，12(6)：37-39.

[8] 祁乃喜，卢金福，冯有龙，等 . 荆芥酯类提取物对小鼠的镇痛作用 [J]. 南京中医药大学学报，2004，20(4)：229-230.

[9] 曾南，沈映君，刘旭光，等 . 荆芥挥发油抗炎作用研究 [J]. 中药药理与临床，1998，14(6)：24-26.

[10] 卢金福，冯有龙，张丽，等 . 荆芥酯类成分对小鼠急性炎症的影响 [J]. 南京中医药大学学报，2003，19(6)：350-351.

[11] SHIN T Y, JEONG H J, JUN S M, et al. Effect of *Schizonepeta tenuifolia* extract on mast cell-mediated immediate-type hypersensitivity in rats[J]. Immunopharmacology and Immunotoxicology, 1999, 21(4): 705-715.

[12] TOHDA C, KAKIHARA Y, KOMATSU K, et al. Inhibitory effects of methanol extracts of herbal medicines on substances P-induced itch-scratch response[J]. Biological & Pharmaceutical Bulletin, 2000, 23(5): 599-601.

[13] 卢金福，张丽，冯有龙，等 . 荆芥内酯类提取物对大鼠足趾汗腺及血液流变学的影响 [J]. 中国药科大学学报，2002，33(6)：502-504.

[14] 徐立，朱萱萱，冯有龙，等 . 荆芥醇提物抗病毒作用的实验研究 [J]. 中医药研究，2000，16(5)：45-46.

[15] 倪文澎，朱萱萱，张宗华 . 荆芥穗提取物对甲型流感病毒感染小鼠的保护作用 [J]. 中医药学刊，2004，22(6)：1151-1152.

[16] KIM C J, LIM J S, CHO S K. Anti-diabetic agents from medicinal plants. Inhibitory activity of *Schizonepeta tenuifolia* spikes on the diabetogenesis by streptozotocin in mice[J]. Archives of Pharmacal Research, 1996, 19(6): 441-446.

[17] 苏筱娟 . 药食兼用的佳品——荆芥 [J]. 中国民族民间医药杂志，2001，48(1)：54-55.

韭菜 Jiucai CP, KHP

Allium tuberosum Rottl. ex Spreng.
Tuber Onion

概述

百合科 (Liliaceae) 植物韭菜 *Allium tuberosum* Rottl. ex Spreng.，其干燥种子入药。中药名：韭菜子。

葱属 (*Allium*) 植物全世界约有 500 种，分布于北半球。中国约有 110 种，本属现供药用者约有 13 种。本种原产亚洲东南部，现全世界各地均有栽培。

韭菜以“韭”药用之名，始载于《名医别录》，列为中品。《中国药典》（2015 年版）收载本种为中药韭菜子的法定原植物来源种。中国各地均有栽培。

韭菜主要含硫化物、苷类和黄酮类成分。《中国药典》以性状和显微鉴别来控制韭菜子药材的质量。

药理研究表明，韭菜的种子具有抗菌、祛痰等作用。

中医理论认为韭菜子具有温补肝肾，壮阳固精等功效。

◆ 韭菜
Allium tuberosum Rottl. ex Spreng.

◆ 药材韭菜子
Allii Tuberosi Semen

化学成分

韭菜种子含甾体皂苷类成分：tuberosides A、B、C、D、E、F、G、H、I、J、K、L、M[1-5]、烟草苷C (nicotianoside C)、(22*S*)-胆甾-5-烯-1*β*,3*β*,16*β*,22-四羟基-1-*O*-*α*-*L*-吡喃鼠李糖-16-*O*-*β*-*D*-葡萄糖苷[(22*S*)-cholest-5-ene-1*β*,3*β*,16*β*,22-tetrol-1-*O*-*α*-*L*-rhamnopyranosyl-16-*O*-*β*-*D*-glucopyranoside][6]；生物碱类成分：韭子碱甲、乙 (tuberosines A～B)、*N*-反式阿魏酰基-3-甲基多巴胺 (*N*-*trans*-feruloyl-3-methyldopamine)、*N*-反式-香豆酰酪胺 (*N*-*trans*-coumaroyl tyramine)、甲酰吲哚 (3-formylindole)、3-吡啶羧酸 (3-pyridine carboxylic acid)、tuber-ceramide；酚酸类成分：斑鸠菊酸 (vernolic acid)、3-methoxy-4-hydroxybenzoic acid、对羟基苯甲酸 (*p*-hydroxybenzoic acid)、3,5-dimethoxy-4-hydroxybenzoic acid；木脂素类：丁香树脂酚 (syringaresinol)等[6-9]。尚含7-hydroxy-2,5-dimethyl 4-H-1-benzopyran-4-one。

韭菜叶含黄酮类成分：山柰酚-3-*O*-槐糖基-7-*O*-*β*-*D*-(2'-阿魏酰基)葡萄糖苷 [3-*O*-sophorosyl-7-*O*-*β*-*D*-(2'-feruloylglucosyl)kaempferol]、山柰酚-3,4'-二-*O*-*β*-*D*-阿魏酰基葡萄糖苷 [3,4'-di-*O*-*β*-*D*-feruloylglucosyl kaempferol]、山柰酚-3-*O*-*β*-*D*-(2-*O*-阿魏酰基)葡萄糖-7,4'-二-*O*-*β*-*D*-葡萄糖苷 [3-*O*-*β*-*D*-(2-*O*-feruloyl) glucosyl-7,4'-di-*O*-*β*-*D*-glucosylkaempferol]、槲皮素-3,4'-二-*O*-*β*-*D*-葡萄糖苷 (3,4'-di-*O*-*β*-*D*-glucosyl quercetin)、山柰酚-3-*O*-*β*-槐糖苷(3-*O*-*β*-sophorosyl- kaempferol) [10]。

韭菜根茎、叶、花中均含挥发油，油中主要成分为多种含硫化合物[11]。

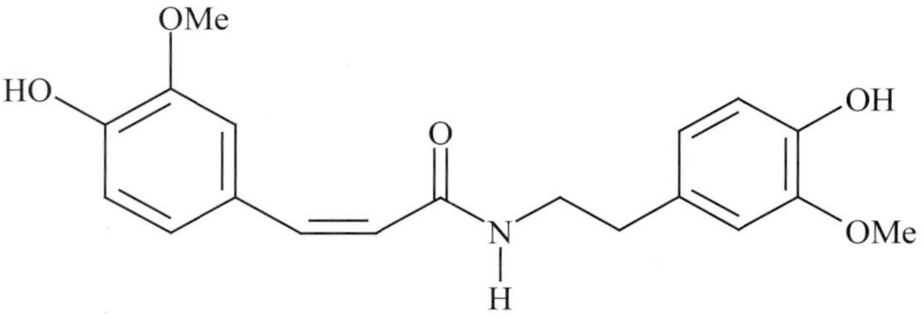

◆ tuberosine A

药理作用

1. 抗菌

韭菜中的含硫化合物在大蒜酯酶的作用下可转化为大蒜辣素，具有抗菌作用，能抑制葡糖球菌、肺炎球菌、链球菌、伤寒沙门氏菌、大肠埃希氏菌、痢疾志贺氏菌、阿米巴原虫及一些真菌；韭菜叶可杀灭阴道滴虫。

2. 祛痰

韭菜子所含皂苷能刺激胃黏膜，反射性地引起呼吸道分泌物增加而呈祛痰作用。

3. 抗肿瘤

体外实验表明 tuberoside M 能显著抑制人早幼粒白血病细胞 HL-60 的增殖 [5]。

4. 适应原样作用

韭菜子油能显著增强果蝇耐高温和耐低温的能力 [12]。

5. 红细胞凝集作用

韭菜叶中含植物凝集素，对新鲜兔红细胞有强烈凝集作用 [13]。

应用

韭菜子

本品为中医临床用药。功能：温补肝肾，壮阳固精。主治：肝肾亏虚，腰膝酸痛，阳痿遗精，遗尿尿频，白浊带下。

现代临床还用于神经衰弱、顽固性呃逆、肠炎等病的治疗。

韭菜

本品为中医临床用药。功能：补肾温中，行气散瘀，解毒。主治：1. 肾虚阳痿；2. 里寒腹痛，噎膈反胃，胸痹疼痛；3. 衄血，吐血，尿血；4. 痢疾，痔疮；5. 痈肿疮毒，漆疮；6. 跌打损伤。

现代临床还用于过敏性紫癜、乳腺炎、荨麻疹等病的治疗。

评注

药用植物图像数据库

除韭菜子做药用外，韭菜叶为常用蔬菜。

韭菜根具温中，行气，散瘀，解毒功效，可用于里寒腹痛，食积腹胀，胸痹疼痛，赤白带下，衄血，吐血，跌打损伤。

韭菜子中所含皂苷对钉螺有杀灭作用，可用于血吸虫流行地区，广泛杀灭宿主钉螺[14]。

参考文献

[1] SANG S M, LAO A N, WANG H C, et al. Furostanol saponins from *Allium tuberosum*[J]. Phytochemistry, 1999, 52(8): 1611-1615.

[2] SANG S M, LAO A N, WANG H C, et al. Two new spirostanol saponins from *Allium tuberosum*[J]. Journal of Natural Products, 1999, 62(7): 1028-1029.

[3] SANG S M, MAO S L, LAO A N, et al. Four new steroidal saponins from the seeds of *Allium tuberosum*[J]. Journal of Agricultural and Food Chemistry, 2001, 49(3): 1475-1478.

[4] SANG S M, ZOU M L, XIA Z H, et al. New spirostanol saponins from Chinese chives (*Allium tuberosum*) [J]. Journal of Agricultural and Food Chemistry, 2001, 49(10): 4780-4783.

[5] SANG S M, ZOU M L, ZHANG X W, et al. Tuberoside M, a new cytotoxic spirostanol saponin from the seeds of *Allium tuberosum*[J]. Journal of Asian Natural Products Research, 2002, 4(1): 69-72.

[6] 桑圣民，夏增华，毛士龙，等 . 中药韭子化学成分的研究 [J]. 中国中药杂志，2000，25(5)：286-288.

[7] 桑圣民，毛士龙，劳爱娜，等 . 中药韭子中一个新酰胺成分 [J]. 中草药，2000，31(4)：244-245.

[8] 桑圣民，毛士龙，劳爱娜，等 . 中药韭子中一个新生物碱成分 [J]. 天然产物研究与开发，2000，12(2)：1-3.

[9] ZOU Z M, LI L J, YU D Q, et al. Sphingosine derivatives from the seeds of *Allium tuberosum*[J]. Journal of Asian Natural Products Research, 1999, 2(1): 55-61.

[10] YOSHIDA T, SAITO T, KADOYA S. New acylated flavonol glucosides in *Allium tuberosum* Rottler[J]. Chemical & Pharmaceutical Bulletin, 1987, 35(1):97-107.

[11] 王鸿梅，冯静 . 韭菜挥发油中化学成分的研究 [J]. 天津医科大学学报，2002，8(2)：191-192.

[12] 马庆臣，吕文华，李廷利，等 . 韭菜子油抗高温和抗低温作用的实验研究 [J]. 中医药学报，2000，2：78.

[13] 余萍，黄德棋，林玉满 . 韭菜凝集素的纯化及部分性质的研究 [J]. 福建师范大学学报（自然科学版），1995，11(3)：71-75.

[14] 赵庆华，吴东儒，李国贤，等 . 葱属植物韭子皂苷的化学结构及其灭螺活性的研究 [J]. 安徽大学学报（自然科学版），1993，4：62-64.

菊 Ju[CP, JP, KHP]

Chrysanthemum morifolium Ramat.
Chrysanthemum

概述

菊科 (Asteraceae) 植物菊 *Chrysanthemum morifolium* Ramat.，其干燥头状花序入药。中药名：菊花。

菊属 (*Chrysanthemum*) 全世界约 30 种，分布于中国、日本、朝鲜半岛、俄罗斯等地。中国约有 17 种，本属现供药用者约有 4 种。本种广布于中国各省区。

菊花以“鞠华”之药用名，始载于《神农本草经》，列为上品。历代本草多有著录，其原植物均为菊及其栽培变化种类[1]。中国历代在“艺菊”和“药菊”的栽培种植业上是平行发展的。《中国药典》（2015 年版）收载本种为中药菊花的法定原植物来源种。主产于中国陕西、甘肃、河南、安徽、浙江、江西等省。

菊花主要含挥发油、黄酮、倍半萜、三萜等成分。《中国药典》采用高效液相色谱法进行测定，规定菊花药材含绿原酸不得少于0.20%，含木犀草苷不得少于0.080%，含3,5-*O*-二咖啡酰基奎宁酸不得少于0.70%，以控制药材质量。

药理研究表明，菊的花序具有解热、抗炎、抗菌、抗病毒、抗氧化等作用。

中医理论认为菊花有散风清热，平肝明目，清热解毒等功效。

◆ 菊
Chrysanthemum morifolium Ramat.

◆ 药材菊花
Chrysanthemi Flos

化学成分

菊花含挥发油，其质和量因品种及加工方法不同而有较大差异，挥发油中主要成分为龙脑 (borneol)、乙酸龙脑酯 (bornyl acetate)、菊油环酮 (chrysanthemon)、樟脑 (camphor)[2]等；黄酮类成分：芹菜素 (apigenin)[3]、刺槐素 (acacetin)、木犀草素 (luteolin)[4]、槲皮素 (quercetin)、香叶木素 (diosmetin)[5]、刺槐素-*O*-*β*-D-吡喃半乳糖苷 (acacetin7-*O*-*β*-*D*-galactopyranoside)[6-7]、刺槐素-7-*O*-*β*-*D*-葡萄糖苷 (acacetin-7-*O*-*β*-*D*-glucoside)、木犀草素-7-*O*-*β*-*D*-葡萄糖苷 (luteolin-7-*O*-*β*-*D*-glucoside)[8]、香叶木素-7-*O*-*β*-*D*-葡萄糖苷 (diosmetin-7-*O*-*β*-*D*-glucoside)[5]、芹菜素-7-*O*-*β*-*D*-葡萄糖苷 (apigenin-7-*O*-*β*-*D*-glucoside)、芹菜素-7-*O*-*β*-*D*-(4'-咖啡酰) 葡萄糖醛酸苷 [apigenin7-*O*-*β*-*D*-(4'-caffeoyl) glucuronide]、芹菜素-7-*O*-*β*-*D*-葡萄糖醛酸苷 [apigenin-7-*O*-*β*-*D*-glucuronide][9-10]等；倍半萜类成分：野菊花二醇 A (chrysanthediol A)、野菊花二醇乙酸酯 B、C (chrysanthediacetate B, C)[11] 等；三萜类成分：蒲公英甾醇 (taraxasterol)、款冬二醇 (faradiol)[12]、(24*S*)-25-甲氧基环木菠萝烷-3*β*,24-二醇 [(24*S*)-25-methoxycycloartane-3*β*,24-diol]、(24*S*)-25-甲氧基环木菠萝烷-3*β*,24,28-三醇 [(24*S*)-25-methoxycycloartane-3*β*,24,28-triol]、22*α*-甲氧基款冬二醇 (22*α*-methoxyfaradiol)[13]、向日葵三醇A_1、B_0、B_2、C (heliantriols A_1, B_0, B_2, C)、款冬二醇 *α*-环氧化物 (faradiol *α*-epoxide)、马尼拉二醇 (maniladiol)、高根二醇 (erythrodiol)、龙吉苷元 (longispinogenin)、熊果醇 (uvaol)、金盏二醇 (calenduladiol)[14-15]、棕榈酸16*β*,22*α*- 二羟基假蒲公英甾醇酯 (16*β*,22*α*-dihydroxypseudotaraxasterol-3*b*-*O*-palmitate)、棕榈酸16*β*,28-二羟基羽扇醇酯 (lup-16*β*,28-dihydroxy-3*β*-*O*-palmitate)、假蒲公英甾醇 (pseudotaraxasterol)[16]等；尚含异丁基酰胺类 (isobutylamides)[17]等成分。

叶含绿原酸 (chlorogenic acid)、3,5-*O*-二咖啡酰奎宁酸 (3,5-*O*-dicaffeoyl quinic acid)、3',4',5-三羟基二氢黄酮-7-*O*-葡萄糖醛酸苷 (3',4',5-trihydroxyflavanone-7-*O*-glucuronide)[18]等成分。

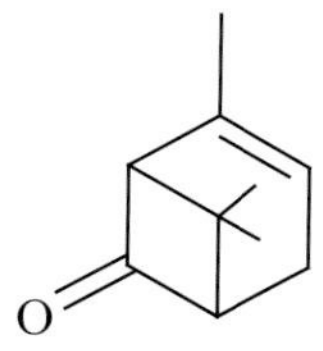

◆ chrysanthenone

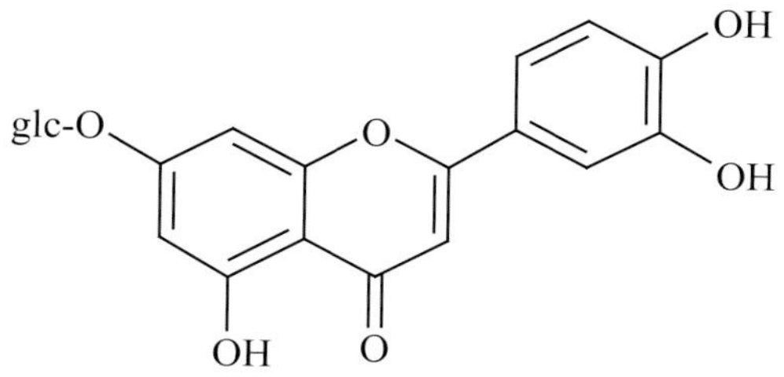

◆ luteolin-7-*O*-*β*-*D*-glucoside

药理作用

1. 解热

菊花浸膏腹腔注射对发热的家兔有解热作用 [2]。

2. 抗炎

菊花提取物给小鼠腹腔注射，能对抗由皮内注射组胺所致的毛细血管通透性增强[2]。从菊花中分离得到的蒲公英甾醇、款冬二醇、向日葵三醇等三萜醇类化合物对12-*O*-十四酰大蓟二萜醇-13-酯 (TPA) 诱导的小鼠炎症有显著的抑制作用[12-13, 19]。

3. 抗病原微生物

菊花所含的三萜类成分对黑曲霉菌、铜绿假单胞菌等有抑制作用 [15]；菊花所含的芹菜素-7-*O*-*β*-*D*-(4'-咖啡酰) 葡萄糖醛酸苷、刺槐素 7-*O*-*β*-*D*-吡喃半乳糖苷等黄酮类化合物有抗人类免疫缺陷病毒 (HIV) 的作用[6-7, 9]。菊花乙醇提取物腹腔注射能显著抑制小鼠接种疟原虫的生长发育；氯仿提取物腹腔注射对大鼠接种疟原虫红外期有显著抑制作用[20-21]。

4. 对心血管系统的影响

菊花水提取液能显著对抗缺血再灌注引起的离体大鼠心肌收缩功能及冠脉流量下降，对心肌缺血或缺氧有明显保护作用[22-23]。菊花乙酸乙酯提取物（主要含芹菜素-7-*O*-*β*-*D*-葡萄糖苷和木犀草素-7-*O*-*β*-*D*-葡萄糖苷）浓度依赖性地抑制苯肾上腺素 (PE) 引起的离体大鼠的血管收缩，具有显著的舒血管作用[24]。菊花醇提取液体外浓度依赖性地抑制小牛血管平滑肌细胞凋亡[25]。

5. 抗氧化、抗衰老

菊花水提取物、菊花黄酮有显著的抗氧化活性[26-29]。水煎液灌胃能显著增强小鼠血中谷胱甘肽过氧化物酶 (GSH-Px) 活性，显著抑制*D*-半乳糖所致的脂质过氧化，增强机体对自由基的清除作用，推迟衰老[30-31]。

6. 抗肿瘤、抗诱变

菊花中分离得到的三萜类化合物对12-*O*-十四酰大蓟二萜醇-13-酯 (TPA) 引起的小鼠皮肤肿瘤有显著抑制作用，对人癌细胞有细胞毒活性[12, 14]；菊花甲醇提取物（主要含黄酮类）有抗诱变作用[4]。

7. 其他

菊花乙醇提取物（主要含黄酮类）灌胃对大鼠肝细胞色素 P_{450} 有显著抑制作用[32]。

应用

本品为中医临床用药。功能：散风清热，平肝明目，清热解毒。主治：风热感冒，头痛眩晕，目赤肿痛，眼目昏花，疮痈肿毒。

现代临床还用于眼结膜炎、高血压、冠心病、心绞痛等病的治疗。

评注

药用植物图像数据库

菊花是中国卫生部规定的药食同源品种之一，除了花序入药之外，其茎、叶、根亦可入药。在两千余年的栽培过程中，根据其产地、生境及加工方法不同，分为八大主流商品。如浙江桐乡和海宁的为杭菊、安徽亳县的为亳菊、河北安国的为祁菊、安徽滁县的为滁菊、河南武陟的为怀菊、安徽歙县的为贡菊、浙江的为黄菊、山东济宁的为济菊。其中产量和销售量最大的主流商品为药茶并举的杭菊。

近年来各国对菊花的化学成分研究较多，但不同品种的菊花在产地、形态、采收等方面有所不同。它们的成分、药用功效是否一致，尚待进一步研究。

菊花乙醇和氯仿提取物具有抗疟原虫作用，可否开发成为治疗疟疾的新药，值得关注。

参考文献

[1] 林慧彬，钟方晓，王学荣，等 . 菊花的本草考证 [J]. 中医研究，2005，18(1)：27-29.

[2] 王本祥 . 现代中药药理学 [M]. 天津：天津科学技术出版社，1997：161-164.

[3] SINHA S, KHANNA R K, SRIVASTAVA S N, et al. Occurrence of apigenin and its glucoside in the flowers of *Chrysanthemum morifolium*[J]. Himalayan Chemical and Pharmaceutical Bulletin, 1986, 3: 8-9.

[4] MIYAZAWA M, HISAMA M. Antimutagenic activity of flavonoids from *Chrysanthemum morifolium*[J]. Bioscience, Biotechnology, and Biochemistry, 2003, 67(10): 2091-2099.

[5] 贾凌云，孙启时，黄顺旺 . 滁菊花中黄酮类化学成分的分离与鉴定 [J]. 中国药物化学杂志，2003，13(3)：159-161.

[6] HU C Q, CHEN K, SHI Q, et al. Anti-aids agents, 10.

Acacetin-7-*O*-*β*-*D*-galactopyranoside, an anti-HIV principle from *Chrysanthemum morifolium* and a structure-activity correlation with some related flavonoids[J]. Journal of Natural Products, 1994, 57(1): 42-51.

[7] WANG H K, XIA Y, YANG Z Y, et al. Recent advances in the discovery and development of flavonoids and their analogues as antitumor and anti-HIV agents[J]. Advances in Experimental Medicine and Biology, 1998, 439: 191-225.

[8] 刘金旗，沈其权，刘劲松，等.贡菊化学成分的研究 [J]. 中国中药杂志，2001， 26(8)：547-548.

[9] LEE J S, KIM H J, LEE Y S. A new anti-HIV flavonoid glucuronide from *Chrysanthemum morifolium*[J]. Planta Medica, 2003, 69(9): 859-861.

[10] LEE K H, YOON W H, CHO C H. Anti-ulcer effect of apigenin-7-*O*-*β*-*D*-glucuronide isolated from *Chrysanthemum morifolium* Ramataelle[J]. Saengyak Hakhoechi, 2005, 36(3): 171-176.

[11] HU L H, CHEN Z L. Sesquiterpenoid alcohols from *Chrysanthemum morifolium*[J]. Phytochemistry, 1997, 44(7): 1287-1290.

[12] YASUKAWA K, AKIHISA T, OINUMA H, et al. Inhibitory effect of taraxastane-type triterpenes on tumor promotion by 12-*O*-tetradecanoylphorbol-13-acetate in two-stage carcinogenesis in mouse skin[J]. Oncology, 1996, 53(4): 341-344.

[13] UKIYA M, AKIHISA T, YASUKAWA K, et al. Constituents of compositae plants. 2. Triterpene diols, triols, and their 3-*O*-fatty acid esters from edible chrysanthemum flower extract and their anti-inflammatory effects[J]. Journal of Agricultural and Food Chemistry, 2001, 49(7): 3187-3197.

[14] UKIYA M, AKIHISA T, TOKUDA H, et al. Constituents of Compositae plants Ⅲ. Anti-tumor promoting effects and cytotoxic activity against human cancer cell lines of triterpene diols and triols from edible chrysanthemum flowers[J]. Cancer Letters, 2002, 177(1): 7-12.

[15] RAGASA C Y, TIU F, RIDEOUT J A. Triterpenoids from *Chrysanthemum morifolium*[J]. ACGC Chemical Research Communications, 2005, 18: 11-17.

[16] 胡立宏，陈仲良.杭白菊的化学成分研究：两个新三萜酯的结构测定 [J]. 植物学报，1997， 39(1)： 85-90.

[17] TSAO R, ATTYGALLE A B, SCHROEDER F C, et al. Isobutylamides of unsaturated fatty acids from *Chrysanthemum morifolium* associated with host-plant resistance against the western flower thrips[J]. Journal of Natural Products, 2003, 66(9): 1229-1231.

[18] BENINGER C W, ABOU-ZAID M M, KISTNER A L E, et al. A flavanone and two phenolic acids from *Chrysanthemum morifolium* with phytotoxic and insect growth regulating activity[J]. Journal of Chemical Ecology, 2004, 30(3): 589-606.

[19] YASUKAWA K, AKIHISA T, KASAHARA Y, et al. Inhibitory effect of heliantriol C, a component of edible Chrysanthemum, on tumor promotion by 12-*O*-tetradecanoylphorbol-13-acetate in 2-stage carcinogenesis in mouse skin[J]. Phytomedicine, 1998, 5(3): 215-218.

[20] 赵灿熙，雷颖，吴艳，等.菊花乙醇提取物抗疟效应实验研究（一）——对红细胞内期约氏疟原虫的效应 [J]. 华中医学杂志，1997，21(1)：26-27.

[21] 赵灿熙，阮和球，吴艳，等.菊花抗疟效应实验研究（二）—— 对约氏疟原虫红外期的效应 [J]. 华中医学杂志，1997，21(2)：77-78.

[22] 徐万红，曹春梅，夏强，等.杭白菊提取液对抗缺血再灌注引起的离体大鼠心肌收缩功能下降 [J]. 中国病理生理杂志，2004，20(5)：822-826.

[23] JIANG H D, XIA Q, XU W H, et al. *Chrysanthemum morifolium* attenuated the reduction of contraction of isolated rat heart and cardiomyocytes induced by ischemia/reperfusion[J]. Pharmazie, 2004，59(7)：565-567

[24] 蒋惠娣，王玲飞，周新妹，等.杭白菊乙酸乙酯提取物的舒血管作用及相关机制 [J]. 中国病理生理杂志，2005，21(2)：334-338.

[25] 方雪玲，胡晓彤，王琦，等.杭白菊萃取液对小牛血管平滑肌细胞凋亡影响的实验研究 [J]. 浙江医学，2002，24(9)：526-527，530.

[26] 孔琪，吴春.菊花黄酮的提取及抗氧化活性研究 [J]. 中草药，2004，35(9)：1001-1002.

[27] DUH P D, TU Y Y, YEN G C. Antioxidant activity of water extract of harng jyur (*Chrysanthemum morifolium* Ramat)[J]. Lebensmittel-Wissenschaft und-Technologie, 1999, 32(5): 269-277

[28] DUH P D, YEN G C. Antioxidative activity of three herbal water extracts[J]. Food Chemistry, 1997, 60(4): 639-645.

[29] DUH P D. Antioxidant activity of water extract of four harng jyur (*Chrysanthemum morifolium* Ramat) varieties in soybean oil emulsion[J]. Food Chemistry, 1999, 66(4): 471-476.

[30] 刘世昌，李献平，刘敏，等.四大怀药对小鼠血液中谷胱甘肽过氧化物酶活性和过氧化脂质含量的影响 [J]. 中药材，1991，14(4)：39-40.

[31] 林久茂，庄秀华，王瑞国.菊花对*D*-半乳糖衰老抗氧化作用实验研究[J].福建中医药，2002， 33(5)：31.

[32] 侯佩玲，乔晋萍，张瑞萍，等.菊花提取物对大鼠肝微粒体细胞色素 P_{450} 的影响 [J]. 中医药学报，2003，31(3)：47-48.

菊苣 Juju CP

Cichorium intybus L.
Chicory

概述

菊科 (Asteraceae) 植物菊苣 *Cichorium intybus* L.，其干燥地上部分或根入药。维吾尔族习用药材名：菊苣。

菊苣属 (*Cichorium*) 植物全世界约有 6 种，分布于欧洲、亚洲、北非，主要分布于地中海和西南亚地区。中国有 3 种，分布于东北、华北、西北及山东、江西、新疆等地区。本属现供药用者有 2 种。本种分布于中国北京、黑龙江、辽宁、陕西、山西、新疆、江西等地区。

菊苣是维吾尔族习用民族药，记载于《维吾尔药志》《中国民族药志》等。《中国药典》（2015 年版）收载本种为维吾尔族习用药菊苣的法定原植物来源种之一。菊苣主产于中国辽宁、吉林、山东、江西和新疆等地。新疆是中国野生菊苣的主要分布区，中国西南、华南等许多地区已有人工栽培 [1]。

菊苣主要含倍半萜、三萜、黄酮、有机酸等成分。《中国药典》以性状、显微和薄层色谱鉴别来控制菊苣药材的质量。

药理研究表明，菊苣具有保肝、抗胃溃疡、降血脂、降血糖、降血尿酸、抗病原微生物、抗氧化等作用。

民族医药理论认为菊苣具有清肝利胆，健胃消食，利尿消肿等功效。

◆ 菊苣
Cichorium intybus L.

◆ 药材菊苣
Cichorii Radix

化学成分

菊苣全草含倍半萜内酯类成分：8-脱氧山莴苣素 (8-deoxylactucin)、山莴苣素 (lactucin)、山莴苣苦素 (lactupicrin, lactucopicrin)[2]、菊苣内酯A (cichoriolide A)、菊苣萜苷A、B、C (cichoriosides A～C)[3]、magnolialide、artesin[4]、intybulide A[5]、3,4-二氢莴苣苦素 (3,4-dihydrolactucin)[6]、desacetylmatricarin[7]等；黄酮类成分：山柰酚 (kaempferol)、异灯盏乙素 (isoscutellarin)、槲皮素 (quercetin)[6-7]；香豆素类成分：野莴苣苷 (cichoriin)、伞形花内酯 (umbelliferone)、七叶内酯 (esculetin)、cichoriin-6'-*p*-hydroxyphenyl acetate[6-8] 等；有机酸：咖啡酸 (caffeic acid)、菊苣酸 (chicoric acid)[7, 9]等。

根含倍半萜内酯类成分：magnolialide、artesin[10]、莴苣苦素、山莴苣苦素[11]、8-脱氧山莴苣素、11β,13-dihydrolactucin[12]、菊苣萜苷B、C[13]等；三萜类成分：蒲公英萜酮 (taraxerone)[13]、α-香树脂醇 (α-amyrin)[14] 等。

此外，花还含花色素苷 (anthocyanins)[15]，种子含cichosterol[16] 等。

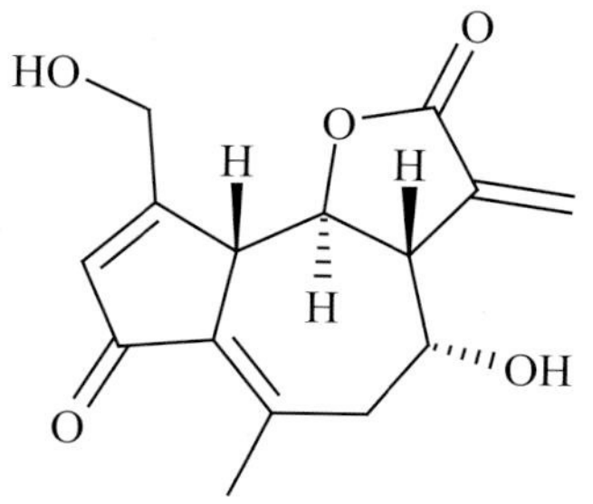

◆ lactucin

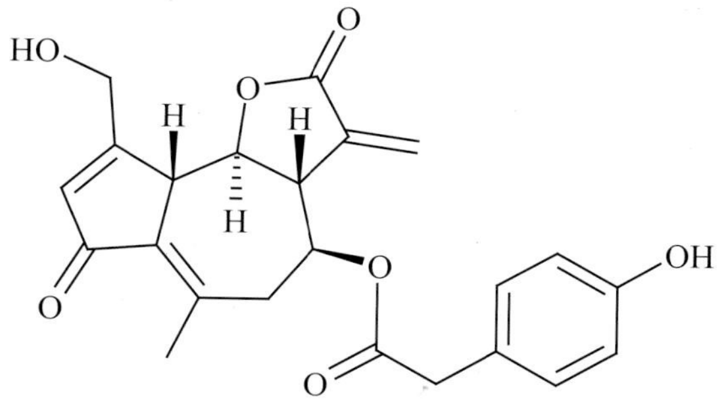

◆ lactupicrin

药理作用

1. 保肝

菊苣种子的甲醇提取物能显著降低对乙酰氨基酚 (acetaminophen) 引起的大鼠血清碱性磷酸酶 (ALP)、谷草转氨酶 (GOT) 和谷丙转氨酶 (GPT) 水平的升高；醇提取物和酚性成分 AB-IV 对四氯化碳引起的大鼠肝损伤也有明显的保护作用 [17-18]。

2. 抗胃溃疡

菊苣根的水提取物或甲醇提取物口服能显著对抗乙醇所致的大鼠胃溃疡 [19]。

3. 对心血管系统的作用

菊苣酸对离体大鼠主动脉血管平滑肌有松弛作用[9]；菊苣有效部位（α-香树脂醇）灌胃或体外直接给药，均可对抗高糖高脂对家兔主动脉平滑肌细胞膜流动性损伤，对抗脂质过氧化，保护主动脉平滑肌细胞的生物功能[20]。

4. 降血脂、降血糖、降血尿酸

菊苣根喂饲能显著降低大鼠血浆胆固醇和三酰甘油水平 [21]；菊苣提取物喂饲能显著降低高糖复合高血脂模型兔血浆 vW 因子 (von Willebrand factor)、内皮素 (endothelin)、血栓素 A_2 (TXA_2) 含量，升高前列环素 (PGI_2) 含量[22]；对高脂高糖高盐饲料诱发的高尿酸、高三酰甘油并高血糖血症的大鼠，菊苣提取物灌胃可显著降低血清尿酸、三酰甘油和血糖的含量 [23]。

5. 抗病原微生物

菊苣的石油醚提取物对分枝孢子菌[24]、乙酸乙酯提取物对放射形土壤杆菌、铜绿假单胞菌等有显著抑制作用[25]，菊苣种子的石油醚提取物亦有抗真菌作用[26]。菊苣根的水提取物有抗疟原虫作用，抗疟活性成分为莴苣苦素和山莴苣苦素[11]。

6. 抗胆碱酯酶

从菊苣根的二氯甲烷提取物中分离得到的8-脱氧山莴苣素和山莴苣苦素，体外能剂量依赖性地显著抑制乙酰胆碱酯酶的活性[27]。

7. 其他

菊苣还有抑制肿瘤细胞的生长[4]、抗氧化[28-29]等作用。

应用

本品为新疆维吾尔族习用民族药。功能：清肝利胆，健胃消食，利尿消肿。主治：湿热黄疸，胃痛食少，水肿尿少。

现代临床还用于治疗非甲非乙型肝炎、黄疸型肝炎、胆结石、糖尿病、急性肾炎、气管炎等症。

评注

药用植物图像数据库

菊苣是中国卫生部规定的药食同源品种之一。菊苣在中国、欧洲、中东、非洲、美洲、澳大利亚等地均有分布，药用和食用价值颇高。作为草药，菊苣在欧美国家民间医学中用于治疗食欲不振和消化不良；印度传统医学还用于治疗头痛、皮肤过敏、呕吐和腹泻等[30]。作为蔬菜，菊苣在欧洲等地有长期食用习惯，其味鲜美，营养价值高，食法多样，近年来在中国上市后也很受欢迎。作为优质饲草，菊苣有产量高、适用范围广的特点。

同属植物毛菊苣 *Cichorium glandulosum* Boiss. et Huet. 也为《中国药典》收载为维吾尔族习用药材菊苣的法定原植物来源种。主要分布于中国新疆的阿克苏、且末等地。其化学成分与药理作用尚待研究。

参考文献

[1] 张霞，王绍明，惠俊爱，等. 新疆野生菊苣生物学特性的初步研究 [J]. 石河子大学学报（自然科学版），2003，7(1)：55-58.

[2] PYREK J S. Terpenes of Compositae plants. Part 13. Sesquiterpene lactones of *Cichorium intybus* and *Leontodon autumnalis*[J]. Phytochemistry, 1985, 24(1):186-188.

[3] SETO M, MIYASE T, UMEHARA K, et al. Sesquiterpene lactones from *Cichorium endivia* L. and *C. intybus* L. and cytotoxic activity[J]. Chemical & Pharmaceutical Bulletin, 1988, 36(7): 2423-2429.

[4] LEE K T, KIM J I, PARK H J, et al. Differentiation-inducing effect of magnolialide, a 1β-hydroxyeudesmanolide isolated from *Cichorium intybus*, on human leukemia cells[J]. Biological & Pharmaceutical Bulletin, 2000, 23(8): 1005-1007

[5] DENG Y H, SCOTT L, SWANSON D, et al. Guaianolide sesquiterpene lactones from *Cichorium intybus* (Asteraceae) [J]. Zeitschrift fuer Naturforschung, B: Chemical Sciences, 2001, 56(8): 787-796.

[6] EL-LAKANY A M, ABOUL-ELA M A, ABDUL-GHANI M M, et al. Chemical constituents and biological activities of *Cichorium intybus* L.[J]. Natural Product Sciences, 2004, 10(2): 69-73.

[7] ABOUL-ELA M A, ABDUL-GHANI M M, EL-FIKY F K, et al. Chemical constituents of *Cirsium syriacum* and *Cichorium intybus* (Asteraceae) growing in Egypt[J]. Alexandria Journal of Pharmaceutical Sciences, 2002, 16(2): 152-156.

[8] KISIEL W, MICHALSKA K. A new coumarin glucoside ester from *Cichorium intybus*. Fitoterapia, 2002, 73(6): 544-546.

[9] SAKURAI N, IIZUKA T, NAKAYAMA S, et al. Vasorelaxant activities of caffeic acid derivatives from *Cichorium intybus* and *Equisetum arvense*[J]. Yakugaku Zasshi, 2003, 123(7): 593-598.

[10] PARK H J, KWON S H, YOO K O, et al. Isolation of magnolialide and artesin from *Cichorium intybus*: revised structures of sesquiterpene lactones[J]. Natural Product Sciences, 2000, 6(2): 86-90.

[11] BISCHOFF T A, KELLEY C J, KARCHESY Y, et al. Antimalarial activity of lactucin and lactucopicrin: sesquiterpene lactones isolated from *Cichorium intybus* L[J]. Journal of Ethnopharmacology, 2004, 95(2-3): 455-457.

[12] MARES D, ROMAGNOLI C, TOSI B, et al. Chicory extracts from *Cichorium intybus* L. as potential antifungals[J]. Mycopathologia, 2005, 160(1): 85-91.

[13] 何轶，郭亚健，高云艳 . 菊苣根化学成分研究 [J]. 中国中药杂志，2002，27(3)：209-210.

[14] 杜海燕，原思通，江佩芬 . 菊苣的化学成分研究 [J]. 中国中药杂志，1998，23(11)：682-683.

[15] NORBAEK R, NIELSEN K, KONDO T. Anthocyanins from flowers of *Cichorium intybus*[J]. Phytochemistry, 2002, 60(4): 357-359.

[16] AHMAD B, BAWA S, SIDDIQUI A B, et al. Components from seeds of *Cichorium intybus* Linn.[J]. Indian Journal of Chemistry, Section B: Organic Chemistry Including Medicinal Chemistry, 2002, 41B(12): 2701-2705.

[17] GILANI A H, JANBAZ K H. Evaluation of the liver protective potential of *Cichorium intybus* seed extract on acetaminophen and CCl_4-induced damage[J]. Phytomedicine, 1994, 1(3): 193-197.

[18] AHMED B, AL-HOWIRINY T A, SIDDIQUI A B. Antihepatotoxic activity of seeds of *Cichorium intybus*[J]. Journal of Ethnopharmacology, 2003, 87(2-3): 237-240.

[19] GURBUZ I, USTUN O, YESILADA E, et al. *In vivo* gastroprotective effects of five Turkish folk remedies against ethanol-induced lesions[J]. Journal of Ethnopharmacology, 2002, 83(3): 241-244.

[20] 张冰，刘小青，胡京红等 . 菊苣提取物 amyrin 对家兔主动脉平滑肌细胞膜微粘度的影响 [J]. 中国药理学通报，1999，15(2)：170 -172.

[21] KAUR N, GUPTA A K, UBEROI S K. Cholesterol lowering effect of chicory (*Cichorium intybus*) root in caffeine-fed rats[J]. Medical Science Research, 1991, 19(19): 643.

[22] 张冰，刘小青，胡京红，等 . 菊苣提取物对高糖复合高血脂模型兔血浆 vWF、ET 及 PGI_2/TXA_2 含量的影响 [J]. 北京中医药大学学报，2000，23(6)：48-50.

[23] 孔悦，张冰，刘小青，等 . 菊苣提取物对高甘油三酯、高尿酸并高血糖血症大鼠影响的实验研究 [J]. 中华中医药杂志，2005，20(6)：379-380.

[24] ABOU-JAWDAH Y, SOBH H, SALAMEH A. Antimycotic activities of selected plant flora, growing wild in Lebanon, against phytopathogenic fungi[J]. Journal of Agricultural and Food Chemistry, 2002, 50(11): 3208-3213.

[25] PETROVIC J, STANOJKOVIC A, COMIC L, et al. Antibacterial activity of *Cichorium intybus*[J]. Fitoterapia, 2004, 75(7-8): 737-739.

[26] GUPTA S K, SHARMA P K, ANSARI S H. Antimicrobial activity of the seeds of *Cichorium intybus* Linn.[J]. Asian Journal of Chemistry, 2005, 17(4): 2839-2840.

[27] ROLLINGER J M, MOCK P, ZIDORN C, et al. Application of the in combo screening approach for the discovery of non-alkaloid acetylcholinesterase inhibitors from *Cichorium intybus*[J]. Current Drug Discovery Technologies, 2005, 2(3): 185-193.

[28] KIM T W, YANG K S. Antioxidative effects of *Cichorium intybus* root extract on LDL (low density lipoprotein) oxidation[J]. Archives of Pharmacal Research, 2001, 24(5): 431-436.

[29] EL S N, KARAKAYA S. Radical scavenging and iron-chelating activities of some greens used as traditional dishes in Mediterranean diet[J]. International Journal of Food Sciences and Nutrition, 2004, 55(1): 67-74.

[30] LAGOW B. PDR for Herbal Medicine, 3rd edition[M]. Montvale: Thomson PDR, 2004: 191-192.

橘 Ju [CP, JP]

Citrus reticulata Blanco
Tangerine

概述

芸香科 (Rutaceae) 植物橘 *Citrus reticulata* Blanco，其干燥成熟果皮入药，中药名：陈皮；其干燥幼果或未成熟果实的果皮入药，中药名：青皮。橘的干燥外层果皮及成熟种子亦可入药，中药名分别为：橘红和橘核。

柑橘属 (*Citrus*) 植物全世界约有 20 种，原产亚洲东南部及南部，现热带及亚热带地区常有栽培。中国产约有 15 种，其中多数为栽培种。本属现供药用者约有 10 种 3 变种及多个栽培种。本种主要分布于中国南方地区。

陈皮以“橘皮”之名，始载于《神农本草经》，列为上品；“青皮”药用之名始载于《珍珠囊》。中国从古至今作中药材陈皮、青皮入药者均为橘及其栽培变种。《中国药典》（2015 年版）收载橘及其栽培变种作为中药陈皮、青皮的法定原植物来源种。主产于中国江苏、安徽、浙江、广东、四川、湖北、湖南、福建、台湾等省区。

柑橘属植物主要含有挥发油及黄酮类成分。该属植物中普遍存在有具活性的橙皮苷是其特征性成分。《中国药典》采用高效液相色谱法进行测定，规定陈皮药材含橙皮苷不得少于 3.5%；青皮药材含橙皮苷不得少于 5.0%，以控制药材质量。

药理研究表明，陈皮具有促胃肠动力、抗胃溃疡等作用；青皮具有抑制胃肠平滑肌、抗胃溃疡、使心血管系统兴奋等作用。

中医理论认为陈皮具有理气健脾，燥湿化痰等功效；青皮具有疏肝破气，消积化滞等功效。

◆ 橘
Citrus reticulata Blanco

◆ 药材陈皮
Citri Reticulatae Pericarpium

化学成分

橘果皮含挥发油，主要成分为：*D*-柠檬烯 (*D*-limonene)、*β*-松油烯 (*β*-terpinene)、*β*-月桂烯 (*β*-myrcene)、间-伞花烯 (*m*-cymene)、*β*-松油醇 (*β*-terpineol)、*β*-蒎烯 (*β*-pinene)[1-2]等；黄酮及其苷类成分：橙皮苷 (hesperidin)、新橙皮苷 (neohesperidin)、红橘素 (tangeretin)、米橘素 (citromitin)、5-*O*-去甲米橘素(5-*O*-demethylcitromitin)、甜橙素 (sinensetin)、川陈皮素 (nobiletin)[3-4]、柚皮苷 (naringin)、柚皮芦丁 (narirutin)、natsudaidai[5-6]等；尚含有昔奈福林 (synephrine)[7]、阿魏酸 (ferulic acid)、柠檬苦素 (limonin) 等成分[4, 8]。

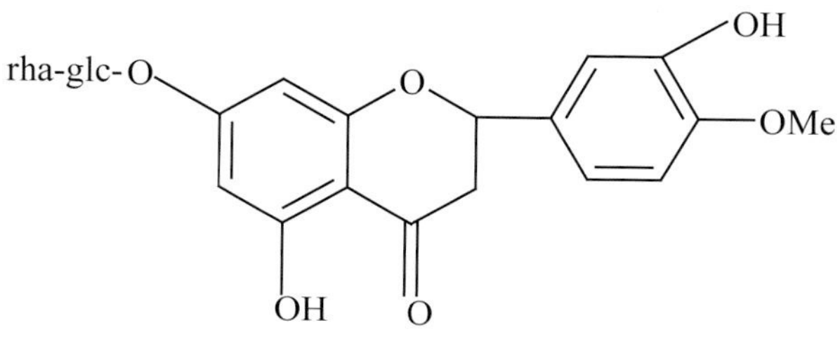

◆ hesperidin

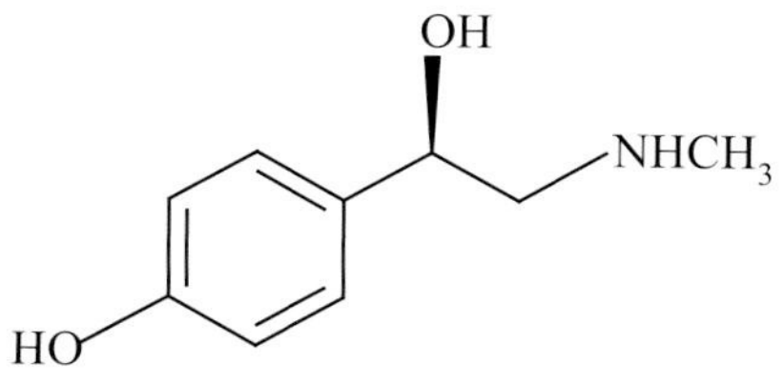

◆ synephrine

药理作用

陈皮

1. 祛痰、平喘、止咳

陈皮挥发油及柠檬烯有刺激性祛痰作用，陈皮醇提取物可完全拮抗组胺所致豚鼠离体气管的收缩。陈皮水煎剂灌胃能显著增加小鼠气管段酚红排泌量 [9] 。

2. 调节胃肠运动

陈皮水煎剂灌服能拮抗新斯的明引起的小鼠胃排空、小肠推进亢进，加强阿托品、肾上腺素对小鼠胃排空抑制作用，对胃肠为抑制性作用 [10]；陈皮水煎剂灌服也能促进小鼠胃排空，促进小肠推进，拮抗阿托品导致的肠推进抑制 [11]。

3. 对平滑肌的作用

陈皮水煎剂能减小大鼠离体结肠平滑肌条的收缩幅度和频率 [12]，亦可提高兔离体主动脉平滑肌条张力，且呈浓度依赖关系 [13]。

4. 升血压

陈皮水溶性生物碱能明显升高大鼠血压，且在一定剂量范围内量效、时效呈线性相关 [14]。

5. 清除自由基、抗氧化

陈皮 75% 醇提取物、陈皮乙醇提取物、挥发油有显著的自由基清除和抗氧化活性 [15-18]。

6. 抗肿瘤

陈皮提取物（主要成分为川陈皮素）体外对人肺癌细胞、人直肠癌细胞和肾癌细胞均有显著生长抑制作用 [19]；灌胃能明显抑制小鼠移植性肿瘤－肉瘤 180 (S_{180}) 和肝癌 (Heps) 的生长，同时具有促使癌细胞凋亡的作用 [20]。

7. 其他

橘汁可抑制大鼠动脉粥样硬化，降低胆固醇和三酰甘油含量 [21]；橘根的乙醇提取物能显著对抗小鼠肝脏的曼氏血吸虫感染 [22]。

青皮

1. 调节胃肠运动

青皮及其醋制品水煎剂能明显抑制离体大鼠十二指肠的自发活动，显著拮抗乙酰胆碱导致的肠道收缩痉挛，使小肠松弛[23]。

2. 对平滑肌的作用

青皮和陈皮均可明显减小大鼠离体小肠纵行肌条的收缩波平均振幅，青皮的作用强于陈皮[24]。青皮水煎剂剂量依赖性抑制大鼠离体子宫平滑肌的收缩活动[25]。

3. 升血压

青皮注射液（水提醇沉法制备）腹腔滴注能明显升高局灶性脑缺血再灌注大鼠的血压，缩小梗死灶体积，减轻脑水肿，有明显的脑保护作用[26]。

4. 保肝利胆

青皮水煎剂十二指肠给药可使正常大鼠的胆汁流量明显增加，促进 CCl_4 损伤大鼠的胆汁分泌，并有保护肝细胞功能的作用[27]。

5. 镇痛

青皮及其炮制品水煎剂灌服能显著减少醋酸引起的小鼠扭体反应，对热刺激引起的疼痛能明显提高痛阈值，以醋制品镇痛作用最为显著[28]。

应用

本品为中医临床用药。

陈皮

功能：理气健脾，燥湿化痰。主治：脘腹胀满，食少吐泻，咳嗽痰多。

现代临床还用于治疗急性乳腺炎等病的治疗。陈皮提取物（升压灵，主要有效成分为昔奈福林）可用于治疗感染性休克和流行性出血热低血压。

青皮

功能：疏肝破气，消积化滞。主治：胸胁胀痛，疝气疼痛，乳癖，乳痈，食积气滞，脘腹胀痛。

现代临床还用于休克的治疗，如出血热低血压休克、感染性休克、心源性休克、过敏性休克和神经源性休克。

评注

药用植物图像数据库

橘的干燥外层果皮入药，中药名：橘红；其干燥成熟种子入药，中药名：橘核。橘红具有散寒、燥湿、利气、消痰等功效；橘核具有理气、散结、止痛等的功效。橘在中国广泛栽培，橘叶也可药用，其果实则主要供食用，含有丰富的维生素和其他对人体有用的物质，因此橘是一种药用价值和经济价值都很高的植物。

参考文献

[1] 龚范，梁逸曾，宋又群，等. 陈皮挥发油的气相色谱 / 质谱分析 [J]. 分析化学，2000，28(7)：860-864.

[2] MAHALWAL V S, ALI M. Volatile constituents of the fruit peels of *Citrus reticulata* Blanco[J]. Journal of Essential Oil-Bearing Plants, 2001, 4(2-3): 45-49.

[3] CHALIHA B P, SASTRY G P, RAO P R. Chemical investigation of *Citrus reticulata*[J]. Indian Journal of Chemistry, 1967, 5(6): 239-241.

[4] IINUMA M, MATSUURA S, KUROGOCHI K, et al. Studies on the constituents of useful plants. V. Multisubstituted flavones in the fruit peel of *Citrus reticulata* and their examination by gas-liquid chromatography[J]. Chemical & Pharmaceutical Bulletin, 1980, 28(3): 717-722.

[5] TOSA S, ISHIHARA S, TOYOTA M, et al. Studies of flavonoids in *Citrus*. Analysis of flavanone glycosides in the peel of *Citrus* by high-performance liquid chromatography[J]. *Shoyakugaku Zasshi*, 1988, 42(1): 41-47.

[6] 钱士辉，陈廉. 陈皮中黄酮类成分的研究 [J]. 中药材，1998，21(6)：301-302.

[7] 陈芳群，侯玲. 柑桔属植物中辛弗林的测定 [J]. 药物分析杂志，1984, 4(3): 169-171.

[8] SALEEM M, AFZA N, AIJAZ ANWAR M, et al. Aromatic constituents from fruit peels of *Citrus reticulata*[J]. Natural Product Research, 2005, 19(6): 633-638.

[9] 杨锡仓，王晓莉，王雨灵，等. 不同贮存年限的陈皮药效比较 [J]. 中华实用中西医杂志，2003，3(16)：1032.

[10] 官福兰，王汝俊，王建华. 陈皮及橙皮甙对小鼠胃排空、小肠推进功能的影响 [J]. 中药药理与临床，2002，18(3)：7-9.

[11] 李伟，郑天珍，瞿颂义，等. 陈皮对小鼠胃排空及肠推进的影响 [J]. 中药药理与临床，2002，18(2)：22-23.

[12] 李红芳，李丹明，瞿颂义，等. 枳实和陈皮对兔离体主动脉平滑肌条作用机理探讨 [J]. 中成药，2001，23(9)：658-660.

[13] 刘克敬，谢冬萍，李伟，等. 陈皮、党参等中药对大鼠结肠肌条收缩活动的影响 [J]. 山东大学学报（医学版），2003，41(1)：34-35.

[14] 沈明勤，叶其正，常复蓉. 陈皮水溶性总生物碱的升血压作用量 - 效关系及药动学研究 [J]. 中国药学杂志，1997，32(2)：97-100.

[15] 王姝梅，何春美. 陈皮提取物清除氧自由基和抗脂质过氧化作用 [J]. 中国药科大学学报，1998，29(6)：462-465.

[16] 苏丹，秦德安. 陈皮提取液抗氧化及推迟衰老作用的研究 [J]. 华东师范大学学报（自然科学版），1999，(1)：110-112.

[17] EL-GHORAB A H, EL-MASSRY K F, MANSOUR A F. Chemical composition, antifungal and radical scavenging activities of Egyptian mandarin petitgrain essential oil[J]. Bulletin of the National Research Centre, 2003, 28(5): 535-549.

[18] RINCON A M, MARINA V A, PADILLA F C. Chemical composition and bioactive compounds of flour of orange (*Citrus sinensis*), tangerine (*Citrus reticulata*) and grapefruit (*Citrus paradisi*) peels cultivated in Venezuela[J]. Archivos Latinoamericanos de Nutricion, 2005, 55(3): 305-310.

[19] 钱士辉，王佾先，亢寿海，等. 陈皮提取物体外抗肿瘤作用的研究 [J]. 中药材，2003，26(10)：744-745.

[20] 钱士辉，王佾先，亢寿海，等. 陈皮提取物体内抗肿瘤作用及其对癌细胞增值周期的影响 [J]. 中国中药杂志，2003，28(12)：1167-1170.

[21] VINSON J A, LIANG X, PROCH J, et al. Polyphenol antioxidants in citrus juices: *in vitro* and *in vivo* studies relevant to heart disease[J]. *Advances in Experimental Medicine and Biology*, 2002, 505: 113-122.

[22] HAMED M A, HETTA M H. Efficacy of citrus reticulata and mirazid in treatment of schistosoma mansoni[J]. Memorias do Instituto Oswaldo Cruz, 2005, 100(7): 771-778.

[23] 黄华，曾春华，毛淑杰，等. 青皮及醋制青皮对离体肠管运动的影响 [J]. 江西中医学院学报，2005，17(2)：52-53.

[24] 杨颖丽，郑天珍，瞿颂义，等. 青皮和陈皮对大鼠小肠纵行肌条运动的影响 [J]. 兰州大学学报（自然科学版），2001，37(5)：94-97.

[25] 刘恒，马永明，瞿颂义，等. 青皮对大鼠离体子宫平滑肌运动的影响 [J]. 中草药，2000，31(3)：203-205.

[26] 刘传玉，李承晏，曾庆杏. 青皮注射液联合亚低温治疗局灶脑缺血再灌注损伤的实验研究 [J]. 武汉大学学报（医学版），2004，25 (1)：65-68.

[27] 隋艳华，赵加泉，崔世奎，等. 香附、青皮、刺梨、茵陈、西南獐牙菜对大鼠胆汁分泌作用的比较 [J]. 河南中医，1993，13(1)：19-20，44.

[28] 张先洪，毛春芹. 炮制对青皮镇痛作用影响 [J]. 时珍国医国药，2000，11(5)：413-144.

卷柏 Juanbai CP, KHP

Selaginella tamariscina (Beauv.) Spring
Spikemoss

概述

卷柏科 (Selaginellaceae) 植物卷柏 *Selaginella tamariscina* (Beauv.) Spring，其干燥全草入药。中药名：卷柏。

卷柏属 (*Selaginella*) 植物全世界约 700 种，广布全世界，主要分布于热带地区。中国有 60 ～ 70 种。本属现供药用者约有 19 种。本种中国各地均有分布，俄罗斯西伯利亚、朝鲜半岛、日本、印度和菲律宾也有分布。

“卷柏”药用之名，始载于《神农本草经》，列为上品。历代本草多有著录，从古至今作中药卷柏入药者系该属多种植物。《中国药典》（2015 年版）收载本种为中药卷柏的法定原植物来源种之一。主产于中国广西、福建、四川、陕西、湖南、江西、浙江等地。

卷柏主要活性成分为双黄酮类化合物，还含苯丙素类、木脂素类成分等。《中国药典》采用高效液相色谱法进行测定，规定卷柏药材含穗花杉双黄酮不得少于 0.30%，以控制药材质量。

药理研究表明，卷柏具有止血、抗肿瘤、降血糖等作用。

中医理论认为卷柏有活血通经等功效。

◆ 卷柏
Selaginella tamariscina (Beauv.) Spring

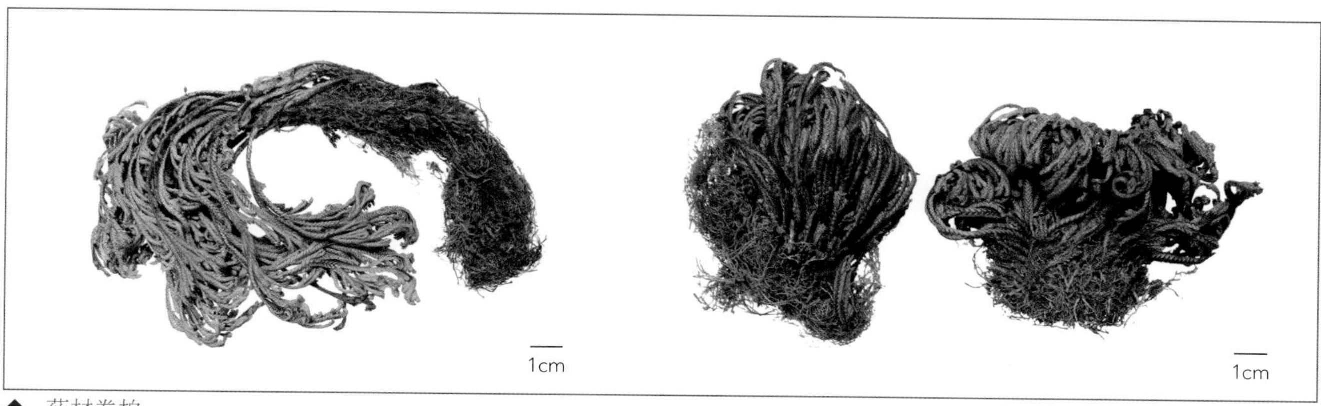

◆ 药材卷柏
Selaginellae Herba

◆ 垫状卷柏
Selaginella pulvinata (Hook. et Grev.) Maxim.

化学成分

卷柏全草含双黄酮类成分：穗花杉双黄酮 (amentoflavone)、苏铁双黄酮 (sotetsuflavone)、扁柏双黄酮 (hinokiflavone)、异柳杉黄素 (isocryptomerin)、柳杉黄素B (cryptomerin B)、新柳杉双黄酮 (neocryptomerin)[2]；黄酮类成分：芹菜素 (apigenin)、芫花素 (genkwanin)[1-2]；此外，卷柏还含熊果苷 (arbutin)、莽草酸 (shikimic acid)、丁香酸 (caryophyllic acid)、阿魏酸 (ferulic acid)、咖啡酸 (caffeic acid)、香荚兰酸 (vanillic acid)、丁香脂素 (syringaresinol)、7-羟基香豆素 (7-hydroxycoumarin)等[3-5]。近年从卷柏中发现的新化合物有 (2*R*, 3*S*)-二氢-2-(3',5'-二甲氧基-4'-羟基苯基)-3-羟甲基-7-甲氧基-5-乙酰基苯骈呋喃 [(2R,3S)-dihydro-2-(3',5'-dimethoxy-4'-hydroxyphenyl)-

3-hydromethyl-7-methoxy-5-acetyl- benzofuran]、卷柏酯 A (tamariscina ester A)[3]、卷柏苷B[4]、C[5] (tamariscinosides B,C) 等。

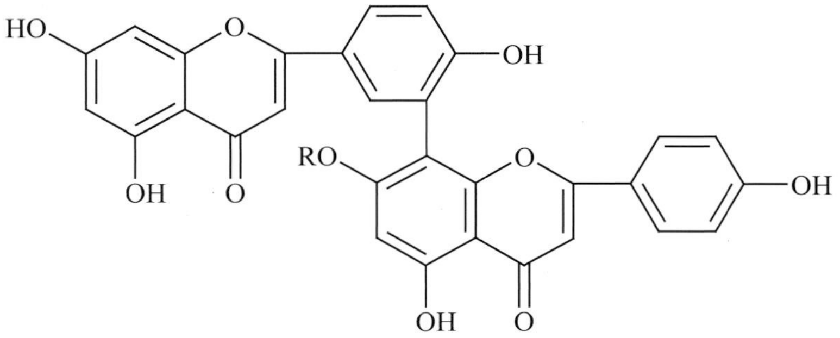

◆ sotetsuflavone: R=CH_3
amentoflavone: R=H

药理作用

1. 止血

卷柏炒炭水煎剂灌胃能缩短小鼠凝血酶原时间 (PT) 和活化部分凝血酶原时间 (APTT)，使纤维蛋白原 (FIB) 含量减少 [6]。

2. 抗肿瘤

卷柏水提取物及其各个萃取部位腹腔注射对小鼠肉瘤 S_{180}、肝癌 H_{22} 均有不同程度的抑制作用 [7]。卷柏脂溶性提取物对体外培养的人白血病细胞有细胞毒作用 [8]。

3. 降血糖

卷柏水煎剂灌胃能降低大鼠由四氧嘧啶和葡萄糖引起的高血糖，病理切片发现其对胰岛细胞有明显的修复作用 [9]。卷柏注射液腹腔注射对链脲佐菌素所致糖尿病大鼠有显著的降血糖作用 [10]。高剂量的卷柏喂饲对大鼠胰岛素抵抗也有明显的改善作用 [11]。

4. 免疫调节功能

卷柏水煎剂灌胃对小鼠体液免疫有抑制作用，能降低小鼠血清抗体 IgG、IgM、IgA 和 C_3 的含量；与环磷酰胺合用有协同作用 [12-13]。

5. 抗菌

卷柏在体外对铜绿假单胞菌有抑制作用 [14]，卷柏烟熏法对流感杆菌、奈瑟氏菌属有抑制作用 [15]。

6. 其他

卷柏还有抗炎 [16]、抗过敏 [17] 等作用。穗花杉双黄酮有血管舒张作用 [18]。

应用

本品为中医临床用药。功能：活血通经。主治：经闭痛经，癥瘕痞块，跌扑损伤。

现代临床还用于胆囊炎、胆绞痛、肾绞痛、慢性肝炎、急慢性鼻炎、鼻窦炎、咽炎、糖尿病、肿瘤及心血管疾病等病的治疗。

评注

《中国药典》尚收载同属植物垫状卷柏 *Selaginella pulvinata* (Hook. et Grev.) Maxim. 为中药卷柏的原植物来源种。垫状卷柏含穗花杉双黄酮、垫状卷柏双黄酮 (pulvinatabiflavone)[19]、芹菜素、海藻糖 (trehalose) 和对羟基苯甲酸 (*p*-hydroxybenzoic acid) 等[20]，具有清除自由基和保护血管内皮细胞损伤的作用[19]。

双黄酮类化合物为卷柏的特征性成分，含量较高，药理活性显著，对该类化合物治疗心血管疾病及抗肿瘤作用的开发，具有广阔的前景。

参考文献

[1] 戴忠，王钢力，林瑞超，等. 卷柏属植物黄酮类成分研究进展 [J]. 中国药品标准，2000，1(4)：46-49.

[2] 郑晓珂，史社坡，毕跃峰，等. 卷柏中黄酮类成分研究 [J]. 中草药，2004，35(7)：742-743.

[3] 毕跃峰，郑晓珂，冯卫生，等. 卷柏中化学成分的分离与结构鉴定 [J]. 药学学报，2004，39(1)：41-45.

[4] 郑晓珂，毕跃峰，冯卫生，等. 卷柏化学成分研究 [J]. 药学学报，2004，39(4)：266-268.

[5] 郑晓珂，史社坡，毕跃峰，等. 卷柏中一个新木脂素苷的分离与鉴定 [J]. 药学学报，2004，39(9)：719-721.

[6] 彭智聪，张少文，刘勇，等. 卷柏炒炭后对止血作用的影响 [J]. 中国中药杂志，2000，25(2)：89-90.

[7] 毕跃峰，郑晓珂，冯卫生，等. 卷柏抗肿瘤药理作用研究 [J]. 河南中医学院学报，2003，18(3)：12-13.

[8] LEE I S, NISHIKAWA A, FURUKAWA F, et al. Effects of *Selaginella tamariscina* on *in vitro* tumor cell growth, p53 expression, G1 arrest and *in vivo* gastric cell proliferation[J]. Cancer Letter, 1999, 144(1): 93-99.

[9] 李方莲，杜玉君，王棉，等. 卷柏对老龄糖尿病模型鼠的降血糖作用 [J]. 中国老年学杂志，1999，19(5)：301-302.

[10] 吴奕富，林久茂，朱进伟. 卷柏对链脲佐菌素诱发糖尿病大鼠降血糖作用的研究 [J]. 福建中医药，2001，32(2)：42-43.

[11] 于丽萍，张雪，王玉芝. 单剂卷柏对 FFR 胰岛素敏感性的影响 [J]. 中成药，2001，23(4)：291-292.

[12] 林久茂，陈小峰，王瑞国，等. 卷柏对小鼠免疫功能的影响 [J]. 福建中医学院学报，2003，13(6)：36-37，51.

[13] 王瑞国，林久茂，郑良朴. 卷柏对小鼠血清 C_3、C_4 和 IgM 含量的影响 [J]. 福建中医药，2003，34(1)：41.

[14] 陈国佩，林海英. 卷柏炮制的实验研究 [J]. 中成药，1995，17(12)：20-21.

[15] 姜波，孙耀华，王玉凤. 卷柏的新用途 [J]. 吉林中医药，1994，(5)：35.

[16] WOO E R, LEE J Y, CHO I J, et al. Amentoflavone inhibits the induction of nitric oxide synthase by inhibiting NF-kappaB activation in macrophages[J]. Pharmacological Research, 2005, 51(6): 539-546.

[17] DAI Y, BUT P P, CHU L M, et al. Inhibitory effects of *Selaginella tamariscina* on immediate allergic reactions[J]. The American Journal of Chinese Medicine, 2005, 33(6): 957-966.

[18] KANG D G, YIN M H, OH H, et al. Vasorelaxation by amentoflavone isolated from *Selaginella tamariscina*[J]. Planta Medica, 2004, 70(8): 718-722.

[19] 徐智，贾素洁，谭桂山，等. 垫状卷柏中双黄酮药理活性的研究 [J]. 中国现代医学杂志，2004，14(14)：88-89，100.

[20] 郑兴，廖端芳，朱炳阳，等. 垫状卷柏化学成分研究 [J]. 中草药，2001，32(1)：17-18.

决明 Jueming CP, JP

Cassia obtusifolia L.
Sicklepod

概述

豆科 (Fabaceae) 植物决明 *Cassia obtusifolia* L.，其干燥成熟种子入药。中药名：决明子。

决明属 (*Cassia*) 植物全世界约有 600 种，分布于世界热带和亚热带地区，少数分布至温带地区。中国原产 10 余种，另加引种栽培者的共 20 余种。本属现供药用者近 20 种。本种中国各省均有栽培。

“决明子”药用之名，始载于《神农本草经》，列为上品。中国从古至今作中药决明子入药者均系该属多种植物。《中国药典》（2015 年版）收载本种为中药决明子的法定原植物来源种之一。主产于中国江苏、安徽、四川等地，产量较大。

决明属植物主要活性成分为蒽醌类衍生物。《中国药典》采用高效液相色谱法进行测定，规定决明子药材含大黄酚不得少于 0.080%，含橙黄决明素不得少于 0.080%，以控制药材质量。

药理研究表明，决明的种子具有降血压、调血脂、保肝、调节免疫等作用。

中医理论认为决明子具有清热明目，润肠通便等功效。

◆ 决明
Cassia obtusifolia L.

◆ 药材决明子
Cassiae Semen

化学成分

决明种子含蒽醌类化合物：大黄酚 (chrysophanol)、大黄素甲醚 (physcion)、大黄素甲醚-8-*O*-*β*-*D*-葡萄糖苷 (physcion 8-*O*-*β*-*D*-glucoside)、大黄素 (emodin)、芦荟大黄素 (aloe-emodin)、橙黄决明素 (aurantio-obtusin)[1]、决明素 (obtusin)、大黄酸 (rhein)[2]、美决明子素 (obtusifolin)[3]、黄决明素 (chryso-obtusin)[4]、葡萄糖基美决明子素 (gluco-obtusifolin)、葡萄糖基黄决明素 (gluco-chryso-obtusin)、葡萄糖基橙黄决明素 (gluco-aurantio-obtusin)[5]、意大利鼠李蒽醌-1-*O*-*β*-*D*-葡萄糖苷 (alaternin-1-*O*-*β*-*D*-glucopyranoside)、黄决明素-2-*O*-*β*-*D*-葡萄糖苷 (chrysoobutsin-2-*O*-*β*-*D*-glucopyranoside)[6]、大黄酚-9-蒽酮 (chrysophanol-9-anthrone)[7]、1-去甲基决明素 (1-desmethylobtusin)、1-去甲基橙黄决明素 (1-desmethylchryso-obtusin)、1-去甲基黄决明素 (1-desmethylaurantio- obtusin)[8]、大黄素-1-*O*-*β*-龙胆双糖苷 (emodin-1-*O*-*β*-gentiobioside)[9]等。还含萘并-*γ*-吡酮类成分如决明子苷A、B、C、B_2、C_2 (cassiasides A～C, B_2, C_2)[10-12]、红镰霉素-6-*O*-龙胆双糖苷 (rubrofusarin-6-*O*-gentiobioside) [11]等。

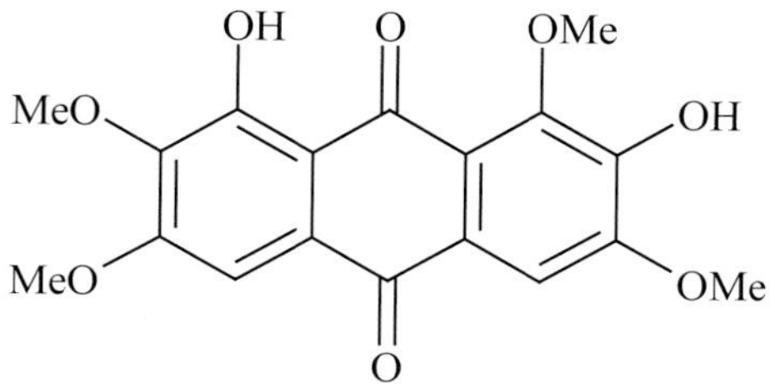

◆ obtusin

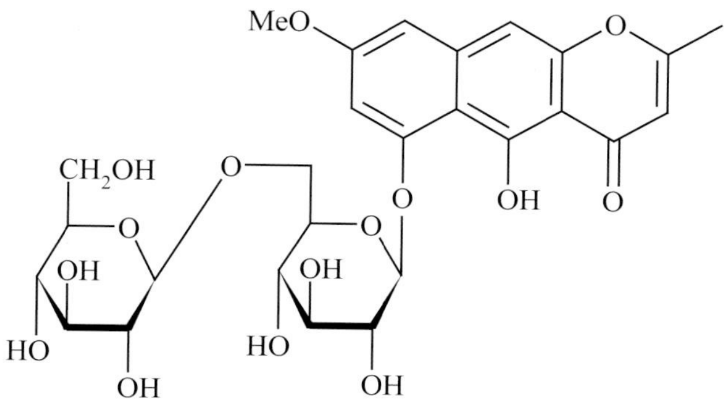

◆ rubrofusarin-6-*O*-gentiobioside

药理作用

1. 降血压

决明种子的水浸液、醇水浸出液和乙醇浸出液灌胃对麻醉犬、猫、兔及大鼠均有降血压作用，可使自发性遗传性高血压大鼠的收缩压及舒张压同时降低，其降血压有效物质可能是蒽醌苷及低聚糖 [13]。

2. 调节血脂

决明种子粉、乙酸乙酯提取物、正丁醇提取物和水提取物灌胃均可使高脂血症大鼠的总胆固醇 (TC) 明显降低、高密度脂蛋白 (HDL) 水平显著升高，其主要有效成分可能是苷类、蛋白质和多糖等 [14]。体外实验表明，决明种子浸膏对胆固醇的合成有一定的抑制作用 [15]。

3. 抗菌

体外实验表明，决明种子乙醚提取液及乙酸乙酯提取液对金黄色葡萄球菌、大肠埃希氏菌、枯草芽孢杆菌、产气肠杆菌等均有较强的抑制作用 [16]。

4. 保肝

决明种子水提取物对四氯化碳引起的大鼠肝损伤和*D*-半乳糖或脂多糖引起的小鼠肝损伤均有显著的保护作用[17]。

5. 免疫调节功能

决明种子水煎醇沉剂皮下注射可使小鼠胸腺明显萎缩，外周血淋巴细胞醋酸萘酯酶 (ANAE) 染色阳性率显著降低，使 2,4-二硝基氯苯 (DNCB) 所致小鼠皮肤迟发型超敏反应受抑制，但对血清溶血素的形成无明显影响。另外决明种子水煎醇沉剂可使小鼠腹腔巨噬细胞吞噬鸡红细胞百分率和吞噬指数明显提高，溶菌酶水平也显著增加。由此可见决明种子对细胞免疫功能有抑制作用，对体液免疫功能无明显影响，但对巨噬细胞吞噬功能有增强作用[18]。

6. 抗血小板聚集

决明种子中葡萄糖基美决明子素、葡萄糖基黄决明素及葡萄糖基橙黄决明素对由二磷酸腺苷 (ADP)、花生四烯酸 (AA) 或胶原诱导的血小板聚集有强烈的抑制作用 [5]。

7. 其他

决明种子还有润肠通便 [19]、明目 [20]、抑制幽门螺杆菌 [21] 等作用。

应用

本品为中医临床用药。功能：清热明目，润肠通便。主治：目赤涩痛，畏光多泪，头痛眩晕，目暗不明，大便秘结。

现代临床还用于角膜炎 [12]、高血压、心律不齐及高脂血症等病的治疗。

评注

药用植物图像数据库

决明子是中国卫生部规定的药食同源品种之一。《中国药典》除本种外，还收载同属植物小决明 *Cassia tora* L. 作为中药决明子的法定原植物来源种。决明子的化学成分研究表明，决明和小决明两个品种之间差异较大，因此有必要在平行条件下对两个品种化学成分与药效方面进行深入对比研究。

决明子分布广，来源易，具有广泛的药用价值，尤其对高血压、高胆固醇、习惯性便秘等疗效较好，目前治疗这些疾病尚无特效药物，因此决明子具有很好的开发应用前景。此外，决明子含有丰富的人体必需营养素及多种功能因子，是一种良好的药食同源保健食品原料。决明子经烘烤后有浓郁的咖啡香气，且其乳化性和加工性都较好，因此有可能将其制成各种形式的保健食品。

参考文献

[1] 郝延军，桑育黎，赵余庆．决明子蒽醌类化学成分研究 [J]. 中草药，2003，34(1)：18-19.

[2] 兰红梅，于超，王宇，等．高效液相色谱法同时测定决明子中六个蒽醌类化合物的含量 [J]. 重庆中草药研究，2001(43)：45-48.

[3] TAKIDO M. Studies on the constituents of the seeds of *Cassia obtusifolia* L. Ⅰ. the structure of obtusifolin[J]. Chemical & Pharmaceutical Bulletin. 1958, 6(4): 397-400.

[4] TAKIDO M. Constituents of the seeds of *Cassia obtusifolia* Ⅱ. The structures of obtusin, chryso-obtusin, and aurantio-obtusin[J]. Chemical & Pharmaceutical Bulletin, 1960, 8: 246-251.

[5] YUN-CHOI H S, KIM J H, TAKIDO M. Potential inhibitors of platelet aggregation from plant sources, Ⅴ. Anthraquinones from seeds of *Cassia obtusifolia* and related compounds[J]. Journal of Natural Products, 1990, 53(3): 630-633.

[6] KITANAKA S, KIMURA F, TAKIDO M. Studies on the constituents of purgative crude drugs. ⅩⅦ. Studies on the constituents of the seeds of *Cassia obtusifolia* Linn. The structures of two new anthraquinone glycosides[J]. Chemical & Pharmaceutical Bulletin, 1985, 33(3): 1274-1276.

[7] LEWIS D C, SHIBAMOTO T. Analysis of toxic anthraquinones and related compounds with a fused silica capillary column[J]. Journal of High Resolution

Chromatography and Chromatography Communications, 1985, 8(6): 280-282.

[8] KITANAKA S, TAKIDO M. Studies on the constituents of purgative crude drugs. Part XIV. Studies on the constituents of the seeds of *Cassia obtusifolia* Linn. The structures of three new anthraquinones[J]. Chemical & Pharmaceutical Bulletin, 1984, 32(3): 860-864.

[9] LI C H, WEI X Y, LI X E, et al. A new anthraquinone glycoside from the seeds of *Cassia obtusifolia*[J]. Chinese Chemical Letters, 2004, 15(12): 1448-1450.

[10] 刘松青，高振同，杨大坚，等. HPLC测定决明子中决明子苷A，B含量[J].中国药学杂志，1999，34(4)：267-269.

[11] KITANAKA S, TAKIDO M. Studies on the constituents of purgative crude drugs. XXI. Studies on the constituents of the seeds of *Cassia obtusifolia* L. The structures of two naphthopyrone glycosides[J]. Chemical & Pharmaceutical Bulletin, 1988, 36(10): 3980-3984.

[12] KITANAKA S, NAKAYAMA T, SHIBANO T, et al. Antiallergic agent from natural sources. Structures and inhibitory effect of histamine release of naphthopyrone glycosides from seeds of *Cassia obtusifolia* L.[J]. Chemical & Pharmaceutical Bulletin, 1998, 46(10): 1650-1652.

[13] 李续娥，郭宝江，曾志 . 决明子蛋白质、低聚糖及蒽醌苷降压作用的实验研究 [J]. 中草药，2003，34(9)：842-843.

[14] 李楚华，李续娥，郭宝江 . 决明子提取物降脂作用的研究 [J]. 华南师范大学学报（自然科学版），2002，(4)：29-32.

[15] 何菊英，刘松青，彭永富，等 . 决明子降血脂作用机制研究 [J]. 中国药房，2003，14(4)：202-204.

[16] 熊卫东，马庆一 . 含蒽醌的中草药——一类潜在的天然抑菌防腐剂初探 [J]. 天津中医药，2004，21(2)：158-160.

[17] HASE K, KADOTA S, BASNET P, et al. Hepatoprotective effects of traditional medicines. Isolation of the active constituent from seeds of *Celosia argentea*[J]. Phytotherapy Research, 1996, 10(5): 387-392.

[18] 南景一，王忠，沈玉清，等 . 决明子对小鼠免疫功能影响的实验研究 [J]. 辽宁中医杂志，1989，13(5)：43-44.

[19] 张加雄，万丽，胡轶娟，等 . 决明子提取物泻下作用研究 [J]. 时珍国医国药，2005，16(6)：467-468.

[20] 韩昌志 . 决明子的明目作用 [J]. 中国医院药学杂志 .1993，13(5)：200-201.

[21] LI Y, XU C, ZHANG Q, et al. *In vitro* anti-*Helicobacter pylori* action of 30 Chinese herbal medicines used to treat ulcer diseases[J]. Journal of Ethnopharmacology, 2005, 98(3): 329-333.

苦枥白蜡树 Kulibailashu CP, KHP

Fraxinus rhynchophylla Hance
Retuse Ash

概述

木犀科 (Oleaceae) 植物苦枥白蜡树 *Fraxinus rhynchophylla* Hance，其干燥枝皮或干皮入药。中药名：秦皮。

梣属 (*Fraxinus*) 植物全世界约有 60 种，大多数分布于北温带。中国产 27 种 1 变种，分布于全国各省区。本属现供药用者约有 8 种。

“秦皮”药用之名，始载于《神农本草经》。秦皮历史上的正品应为木犀科梣属植物的树皮，最早使用的种类为小叶梣 *Fraxinus bungeana* DC.，以后渐有白蜡树 *F. chinensis* Roxb. 的树皮供药用。近代由于资源及产地变迁，作秦皮药用的植物种类有所不同，但均为梣属植物。《中国药典》（2015 年版）收载本种为中药秦皮的法定原植物来源种之一。主产于中国辽宁、吉林。药材又称“东北秦皮”。

梣属植物主要活性成分为香豆素类。《中国药典》采用高效液相色谱法进行测定，规定秦皮药材含秦皮甲素和秦皮乙素总量不得低于 1.0%，以控制药材质量。

药理研究表明，苦枥白蜡树枝皮及干皮具有抗菌、抗炎、镇咳祛痰等作用。

中医理论认为秦皮具有清热燥湿，收涩止痢，止带，明目等功效。

◆ 苦枥白蜡树
Fraxinus rhynchophylla Hance

◆ 药材秦皮
Fraxini Cortex

◆ 尖叶白蜡树
F. szaboana Lingelsh.

化学成分

苦枥白蜡树的茎皮含有秦皮甲素（即七叶苷，aesculin, esculin）及其苷元秦皮乙素（即七叶素，aesculetin, esculetin）[1]、6,7-二甲氧基-8-羟基香豆素 (6,7-dimethoxy-8-hydroxycoumarin)、秦皮苷 (fraxin)[2]等香豆素类化合物。

苦枥白蜡树的叶亦含有秦皮甲素、野莴苣苷 (cichoriin)、东莨菪苷 (scopolin) 和秦皮苷[3]。

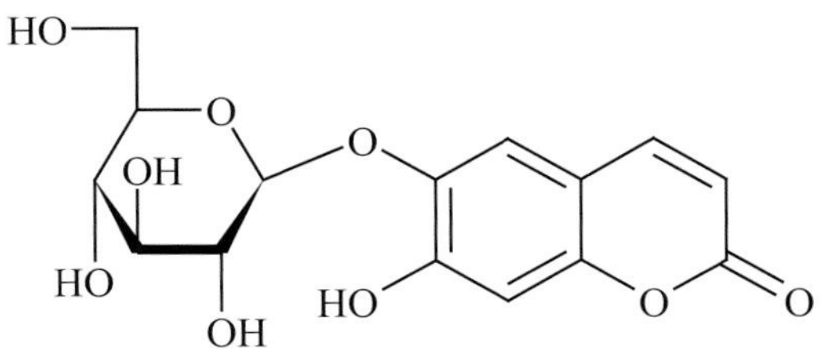

◆ aesculin

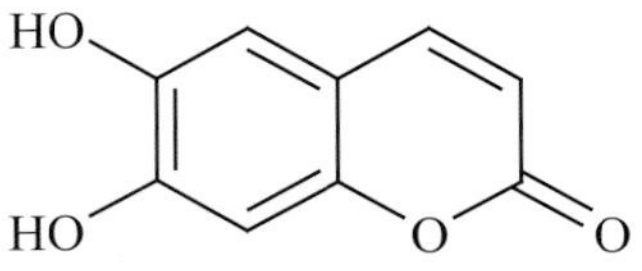

◆ aesculetin

药理作用

1. 抗菌

秦皮水煎液体外对金黄葡萄球菌 NCT8530、弗氏痢疾志贺氏菌 2156、宋内氏痢疾志贺氏菌 1928、伤寒沙门氏菌 0034n、副伤寒沙门氏菌 0007[4]、表皮葡萄球菌 [5] 等多种细菌有抑制作用。

2. 抗炎

秦皮甲素、秦皮乙素、秦皮苷腹腔注射能抑制角叉菜胶、右旋糖酐、5-HT、组胺、甲醛诱导的大鼠足趾肿胀和棉球肉芽肿；秦皮免煎冲剂能显著降低前交叉韧带切断致骨关节炎兔关节软骨中的基质金属蛋白酶 -1 (MMP-1) 和关节液中一氧化氮 (NO)、前列腺素 E_2 (PGE_2) 水平，减缓骨关节炎发生 [6]；秦皮总香豆素灌胃对微晶型尿酸钠 (MSU) 诱导的大鼠急性足趾肿胀和家兔急性痛风性关节炎有显著防治作用 [7]。

3. 镇咳、祛痰、平喘

秦皮甲素、秦皮乙素腹腔注射对有显著镇咳作用（小鼠氨雾法）、祛痰作用（小鼠酚红法）及平喘作用（豚鼠组胺喷雾法）。

4. 其他

秦皮甲素、秦皮乙素具有镇静、抗惊厥及镇痛作用，能促进尿酸排泄，秦皮乙素有抗凝血和抗血小板聚集作用，对过敏反应释放白三烯 (LTS) 引起的血管收缩有保护作用。

应用

本品为中医临床用药。功能：清热燥湿，收涩止痢，止带，明目。主治：湿热泻痢，赤白带下，目赤肿痛，目生翳膜。

现代临床还用于慢性支气管炎、银屑病、细菌性痢疾、急性肝炎、睑腺炎等病的治疗。

评注

药用植物图像数据库

《中国药典》收载中药秦皮的法定原植物，还包括同属的如下三种植物：

尖叶白蜡树 *Fraxinus szaboana* Lingelsh.，该种植物的枝皮和皮含香豆素类化合物秦皮甲素 (aesculin)、秦皮乙素 (aesculetin)、秦皮苷 (fraxin)、莨菪亭 (scopoletin)[8-11]以及2,6-二甲基对苯醌 (2,6-dimethoxy-p-benzoquinone)、*N*-苯基-2-苯胺 (*N*-phenyl-2- naphthylamine)[11]等。

宿柱白蜡树 *F. stylosa* Lingelsh.，该种植物的枝皮和干皮含香豆素类成分：秦皮甲素 (aesculin)、秦皮乙素 (aesculetin)、秦皮苷 (fraxin)、丁香苷 (syringin)、宿柱白蜡苷 (stylosin)[8]、秦皮素 (fraxetin)[9] 等。

白蜡树 *F. chinensis* Roxb.，该种植物的枝皮和干皮含香豆素类成分：秦皮甲素 (aesculin)、秦皮乙素 (aesculetin)、白蜡树苷 (fraxin)、丁香苷 (syringin)[12]、秦皮素-8-葡萄糖苷 (fraxetin-8-glucoside)、七叶树内酯-6-*O*-葡萄糖苷 (esculetin-6-*O*-glucoside)[13]、秦皮素 (fraxetin)等；含有木脂素类成分：(+)-松脂素[(+)-pinoresinol]、(+)-乙酰松脂素 [(+)-acetoxypinoresinol]、(+)-松脂素-*β*-*D*-吡喃葡萄糖苷 [(+)-pinoresinol-*β*-*D*-glucopyranoside]、(+)-丁香树脂酚-4,4'-O-bis-*β*-*D*-吡喃葡萄糖苷 [(+)-syringaresinol-4,4'-*O*-bis-*β*-*D*- glucopyranoside]、(+)-cycloolivil [14]、(+)-松脂素-4'-*O*-*β*-*D*-葡萄糖苷[(+)-pinoresino-4'-O-*β*-*D*- glucoside]以及三萜类成分熊果酸 (ursolic acid)[15]。白蜡树的叶含有油橄榄苦苷 (oleuropein)、新油橄榄苦苷 (neooleuropein)、野莴苣苷 (cichoriin)、裂环烯醚萜苷类成分 frachinoside[16]。

白蜡树为介壳虫科 (Coccidae) 昆虫白蜡虫 *Ericerus pela* (Chavannes) Guerin 的雄虫栖居植物之一，因此得名。白蜡虫所分泌的蜡入药，中药名为虫白蜡。虫白蜡为机械工业、造纸工业、电子工业、皮革工业不可缺少的原料。

秦皮在同一地区不同品种，或同一品种在不同地区，其内在有效成分秦皮甲素、秦皮乙素等香豆素类成分差异显著，其中陕西洛南县、丹凤县一带产秦皮质量佳，是建立其种植基地的重要区域 [17]。

此外，秦皮中的总香豆素等有效成分在枝皮中远较干皮高，并以枝条越细含量越高，干皮中含量较低，未能达《中国药典》规格要求；秦皮饮片炮制过程中，“洗净，润透”过程对香豆素类成分影响较大 [18]。

参考文献

[1] 张秀琴，徐礼燊.秦皮中秦皮素的极谱测定 [J]. 药学学报，1982，17(4)：305-308.

[2] 刘丽梅，王瑞海，陈琳，等.秦皮化学成分的研究 [J]. 中草药，2003，34(10)：889-890.

[3] KWON Y S, KIM C M. Chemical constituents from leaves of Fraxinus *rhynchophylla*[J]. Saengyak Hakhoechi, 1996, 27(4): 347-349.

[4] 杨天鸣，葛欣，王晓妮.秦皮抗菌作用研究 [J]. 西北国防医学杂志，2003，24(5)：387-388.

[5] 李仲兴，王秀华，岳云升，等.用新方法进行秦皮对 308 株临床菌株的体外抑菌活性研究 [J]. 中医药研究，2000，16(5)：51-53.

[6] 刘世清，贺翎，彭昊，等.秦皮对兔实验性关节炎的基质金属蛋白酶 -1 和一氧化氮及前列腺素 E_2 的作用 [J]. 中国临床康复，2005，9(6)：150-152.

[7] 赵军宁，王晓东，彭晓华，等.秦皮总香豆素对实验性痛风性关节炎的影响 [J]. 中国药理通讯，2003，20(2)：61.

[8] 郭希圣，章育中.中药秦皮的化学研究 [J]. 药学学报，1983，18(6)：434-439.

[9] 郭希圣，章育中.秦皮中香豆素成分的薄层分离和光密度法测定 [J]. 药学学报，1983，18(6)：446-452.

[10] 邬家林，付桂兰，曾美怡.生药秦皮的质量与资源研究 [J]. 药物分析杂志，1983，3(1)：12-18.

[11] 李冲，涂茂洌，谢晶曦，等.尖叶白蜡树化学成分的研究 [J]. 中草药，1990，21(8)：2-4，10.

[12] 郭希圣，章育中.秦皮中有效成分的高效液相层析分离和测定 [J]. 药学学报，1983，18(7)：525-528.

[13] KIM I H, KIM C J, YOOK C S. The chemical constituents and their pharmacological activities of endemic medicinal plants in Korea. Pharmacologically active constituents of *Fraxinus* species[J]. Saengyak Hakhoechi, 1993, 24(3):197-202.

[14] 张冬梅，胡立宏，叶文才，等.白蜡树的化学成分研究 [J]. 中国天然药物，2003，1(2)：79-81.

[15] 魏秀丽，杨春华，梁敬钰.中药秦皮的化学成分 [J]. 中国天然药物，2005，3(4)：228-230.

[16] KUWAJIMA H, MORITA M, TAKAISHI K, et al. Secoiridoid, coumarin and secoiridoid-coumarin glucosides from *Fraxinus chinensis*[J]. Phytochemistry, 1992, 31(4): 1277-1280.

[17] 左月明，王振月，崔红花，等.不同地理种源秦皮的树皮及叶中秦皮甲素、秦皮乙素的含量测定 [J]. 中成药，2003，25(7)：552-554.

[18] 蒲旭峰，凌学青，庄小洪.秦皮药材的质量评价 [J]. 华西药学杂志，2002，17(2)：4-6.

苦参 Kushen CP, JP

Sophora flavescens Ait.
Lightyellow Sophora

概述

豆科 (Fabaceae) 植物苦参 *Sophora flavescens* Ait.，其干燥根入药。中药名：苦参。

槐属 (*Sophora*) 植物全世界约有 70 种，广泛分布于热带至温带地区。中国约 21 种，主要分布在西南、华南和华东地区。本属现供药用者约有 8 种。本种分布于中国、印度、日本、朝鲜半岛和俄罗斯西伯利亚地区。

“苦参”药用之名，始载于《神农本草经》，列为中品。历代本草多有著录，古今药用品种一致。《中国药典》（2015 年版）收载本种为中药苦参的法定原植物来源种。全国各地均产。

苦参的化学成分主要有生物碱、黄酮、三萜皂苷类化合物，其中苦参碱和氧化苦参碱为主要有效成分，是评价中药苦参质量的主要指标性成分。《中国药典》采用高效液相色谱法进行测定，规定苦参药材含苦参碱和氧化苦参碱的总量不得少于 1.2%，以控制药材质量。

药理研究表明，苦参具有抗心律失常、抗心肌纤维化、抗肝纤维化和抗肿瘤等作用。

中医理论认为苦参具清热燥湿，杀虫，利尿等功效。

◆ 苦参
Sophora flavescens Ait.

◆ 苦参
S. flavescens Ait.

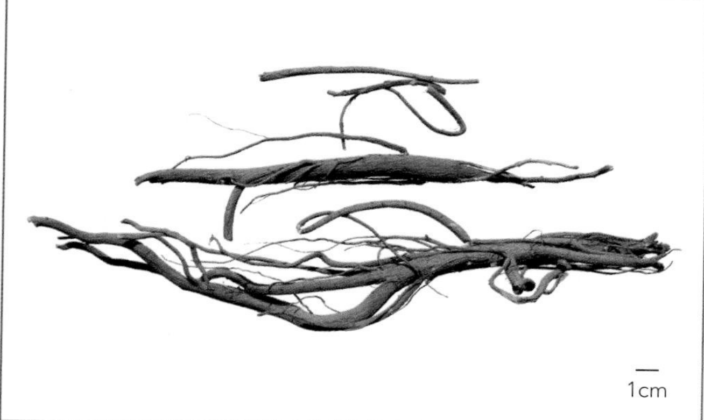

◆ 药材苦参
Sophorae Flavescentis Radix

化学成分

苦参的根主要含生物碱类成分：苦参碱 (matrine)、*N*-氧化苦参碱 (*N*-oxymatrine)、甲基野靛碱 (*N*-methylcytisine)、穿叶赝靛碱 (baptifoline)、臭豆碱 (anagyrine)、槐花醇 (sophoranol)[1]、*N*-氧化槐根碱 (*N*-oxysophocarpine)、槐定碱 (sophoridine)[2]、别苦参碱 (allomatrine)、槐根碱 (sophocarpine)、12α-羟基槐根碱 (12α-hydroxysophocarpine)[3]、异苦参碱 (isomatrine)[4]、槐胺碱 (sophoramine)、拉马宁碱 (lehmannine) 和苦豆碱 (aloperine)[5]等；黄酮类成分：苦参新醇A、B、C、D、E、F、G、H、I、J、K、L、M、N、O、P、Q、R、S、T、U、V、W、X (kushenols A～X)[6-9]、苦参查耳酮 (kuraridin)、苦参醇 (kurarinol)、sophoflavescenol、三叶豆紫檀苷 (trifolirhizin)[10]、苦参二醇 (kuraridinol)、新苦参醇 (neokurarinol)、降苦参醇 (norkurarinol)、异苦参酮 (isokurarinone)、刺芒柄花素 (formononetin)[11]、苦参酮 (kurarinone)、降苦参酮 (norkurarinone)、5-*O*-甲基苦参新醇C (5-*O*-methylkushenol C)、山槐素 (maackiain)[12]、异脱水淫羊藿素 (isoanhydroicaritin)、降脱水淫羊藿素 (noranhydroicaritin)、黄腐醇 (xanthohumol)、异黄腐醇 (isoxanthohumol)、木犀草素-7-*O*-β-*D*-葡萄糖苷 (luteolin-7-*O*-β-*D*-glucoside)、(2*S*)-2'-甲基苦参酮 [(2*S*)-2'-methoxykurarinone]、槐属黄烷酮G (sophoraflavanone G)、勒奇黄烷酮 A (leachianone A)[13]、sophoranodichromanes A、B、C[14]、8-薰衣草醇山柰酚 (8-lavandulylkaempferol)[15]；三萜皂苷类成分：苦参皂苷Ⅰ、Ⅱ、Ⅲ、Ⅳ (sophoraflavosides Ⅰ～Ⅳ)[16]；醌类成分：苦参醌 A (kushequinone A)[17]；此外，根中还含有芥子酸十六酯 (sinapic acid hexadecyl ester)、伞形花内酯 (umbelliferon)[18]、三叶豆紫檀苷-6'-单乙酸酯 (trifolirhizin-6'-monoacetate)[19]、苦参素 (kushenin)[20]等。

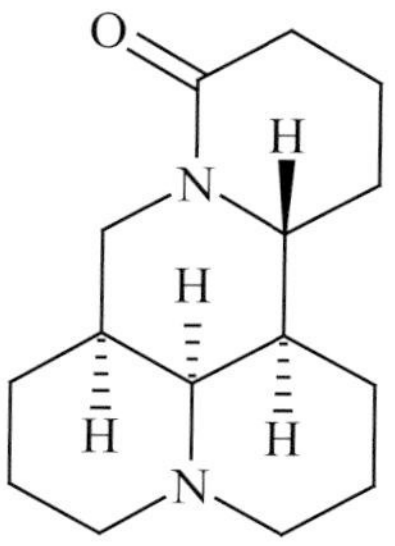

◆ matrine

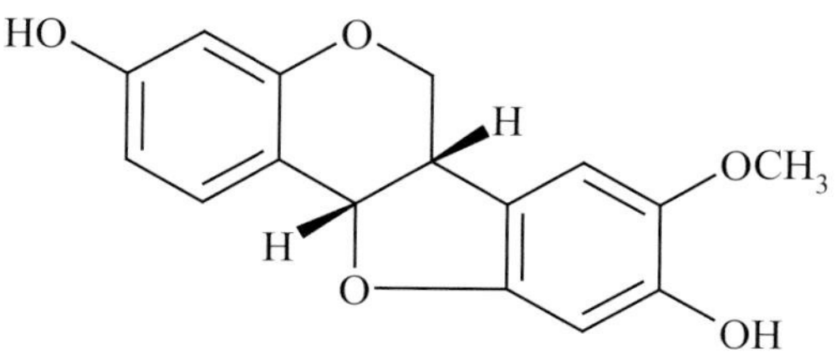

◆ kushenin

药理作用

1. 抗炎

氧化苦参碱对体外细胞培养上清液和局部炎症渗出液中的肿瘤坏死因子 α (TNF-α)、白介素 6 (IL-6) 和 IL-8 均有抑制作用 [21]，腹腔注射对二甲苯所致使小鼠耳郭肿胀及右旋糖苷所致的大鼠足趾肿胀有明显的对抗作用 [22]；此外，从苦参中分得的槐属黄烷酮口服对巴豆油诱导的耳郭肿胀和角叉莱胶诱导的足趾肿胀也具有抗炎作用 [23]。

2. 抗肿瘤

苦参碱体外能抑制胶质瘤细胞 BT325 和 U251、白血病细胞 K_{562}、人骨肉瘤细胞 MG-63 的增殖 [24-27]；体外能抑制胃癌细胞 MKN-45 的生长 [28]。苦参碱体外可选择抑制大肠癌细胞 HT-29 环氧化酶 -2 (COX-2) 的基因转录、蛋白表达和功能活性 [29]。苦参素给大鼠腹腔注射可诱导细胞周期阻滞，抑制肝癌细胞过度增殖，从而预防或推迟 2-乙酰氨基芴诱发的肝癌 [30]。苦参碱腹腔注射可明显抑制小鼠 H22 实体瘤的生长 [31]。氧化苦参碱体外可诱导卵巢癌细胞 SKOV3 和乳腺癌细胞 MCF-7 凋亡 [32-33]，对结肠癌细胞 SW1116 也具有杀伤作用 [34]，还可抑制肝癌细胞诱导的血管内皮细胞 (VEC) 增殖 [35]。

3. 抗肝纤维化、保肝

体外实验表明，苦参碱能显著逆转肝纤维化作用，其作用机制与抑制巨噬细胞纤维化因子的产生和阻断其作用有关 [36]；苦参素可减少肝细胞中 MMP-2mRNA、MMP-2 活性蛋白的表达，促进细胞外基质 (ECM) 的降解，抑制成纤维细胞的增殖和分裂以及ECM的沉积和合成[37-38]；氧化苦参碱可调节机体免疫功能，抑制肝星状细胞 (HSC) 的活化和转化生长因子 β_1 (TGF-β_1) 的产生，减少组织金属蛋白酶抑制因子 -1 (TIMP-1) 的表达 [39-41]。氧化苦参碱静脉注射给药对大鼠肝缺血再灌注损伤的肝细胞具有保护作用 [42-43]。苦参碱尾静脉注射对刀豆蛋白 A 所致的肝损伤小鼠释放 γ 干扰素 (IFN-γ) 和 TNF-α 有明显抑制作用，还可显著减轻肝组织病理改变 [44]。

4. 对心血管系统的影响

(1) 抗心肌纤维化　苦参碱体外可显著抑制血管紧张素Ⅱ (Ang Ⅱ) 和醛固酮诱导的大鼠心肌成纤维细胞 (CFb) 增殖，具有抗心肌纤维化作用，其机制与降低基因 Bcl-2的表达、升高基因 Bax 的表达和增强半胱氨酸蛋白酶 -3 (caspase-3) 的活性有关 [45-48]；苦参碱对自发性高血压大鼠还具有抗心肌间质纤维化作用 [49]。

(2) 抗心律失常　体外对豚鼠心室肌细胞实验表明，氧化苦参碱可阻滞心肌细胞钠通道，增加心肌细胞膜 L-型钙信道电流，抑制钙信道，具有抗心律失常作用 [50-52]。

(3) 其他　氧化苦参碱能明显增加正常离体蟾蜍心脏、戊巴比妥钠和低钙离体心衰模型的心肌收缩力、心输出量，具有强心作用 [53]；苦参碱体外可显著逆转去甲肾上腺素 (NE) 致肌球蛋白重链 (MHC) 同工蛋白的病理性转换作用 [54]。

5. 其他

从苦参中分离得到的黄酮类化合物具有显著的抗菌、抗雄性激素活性[10]，并对α-葡萄糖苷酶和β-淀粉酶具有抑制作用[55]；苦参醇、苦参查耳酮、苦参酮、苦参新醇H、K等可抑制甘油二酯酰基转移酶 (DGAT)、环磷酸鸟苷 (cGMP) -磷酸二酯酶和毒蕈酪氨酸酶的活性[56-58]；氧化苦参碱腹腔注射能对抗冰醋酸及热板所致的小鼠疼痛反应[59]；槐定碱具有抗柯萨奇病毒B3 (CVB3) 的作用[60]；苦参碱能减弱十八烯酸诱导的急性肺损伤[61]。

应用

本品为中医临床用药。功能：清热燥湿，杀虫，利尿。主治：热痢，便血，黄疸尿闭，赤白带下，阴肿阴痒，湿疹，湿疮，皮肤瘙痒，疥癣麻风；外治滴虫性阴道炎。

现代临床还用于急慢性肠炎、滴虫性阴道炎、皮肤病、心律失常、支气管哮喘和喘息型慢性支气管炎[11]等病的治疗。

评注

目前市场上以苦参碱、氧化苦参碱作为主要成分的产品大多用于治疗乙型肝炎。但现代药理显示这两种成分在心血管和肿瘤方面亦具很好的活性，应加强它们在心血管和肿瘤方面的产品开发。同时，黄酮类成分也被发现具有很好的药理活性，应重视苦参中黄酮类和三萜皂苷类成分的药理活性研究，充分利用苦参资源。

苦参资源分布广，但不同产地的苦参中苦参碱、氧化苦参碱的含量有很大差别，这对于苦参的使用和产品开发具有严重影响，为保证临床治疗效果和产品质量，应加强苦参的资源研究，建立苦参的规范化栽培基地。

古代文献记载苦参具有杀虫作用，现代研究也显示苦参生物碱和总黄酮具有很好的杀虫活性；同时，安全性实验亦显示苦参毒性低，在开发出对人畜低毒的广谱性植物杀虫剂具有广阔前景，可加强苦参在生物农药方面的研究。

参考文献

[1] ABDEL-BAKE A M, BLINOVA K F. Alkaloids from *Sophora flavescens* roots[J]. Khimiya Prirodnykh Soedinenii, 1980, 3: 427-428.

[2] 白世泽，何继华，杨泽铨，等. 苦参生物碱成分的研究 Ⅱ. 氧化苦参碱及其它生物碱成分的分离 [J]. 中草药，1982，13(4)：8-9.

[3] DING P L, LIAO Z X, HUANG H, et al. (+)-12alpha-Hydroxysophocarpine, a new quinolizidine alkaloid and related anti-HBV alkaloids from *Sophora flavescens*[J]. Bioorganic & Medicinal Chemistry Letters, 2006, 16(5): 1231-1235.

[4] UENO A, MORINAGA K, FUKUSHIMA S, et al. Lupine alkaloids. Ⅵ. Isolation and structure of (+)-isomatrine[J]. Chemical & Pharmaceutical Bulletin, 1975, 23(11): 2560-2566.

[5] CHEN X, YI C Q, YANG X Q, et al. Liquid chromatography of active principles in *Sophora flavescens* root[J]. Journal of Chromatography. B, Analytical Technologies in the Biomedical and Life Sciences, 2004, 812(1-2): 149-163.

[6] CHOI S U, KIM K H, CHOI E J, et al. P-glycoprotein (Pgp) does not affect the cytotoxicity of flavonoids from *Sophora flavescens*, which also have no effects on Pgp action[J]. Anticancer Research, 1999 , 19(3A): 2035-2040.

[7] YAMAKI M, KASHIHARA M, TAKAGI S. Activity of Ku Shen compounds against Staphylococcus aureus and *Streptococcus mutans*[J]. Phytotherapy Research, 1990, 4(6): 235-236.

[8] RYU S Y, KIM S K, NO Z, et al. A novel flavonoid from *Sophora flavescens*[J]. Planta Medica, 1996, 62(4): 361-363.

[9] KUROYANAGI M, ARAKAWA T, HIRAYAMA Y, et al. Antibacterial and antiandrogen flavonoids from *Sophora flavescens*[J]. Journal of Natural Products, 1999, 62(12): 1595-1599.

[10] WOO E R, KWAK J H, KIM H J, et al. A New Prenylated Flavonol from the Roots of *Sophora flavescens*[J]. Journal of Natural Products, 1998, 61(12): 1552-1554.

[11] KYOGOKU K, HATAYAMA K, KOMATSU M. Constituents of a Chinese crude drug Kushen (the root of *Sophora flavescens*). Isolation of five new flavonoids and formononetin[J]. Chemical & Pharmaceutical Bulletin, 1973, 21(12): 2733-2738.

[12] YAGI A, FUKUNAGA M, OKUZAKO N, et al. Antifungal substances from *Sophora flavescens*[J]. Shoyakugaku Zasshi, 1989, 43(4): 343-347.

[13] KANG T H, JEONG S J, KO W G, et al. Cytotoxic lavandulyl flavanones from *Sophora flavescens*[J]. Journal of Nature Products, 2000 , 63(5): 680-681.

[14] DING P L, HOU A J, CHEN D F. Three new isoprenylated flavonoids from the roots of *Sophora flavescens*[J]. Journal of Asian Natural Products Research, 2005, 7(3): 237-243.

[15] JUNG H J, KANG S S, WOO J J, et al. A new lavandulylated flavonoid with free radical and ONOO-scavenging activities from *Sophora flavescens*[J]. Archives of Pharmacal Research, 2005, 28(12): 1333-1336.

[16] DING Y, TIAN R H, KINJO J, et al. Three new oleanene

glycosides from *Sophora flavescens*[J]. Chemical & Pharmaceutical Bulletin, 1992, 40(11): 2990-2994.

[17] WU L J, MIYASE T, UENO A, et al. Studies on the constituents of *Sophora flavescens* Ait. Ⅴ [J]. Yakugaku Zasshi, 1986, 106(1): 22-26.

[18] 张俊华，赵玉英，刘沁舡，等 . 苦参化学成分的研究 [J]. 中国中药杂志，2000，25(1)：37-39.

[19] 李丹，左海军，高慧媛，等 . 苦参的化学成分 [J]. 沈阳药科大学学报，2004，21(5)：346-348.

[20] WU L J, MIYASE T, UENO A, et al. Studies on the constituents of *Sophora flavescens* Aiton. Ⅱ [J]. Chemical & Pharmaceutical Bulletin, 1985, 33(8): 3231-3236.

[21] 黄秀梅，李波 . 氧化苦参碱对 TNFα、IL-6 和 IL-8 的影响 [J]. 中成药，2003，25(11)：903-906.

[22] 刘芬，刘洁，陈霞，等 . 氧化苦参碱的抗炎作用及其机制 [J]. 吉林大学学报（医学版），2005，31(5)：728-730.

[23] KIM D W, CHI Y S, SON K H, et al. Effects of sophoraflavanone G, a prenylated flavonoid from *Sophora flavescens*, on cyclooxygenase-2 and *in vivo* inflammatory response[J]. Archives of Pharmacal Research, 2002, 25(3): 329-335.

[24] 程光，章翔，费舟，等 . 苦参碱对 BT325 胶质瘤细胞的增殖抑制和诱导凋亡作用 [J]. 第四军医大学学报，2002，23(23)：2152-2154.

[25] 邓惠，罗焕敏，黄丰，等 . 苦参碱对 U251 胶质瘤细胞的增殖抑制和原癌基因表达的影响 [J]. 中国药理学通报，2004，20(8)：893-896.

[26] ZHANG L P, JIANG J K, TAM J W, et al. Effects of matrine on proliferation and differentiation in K-562 cells[J]. Leukemia Research, 2001, 25(9): 793-800.

[27] 郑安祥，陈杰，陶惠民 . 苦参碱抑制人骨肉瘤 MG-63 细胞增殖和诱导凋亡的体外实验研究 [J]. 实用肿瘤杂志，2005，20(6)：516-519.

[28] 罗艳君，林万隆 . 苦参素对胃癌细胞株 MKN-45 凋亡的影响 [J]. 世界肿瘤杂志，2004，3(1)：61-63.

[29] 黄建，张鸣杰，邱福铭 . 苦参碱抑制大肠癌 HT-29 细胞环氧化酶 -2 表达的研究 [J]. 中国中西医结合杂志，2005，25(3)：240-243.

[30] 马凌娣，文世宏，张彦，等 . 苦参碱对 H_{22} 荷瘤小鼠的抑瘤作用及对免疫功能的影响 [J]. 中草药，2004，35(12)：1374-1377.

[31] 侯华新，黎丹戎，栾英姿，等 . 氧化苦参碱诱导卵巢癌 SKOV3 细胞凋亡作用的实验研究 [J]. 中国药理学通报，2002，18(6)：704-707.

[32] 周炳刚，孙靖中，范玉琢，等 . 氧化苦参碱诱导人乳腺癌细胞 MCF-7 凋亡的实验研究 [J]. 中国药理学通报，2002，18(6)：689-691.

[33] 邹健，冉志华，许琦，等 . 氧化苦参碱对人结肠癌细胞株 SW1116 杀伤作用的实验研究 [J]. 中华消化杂志，2005，25(4)：207-211.

[34] 王兵，王国俊，蔡雄，等 . 氧化苦参碱抑制肝癌细胞诱导血管内皮细胞增殖作用的研究 [J]. 肿瘤防治杂志，2003，10(7)：707-709.

[35] 朱玉娟，周爱玲，茅家慧，等 . 苦参素对实验性肝癌 PCNA、cyclinD1、CDK4 表达的影响 [J]. 中国临床药理学与治疗学，2005，10(1)：52-56.

[36] 张俊平，张珉，金城，等 . 苦参碱抑制小鼠腹膜巨噬细胞纤维化细胞因子的产生和作用 [J]. 中国药理学报，2001，22(8)：765-768.

[37] 李常青，刘丽丽，莫传伟，等 . 苦参碱对 ConA 性肝损伤小鼠 IFN 释放及肝组织病理改变的影响 [J]. 世界华人消化杂志，2005，13(5)：640-643.

[38] 周爱玲，罗琳，茅家慧，等 . 苦参素对实验性肝纤维化的防治作用及对 MMP-2 表达的影响 [J]. 中国临床药理学与治疗学，2004，9(10)：1096-1100.

[39] 熊伍军，邱德凯 . 苦参素对 NIH/3T3 成纤维细胞增殖及细胞外基质合成的影响 [J]. 上海医学，2005，28(1)：46-48.

[40] 余小虎，朱金水，俞华芳，等 . 氧化苦参碱抗大鼠肝纤维化及其免疫调控作用 [J]. 中国临床医学，2004，11(2)：163-165.

[41] 卢清，张清波，张继明，等 . 氧化苦参碱对大鼠肝星状细胞旁分泌活化途径的抑制作用 [J]. 肝脏，2004，9(1)：31-33.

[42] SHI G F, LI Q. Effects of oxymatrine on experimental hepatic fibrosis and its mechanism *in vivo*[J]. World Journal of Gastroenterology, 2005, 11(2): 268-271.

[43] 孟凡强，姜洪池，孙学英，等 . 苦参素对大鼠肝缺血再灌注中肝细胞的保护作用及其机制探讨 [J]. 中华医学杂志，2005，85(28)：1991-1994.

[44] JIANG H, MENG F, LI J, et al. Anti-apoptosis effects of oxymatrine protect the liver from warm ischemia reperfusion injury in rats[J]. World Journal of Surgery, 2005, 29(11): 1397-1401.

[45] 吴珂，欧阳静萍，王保华，等 . 苦参碱对血管紧张素 Ⅱ 诱导新生大鼠心肌成纤维细胞增殖和胶原合成的影响 [J]. 武汉大学学报（医学版），2003，24(3)：235-238，261.

[46] 周成慧，欧阳静萍，周艳芳，等 . 苦参碱诱导血管紧张素 Ⅱ 作用的心肌成纤维细胞凋亡 [J]. 武汉大学学报（医学版），2004，25(4)：375-379.

[47] 周艳芳，欧阳静萍，周成慧，等 . 苦参碱对心肌成纤维细胞细胞周期的影响及其机制 [J]. 武汉大学学报（医学版），2004，25(3)：220-223.

[48] 胡迎春，欧阳静萍，李艳琴，等 . 苦参碱对醛固酮诱导大鼠心肌成纤维细胞细胞周期和增殖细胞核抗原表达的影响 [J]. 武汉大学学报（医学版），2004，25(3)：224-227.

[49] 朱新业，高登峰，牛小麟，等 . 苦参碱对自发性高血压大

鼠心肌间质纤维化的作用和机制 [J]. 心脏杂志，2005，17(6)：528-531.

[50] 陈霞，李英骥，张文杰，等 . 氧化苦参碱对豚鼠心室肌细胞钠电流的影响 [J]. 白求恩医科大学学报，2001，27(1)：41-42.

[51] 庄宁宁，李自成，张爱东，等 . 氧化苦参碱对豚鼠心肌细胞膜 L- 型钙通道的影响 [J]. 中国心脏起搏与心电生理杂志，2004，18(3)：209-211.

[52] 孙宏丽，许超千，李哲，等 . 氧化苦参碱对豚鼠单个心室肌细胞胞浆 $[Ca^{2+}]_i$ 的影响 [J]. 中国药学杂志，2004，39(4)：264-266.

[53] 李青，王进，毛小洁，等 . 氧化苦参碱的强心作用 [J]. 沈阳药科大学学报，1999，16(4)：281-284.

[54] 阮长武，何仲海，金朝俊，等 . 苦参碱对去甲肾上腺素促心肌细胞肥大及肌球蛋白重链基因表达的影响 [J]. 临床心血管病杂志，2002，18(4)：171-172.

[55] KIM J H, RYU Y B, KANG N S, et al. Glycosidase inhibitory flavonoids from *Sophora flavescens*[J]. Biological & Pharmaceutical Bulletin, 2006, 29(2): 302-305.

[56] CHUNG M Y, RHO M C, KO J S, et al. *In vitro* inhibition of diacylglycerol acyltransferase by prenylflavonoids from *Sophora flavescens*[J]. Planta Medica, 2004, 70(3): 258-260.

[57] SHIN H J, KIM H J, KWAK J H, et al. A prenylated flavonol, sophoflavescenol: a potent and selective inhibitor of cGMP phosphodiesterase 5[J]. Bioorganic & Medicinal Chemistry Letters, 2002, 12(17): 2313-2316.

[58] KIM S J, SON K H, CHANG H W, et al. Tyrosinase inhibitory prenylated flavonoids from *Sophora flavescens*[J]. Biological & Pharmaceutical Bulletin, 2003, 26(9): 1348-1350.

[59] 刘芬，刘洁，陈霞，等 . 氧化苦参碱的镇痛作用及其机制 [J]. 吉林大学学报（医学版），2005，31(6)：883-885.

[60] ZHANG Y, ZHU H, YE G, et al. Antiviral effects of sophoridine against coxsackievirus B_3 and its pharmacokinetics in rats[J]. Life Science, 2006, 78(17): 1998-2005.

[61] XU G L, YAO L, RAO S Y, et al. Attenuation of acute lung injury in mice by oxymatrine is associated with inhibition of phosphorylated p38 mitogen-activated protein kinase[J]. Journal of Ethnopharmacology, 2005, 98(1-2): 177-183.

◆ 苦参

款冬 Kuandong CP, KHP

Tussilago farfara L.
Coltsfoot

概述

菊科 (Asteraceae) 植物款冬 *Tussilago farfara* L.，其干燥花蕾入药。中药名：款冬花。

款冬属 (*Tussilago*) 植物全世界仅 1 种，且供药用。分布于欧亚温带地区。中国东北、华北、华东、西北和湖北、湖南、江西、贵州、云南、西藏均有分布；印度、伊朗、巴基斯坦、俄罗斯、西欧、北非也有分布。

"款冬"之名始见于《楚辞》。药用之名，始载于《神农本草经》，列为中品。《中国药典》（2015 年版）收载本种为中药款冬花的法定原植物来源种。主产于中国河南、甘肃、山西、陕西等地。以河南产量大；甘肃灵台、陕西榆林产者质佳，称"灵台冬花"。

款冬主要含有黄酮类、三萜类、生物碱类、倍半萜类等成分，倍半萜类为其主要的活性成分。《中国药典》采用高效液相色谱法进行测定，规定款冬花药材含款冬酮不得少于 0.070%，以控制药材质量。

药理研究表明，款冬的花蕾具有镇咳、祛痰、平喘、呼吸兴奋、抗炎、抗血小板聚集等作用。

中医理论认为款冬花有润肺下气，止咳化痰等功效。

◆ 款冬
Tussilago farfara L.

◆ 药材款冬花
Farfarae Flos

化学成分

款冬花蕾含黄酮类成分：芦丁 (rutin)、金丝桃苷 (hyperin)、山柰素-3-O-芸香糖苷 (kaempferide-3-O-rutinoside)[1]、异槲皮苷 (isoquercitrin)、黄芪苷(astragalin)[2]、槲皮素-3-阿拉伯糖苷 (quercetin-3-arabinoside)、山柰酚-3-阿拉伯糖苷 (kaempferol-3-arabinoside)、槲皮素-4'-葡萄糖苷 (quercetin-4'-glucoside)；三萜类成分：款冬二醇 (faradiol)、山金车二醇 (arnidiol)、款冬巴耳新二醇 (bauer-7-ene-3β,16α-diol)、巴耳三萜醇 (bauerenol)、异巴耳三萜醇 (isobauerenol)[3]；生物碱类成分：款冬花碱 (tussilagine)、克氏千里光碱 (senkirkine)[2]；倍半萜类成分：款冬酮 (tussilagone)、款冬花素 (farfaratin)[4]、款冬花酮 (tussilagonone)、新款冬花内酯 (neotussilagolactone)[5]、14(*R*)-hydroxy-7β-isovaleroyloxyoplop-8(10)-en-2-one[6]、7β-senecioyloxyoplopa-3(14)*Z*,8(10)-dien-2-one、7β-angeloyloxyoplopa-3(14)*Z*,8(10)-dien-2-one[7]、1α,5α-bisacetoxy-8-angeloyloxy-3β,4β-epoxy-bisabola-7(14),10-dien-2-one[8]、甲基丁酸款冬花素酯 [14-acetoxy-7β(3-ethyl-*cis*-crotonoyloxy)-1α-(2-methylbutyoryloxy)-notonipetranone]、去乙酰基款冬花素 [7β-(3-ethyl-*cis*-crotonoyloxy)-14-hydroxy-notonipetranone]。挥发性成分：香芹酚 (carvacrol)、苯甲醇 (benzyl alcohol)、苯乙醇 (phenyethyl alcohol)、当归酸 (angelic acid)和2-甲基丁酸 (2-methylbutyric acid)、2,8-dimethyl-1,8-nonadiene、5-undecene、dipropyl 1,2-benzenedicarboxylate[9]。

◆ faradiol

◆ farfaratin

药理作用

1. 镇咳、祛痰、平喘

款冬花蕾煎剂灌胃能显著抑制雾氨法引起的小鼠咳嗽，还能明显增加小鼠气管酚红排泌量[10]。1% 碘液注入猫胸膜腔引咳法表明款冬花煎剂有显著镇咳作用，但作用不持久；醇提取物对犬和小鼠亦有镇咳作用。麻醉猫灌服煎剂后可使呼吸道黏膜分泌增加，推测有祛痰作用；款冬花的乙酸乙酯提取物也有祛痰作用。离体兔、豚鼠及猫气管－肺灌流试验表明，款冬花蕾的醚提取物可使支气管略有扩张，缓解组胺所致的豚鼠气管痉挛，其解痉作用不及氨茶碱。其醇提取物和醚提取物静注可使猫、兔产生呼吸兴奋，可对抗吗啡引起的呼吸抑制。

2. 抗炎

款冬花蕾乙醇提取物灌胃可明显抑制二甲苯、角叉菜胶所致的小鼠耳郭肿胀及足趾肿胀，并能明显减轻蓖麻油、番泻叶所致的小鼠腹泻[11]。

3. 对胃肠和子宫平滑肌的作用

款冬花蕾醚提取物对胃肠平滑肌有抑制作用，并可对抗氯化钡引起的肠管痉挛[12]。款冬花蕾醇提取物灌胃可明显降低小鼠水浸应激溃疡、盐酸性溃疡及吲哚美辛－乙醇所致胃溃疡的溃疡指数[11]。对小鼠离体子宫、未孕兔或经产兔子宫、大鼠及豚鼠离体子宫，款冬花蕾醚提取物小剂量呈兴奋作用，大剂量则抑制或先兴奋后抑制[12]。

4. 抗血小板聚集

款冬花蕾乙醇提取物灌胃能轻度延长电刺激大鼠颈动脉的血栓形成时间[13]。款冬花酮和新款冬花内酯对血小板活化因子 (PAF) 引起的血小板聚集有抑制作用[5]。

5. 升血压

款冬花蕾醚提取物或醇提取物对猫、兔、犬、大鼠均有明显升血压作用，作用快且持续时间长，无快速耐受现象，对失血所致休克猫的作用更明显。款冬酮为升血压活性成分，其作用部位在外周，机制可能是促进外周儿茶酚胺类递质的释放和直接收缩血管平滑肌。

应用

本品为中医临床用药。功能：润肺下气，止咳化痰。主治：新久咳嗽，喘咳痰多，劳嗽咳血。

现代临床还用于高脂血症、慢性非特异性结肠炎、经痛、胃痛、口疮等病的治疗。

药用植物图像数据库

评注

中国陕西、内蒙古、甘肃某些地区自唐宋以来就已用同科植物蜂斗菜 *Petasites japonicus* (Sieb. et Zucc.) Maxim. 的花蕾作款冬入药，蜂斗菜的功效与款冬大相径庭[14]，应用时不可混淆，应注意鉴别。

款冬野生品主要分布于中国西部黄土高原地区，近年来，野生款冬花资源日益减少濒临灭绝。在对款冬花栽培品的研究中发现，栽培品止咳化痰的作用强度不低于野生品[10]。因此，大面积推广栽培品对满足临床需要和保护药用资源都有重要意义。

款冬花有致癌活性，可使大鼠产生肝脏肉瘤、肝细胞癌和膀胱乳头瘤，其致癌物可能是一种具有肝细胞毒性的吡咯生物碱克氏千里光碱 (senkirkine)[15]。因此，款冬花在处方或成药中的用量应受到重视并制定严格标准。

参考文献

[1] 石巍，高建军，韩桂秋．款冬花化学成分研究 [J]. 北京医科大学学报，1996，28(4)：308.

[2] KIKUCHI M, MORI M. Components from the flower buds of *Tussilago farfara* L. Ⅲ. Phenolic compounds[J]. Annual Report of the Tohoku College of Pharmacy, 1992, 39: 69-73.

[3] YAOITA Y, KIKUCHI M. Triterpenoids from flower buds of *Tussilago farfara* L.[J]. Natural Medicines, 1998, 52(3): 273-275.

[4] 王长岱，高柳久男，米彩峰，等．款冬花化学成分的研究 [J]. 药学学报，1989，24(12)：913-916.

[5] SHI W, HAN G Q. Chemical constituents of *Tussilago farfara* L.[J]. Journal of Chinese Pharmaceutical Sciences, 1996, 5(2): 63-67.

[6] YAOITA Y, SUZUKI N, KIKUCHI M. Studies on the constituents of the flower buds of *Tussilago farfara*. Part Ⅵ. Structures of new sesquiterpenoids from Farfarae Flos[J]. Chemical & Pharmaceutical Bulletin, 2001, 49(5): 645-648.

[7] YAOITA Y, KAMAZAWA H, KIKUCHI M. Studies on the constituents of the flower buds of *Tussilago farfara*. Part Ⅴ. Structures of new oplopane-type sesquiterpenoids from the flower buds of *Tussilago farfara* L.[J]. Chemical & Pharmaceutical Bulletin, 1999, 47(5): 705-707.

[8] RYU J H, JEONG Y S, SOHN D H. A new bisabolene epoxide from *Tussilago farfara*, and inhibition of nitric oxide synthesis in LPS-activated macrophages[J]. Journal of Natural Products, 1999, 62(10): 1437-1438.

[9] 刘晓冬，卫永第，安占元，等．中药款冬花挥发油成分分析 [J]. 白求恩医科大学学报，1996，22(1)：33-34.

[10] 高慧琴，马骏，林湘，等．栽培品款冬花止咳化痰作用研究 [J]. 甘肃中医学院学报，2001，18(4)：20-21.

[11] 朱自平，张明发，沈雅琴，等．款冬花抗炎及其对消化系统作用的实验研究 [J]. 中国中医药科技，1998，5(3)：160-162.

[12] 王本祥．现代中药药理学 [M]. 天津：天津科学技术出版社，1997：1008-1011.

[13] 张明发，沈雅琴，朱自平，等．辛温（热）合归脾胃经中药药性研究——抗血栓形成和抗凝作用 [J]. 中国中药杂志，1997，22(11)：691-693.

[14] 王秀杰．款冬花与蜂斗菜的鉴别 [J]. 中国药业，2002，11(8)：65.

[15] 曾美怡，李敏民，赵秀文．含吡咯双烷生物碱的中草药及其毒性（二）——款冬花和伪品蜂斗菜等的毒性反应 [J]. 中药新药与临床药理，1996，7(4)：51-52.

阔叶十大功劳 Kuoyeshidagonglao CP

Mahonia bealei (Fort.) Carr.
Leatherleaf Mahonia

概述

小檗科 (Berberidaceae) 植物阔叶十大功劳 *Mahonia bealei* (Fort.) Carr.，其干燥茎入药。中药名：功劳木。

十大功劳属 (*Mahonia*) 植物全世界约有 60 种，分布于东亚、东南亚、北美、中美和南美西部。中国约有 35 种。本属现供药用者约 12 种。本种分布于浙江、安徽、江西、福建、湖南、湖北、陕西、河南、广东、广西和四川，在日本、墨西哥、美国温暖地区以及欧洲等地已广为栽培。

阔叶十大功劳入药，始载于《植物名实图考》。《中国药典》（2015 年版）收载本种为中药功劳木的法定原植物来源种之一。本种主要为野生，庭园及公园内常有栽培。主产于中国浙江、四川、贵州、湖南、广西等地。

阔叶十大功劳主要含生物碱类化合物。《中国药典》采用高效液相色谱法进行测定，规定功劳木药材含非洲防己碱、药根碱 、巴马汀、小檗碱的总量不得少于 1.5%，以控制药材质量。

药理研究表明，阔叶十大功劳具有抗菌、抗肿瘤、抗心律失常、降血脂、降血糖、拮抗钙调蛋白、保护神经细胞和抗自由基等作用。

中医理论认为功劳木具有清热燥湿，泻火解毒等功效。

◆ 阔叶十大功劳
Mahonia bealei (Fort.) Carr.

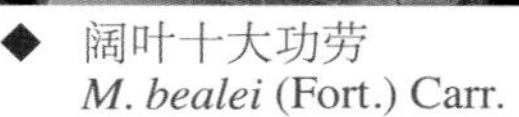

◆ 阔叶十大功劳
M. bealei (Fort.) Carr.

◆ 细叶十大功劳
M. fortunei (Lindl.) Fedde

化学成分

阔叶十大功劳的根、茎、叶均含有生物碱，茎含小檗碱 (berberine)、巴马亭 (palmatine)、药根碱 (jatrorrhizine)[1]、尖刺碱 (oxyacanthine)、小檗胺 (berbamine)、异汉防己甲素 (iso-tetrandrine)、非洲防己胺 (columbamine)[2]等生物碱成分。

◆ berberine

◆ palmatine

药理作用

1. 抗微生物

阔叶十大功劳根中生物碱成分在体外对甲 I 型流感病毒有较强的抑制作用[3]；小檗碱体外对大肠埃希氏菌、铜绿假单胞菌、枯草芽孢杆菌、胶团杆菌、白色念珠菌、出芽短梗霉菌、皮肤癣菌以及耐甲氧西林金黄色葡萄球菌等细菌具有较强的抑制作用[4-6]。

2. 抗肿瘤

小檗碱灌胃给药可使实验性胃癌前病变大鼠的发生率明显降低，其机制与提高细胞凋亡率和调控基因表达有关[7]；小檗碱体外能抑制多种癌细胞增殖，包括结肠癌细胞 HT-29[8]、胃癌细胞 MGC-803[9]、鼻咽癌细胞 CNE-2[10]、肝癌细胞 $HepG_2$[11]、人宫颈癌细胞 HeLa、白血病细胞 L_{1210}和HL-60[12-13]、前列腺癌细胞[14]、Ehrlich 腹水癌细胞[15]和人胃癌细胞 SNU-5[16]；小檗胺及其衍生物O-4-乙氧基丁基小檗胺对人宫颈癌细胞[17]、恶性黑色素瘤细胞[18]、肺巨细胞癌[19]和白血病K_{562}细胞的生长、增殖有明显抑制作用，且可快速诱导K_{562}细胞凋亡[20]，小檗胺及其衍生物抑制细胞增殖的作用可能与其降低细胞内钙调素 (calmodulin) 水平有关[19, 21]。

3. 对心血管系统作用

(1) 对心律的影响　体内（家兔静脉注射给药）和体外实验证实，小檗碱能通过抑制迟后除极化而防止缺血性心室的心律不齐[22]；对实验性心脏肥大大鼠的交感神经活性也具有调节作用[23]。

(2) 对平滑肌的影响　小檗碱具有毒蕈碱受体（M 受体）激动作用，对离体大鼠胸主动脉环有直接舒张作用，对离体豚鼠气管条有收缩作用[24]；小檗碱大鼠静脉注射给药能抑制血管紧张素转化酶的活性和血管中 NO/cGMP 的释放[25]；并对钾通道也具有阻滞作用[26]；小檗碱体外还可抑制大鼠大动脉血管平滑肌细胞生长，其机制是灭活外细胞信号调节酶而阻断早期生长反应基因信号传递[27]。

(3) 降血脂　体外实验表明，小檗碱能通过激活 AMP 活性蛋白酶，上调低密度脂蛋白 (LDL) 受体表达，从而抑制脂质合成[28-29]。

(4) 降血糖　体外实验表明，小檗碱能抑制 α- 葡萄糖酶，减少肠上皮细胞的葡萄糖转移，产生降血糖作用[30]；这种作用也可能与促进胰岛素的分泌和调节脂质活性有关[31]。

4. 钙拮抗

体外实验表明，小檗胺对正常牛胚肾细胞 (MDBK) 的增殖有抑制作用，并能降低其细胞内的钙调蛋白水平[32]；对大鼠心肌细胞靠电压依赖性和受体操纵性钙通道而升高的钙离子有拮抗作用[33]；能抑制三磷酸腺苷 (ATP)、氯化钾 (KCl)、去甲肾上腺素 (norepinephrine) 和卡西霉素 (calcimycin) 引起的细胞内钙浓度升高[34-35]。

5. 对神经细胞的作用

体外实验表明，小檗碱对大鼠脑皮层神经元“缺血”性损伤，以及*N*-甲基 *D*-门冬氨酸 (NMDA)、过氧化氢、撤血清培养和氧化应激引起的神经细胞损伤具有保护作用[36-38]。

6. 抗自由基

小檗胺腹腔注射能清除氧自由基，对实验性糖尿病大鼠白内障的发生、发展有明显的预防作用[39]；小檗胺灌胃或腹腔注射还可减少自由基对大鼠缺血脑组织[40]和肾组织的损害作用[41]。

7. 其他

小檗碱还具有抗焦虑作用[42]；小檗胺对迟发型超敏反应和混合淋巴细胞反应具有抑制作用，可明显延长动物移植组织的存活时间[43]。

应用

本品为中医临床用药。功能：清热燥湿，泻火解毒。主治：湿热泻痢，黄疸尿赤，目赤肿痛，胃火牙痛，疮疖痈肿。

现代临床还用于肺结核、支气管炎、肺炎、肠炎、肝炎、眼结合膜炎等病的治疗。

评注

《中国药典》除阔叶十大功劳外，还收载细叶十大功劳 *Mahonia fortunei* (Lindl.) Fedde 作为中药功劳木的法定原植物来源种。细叶十大功劳与阔叶十大功劳具有类似的化学成分和药理作用。阔叶十大功劳与细叶十大功劳两者的叶在中药中均被称为功劳叶，具有相同的功效，但细叶十大功劳叶生物碱含量较高。其功效与前两者有明显区别，因此使用时应加以注意。

药用植物图像数据库

尼泊尔十大功劳 *M. nepalensis* DC. 在中国西双版纳被当地傣族群众用作抗肝炎药。

除茎外，阔叶十大功劳的叶、根、种子也作药用，具有清虚热，补肾，解毒等功效。

“阔叶十大功劳”自古就有异物同名问题，《本经逢原》和《本草纲目拾遗》述及的“阔叶十大功劳”是冬青科植物枸骨 *Ilex cornuta* Lindl.，《植物名实图考》记载的则为阔叶十大功劳和细叶十大功劳。枸骨与功劳叶来源迥异，成分、功效明显不同，不应混用。

参考文献

[1] 纪秀红，李奕，刘虎威，等．十大功劳属部分植物茎中生物碱的高效毛细管电泳法测定 [J]. 药学学报，2000，35(3)：220-223.

[2] 吕光华，王立为，陈建民，等．高效液相色谱法测定十大功劳属植物中的 7 种生物碱成分 [J]. 药物分析杂志，1999，19(4)：271-274.

[3] 曾祥英，劳邦盛，董熙昌，等．阔叶十大功劳根中生物碱组分体外抗流感病毒试验研究 [J]. 中药材，2003，26(1)：29-30.

[4] CERNAKOVA M, KOSTALOVA D. Antimicrobial activity of berberine-a constituent of *Mahonia aquifolium*[J]. Folia Microbiologica, 2002, 47(4): 375-378.

[5] 徐薇，赵俊英，曹仁烈．小檗碱抗皮肤癣菌作用的研究 [J]. 中华皮肤科杂志，2000，33(5)：346.

[6] YU H H, KIM K J, CHA J D, et al. Antimicrobial activity of berberine alone and in combination with ampicillin or oxacillin against methicillin-resistant *Staphylococcus aureus*[J]. Journal of Medicinal Food, 2005, 8(4): 454-461.

[7] 姚保泰，吴敏，王博．盐酸小檗碱抗大鼠胃癌前病变及其作用机制 [J]. 中国中西医结合消化杂志，2005，13(2)：81-84.

[8] 台卫平，田耕，黄业斌，等．盐酸小檗碱抑制结肠癌细胞环氧化酶 -2/ 钙离子途径 [J]. 中国药理学通报，2005，21(8)：950-953.

[9] 谭宇蕙，陈冠林，郭淑杰，等．小檗碱对人胃癌 MGC-803 细胞生长抑制及诱导凋亡的作用 [J]. 中国药理学通报，2001，17(1)：40-43.

[10] 蔡于琛，冼励坚．小檗碱对人鼻咽癌 CNE-2 细胞的体外抗增殖作用及其机理初探 [J]. 中国药理通讯，2003，20(3)：33.

[11] CHI C W, CHANG Y F, CHAO T W, et al. Flowcytometric analysis of the effect of berberine on the expression of glucocorticoid receptors in human hepatoma $HepG_2$ cells[J]. Life Science, 1994, 54(26): 2099-2107.

[12] JANTOVA S, CIPAK L, CERNAKOVA M, et al. Effect of berberine on proliferation, cell cycle and apoptosis in HeLa and L1210 cells[J]. The Journal of Pharmacy and Pharmacology, 2003, 55(8): 1143-1149.

[13] LIN C C, KAO S T, CHEN G W, et al. Apoptosis of human leukemia HL-60 cells and murine leukemia WEHI-3 cells induced by berberine through the activation of caspase-3[J]. Anticancer Research, 2006, 26(1A): 227-242.

[14] MANTENA S K, SHARMA S D, KATIYAR S K. Berberine, a natural product, induces G_1-phase cell cycle arrest and caspase-3-dependent apoptosis in human prostate carcinoma cells[J]. Molecular Cancer Therapeutics, 2006, 5(2): 296-308.

[15] LETASIOVA S, JANTOVA S, MIKO M, et al. Effect of berberine on proliferation, biosynthesis of macromolecules, cell cycle and induction of intercalation with DNA, dsDNA damage and apoptosis in Ehrlich ascites carcinoma cells[J]. The Journal of Pharmacy and Pharmacology, 2006, 58(2): 263-270.

[16] LIN J P, YANG J S, LEE J H, et al. Berberine induces cell cycle arrest and apoptosis in human gastric carcinoma SNU-5 cell line[J]. World Journal of Gastroenterology, 2006, 12(1): 21-28.

[17] 张金红，耿朝晖，段江燕，等．小檗胺及其衍生物的结构对宫颈癌 (HeLa) 细胞生长增殖的影响 [J]. 南开大学学报（自然科学版），1996，29(2)：89-94.

[18] 张金红，段江燕，耿朝晖，等．小檗胺及其衍生物对恶性黑色素瘤细胞增殖的影响 [J]. 中草药，1997，28(8)：483-485.

[19] 张金红，许乃寒，徐畅，等．小檗胺衍生物 (EBB) 体外抑制肺癌细胞增殖机制的初探 [J]. 细胞生物学杂志，2001，19(2)：218-223.

[20] 徐磊，赵小英，徐荣臻，等．钙调素拮抗剂小檗胺诱导 K562 细胞凋亡及其机制的研究 [J]. 中华血液学杂志，2003，24(5)：261-262.

[21] 段江燕，张金红．小檗胺类化合物对黑色瘤细胞内钙调蛋白水平的影响 [J]. 中草药，2002，33(1)：59-61.

[22] WANG Y X, YAO X J, TAN Y H. Effects of berberine on delayed after depolarizations in ventricular muscles *in vitro* and *in vivo*[J]. Journal of Cardiovascular Pharmacology, 1994, 23(5): 716-722.

[23] HONG Y, HUI S S, CHAN B T, et al. Effect of berberine on catecholamine levels in rats with experimental cardiac

hypertrophy[J]. Life Science, 2003, 72(22): 2499-2507.

[24] 王文雅，陈克敏，关永源，等．盐酸小檗碱对毒蕈碱性受体的激动作用 [J]. 中国药理学与毒理学杂志，1999，13(3)：187-190.

[25] KANG D G, SOHN E J, KWON E K, et al. Effects of berberine on angiotensin-converting enzyme and NO/cGMP system in vessels[J]. Vascular Pharmacology, 2002, 39(6): 281-286.

[26] 戴长蓉，罗来源．小檗碱对豚鼠左心房和气管的作用 [J]. 中国临床药理学与治疗学，2005，10(5)：567-569.

[27] LIANG K W, TING C T, YIN S C, et al. Berberine suppresses MEK/ERK-dependent Egr-1 signaling pathway and inhibits vascular smooth muscle cell regrowth after *in vitro* mechanical injury[J]. Biochemical Pharmacology, 2006, 71(6): 806-817.

[28] KONG W J, WEI J, ABIDI P, et al. Berberine is a novel cholesterol-lowering drug working through a unique mechanism distinct from statins[J]. Nature Medicine, 2004, 10: 1344-1351.

[29] BRUSQ J M, ANCELLIN N, GRONDIN P, et al. Inhibition of lipid synthesis through activation of AMP-kinase: An additional mechanism for the hypolipidemic effects of berberine[J]. Journal of Lipid Research, 2006, 47(6): 1281-1288.

[30] PAN G Y, HUANG Z J, WANG G J, et al. The antihyperglycaemic activity of berberine arises from a decrease of glucose absorption[J]. Planta Medica, 2003, 69(7): 632-636.

[31] LENG S H, LU F E, XU L J. Therapeutic effects of berberine in impaired glucose tolerance rats and its influence on insulin secretion[J]. Acta Pharmacologica Sinica, 2004, 25(4): 496-502.

[32] 张金红，耿朝晖，段江燕，等．钙调蛋白拮抗剂——小檗胺及其衍生物对正常牛胚肾细胞毒性的影响 [J]. 细胞生物学杂志，1997，19(2)：76-79.

[33] 乔国芬，周宏，李柏岩，等．小檗胺对高钾、去甲肾上腺素及咖啡因引起大鼠心肌细胞内钙动员的拮抗作用 [J]. 中国药理学报，1999，20(4)：292-296.

[34] 李柏岩，乔国芬，赵艳玲，等．小檗胺对 ATP 诱导的培养平滑肌及心肌细胞内游离钙动员的影响 [J]. 中国药理学报，1999，20(8)：705-708.

[35] 李柏岩，付兵，赵艳玲，等．小檗胺对培养的 HeLa 细胞内游离钙浓度的作用 [J]. 中国药理学报，1999，20(11)：1011-1014.

[36] 吴俊芳，刘少林，潘鑫鑫，等．小檗碱对培养大鼠神经细胞“缺血”性损伤的保护作用 [J]. 中国药理学通报，1999，15(3)：243-246.

[37] 吴俊芳，王雁，潘鑫鑫，等．小檗碱对体外培养大鼠大脑皮层神经元损伤的保护作用 [J]. 南京医科大学学报，1999，19(2)：84-87.

[38] 吴俊芳，刘少林，潘鑫鑫，等．小檗碱对氧化应激损伤中枢神经细胞的保护作用 [J]. 中国药学杂志，1999，34(8)：525-529.

[39] 何浩，张家萍，张昌颖．小檗胺对糖尿病性白内障的预防及 SOD、CAT 和 GSH-Px 酶活性变化研究 [J]. 中国生物化学与分子生物学报，1998，14(3)：304-308.

[40] 周虹，王玲，郝晓敏，等．小檗胺及喜得镇对实验性脑缺血保护作用的研究 [J]. 中国药理学通报，1998，14(2)：165-166.

[41] 邸波，吴红赤，王杰，等．小檗胺对大鼠肾缺血再灌注损伤保护作用的研究 [J]. 哈尔滨医科大学学报，1999，33(3)：189-191.

[42] PENG W H, WU C R, CHEN C S, et al. Anxiolytic effect of berberine on exploratory activity of the mouse in two experimental anxiety models: interaction with drugs acting at 5-HT receptors[J]. Life Science, 2004, 75(20): 2451-2462.

[43] LUO C N, LIN X, LI W K,et al. Effect of berbamine on T-cell mediated immunity and the prevention of rejection on skin transplants in mice[J]. Journal of Ethnopharmacology, 1998, 59(3): 211-215.

老鹳草 Laoguancao[CP]

Geranium wilfordii Maxim.
Wilford Cranesbill

概述

牻牛儿苗科 (Geraniaceae) 植物老鹳草 *Geranium wilfordii* Maxim.，其干燥地上部分入药。中药名：老鹳草。

老鹳草属 (*Geranium*) 植物全世界约有 400 种，广布世界各地，主要分布于温带及热带山区。中国产有 55 种 5 变种，本属现供药用者约有 10 种。本种分布于中国东北、华北、华东、华中、陕西、甘肃、四川，俄罗斯远东地区、朝鲜半岛、日本也有分布。

“老鹳草”药用之名始载于明《滇南本草》。此后本草多有著录[1]。《中国药典》（2015 年版）收载本种为中药老鹳草的法定原植物来源种之一。主产于中国云南、四川、湖北等省区。

老鹳草属植物主要化学成分为黄酮和鞣质，尚含有机酸等。槲皮素、山柰酚几乎存在于该属的每种植物，但不含槲皮素-7-*O*-葡萄糖苷[2]。现代研究发现本种所含的老鹳草素是活性成分之一。《中国药典》以性状、显微和薄层色谱鉴别来控制老鹳草药材的质量。

药理研究表明，老鹳草具有抗氧化、保肝、抗菌、抗炎和镇痛等作用。

中医理论认为老鹳草具有祛风湿，通经络，止泻痢等功效。

◆ 老鹳草
Geranium wilfordii Maxim.

◆ 药材老鹳草
Geranii Herba

化学成分

老鹳草全草含有老鹳草素 (geraniin)、金丝桃苷 (hyperin) 等；还含有挥发油，主要成分有：玫瑰醇 (rhodinol)、香茅醇 (citronellol)、香叶醇 (geraniol) 等[3]。

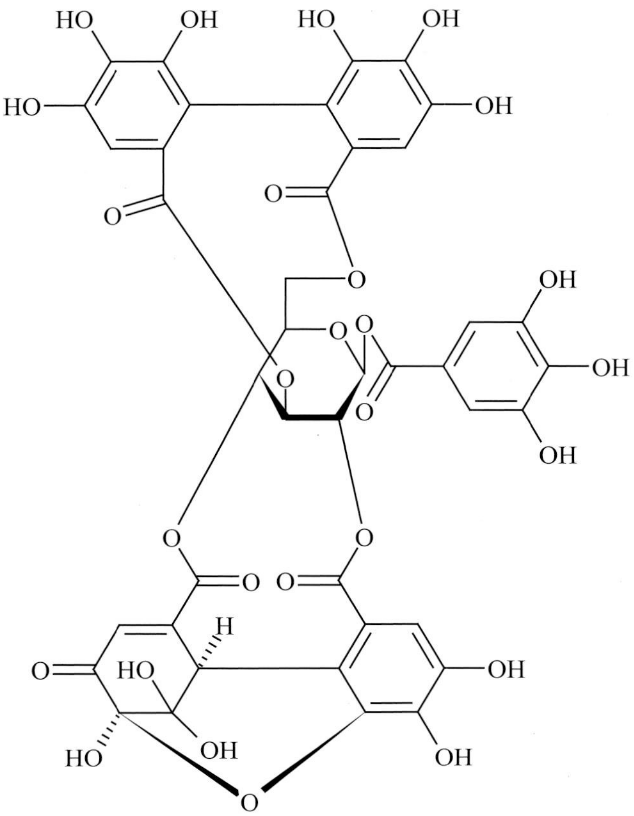

◆ geraniin

药理作用

1. 抗炎、镇痛

采用热板法、醋酸扭体法试验，发现老鹳草乙酸乙酯萃取物有镇痛作用；老鹳草乙酸乙酯及水萃取物均可明显抑制由二甲苯所致的小鼠耳郭肿胀，具有明显抗炎作用[4]；老鹳草水提取物对小鼠耳郭肿胀、棉球肉芽组织增生、腹腔毛细血管通透性增高和大鼠佐剂型关节炎均有明显抑制作用[5]。

2. 抗菌

体外实验表明，老鹳草煎剂对弗氏志贺氏菌、宋内氏志贺氏菌、大肠埃希氏菌、金黄色葡萄球菌敏感株和绿脓假单胞菌均有抑制作用[6]。肺炎链球菌、甲型溶血性链球菌对老鹳草煎剂中度敏感，而金黄色葡萄球菌则高度敏感。另外，老鹳草煎膏对肺炎链球菌感染小鼠的抑菌作用与羟氨苄青霉素相当[7]。

3. 抗氧化、保肝

老鹳草素及其分解产物可抑制脂质过氧化和维生素 C 的自动氧化，作用强度大于鞣酸，与有害金属离子 Cr^{6+}、Pb^{2+} 等共存时，亦有显著还原作用[8]。大鼠喂饲过氧化玉米胚芽油产生高脂血症伴有肝损伤，给予老鹳草素后，显著降低大鼠血清和肝脏内脂质过氧化物的浓度，并抑制血清谷草转氨酶 (sGOT) 和谷丙转氨酶 (sGPT) 水平的升高[6,9]。老鹳草素能抑制四氯化碳所致的三酰甘油积聚和脂质过氧化，同时维持血清超氧化物歧化酶 (SOD) 活性在正常水平[10]。

4. 其他

老鹳草素可抑制肿瘤坏死因子 α (TNF-α) 的释放[11]，增强巨噬细胞的磷酸酶活性，并显著抑制其内吞、噬菌和胞饮作用[12-13]。此外，老鹳草还有降血压[14]、孕激素样[15]、抗实验性肾炎[16]及抗腹泻作用[17]。

应用

老鹳草为中医临床用药。功能：祛风湿，通经络，止泻痢。主治：风湿痹痛，麻木拘挛，筋骨酸痛，泄泻痢疾。

现代临床还用于肠炎、细菌性痢疾、乳腺增生、疱疹性角膜炎等病的治疗。

评注

药用植物图像数据库

《中国药典》除老鹳草外，还收载有老鹳草属植物野老鹳草 *Geranium carolinianum* L. 及牻牛儿苗属植物牻牛儿苗 *Erodium stephanianum* Willd. 为中药老鹳草的法定原植物来源种。野老鹳草、牻牛儿苗与老鹳草具有类似的药理作用，其化学成分也大致相同，主要含鞣质和挥发油类成分。

据文献报道，进行产区和商品的调查后发现，牻牛儿苗是中药老鹳草的主流品种，资源丰富；本草考证发现清朝以前牻牛儿苗并未作老鹳草药用，因此，应加强这三种植物的系统对比研究。

《日本药局方》（第 15 次修订）收载童氏老鹳草 *Geranium thunbergii* Sieb. et Zucc.，在日本主要用于治疗饮食不洁的腹泻、便秘，并为肠胃病患者的代茶饮。现代研究发现童氏老鹳草具有很好的抗菌和止泻作用[3,18]。

参考文献

[1] 刘娟，王良信 . 老鹳草的本草考证 [J]. 中草药，1992，23(5)：276-277.

[2] 雷海民，魏璐雪 . 牻牛儿苗科植物化学分类研究 [J]. 西北药学杂志，1997，12(5)：207-208.

[3] 周海燕 . 老鹳草的研究概况 [J]. 国外医药（植物药分册），1996，11(4)：164-166.

[4] 胡迎庆，刘岱琳，周运筹，等 . 老鹳草的抗炎、镇痛活性研究 [J]. 西北药学杂志，2003，18(3)：113-115.

[5] 冯平安，贾得云，刘超，等 . 老鹳草抗炎作用的研究 [J]. 安徽中医临床杂志，2003，15(6)：511-512.

[6] 宋华 . 老鹳草的药理作用研究进展 [J]. 中草药，1997，28：132-133.

[7] 纳冬荃，魏群德，赵淮，等 . 老鹳草煎膏的体内外抑菌实验及急性毒性实验研究 [J]. 中国民族民间医药，1998，34：32-35.

[8] 杜晓鸣，郭永沺 . 老鹳草素 (Geraniin) 及其抗氧化作用 [J]. 国外医药（植物药分册），1990，5(2)：57-62.

[9] 王本祥 . 现代中药药理学 [M]. 天津：天津科学技术出版社，1997：443-445.

[10] NAKANISHI Y, OKUDA T, ABE H. Effects of geraniin on the liver in rats Ⅲ -correlation between lipid accumulations and liver damage in CCl_4-treated rats[J]. Natural Medicines, 1999, 53(1): 22-26.

[11] OKABE S, SUGANUMA M, IMAYOSHI Y, et al. New TNF-alpha releasing inhibitors, geraniin and corilagin, in leaves of *Acer nikoense*, Megusurino-ki[J]. Biological & Pharmaceutical Bulletin, 2001, 24(10): 1145-1148.

[12] USHIO Y, FANG T, OKUDA T, et al. Modificational changes in function and morphology of cultured macrophages by geraniin[J]. Japanese Journal of Pharmacology, 1991, 57(2): 187-196.

[13] USHIO Y, OKUDA T, ABE H. Effects of geraniin on morphology and function of macrophages[J]. International

Archives of Allergy and Applied Immunology, 1991, 96(3): 224-230.

[14] CHENG J T, CHANG S S, HSU F L. Antihypertensive action of geraniin in rats[J]. The Journal of Pharmacy and Pharmacology, 1994, 46(1): 46-49.

[15] 闫润红，杨文珍，王世民．老鹳草孕激素样作用的实验观察 [J]. 中药药理与临床，1998，14(4)：29.

[16] NAKANISHI Y, KUBO M, OKUDA T, et al. Effects of geraniin on aminonucleoside nephrosis in rats[J]. Natural Medicines, 1999, 53(2): 94-100.

[17] 王丽敏，卢春凤，路雅真，等．老鹳草鞣质类化合物的抗腹泻作用研究 [J]. 黑龙江医药科学，2003，26(5)：28-29.

[18] 日本公定书协会．日本药局方：第十五改正 [S]. 东京：广川书店，2006：3539-3540.

鳢肠 Lichang CP, KHP

Eclipta prostrata L.
Yerbadetajo

概述

菊科 (Asteraceae) 植物鳢肠 *Eclipta prostrata* L.，其干燥地上部分入药。中药名：墨旱莲。

鳢肠属 (*Eclipta*) 植物全世界有 4 种，主要分布于南美洲和大洋洲。中国产 1 种，且供药用。本种在世界热带及亚热带地区广泛分布，中国各省区均产。

“鳢肠”药用之名，始载于《新修本草》，《图经本草》称其为旱莲草。此后历代本草多有著录，古今药用品种一致。《中国药典》（2015 年版）收载本种为中药墨旱莲的法定原植物来源种。主产于中国江西、浙江、江苏及湖北等地。

鳢肠主要含三萜皂苷，此外还含噻吩类、黄酮类和挥发油等。《中国药典》采用高效液相色谱法进行测定，规定墨旱莲药材含蟛蜞菊内酯不得少于 0.040%，以控制药材质量。

药理研究表明，鳢肠具有止血、抗炎、保肝、调节免疫等作用。

中医理论认为墨旱莲有滋补肝肾，凉血止血等功效。

◆ 鳢肠
Eclipta prostrata L.

◆ 药材墨旱莲
Ecliptae Herba

化学成分

鳢肠主要含三萜皂苷类成分：旱莲苷A、B、C、D (ecliptasaponins A～D)[1-3]，鳢肠皂苷 Ⅰ、Ⅱ、Ⅲ、Ⅳ、Ⅴ、Ⅵ、Ⅶ、Ⅷ、Ⅸ、Ⅹ、Ⅺ、Ⅻ (eclalbasaponins Ⅰ～Ⅻ)[4-5]；还含有三萜类成分：刺囊酸 (echinocystic acid)、齐墩果酸 (oleanolic acid)[1]；又含噻吩类化合物：α-三联噻吩 (α-terthienyl)、α-三联噻吩甲醇 (α-terthienylmethanol)、α-甲酰三联噻吩 (α-formylterthienyl)、5-(丁烯-3-炔-1-基)2, 2'-二联噻吩 [5-(3-buten-1-ynyl)-2,2'-bithienyl][6-7]；香豆素类化合物：蟛蜞菊内酯 (wedelolactone)、去甲基蟛蜞菊内酯 (demethylwedelolactone)、异去甲基蟛蜞菊内酯 (isodemethylwedelolactone)、去甲基蟛蜞菊内酯-7-*O*-葡萄糖苷 (demethylwedelolactone-7-*O*-glucoside)[5, 8]；黄酮类成分：槲皮素 (quercetin)、鳢肠素 (ecliptine)、芹菜素 (apigenin)、木犀草素 (luteolin)、芹菜素-7-*O*-葡萄糖苷 (apigenin-7-*O*-glucoside)、木犀草素-7-*O*-葡萄糖苷 (luteolin-7-*O*-glucoside)[5, 7]；挥发油：δ-愈创木烯 (δ-guaiene)、新二氢香芹醇 (neodihydrocarvenol)、环氧石竹烯(epoxycaryophyllene)[9]。

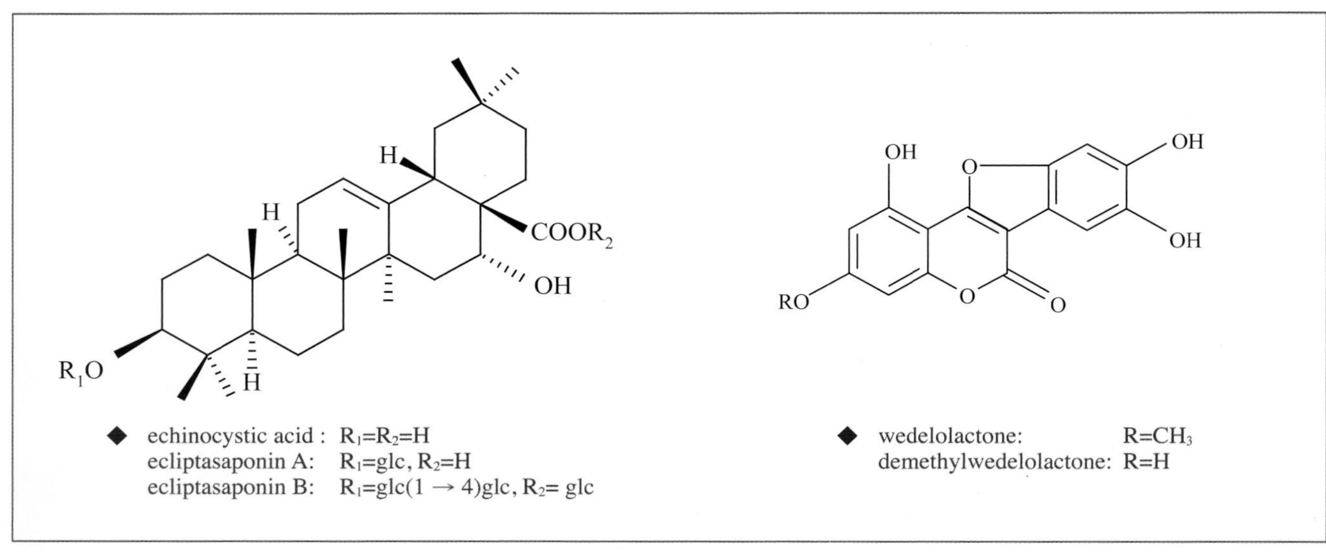

◆ echinocystic acid : $R_1=R_2=H$
ecliptasaponin A: R_1=glc, R_2=H
ecliptasaponin B: R_1=glc(1 → 4)glc, R_2= glc

◆ wedelolactone: $R=CH_3$
demethylwedelolactone: R=H

药理作用

1. 止血

鳢肠水煎剂灌胃能明显缩短胃出血小鼠凝血酶原时间和部分凝血活酶时间，升高纤维蛋白原含量和血小板数量，减少胃黏膜出血点数，有显著的止血作用[10]。

2. 抗炎

鳢肠水煎剂灌胃对巴豆油所致小鼠耳郭肿胀、角叉菜胶或甲醛所致大鼠足趾肿胀、醋酸引起的小鼠腹腔毛细血管通透性增高、组胺引起的大鼠皮肤毛细血管通透性增高均有显著抑制作用，摘除双侧肾上腺后抗炎作用依然存在；鳢肠水煎剂还能显著抑制大鼠棉球肉芽组织增生，降低角叉菜胶所致胸腔渗出液中白细胞的数量及炎性组织中前列腺素 E_2 (PGE_2) 的含量[11]。

3. 解蛇毒

鳢肠醇提取物灌胃给药，对短尾蝮蛇毒、蛇岛蝮蛇毒、白眉蝮蛇毒或尖吻蝮蛇毒所致大鼠足趾肿胀和短尾蝮蛇毒棉球肉芽肿有显著抑制作用；还能对抗马来半岛纹孔蝰蛇、巴西蝰蛇和蝮蛇对小鼠的致死作用，抑制这些蛇毒引起的皮下出血，此作用是其能抗蛋白水解和拮抗磷酸酯酶 A_2 的结果，蟛蜞菊内酯和去甲基蟛蜞菊内酯为作用的主要有效成分[12-14]。

4. 保肝

鳢肠乙醇提取物及乙酸乙酯提取物的水溶物腹腔注射均能显著抑制醋氨酚 (paracetamol) 诱发急性肝损伤小鼠血清丙氨酸转氨酶 (ALT)、天冬氨酸转氨酶 (AST) 的升高，以乙酸乙酯提取物的效果最显著[15]；鳢肠乙醇提取物的乙酸乙酯部分灌胃对 CCl_4 诱发的小鼠肝损伤亦有明显保护作用[6]。

5. 对免疫功能的影响

鳢肠乙酸乙酯总提取物灌胃可显著降低小鼠的碳粒廓清率和脾指数，抑制迟发型超敏反应，降低溶血素水平，显著提高小鼠的胸腺指数；而对环磷酰胺造成免疫功能低下小鼠，鳢肠水煎剂灌胃能显著提高小鼠的迟发型超敏反应和血清溶血素抗体水平，抑制环磷酰胺诱导的小鼠胸腺细胞凋亡[16-18]。

6. 对心血管系统的影响

鳢肠能提高离体豚鼠心脏的冠脉流量，改善心电图 T 波；鳢肠二氯甲烷、甲醇和水提取物可阻断或拮抗 α-肾上腺素受体、血管紧张素Ⅱ受体和 HMG 辅酶 A[5, 7]。

7. 抗诱变

鳢肠水煎剂灌胃或腹腔注射，对环磷酰胺诱发的小鼠骨髓多染红细胞微核有明显的抑制作用，具抗诱变活性[19]。

8. 其他

鳢肠还有抑菌[7]、激活酪酸酶[20]和升高外周白细胞的作用[7]。

应用

本品为中医临床用药。功能：滋补肝肾，凉血止血。主治：肝肾阴虚，牙齿松动，须发早白，眩晕耳鸣，腰膝酸软，阴虚血热吐血、衄血、尿血，血痢，崩漏下血，外伤出血。

现代临床还用于冠心病、急性黄疸型肝炎及上消化道出血、功能性子宫出血等多种出血性疾病的治疗。外用可治稻田皮炎、扁平疣、脂溢性皮炎等病。

评注

鳢肠不仅在中医学中的应用历史悠久，在加勒比海国家特立尼达和多巴哥 (Trinidad and Tobago) 民间，猎人多用其治疗自身和猎狗的外伤与皮肤病，包括蛇咬伤、蝎螫、外伤和疥癣等[21]。印度传统医学中也有应用。现代研究亦发现其有很好抗菌、消炎、止血和抗蛇毒等作用，对多种蛇毒引起的致死和出血等均有良好抑制作用。鳢肠作为蛇毒拮抗剂和健康药浴原料的开发值得探索。

参考文献

[1] 张梅，陈雅妍．旱莲草化学成分旱莲苷 A 和旱莲苷 B 的分离和鉴定 [J]. 药学学报，1996，31(3)：196-199.

[2] 张梅，陈雅妍．旱莲草化学成分的研究 [J]. 中国中药杂志，1996，21(8)：480-481.

[3] 张梅，陈雅妍，邸晓辉，等．旱莲草中旱莲苷 D 的分离和鉴定 [J]. 药学学报，1997，32(8)：633-634.

[4] 赵越平，汤海峰，蒋永培，等．中药墨旱莲中的三萜皂苷 [J]. 药学学报，2001，36(9)：660-663.

[5] 汤海峰，赵越平，蒋永培．中药墨旱莲的研究概况 [J]. 西北药学杂志，1999，14(1)：32-33.

[6] 韩英，夏超，陈小媛，等．墨旱莲化学成分及药理活性的初步研究 [J]. 中国中药杂志，1998，23(11)：680-682.

[7] 王本祥．现代中药药理学 [M]. 天津：天津科学技术出版社，1997：1366-1368.

[8] 张金生，郭倩明．旱莲草化学成分的研究 [J]. 药学学报，2001，36(1)：34-37.

[9] 余建清，于怀东，邹国林．墨旱莲挥发油化学成分的研究 [J]. 中国药学杂志，2005，40(12)：895-896.

[10] 王建，白秀珍，杨学东．墨旱莲对热盛胃出血止血作用的研究 [J]. 数理医药学杂志，2005，18(4)：375-376.

[11] 胡慧娟，周德荣，杭秉茜，等．旱莲草的抗炎作用及机制研究 [J]. 中国药科大学学报，1995，26(4)：226-229.

[12] 陈建济，施东捷，李克华，等．墨旱莲对 4 种蝮蛇毒引起的炎症和出血的影响 [J]. 蛇志，2005，17(2)：65-68.

[13] PITHAYANUKUL P, LAOVACHIRASUWAN S, BAVOVADA R, et al. Anti-venom potential of butanolic extract of *Eclipta prostrata* against Malayan pit viper venom[J]. Journal of Ethnopharmacology, 2004, 90(2-3): 347-352.

[14] MELO P A, DO NASCIMENTO M C, MORS W B, et al. Inhibition of the myotoxic and hemorrhagic activities of crotalid venoms by *Eclipta prostrata* (Asteraceae) extracts and constituents[J]. Toxicon, 1994, 32(5): 595-603.

[15] 李春洋，白秀珍，杨学东．墨旱莲提取物对肝保护作用的影响 [J]. 数理医药学杂志，2004，17(3)：249-250.

[16] 刘雪英，王庆伟，蒋永培，等．墨旱莲乙酸乙酯总提物对正常小鼠免疫功能的影响 [J]. 中草药，2002，33(4)：341-343.

[17] 王怡薇，周庆峰，白秀珍．墨旱莲水煎剂对 DTH 和血清溶血素抗体的影响 [J]. 锦州医学院学报，2003，24(6)：28-29.

[18] 景辉，白秀珍，刘玉铃，等．墨旱莲抗环磷酰胺诱导的胸腺细胞凋亡的实验研究 [J]. 锦州医学院学报，2004，25(5)：22-24.

[19] 翁玉芳，唐政英，陈丽丽，等．墨旱莲对环磷酰胺引起染色体损伤的防护作用 [J]. 中药材，1992，15(12)：40-41.

[20] 徐秋，吴可克，陈丽凤，等．旱莲草对酪氨酸酶激活作用的动力学研究 [J]. 大连轻工业学院学报，2000，19(1)：25-27.

[21] LANS C, HARPER T, GEORGES K, et al. Medicinal and ethnoveterinary remedies of hunters in Trinidad[J]. BMC Complementary and Alternative Medicine, 2001, 1: 10.

连翘 Lianqiao CP, JP, VP

Forsythia suspensa (Thunb.) Vahl
Weeping Forsythia

概述

木犀科 (Oleaceae) 植物连翘 *Forsythia suspensa* (Thunb.) Vahl 的干燥成熟果实。中药名：连翘。

连翘属 (*Forsythia*) 植物全世界约有 11 种，主要分布于亚洲东部地区。中国约有 7 种 1 变型，本属现供药用者约有 6 种。本种分布于中国河北、山西、陕西、甘肃、山东、江苏、安徽、河南、湖北、四川等地。

“连翘”药用之名，始载于《神农本草经》，列为下品，历代本草中多有著录。《中国药典》（2015 年版）收载本种为中药连翘的法定原植物来源种。本品多为栽培，主产于中国陕西、山西、河南、山东等省区。

连翘主要活性成分为木脂素类及其苷类、苯乙基苷、乙基环己醇类成分等。《中国药典》采用高效液相色谱法进行测定，规定连翘药材含连翘苷不得少于 0.15%，连翘酯苷 A 不得少于 0.25%，以控制药材质量。

药理研究表明，连翘具有抗病原微生物、抗炎、解热、镇吐、利尿、强心、抗肿瘤等作用。

中医理论认为连翘具有清热解毒，消肿散结，疏散风热等作用。

◆ 连翘
Forsythia suspensa (Thunb.) Vahl

◆ 药材连翘
Forsythiae Fructus

化学成分

连翘的果实含木脂素类成分：连翘苷元 (phillygenin)、(+)-松脂醇 [(+)-pinoresinol]、连翘苷 (phillyrin)、(+)-pinoresinol-*β*-*D*-glucoside[1]、(+)-epipinoresinol-*β*-D-glucoside、(+)-pinoresinol monomethyl ether-*β*-*D*-glucoside[2]、forsythenside A、forsythenside B[3]、forsythenin、ocotillone、ocotillol monoacetate[4]、calceolarioside A、plantainoside A[5]；三萜类成分：3*β*-acetyl-20,25-epoxydammarane-24*α*-ol、3β-acetyl-20,25-epoxydammarane -24*β*-ol[6]；苯乙基苷类成分：连翘酯苷A[5]、B、C、D[7]、E[8] (forsythosides A～E)；乙基环己醇类成分：连翘环己醇苷A、B、C[9] (rengyosides A～C)、suspensasides A、B[10]、连翘环己醇 (rengyol)[8]、连翘环己醇氧化物 (rengyoxide)[8]、连翘环己醇酮 (rengyolone)[8]、以及p-hydroxy phenylacetic acid[2]等成分。

叶和花含(+)-pinoresinol-*β*-*D*-glucopyranoside[11]、芦丁 (rutin)[12]、forsythiaside、suspensaside、毛蕊花糖糖苷 (acteoside) 以及β-hydroxyacteoside[13]；树皮含(+)-epipinoresinol-4″-*β*-*D*-glucoside[1]等成分。

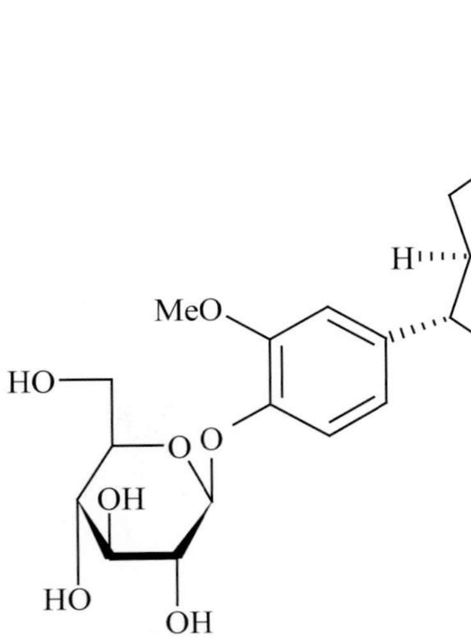

◆ phillyrin

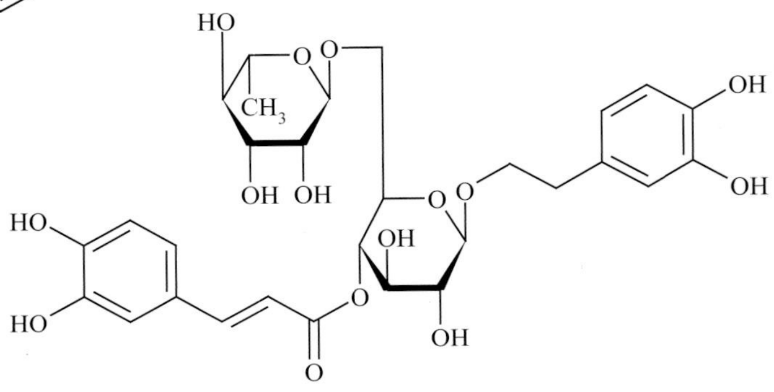

◆ forsythoside A

药理作用

1. 抗病原微生物

连翘果实提取物体外对金黄色葡萄球菌、肺炎链球菌 [14]、白色葡萄球菌、甲型溶血性链球菌等 [15] 均有抑制作用。连翘水提取物在人宫颈癌细胞 HeLa 中可抑制呼吸道合胞病毒 (RSV) [16]；在人喉癌细胞 Hep-2 上可抑制 I 型单纯疱疹病毒 (HSV-1) 复制 [17]。

2. 抗炎

连翘酯苷体外可抑制弹性蛋白酶活性，具有抗炎作用 [18]，连翘水提取物可抑制大肠埃希氏菌致腹膜炎大鼠的炎性因子过度表达 [19]。连翘中的苯乙基苷类成分能抑制脂氧酶活性，木脂素类成分有抑制磷酸二酯酶活性。

3. 降血脂、减肥

连翘苷可降低高血脂小鼠的血浆总胆固醇 (TC)、三酰甘油 (TG)、低密度脂蛋白胆固醇 (LDL-C)，升高高密度脂蛋白胆固醇 (HDL-C)，降低动脉粥样硬化指数 (AI) [20]；可使营养性肥胖小鼠脂肪湿重减轻，脂肪系数降低，全视野内脂肪细胞数目 (HBF) 增加、细胞直径变小，空肠绒毛表面积变小，Lee's 指数减小，具有减肥作用 [21]。

4. 保肝

连翘叶提取物可改善四氧嘧啶所致小鼠氧化损伤而引起的肝脏、心肌、股四头肌、脑组织、红细胞等的丙二醛 (MDA)、过氧化物歧化酶 (SOD)、过氧化物酶 (POD) 和血清中丙氨酸转氨酶 (ALT)、天冬氨酸转氨酶 (AST)、碱性磷酸酶 (AKP) 的异常升高 [22]；连翘煎剂能显著降低四氯化碳 (CCl_4) 所致肝损伤大鼠血清的谷丙转氨酶 (sGPT)、AKP，并对 CCl_4 中毒有预防作用 [23]。

5. 其他

连翘提取物可抑制犬皮下注射阿朴吗啡和豹、蛙口服五水合硫酸铜诱导的呕吐 [24]；连翘酯苷对去甲肾上腺素诱导的大鼠血管收缩具有松弛作用 [25]；连翘中的鞣质类成分能够抑制肿瘤转移因子及其受体的活性，体外可抑制肿瘤细胞的转移和血管生成 [26]。连翘酯苷对超氧阴离子自由基和羟自由基有较强清除作用 [27]；连翘苷可抑制高血脂 ICR 小鼠血浆中的 MDA 积累，促进抗氧化酶 (POD)、过氧化氢酶 (CAT) 的活性 [20]。

应用

本品为中医临床用药。功能：清热解毒，消痈散结，疏散风热。主治：痈疽，瘰疬，乳痈，丹毒，风热感冒，温病初起，温热入营，高热烦渴，神昏发斑，热淋涩痛。

现代临床还用于淋巴结核、肾结核、尿路感染、急性肺脓疡等病的治疗。

评注

连翘传统的药用部位是带种子的果实，连翘茎叶为民间使用。近年研究发现，连翘茎叶中的许多化学成分与果实相似 [22]，药理活性也相似，其中连翘苷、连翘酯苷含量远高于果实，并含有多种营养性成分 [28]，是值得开发的新资源。

药用植物图像数据库

参考文献

[1] TSUKAMOTO H, HISADA S, NISHIBE S. Studies on the lignans from Oleaceae plants[J]. Tennen Yuki Kagobutsu Toronkai Koen Yoshishu, 1983, 26: 181-188.

[2] LIU D L, XU S X, WANG W F. A novel lignan glucoside from *Forsythia suspensa* Vahl.[J]. Journal of Chinese Pharmaceutical Sciences, 1998, 7(1): 49-51.

[3] MING D S, YU D Q, YU S S. New Quinoid Glycosides from *Forsythia suspensa*[J]. Journal of Natural Products, 1998, 61(3): 377-379.

[4] MING D S, YU D Q, YU S S, et al. A new furofuran monolactone from *Forsythia suspensa*[J]. Journal of Asian Natural Products Research, 1999, 1(3): 221-226.

[5] 刘东雷，张杨，徐绥绪，等. 连翘中苯乙醇甙类化合物 [J]. 中国药学（英文版），1998，7(2)：103-105.

[6] ROUF A S S, OZAKI Y, RASHID M A, et al. Dammarane derivatives from the dried fruits of *Forsythia suspensa*[J]. Phytochemistry, 2001, 56(8): 815-818.

[7] ENDO K, HIKINO H. Validity of oriental medicine. Part 44. Structures of forsythoside C and D, antibacterial principles of *Forsythia suspensa* fruits[J]. Heterocycles, 1982, 19(11): 2033-2036.

[8] ENDO K, HIKINO H. Structures of rengyol, rengyoxide, and rengyolone, new cyclohexylethane derivatives from *Forsythia suspensa* fruits[J]. Canadian Journal of Chemistry, 1984, 62(10): 2011-2014.

[9] SEYA K, ENDO K, HIKINO H. Structures of rengyosides A, B, and C, three glucosides of *Forsythia suspensa* fruits[J]. Phytochemistry, 1989, 28(5): 1495-1498.

[10] MING D S, YU D Q, YU S S. Two new caffeyol glycosides from *Forsythia suspensa*[J]. Journal of Asian Natural Products Research, 1999, 1(4): 327-335.

[11] TOKAR M, KLIMEK B. The content of lignan glycosides in Forsythia flowers and leaves[J]. Acta Poloniae Pharmaceutica, 2004, 61(4): 273-278.

[12] KLIMEK B, TOKAR M. Determination of rutin by HPLC in flowers and leaves of *Forsythia* species[J]. Herba Polonica, 2000, 46(4): 261-266.

[13] NORO Y, HISATA Y, OKUDA K, et al. Phenylethanoid glycosides in the leaves of *Forsythia* spp.[J]. Shoyakugaku Zasshi, 1992, 46(3): 254-256.

[14] 白云娥，漆小梅，杨国红，等．连翘提取的物体外抗菌试验 [J]. 山西医科大学学报，2003，34(6)：506-507.

[15] 牛新华，邱世翠，邸大琳，等．连翘体外抑菌作用的研究 [J]. 时珍国医国药，2002，13(6)：342-343.

[16] 田文静，李洪源，姚振江，等．连翘抑制呼吸道合胞病毒作用的实验研究 [J]. 哈尔滨医科大学学报，2004，38(5)：421-423.

[17] 刘颖娟，杨占秋，肖红，等．中药连翘有效成分体外抗单纯性疱疹病毒的实验研究 [J]. 湖北中医学院学报，2004，6(1)：36-38.

[18] 张立伟，赵春贵，王进东，等．连翘酯苷分离提取及抑制弹性蛋白酶活性研究 [J]. 化学研究与应用，2002，14(2)：219-221.

[19] 傅强，崔华雷，崔乃杰．连翘提取物抑制内毒素诱导的炎症反应的实验研究 [J]. 天津医药，2003，31(3)：161-163.

[20] 赵咏梅，李发荣，杨建雄，等．连翘苷降血脂及抗氧化作用的实验研究 [J]. 天然产物研究与开发，2005，17(2)：157-159.

[21] 赵咏梅，李发荣，杨建雄，等．连翘苷对营养性肥胖小鼠减肥作用的影响 [J]. 中药材，2005，28(2)：123-124.

[22] 朱淑云，杨建雄，李发荣．连翘叶提取物对小鼠氧化损伤的保护作用 [J]. 中药药理与临床，2004，20(1)：18-20.

[23] 徐春媚，王文生，曹艳红，等．连翘护肝作用的实验研究 [J]. 黑龙江医药科学，2001，24(1)：10，12.

[24] KINOSHITA K, KAWAI T, IMAIZUMI T,et al. Anti-emetic principles of *Inula linariaefolia* flowers and *Forsythia suspensa* fruits[J]. Phytomedicine, 1996, 3(1): 51-58.

[25] IIZUKA T, NAGAI M. Vasorelaxant effects of forsythiaside from the fruits of *Forsythia suspensa*[J]. Yakugaku Zasshi, 2005, 125(2): 219-224.

[26] CHEN X, BEUTLER J A, MCCLOUD T G, et al. Tannic acid is an inhibitor of CXCL12 (SDF-1α)/CXCR4 with antiangiogenic activity[J]. Clinical Cancer Research, 2003, 9(8): 3115-3123.

[27] 张立伟，赵春贵，杨频．连翘酯苷抗氧化活性及构效关系研究 [J]. 中国药学杂志，2003，38(5)：334-337.

[28] 李发荣，段飞，杨建雄．中药连翘及连翘叶中连翘苷含量的比较研究 [J]. 西北植物学报，2004，24(4)：725-727.

莲 Lian CP, IP, JP, KHP, VP

Nelumbo nucifera Gaertn.
Lotus

概述

睡莲科 (Nymphaeaceae) 植物莲 *Nelumbo nucifera* Gaertn.，其干燥成熟种子、成熟种子中的干燥幼叶及胚根、花托、雄蕊、叶、根茎节部均入药。中药名：莲子、莲子心、莲房、莲须、荷叶、藕节。

莲属 (*Nelumbo*) 植物全世界有 2 种，一种产亚洲及大洋洲，一种产美洲。中国仅本种，是常用中药，也是观赏植物。本种自生或栽培于池塘和湖泊中；俄罗斯、朝鲜半岛、日本、印度、越南、亚洲南部和大洋洲均产。

莲在中国被认识和应用有悠久的历史，始载于《尔雅》，又名“荷”“芙蕖”等。莲子以“藕实”药用之名，始载于《神农本草经》，列为上品。《中国药典》（2015 年版）收载本种为中药莲子、莲子心、莲房、莲须、荷叶、藕节的法定原植物来源种。主产于中国南方各省。其中，莲子与荷叶为常用中药材。

莲子心、荷叶主要含生物碱和黄酮类成分。《中国药典》采用高效液相色谱法进行测定，规定莲子心药材含莲心碱不得少于 0.20%；荷叶药材含荷叶碱不得少于 0.10%，以控制药材质量。

药理研究表明，莲子具有抗衰老、保肝、抗突变作用；莲子心具有降血压、抗心律失常作用；莲须有雌激素样作用；荷叶具有降血脂、降血压、抗氧化和抗菌作用；藕和藕节具有解热、抗炎和抗腹泻作用；莲房具有抗肿瘤作用。

中医理论认为莲子具有补脾止泻，止带，益肾涩精，养心安神等功效；莲子心具有清心安神，交通心肾，涩精止血等功效；莲须具有固肾涩精等功效；荷叶具有清暑化湿，升发清阳，凉血止血等功效；藕节具有收敛止血，化瘀等功效；莲房具有化瘀止血等功效。

◆ 莲
Nelumbo nucifera Gaertn.

◆ 药材莲子
Nelumbinis Semen

◆ 药材莲房
Nelumbinis Receptaculum

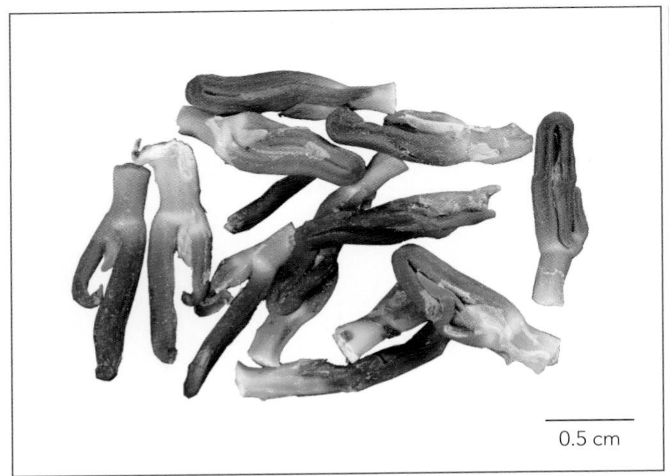

◆ 药材莲子心
Nelumbinis Plumula

◆ 药材莲须
Nelumbinis Stamen

化学成分

莲子心主要含生物碱：莲心碱 (liensinine)、异莲心碱 (isoliensinine)、甲基莲心碱 (neferine)、荷叶碱 (nuciferine)、前荷叶碱 (pronuciferine)、莲心季胺碱(lotusine)[1]、甲基紫堇杷灵 (methyl-corypalline)、去甲基乌药碱 (demethylcoclaurine)、S-*N*-甲基异乌药碱 (S-*N*-methyl isococlaurine)、*dl*-杏黄罂粟碱 (*dl*-armepavine)；又含木犀草苷 (galuteolin)、金丝桃苷 (hyperoside)、芦丁 (rutoside)[2]等黄酮类。

荷叶主要含生物碱：荷叶碱 (nuciferine)、杏黄罂粟碱 (armepavine)[3]、前荷叶碱 (pronuciferine)、原荷叶碱 (nornuciferine)、莲碱 (roemerine)、番荔枝碱 (anonaine)、*N*-去甲荷叶碱 (*N*-nornuciferine)、鹅掌楸碱 (liriodendrin)、去氢莲碱 (dehydroroemerine)、去氢荷叶碱 (dehydronuciferine)、去氢番荔枝碱 (dehydroanonaine)、阿西米洛宾碱 (asimilobin)、荷里定碱 (lirindine)、*N*-甲基衡州乌药碱 (*N*-methylcoclaurine)、衡州乌药碱[(+)-1(*R*)-coclaurine]、(–)-1(*S*)-norcoclaurine[4]；又含黄酮类：槲皮素 (quercetin)、异槲皮苷 (isoquercitrin)、荷叶苷 (nelumboside)、槲皮素-3-*O*-*β*-*D*-葡萄糖醛酸苷 (quercetin-3-*O*-*β*-*D*-glucuronide)[4]。

莲须主要含黄酮类成分：山柰酚 (kaempferol)、kaempferol-3-*O*-*β*-*D*-glucuronopyranosyl methyl ester、山柰酚-3-*O*-*β*-*D*-吡喃葡萄糖苷 (kaempferol-3-*O*-*β*-*D*-glucopyranoside)、kaempferol-3-*O*-*β*-*D*-galactopyranoside、杨梅黄酮3',5'-二甲醚3-*O*-*β*-*D*-吡喃葡萄糖苷 (myricetin 3',5'-dimethylether 3-*O*-*β*-*D*-glucopyranoside)、kaempferol-3-*O*-*α*-*L*-rhamnopyranosyl-(1→6)- *β*-*D*-glucopyranoside、kaempferol-3-*O*-*β*-*D*-glucuronopyranoside[5]。

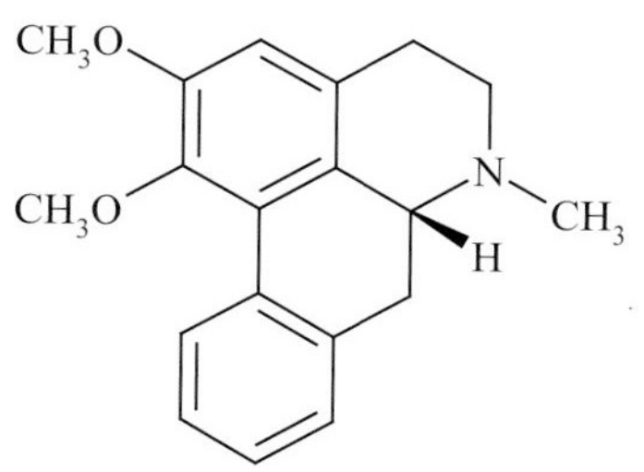

◆ nuciferine

药理作用

莲子

1. 增强免疫、抗衰老

用莲子粉喂饲大鼠一个月后，发现其胸腺皮质中T淋巴细胞数显著增高，提示莲子有一定增强免疫的作用[6]。莲子还能延长果蝇的平均寿命，减低果蝇脂褐素含量[7]。

2. 保肝

莲子乙醇提取物对CCl_4和黄曲霉毒素B_1所致肝损伤有保护作用，对黄曲霉毒素B_1引起的肝细胞的毒性有抑制作用，并呈量效关系[8]。

3. 其他

莲子乙醇提取物能拮抗黄曲霉毒素B_1对人体细胞的致突变作用[9]。

莲子心

1. 对心血管系统的影响

莲子心可增加离体豚鼠右心房率，作用与β受体有关，还可提高离体兔血管平滑肌静息张力，其作用与α受体有关[10]。甲基莲心碱对电解性氧自由基损伤离体大鼠心脏有保护作用。能显著减低室性心律发生率，减少心肌细胞中乳酸脱氢酶的释放及丙二醛 (MDA) 的生成，对抗氧自由基所致的冠脉流量减少[11]；甲基莲心碱对乌头碱、哇巴因、肾上腺素、电刺激和结扎冠状动脉等多种因素所致的家兔和大鼠心律失常有明显抑制作用；对血管平滑肌也有直接扩张作用，对大鼠、猫、家兔等多种高血压模型均有明显的降血压作用。莲心总碱有抗心肌缺血作用，其机制可能与抗脂质过氧化及钙拮抗有关[12]。

2. 抗血小板聚集

甲基莲心碱在体外能抑制二磷酸腺苷 (ADP) 和胶原等诱聚剂诱导的大鼠、家兔和人血小板的聚集，其作用可能与钙拮抗有关[12]。

3. 降血脂、降血糖

莲子心及甲基莲心碱对链脲菌素 (streptozotocin) 和高糖高脂喂饲所致的大鼠糖尿病和肥胖有抑制作用，能显著降低空腹血糖、总胆固醇和三酰甘油水平[13]。

4. 抗肺纤维化

异莲心碱能抑制博来霉素 (bleomycin) 诱导的肺纤维化，作用机制与其有抗氧化，抑制肿瘤坏死因子 (TNF-α) 和肿瘤生长因子 (TGF-β) 的过度表达有关[14]。

莲须

1. 抗炎、镇痛

莲须乙醇提取物灌胃，能抑制二甲苯所致小鼠耳郭肿胀和角叉菜胶引起的足趾肿胀；延长热痛刺激引起的甩尾反应潜伏期，明显提高小鼠痛阈值和抑制冰醋酸引起的扭体反应[15-17]。

2. 抗腹泻

莲须醇提取物灌胃，能减少蓖麻油引起的小鼠腹泻次数和发生率，减少番泻叶引起的小鼠腹泻次数[15]。

4. 抗溃疡

莲须醇提取物灌胃，对小鼠水浸应激性溃疡、盐酸性溃疡和吲哚美辛－乙醇性溃疡形成有抑制作用[16]。

5. 抗血栓形成

莲须醇提取物灌胃，能延长电刺激大鼠颈动脉血栓形成时间，但不影响凝血功能[16]。

6. 雌激素样作用

莲须煎剂可增加小鼠子宫和卵巢重量[17]，使小鼠阴道开口率增加[18]；莲须煎剂还能增加正常兔、孕兔和孕小鼠离体子宫平滑肌收缩力；增加兔在体子宫收缩力和频率，具有催产作用[17, 19]。

荷叶

1. 降血脂、改善血流动力学

荷叶水提取液能降低急性高脂血症大鼠的三酰甘油水平，还能降低全血比黏度、红细胞比容，从而改善血液的黏稠状态，其活性部位在黄酮和生物碱部分[20-21]。荷叶水提取物能显著降低高脂血症患者的总胆固醇、三酰甘油和低密度脂蛋白含量，升高高密度脂蛋白水平[22]。

2. 抗氧化、抗衰老

荷叶水提取液对黄嘌呤－黄嘌呤氧化酶体系发生的超氧阴离子、Fenton体系产生的羟自由基和用过硫酸铵-*N*, *N*', *N*', *N*'-四甲基乙二胺体系产生的氧自由基均有显著清除能力，并能明显延长雌雄果蝇的寿命[23]。

3. 抗微生物

荷叶超临界CO_2萃取物对大肠埃希氏菌、枯草芽孢杆菌、蜡状芽孢杆菌、金黄色葡萄球菌、沙门氏菌、青霉、根霉、曲霉和酵母等微生物均有显著而稳定的抑制作用[24]。荷叶正丁醇提取物对牙周主要致病菌如黏性放线菌、内氏放线菌、具核梭杆菌、牙龈卟啉菌等有较好的抑制作用[25]。荷叶中的衡州乌药碱 [(+)-1(*R*)-coclaurine]、[(–)-1(*S*)-norcoclaurine]、槲皮素-3-*O*-*β*-*D*-葡萄糖醛酸苷 (quercetin-3-*O*-*β*-*D*-glucuronide) 成分具有抗人类免疫缺陷病毒 (HIV) 活性[4]。

4. 其他

荷叶还有镇咳、祛痰和解痉作用。

藕

1. 降血脂、降血糖

喂饲藕节和藕芽能明显减少营养性肥胖大鼠体重和腹腔内脂肪量；藕节还能提高其胰岛素敏感性指数 (ISI)，明显阻止营养性肥胖大鼠血胰岛素的升高[26]。藕乙醇提取物对正常大鼠，葡萄糖喂饲和链佐星 (streptozotocin) 所致糖尿病大鼠的血糖均有降低作用[27]。

2. 解热、镇静、抗炎

藕甲醇提取物能降低正常大鼠和酵母所致发热大鼠的体温[28]；减少小鼠自发性和探素性活动，延长给予戊巴比妥的小鼠睡眠时间[29]；抑制角叉菜胶和5-羟色胺引起的大鼠足趾肿胀[30]。

3. 抗腹泻

藕提取物能减少实验性大鼠腹泻频率，降低炭末推进率[31]。

莲房

1.心肌保护作用

莲房原花青素 (LSPC) 口服给药，能拮抗异丙肾上腺素 (Iso) 引起的大鼠心肌酶释放量和心肌钙含量的增加，缩小心肌梗死面积，缓解心肌组织病理损伤，升高超氧化物歧化酶 (SOD) 与丙二醛 (MDA) 的比值[32]。

2. 降血脂

低剂量和高剂量 LSPC 能显著降低高血脂兔的血清和肝脏中三酰甘油水平，显著升高血清高密度脂蛋白胆固醇；高剂量时还能显著减少血清和肝总胆固醇和低密度脂蛋白胆固醇水平[33]。

3. 抗氧化

LSPC 能降低大鼠血清和皮肤组织中 MDA 值，提高血清和皮肤组织中的 SOD 和谷胱甘肽过氧化物酶 (GSH-Px) 活性，还能提高羟脯氨酸 (Hyp) 含量[34]。

4. 抗肿瘤

LSPC 对人口腔表皮样癌 (KB) 细胞增殖有显著抑制作用，且使其细胞形态发生明显的变化[35]。口服和涂布 LSPC 对二甲基苯芘蒽 (DMBA) 诱发的金黄地鼠颊囊黏膜癌变均具有预防作用，且以后者的预防效果较好[36]。

应用

本品为中医临床用药。

莲子

功能：补脾止泻，止带，益肾涩精，养心安神。主治：脾虚泄泻，带下，遗精，心悸失眠。

现代临床还用于抗衰老、保肝、抗突变作用。

莲子心

功能：清心安神，交通心肾，涩精止血。主治：热入心包，神昏谵语，心肾不交，失眠遗精，血热吐血。

现代临床还用于降血压和抗心律失常。

莲须

功能：固肾涩精。主治：遗精滑精，带下，尿频。

岭南地区常在孕妇临产前煎服用，以利于分娩。

荷叶

功能：清暑化湿，升发清阳，凉血止血。主治：暑热烦渴，暑湿泄泻，脾虚泄泻，血热吐衄，便血崩漏。荷叶炭收涩化瘀止血。主治：出血症和产后血晕。

现代临床还用于降血压和降血脂，抗氧化和抗菌。

藕节

功能：收敛止血，化瘀。主治：吐血，咯血，衄血，尿血，崩漏。

现代临床还用于解热、抗炎和抗腹泻。

莲房

功能：化瘀止血。主治：崩漏，尿血，痔疮出血，产后瘀阻，恶露不尽。

现代临床还用于抗肿瘤。

评注

药用植物图像数据库

莲为常见的药食两用植物，莲子和藕已被开发为抗衰老食品，荷叶亦被作为降血脂的保健品。近年来，莲子心的降血压和抗心律失常作用，莲房原花青素类的抗氧化和抗肿瘤作用倍受关注，是极具开发前景的经济植物。

荷花和荷梗在民间亦作药用，一般认为，荷花功能散瘀止血，祛湿消风。主治跌伤呕血，血淋，崩漏，天泡湿疮，疥疮瘙痒。荷梗功能清热解暑，理气化湿。主治暑湿胸闷不舒，泄泻，痢疾，淋病，带下。

参考文献

[1] 王嘉陵，胡学民，尹武华，等 . 莲子心中生物碱成分的研究 [J]. 中药材，1991，14(6)：36-38.

[2] 黄先菊，罗顺德，杨健 . 莲子心有效成分及其药理作用研究进展 [J]. 湖北省卫生职工医学院学报，2002，15(2)：48-50.

[3] 李志诚，左春旭，杨尚军，等 . 荷叶化学成分的研究 [J]. 中草药，1996，27(9)：50-52.

[4] KASHIWADA Y, AOSHIMA A, IKESHIRO Y, et al. Anti-HIV benzylisoquinoline alkaloids and flavonoids from the leaves of *Nelumbo nucifera*, and structure-activity correlations with related alkaloids[J]. Bioorganic & Medicinal Chemistry, 2005, 13(2): 443-448.

[5] JUNG H A, KIM J E, CHUNG H Y, et al. Antioxidant principles of *Nelumbo nucifera* stamens[J]. Archives of Pharmacal Research, 2003, 26(4): 279-285.

[6] 马忠杰，王惠琴，刘丽娟，等 . 莲子的抗衰老实验研究 [J]. 中草药，1995，26(2)：81-82.

[7] 黄国城，施少捷，郑强 . 莲子对果蝇寿命的影响 [J]. 现代应用药学，1994，11(2)：14.

[8] SOHN D H, KIM Y C, OH S H, et al. Hepatoprotective and free radical scavenging effects of *Nelumbo nucifera*[J]. Phytomedicine, 2003, 10(2-3): 165-169.

[9] 干侣仙，廖绵初，黄少珍 . 莲子对黄曲霉毒素 (B_1) 诱发的人体淋巴细胞姐妹染色单体互换和细胞周期状态的影响 [J]. 厦门大学学报（自然科学版），1996，35(3)：456-459.

[10] 周旭，刘银花，周永忠 . 莲子心对豚鼠离体右心房率及兔主动脉平滑肌张力的影响 [J]. 四川中医，2003，21(3)：11-12.

[11] 吴远明，胡本容，贾菊芳 . 甲基莲心碱对电解性氧自由基损伤离体大鼠心脏的保护作用 [J]. 中国药理学通报，1996，12(4)：325-328.

[12] 吕武清，郑海华，葛新 . 莲子心的研究概况 [J]. 中草药，1996，27(7)：438-440.

[13] 潘扬，尚文斌，王天山，等 . 莲子心及 Nef 对实验性糖尿病及肥胖大鼠模型的影响 [J]. 南京中医药大学学报，2003，19(4)：217-219.

[14] XIAO J H, ZHANG J H, CHEN H L, et al. Inhibitory effects of isoliensinine on bleomycin-induced pulmonary fibrosis in mice[J]. Planta Medica, 2005, 71(3): 225-230.

[15] 沈雅琴，张明发，朱自平，等 . 莲须的抗腹泻和抗炎作用 [J]. 药学实践杂志，1998，16(4)：198-200.

[16] 张明发，沈雅琴，朱自平，等 . 莲须的抗血栓形成、抗溃疡和镇痛作用 [J]. 中医药研究，1998，14(1)：16-18.

[17] 吴丽明， 邱光清，陈丽娟 . 莲须的镇痛作用及对子宫收缩的影响 [J]. 中药药理与临床，1999，15(2)：31-32.

[18] 吴丽明，张锦周，庄志雄 . 用子宫增重试验检测莲须的雌激素样作用 [J]. 现代临床医学生物工程学杂志，2003，9(2)：83-84，87.

[19] 吴丽明，邱光清，陈丽娟，等 . 莲须对动物子宫收缩的影响实验研究 [J]. 现代临床医学生物工程学杂志，2003，9(3)：166-167.

[20] 杜力军，孙虹，李敏，等 . 荷叶大豆及其合剂调脂活性部位的研究 [J]. 中草药，2000，31(7)：526-528.

[21] 陶波，帅景贤，吴凤莲 . 荷叶水煎剂对高脂血症大鼠血脂及血液流变学的影响 [J]. 中医药学报，2000，(6)：55-56.

[22] 关章顺，吴俊，喻泽兰，等 . 荷叶水提物对人体高脂血症

的降脂效果研究 [J]. 郴州医学高等专科学校学报，2003，5(3)：3-6.

[23] 肖华山，黄代青，傅文庆，等 . 荷叶对体外氧自由基的清除作用及其对果蝇寿命的影响 [J]. 中国老年学杂志，1996，16(6)：373-375.

[24] 唐裕芳，张妙玲 . 荷叶超临界 CO_2 萃取物抑菌效果稳定性研究 [J]. 食品科技，2004，12：53-54，61.

[25] 李鸣宇，陈健芬，钱伏刚，等 . 荷叶提取物对牙周主要致病菌的抑制作用 [J]. 中华口腔医学杂志，2003，38(4)：274.

[26] 潘玲，李德良 . 藕渣、藕节和藕芽对营养性肥胖大鼠模型的影响 [J]. 中药药理与临床，2004，20(2)：24-26.

[27] MUKHERJEE P K, SAHA K, PAL M, et al. Effect of *Nelumbo nucifera* rhizome extract on blood sugar level in rats[J]. Journal of Ethnopharmacology, 1997, 58(3): 207-213.

[28] MUKHERJEE P K, DAS J, SAHA K, et al. Antipyretic activity of Nelumbo nucifera rhizome extract[J]. Indian Journal of Experimental Biology, 1996, 34(3): 275-276.

[29] MUKHERJEE P K, SAHA K, BALASUBRAMANIAN R, et al. Studies on psychopharmacological effects of *Nelumbo nucifera* Gaertn. rhizome extract[J]. Journal of Ethnopharmacology, 1996, 54(2-3): 63-67.

[30] MUKHERJEE P K, SAHA K, DAS J, et al. Studies on the anti-inflammatory activity of rhizomes of *Nelumbo nucifera*[J]. Planta Medica, 1997, 63(4): 367-369.

[31] TALUKDER M J, NESSA J. Effect of *Nelumbo nucifera* rhizome extract on the gastrointestinal tract of rat[J]. Bangladesh Medical Research Council Bulletin, 1998, 24(1): 6-9.

[32] 凌智群，谢笔钧，江涛，等 . 莲房原花青素对大鼠实验性心肌缺血的保护作用 [J]. 中国药理学通报，2001，17(6)：687-690.

[33] 凌智群，谢笔钧，周顺长，等 . 莲房原花青素对家兔血脂及肝组织形态的影响 [J]. 天然产物研究与开发，2001，13(4)：62-64.

[34] 段玉清，谢笔钧 . 莲房原花青素体内抗氧化研究 [J]. 营养学报，2003，25(3)：306-308.

[35] 杜晓芬，谢笔钧，张玲珍，等 . 莲房原花青素对人口腔表皮样癌 (KB) 细胞生长及形态的影响 [J]. 现代口腔医学杂志，2005，19(4)：384-386.

[36] 杜晓芬，谢笔钧，杨尔宁，等 . 莲房原花青素对二甲基苯花蒽诱发金黄地鼠口腔癌的预防作用 [J]. 营养学报，2005，27(3)：241-244.

◆ 莲种植基地

总索引

拉丁学名总索引

A

B

C

H

I

J

K

L

M

中文笔画总索引

五画

六画

七画

八画

九画

十画

十一画

十二画

十三画

十四画

十五画

十六画

十七画

十八画

二十一画

汉语拼音总索引

Y

Z

英文名称总索引

D

I

J

K

L

M

N

O

P

R

S

T

U

V